YEARBOOK OF THE EUROPEAN CONVENTION ON HUMAN RIGHTS

*

ANNUAIRE DE LA CONVENTION EUROPÉENNE DES DROITS DE L'HOMME

YEARBOOK OF THE EUROPEAN CONVENTION ON HUMAN RIGHTS

VOLUME 39

COUNCIL OF EUROPE

YEARBOOK OF THE EUROPEAN CONVENTION ON HUMAN RIGHTS

*

CONSEIL DE L'EUROPE

ANNUAIRE DE LA CONVENTION EUROPÉENNE DES DROITS DE L'HOMME

1996

**

39

MARTINUS NIJHOFF PUBLISHERS
THE HAGUE / BOSTON / LONDON

A C.I.P. Catalogue record for this book is available from the Library of Congress.

ISBN 90-411-0554-9 (**)
ISBN 90-411-0553-0 (*)
ISBN 90-411-0555-7 (set)

Published by Kluwer Law International,
P.O. Box 85889, 2508 CN The Hague, The Netherlands.

Sold and distributed in the U.S.A. and Canada
by Kluwer Law International,
675 Massachusetts Avenue, Cambridge, MA 02139, U.S.A.

In all other countries, sold and distributed
by Kluwer Law International, Distribution Centre,
P.O. Box 322, 3300 AH Dordrecht, The Netherlands.

Printed on acid-free paper

Printed in the Netherlands

Correspondence relating to this Yearbook should be addressed to:
Pour toute correspondence relative à cet Annuaire s'addresser à:

Human Rights Information Centre
Centre d'Information sur les Droits de l'Homme
Directorate of Human Rights/Direction des Droits de l'Homme

Council of Europe
F-67075 Strasbourg, France

Conseil de l'Europe
F-67075 Strasbourg, France

Contents

VOLUME I

PART ONE

GENERAL INFORMATION

PART TWO

THE EUROPEAN COMMISSION OF HUMAN RIGHTS

Chapter I
General information

Chapter II
Case-law of the Commission

PART THREE

THE EUROPEAN COURT OF HUMAN RIGHTS

Chapter I
General information

Chapter II
Summaries of the judgments of the Court

Table des matières

TOME I

PREMIÈRE PARTIE

INFORMATIONS DE CARACTÈRE GÉNÉRAL

DEUXIÈME PARTIE

LA COMMISSION EUROPÉENNE DES DROITS DE L'HOMME

Chapitre I
Informations de caractère général

Chapitre II
Jurisprudence de la Commission

TROISIÈME PARTIE

LA COUR EUROPÉENNE DES DROITS DE L'HOMME

Chapitre I
Informations de caractère général

Chapitre II
Résumés des arrêts de la Cour

VOLUME II

PART FOUR

ACTIVITIES OF THE COMMITTEE OF MINISTERS WITH RESPECT TO THE IMPLEMENTATION OF THE EUROPEAN CONVENTION ON HUMAN RIGHTS

Chapter I
General information

Chapter II
Decisions

TOME II

QUATRIÈME PARTIE

LE COMITÉ DES MINISTRES ET LA MISE EN ŒUVRE
DE LA CONVENTION EUROPÉENNE DES DROITS DE L'HOMME

B. Résolutions du Comité des Ministres adoptées en application de l'article 54 de la Convention

CINQUIÈME PARTIE
AUTRES ACTIVITÉS DU CONSEIL DE L'EUROPE CONCERNANT LA CONVENTION EUROPÉENNE DES DROITS DE L'HOMME

Chapitre I
Comité des Ministres

A. Résolutions adoptées par le Comité des Ministres

Chapter II
Parliamentary Assembly

Chapter III
Activities of the committees of experts in the field of human rights

Chapter IV
Colloquies, meetings

Chapter V
Directorate of Human Rights

D. Directives

Chapitre III
Activités des comités d'experts dans le domaine des droits de l'homme

Chapitre IV
Colloques, réunions

Chapitre V
Direction des droits de l'homme

PART SIX

THE EUROPEAN CONVENTION ON HUMAN RIGHTS WITHIN THE MEMBER STATES OF THE COUNCIL OF EUROPE

Chapter I
The Convention in the Parliaments and official acts of the member states

Chapter II
Decisions of the domestic courts referring to the European Convention on Human Rights

APPENDICES

ALPHABETICAL INDEX

SIXIÈME PARTIE
LA CONVENTION EUROPÉENNE DES DROITS DE L'HOMME
DANS L'ORDRE INTERNE DES ÉTATS MEMBRES DU CONSEIL DE L'EUROPE

Chapitre I
La Convention devant les parlements et dans les actes officiels des États membres

Chapitre II
Décisions des tribunaux internes se référant à la Convention européenne des Droits de l'Homme

ANNEXES

INDEX ALPHABÉTIQUE

PART FOUR

Activities of the Committee of Ministers with respect to the implementation of the European Convention on Human Rights

QUATRIÈME PARTIE

Le Comité des Ministres et la mise en œuvre de la Convention européenne des Droits de l'Homme

CHAPTER I

General information

The Committee of Ministers acts to ensure the collective guarantee of the rights and fundamental freedoms contained in the Convention and its protocols under the following articles:

Under **Article 32** it has the responsiblity for deciding, for cases that are not referred to the Court, whether or not there has been a violation of the Convention; and for awarding, where necessary, just satisfaction to the victims. The Committee of Ministers' decision concerning the violation – which can be equated with a judgment of the Court – may, since 1995, take one of two forms: an "interim" resolution, which at the same time makes public the Commission's report; or a "traditional" resolution (adopted after the complete execution of the judgment), in which case the Commission's report remains confidential for the entire period of the execution. So in the same way as it supervises the execution of the Court's judgments, the Committee of Ministers is also responsible for supervising the execution of its own decisions; and its examination is not complete until all the measures for the execution of the judgment have been carried out. Where the Committee of Ministers decides to publish immediately its decision on the violation, a "final" resolution is adopted once all the measures required for its execution have been carried out. The Committee of Ministers' decisions on just satisfaction are not published separately but appear as "classic" or "final" resolutions.

Under **Article 54** the Committee of Ministers has the responsibility for supervising the carrying out of the measures adopted by the defending states for the implementation of the Court's judgments. These may be measures that concern the applicant, such as payment of just satisfaction, reopening of proceedings at the origin of the violation, reversal of a judicial verdict or discontinuation of expulsion proceedings; or measures to prevent the repetition of the violation, such as changing legislation or case-law, appointing extra judges or magistrates to absorb a backlog of cases, building detention centres suitable for juvenile delinquents, or introducing training for the police or others.

Owing to the growing number of human rights resolutions adopted by the Committee of Ministers they are represented below in tabular form, with only the most significant being reproduced in full. These are, in particular, resolutions containing statements of general measures taken by the governments concerned to abide by the Court's judgments and remove the causes of the violations found within their internal legislation and practices.

Please consult the publisher for information on obtaining the full text of all human rights resolutions on floppy disc.

CHAPITRE I

Informations de caractère général

Le Comité des Ministres intervient pour assurer la garantie collective des droits et libertés fondamentales contenus dans la Convention et ses Protocoles en vertu de deux articles:

Dans le cadre de **l'article 32**, il lui appartient de décider, dans les affaires qui ne sont pas déférées à la Cour, s'il y eu ou non violation de la Convention et d'octroyer, le cas échéant, une satisfaction équitable aux victimes. La décision du Comité sur la question de la violation – qui s'apparente à un arrêt de la Cour en ce qui concerne ses effets – est, depuis 1995, matérialisée soit directement dans une résolution «intérimaire», publiant également le rapport de la Commission, soit, après exécution totale, dans une résolution «classique», auquel cas le rapport de la Commission reste, en principe, confidentiel durant toute la phase d'exécution; en effet, de même qu'il surveille l'exécution des arrêts de la Cour, le Comité des Ministres surveille l'exécution de ses propres décisions et ne termine son examen de l'affaire que lorsque toutes les mesures d'exécution ont été prises. Si le Comité des Ministres décide de publier directement sa décision sur la violation, une résolution «finale» est prise aussitôt après l'accomplissement de toutes les mesures d'exécution. Les décisions du Comité des Ministres sur la satisfaction équitable ne sont pas publiées séparement mais figurent dans les résolutions «classiques» ou «finales».

En vertu de **l'article 54**, il lui appartient de surveiller les mesures adoptées par les Etats défendeurs pour assurer l'exécution des arrêts de la Cour: mesures vis-à-vis du requérant (paiement d'une satisfaction équitable, réouverture de la procédure à l'origine de la violation, radiation d'une condamnation du casier judiciaire, renonciation à procéder à l'expulsion du requérant etc.) et mesures pour éviter la répétition de la violation constatée (changements de législation ou de jurisprudence, recrutement de juges pour résorber le retard judiciaire, construction de centres de détention adaptés aux délinquants mineurs, mesures de formation pour la police, ou autres).

Vu le grand nombre de résolutions adoptées par le Comité des Ministres, celles-ci sont présentées sous forme de tableau, seules les plus significatives étant reproduites intégralement. Il s'agit, notamment, de résolutions faisant état des mesures de caractère général adoptées par les gouvernements concernés pour se conformer aux arrêts de la Cour et supprimer les causes de la violation constatée dans leur Droit et leur pratique internes.

Le texte complet de toutes les résolutions DH est disponible sur disquette. Pour les modalités, consulter l'éditeur.

CHAPTER II

Decisions

A. RESOLUTIONS OF THE COMMITTEE OF MINISTERS ADOPTED IN APPLICATION OF ARTICLE 32 OF THE CONVENTION

Austria

During 1996, in the exercise of its functions under Article 32, the Committee of Ministers adopted 13 resolutions concerning *Austria*.

Appl. No.	*Applicant*	*Interim resolution*	*"Classic" resolution*	*Final resolution*	*Complaints*
20365	Alkin	(96) 157			Fairness of proceedings
19125	Bechter	(96) 158A			Fairness of proceedings
16060	F.G. I (Gschwandtner)		(96) 87		Length of civil proceedings
17208	Hannak		(96) 248		Length of criminal proceedings, length of civil proceedings
21154	Höfler	(96) 160			Length of criminal proceedings
21836	Hüttenmayer A. & F.	(96) 610			Length of civil proceedings
20197	Körner	(96) 252			Length of criminal proceedings
16906	Lagler I	(96) 372			Length of criminal proceedings
16942	Lagler II	(96) 373			Length of civil proceedings
18624	Lagler III	(96) 374			Length of criminal proceedings
22048	M.S.	(96) 369			Privacy of correspondence
21944	Rudofsky	(96) 161			Length of civil proceedings
20223	Schottenberger	(96) 375			Length of proceedings in social security cases

CHAPITRE II

Décisions

A. RÉSOLUTIONS DU COMITÉ DES MINISTRES ADOPTÉES EN APPLICATION DE L'ARTICLE 32 DE LA CONVENTION

Autriche

Dans l'exercice des fonctions que lui attribue l'article 32, le Comité des Ministres a adopté, au courant de l'année 1996, 13 résolutions concernant l'*Autriche*.

Requête n°	**Requérant**	**Résolution intérimaire**	**Résolution "classique"**	**Résolution finale**	**Griefs**
20365	Alkin	(96) 157			Procès équitable
19125	Bechter	(96) 158A			Procès équitable
16060	F.G. I (Gschwandtner)		(96) 87		Durée de procédure civile
17208	Hannak		(96) 248		Durée de procédure pénale, durée de procédure civile
21154	Höfler	(96) 160			Durée de procédure pénale
21836	Hüttenmayer A. & F.	(96) 610			Durée de procédure civile
20197	Körner	(96) 252			Durée de procédure pénale
16906	Lagler I	(96) 372			Durée de procédure pénale
16942	Lagler II	(96) 373			Durée de procédure civile
18624	Lagler III	(96) 374			Durée de procédure pénale
22048	M.S.	(96) 369			Droit au respect de sa correspondance
21944	Rudofsky	(96) 161			Durée de procédure civile
20223	Schottenberger	(96) 375			Durée de procédure en matière de sécurité sociale

Interim Resolution DH (96) 375

Application No. 20223/92
Schottenberger v. Austria

(Adopted by the Committee of Ministers on 25 June 1996 at the 567th meeting of the Ministers' Deputies)

The Committee of Ministers, under the terms of Article 32 of the Convention for the Protection of Human Rights and Fundamental Freedoms (hereinafter referred to as "the Convention"),

Having regard to the report drawn up on 18 October 1995, by the European Commission of Human Rights in accordance with Article 31 of the Convention relating to the application lodged on 29 April 1992 by Mr Karl Schottenberger against Austria (Application No. 20223/92);

Whereas on 23 November 1995 the Commission transmitted the said report to the Committee of Ministers and the case has not been referred to the European Court of Human Rights, neither by the Commission nor by a state entitled to do so under Article 48 of the Convention, within the time-limit of three months from the transmission of the report to the Chairman of the Committee of Ministers; however, whereas that within this time-limit, the applicant seized the Court in accordance with Protocol No. 9 but considering that the screening panel of the Court decided on 24 April 1996 that this case would not be considered by the Court, the Committee of Ministers is now called upon to take a decision in accordance with Article 32 of the Convention and with Article 48 of the Convention as amended by Article 5 of Protocol No. 9 for those states having ratified the latter;

Whereas in his application, declared admissible by the Commission on 17 January 1995, the applicant complained of the excessive length of certain civil proceedings before social security courts;

Whereas in its report the Commission expressed, unanimously, the opinion that there had been a violation of Article 6, paragraph 1, of the Convention;

Whereas, at the 567th meeting of the Ministers' Deputies held on 14 June 1996, the Committee of Ministers, agreeing with the opinion expressed by the Commission, held, having voted in accordance with the provisions of Article 32, paragraph 1, of the Convention, that there had been in this case a violation of Article 6, paragraph 1, of the Convention,

Authorises the publication of the report adopted by the Commission in this case;

Decides to pursue the examination of the present case, in accordance with Article 32 of the Convention, with a view to adopting the final resolution.

Résolution intérimaire DH (96) 375

Requête n° 20223/92
Schottenberger c/ Autriche

(adoptée par le Comité des Ministres le 25 juin 1996, lors de la 567e réunion des Délégués des Ministres)

Le Comité des Ministres, en vertu de l'article 32 de la Convention de sauvegarde des Droits de l'Homme et des Libertés fondamentales (ci-après dénommée «la Convention»),

Vu le rapport de la Commission européenne des Droits de l'Homme établi le 18 octobre 1995, conformément à l'article 31 de la Convention au sujet de la requête introduite le 29 avril 1992 par M. Karl Schottenberger contre l'Autriche (Requête n° 20223/92);

Attendu que la Commission a transmis ledit rapport au Comité des Ministres le 23 novembre 1995 et que l'affaire n'a pas été déférée à la Cour européenne des Droits de l'Homme par la Commission ou par un Etat, en vertu de l'article 48 de la Convention, dans les trois mois suivant la date à laquelle le rapport a été transmis au Président du Comité des Ministres; attendu cependant que, dans ce délai, le requérant a saisi la Cour en vertu du Protocole n° 9, mais étant donné que le Comité de filtrage de la Cour a décidé, le 24 avril 1996, que l'affaire ne serait pas examinée par la Cour, le Comité des Ministres est maintenant appelé à prendre une décision, conformément à l'article 32 de la Convention et à l'article 48 de la Convention, tel que modifié par l'article 5 du Protocole n° 9 pour les Etats l'ayant ratifié;

Attendu que dans sa requête, déclarée recevable par la Commission le 17 janvier 1995, le requérant s'est plaint de la durée excessive d'une procédure civile devant les juridictions de la sécurité sociale;

Attendu que, dans son rapport, la Commission a exprimé l'avis, à l'unanimité, qu'il y avait eu violation de l'article 6, paragraphe 1, de la Convention;

Attendu que, lors de la 567e réunion des Délégués des Ministres, tenue le 14 juin 1996, le Comité des Ministres, faisant sien l'avis exprimé par la Commission, a dit, ayant procédé au vote conformément aux dispositions de l'article 32, paragraphe 1, de la Convention, qu'il y avait eu dans cette affaire violation de l'article 6, paragraphe 1, de la Convention,

Autorise la publication du rapport adopté par la Commission dans cette affaire;

Décide de poursuivre l'examen de la présente affaire, conformément à l'article 32 de la Convention en vue de l'adoption de la résolution finale.

Interim Resolution DH (96) 157

Application No. 20365/92
Alkin v. Austria

(Adopted by the Committee of Ministers on 15 May 1996
at the 564th meeting of the Ministers' Deputies)

The Committee of Ministers, under the terms of Article 32 of the Convention for the Protection of Human Rights and Fundamental Freedoms (hereinafter referred to as "the Convention"),

Having regard to the report drawn up on 28 June 1995, by the European Commission of Human Rights in accordance with Article 31 of the Convention relating to the application lodged on 15 July 1992 by Mr Ismail Alkin against Austria (Application No. 20365/92);

Whereas on 10 August 1995 the Commission transmitted the said report to the Committee of Ministers and the case has not been referred to the European Court of Human Rights, neither by the Commission nor by a state entitled to do so under Article 48 of the Convention, within the time-limit of three months from the transmission of the report to the Chairman of the Committee of Ministers; however, whereas within this time-limit, the applicant seized the Court in accordance with Protocol No. 9 but considering that the screening panel of the Court decided on 14 March 1996 that this case would not be considered by the Court, the Committee of Ministers is now called upon to take a decision in accordance with Article 32 of the Convention and with Article 48 of the Convention as amended by Article 5 of Protocol No. 9 for those states having ratified the latter;

Whereas in his application, as declared admissible by the Commission on 30 November 1994, the applicant complained that he did not have a fair hearing relating to his compensation claim for detention on remand, as he did not obtain, and had no possibility to comment upon, the submissions filed by the Senior Public Prosecutor's Office with the Innsbruck Court of Appeal;

Whereas in its report the Commission expressed, unanimously, the opinion that there had been a violation of Article 6, paragraph 1, of the Convention;

Whereas, at the 564th meeting of the Ministers' Deputies held on 30 April 1996 the Committee of Ministers, agreeing with the opinion expressed by the Commission, held, having voted in accordance with the provisions of Article 32, paragraph 1, of the Convention, that there had been in this case a violation of Article 6, paragraph 1, of the Convention,

Authorises the publication of the report adopted by the Commission in this case;

Decides to pursue the examination of the present case, in accordance with Article 32 of the Convention with a view to adopting the final resolution.

Résolution intérimaire DH (96) 157

Requête n° 20365/92
Alkin c/ Autriche

(adoptée par le Comité des Ministres le 15 mai 1996, lors de la 564e réunion des Délégués des Ministres)

Le Comité des Ministres, en vertu de l'article 32 de la Convention de sauvegarde des Droits de l'Homme et des Libertés fondamentales (ci-après dénommée «la Convention»),

Vu le rapport de la Commission européenne des Droits de l'Homme établi le 28 juin 1995, conformément à l'article 31 de la Convention au sujet de la requête introduite le 15 juillet 1992 par M. Ismail Alkin contre l'Autriche (Requête n° 20365/92);

Attendu que la Commission a transmis ledit rapport au Comité des Ministres le 10 août 1995 et que l'affaire n'a pas été déférée à la Cour européenne des Droits de l'Homme par la Commission ou par un Etat, en vertu de l'article 48 de la Convention, dans les trois mois suivant la date à laquelle le rapport a été transmis au Président du Comité des Ministres; attendu cependant que, dans ce délai, le requérant a saisi la Cour en vertu du Protocole n° 9, mais étant donné que le Comité de filtrage de la Cour a décidé, le 14 mars 1996, que l'affaire ne serait pas examinée par la Cour, le Comité des Ministres est maintenant appelé à prendre une décision, conformément à l'article 32 de la Convention et à l'article 48 de la Convention, tel que modifié par l'article 5 du Protocole n° 9 pour les Etats l'ayant ratifié;

Attendu que dans sa requête, telle que déclarée recevable par la Commission le 30 novembre 1994, le requérant s'est plaint de ne pas avoir eu droit à un procès équitable relatif à sa demande d'indemnisation concernant sa détention provisoire, parce qu'il n'avait pas obtenu, et n'avait pas eu la possibilité de commenter, les conclusions déposées par le «Senior Public Prosecutor's Office» de la Cour d'appel d'Innsbruck;

Attendu que, dans son rapport, la Commission a exprimé l'avis, à l'unanimité, qu'il y avait eu violation de l'article 6, paragraphe 1, de la Convention;

Attendu que, lors de la 564e réunion des Délégués des Ministres, tenue le 30 avril 1996, le Comité des Ministres, faisant sien l'avis exprimé par la Commission, a dit, ayant procédé au vote conformément aux dispositions de l'article 32, paragraphe 1, de la Convention, qu'il y avait eu dans cette affaire violation de l'article 6, paragraphe 1, de la Convention,

Autorise la publication du rapport adopté par la Commission dans cette affaire;

Décide de poursuivre l'examen de la présente affaire, conformément à l'article 32 de la Convention, en vue de l'adoption de la résolution finale.

Interim Resolution DH (96) 369

Application No. 22048/93
M.S. v. Austria

(Adopted by the Committee of Ministers on 25 June 1996
at the 567th meeting of the Ministers' Deputies)

The Committee of Ministers, under the terms of Article 32 of the Convention for the Protection of Human Rights and Fundamental Freedoms (hereinafter referred to as "the Convention"),

Having regard to the report drawn up on 18 October 1995, by the European Commission of Human Rights in accordance with Article 31 of the Convention relating to the application lodged on 31 January 1993 by Mr M.S. against Austria (Application No. 22048/93);

Whereas on 24 November 1995 the Commission transmitted the said report to the Committee of Ministers and the case has not been referred to the European Court of Human Rights, neither by the Commission nor by a state entitled to do so under Article 48 of the Convention, within the time-limit of three months from the transmission of the report to the Chairman of the Committee of Ministers; however, whereas that within this time-limit, the applicant seized the Court in accordance with Protocol No. 9 but considering that the screening panel of the Court decided on 23 April 1996 that this case would not be considered by the Court, the Committee of Ministers is now called upon to take a decision in accordance with Article 32 of the Convention and with Article 48 of the Convention as amended by Article 5 of Protocol No. 9 for those states having ratified the latter;

Whereas in his application, as declared admissible by the Commission on 11 January 1995, the applicant, a prisoner, complained that the refusal of permission to correspond with a former prisoner was not justified;

Whereas in its report the Commission expressed, by 13 votes to 1, the opinion that there had been a violation of Article 8, of the Convention and, unanimously, that no separate issue arose under Article 10, of the Convention;

Whereas, at the 567th meeting of the Ministers' Deputies held on 14 June 1996 the Committee of Ministers, agreeing with the opinion expressed by the Commission, held, having voted in accordance with the provisions of Article 32, paragraph 1, of the Convention, that there had been in this case a violation of Article 8, of the Convention and that no separate issue arose under Article 10, of the Convention,

Authorises the publication of the report adopted by the Commission in this case;

Decides to pursue the examination of the present case, in accordance with Article 32 of the Convention, with a view to adopting the final Resolution.

Résolution intérimaire DH (96) 369

Requête n° 22048/93
M.S. c/ Autriche

(adoptée par le Comité des Ministres le 25 juin 1996, lors de la 567ᵉ réunion des Délégués des Ministres)

Le Comité des Ministres, en vertu de l'article 32 de la Convention de sauvegarde des Droits de l'Homme et des Libertés fondamentales (ci-après dénommée «la Convention»),

Vu le rapport de la Commission européenne des Droits de l'Homme établi le 18 octobre 1995, conformément à l'article 31 de la Convention au sujet de la requête introduite le 31 janvier 1993 par M. M.S. contre l'Autriche (Requête n° 22048/93);

Attendu que la Commission a transmis ledit rapport au Comité des Ministres le 24 novembre 1995 et que l'affaire n'a pas été déférée à la Cour européenne des Droits de l'Homme par la Commission ou par un Etat, en vertu de l'article 48 de la Convention, dans les trois mois suivant la date à laquelle le rapport a été transmis au Président du Comité des Ministres; attendu cependant que, dans ce délai, le requérant a saisi la Cour en vertu du Protocole n° 9, mais étant donné que le Comité de filtrage de la Cour a décidé, le 23 avril 1996, que l'affaire ne serait pas examinée par la Cour, le Comité des Ministres est maintenant appelé à prendre une décision, conformément à l'article 32 de la Convention et à l'article 48 de la Convention, tel que modifié par l'article 5 du Protocole n° 9 pour les Etats l'ayant ratifié;

Attendu que dans sa requête, telle que déclarée recevable par la Commission le 11 janvier 1995, le requérant, un prisonnier, s'est plaint de l'absence de justification du refus de l'autoriser à correspondre avec un ancien détenu;

Attendu que, dans son rapport, la Commission a exprimé l'avis, par 13 voix contre 1, qu'il y avait eu violation de l'article 8, de la Convention et, à l'unanimité qu'aucune question séparée ne se posait sous l'angle de l'article 10 de la Convention;

Attendu que, lors de la 567ᵉ réunion des Délégués des Ministres, tenue le 14 juin 1996, le Comité des Ministres, faisant sien l'avis exprimé par la Commission, a dit, ayant procédé au vote conformément aux dispositions de l'article 32, paragraphe 1, de la Convention, qu'il y avait eu dans cette affaire violation de l'article 8, de la Convention et qu'aucune question séparée ne se posait sous l'angle d'article 10, de la Convention,

Autorise la publication du rapport adopté par la Commission dans cette affaire;

Décide de poursuivre l'examen de la présente affaire, conformément à l'article 32 de la Convention en vue de l'adoption de la résolution finale.

Belgium

During 1996, in the exercise of its functions under Article 32, the Committee of Ministers adopted 2 resolutions concerning *Belgium.*

Appl. No.	*Applicant*	*Interim resolution*	*"Classic" resolution*	*Final resolution*	*Complaints*
21280	Charuel	(96) 25			Length of criminal proceedings
22913	N.P.	(96) 24			Length of civil proceedings

Denmark

During 1996, in the exercise of its functions under Article 32, the Committee of Ministers adopted 1 resolution concerning *Denmark.*

Interim Resolution DH (96) 162

Application No. 18068/91
Olesen v. Denmark

(Adopted by the Committee of Ministers on 15 May 1996 at the 564th meeting of the Ministers' Deputies)

The Committee of Ministers, under the terms of Article 32 of the Convention for the Protection of Human Rights and Fundamental Freedoms (hereinafter referred to as "the Convention"),

Having regard to the report drawn up on 18 October 1995, by the European Commission of Human Rights in accordance with Article 31 of the Convention relating to the application lodged on 15 July 1990 by Mr Wiktor Olesen against Denmark (Application No. 18068/91);

Whereas on 24 November 1995 the Commission transmitted the said report to the Committee of Ministers and whereas the period of three months provided for in Article 32, paragraph 1, of the Convention has elapsed without the case having been brought before the European Court of Human Rights in pursuance of Article 48 of the Convention;

Belgique

Dans l'exercice des fonctions que lui attribue l'article 32, le Comité des Ministres a adopté, au courant de l'année 1996, 2 résolutions concernant la *Belgique*.

Requête n⁰	*Requérant*	*Résolution intérimaire*	*Résolution "classique"*	*Résolution finale*	*Griefs*
21280	Charuel	(96) 25			Durée de procédure pénale
22913	N.P.	(96) 24			Durée de procédure civile

Danemark

Dans l'exercice des fonctions que lui attribue l'article 32, le Comité des Ministres a adopté, au courant de l'année 1996, 1 résolution concernant le *Danemark*.

Résolution intérimaire DH (96) 162

Requête n⁰ 18068/91
Olesen c/ Danemark

(adoptée par le Comité des Ministres le 15 mai 1996, lors de la 564ᵉ réunion des Délégués des Ministres)

Le Comité des Ministres, en vertu de l'article 32 de la Convention de sauvegarde des Droits de l'Homme et des Libertés fondamentales (ci-après dénommée «la Convention»),

Vu le rapport de la Commission européenne des Droits de l'Homme établi le 18 octobre 1995, conformément à l'article 31 de la Convention au sujet de la requête introduite le 15 juillet 1990 par M. Wiktor Olesen contre le Danemark (Requête n⁰ 18068/91);

Attendu que la Commission a transmis ledit rapport au Comité des Ministres le 24 novembre 1995 et que le délai de trois mois prévu à l'article 32, paragraphe 1, de la Convention s'est écoulé sans que l'affaire ait été déférée à la Cour européenne des Droits de l'Homme en application de l'article 48 de la Convention;

Whereas in his application, as declared admissible by the Commission on 5 July 1994, the applicant complained of the excessive length of certain civil proceedings;

Whereas in its report the Commission expressed, unanimously, the opinion that there had been a violation of Article 6, paragraph 1, of the Convention;

Whereas, at the 564th meeting of the Ministers' Deputies held on 30 April 1996 the Committee of Ministers, agreeing with the opinion expressed by the Commission, held, having voted in accordance with the provisions of Article 32, paragraph 1, of the Convention, that there had been in this case a violation of Article 6, paragraph 1, of the Convention,

Authorises the publication of the report adopted by the Commission in this case;

Decides to pursue the examination of the present case, in accordance with Article 32 of the Convention, with a view to adopting the final resolution.

Finland

During 1996, in the exercise of its functions under Article 32, the Committee of Ministers adopted 3 resolutions concerning *Finland*.

Interim Resolution DH (96) 104

Application No. 18595/91
L. v. Finland

(Adopted by the Committee of Ministers on 22 March 1996 at the 559th meeting of the Ministers' Deputies)

The Committee of Ministers, under the terms of Article 32 of the Convention for the Protection of Human Rights and Fundamental Freedoms (hereinafter referred to as "the Convention"),

Having regard to the report drawn up by the European Commission of Human Rights in accordance with Article 31 of the Convention relating to the application lodged on 22 April 1991 by Mr L. against Finland (Application No. 18595/91);

Whereas on 18 May 1995 the Commission transmitted the said report to the Committee of Ministers and whereas the case has not been referred to the European Court of Human Rights, neither by the Commission nor by a state entitled to do so under Article 48 of the Convention, within the time-limit of three months from the transmission of the reports to the Chairman of the Committee of Ministers; however, whereas that within this time-limit, the applicant seized the Court in accordance with Protocol No. 9 but considering that the screening panel of the Court decided on 15 December 1995 that this case would not be considered by the Court, the Committee of Ministers is now called upon to take a decision in accordance with

Attendu que dans sa requête, telle que déclarée recevable par la Commission le 5 juillet 1994, le requérant s'est plaint de la durée excessive d'une procédure civile;

Attendu que, dans son rapport, la Commission a exprimé l'avis, à l'unanimité, qu'il y avait eu violation de l'article 6, paragraphe 1, de la Convention;

Attendu que, lors de la 564e réunion des Délégués des Ministres, tenue le 30 avril 1996, le Comité des Ministres, faisant sien l'avis exprimé par la Commission, a dit, ayant procédé au vote conformément aux dispositions de l'article 32, paragraphe 1, de la Convention, qu'il y avait eu dans cette affaire violation de l'article 6, paragraphe 1, de la Convention,

Autorise la publication du rapport adopté par la Commission dans cette affaire;

Décide de poursuivre l'examen de la présente affaire, conformément à l'article 32 de la Convention, en vue de l'adoption de la résolution finale.

Finlande

Dans l'exercice des fonctions que lui attribue l'article 32, le Comité des Ministres a adopté, au courant de l'année 1996, 3 résolutions concernant la *Finlande*.

Résolution intérimaire DH (96) 104

Requête n° 18595/91
L. c/ Finlande

(adoptée par le Comité des Ministres le 22 mars 1996, lors de la 559e réunion des Délégués des Ministres)

Le Comité des Ministres, en vertu de l'article 32 de la Convention de sauvegarde des Droits de l'Homme et des Libertés fondamentales (ci-après dénommée «la Convention»),

Vu le rapport de la Commission européenne des Droits de l'Homme établi conformément à l'article 31 de la Convention au sujet de la requête introduite le 22 avril 1991 par M. L. contre la Finlande (Requête n° 18595/91);

Attendu que la Commission a transmis ledit rapport au Comité des Ministres le 18 mai 1995 et que l'affaire n'a pas été déférée à la Cour européenne des Droits de l'Homme par la Commission ou par un Etat, en vertu de l'article 48 de la Convention, dans les trois mois suivant la date à laquelle le rapport a été transmis au Président du Comité des Ministres; attendu cependant que, dans ce délai, le requérant a saisi la Cour en vertu du Protoco n° 9, mais étant donné que le Comité de filtrage de la Cour a décidé, le 15 décembre 1995, que l'affaire ne serait pas examinée par la Cour, le Comité des Ministres est maintenant appelé à prendre une

Article 32 of the Convention and with Article 48 of the Convention as amended by Article 5 of Protocol No. 9 for those states having ratified the latter;

Whereas in his application, as declared admissible by the Commission on 12 May 1994, the applicant complained that he had not received a fair hearing before an impartial tribunal, and of a breach to the right to the peaceful enjoyment of his possessions, in the context of proceedings relating to the construction of a road on his land;.

Whereas in its report adopted on 5 April 1995 the Commission expressed, unanimously, that there had been a violation of Article 6, paragraph 1, of the Convention, in that the applicant did not receive a fair hearing before an impartial tribunal; by eight votes to one, that there had been no violation of Article 1 of Protocol No. 1 as regards the deprivation of part of the applicant's property; by eight votes to one, that there had been no violation of Article 1 of Protocol No. 1 as regards the applicant's obligation to participate in the road costs; and unanimously that no further issue arose under Article 13 of the Convention;

Whereas, at the 559th meeting of the Ministers' Deputies held on 22 March 1996 the Committee of Ministers, agreeing with the opinion expressed by the Commission, held, having voted in accordance with the provisions of Article 32, paragraph 1, of the Convention, that there had been in this case a violation of Article 6, paragraph 1, of the Convention, in that the applicant did not receive a fair hearing before an impartial tribunal; that there had been no violation of Article 1 of Protocol No. 1 as regards the deprivation of part of the applicant's property, that there had been no violation of Article 1 of Protocol No. 1 as regards the applicant's obligation to participate in the road costs,

Authorises the publication of the report adopted by the Commission in this case;

Decides to pursue the examination of the present case, in accordance with Article 32 of the Convention, with a view to adopting the final resolution.

Resolution DH (96) 103

Application No. 18507/91
H. v. Finland

(Adopted by the Committee of Ministers on 22 March 1996 at the 559th meeting of the Ministers' Deputies)

The Committee of Ministers, under the terms of Article 32 of the Convention for the Protection of Human Rights and Fundamental Freedoms (hereinafter referred to as "the Convention"),

Having regard to the report drawn up by the European Commission of Human Rights in accordance with Article 31 of the Convention relating to the application

décision, conformément à l'article 32 de la Convention et à l'article 48 de la Convention, tel que modifié par l'article 5 du Protocole n° 9 pour les Etats l'ayant ratifié;

Attendu que dans sa requête, telle que déclarée recevable par la Commission le 12 mai 1994, le requérant s'est plaint ne pas avoir bénéficié d'un procès équitable devant un tribunal impartial ainsi que d'une atteinte au droit au respect de ses biens, dans le cadre d'un litige relatif à la construction d'une route sur ses terres;

Attendu que, dans son rapport adopté le 5 avril 1995, la Commission a exprimé l'avis, à l'unanimité qu'il y avait eu violation de l'article 6, paragraphe 1, de la Convention, en ce qui concerne le droit à un procès équitable devant un tribunal impartial; par huit voix contre une, qu'il n'y avait pas eu violation de l'article 1, du Protocole n° 1, en ce qui concerne la privation d'une partie des biens du requérant; par huit voix contre une, qu'il n'y avait pas eu violation de l'article 1, du Protocole n° 1, en ce qui concerne l'obligation pour le requérant de participer aux frais de construction d'une route, et à l'unanimité, qu'il n'était pas nécessaire d'examiner l'affaire sous l'angle de l'article 13 de la Convention;

Attendu que, lors de la 559e réunion des Délégués des Ministres, tenue le 22 mars 1996, le Comité des Ministres, faisant sien l'avis exprimé par la Commission, a dit, ayant procédé au vote conformément aux dispositions de l'article 32, paragraphe 1, de la Convention, qu'il y avait eu dans cette affaire violation de l'article 6, paragraphe 1, de la Convention, en ce qui concerne le droit à un procès équitable devant un tribunal impartial; qu'il n'y avait pas eu violation de l'article 1, du Protocole n° 1, en ce qui concerne la privation d'une partie des biens du requérant; qu'il n'y avait pas eu violation de l'article 1, du Protocole n° 1, en ce qui concerne l'obligation pour le requérant de participer aux frais de construction d'une route,

Autorise la publication du rapport adopté par la Commission dans cette affaire;

Décide de poursuivre l'examen de la présente affaire, conformément à l'article 32 de la Convention, en vue de l'adoption de la Résolution finale.

Résolution DH (96) 103

Requête n° 18507/91
H. c/ Finlande

(adoptée par le Comité des Ministres le 22 mars 1996, lors de la 559e réunion des Délégués des Ministres)

Le Comité des Ministres, en vertu de l'article 32 de la Convention de sauvegarde des Droits de l'Homme et des Libertés fondamentales (ci-après dénommée «la Convention»),

Vu le rapport de la Commission européenne des Droits de l'Homme établi conformément à l'article 31 de la Convention au sujet de la requête introduite le

lodged on 22 April 1991 by Mr H. against Finland (Application No. 18507/91);

Whereas on 19 May 1995 the Commission transmitted the said report to the Committee of Ministers and whereas the case has not been referred to the European Court of Human Rights, neither by the Commission nor by a state entitled to do so under Article 48 of the Convention, within the time-limit of three months from the transmission of the reports to the Chairman of the Committee of Ministers; however, whereas that, within this time-limit, the applicant seized the Court in accordance with Protocol No. 9 but considering that the screening panel of the Court decided on 15 December 1995 that the case would not be considered by the Court, the Committee of Ministers is now called upon to take a decision in accordance with Article 32 of the Convention and with Article 48 of the Convention as amended by Article 5 of Protocol No. 9 for those states having ratified the latter;

Whereas in his application, as declared admissible by the Commission on 12 May 1994, the applicant complained of a breach of the right of access to the Land Court, as well as a breach of the right to the peaceful enjoyment of his possession;.

Whereas, in its report adopted on 5 April 1995 the Commission expressed, by seven votes to two, that there had been no violation of Article 6, paragraph 1, of the Convention; by eight votes to one, that there had been no violation of Article 1 of Protocol No. 1, as regards the deprivation of part of the applicant's property; by eight votes to one, that there had been no violation of Article 1 of Protocol No. 1, as regards the applicant's obligation to participate in the road costs; and unanimously that no further issue arose under Article 13 of the Convention;

Whereas, at the 559th meeting of the Ministers' Deputies, held on 22 March 1996 the Committee of Ministers, agreeing with the opinion expressed by the Commission, held, having voted in accordance with the provisions of Article 32, paragraph 1, of the Convention, that there had been no violation of Article 6, paragraph 1, of the Convention; that there had been no violation of Article 1 of Protocol No. 1, as regards the deprivation of part of the applicant's property; that there had been no violation of Article 1 of Protocol No. 1, as regards the applicant's obligation to participate in the road costs,

Declares, that it has exercised its functions under Article 32 of the Convention in this case;

Authorises the publication of the report adopted by the Commission in this case.

Resolution DH (96) 3

Application No. 18969/91
Ollila v. Finland

(Adopted by the Committee of Ministers on 9 February 1996 at the 556th meeting of the Ministers' Deputies)

22 avril 1991 par M. H. contre la Finlande (Requête n° 18507/91);

Attendu que la Commission a transmis ledit rapport au Comité des Ministres le 19 mai 1995 et que l'affaire n'a pas été déférée à la Cour européenne des Droits de l'Homme par la Commission ou par un Etat, en vertu de l'article 48 de la Convention, dans les trois mois suivant la date à laquelle le rapport a été transmis au Président du Comité des Ministres; attendu cependant que, dans ce délai, le requérant a saisi la Cour en vertu du Protocole n° 9, mais étant donné que le Comité de filtrage de la Cour a décidé, le 15 décembre 1995, que l'affaire ne serait pas examinée par la Cour, le Comité des Ministres est maintenant appelé à prendre une décision, conformément à l'article 32 de la Convention et à l'article 48 de la Convention, tel que modifié par l'article 5 du Protocole n° 9 pour les Etats l'ayant ratifié;

Attendu que dans sa requête, telle que déclarée recevable par la Commission le 12 mai 1994, le requérant s'est plaint d'une méconnaissance du droit d'accès au tribunal foncier, ainsi que d'une atteinte au droit au respect de ses biens;

Attendu que, dans son rapport adopté le 5 avril 1995, la Commission a exprimé l'avis, par sept voix contre deux qu'il n'y avait pas eu violation de l'article 6, paragraphe 1, de la Convention; par huit voix contre une, qu'il n'y avait pas eu violation de l'article 1, du Protocole n° 1, en ce qui concerne la privation d'une partie des biens du requérant; par huit voix contre une, qu'il n'y avait pas eu violation de l'article 1, du Protocole n° 1, en ce qui concerne l'obligation pour le requérant de participer aux frais de construction d'une route; et à l'unanimité, qu'il n'était pas nécessaire d'examiner l'affaire sous l'angle de l'article 13 de la Convention;

Attendu que, lors de la 559e réunion des Délégués des Ministres, tenue le 22 mars 1996, le Comité des Ministres, faisant sien l'avis exprimé par la Commission, a dit, ayant procédé au vote conformément aux dispositions de l'article 32, paragraphe 1, de la Convention, qu'il n'y avait pas eu dans cette affaire violation de l'article 6, paragraphe 1, de la Convention; qu'il n'y avait pas eu violation de l'article 1, du Protocole n° 1, en ce qui concerne la privation d'une partie des biens du requérant; qu'il n'y avait pas eu violation de l'article 1, du Protocole n° 1, en ce qui concerne l'obligation pour le requérant de participer aux frais de construction d'une route,

Déclare, qu'il a rempli ses fonctions en vertu de l'article 32 de la Convention dans la présente affaire;

Autorise la publication du rapport adopté par la Commission dans cette affaire.

Résolution DH (96) 3

Requête n° 18969/91
Ollila c/ Finlande

(adoptée par le Comité des Ministres le 9 février 1996, lors de la 556e réunion des Délégués des Ministres)

The Committee of Ministers, under the terms of Article 32 of the Convention for the Protection of Human Rights and Fundamental Freedoms (hereinafter referred to as "the Convention"),

Having regard to the report drawn up by the European Commission of Human Rights in accordance with Article 31 of the Convention relating to the application lodged on 1 July 1991 by Mr Touko Ollila against Finland (Application No. 18969/91);

Whereas on 24 August 1993 the Commission transmitted the said report to the Committee of Ministers and whereas the period of three months provided for in Article 32, paragraph 1, of the Convention has elapsed without the case having been brought before the European Court of Human Rights in pursuance of Article 48 of the Convention;.

Whereas in his application, as declared admissible by the Commission on 30 November 1992, the applicant complained of the interference with his correspondence carried out by one of his guardians;

Whereas in its report adopted on 30 June 1993, the Commission expressed, unanimously, the opinion that there had been a violation of Article 8 of the Convention;

Whereas, at the 505th meeting of the Ministers' Deputies held on 7 January 1994, the Committee of Ministers, agreeing with the opinion expressed by the Commission, held, having voted in accordance with the provisions of Article 32, paragraph 1, of the Convention, that there had been in this case a violation of Article 8 of the Convention;

Whereas the Committee of Ministers examined the proposals made by the Commission when transmitting its report as regards just satisfaction to be awarded to the applicant, proposals supplemented by a letter of the President of the Commission dated 20 May 1994;

Whereas, at the 517th meeting of the Deputies held on 21 September 1994, the Committee of Ministers decided, in accordance with Article 32, paragraph 2, of the Convention, not to award any sum of money as just satisfaction as the applicant had not submitted any claim for compensation;.

Whereas the Committee of Ministers invited the Government of Finland to inform it of the measures taken following its decisions of 7 January 1994 and 21 September 1994, having regard to Finland's obligation under Article 32, paragraph 4, of the Convention to abide by them;

Whereas, during the examination of the case by the Committee of Ministers, the Government of Finland gave the Committee information about the measures taken in consequence of the Committee's decisions, which information appears in the appendix to this resolution,

Declares, having taken note of the measures taken by the Government of Finland, that it has exercised its functions under Article 32 of the Convention in this case;

Authorises the publication of the report adopted by the Commission in this case.

Le Comité des Ministres, en vertu de l'article 32 de la Convention de sauvegarde des Droits de l'Homme et des Libertés fondamentales (ci-après dénommée «la Convention»),

Vu le rapport de la Commission européenne des Droits de l'Homme établi conformément à l'article 31 de la Convention au sujet de la requête introduite le 1er juillet 1991 par M. Touko Ollila contre la Finlande (Requête no 18969/91);

Attendu que la Commission a transmis ledit rapport au Comité des Ministres le 24 août 1993 et que le délai de trois mois prévu à l'article 32, paragraphe 1, de la Convention s'est écoulé sans que l'affaire ait été déférée à la Cour européenne des Droits de l'Homme en application de l'article 48 de la Convention;

Attendu que dans sa requête, telle que déclarée recevable par la Commission le 30 novembre 1992, le requérant s'est plaint de la violation de sa correspondance par un de ses tuteurs;

Attendu que, dans son rapport adopté le 30 juin 1993, la Commission a exprimé l'avis, à l'unanimité, qu'il y avait eu violation de l'article 8 de la Convention;

Attendu que, lors de la 505e réunion des Délégués des Ministres, tenue le 7 janvier 1994, le Comité des Ministres, faisant sien l'avis exprimé par la Commission, a dit, ayant procédé au vote conformément aux dispositions de l'article 32, paragraphe 1, de la Convention, qu'il y avait eu dans cette affaire violation de l'article 8 de la Convention;

Attendu que le Comité des Ministres a examiné les propositions faites par la Commission, lors de la transmission de son rapport, au sujet d'une satisfaction équitable à accorder au requérant, propositions complétées par lettre du Président de la Commission en date du 20 mai 1994;

Attendu que, lors de la 517e réunion des Délégués, tenue le 21 septembre 1994, le Comité des Ministres a dit, conformément à l'article 32, paragraphe 2, de la Convention, qu'aucune somme ne devait être versée au titre de la satisfaction équitable vu que le requérant n'avait pas présenté de demande d'indemnisation;

Attendu que le Comité des Ministres a invité le Gouvernement de la Finlande à l'informer des mesures prises à la suite de ses décisions des 7 janvier 1994 et 21 septembre 1994, eu égard à l'obligation qu'a la Finlande de s'y conformer selon l'article 32, paragraphe 4, de la Convention;

Considérant que, lors de l'examen de cette affaire par le Comité des Ministres, le Gouvernement de la Finlande a donné à celui-ci des informations sur les mesures prises à la suite de ses décisions, informations qui sont résumées dans l'annexe à la présente résolution,

Déclare, après avoir pris note des mesures prises par le Gouvernement de la Finlande, qu'il a rempli ses fonctions en vertu de l'article 32 de la Convention dans la présente affaire;

Autorise la publication du rapport adopté par la Commission dans cette affaire.

Appendix to Resolution DH (96) 3

Information provided by the Government of Finland during the examination of the case of Ollila by the Committee of Ministers

On 1 December 1995, a new act entered into force which introduced a new section 35*a* to the 1898 Guardianship Act, with the following wording:

"A guardian is entitled to open, without the consent of the ward, letters which have arrived to the ward and which on account of the name of the sender or some other special circumstance may be presumed to concern matters falling under the guardian's responsibilities."

A detailed description of the background and purpose of this provision is found in Government Bill RP 16/1995.

This change of the law will, furthermore, sufficiently circumscribe the guardian's powers to render effective the ward's right to have criminal proceedings instituted against the guardian if the latter would act in breach of the above provision (violation of the secrecy of telephone conversations and of correspondence – chapter 38, article 3, paragraphs 1 and 3, of the Penal Code.

Another provision of the new act, section 49*a*, in addition provides that the guardian is responsible for any damage he may cause the ward, whether intentionally or through negligence.

The Finnish Government considers that these measures will prevent the repetition of the kind of violation of the Convention found by the Committee of Ministers in the present case. It also points out that, as an interim measure, the responsible municipal authorities were informed of the problem posed by the absence of sufficiently detailed rules governing the guardian's control of the ward's correspondence and were advised to supplement existing regulations so as to prevent, as far as far as possible, problematical situations from arising while awaiting the entry into force of the new legislation.

France

During 1996, in the exercise of its functions under Article 32, the Committee of Ministers adopted 19 resolutions concerning *France*.

Appl. No.	*Applicant*	*Interim resolution*	*"Classic" resolution*	*Final resolution*	*Complaints*
17676	A.A.		(96) 88		Privacy (telephone monitoring); fairness of criminal proceedings

Annexe à la Résolution DH (96) 3

Informations fournies par le Gouvernement de la Finlande lors de l'examen de l'affaire Ollila par le Comité des Ministres

Une nouvelle loi, entrée en vigueur le 1er décembre 1995, a amendé la loi de 1898 sur la tutelle en introduisant un nouvel article 35*a* aux termes duquel :

«Un tuteur est habilité, sans le consentement de la personne placée sous tutelle, à ouvrir les lettres qui lui sont parvenues et qui sur la base du nom de l'expéditeur ou de toute autre circonstance particulière, sont supposées concerner des domaines tombant sous la responsabilité du tuteur.»

Une description détaillée de l'origine et des objectifs de cette disposition figure dans le projet de loi du gouvernement RP 16/1995.

Par ailleurs, ce changement législatif circonscrira suffisamment les pouvoirs du tuteur pour rendre effectif le droit de la personne mise sous tutelle d'engager une procédure pénale contre le tuteur si ce dernier ne respectait pas la disposition mentionnée ci-dessus (violation du secret des conversations téléphoniques et de la correspondance – chapitre 38, article 3, paragraphes. 1 et 3, du Code pénal).

Une autre disposition de cette nouvelle loi, l'article 49*a*, prévoit de surcroît que le tuteur est responsable de tout dommage qu'il pourrait causer à la personne placée sous tutelle, intentionnellement ou par négligence.

Le Gouvernement finlandais considère que ces mesures permettront d'éviter la répétition de la violation telle que constatée par le Comité des Ministres dans la présente affaire. Il souligne également que, à titre de mesure intérimaire, les autorités municipales responsables ont été informées des problèmes posés par l'absence de règles suffisamment détaillées régissant le contrôle des tuteurs sur la correspondance des personnes placées sous tutelle et engagées à suppléer les règles existantes afin d'éviter, autant que possible, que des situations problématiques se reproduisent en attendant l'entrée en vigueur de la nouvelle loi.

France

Dans l'exercice des fonctions que lui attribue l'article 32, le Comité des Ministres a adopté, au courant de l'année 1996, 19 résolutions concernant la *France*.

Requête n°	***Requérant***	***Résolution intérimaire***	***Résolution "classique"***	***Résolution finale***	***Griefs***
17676	A.A.		(96) 88		Vie privée (écoutes téléphoniques); équité d'une procédure pénale

18095	Aupiais	(96) 255	Length of civil proceedings
17061	Bacha	(96) 89	Privacy (telephone monitoring)
15874	Benes	(96) 4	Length of criminal proceedings
18437	Boyer-Manet	(96) 249	Length of civil proceedings
22405	Cendre	(96) 668	Length of criminal proceedings
19158	De Gerando (MP, G and C)	(96) 567	Length of civil proceedings,
19242	E.G.	(96) 394	Length of civil proceedings
17969	Farçat	(96) 256	Length of civil proceedings
18005	Landra	(96) 90	Privacy (telephone monitoring)
15483	Mathieu	(96) 258	Length of civil proceedings
16979	Merand	(96) 5	Length of civil proceedings
13361	Necco	(96) 568	Length of provisional detention; length of criminal proceedings
18228	P.M.	(96) 395	Length of provisional detention; length of criminal proceedings
20408	Peignier	(96) 259	Privacy (telephone monitoring)
17724	R and ML Loyen	(96) 257	Length of civil proceedings
23133	Roche	(96) 563	Length of civil proceedings
19043	T.T.	(96) 91	Length of civil proceedings
20386	Vanverberghe	(96) 122	Length of provisional detention, length of criminal proceedings, presumption of innocence

18095	Aupiais	(96) 255	Durée de procédure civile
17061	Bacha	(96) 89	Vie privée (écoutes téléphoniques)
15874	Benes	(96) 4	Durée de procédure pénale
18437	Boyer-Manet	(96) 249	Durée de procédure civile
22405	Cendre	(96) 668	Durée de procédure pénale
19158	De Gerando (MP, G et C)	(96) 567	Durée de procédure civile
19242	E.G.	(96) 394	Durée de procédure civile
17969	Farçat	(96) 256	Durée de procédure civile
18005	Landra	(96) 90	Vie privée (écoutes téléphoniques)
15483	Mathieu	(96) 258	Durée de procédure civile
16979	Merand	(96) 5	Durée de procédure civile
13361	Necco	(96) 568	Durée de détention provisoire; durée d'une procédure pénale
18228	P.M.	(96) 395	Durée de détention provisoire; durée d'une procédure pénale
20408	Peignier	(96) 259	Vie privée (écoutes téléphoniques)
17724	R and ML Loyen	(96) 257	Durée de procédure civile
23133	Roche	(96) 563	Durée de procédure civile
19043	T.T.	(96) 91	Durée de procédure civile
20386	Vanverberghe	(96) 122	Durée de détention provisoire, durée d'une procédure pénale, présomption d' innocence

Resolution DH (96) 122

Applications Nos. 20386/92 and 21074/92
Vanverberghe v. France

(Adopted by the Committee of Ministers on 15 May 1996 at the 564th meeting of the Ministers' Deputies)

The Committee of Ministers, under the terms of Article 32 of the Convention for the Protection of Human Rights and Fundamental Freedoms (hereinafter referred to as "the Convention"),

Having regard to the report drawn up on 12 October 1994 by the European Commission of Human Rights in accordance with Article 31 of the Convention relating to the applications lodged respectively on 10 June 1992 and 27 November 1992 by Mr Francis Vanverberghe against France (Applications Nos. 20386/92 and 21074/92);

Whereas on 15 November 1994 the Commission transmitted the said report to the Committee of Ministers and whereas the period of three months provided for in Article 32, paragraph 1, of the Convention has elapsed without the case having been brought before the European Court of Human Rights in pursuance of Article 48 of the Convention;

Whereas in his applications, as declared admissible by the Commission on 11 May 1994, the applicant complained of the excessive length of his detention on remand and of the excessive length of the criminal proceedings;.

Whereas in its report the Commission expressed, by twelve votes to one, the opinion that there had been a violation of Article 5, paragraph 3, of the Convention, unanimously, that no separate question arose under Article 6, paragraph 2 and, by twelve votes to one, that there had been a violation of Article 6, paragraph 1;

Whereas, at the 534th meeting of the Ministers' Deputies held on 7 April 1995 the Committee of Ministers, agreeing with the opinion expressed by the Commission, held, having voted in accordance with the provisions of Article 32, paragraph 1, of the Convention, that there had been a violation of Article 5, paragraph 3, of the Convention and that there had been in this case a violation of Article 6, paragraph 1, of the Convention;

Whereas the Committee of Ministers examined the proposals made by the Commission when transmitting its report as regards just satisfaction to be awarded to the applicant, proposals supplemented by a letter of the President of the Commission dated 15 September 1995;

Whereas, on 19 October 1995, at the 546th meeting of the Deputies, the Committee of Ministers decided, in accordance with Article 32, paragraph 2, of the Convention, that the Government of France was to pay the applicant as just satisfaction, within three months, 55 000 French francs in respect of non-pecuniary damage and 30 000 French francs in respect of costs and expenses, namely a total sum of 85 000 French francs;

Whereas the Committee of Ministers invited the Government of France to

Résolution DH (96) 122

Requêtes n°s 20386/92 et 21074/92
Vanverberghe c/ France

(adoptée par le Comité des Ministres le 15 mai 1996, lors de la 564e réunion des Délégués des Ministres)

Le Comité des Ministres, en vertu de l'article 32 de la Convention de sauvegarde des Droits de l'Homme et des Libertés fondamentales (ci-après dénommée «la Convention»),

Vu le rapport de la Commission européenne des Droits de l'Homme établi le 12 octobre 1994, conformément à l'article 31 de la Convention au sujet des requêtes introduites respectivement le 10 juin 1992 et le 27 novembre 1992 par M. Francis Vanverberghe contre la France (Requêtes n°s 20386/92 et 21074/92);

Attendu que la Commission a transmis ledit rapport au Comité des Ministres le 15 novembre 1994 et que le délai de trois mois prévu à l'article 32, paragraphe 1, de la Convention s'est écoulé sans que l'affaire ait été déférée à la Cour européenne des Droits de l'Homme en application de l'article 48 de la Convention;

Attendu que dans ses requêtes, telles que déclarées recevables par la Commission le 11 mai 1994, le requérant s'est plaint de la durée excessive de sa détention provisoire et de la durée excessive d'une procédure pénale;

Attendu que, dans son rapport, la Commission a exprimé l'avis, par douze voix contre une, qu'il y avait eu violation de l'article 5, paragraphe 3, de la Convention, à l'unanimité, qu'aucune question distincte ne se posait sous l'angle de l'article 6, paragraphe 2, de la Convention et, par douze voix contre une, qu'il y avait eu violation de l'article 6, paragraphe 1, de la Convention;

Attendu que, lors de la 534e réunion des Délégués des Ministres, tenue le 7 avril 1995, le Comité des Ministres, faisant sien l'avis exprimé par la Commission, a dit, ayant procédé au vote conformément aux dispositions de l'article 32, paragraphe 1, de la Convention, qu'il y avait eu dans cette affaire violation de l'article 5, paragraphe 3, de la Convention et qu'il y avait eu violation de l'article 6, paragraphe 1, de la Convention;

Attendu que le Comité des Ministres a examiné les propositions faites par la Commission, lors de la transmission de son rapport, au sujet d'une satisfaction équitable à accorder au requérant, propositions complétées par lettre du Président de la Commission en date du 15 septembre 1995;

Attendu que, le 19 octobre 1995, lors de la 546e réunion des Délégués, le Comité des Ministres a dit, conformément à l'article 32, paragraphe 2, de la Convention, que le Gouvernement de la France devait verser au requérant comme satisfaction équitable, dans les trois mois, 55 000 francs français au titre du préjudice moral et 30 000 francs français au titre des frais et dépens, soit la somme totale de 85 000 francs français;

Attendu que le Comité des Ministres a invité le Gouvernement de la France à

inform it of the measures taken following its decisions of 7 April 1995 and 19 October 1995, having regard to France's obligation under Article 32, paragraph 4, of the Convention to abide by them;

Whereas, during the examination of the case by the Committee of Ministers, the Government of France gave the Committee information about the measures taken in consequence of the Committee's decisions, which information appears in the appendix to this resolution;

Whereas the Committee of Ministers satisfied itself that the Government of France paid the applicant the total sum of 85 000 French francs as just satisfaction, payment confirmed by letter dated 11 March 1996,

Declares, having taken note of the measures taken by the Government of France, that it has exercised its functions under Article 32 of the Convention in this case;

Authorises the publication of the report adopted by the Commission in this case.

Appendix to Resolution DH (96) 122

Information provided by the Government of France.
during the examination of the Vanverberghe case by the Committee of Ministers

The report of the Commission has been diffused to the relevant courts, according to a practice established by the Government of France in similar cases. The government is of the opinion that this practice will prevent the repetition of similar violations as found in the present case.

Resolution DH (96) 395

Application No. 18228/91
P. M. v. France

(Adopted by the Committee of Ministers on 13 September 1996
at the 571st meeting of the Ministers' Deputies)

The Committee of Ministers, under the terms of Article 32 of the Convention for the Protection of Human Rights and Fundamental Freedoms (hereinafter referred to as "the Convention"),

Having regard to the report drawn up on 13 October 1993, by the European Commission of Human Rights in accordance with Article 31 of the Convention relating to the application lodged on 5 April 1991 by Mr P. M. against France (Application No. 18228/91);

Whereas on 21 December 1993 the Commission transmitted the said report to the Committee of Ministers and whereas the period of three months provided for in Article 32, paragraph 1, of the Convention has elapsed without the case having been brought before

l'informer des mesures prises à la suite de ses décisions des 7 avril 1995 et 19 octobre 1995, eu égard à l'obligation qu'a la France de s'y conformer selon l'article 32, paragraphe 4, de la Convention;

Considérant que, lors de l'examen de cette affaire par le Comité des Ministres, le Gouvernement de la France a donné à celui-ci des informations sur les mesures prises à la suite de ses décisions, informations qui sont résumées dans l'annexe à la présente résolution;

Attendu que le Comité des Ministres s'est assuré que le Gouvernement de la France avait versé au requérant la somme totale de 85 000 francs français comme satisfaction équitable, paiement confirmé par lettre du 11 mars 1996,

Déclare, après avoir pris note des mesures prises par le Gouvernement de la France, qu'il a rempli ses fonctions en vertu de l'article 32 de la Convention dans la présente affaire;

Autorise la publication du rapport adopté par la Commission dans cette affaire.

Annexe à la Résolution DH (96) 122

Informations fournies par le Gouvernement de la France lors de l'examen de l'affaire Vanverberghe par le Comité des Ministres

Le rapport de la Commission a été diffusé auprès des juridictions concernées, suivant la pratique établie dans des affaires analogues par le Gouvernement de la France. Le Gouvernement est d'avis que cette pratique permettra d'empêcher la répétition de violation semblable à celle constatée dans la présente affaire.

Résolution DH (96) 395

Requête n° 18228/91
P. M. c/ France

(adoptée par le Comité des Ministres le 13 septembre 1996, lors de la 571e réunion des Délégués des Ministres)

Le Comité des Ministres, en vertu de l'article 32 de la Convention de sauvegarde des Droits de l'Homme et des Libertés fondamentales (ci-après dénommée «la Convention»),

Vu le rapport de la Commission européenne des Droits de l'Homme établi le 13 octobre 1993, conformément à l'article 31 de la Convention au sujet de la requête introduite le 5 avril 1991 par M. P. M. contre la France (Requête n° 18228/91);

Attendu que la Commission a transmis ledit rapport au Comité des Ministres le 21 décembre 1993 et que le délai de trois mois prévu à l'article 32, paragraphe 1,

the European Court of Human Rights in pursuance of Article 48 of the Convention;

Whereas in his application, as declared admissible by the Commission on 31 March 1993, the applicant complained of the excessive length of his detention on remand and of the excessive length of certain criminal proceedings;

Whereas in its report the Commission expressed, unanimously, the opinion that there had been a violation of Article 5, paragraph 3, of the Convention and that there had been no violation of Article 6, paragraph 1, of the Convention;

Whereas, at the 514th meeting of the Ministers' Deputies held on 9 June 1994 the Committee of Ministers, agreeing with the opinion expressed by the Commission, held, having voted in accordance with the provisions of Article 32, paragraph 1, of the Convention, that there had been in this case a violation of Article 5, paragraph 3, of the Convention and that there had been no violation of Article 6, paragraph 1, of the Convention;

Whereas the Committee of Ministers examined the proposals made by the Commission when transmitting its report as regards just satisfaction to be awarded to the applicant, proposals supplemented by a letter of the President of the Commission dated 15 September 1995;

Whereas, at the 546th meeting of the Deputies held on 19 October 1995 the Committee of Ministers decided, in accordance with Article 32, paragraph 2, of the Convention, that the Government of France was to pay the applicant as just satisfaction, within three months, 15 000 French francs in respect of non-pecuniary damage and 20 000 French francs in respect of costs and expenses, namely a total sum of 35 000 French francs;

Whereas the Committee of Ministers invited the Government of France to inform it of the measures taken following its decisions of 9 June 1994 and 19 October 1995, having regard to France's obligation under Article 32, paragraph 4, of the Convention to abide by them;

Whereas, during the examination of the case by the Committee of Ministers, the Government of France gave the Committee information about the measures taken in consequence of the Committee's decisions, which information appears in the appendix to this resolution;

Whereas the Committee of Ministers satisfied itself that on 1 March 1996, the Government of France paid the applicant the total sum of 35 000 French francs as just satisfaction,

Declares, having taken note of the measures taken by the Government of France, that it has exercised its functions under Article 32 of the Convention in this case;

Authorises the publication of the report adopted by the Commission in this case.

Appendix to Resolution DH (96) 395

Information provided by the Government of France
during the examination of the case of P. M. by the Committee of Ministers

de la Convention s'est écoulé sans que l'affaire ait été déférée à la Cour européenne des Droits de l'Homme en application de l'article 48 de la Convention;

Attendu que dans sa requête, telle que déclarée recevable par la Commission le 31 mars 1993, le requérant s'est plaint de la durée excessive de sa détention provisoire et de la durée excessive de la procédure pénale;

Attendu que, dans son rapport, la Commission a exprimé l'avis, à l'unanimité, qu'il y avait eu violation de l'article 5, paragraphe 3, de la Convention et qu'il n'y avait pas eu violation de l'article 6, paragraphe 1, de la Convention;

Attendu que, lors de la 514e réunion des Délégués des Ministres, tenue le 9 juin 1994, le Comité des Ministres, faisant sien l'avis exprimé par la Commission, a dit, ayant procédé au vote conformément aux dispositions de l'article 32, paragraphe 1, de la Convention, qu'il y avait eu dans cette affaire violation de l'article 5, paragraphe 3, de la Convention et qu'il n'y avait pas eu violation de l'article 6, paragraphe 1, de la Convention;

Attendu que le Comité des Ministres a examiné les propositions faites par la Commission, lors de la transmission de son rapport, au sujet d'une satisfaction équitable à accorder au requérant, propositions complétées par lettre du Président de la Commission en date du 15 septembre 1995;

Attendu que, lors de la 546e réunion des Délégués, tenue le 19 octobre 1995, le Comité des Ministres a dit, conformément à l'article 32, paragraphe 2, de la Convention, que le Gouvernement de la France devait verser au requérant comme satisfaction équitable, dans les trois mois, 15 000 francs français au titre du préjudice moral et 20 000 francs français au titre des frais et dépens, soit la somme totale de 35 000 francs français;

Attendu que le Comité des Ministres a invité le Gouvernement de la France à l'informer des mesures prises à la suite de ses décisions des 9 juin 1994 et 19 octobre 1995, eu égard à l'obligation qu'a la France de s'y conformer selon l'article 32, paragraphe 4, de la Convention;

Considérant que, lors de l'examen de cette affaire par le Comité des Ministres, le Gouvernement de la France a donné à celui-ci des informations sur les mesures prises à la suite de ses décisions, informations qui sont résumées dans l'annexe à la présente résolution;

Attendu que le Comité des Ministres s'est assuré que le Gouvernement de la France avait versé au requérant le 1er mars 1996, la somme totale de 35 000 francs français comme satisfaction équitable,

Déclare, après avoir pris note des mesures prises par le Gouvernement de la France, qu'il a rempli ses fonctions en vertu de l'article 32 de la Convention dans la présente affaire;

Autorise la publication du rapport adopté par la Commission dans cette affaire.

Annexe à la Résolution DH (96) 395

Informations fournies par le Gouvernement de la France
lors de l'examen de l'affaire P. M. par le Comité des Ministres

The report of the Commission has been distributed to the relevant courts, according to a practice established by the Government of France in similar cases. The government is of the opinion that this practice will prevent a repetition of violations similar to that found in the present case.

Resolution DH (96) 568

Application No. 13361/87
Necco v. France

(Adopted by the Committee of Ministers on 15 November 1996 at the 576th meeting of the Ministers' Deputies)

The Committee of Ministers, under the terms of Article 32 of the Convention for the Protection of Human Rights and Fundamental Freedoms (hereinafter referred to as "the Convention"),

Having regard to the report drawn up on 1 December 1993, by the European Commission of Human Rights in accordance with Article 31 of the Convention relating to the application lodged on 15 September 1987 by Mr Gilbert Necco against France (Application No. 13361/87);

Whereas on 17 January 1994 the Commission transmitted the said report to the Committee of Ministers and whereas the period of three months provided for in Article 32, paragraph 1, of the Convention has elapsed without the case having been brought before the European Court of Human Rights in pursuance of Article 48 of the Convention;

Whereas in his application, declared admissible by the Commission on 8 January 1992, the applicant complained of the excessive length of his detention on remand and of the excessive length of certain criminal proceedings;

Whereas in its report the Commission expressed, unanimously, the opinion that there had been a violation of Article 5, paragraph 3, of the Convention and that there had been a violation of Article 6, paragraph 1, of the Convention;

Whereas, at the 514th meeting of the Ministers' Deputies, held on 9 June 1994 the Committee of Ministers, agreeing with the opinion expressed by the Commission, held, having voted in accordance with the provisions of Article 32, paragraph 1, of the Convention, that there had been in this case a violation of Article 5, paragraph 3, of the Convention and that there had been a violation of Article 6, paragraph 1, of the Convention;

Whereas the Committee of Ministers examined the proposals made by the Commission when transmitting its report as regards just satisfaction to be awarded to the applicant, proposals supplemented by a letter of the President of the Commission dated 3 March 1995;

Whereas, at the 559th meeting of the Deputies, held on 22 March 1996 the Committee of Ministers decided, in accordance with Article 32, paragraph 2, of the

Le rapport de la Commission a été diffusé auprès des juridictions concernées, suivant la pratique établie dans des affaires analogues par le Gouvernement de la France. Le gouvernement est d'avis que cette pratique permettra d'empêcher la répétition de violations semblables à celle constatée dans la présente affaire.

Résolution DH (96) 568

Requête n° 13361/87
Necco c/ France

(adoptée par le Comité des Ministres le 15 novembre 1996, lors de la 576e réunion des Délégués des Ministres)

Le Comité des Ministres, en vertu de l'article 32 de la Convention de sauvegarde des Droits de l'Homme et des Libertés fondamentales (ci-après dénommée «la Convention»),

Vu le rapport de la Commission européenne des Droits de l'Homme établi le 1er décembre 1993, conformément à l'article 31 de la Convention au sujet de la requête introduite le 15 septembre 1987 par M. Gilbert Necco contre la France (Requête n° 13361/87);

Attendu que la Commission a transmis ledit rapport au Comité des Ministres le 17 janvier 1994 et que le délai de trois mois prévu à l'article 32, paragraphe 1, de la Convention s'est écoulé sans que l'affaire ait été déférée à la Cour européenne des Droits de l'Homme en application de l'article 48 de la Convention;

Attendu que dans sa requête, déclarée recevable par la Commission le 8 janvier 1992, le requérant s'est plaint de la durée excessive de sa détention provisoire et de la durée excessive d'une procédure pénale;

Attendu que, dans son rapport, la Commission a exprimé l'avis, à l'unanimité, qu'il y avait eu violation de l'article 5, paragraphe 3, de la Convention et qu'il y avait eu violation de l'article 6, paragraphe 1, de la Convention;

Attendu que, lors de la 514e réunion des Délégués des Ministres, tenue le 9 juin 1994, le Comité des Ministres, faisant sien l'avis exprimé par la Commission, a dit, ayant procédé au vote conformément aux dispositions de l'article 32, paragraphe 1, de la Convention, qu'il y avait eu dans cette affaire violation de l'article 5, paragraphe 3, de la Convention et qu'il y avait eu violation de l'article 6, paragraphe 1, de la Convention;

Attendu que le Comité des Ministres a examiné les propositions faites par la Commission, lors de la transmission de son rapport, au sujet d'une satisfaction équitable à accorder au requérant, propositions complétées par lettre du Président de la Commission en date du 3 mars 1995;

Attendu que, lors de la 559e réunion des Délégués, tenue le 22 mars 1996, le Comité des Ministres a dit, conformément à l'article 32, paragraphe 2, de la

Convention, that the Government of France was to pay the applicant as just satisfaction, within three months, 25 000 French francs in respect of non-pecuniary damage and 30 000 French francs in respect of costs and expenses, namely a total sum of 55 000 French francs and that interest should be payable on any non-paid sum at the statutory rate applicable on the date of this decision, it being understood that the interest will accrue from the expiry of the time-limit until full payment is placed at the disposal of the applicant;

Whereas the Committee of Ministers invited the Government of France to inform it of the measures taken following its decisions of 9 June 1994 and 22 March 1996, having regard to France's obligation under Article 32, paragraph 4, of the Convention to abide by them;

Whereas, during the examination of the case by the Committee of Ministers, the Government of France gave the Committee information about the measures taken in consequence of the Committee's decisions, which information appears in the appendix to this resolution;

Whereas the Committee of Ministers satisfied itself that on 4 June 1996, within the time-limit set, the Government of France paid the applicant the total sum of 55,000 French francs as just satisfaction,

Declares, having taken note of the measures taken by the Government of France, that it has exercised its functions under Article 32 of the Convention in this case;

Authorises the publication of the report adopted by the Commission in this case.

Appendix to Resolution DH (96) 568

(Information provided by the Government of France during the examination of the case of Necco by the Committee of Ministers)

The report of the Commission has been diffused to the relevant courts, according to a practise established by the Government of France in similar cases. The Government are of the opinion that this practise will prevent the repetition of the kind of violation found in the present case and consider accordingly that they have fulfilled their obligations under Article 32 of the Convention.

Resolution DH(96) 89

Application No. 17061/90
Bacha v. France

(Adopted by the Committee of Ministers on 22 March 1996 at the 559th meeting of the Ministers' Deputies)

Convention, que le Gouvernement de la France devait verser au requérant comme satisfaction équitable, dans les trois mois, 25 000 francs français au titre du préjudice moral et 30 000 francs français au titre des frais et dépens, soit la somme totale de 55 000 francs français et que des intérêts seraient payables sur toute somme impayée au taux légal applicable à la date de la présente décision, étant entendu que les intérêts courront à partir de l'expiration du délai jusqu'au jour de la mise à disposition du paiement complet;

Attendu que le Comité des Ministres a invité le Gouvernement de la France à l'informer des mesures prises à la suite de ses décisions des 9 juin 1994 et 22 mars 1996, eu égard à l'obligation qu'a la France de s'y conformer selon l'article 32, paragraphe 4, de la Convention;

Considérant que, lors de l'examen de cette affaire par le Comité des Ministres, le Gouvernement de la France a donné à celui-ci des informations sur les mesures prises à la suite de ses décisions, informations qui sont résumées dans l'annexe à la présente résolution;

Attendu que le Comité des Ministres s'est assuré que le Gouvernement de la France avait versé au requérant le 4 juin 1996, dans le délai imparti, la somme totale de 55 000 francs français comme satisfaction équitable,

Déclare, après avoir pris note des mesures prises par le Gouvernement de la France, qu'il a rempli ses fonctions en vertu de l'article 32 de la Convention dans la présente affaire;

Autorise la publication du rapport adopté par la Commission dans cette affaire.

Annexe à la Résolution DH (96) 568

Informations fournies par le Gouvernement de la France
lors de l'examen de l'affaire Necco par le Comité des Ministres

Le rapport de la Commission a été diffusé auprès des juridictions concernées, suivant la pratique établie dans des affaires analogues par le Gouvernement de la France. Le Gouvernement est d'avis que cette pratique permettra d'empêcher la répétition d'une violation semblable à celle constatée dans la présente affaire et considère en conséquence qu'il a rempli ses obligations découlant de l'article 32 de la Convention.

Résolution DH (96) 89

Requête n° 17061/90
Bacha c/ France

(adoptée par le Comité des Ministres le 22 mars 1996,
lors de la 559e réunion des Délégués des Ministres)

The Committee of Ministers, under the terms of Article 32 of the Convention for the Protection of Human Rights and Fundamental Freedoms (hereinafter referred to as "the Convention"),

Having regard to the report drawn up by the European Commission of Human Rights in accordance with Article 31 of the Convention relating to the application lodged on 18 July 1990 by Mr Baroudé Bacha against France (Application No. 17061/90);

Whereas on 24 February 1994 the Commission transmitted the said report to the Committee of Ministers and whereas the period of three months provided for in Article 32, paragraph 1, of the Convention has elapsed without the case having been brought before the European Court of Human Rights in pursuance of Article 48 of the Convention;

Whereas in his application, declared admissible by the Commission on 31 March 1993, the applicant complained of the interception and the recording of his telephone conversations by criminal investigation police officers;

Whereas in its report adopted on 11 January 1994, the Commission expressed, unanimously, the opinion that there had been a violation of Article 8 of the Convention;

Whereas, at the 514th meeting of the Ministers' Deputies, held on 9 June 1994, the Committee of Ministers, agreeing with the opinion expressed by the Commission, held, having voted in accordance with the provisions of Article 32, paragraph 1, of the Convention, that there had been in this case a violation of Article 8 of the Convention;

Whereas the Committee of Ministers examined the proposals made by the Commission when transmitting its report as regards just satisfaction to be awarded to the applicant, proposals supplemented by a letter of the President of the Commission dated 21 October 1994;

Whereas, at the 522nd meeting of the Deputies, held on 5 December 1994, the Committee of Ministers decided, in accordance with Article 32, paragraph 2, of the Convention, that the Government of France was to pay the applicant as just satisfaction, within three months, 7,500 French francs in respect of non-pecuniary damage and 30,000 French francs in respect of costs and expenses, namely a total sum of 37,500 French francs;

Whereas the Committee of Ministers invited the Government of France to inform it of the measures taken following its decisions of 9 June and 5 December 1994, having regard to France's obligation under Article 32, paragraph 4, of the Convention to abide by them;

Whereas, the Government of France informed the Committee of Ministers that the law of 10 July 1991 concerning the secrecy of telecommunications, which came into force on 1 October 1991, (see notably Resolution DH (92) 40 in the case of Huvig against France and Resolution DH (92) 41 in the case of Kruslin against France) would also apply to situations comparable to the one at issue in the present case;

Whereas the Committee of Ministers satisfied itself that on 14 September 1995, the Government of France paid the applicant the total sum of 37,500 French francs as just satisfaction,

Le Comité des Ministres, en vertu de l'article 32 de la Convention de sauvegarde des Droits de l'Homme et des Libertés fondamentales (ci-après dénommée «la Convention»),

Vu le rapport de la Commission européenne des Droits de l'Homme établi conformément à l'article 31 de la Convention au sujet de la requête introduite le 18 juillet 1990 par M. Baroudé Bacha contre la France (Requête n° 17061/90);

Attendu que la Commission a transmis ledit rapport au Comité des Ministres le 24 février 1994 et que le délai de trois mois prévu à l'article 32, paragraphe 1, de la Convention s'est écoulé sans que l'affaire ait été déférée à la Cour européenne des Droits de l'Homme en application de l'article 48 de la Convention;

Attendu que dans sa requête, déclarée recevable par la Commission le 31 mars 1993, le requérant s'est plaint de l'interception et de l'enregistrement de ses conversations téléphoniques par des officiers de police judiciaire;

Attendu que, dans son rapport adopté le 11 janvier 1994, la Commission a exprimé l'avis, à l'unanimité, qu'il y avait eu violation de l'article 8 de la Convention;

Attendu que, lors de la 514e réunion des Délégués des Ministres, tenue le 9 juin 1994, le Comité des Ministres, faisant sien l'avis exprimé par la Commission, a dit, ayant procédé au vote conformément aux dispositions de l'article 32, paragraphe 1, de la Convention, qu'il y avait eu dans cette affaire violation de l'article 8 de la Convention;

Attendu que le Comité des Ministres a examiné les propositions faites par la Commission, lors de la transmission de son rapport, au sujet d'une satisfaction équitable à accorder au requérant, propositions complétées par lettre du Président de la Commission en date du 21 octobre 1994;

Attendu que, lors de la 522e réunion des Délégués, tenue le 5 décembre 1994, le Comité des Ministres a dit, conformément à l'article 32, paragraphe 2, de la Convention, que le Gouvernement de la France devait verser au requérant comme satisfaction équitable, dans les trois mois, 7 500 francs français au titre du préjudice moral et 30 000 francs français au titre des frais et dépens, soit la somme totale de 37 500 francs français;

Attendu que le Comité des Ministres a invité le Gouvernement de la France à l'informer des mesures prises à la suite de ses décisions des 9 juin et 5 décembre 1994, eu égard à l'obligation qu'a la France de s'y conformer selon l'article 32, paragraphe 4, de la Convention;

Attendu que le Gouvernement de la France a informé le Comité des Ministres de ce que la loi du 10 juillet 1991 relative au secret des correspondances émises par la voie des télécommunications, entrée en vigueur le 1er octobre 1991 (voir, notamment, Résolution DH (92) 40 dans l'affaire Huvig contre la France et Résolution DH (92) 41 dans l'affaire Kruslin contre la France), s'appliquerait aussi aux situations comme celle en cause en l'espèce;

Attendu que le Comité des Ministres s'est assuré que le Gouvernement de la France avait versé au requérant le 14 septembre 1995 la somme totale de 37 500 francs français comme satisfaction équitable,

Declares, having taken note of the measures taken by the Government of France, that it has exercised its functions under Article 32 of the Convention in this case;

Authorises the publication of the report adopted by the Commission in this case.

Resolution DH (96) 90

Application No. 18005/91
Landra v. France

(Adopted by the Committee of Ministers on 22 March 1996 at the 559th meeting of the Ministers' Deputies)

The Committee of Ministers, under the terms of Article 32 of the Convention for the Protection of Human Rights and Fundamental Freedoms (hereinafter referred to as "the Convention"),

Having regard to the report drawn up by the European Commission of Human Rights in accordance with Article 31 of the Convention relating to the application lodged on 20 March 1991 by Mr Thierry Landra against France (Application No. 18005/91);

Whereas on 18 February 1994 the Commission transmitted the said report to the Committee of Ministers and whereas the period of three months provided for in Article 32, paragraph 1, of the Convention has elapsed without the case having been brought before the European Court of Human Rights in pursuance of Article 48 of the Convention;

Whereas in his application, declared admissible by the Commission on 31 March 1993, the applicant complained of the interception and the recording of his telephone conversations by criminal investigation police officers;

Whereas in its report adopted on 11 January 1994, the Commission expressed, unanimously, the opinion that there had been a violation of Article 8 of the Convention;

Whereas, at the 514th meeting of the Ministers' Deputies, held on 9 June 1994, the Committee of Ministers, agreeing with the opinion expressed by the Commission, held, having voted in accordance with the provisions of Article 32, paragraph 1, of the Convention, that there had been in this case a violation of Article 8 of the Convention;

Whereas the Committee of Ministers examined the proposals made by the Commission when transmitting its report as regards just satisfaction to be awarded to the applicant, proposals supplemented by a letter of the President of the Commission dated 21 October 1994;

Whereas, at the 522nd meeting of the Deputies, held on 5 December 1994, the Committee of Ministers decided, in accordance with Article 32, paragraph 2, of the Convention, that the Government of France was to pay the applicant as just

Déclare, après avoir pris note des mesures prises par le Gouvernement de la France, qu'il a rempli ses fonctions en vertu de l'article 32 de la Convention dans la présente affaire;

Autorise la publication du rapport adopté par la Commission dans cette affaire.

Résolution DH (96) 90

Requête n° 18005/91
Landra c/ France

(adoptée par le Comité des Ministres le 22 mars 1996, lors de la 559e réunion des Délégués des Ministres)

Le Comité des Ministres, en vertu de l'article 32 de la Convention de sauvegarde des Droits de l'Homme et des Libertés fondamentales (ci-après dénommée «la Convention»),

Vu le rapport de la Commission européenne des Droits de l'Homme établi conformément à l'article 31 de la Convention au sujet de la requête introduite le 20 mars 1991 par M. Thierry Landra contre la France (Requête n° 18005/91);

Attendu que la Commission a transmis ledit rapport au Comité des Ministres le 18 février 1994 et que le délai de trois mois prévu à l'article 32, paragraphe 1, de la Convention s'est écoulé sans que l'affaire ait été déférée à la Cour européenne des Droits de l'Homme en application de l'article 48 de la Convention;

Attendu que dans sa requête, déclarée recevable par la Commission le 31 mars 1993, le requérant s'est plaint de l'interception et de l'enregistrement de ses conversations téléphoniques par des officiers de police judiciaire;

Attendu que, dans son rapport adopté le 11 janvier 1994, la Commission a exprimé l'avis, à l'unanimité, qu'il y avait eu violation de l'article 8 de la Convention;

Attendu que, lors de la 514e réunion des Délégués des Ministres, tenue le 9 juin 1994, le Comité des Ministres, faisant sien l'avis exprimé par la Commission, a dit, ayant procédé au vote conformément aux dispositions de l'article 32, paragraphe 1, de la Convention, qu'il y avait eu dans cette affaire violation de l'article 8 de la Convention;

Attendu que le Comité des Ministres a examiné les propositions faites par la Commission, lors de la transmission de son rapport, au sujet d'une satisfaction équitable à accorder au requérant, propositions complétées par lettre du Président de la Commission en date du 21 octobre 1994;

Attendu que, lors de la 522e réunion des Délégués, tenue le 5 décembre 1994, le Comité des Ministres a dit, conformément à l'article 32, paragraphe 2, de la Convention, que le Gouvernement de la France devait verser au requérant comme satisfaction équitable, dans les trois mois, 7 500 francs français au titre du

satisfaction, within three months, 7 500 French francs in respect of non-pecuniary damage and 22 000 French francs in respect of costs and expenses, namely a total sum of 29 500 French francs;

Whereas the Committee of Ministers invited the Government of France to inform it of the measures taken following its decisions of 9 June and 5 December 1994, having regard to France's obligation under Article 32, paragraph 4, of the Convention to abide by them;

Whereas, the Government of France informed the Committee of Ministers that the law of 10 July 1991 concerning the secrecy of telecommunications, which came into force on 1 October 1991, (see notably Resolution DH (92) 40 in the case of Huvig against France and Resolution DH (92) 41 in the case of Kruslin against France) would also apply to situations comparable to the one at issue in the present case;

Whereas the Committee of Ministers satisfied itself that on 22 May 1995 at the latest, the Government of France paid the applicant the total sum of 29 500 French francs as just satisfaction,

Declares, having taken note of the measures taken by the Government of France, that it has exercised its functions under Article 32 of the Convention in this case;

Authorises the publication of the report adopted by the Commission in this case.

Resolution DH (96) 259

Application No. 20408/92
Peignier v. France.

(Adopted by the Committee of Ministers on 25 June 1996 at the 567th meeting of the Ministers' Deputies)

The Committee of Ministers, under the terms of Article 32 of the Convention for the Protection of Human Rights and Fundamental Freedoms (hereinafter referred to as "the Convention"),

Having regard to the report drawn up by the European Commission of Human Rights in accordance with Article 31 of the Convention relating to the application lodged on 5 May 1992 by Mr Yves Peignier against France (Application No. 20408/92);

Whereas on 11 August 1994 the Commission transmitted the said report to the Committee of Ministers and whereas the period of three months provided for in Article 32, paragraph 1, of the Convention has elapsed without the case having been brought before the European Court of Human Rights in pursuance of Article 48 of the Convention;

Whereas in his application, as declared admissible by the Commission on 12 January 1994, the applicant complained of the interception and the recording of his telephone conversations by criminal investigation police officers;

préjudice moral et 22 000 francs français au titre des frais et dépens, soit la somme totale de 29 500 francs français;

Attendu que le Comité des Ministres a invité le Gouvernement de la France à l'informer des mesures prises à la suite de ses décisions des 9 juin et 5 décembre 1994, eu égard à l'obligation qu'a la France de s'y conformer selon l'article 32, paragraphe 4, de la Convention;

Attendu que le Gouvernement de la France a informé le Comité des Ministres de ce que la loi du 10 juillet 1991 relative au secret des correspondances émises par la voie des télécommunications, entrée en vigueur le 1er octobre 1991 (voir, notamment, Résolution DH (92) 40 dans l'affaire Huvig contre la France et Résolution DH (92) 41 dans l'affaire Kruslin contre la France), s'appliquerait aussi aux situations comme celle en cause en l'espèce;

Attendu que le Comité des Ministres s'est assuré que le Gouvernement de la France avait versé au requérant au plus tard le 22 mai 1995 la somme totale de 29 500 francs français comme satisfaction équitable,

Déclare, après avoir pris note des mesures prises par le Gouvernement de la France, qu'il a rempli ses fonctions en vertu de l'article 32 de la Convention dans la présente affaire;

Autorise la publication du rapport adopté par la Commission dans cette affaire.

Résolution DH (96) 259

Requête n° 20408/92
Peignier c/ France

(adoptée par le Comité des Ministres le 25 juin 1996, lors de la 567e réunion des Délégués des Ministres)

Le Comité des Ministres, en vertu de l'article 32 de la Convention de sauvegarde des Droits de l'Homme et des Libertés fondamentales (ci-après dénommée «la Convention»),

Vu le rapport de la Commission européenne des Droits de l'Homme établi conformément à l'article 31 de la Convention au sujet de la requête introduite le 5 mai 1992 par M. Yves Peignier contre la France (Requête n° 20408/92);

Attendu que la Commission a transmis ledit rapport au Comité des Ministres le 11 août 1994 et que le délai de trois mois prévu à l'article 32, paragraphe 1, de la Convention s'est écoulé sans que l'affaire ait été déférée à la Cour européenne des Droits de l'Homme en application de l'article 48 de la Convention;

Attendu que dans sa requête, telle que déclarée recevable par la Commission le 12 janvier 1994, le requérant s'est plaint de l'interception et de l'enregistrement de ses conversations téléphoniques par des officiers de police judiciaire;

Attendu que, dans son rapport adopté le 5 juillet 1994, la Commission a

Whereas in its report adopted on 5 July 1994 the Commission expressed, unanimously, the opinion that there had been a violation of Article 8 of the Convention;

Whereas, at the 522nd meeting of the Ministers' Deputies held on 6 December 1994, the Committee of Ministers, agreeing with the opinion expressed by the Commission, held, having voted in accordance with the provisions of Article 32, paragraph 1, of the Convention, that there had been in this case a violation of Article 8 of the Convention;

Whereas the Committee of Ministers examined the proposals made by the Commission when transmitting its report as regards just satisfaction to be awarded to the applicant, proposals supplemented by a letter of the President of the Commission dated 18 April 1994;

Whereas, at the 542nd meeting of the Deputies held on 7 September 1995, the Committee of Ministers decided, in accordance with Article 32, paragraph 2, of the Convention, that the Government of France was to pay the applicant as just satisfaction, within three months, 7 500 French francs in respect of non-pecuniary damage;

Whereas the Committee of Ministers invited the Government of France to inform it of the measures taken following its decisions of 6 December 1994 and 7 September 1995, having regard to France's obligation under Article 32, paragraph 4, of the Convention to abide by them;

Whereas, the Government of France informed the Committee of Ministers that the law of 10 July 1991 concerning the secrecy of telecommunications, which came into force on 1 October 1991, (see notably Resolution DH (92) 40 in the case of Huvig against France and Resolution DH (92) 41 in the case of Kruslin against France) would also apply to situations comparable to the one at issue in the present case;

Whereas the Committee of Ministers satisfied itself that on 19 March 1996 at the latest, the Government of France paid the applicant the total sum of 7 500 French francs as just satisfaction,

Declares, having taken note of the measures taken by the Government of France, that it has exercised its functions under Article 32 of the Convention in this case;

Authorises the publication of the report adopted by the Commission in this case.

Resolution DH (96) 88

Application No. 17676/91
A.A. v. France.

(Adopted by the Committee of Ministers on 22 March 1996 at the 559th meeting of the Ministers' Deputies)

The Committee of Ministers, under the terms of Article 32 of the Convention for

exprimé l'avis, à l'unanimité, qu'il y avait eu violation de l'article 8 de la Convention;

Attendu que, lors de la 522e réunion des Délégués des Ministres, tenue le 6 décembre 1994, le Comité des Ministres, faisant sien l'avis exprimé par la Commission, a dit, ayant procédé au vote conformément aux dispositions de l'article 32, paragraphe 1, de la Convention, qu'il y avait eu dans cette affaire violation de l'article 8 de la Convention;

Attendu que le Comité des Ministres a examiné les propositions faites par la Commission, lors de la transmission de son rapport, au sujet d'une satisfaction équitable à accorder au requérant, propositions complétées par lettre du Président de la Commission en date du 18 avril 1995;

Attendu que, lors de la 542e réunion des Délégués, tenue le 7 septembre 1995, le Comité des Ministres a dit, conformément à l'article 32, paragraphe 2, de la Convention, que le Gouvernement de la France devait verser au requérant comme satisfaction équitable, dans les trois mois, 7 500 francs français au titre du préjudice moral

Attendu que le Comité des Ministres a invité le Gouvernement de la France à l'informer des mesures prises à la suite de ses décisions des 6 décembre 1994 et 7 septembre 1995, eu égard à l'obligation qu'a la France de s'y conformer selon l'article 32, paragraphe 4, de la Convention;

Attendu que le Gouvernement de la France a informé le Comité des Ministres de ce que la loi du 10 juillet 1991 relative au secret des correspondances émises par la voie des télécommunications, entrée en vigueur le 1er octobre 1991, (voir notamment la Résolution DH (92) 40 dans l'affaire Huvig contre la France et la Résolution DH (92) 41 dans l'affaire Kruslin contre la France) s'appliquerait aussi aux situations comme celle en cause en l'espèce;

Attendu que le Comité des Ministres s'est assuré que le Gouvernement de la France avait versé au requérant au plus tard le 19 mars 1996, la somme totale de 7 500 francs français comme satisfaction équitable,

Déclare, après avoir pris note des mesures prises par le Gouvernement de la France, qu'il a rempli ses fonctions en vertu de l'article 32 de la Convention dans la présente affaire;

Autorise la publication du rapport adopté par la Commission dans cette affaire.

Résolution DH (96) 88

Requête n° 17676/91
A.A. c/ France

(adoptée par le Comité des Ministres le 22 mars 1996,
lors de la 559e réunion des Délégués des Ministres)

Le Comité des Ministres, en vertu de l'article 32 de la Convention de

the Protection of Human Rights and Fundamental Freedoms (hereinafter referred to as "the Convention"),

Having regard to the report drawn up by the European Commission of Human Rights in accordance with Article 31 of the Convention relating to the application lodged on 15 May 1990 by Mr A.A. against France (Application No. 17676/91);

Whereas on 11 July 1994 the Commission transmitted the said report to the Committee of Ministers and whereas the period of three months provided for in Article 32, paragraph 1, of the Convention has elapsed without the case having been brought before the European Court of Human Rights in pursuance of Article 48 of the Convention;

Whereas in his application, declared admissible by the Commission on 31 March 1993, the applicant complained of the interception and the recording of his telephone conversations by criminal investigation police officers and of the fairness of the criminal proceedings brought against him;

Whereas in its report adopted on 11 May 1994 the Commission expressed, unanimously, the opinion that there had been a violation of Article 8 of the Convention, and that there had been no violation of Article 6, paragraph 1, of the Convention;

Whereas, at the 520th meeting of the Ministers' Deputies held on 17 November 1994, the Committee of Ministers, agreeing with the opinion expressed by the Commission, held, having voted in accordance with the provisions of Article 32, paragraph 1, of the Convention, that there had been a violation of Article 8 of the Convention, and that there had been no violation of Article 6, paragraph 1, of the Convention;

Whereas the Committee of Ministers examined the proposals made by the Commission when transmitting its report as regards just satisfaction to be awarded to the applicant, proposals supplemented by a letter of the President of the Commission dated 3 March 1995;

Whereas, at the 542nd meeting of the Deputies held on 7 September 1995, the Committee of Ministers decided, in accordance with Article 32, paragraph 2, of the Convention, that the Government of France was to pay the applicant as just satisfaction, within three months, 7 500 French francs in respect of non-pecuniary damage, 10 000 French francs in respect of costs incurred before domestic courts and 15 000 French francs in respect of costs incurred before the Commission, namely a total sum of 32 500 French francs;

Whereas the Committee of Ministers invited the Government of France to inform it of the measures taken following its decisions of 17 November 1994 and 7 September 1995, having regard to France's obligation under Article 32, paragraph 4, of the Convention to abide by them;

Whereas, the Government of France informed the Committee of Ministers that the law of 10 July 1991 concerning the secrecy of telecommunications, which came into force on 1 October 1991, (see notably Resolution DH (92) 40 in the case of Huvig against France and Resolution DH (92) 41 in the case of Kruslin against France) would also apply to situations comparable to the one at issue in the present case;

sauvegarde des Droits de l'Homme et des Libertés fondamentales (ci-après dénommée «la Convention»),

Vu le rapport de la Commission européenne des Droits de l'Homme établi conformément à l'article 31 de la Convention au sujet de la requête introduite le 15 mai 1990 par M. A.A. contre la France (Requête n° 17676/91);

Attendu que la Commission a transmis ledit rapport au Comité des Ministres le 11 juillet 1994 et que le délai de trois mois prévu à l'article 32, paragraphe 1, de la Convention s'est écoulé sans que l'affaire ait été déférée à la Cour européenne des Droits de l'Homme en application de l'article 48 de la Convention;

Attendu que dans sa requête, declarée recevable par la Commission le 31 mars 1993, le requérant s'est plaint de l'interception et l'enregistrement de ses conversations téléphoniques par des officiers de police judiciaire et l'équité de la procédure pénale diligentée contre lui;

Attendu que, dans son rapport adopté le 11 mai 1994, la Commission a exprimé l'avis, à l'unanimité, qu'il y avait eu en l'espèce violation de l'article 8 de la Convention et qu'il n'y avait pas eu violation de l'article 6, paragraphe 1, de la Convention;

Attendu que, lors de la 520e réunion des Délégués des Ministres, tenue le 17 novembre 1994, le Comité des Ministres, faisant sien l'avis exprimé par la Commission, a dit, ayant procédé au vote conformément aux dispositions de l'article 32, paragraphe 1, de la Convention, qu'il y avait eu en l'espèce violation de l'article 8 de la Convention et qu'il n'y avait pas eu violation de l'article 6, paragraphe 1, de la Convention;

Attendu que le Comité des Ministres a examiné les propositions faites par la Commission, lors de la transmission de son rapport, au sujet d'une satisfaction équitable à accorder au requérant, propositions complétées par lettre du Président de la Commission en date du 3 mars 1995;

Attendu que, lors de la 542e réunion des Délégués, tenue le 7 septembre 1995, le Comité des Ministres a dit, conformément à l'article 32, paragraphe 2, de la Convention, que le Gouvernement de la France devait verser au requérant comme satisfaction équitable, dans les trois mois, 7 500 francs français au titre du préjudice moral, 10 000 francs français au titre des frais encourus devant les juridictions internes et 15 000 francs français au titre des frais encourus devant la Commission, soit la somme totale de 32 500 francs français;

Attendu que le Comité des Ministres a invité le Gouvernement de la France à l'informer des mesures prises à la suite de ses décisions des 17 novembre 1994 et 7 septembre 1995, eu égard à l'obligation qu'a la France de s'y conformer selon l'article 32, paragraphe 4, de la Convention;

Attendu que le Gouvernement de la France a informé le Comité des Ministres de ce que la loi du 10 juillet 1991 relative au secret des correspondances émises par la voie des télécommunications, entrée en vigueur le 1er octobre 1991 (voir, notamment, Résolution DH (92) 40 dans l'affaire Huvig contre la France et la Résolution DH (92) 41 dans l'affaire Kruslin contre la France), s'appliquerait aussi aux situations comme celle en cause en l'espèce;

Whereas the Committee of Ministers satisfied itself that on 8 March 1996 at the latest, the Government of France paid the applicant the total sum of 32 500 French francs as just satisfaction,

Declares, having taken note of the measures taken by the Government of France, that it has exercised its functions under Article 32 of the Convention in this case;

Authorises the publication of the report adopted by the Commission in this case.

Germany

During 1996, in the exercise of its functions under Article 32, the Committee of Ministers adopted 1 resolution concerning *Germany.*

Resolution DH (96) 2

Application No. 18999/91
J.I. P. v. Germany

(Adopted by the Committee of Ministers on 9 February 1996 at the 556th meeting of the Ministers' Deputies)

The Committee of Ministers, under the terms of Article 32 of the Convention for the Protection of Human Rights and Fundamental Freedoms (hereinafter referred to as "the Convention"),

Having regard to the report drawn up by the European Commission of Human Rights in accordance with Article 31 of the Convention relating to the application lodged on 9 October 1991 by Mr J.I. P. against Germany (Application No. 18999/91);

Whereas on 12 August 1994 the Commission transmitted the said report to the Committee of Ministers and whereas the period of three months provided for in Article 32, paragraph 1, of the Convention has elapsed without the case having been brought before the European Court of Human Rights in pursuance of Article 48 of the Convention;

Whereas in his application, as declared admissible by the Commission on 12 January 1994, the applicant complained of the excessive length of his detention on remand and of the criminal proceedings brought against him;

Whereas in its report adopted on 5 July 1994 the Commission expressed, unanimously, the opinion that there had been a violation of Article 5, paragraph 3, of the Convention and that there had been a violation of Article 6, paragraph 1, of the Convention;

Whereas, at the 522nd meeting of the Ministers' Deputies held on 5 December 1994 the Committee of Ministers, agreeing with the opinion expressed by the

Attendu que le Comité des Ministres s'est assuré que le Gouvernement de la France avait versé au requérant au plus tard le 8 mars 1996, la somme totale de 32 500 francs français comme satisfaction équitable,

Déclare, après avoir pris note des mesures prises par le Gouvernement de la France, qu'il a rempli ses fonctions en vertu de l'article 32 de la Convention dans la présente affaire;

Autorise la publication du rapport adopté par la Commission dans cette affaire.

Allemagne

Dans l'exercice des fonctions que lui attribue l'article 32, le Comité des Ministres a adopté, au courant de l'année 1996, 1 résolution concernant l'*Allemagne*.

Résolution DH (96) 2

Requête n° 18999/91

J.I. P. c/ l'Allemagne

(adoptée par le Comité des Ministres le 9 février 1996, lors de la 556e réunion des Délégués des Ministres)

Le Comité des Ministres, en vertu de l'article 32 de la Convention de sauvegarde des Droits de l'Homme et des Libertés fondamentales (ci-après dénommée «la Convention»),

Vu le rapport de la Commission européenne des Droits de l'Homme établi conformément à l'article 31 de la Convention au sujet de la requête introduite le 9 octobre 1991 par M. J.I.P. contre l'Allemagne (Requête n° 18999/91);

Attendu que la Commission a transmis ledit rapport au Comité des Ministres le 12 août 1994 et que le délai de trois mois prévu à l'article 32, paragraphe 1, de la Convention s'est écoulé sans que l'affaire ait été déférée à la Cour européenne des Droits de l'Homme en application de l'article 48 de la Convention;

Attendu que dans sa requête, déclarée recevable par la Commission le 12 janvier 1994, le requérant s'est plaint de la durée excessive de sa détention provisoire et de la procédure pénale diligentée contre lui;

Attendu que, dans son rapport adopté le 5 juillet 1994, la Commission a exprimé l'avis, à l'unanimité, qu'il y avait eu violation de l'article 5, paragraphe 3, de la Convention et qu'il y avait eu violation de l'article 6, paragraphe 1, de la Convention;

Attendu que, lors de la 522e réunion des Délégués des Ministres, tenue le 5 décembre 1994, le Comité des Ministres, faisant sien l'avis exprimé par la Commission, a dit, ayant procédé au vote conformément aux dispositions de

Commission, held, having voted in accordance with the provisions of Article 32, paragraph 1, of the Convention, that there had been in this case a violation of Article 5, paragraph 3, of the Convention and that there had been in this case a violation of Article 6, paragraph 1, of the Convention;

Whereas the Committee of Ministers examined the proposals made by the Commission when transmitting its report as regards just satisfaction to be awarded to the applicant, proposals supplemented by a letter of the President of the Commission dated 26 May 1995;

Whereas, at the 542nd meeting of the Deputies held on 7 September 1995 the Committee of Ministers decided, in accordance with Article 32, paragraph 2, of the Convention, that the Government of Germany was to pay the applicant as just satisfaction, within three months, 15 000 German marks in respect of non-pecuniary damage, 3 000 German marks in respect of costs and expenses incurred in the domestic proceedings and 3 000 German marks in respect of costs and expenses incurred in the Strasbourg proceedings, namely a total sum of 21 000 German marks;

Whereas the Committee of Ministers invited the Government of Germany to inform it of the measures taken following its decisions of 6 December 1994 and 7 September 1995, having regard to Germany's obligation under Article 32, paragraph 4, of the Convention to abide by them;

Whereas the Committee of Ministers satisfied itself that on 20 October 1995, within the time-limit set, the Government of Germany paid the applicant the total sum of 21 000 German marks as just satisfaction,

Declares, having taken note of the measures taken by the Government of Germany, that it has exercised its functions under Article 32 of the Convention in this case;

Authorises the publication of the report adopted by the Commission in this case.

Greece

During 1996, in the exercise of its functions under Article 32, the Committee of Ministers adopted 1 resolution concerning *Greece*.

Appl. No.	*Applicant*	*Interim resolution*	*"Classic" resolution*	*Final resolution*	*Complaints*
16938	Kalpidis	(96) 123			Length of civil proceedings

l'article 32, paragraphe 1, de la Convention, qu'il y avait eu dans cette affaire violation de l'article 5, paragraphe 3, de la Convention et qu'il y avait eu violation de l'article 6, paragraphe 1, de la Convention;

Attendu que le Comité des Ministres a examiné les propositions faites par la Commission, lors de la transmission de son rapport, au sujet d'une satisfaction équitable à accorder au requérant, propositions complétées par lettre du Président de la Commission en date du 26 mai 1995;

Attendu que, lors de la 542e réunion des Délégués, tenue le 7 septembre 1995, le Comité des Ministres a dit, conformément à l'article 32, paragraphe 2, de la Convention, que le Gouvernement de l'Allemagne devait verser au requérant comme satisfaction équitable, dans les trois mois, 15 000 marks allemands au titre du préjudice moral, 3 000 marks allemands au titre des frais et dépens encourus devant les juridictions internes et 3 000 marks allemands au titre des frais et dépens encourus à Strasbourg, soit la somme totale de 21 000 marks allemands;

Attendu que le Comité des Ministres a invité le Gouvernement de l'Allemagne à l'informer des mesures prises à la suite de ses décisions des 6 décembre 1994 et 7 septembre 1995, eu égard à l'obligation qu'a l'Allemagne de s'y conformer selon l'article 32, paragraphe 4, de la Convention;

Attendu que le Comité des Ministres s'est assuré que le Gouvernement de l'Allemagne avait versé au requérant le 20 octobre 1995, dans le délai imparti, la somme totale de 21 000 marks allemands comme satisfaction équitable,

Déclare, après avoir pris note des mesures prises par le Gouvernement de l'Allemagne, qu'il a rempli ses fonctions en vertu de l'article 32 de la Convention dans la présente affaire;

Autorise la publication du rapport adopté par la Commission dans cette affaire.

Grèce

Dans l'exercice des fonctions que lui attribue l'article 32, le Comité des Ministres a adopté, au courant de l'année 1996, 1 résolution concernant la *Grèce*.

Requête n°	***Requérant***	***Résolution intérimaire***	***Résolution "classique"***	***Résolution finale***	***Griefs***
16938	Kalpidis	(96) 123			Durée de procédure civile

Italy

During 1996, in the exercise of its functions under Article 32, the Committee of Ministers adopted 465 resolutions concerning *Italy*.

Appl. No.	*Applicant*	*Interim resolution*	*"Classic" resolution*	*Finale resolution*	*Complaints*
26017	A. & B.T.	(96) 479			Length of civil proceedings
23601	A.A.and E.A.	(96) 564			Length of civil proceedings
24166	A.A. I	(96) 471			Length of civil proceedings
26021	A.A. II	(96) 478			Length of civil proceedings
26829	A.A.Q.	(96) 615			Length of civil proceedings
24810	A.B. II	(96) 65	(96) 569		Length of civil proceedings
26846	A.B. IV	(96) 616			Length of civil proceedings
25572	A.B. VI	(96) 234			Length of civil proceedings before the Court of Accounts
14587	A.C. (Ballario)	(96) 9			Length of civil proceedings
26036	A.C. II	(96) 480			Length of civil proceedings
26427	A.C. IV	(96) 520	(96) 669		Length of civil proceedings
26418	A.F. IV	(96) 521			Length of civil proceedings
26413	A.I.	(96) 522			Length of civil proceedings
23583	A.M. and B.C.	(96) 260			Length of civil proceedings
17656	A.M. II	(96) 207			Length of criminal proceedings
26424	A.M. R.	(96) 523			Length of civil proceedings
17347	A.M.M.	(96) 263			Length of civil proceedings
23472	A.Q.	(96) 264			Length of civil proceedings
25999	A.T. IV	(96) 481			Length of civil proceedings
26842	Adamo	(96) 617			Length of civil proceedings

Italie

Dans l'exercice des fonctions que lui attribue l'article 32, le Comité des Ministres a adopté, au courant de l'année 1996, 465 résolutions concernant l'*Italie*

Requête n°	***Requérant***	***Résolution intérimaire***	***Résolution "classique"***	***Résolution finale***	***Griefs***
26017	A. & B.T.	(96) 479			Durée de procédure civile
23601	A.A. et E.A.	(96) 564			Durée de procédure civile
24166	A.A. I	(96) 471			Durée de procédure civile
26021	A.A. II	(96) 478			Durée de procédure civile
26829	A.A.Q.	(96) 615			Durée de procédure civile
24810	A.B. II	(96) 65	(96) 569		Durée de procédure civile
26846	A.B. IV	(96) 616			Durée de procédure civile
25572	A.B. VI	(96) 234			Durée de procédure civile en matière fiscale
14587	A.C. (Ballario)	(96) 9			Durée de procédure civile
26036	A.C. II	(96) 480			Durée de procédure civile
26427	A.C. IV	(96) 520	(96) 669		Durée de procédure civile
26418	A.F. IV	(96) 521			Durée de procédure civile
26413	A.I.	(96) 522			Durée de procédure civile
23583	A.M. et B.C.	(96) 260			Durée de procédure civile
17656	A.M. II	(96) 207			Durée de procédure pénale
26424	A.M. R.	(96) 523			Durée de procédure civile
17347	A.M.M.	(96) 263			Durée de procédure civile
23472	A.Q.	(96) 264			Durée de procédure civile
25999	A.T. IV	(96) 481			Durée de procédure civile
26842	Adamo	(96) 617			Durée de procédure civile

16387	Al Maradni, Gamba, Pugliese, Jasparro	(96) 515		Length of criminal proceedings
24776	Albino	(96) 57		Length of civil proceedings (labour courts)
26863	Almanno	(96) 611		Length of civil proceedings (administrative jurisdictions)
25568	Amabile	(96) 235	(96) 603	Length of civil proceedings before the Court of Accounts
20171	Ambesi	(96) 261		Length of civil proceedings
26880	Ambrosino	(96) 656		Length of civil proceedings before the Court of Accounts
26039	American Eagle S.r.l.	(96) 482		Length of civil proceedings
23615	Amico et Badalà	(96) 262		Length of civil proceedings
24162	Angelone & Celeste	(96) 472		Length of civil proceedings
26444	Antognelli	(96) 524		Length of civil proceedings
21234	Antonangeli	(96) 204		Length of criminal proceedings
26836	Antonini V. et I.	(96) 618		Length of civil proceedings
24796	Antoniotti	(96) 38		Length of civil proceedings
24163	Archimede	(96) 224		Length of civil proceedings
22526	Arrigoni	(96) 570		Length of civil proceedings
14581	Ausiello II (Ballario)	(96) 10		Length of civil proceedings
17803	Ausiello IV	(96) 124		Length of criminal proceedings
25287	Azzarà	(96) 483		Length of civil proceedings
19826	B.A.	(96) 125		Length of civil proceedings
24819	B.F.	(96) 39	(96) 571	Length of civil proceedings
26849	B.M.	(96) 619		Length of civil proceedings
23591	B.P. and V.O.	(96) 275		Length of civil proceedings

16387	Al Maradni, Gamba, Pugliese, Jasparro	(96) 515		Durée de procédure pénale
24776	Albino	(96) 57		Durée de procédure civile relative à des questions de travail
26863	Almanno	(96) 611		Durée de procédure civile (juridictions administratives)
25568	Amabile	(96) 235	(96) 603	Durée de procédure civile en matière fiscale
20171	Ambesi	(96) 261		Durée de procédure civile
26880	Ambrosino	(96) 656		Durée de procédure civile en matière fiscale
26039	American Eagle S.r.l.	(96) 482		Durée de procédure civile
23615	Amico et Badalà	(96) 262		Durée de procédure civile
24162	Angelone & Celeste	(96) 472		Durée de procédure civile
26444	Antognelli	(96) 524		Durée de procédure civile
21234	Antonangeli	(96) 204		Durée de procédure pénale
26836	Antonini V. et I.	(96) 618		Durée de procédure civile
24796	Antoniotti	(96) 38		Durée de procédure civile
24163	Archimede	(96) 224		Durée de procédure civile
22526	Arrigoni	(96) 570		Durée de procédure civile
14581	Ausiello II (Ballario)	(96) 10		Durée de procédure civile
17803	Ausiello IV	(96) 124		Durée de procédure pénale
25287	Azzarà	(96) 483		Durée de procédure civile
19826	B.A.	(96) 125		Durée de procédure civile
24819	B.F.	(96) 39	(96) 571	Durée de procédure civile
26849	B.M.	(96) 619		Durée de procédure civile
23591	B.P. et V.O.	(96) 275		Durée de procédure civile

25579	B.Q.	(96) 213		Length of civil proceedings (administrative jurisdictions)
20611	Bacci Corrado	(96) 265		Length of civil proceedings
26864	Bacci Roberto Maria	(96) 612		Length of civil proceedings (administrative jurisdictions)
25585	Bagnoli & Mazzone G., A. & M.	(96) 214		Length of civil proceedings (administrative jurisdictions)
26410	Bakovic	(96) 525		Length of civil proceedings
14685+	Ballario	(96) 6		Length of civil proceedings
23484	Barbiero	(96) 267		Length of civil proceedings
20206	Barca I	(96) 268		Length of civil proceedings
20218	Barca II	(96) 269		Length of civil proceedings
26885	Basile	(96) 660		Length of civil proceedings (applicant has joined proceedings)
26011	Basile & Nicolò	(96) 484		Length of civil proceedings
16879	Battelli	(96) 270		Length of civil proceedings
26826	Bergonzini	(96) 620		Length of civil proceedings
26037	Bernabei	(96) 485	(96) 670	Length of civil proceedings
26817	Bianchi	(96) 621		Length of civil proceedings
26435	Bisirri and others	(96) 555		Length of civil proceedings (applicant has joined proceedings)
22944	Boccardi & Comune	(96) 225		Length of civil proceedings
25257	Bonaccorso	(96) 163		Length of civil proceedings
23470	Bonaiti, Gatto and Formenti	(96) 402		Length of civil proceedings
19724	Bonanno et Aliotta	(96) 272		Length of civil proceedings
19837	Bonfanti VII	(96) 226		Length of civil proceedings
26840	Bongianni R. & F.M.	(96) 622		Length of civil proceedings

25579	B.Q.	(96) 213		Durée de procédure civile (juridictions administratives)
20611	Bacci Corrado	(96) 265		Durée de procédure civile
26864	Bacci Roberto Maria	(96) 612		Durée de procédure civile (juridictions administratives)
25585	Bagnoli & Mazzone G., A. & M.	(96) 214		Durée de procédure civile (juridictions administratives)
26410	Bakovic	(96) 525		Durée de procédure civile
14685	Ballario	(96) 6		Durée de procédure civile
23484	Barbiero	(96) 267		Durée de procédure civile
20206	Barca I	(96) 268		Durée de procédure civile
20218	Barca II	(96) 269		Durée de procédure civile
26885	Basile	(96) 660		Durée de procédure civile (avec constitution de partie civile)
26011	Basile & Nicolò	(96) 484		Durée de procédure civile
16879	Battelli	(96) 270		Durée de procédure civile
26826	Bergonzini	(96) 620		Durée de procédure civile
26037	Bernabei	(96) 485	(96) 670	Durée de procédure civile
26817	Bianchi	(96) 621		Durée de procédure civile
26435	Bisirri & autres	(96) 555		Durée de procédure civile (avec constitution de partie civile)
22944	Boccardi & Comune	(96) 225		Durée de procédure civile
25257	Bonaccorso	(96) 163		Durée de procédure civile
23470	Bonaiti, Gatto et Formenti	(96) 402		Durée de procédure civile
19724	Bonanno et Aliotta	(96) 272		Durée de procédure civile
19837	Bonfanti VII	(96) 226		Durée de procédure civile
26840	Bongianni R. & F.M.	(96) 622		Durée de procédure civile

19833	Borgese Domenico	(96) 403		Length of civil proceedings
21306	Borgese Giuseppina	(96) 273		Length of civil proceedings
24816	Boscaro	(96) 40		Length of civil proceedings
19732	Boschetti	(96) 274		Length of civil proceedings before the Court of Accounts
22423	Burroni	(96) 572		Length of civil proceedings
26446	C. & F.Z.	(96) 526	(96) 671	Length of civil proceedings
18430	C.B.	(96) 279		Length of civil proceedings (applicant has joined proceedings),
16645	C.C.	(96) 573		Length of criminal proceedings
17201	C.D.D.	(96) 127		Length of civil proceedings
23469	C.G. and M.L.S.	(96) 281		Length of civil proceedings
23605	C.G. III	(96) 280		Length of civil proceedings
26443	Cacciola (G.C.)	(96) 647		Length of civil proceedings
26439	Cagnetta	(96) 559		Length of civil proceedings (labour courts)
18668	Calcaterra & De Pasquale	(96) 205		Length of criminal proceedings
24792	Caligaris	(96) 41	(96) 574	Length of civil proceedings
26430	Callegari	(96) 527		Length of civil proceedings
23203	Camodeca	(96) 227		Length of civil proceedings
20045	Campisi	(96) 276		Length of civil proceedings
25265	Carbone	(96) 211		Length of civil proceedings (applicant has joined proceedings)
25230	Cariola E. & M.R.	(96) 228		Length of civil proceedings, enjoyment of possessions
19977	Carriero	(96) 26		Length of civil proceedings (administrative jurisdictions)

19833	Borgese Domenico	(96) 403		Durée de procédure civile
21306	Borgese Giuseppina	(96) 273		Durée de procédure civile
24816	Boscaro	(96) 40		Durée de procédure civile
19732	Boschetti	(96) 274		Durée de procédure civile en matière fiscale
22423	Burroni	(96) 572		Durée de procédure civile
26446	C. & F.Z.	(96) 526	(96) 671	Durée de procédure civile
18430	C.B.	(96) 279		Durée de procédure civile (avec constitution de partie civile)
16645	C.C.	(96) 573		Durée de procédure pénale
17201	C.D.D.	(96) 127		Durée de procédure civile
23469	C.G. et M.L.S.	(96) 281		Durée de procédure civile
23605	C.G. III	(96) 280		Durée de procédure civile
26443	Cacciola (G.C.)	(96) 647		Durée de procédure civile
26439	Cagnetta	(96) 559		Durée de procédure civile relative à des questions de travail
18668	Calcaterra & De Pasquale	(96) 205		Durée de procédure pénale
24792	Caligaris	(96) 41	(96) 574	Durée de procédure civile
26430	Callegari	(96) 527		Durée de procédure civile
23203	Camodeca	(96) 227		Durée de procédure civile
20045	Campisi	(96) 276		Durée de procédure civile
25265	Carbone	(96) 211		Durée de procédure civile (avec constitution de partie civile)
25230	Cariola E. & M.R.	(96) 228		Durée de procédure civile, respect de ses biens
19977	Carriero	(96) 26		Durée de procédure civile (juridictions administratives)

22706	Caruso Antonio	(96) 557		Length of criminal proceedings
26035	Caruso Salvatore	(96) 486		Length of civil proceedings
26406	Caruso, Giardiello & Caruso	(96) 528		Length of civil proceedings
20287	Casella	(96) 277		Length of civil proceedings
23594	Casseri	(96) 278		Length of civil proceedings
17246	Castellana	(96) 126		Length of civil proceedings
24787	Castellazzi	(96) 42	(96) 575	Length of civil proceedings
25576	Cavaliero s.n.c.	(96) 215		Length of civil proceedings (administrative jurisdictions)
26860	Cavallin	(96) 623		Length of civil proceedings
25215	Caviglia	(96) 164		Length of civil proceedings
25249	Cazzorla and Gigante	(96) 165		Length of civil proceedings
25569	Celea	(96) 516		Length of civil proceedings before the Court of Accounts
25217	Cerati	(96) 166	(96) 385	Length of civil proceedings
26023	CI.ME.B. S.p.a.	(96) 487		Length of civil proceedings
16711	Cialdea and others	(96) 282		Length of civil proceedings (applicant has joined proceedings)
22527	Cicely and others	(96) 27		Length of civil proceedings
26862	Cimini	(96) 624		Length of civil proceedings
23619	Cimino	(96) 283		Length of civil proceedings
20210	Colacioppo Antonio	(96) 410		Length of civil proceedings (applicant has joined proceedings)
16644	Colella	(96) 285		Length of civil proceedings
19719	Collura	(96) 37		Length of criminal proceedings
26024	Comentale	(96) 488		Length of civil proceedings

22706	Caruso Antonio	(96) 557		Durée de procédure pénale
26035	Caruso Salvatore	(96) 486		Durée de procédure civile
26406	Caruso, Giardiello & Caruso	(96) 528		Durée de procédure civile
20287	Casella	(96) 277		Durée de procédure civile
23594	Casseri	(96) 278		Durée de procédure civile
17246	Castellana	(96) 126		Durée de procédure civile
24787	Castellazzi	(96) 42	(96) 575	Durée de procédure civile
25576	Cavaliero s.n.c.	(96) 215		Durée de procédure civile (juridictions administratives)
26860	Cavallin	(96) 623		Durée de procédure civile
25215	Caviglia	(96) 164		Durée de procédure civile
25249	Cazzorla et Gigante	(96) 165		Durée de procédure civile
25569	Celea	(96) 516		Durée de procédure civile en matière fiscale
25217	Cerati	(96) 166	(96) 385	Durée de procédure civile
26023	CI.ME.B. S.p.a.	(96) 487		Durée de procédure civile
16711	Cialdea et autres	(96) 282		Durée de procédure civile (avec constitution de partie civile)
22527	Cicely et autres	(96) 27		Durée de procédure civile
26862	Cimini	(96) 624		Durée de procédure civile
23619	Cimino	(96) 283		Durée de procédure civile
20210	Colacioppo Antonio	(96) 410		Durée de procédure civile (avec constitution de partie civile)
16644	Colella	(96) 285		Durée de procédure civile
19719	Collura	(96) 37		Durée de procédure pénale
26024	Comentale	(96) 488		Durée de procédure civile

23611	Conte	(96) 286		Length of civil proceedings
26827	Conti	(96) 663		Length of civil proceedings (labour courts)
23620	Cortese	(96) 383		Length of civil proceedings
26881	Cortese D., V. & E	(96) 657		Length of civil proceedings before the Court of Accounts
25577	Cosma	(96) 216		Length of civil proceedings (administrative jurisdictions)
14489	Costa (Ballario)	(96) 11		Length of civil proceedings
21310	Cundari M. and M.	(96) 413		Length of civil proceedings
26855	Curatolo & Marucch-elli	(96) 625		Length of civil proceedings
25240	Curio	(96) 473		Length of civil proceedings
20233	Cutelle	(96) 287		Length of civil proceedings
20011	Cutri	(96) 288		Length of civil proceedings
25226	D. et P.D.R. and L.M.	(96) 167		Length of civil proceedings
20581	D.D.	(96) 290		Length of civil proceedings
25588	D.M. II	(96) 217		Length of civil proceedings (administrative jurisdictions)
26026	D.M. III	(96) 489		Length of civil proceedings
26448	D.M. IV	(96) 529		Length of civil proceedings
23599	D.P. III	(96) 298		Length of civil proceedings
16300	D.S. and O.P.	(96) 112		Length of civil proceedings
25227	D'Andrea et Scottà	(96) 168	(96) 384	Length of civil proceedings
20363	Danielli	(96) 105	(96) 576	Length of criminal proceed-ings
17482	D'Aquino & Petrizzi	(96) 28		Length of civil proceedings
23610	Davi'	(96) 289		Length of civil proceedings
24811	De Agazio I	(96) 43	(96) 577	Length of civil proceedings

23611	Conte	(96) 286		Durée de procédure civile
26827	Conti	(96) 663		Durée de procédure civile relative à des questions de travail
23620	Cortese	(96) 383		Durée de procédure civile
26881	Cortese D., V. & E	(96) 657		Durée de procédure civile en matière fiscale
25577	Cosma	(96) 216		Durée de procédure civile (juridictions administratives)
14489	Costa (Ballario)	(96) 11		Durée de procédure civile
21310	Cundari M. et M.	(96) 413		Durée de procédure civile
26855	Curatolo & Maruc-chelli	(96) 625		Durée de procédure civile
25240	Curio	(96) 473		Durée de procédure civile
20233	Cutelle	(96) 287		Durée de procédure civile
20011	Cutri	(96) 288		Durée de procédure civile
25226	D. et P.D.R. et L.M.	(96) 167		Durée de procédure civile
20581	D.D.	(96) 290		Durée de procédure civile
25588	D.M. II	(96) 217		Durée de procédure civile (juridictions administratives)
26026	D.M. III	(96) 489		Durée de procédure civile
26448	D.M. IV	(96) 529		Durée de procédure civile
23599	D.P. III	(96) 298		Durée de procédure civile
16300	D.S. et O.P.	(96) 112		Durée de procédure civile
25227	D'Andrea et Scottà	(96) 168	(96) 384	Durée de procédure civile
20363	Danielli	(96) 105	(96) 576	Durée de procédure pénale
17482	D'Aquino & Petrizzi	(96) 28		Durée de procédure civile
23610	Davi'	(96) 289		Durée de procédure civile

24812	De Agazio II	(96) 44	(96) 578	Length of civil proceedings
23621	De Domenico	(96) 291		Length of civil proceedings
18704	De Felice	(96) 30	(96) 579	Length of criminal proceed-ings
20203	De Lorenzo and Cosentino	(96) 292		Length of civil proceedings
23622	De Luca Antonino	(96) 293		Length of civil proceedings
26843	De Luca Gianni	(96) 661		Length of civil proceedings (applicant has joined proceed-ings)
22741	De Luca Vincenzo	(96) 34		Length of civil proceedings
24805	De Mita	(96) 45		Length of civil proceedings
26010	De Mori	(96) 491		Length of civil proceedings
24644	Del Prete	(96) 229		Length of civil proceedings
26015	Delfino	(96) 490		Length of civil proceedings
20359	Della Sala Raffaele	(96) 614		Length of civil proceedings (administrative jurisdictions)
25255	Della Valle & Galati	(96) 169		Length of civil proceedings
18722	Di Bartolomeo	(96) 128		Length of civil proceedings
14386	Di Bisceglie (Bal-lario)	(96) 12		Length of civil proceedings
23467	Di Camillo	(96) 294		Length of civil proceedings
14145	Di Clemente (Bal-lario)	(96) 13		Length of civil proceedings
23627	Di Franco	(96) 295		Length of civil proceedings
21033	Di Giuseppe Domenico	(96) 129		Length of civil proceedings
22973	Di Giuseppe Raffael-lina	(96) 296		Length of civil proceedings
23243	Di Paola	(96) 242		Length of civil proceedings (labour courts)

24811	De Agazio I	(96) 43	(96) 577	Durée de procédure civile
24812	De Agazio II	(96) 44	(96) 578	Durée de procédure civile
23621	De Domenico	(96) 291		Durée de procédure civile
18704	De Felice	(96) 30	(96) 579	Durée de procédure pénale
20203	De Lorenzo et Cosen-tino	(96) 292		Durée de procédure civile
23622	De Luca Antonino	(96) 293		Durée de procédure civile
26843	De Luca Gianni	(96) 661		Durée de procédure civile (avec constitution de partie civile)
22741	De Luca Vincenzo	(96) 34		Durée de procédure civile
24805	De Mita	(96) 45		Durée de procédure civile
26010	De Mori	(96) 491		Durée de procédure civile
24644	Del Prete	(96) 229		Durée de procédure civile
26015	Delfino	(96) 490		Durée de procédure civile
20359	Della Sala Raffaele	(96) 614		Durée de procédure civile (juridictions administratives)
25255	Della Valle & Galati	(96) 169		Durée de procédure civile
18722	Di Bartolomeo	(96) 128		Durée de procédure civile
14386	Di Bisceglie (Ballario)	(96) 12		Durée de procédure civile
23467	Di Camillo	(96) 294		Durée de procédure civile
14145	Di Clemente (Balla-rio)	(96) 13		Durée de procédure civile
23627	Di Franco	(96) 295		Durée de procédure civile
21033	Di Giuseppe Dome-nico	(96) 129		Durée de procédure civile
22973	Di Giuseppe Raffael-lina	(96) 296		Durée de procédure civile

23606	Di Zinno M. & F.	(96) 297		Length of civil proceedings
26411	Diglio	(96) 530		Length of civil proceedings
22976	Dominici	(96) 419		Length of civil proceedings
16372	E.B. II	(96) 299		Length of civil proceedings
23582	E.C. I	(96) 130		Length of civil proceedings
24817	E.F. and M.C.P.	(96) 46		Length of civil proceedings
24801	E.M. and A.P.	(96) 47		Length of civil proceedings
26043	E.P. II	(96) 492		Length of civil proceedings
25261	E.T. and G.Z.	(96) 170	(96) 386	Length of civil proceedings
24036	Elettrodiffusion S.p.a.	(96) 35		Length of civil proceedings
23595	F.B.	(96) 300		Length of civil proceedings
20288	F.C. I	(96) 131		Length of civil proceedings
22991	F.C. II	(96) 422		Length of civil proceedings
19555	F.C. III	(96) 31	(96) 580	Length of criminal proceedings
26409	F.D.A. II	(96) 531		Length of civil proceedings
22545	F.I. and E.L.R.	(96) 132		Length of civil proceedings
26029	F.L.	(96) 493		Length of civil proceedings
26421	F.P. II	(96) 532		Length of civil proceedings
26422	F.P. III	(96) 533		Length of civil proceedings
26012	Facciolini	(96) 648		Length of civil proceedings
25264	Famas S.r.l.	(96) 171		Length of civil proceedings
25220	Ferrari Giampiero	(96) 212		Length of civil proceedings (labour courts)
25216	Ferrari Stefano	(96) 172		Length of civil proceedings
26835	Ferretti Guido	(96) 626		Length of civil proceedings

23243	Di Paola	(96) 242		Durée de procédure civile relative à des questions de travail
23606	Di Zinno M. & F.	(96) 297		Durée de procédure civile
26411	Diglio	(96) 530		Durée de procédure civile
22976	Dominici	(96) 419		Durée de procédure civile
16372	E.B. II	(96) 299		Durée de procédure civile
23582	E.C. I	(96) 130		Durée de procédure civile
24817	E.F. et M.C.P.	(96) 46		Durée de procédure civile
24801	E.M. et A.P.	(96) 47		Durée de procédure civile
26043	E.P. II	(96) 492		Durée de procédure civile
25261	E.T. et G.Z.	(96) 170	(96) 386	Durée de procédure civile
24036	Elettrodiffusion S.p.a.	(96) 35		Durée de procédure civile
23595	F.B.	(96) 300		Durée de procédure civile
20288	F.C. I	(96) 131		Durée de procédure civile
22991	F.C. II	(96) 422		Durée de procédure civile
19555	F.C. III	(96) 31	(96) 580	Durée de procédure pénale
26409	F.D.A. II	(96) 531		Durée de procédure civile
22545	F.I. et E.L.R.	(96) 132		Durée de procédure civile
26029	F.L.	(96) 493		Durée de procédure civile
26421	F.P. II	(96) 532		Durée de procédure civile
26422	F.P. III	(96) 533		Durée de procédure civile
26012	Facciolini	(96) 648		Durée de procédure civile
25264	Famas S.r.l.	(96) 171		Durée de procédure civile
25220	Ferrari Giampiero	(96) 212		Durée de procédure civile relative à des questions de travail

25564	Filipello	(96) 246		Length of civil proceedings (fiscal)
20174	Filomeno	(96) 302		Length of civil proceedings
24777	Fiorani	(96) 58		Length of civil proceedings (labour courts)
26832	Firme zia Lilla	(96) 627		Length of civil proceedings
26420	Forni, Albanese & Cento ..	(96) 534		Length of civil proceedings
26022	Franceschi	(96) 494		Length of civil proceedings
18610	Francesini	(96) 133		Length of civil proceedings
22703	Frontini	(96) 106	(96) 581	Length of criminal proceed-ings
26415	Fusco G., F. & P.	(96) 556		Length of civil proceedings (applicant has joined proceed-ings)
17334	G. and R.C.	(96) 134		Length of civil proceedings
23471	G.A.	(96) 303		Length of civil proceedings
24826	G.B. I	(96) 59		Length of civil proceedings (labour courts)
24779	G.B.S.	(96) 60		Length of civil proceedings (labour courts)
24808	G.C. III	(96) 48	(96) 582	Length of civil proceedings
26016	G.I.	(96) 495		Length of civil proceedings
24315	G.L.	(96) 173		Length of civil proceedings
25584	G.L.C.	(96) 218		Length of civil proceedings (administrative jurisdictions)
24813	G.M. III	(96) 49	(96) 583	Length of civil proceedings
25247	G.M. IV	(96) 174		Length of civil proceedings
25266	G.M.N.	(96) 175		Length of civil proceedings
22955	G.N.	(96) 33	(96) 584	Length of civil proceedings
24804	G.P.	(96) 50	(96) 585	Length of civil proceedings

25216	Ferrari Stefano	(96) 172		Durée de procédure civile
26835	Ferretti Guido	(96) 626		Durée de procédure civile
25564	Filipello	(96) 246		Durée de procédure civile en matière fiscale
20174	Filomeno	(96) 302		Durée de procédure civile
24777	Fiorani	(96) 58		Durée de procédure civile relative à des questions de travail
26832	Firme zia Lilla	(96) 627		Durée de procédure civile
26420	Forni, Albanese & Cento ..	(96) 534		Durée de procédure civile
26022	Franceschi	(96) 494		Durée de procédure civile
18610	Francesini	(96) 133		Durée de procédure civile
22703	Frontini	(96) 106	(96) 581	Durée de procédure pénale
26415	Fusco G., F. & P.	(96) 556		Durée de procédure civile (avec constitution de partie civile)
17334	G. et R.C.	(96) 134		Durée de procédure civile
23471	G.A.	(96) 303		Durée de procédure civile
24826	G.B. I	(96) 59		Durée de procédure civile relative à des questions de travail
24779	G.B.S.	(96) 60		Durée de procédure civile relative à des questions de travail
24808	G.C. III	(96) 48	(96) 582	Durée de procédure civile
26016	G.I.	(96) 495		Durée de procédure civile
24315	G.L.	(96) 173		Durée de procédure civile
25584	G.L.C.	(96) 218		Durée de procédure civile (juridictions administratives)
24813	G.M. III	(96) 49	(96) 583	Durée de procédure civile

25567	G.P. II	(96) 236	Length of civil proceedings before the Court of Accounts
23598	G.R. III	(96) 427	Length of civil proceedings
20892	G.S. I	(96) 305	Length of civil proceedings
23614	G.S. II	(96) 306	Length of civil proceedings
26447	G.S. III	(96) 535	Length of civil proceedings
20732	Gallenzi	(96) 208	Length of criminal proceedings
26848	Galletti	(96) 628	Length of civil proceedings
26831	Gallo Cono	(96) 629	Length of civil proceedings
23584	Garsia	(96) 304	Length of civil proceedings
252257	Gasparoli	(96) 176	Length of civil proceedings
23422	Gentile	(96) 536	Length of civil proceedings
26019	Ghiron	(96) 496	Length of civil proceedings
25245	Giardinieri	(96) 177	Length of civil proceedings
25580	Giorgini	(96) 219	Length of civil proceedings (administrative jurisdictions)
23609	Giunta Maria Clara	(96) 307	Length of civil proceedings
26838	Giusto	(96) 629	Length of civil proceedings
24542	Godet	(96) 230	Length of civil proceedings
22257	Golia	(96) 308	Length of civil proceedings (applicant has joined proceedings)
23431	Gracci	(96) 231	Length of civil proceedings
17936	Gravagno	(96) 309	Length of civil proceedings
26408	Grignano	(96) 649	Length of civil proceedings
26020	Grio	(96) 497	Length of civil proceedings
26807	Grosso	(96) 243	Length of civil proceedings (labour courts)

25247	G.M. IV	(96) 174		Durée de procédure civile
25266	G.M.N.	(96) 175		Durée de procédure civile
22955	G.N.	(96) 33	(96) 584	Durée de procédure civile
24804	G.P.	(96) 50	(96) 585	Durée de procédure civile
25567	G.P. II	(96) 236		Durée de procédure civile en matière fiscale
23598	G.R. III	(96) 427		Durée de procédure civile
20892	G.S. I	(96) 305		Durée de procédure civile
23614	G.S. II	(96) 306		Durée de procédure civile
26447	G.S. III	(96) 535		Durée de procédure civile
20732	Gallenzi	(96) 208		Durée de procédure pénale
26848	Galletti	(96) 628		Durée de procédure civile
26831	Gallo Cono	(96) 629		Durée de procédure civile
23584	Garsia	(96) 304		Durée de procédure civile
252257	Gasparoli	(96) 176		Durée de procédure civile
23422	Gentile	(96) 536		Durée de procédure civile
26019	Ghiron	(96) 496		Durée de procédure civile
25245	Giardinieri	(96) 177		Durée de procédure civile
25580	Giorgini	(96) 219		Durée de procédure civile (juridictions administratives)
23609	Giunta Maria Clara	(96) 307		Durée de procédure civile
26838	Giusto	(96) 629		Durée de procédure civile
24542	Godet	(96) 230		Durée de procédure civile
22257	Golia	(96) 308		Durée de procédure civile (avec constitution de partie civile)
23431	Gracci	(96) 231		Durée de procédure civile

24782	Gubitosi	(96) 51		Length of civil proceedings
23489	I.M. II	(96) 310		Length of civil proceedings
22974	I.S. and M.A.T.	(96) 178		Length of civil proceedings
24806	Iaria	(96) 061		Length of civil proceedings (labour courts)
26853	Immobiliare San Teodoro s.r.l.	(96) 631		Length of civil proceedings, enjoyment of possessions
23631	Imparato	(96) 311		Length of civil proceedings
25262	In Moto s.r.l.	(96) 179	(96) 382	Length of civil proceedings
16609	Intrieri	(96) 50		Length of civil proceedings, family life
24802	Iommi	(96) 52	(96) 588	Length of civil proceedings
19425	Ioppolo Sergio	(96) 378		Length of criminal proceedings
14490	IS	(96) 586		Length of civil proceedings
20412	Jannitti	(96) 206		Length of criminal proceedings
24694	L.C. I	(96) 517		Length of civil proceedings (labour courts)
26018	L.C. II	(96) 498		Length of civil proceedings
26040	L.C. III	(96) 650		Length of civil proceedings
26878	L.C. IV	(96) 658		Length of civil proceedings before the Court of Accounts
23624	L.M. IV	(96) 313		Length of civil proceedings
24825	L.M. V	(96) 474		Length of civil proceedings
26423	L.U.	(96) 537		Length of civil proceedings
26442	La Bella	(96) 560		Length of civil proceedings (labour courts)
19928	Lamanna	(96) 314		Length of civil proceedings
14725	Lanzano	(96) 315		Impartiality

17936	Gravagno	(96) 309		Durée de procédure civile
26408	Grignano	(96) 649		Durée de procédure civile
26020	Grio	(96) 497		Durée de procédure civile
26807	Grosso	(96) 243		Durée de procédure civile relative à des questions de travail
24782	Gubitosi	(96) 51		Durée de procédure civile
23489	I.M. II	(96) 310		Durée de procédure civile
22974	I.S. et M.A.T.	(96) 178		Durée de procédure civile
24806	Iaria	(96) 061		Durée de procédure civile relative à des questions de travail
26853	Immobiliare San Teodoro s.r.l.	(96) 631		Durée de procédure civile, respect de ses biens
23631	Imparato	(96) 311		Durée de procédure civile
25262	In Moto s.r.l.	(96) 179	(96) 382	Durée de procédure civile
16609	Intrieri	(96) 50		Durée de procédure civile, vie familiale
24802	Iommi	(96) 52	(96) 588	Durée de procédure civile
19425	Ioppolo Sergio	(96) 378		Durée de procédure pénale
14490	IS	(96) 586		Durée de procédure civile
20412	Jannitti	(96) 206		Durée de procédure pénale
24694	L.C. I	(96) 517		Durée de procédure civile relative à des questions de travail
26018	L.C. II	(96) 498		Durée de procédure civile
26040	L.C. III	(96) 650		Durée de procédure civile
26878	L.C. IV	(96) 658		Durée de procédure civile en matière fiscale
23624	L.M. IV	(96) 313		Durée de procédure civile

25237	Latella	(96) 232		Length of civil proceedings, enjoyment of possessions
26038	Laterza	(96) 499		Length of civil proceedings
25581	Latini	(96) 220		Length of civil proceedings (administrative jurisdictions)
26844	Lazzarini	(96) 632		Length of civil proceedings
13368	Lo Cicero (Carriero)		(96) 433	Length of civil proceedings
26008	Lombardi Luigi	(96) 500		Length of civil proceedings
25239	Lombardi Satriani Luigi	(96) 180		Length of civil proceedings
26009	Lombardo Sestilio	(96) 518		Length of civil proceedings (labour courts)
20044	Lucà	(96) 317		Length of civil proceedings
19721	Lucà et Condoluci	(96) 316		Length of civil proceedings
20038	Lucarelli	(96) 135		Length of civil proceedings
23593	Lucente	(96) 318		Length of civil proceedings
22992	Lupi	(96) 136		Length of civil proceedings (applicant has joined proceedings)
20543	Lupo	(96) 107		Length of criminal proceedings
25244	Luzi	(96) 181		Length of civil proceedings
13962	M.A.G. (Ballario)	(96) 014		Length of civil proceedings
17048	M.C. (Chiaravalle)	(96) 319		Length of civil proceedings
26000	M.C. C.	(96) 651		Length of civil proceedings
24797	M.C. III	(96) 53		Length of civil proceedings
26833	M.C. V	(96) 662		Length of civil proceedings (applicant has joined proceedings)
24786	M.D.F.	(96) 54	(96) 437	Length of civil proceedings

24825	L.M. V	(96) 474		Durée de procédure civile
26423	L.U.	(96) 537		Durée de procédure civile
26442	La Bella	(96) 560		Durée de procédure civile relative à des questions de travail
19928	Lamanna	(96) 314		Durée de procédure civile
14725	Lanzano	(96) 315		Impartialité
25237	Latella	(96) 232		Durée de procédure civile, respect de ses biens
26038	Laterza	(96) 499		Durée de procédure civile
25581	Latini	(96) 220		Durée de procédure civile (juridictions administratives)
26844	Lazzarini	(96) 632		Durée de procédure civile
13368	Lo Cicero (Carriero)		(96) 433	Durée de procédure civile
26008	Lombardi Luigi	(96) 500		Durée de procédure civile
25239	Lombardi Satriani Luigi	(96) 180		Durée de procédure civile
26009	Lombardo Sestilio	(96) 518		Durée de procédure civile relative à des questions de travail
20044	Lucà	(96) 317		Durée de procédure civile
19721	Lucà et Condoluci	(96) 316		Durée de procédure civile
20038	Lucarelli	(96) 135		Durée de procédure civile
23593	Lucente	(96) 318		Durée de procédure civile
22992	Lupi	(96) 136		Durée de procédure civile (avec constitution de partic civile)
20543	Lupo	(96) 107		Durée de procédure pénale
25244	Luzi	(96) 181		Durée de procédure civile
13962	M.A.G. (Ballario)	(96) 014		Durée de procédure civile

25228	M.D.M.	(96) 182		Length of civil proceedings
17053	M.F.	(96) 137		Length of civil proceedings
25570	M.F. III	(96) 237		Length of civil proceedings before the Court of Accounts
24823	M.G.	(96) 55	(96) 589	Length of civil proceedings
24785	M.L.	(96) 56	(96) 590	Length of civil proceedings
25231	M.L. II	(96) 183		Length of civil proceedings
26006	M.R. V.	(96) 501		Length of civil proceedings
23475	M.T. I		(96) 320	Length of civil proceedings
26028	Ma. C.	(96) 652		Length of civil proceedings
25214	MA.RI.OR. S.a.s.	(96) 184		Length of civil proceedings
24338	Maccari	(96) 29	(96) 440	Length of civil proceedings
25263	Maggiore	(96) 185		Length of civil proceedings
15080	Magnaghi	(96) 379		Length of civil proceedings (administrative jurisdictions)
26007	Magno Di Gaspare	(96) 502		Length of civil proceedings
26859	Magri	(96) 633		Length of civil proceedings
24822	Majani S.p.a.	(96) 113		Length of civil proceedings
25221	Maldini & Garulli G. B. and M.	(96) 233		Length of civil proceedings, enjoyment of possessions
19926	Malerba		(96) 321	Length of civil proceedings
19450	Malvaso F. and G.		(96) 323	Length of civil proceedings
20285	Malvaso Fortunato		(96) 322	Length of civil proceedings
18293	Mangiapane Antonino		(96) 138	Length of civil proceedings
18184	Mangiapane V. & A.		(96) 324	Length of civil proceedings
26403	Marchetti Alessandro I	(96) 653		Length of civil proceedings

17048	M.C. (Chiaravalle)	(96) 319		Durée de procédure civile
26000	M.C. C.	(96) 651		Durée de procédure civile
24797	M.C. III	(96) 53		Durée de procédure civile
26833	M.C. V	(96) 662		Durée de procédure civile (avec constitution de partie civile)
24786	M.D.F.	(96) 54	(96) 437	Durée de procédure civile
25228	M.D.M.	(96) 182		Durée de procédure civile
17053	M.F.	(96) 137		Durée de procédure civile
25570	M.F. III	(96) 237		Durée de procédure civile en matière fiscale
24823	M.G.	(96) 55	(96) 589	Durée de procédure civile
24785	M.L.	(96) 56	(96) 590	Durée de procédure civile
25231	M.L. II	(96) 183		Durée de procédure civile
26006	M.R. V.	(96) 501		Durée de procédure civile
23475	M.T. I		(96) 320	Durée de procédure civile
26028	Ma. C.	(96) 652		Durée de procédure civile
25214	MA.RI.OR. S.a.s.	(96) 184		Durée de procédure civile
24338	Maccari	(96) 29	(96) 440	Durée de procédure civile
25263	Maggiore	(96) 185		Durée de procédure civile
15080	Magnaghi	(96) 379		Durée de procédure civile (juridictions administratives)
26007	Magno Di Gaspare	(96) 502		Durée de procédure civile
26859	Magri	(96) 633		Durée de procédure civile
24822	Majani S.p.a.	(96) 113		Durée de procédure civile
25221	Maldini & Garulli G. B. et M.	(96) 233		Durée de procédure civile, respect de ses biens
19926	Malerba		(96) 321	Durée de procédure civile

25571	Mariani Franco	(96) 238		Length of civil proceedings before the Court of Accounts
26005	Marino	(96) 503		Length of civil proceedings
25250	Marolda	(96) 186		Length of civil proceedings
26044	Mazzacuva	(96) 504		Length of civil proceedings
26417	Mazzone	(96) 538		Length of civil proceedings
24798	Meistro and Santin	(96) 475		Length of civil proceedings
26857	Meloni S.p.a.	(96) 634		Length of civil proceedings, enjoyment of possessions
24789	Meluso Angelo I	(96) 66		Length of civil proceedings
26416	Meluso Angelo II	(96) 539		Length of civil proceedings
25589	Mentastro	(96) 221		Length of civil proceedings (administrative jurisdictions)
26419	Merra	(96) 540		Length of civil proceedings
23617	Mertoli		(96) 325	Length of civil proceedings
24790	Mesenasco	(96) 67	(96) 591	Length of civil proceedings
26431	Migliore	(96) 541	(96) 672	Length of civil proceedings
24809	Minasola	(96) 114	(96) 592	Length of civil proceedings
25218	Minotti	(96) 187		Length of civil proceedings
18294	Mirabile and Alessi		(96) 139	Length of civil proceedings
23477	Mollica		(96) 387	Length of civil proceedings
18300	Moreschi	(96) 209		Length of criminal proceed-ings
24778	Mori Giovanni	(96) 068	(96) 593	Length of civil proceedings
26428	Moroni	(96) 542		Length of civil proceedings
16804	Motta Luciano		(96) 444	Length of civil proceedings
26002	Muso	(96) 505		Length of civil proceedings
15728	N.and S.		(96) 445	Length of civil proceedings

19450	Malvaso F. et G.		(96) 323	Durée de procédure civile
20285	Malvaso Fortunato		(96) 322	Durée de procédure civile
18293	Mangiapane Antonino		(96) 138	Durée de procédure civile
18184	Mangiapane V. & A.		(96) 324	Durée de procédure civile
26403	Marchetti Alessan-dro I	(96) 653		Durée de procédure civile
25571	Mariani Franco	(96) 238		Durée de procédure civile en matière fiscale
26005	Marino	(96) 503		Durée de procédure civile
25250	Marolda	(96) 186		Durée de procédure civile
26044	Mazzacuva	(96) 504		Durée de procédure civile
26417	Mazzone	(96) 538		Durée de procédure civile
24798	Meistro et Santin	(96) 475		Durée de procédure civile
26857	Meloni S.p.a.	(96) 634		Durée de procédure civile, res-pect de ses biens
24789	Meluso Angelo I	(96) 66		Durée de procédure civile
26416	Meluso Angelo II	(96) 539		Durée de procédure civile
25589	Mentastro	(96) 221		Durée de procédure civile (juridictions administratives)
26419	Merra	(96) 540		Durée de procédure civile
23617	Mertoli		(96) 325	Durée de procédure civile
24790	Mesenasco	(96) 67	(96) 591	Durée de procédure civile
26431	Migliore	(96) 541	(96) 672	Durée de procédure civile
24809	Minasola	(96) 114	(96) 592	Durée de procédure civile
25218	Minotti	(96) 187		Durée de procédure civile
18294	Mirabile et Alessi		(96) 139	Durée de procédure civile
23477	Mollica		(96) 387	Durée de procédure civile

26003	Napoli Elio	(96) 664		Length of civil proceedings (labour courts)
20286	Napoli Santino		(96) 140	Length of civil proceedings
21612	Nasponi	(96) 376		Length of criminal proceedings
20232	Navarra		(96) 326	Length of civil proceedings
24791	Nesti	(96) 69	(96) 594	Length of civil proceedings
19986	Nicastro	(96) 108	(96) 595	Length of criminal proceedings
19113	Niccolai		(96) 141	Length of civil proceedings
21438	Nicoletti	(96) 111		Length of civil proceedings (labour courts)
19112	Nijman		(96) 327	Length of civil proceedings
26837	O.O.	(96) 635		Length of civil proceedings
25232	Ottelli	(96) 476		Length of civil proceedings
26861	Ozimo & Lamanna	(96) 636		Length of civil proceedings
20236	Ozzimo and others		(96) 328	Length of civil proceedings
23612	P.B. I		(96) 330	Length of civil proceedings
18755	P.B. III	(96) 109		Length of criminal proceedings
26441	P.B. IV	(96) 543		Length of civil proceedings
24815	P.D'A.	(96) 70	(96) 596	Length of civil proceedings
23476	P.L. I		(96) 143	Length of civil proceedings
25258	P.U. I	(96) 188		Length of civil proceedings
25259	P.U. II	(96) 189		Length of civil proceedings
25260	P.U. III	(96) 190		Length of civil proceedings
17955	Pagetti		(96) 565	Length of civil proceedings
19927	Pahor	(96) 377		Length of criminal proceedings

18300	Moreschi	(96) 209		Durée de procédure pénale
24778	Mori Giovanni	(96) 068	(96) 593	Durée de procédure civile
26428	Moroni	(96) 542		Durée de procédure civile
16804	Motta Luciano		(96) 444	Durée de procédure civile
26002	Muso	(96) 505		Durée de procédure civile
15728	N.et S.		(96) 445	Durée de procédure civile
26003	Napoli Elio	(96) 664		Durée de procédure civile relative à des questions de travail
20286	Napoli Santino		(96) 140	Durée de procédure civile
21612	Nasponi	(96) 376		Durée de procédure pénale
20232	Navarra		(96) 326	Durée de procédure civile
24791	Nesti	(96) 69	(96) 594	Durée de procédure civile
19986	Nicastro	(96) 108	(96) 595	Durée de procédure pénale
19113	Niccolai		(96) 141	Durée de procédure civile
21438	Nicoletti	(96) 111		Durée de procédure civile relative à des questions de travail
19112	Nijman		(96) 327	Durée de procédure civile
26837	O.O.	(96) 635		Durée de procédure civile
25232	Ottelli	(96) 476		Durée de procédure civile
26861	Ozimo & Lamanna	(96) 636		Durée de procédure civile
20236	Ozzimo et autres		(96) 328	Durée de procédure civile
23612	P.B. I		(96) 330	Durée de procédure civile
18755	P.B. III	(96) 109		Durée de procédure pénale
26441	P.B. IV	(96) 543		Durée de procédure civile
24815	P.D'A.	(96) 70	(96) 596	Durée de procédure civile

22421	Palermiti	(96) 666		Length of criminal proceedings
23483	Panebianco		(96) 329	Length of civil proceedings
20885	Panepinto		(96) 142	Length of civil proceedings
26033	Paolillo & Morini	(96) 506		Length of civil proceedings
25219	Parodi	(96) 191		Length of civil proceedings
19735	Pelaia and others		(96) 331	Length of civil proceedings
23602	Perrella		(96) 332	Length of civil proceedings
25267	Perrone	(96) 192		Length of civil proceedings
26856	Persia	(96) 665		Length of civil proceedings (labour courts)
24799	Petrini	(96) 62		Length of civil proceedings (labour courts)
25246	Petromilli	(96) 193		Length of civil proceedings
25248	Pezzati	(96) 194		Length of civil proceedings
19825	Piazzolla		(96) 15	Length of civil proceedings
15807	Picchi (Bionda)		(96) 92	Length of civil proceedings
26031	Piccininni	(96) 654		Length of civil proceedings, enjoyment of possessions
20170	Plastimare S.r.L.		(96) 333	Length of civil proceedings
20172	Pochiero		(96) 334	Length of civil proceedings
26445	Poddighe & autres	(96) 544		Length of civil proceedings
24794	Polperio and others I	(96) 71		Length of civil proceedings
24795	Polperio and others II	(96) 72		Length of civil proceedings
24335	Porcu	(96) 36	(96) 597	Length of civil proceedings
23607	Portello		(96) 335	Length of civil proceedings
25254	Pugliani and Cianca	(96) 195		Length of civil proceedings

23476	P.L. I		(96) 143	Durée de procédure civile
25258	P.U. I	(96) 188		Durée de procédure civile
25259	P.U. II	(96) 189		Durée de procédure civile
25260	P.U. III	(96) 190		Durée de procédure civile
17955	Pagetti		(96) 565	Durée de procédure civile
19927	Pahor	(96) 377		Durée de procédure pénale
22421	Palermiti	(96) 666		Durée de procédure pénale
23483	Panebianco		(96) 329	Durée de procédure civile
20885	Panepinto		(96) 142	Durée de procédure civile
26033	Paolillo & Morini	(96) 506		Durée de procédure civile
25219	Parodi	(96) 191		Durée de procédure civile
19735	Pelaia et autres		(96) 331	Durée de procédure civile
23602	Perrella		(96) 332	Durée de procédure civile
25267	Perrone	(96) 192		Durée de procédure civile
26856	Persia	(96) 665		Durée de procédure civile relative à des questions de travail
24799	Petrini	(96) 62		Durée de procédure civile relative à des questions de travail
25246	Petromilli	(96) 193		Durée de procédure civile
25248	Pezzati	(96) 194		Durée de procédure civile
19825	Piazzolla		(96) 15	Durée de procédure civile
15807	Picchi (Bionda)		(96) 92	Durée de procédure civile
26031	Piccininni	(96) 654		Durée de procédure civile, respect de ses biens
20170	Plastimare S.r.L.		(96) 333	Durée de procédure civile
20172	Pochiero		(96) 334	Durée de procédure civile

22866	Puzzuoli	(96) 558		Length of criminal proceedings
22090	R.A.		(96) 336	Length of civil proceedings
26412	R.B.D.	(96) 561		Length of civil proceedings (labour courts)
26440	R.D.	(96) 545		Length of civil proceedings
25573	R.L. II	(96) 239		Length of civil proceedings before the Court of Accounts
26045	R.M. III	(96) 519		Length of civil proceedings (labour courts)
24807	R.P.	(96) 73		Length of civil proceedings
23628	R.R.		(96) 344	Length of civil proceedings
23486	R.S. II		(96) 345	Length of civil proceedings
26429	R.S. III	(96) 562		Length of civil proceedings (labour courts)
23616	R.V. I		(96) 348	Length of civil proceedings
26425	R.V. II	(96) 546		Length of civil proceedings
26046	Raffi Giuliano I	(96) 507		Length of civil proceedings
26841	Raffi Giuliano II	(96) 637		Length of civil proceedings
26032	Raimondo Adiutore		(96) 609	Length of civil proceedings (labour courts)
26025	Ravizza	(96) 508	(96) 673	Length of civil proceedings
20644	Reggiani		(96) 144	Length of civil proceedings
26014	Reinaudo	(96) 509		Length of civil proceedings
26847	Reni	(96) 638		Length of civil proceedings
26001	Ricchiuto	(96) 510		Length of civil proceedings
26030	Riccioni	(96) 511		Length of civil proceedings
23608	Ricotta		(96) 337	Length of civil proceedings
23625	Ridolfo et Faranda		(96) 338	Length of civil proceedings

26445	Poddighe & autres	(96) 544		Durée de procédure civile
24794	Polperio et autres I	(96) 71		Durée de procédure civile
24795	Polperio et autres II	(96) 72		Durée de procédure civile
24335	Porcu	(96) 36	(96) 597	Durée de procédure civile
23607	Portello		(96) 335	Durée de procédure civile
25254	Pugliani et Cianca	(96) 195		Durée de procédure civile
22866	Puzzuoli	(96) 558		Durée de procédure pénale
22090	R.A.		(96) 336	Durée de procédure civile
26412	R.B.D.	(96) 561		Durée de procédure civile relative à des questions de travail
26440	R.D.	(96) 545		Durée de procédure civile
25573	R.L. II	(96) 239		Durée de procédure civile en matière fiscale
26045	R.M. III	(96) 519		Durée de procédure civile relative à des questions de travail
24807	R.P.	(96) 73		Durée de procédure civile
23628	R.R.		(96) 344	Durée de procédure civile
23486	R.S. II		(96) 345	Durée de procédure civile
26429	R.S. III	(96) 562		Durée de procédure civile relative à des questions de travail
23616	R.V. I		(96) 348	Durée de procédure civile
26425	R.V. II	(96) 546		Durée de procédure civile
26046	Raffi Giuliano I	(96) 507		Durée de procédure civile
26841	Raffi Giuliano II	(96) 637		Durée de procédure civile
26032	Raimondo Adiutore		(96) 609	Durée de procédure civile relative à des questions de travail

20737	Riga and others		(96) 339	Length of civil proceedings (applicant has joined proceedings)
25256	Ristoro G., A. and A	(96) 196		Length of civil proceedings
26404	Rizza	(96) 547		Length of civil proceedings
23465	Rodeghiero and others		(96) 340	Length of civil proceedings
26437	Romagnoli	(96) 548		Length of civil proceedings
20234	Romano		(96) 341	Length of civil proceedings
14340	Rosin (Ballario)		(96) 7	Length of civil proceedings
24820	Rossi Luigi	(96) 74	(96) 598	Length of civil proceedings
20590	Rota I		(96) 342	Length of civil proceedings
22971	Rota II		(96) 343	Length of civil proceedings
25236	Rotella and Zuccalà	(96) 197		Length of civil proceedings
24783	Rotondi	(96) 63		Length of civil proceedings (labour courts)
26865	Rubbo and others	(96) 613		Length of civil proceedings (administrative jurisdictions)
21666	Ruggieri et Di Beco		(96) 145	Length of civil proceedings
23629	Ruggiero		(96) 346	Length of civil proceedings
20173	Rullo		(96) 347	Length of civil proceedings
24821	S. et A.C.	(96) 75	(96) 599	Length of civil proceedings
21665	S., D., A. and M.A.A. & C.G.		(96) 147	Length of civil proceedings
23473	S.A.GE.MA. s.n.c.		(96) 458	Length of civil proceedings
18681	S.C. I		(96) 148	Length of civil proceedings
26405	S.C. III	(96) 549		Length of civil proceedings
26407	S.D.	(96) 550		Length of civil proceedings
26414	S.P. & S.V.	(96) 551		Length of civil proceedings

26025	Ravizza	(96) 508	(96) 673	Durée de procédure civile
20644	Reggiani		(96) 144	Durée de procédure civile
26014	Reinaudo	(96) 509		Durée de procédure civile
26847	Reni	(96) 638		Durée dc procédure civile
26001	Ricchiuto	(96) 510		Durée de procédure civile
26030	Riccioni	(96) 511		Durée de procédure civile
23608	Ricotta		(96) 337	Durée de procédure civile
23625	Ridolfo et Faranda		(96) 338	Durée de procédure civile
20737	Riga et autres		(96) 339	Durée de procédure civile (avec constitution de partie civile)
25256	Ristoro G., A. et A	(96) 196		Durée de procédure civile
26404	Rizza	(96) 547		Durée de procédure civile
23465	Rodeghiero et autres		(96) 340	Durée de procédure civile
26437	Romagnoli	(96) 548		Durée de procédure civile
20234	Romano		(96) 341	Durée de procédure civile
14340	Rosin (Ballario)		(96) 7	Durée de procédure civile
24820	Rossi Luigi	(96) 74	(96) 598	Durée de procédure civile
20590	Rota I		(96) 342	Durée de procédure civile
22971	Rota II		(96) 343	Durée de procédure civile
25236	Rotella et Zuccalà	(96) 197		Durée de procédure civile
24783	Rotondi	(96) 63		Durée de procédure civile relative à des qusestions de travail
26865	Rubbo & autres	(96) 613		Durée de procédure civile (juridictions administratives)
21666	Ruggieri et Di Beco		(96) 145	Durée de procédure civile
23629	Ruggiero		(96) 346	Durée de procédure civile

23590	S.r.l. CIPDI		(96) 284	Length of civil proceedings
23613	S.X. and G.P.M.		(96) 354	Length of civil proceedings
25107	Sacchi	(96) 115		Length of civil proceedings
23596	Salomon		(96) 349	Length of civil proceedings
19933	Salvatore	(96) 32		Length of criminal proceedings
17046	Sana		(96) 146	Length of civil proceedings
25582	Sansoni	(96) 222		Length of civil proceedings (administrative jurisdictions)
26034	Santonocito and others	(96) 512		Length of civil proceedings
24780	Schiavone	(96) 76		Length of civil proceedings
24784	Scognamiglio I	(96) 117		Length of civil proceedings (labour courts)
24814	Scognamiglio II	(96) 116		Length of civil proceedings
17991	Scotti Marcello	(96) 210		Length of criminal proceedings
26834	Scuderi Graziella	(96) 639		Length of civil proceedings
25566	Sellitti	(96) 240		Length of civil proceedings before the Court of Accounts
26432	Siface	(96) 552		Length of civil proceedings
26825	Silvan S.p.a.	(96) 640		Length of civil proceedings
26854	Simotti A., O. & M.	(96) 641		Length of civil proceedings
26402	Siniscalchi and others	(96) 553		Length of civil proceedings
17892	Société Laterplatani		(96) 93	Length of civil proceedings
23488	Soldano Carlo		(96) 461	Length of civil proceedings
26004	Sorace	(96) 513		Length of civil proceedings
24781	Soreca	(96) 064		Length of civil proceedings (labour courts)
19711	Sorrenti		(96) 350	Length of civil proceedings

20173	Rullo		(96) 347	Durée de procédure civile
24821	S. et A.C.	(96) 75	(96) 599	Durée de procédure civile
21665	S., D., A. et M.A.A. & C.G.		(96) 147	Durée de procédure civile
23473	S.A.GE.MA. s.n.c.		(96) 458	Durée de procédure civile
18681	S.C. I		(96) 148	Durée de procédure civile
26405	S.C. III	(96) 549		Durée de procédure civile
26407	S.D.	(96) 550		Durée de procédure civile
26414	S.P. & S.V.	(96) 551		Durée de procédure civile
23590	S.r.l. CIPDI		(96) 284	Durée de procédure civile
23613	S.X. et G.P.M.		(96) 354	Durée de procédure civile
25107	Sacchi	(96) 115		Durée de procédure civile
23596	Salomon		(96) 349	Durée de procédure civile
19933	Salvatore	(96) 32		Durée de procédure pénale
17046	Sana		(96) 146	Durée de procédure civile
25582	Sansoni	(96) 222		Durée de procédure civile (juridictions administratives)
26034	Santonocito & autres	(96) 512		Durée de procédure civile
24780	Schiavone	(96) 76		Durée de procédure civile
24784	Scognamiglio I	(96) 117		Durée de procédure civile relative à des questions de travail
24814	Scognamiglio II	(96) 116		Durée de procédure civile
17991	Scotti Marcello	(96) 210		Durée de procédure pénale
26834	Scuderi Graziella	(96) 639		Durée de procédure civile
25566	Sellitti	(96) 240		Durée de procédure civile en matière fiscale
26432	Siface	(96) 552		Durée de procédure civile

25235	Sorrenti Alessandro II	(96) 198		Length of civil proceedings
23626	Spadaro and Cafeo		(96) 351	Length of civil proceedings
26839	Spiccia	(96) 642		Length of civil proceedings
21434	Spizzichini, Marasca		(96) 352	Length of civil proceedings
15821	Squillante Montoro (Ballario)		(96) 8	Length of civil proceedings
25229	Sterchele C. and C.	(96) 199		Length of civil proceedings
25583	Stracuzzi	(96) 241		Length of civil proceedings before the Court of Accounts, length of civil proceedings (administrative jurisdictions)
25252	Strongoli I	(96) 200		Length of civil proceedings
25253	Strongoli II	(96) 201		Length of civil proceedings
19571	Surace		(96) 353	Length of civil proceedings
26858	Sutera	(96) 643		Length of civil proceedings
18398	T.P.	(96) 391		Length of civil proceedings before the Court of Accounts
24803	T.S.I. s.r.l.	(96) 77		Length of civil proceedings
23487	T.V.		(96) 355	Length of civil proceedings
26436	Todesco Aldo	(96) 554		Length of civil proceedings
24788	Triunfo	(96) 78	(96) 601	Length of civil proceedings
25578	Turrina & Scattolini	(96) 223		Length of civil proceedings (administrative jurisdictions)
26013	Uricchio	(96) 514		Length of civil proceedings
23482	V.B.		(96) 356	Length of civil proceedings
23597	V.C.		(96) 358	Length of civil proceedings
23585	V.F.		(96) 361	Length of civil proceedings
25234	V.M.	(96) 202		Length of civil proceedings
26401	V.R.	(96) 655		Length of civil proceedings

26825	Silvan S.p.a.	(96) 640		Durée de procédure civile
26854	Simotti A., O. & M.	(96) 641		Durée de procédure civile
26402	Siniscalchi & autres	(96) 553		Durée de procédure civile
17892	Société Laterplatani		(96) 93	Durée de procédure civile
23488	Soldano Carlo		(96) 461	Durée de procédure civile
26004	Sorace	(96) 513		Durée de procédure civile
24781	Soreca	(96) 064		Durée de procédure civile relative à des questions de travail
19711	Sorrenti		(96) 350	Durée de procédure civile
25235	Sorrenti Alessandro II	(96) 198		Durée de procédure civile
23626	Spadaro et Cafeo		(96) 351	Durée de procédure civile
26839	Spiccia	(96) 642		Durée de procédure civile
21434	Spizzichini, Marasca		(96) 352	Durée de procédure civile
15821	Squillante Montoro (Ballario)		(96) 8	Durée de procédure civile
25229	Sterchele C. et C.	(96) 199		Durée de procédure civile
25583	Stracuzzi	(96) 241		Durée de procédure civile en matière fiscale, durée de procédure civile (juridictionns administratives)
25252	Strongoli I	(96) 200		Durée de procédure civile
25253	Strongoli II	(96) 201		Durée de procédure civile
19571	Surace		(96) 353	Durée de procédure civile
26858	Sutera	(96) 643		Durée de procédure civile
18398	T.P.	(96) 391		Durée de procédure civile en matière fiscale
24803	T.S.I. s.r.l.	(96) 77		Durée de procédure civile
23487	T.V.		(96) 355	Durée de procédure civile

20361	V.S.	(96) 110		Length of criminal proceedings
17461	Vaccarisi		(96) 357	Length of civil proceedings
23147	Vaggelli-Lupi	(96) 245		Length of civil proceedings (applicant has joined proceedings)
24793	Valentini	(96) 79		Length of civil proceedings
24824	Valtulini	(96) 80	(96) 602	Length of civil proceedings
25251	Varvaro	(96) 477		Length of civil proceedings
19829	Ventura and Iannizzi		(96) 359	Length of civil proceedings
25222	Vesentini	(96) 203		Length of civil proceedings
26879	Vicenzi	(96) 659		Length of civil proceedings before the Court of Accounts
22547	Vincenti		(96) 362	Length of civil proceedings
20090	Vomero		(96) 363	Length of civil proceedings
26850	Von Berger Icilio I	(96) 644		Length of civil proceedings, enjoyment of possessions
26851	Von Berger Icilio II	(96) 645		Length of civil proceedings, enjoyment of possessions
26852	Von Berger Icilio III	(96) 646		Length of civil proceedings, enjoyment of possessions
17765	Zaffarana	(96) 244		Length of civil proceedings (labour courts)
19454	Zanellato		(96) 364 (96) 587	Length of civil proceedings
14791	Zanfavero			Length of civil proceedings
18182	Zodda		(96) 149	Length of civil proceedings

26436	Todesco Aldo	(96) 554		Durée de procédure civile
24788	Triunfo	(96) 78	(96) 601	Durée de procédure civile
25578	Turrina & Scattolini	(96) 223		Durée de procédure civile (juridictions administratives)
26013	Uricchio	(96) 514		Durée de procédure civile
23482	V.B.		(96) 356	Durée de procédure civile
23597	V.C.		(96) 358	Durée de procédure civile
23585	V.F.		(96) 361	Durée de procédure civile
25234	V.M.	(96) 202		Durée de procédure civile
26401	V.R.	(96) 655		Durée de procédure civile
20361	V.S.	(96) 110		Durée de procédure pénale
17461	Vaccarisi		(96) 357	Durée de procédure civile
23147	Vaggelli-Lupi	(96) 245		Durée de procédure civile (avec constitution de partie civile)
24793	Valentini	(96) 79		Durée de procédure civile
24824	Valtulini	(96) 80	(96) 602	Durée de procédure civile
25251	Varvaro	(96) 477		Durée de procédure civile
19829	Ventura et Iannizzi		(96) 359	Durée de procédure civile
25222	Vesentini	(96) 203		Durée de procédure civile
26879	Vicenzi	(96) 659		Durée de procédure civile en matière fiscale
22547	Vincenti		(96) 362	Durée de procédure civile
20090	Vomero		(96) 363	Durée de procédure civile
26850	Von Berger Icilio I	(96) 644		Durée de procédure civile, respect de ses biens
26851	Von Berger Icilio II	(96) 645		Durée de procédure civile, respect de ses biens

Interim Resolution DH (96) 50

Application No. 24804/94
G.P. v Italy

(Adopted by the Committee of Ministers on 9 February 1996 at the 556th meeting of the Ministers' Deputies)

The Committee of Ministers, under the terms of Article 32 of the Convention for the Protection of Human Rights and Fundamental Freedoms (hereinafter referred to as "the Convention"),

Having regard to the report drawn up by the European Commission of Human Rights in accordance with Article 31 of the Convention relating to the application lodged on 12 November 1993 by Mr G.P. against Italy (Application No. 24804/94);

Whereas on 21 September 1995 the Commission transmitted the said report to the Committee of Ministers and whereas the period of three months provided for in Article 32, paragraph 1, of the Convention has elapsed without the case having been brought before the European Court of Human Rights in pursuance of Article 48 of the Convention;

Whereas in his application, declared admissible by the Commission on 11 April 1995, the applicant complained of the excessive length of certain civil proceedings;

Whereas in its report adopted on 4 July 1995 the Commission expressed, unanimously, the opinion that there had been a violation of Article 6, paragraph 1, of the Convention;

Whereas, at the 556th meeting of the Ministers' Deputies held on 9 February 1996, the Committee of Ministers, agreeing with the opinion expressed by the

26852	Von Berger Icilio III	(96) 646		Durée de procédure civile, respect de ses biens
17765	Zaffarana	(96) 244		Durée de procédure civile relative à des questions de travail
19454	Zanellato		(96) 364 (96) 587	Durée de procédure civile
14791	Zanfavero			Durée de procédure civile
18182	Zodda		(96) 149	Durée de procédure civile

Résolution intérimaire DH (96) 50

Requête n° 24804/94
G.P. c/ Italie

(adoptée par le Comité des Ministres le 9 février 1996, lors de la 556e réunion des Délégués des Ministres)

Le Comité des Ministres, en vertu de l'article 32 de la Convention de sauvegarde des Droits de l'Homme et des Libertés fondamentales (ci-après dénommée «la Convention»),

Vu le rapport de la Commission européenne des Droits de l'Homme établi conformément à l'article 31 de la Convention au sujet de la requête introduite le 12 novembre 1993 par M. G.P. contre l'Italie (Requête n° 24804/94);

Attendu que la Commission a transmis ledit rapport au Comité des Ministres le 21 septembre 1995 et que le délai de trois mois prévu à l'article 32, paragraphe 1, de la Convention s'est écoulé sans que l'affaire ait été déférée à la Cour européenne des Droits de l'Homme en application de l'article 48 de la Convention;

Attendu que dans sa requête, déclarée recevable par la Commission le 11 avril 1995, le requérant s'est plaint de la durée excessive d'une procédure civile;

Attendu que, dans son rapport adopté le 4 juillet 1995, la Commission a exprimé l'avis, à l'unanimité, qu'il y avait eu violation de l'article 6, paragraphe 1, de la Convention;

Attendu que, lors de la 556e réunion des Délégués des Ministres, tenue le 9 février 1996, le Comité des Ministres, faisant sien l'avis exprimé par la

Commission, held, having voted in accordance with the provisions of Article 32, paragraph 1, of the Convention, that there had been in this case a violation of Article 6, paragraph 1, of the Convention,

Authorises the publication of the report adopted by the Commission in this case;

Decides to pursue the examination of the present case in accordance with Article 32 of the Convention with a view to adopting the final resolution.

Interim Resolution DH (96) 246

Application No. 25564/94
Filippello v. Italy

Adopted by the Committee of Ministers on 15 May 1996
at the 564th meeting of the Ministers' Deputies

The Committee of Ministers, under the terms of Article 32 of the Convention for the Protection of Human Rights and Fundamental Freedoms (hereinafter referred to as "the Convention"),

Having regard to the report drawn up on 24 October 1995 by the European Commission of Human Rights in accordance with Article 31 of the Convention relating to the application lodged on 26 May 1993 by Mr Giorgio Filippello against Italy (Application No. 25564/94);

Whereas on 5 December 1995 the Commission transmitted the said report to the Committee of Ministers and whereas the period of three months provided for in Article 32, paragraph 1, of the Convention has elapsed without the case having been brought before the European Court of Human Rights in pursuance of Article 48 of the Convention;

Whereas in his application, declared admissible by the Commission on 4 July 1995, the applicant complained of the excessive length of certain civil proceedings before a tax Commission;

Whereas in its report the Commission expressed, unanimously, the opinion that there had been a violation of Article 6, paragraph 1, of the Convention;

Whereas, at the 564th meeting of the Ministers' Deputies held on 30 April 1996, the Committee of Ministers, agreeing with the opinion expressed by the Commission, held, having voted in accordance with the provisions of Article 32, paragraph 1, of the Convention, that there had been in this case a violation of Article 6, paragraph 1, of the Convention,

Authorises the publication of the report adopted by the Commission in this case;

Decides to pursue the examination of the present case in accordance with Article 32 of the Convention with a view to adopting the final resolution.

Commission, a dit, ayant procédé au vote conformément aux dispositions de l'article 32, paragraphe 1, de la Convention, qu'il y avait eu dans cette affaire violation de l'article 6, paragraphe 1, de la Convention,

Autorise la publication du rapport adopté par la Commission dans cette affaire;

Décide de poursuivre l'examen de la présente affaire, conformément à l'article 32 de la Convention, en vue de l'adoption de la résolution finale.

Résolution intérimaire DH (96) 246

Requête n° 25564/94
Filippello c/ Italie

(adoptée par le Comité des Ministres le 15 mai 1996, lors de la 564e réunion des Délégués des Ministres)

Le Comité des Ministres, en vertu de l'article 32 de la Convention de sauvegarde des Droits de l'Homme et des Libertés fondamentales (ci-après dénommée «la Convention»),

Vu le rapport de la Commission européenne des Droits de l'Homme établi le 24 octobre 1995, conformément à l'article 31 de la Convention au sujet de la requête introduite le 26 mai 1993 par M. Giorgio Filippello contre l'Italie (Requête n° 25564/94);

Attendu que la Commission a transmis ledit rapport au Comité des Ministres le 5 décembre 1995 et que le délai de trois mois prévu à l'article 32, paragraphe 1, de la Convention s'est écoulé sans que l'affaire ait été déférée à la Cour européenne des Droits de l'Homme en application de l'article 48 de la Convention;

Attendu que dans sa requête, déclarée recevable par la Commission le 4 juillet 1995, le requérant s'est plaint de la durée excessive d'une procédure civile devant une commission fiscale;

Attendu que, dans son rapport, la Commission a exprimé l'avis, à l'unanimité, qu'il y avait eu violation de l'article 6, paragraphe 1, de la Convention;

Attendu que, lors de la 564e réunion des Délégués des Ministres, tenue le 30 avril 1996, le Comité des Ministres, faisant sien l'avis exprimé par la Commission, a dit, ayant procédé au vote conformément aux dispositions de l'article 32, paragraphe 1, de la Convention, qu'il y avait eu dans cette affaire violation de l'article 6, paragraphe 1, de la Convention,

Autorise la publication du rapport adopté par la Commission dans cette affaire;

Décide de poursuivre l'examen de la présente affaire, conformément à l'article 32 de la Convention, en vue de l'adoption de la résolution finale.

Resolution DH (96) 315

Application No. 14725/89
Giuseppe Lanzano v. Italy

(Adopted by the Committee of Ministers on 25 June 1996 at the 567th meeting of the Ministers' Deputies)

The Committee of Ministers, under the terms of Article 32 of the Convention for the Protection of Human Rights and Fundamental Freedoms (hereinafter referred to as "the Convention"),

Having regard to the report drawn up on 9 May 1994 by the European Commission of Human Rights in accordance with Article 31 of the Convention relating to the application lodged on 14 January 1989 by Mr Giuseppe Lanzano against Italy (Application No. 14725/89);

Whereas on 23 June 1994 the Commission transmitted the said report to the Committee of Ministers and whereas the period of three months provided for in Article 32, paragraph 1, of the Convention has elapsed without the case having been brought before the European Court of Human Rights in pursuance of Article 48 of the Convention;

Whereas in his application, declared admissible by the Commission on 30 June 1993, the applicant complained of the impartiality of the Montechiari court of first instance;

Whereas in its report the Commission expressed, unanimously, the opinion that there had been a violation of Article 6, paragraph 1, of the Convention;

Whereas, at the 519th meeting of the Ministers' Deputies, held on 20 October 1994, the Committee of Ministers, agreeing with the opinion expressed by the Commission, held, having voted in accordance with the provisions of Article 32, paragraph 1, of the Convention, that there had been in this case a violation of Article 6, paragraph 1, of the Convention;

Whereas the Committee of Ministers examined the proposals made by the Commission when transmitting its report as regards just satisfaction to be awarded to the applicant, proposals supplemented by a letter of the President of the Commission dated 13 April 1995;

Whereas, at the 539th meeting of the Deputies, held on 7 June 1995, the Committee of Ministers decided, in accordance with Article 32, paragraph 2, of the Convention, that the Government of Italy was to pay the applicant as just satisfaction, within three months, 6 000 000 Italian lire in respect of non-pecuniary damage and 1 000 000 Italian lire in respect of costs and expenses, namely a total sum of 7 000 000 Italian lire;

Whereas the Committee of Ministers invited the Government of Italy to inform it of the measures taken following its decisions of 20 October 1994 and 7 June 1995, having regard to Italy's obligation under Article 32, paragraph 4, of the Convention to abide by them;

Whereas the Committee of Ministers satisfied itself that on 22 September 1995,

Résolution DH (96) 315

Requête n° 14725/89
Giuseppe Lanzano c/ Italie

(adoptée par le Comité des Ministres le 25 juin 1996, lors de la 567e réunion des Délégués des Ministres)

Le Comité des Ministres, en vertu de l'article 32 de la Convention de sauvegarde des Droits de l'Homme et des Libertés fondamentales (ci-après dénommée «la Convention»),

Vu le rapport de la Commission européenne des Droits de l'Homme établi conformément à l'article 31 de la Convention, le 9 mai 1994, au sujet de la requête introduite le 14 janvier 1989 par M. Giuseppe Lanzano contre l'Italie (Requête n° 14725/89);

Attendu que la Commission a transmis ledit rapport au Comité des Ministres le 23 juin 1994 et que le délai de trois mois prévu à l'article 32, paragraphe 1, de la Convention s'est écoulé sans que l'affaire ait été déférée à la Cour européenne des Droits de l'Homme en application de l'article 48 de la Convention;

Attendu que dans sa requête, déclarée recevable par la Commission le 30 juin 1993, le requérant s'est plaint de ce que le juge d'instance de Montichiari n'aurait pas été impartial;

Attendu que, dans son rapport la Commission a exprimé l'avis, à l'unanimité, qu'il y avait eu violation de l'article 6, paragraphe 1, de la Convention;

Attendu que, lors de la 519e réunion des Délégués des Ministres, tenue le 20 octobre 1994, le Comité des Ministres, faisant sien l'avis exprimé par la Commission, a dit, ayant procédé au vote conformément aux dispositions de l'article 32, paragraphe 1, de la Convention, qu'il y avait eu dans cette affaire violation de l'article 6, paragraphe 1, de la Convention;

Attendu que le Comité des Ministres a examiné les propositions faites par la Commission, lors de la transmission de son rapport, au sujet d'une satisfaction équitable à accorder au requérant, propositions complétées par lettre du Président de la Commission en date du 13 avril 1995;

Attendu que, lors de la 539e réunion des Délégués, tenue le 7 juin 1995, le Comité des Ministres a dit, conformément à l'article 32, paragraphe 2, de la Convention, que le Gouvernement de l'Italie devait verser au requérant comme satisfaction équitable, dans les trois mois, 6 000 000 de lires italiennes au titre du préjudice moral et 1 000 000 de lires italiennes au titre des frais et dépens, soit la somme totale de 7 000 000 de lires italiennes;

Attendu que le Comité des Ministres a invité le Gouvernement de l'Italie à l'informer des mesures prises à la suite de ses décisions des 20 octobre 1994 et 7 juin 1995, eu égard à l'obligation qu'a l'Italie de s'y conformer selon l'article 32, paragraphe 4, de la Convention;

Attendu que le Comité des Ministres s'est assuré que le Gouvernement de

within the time-limit set, the Government of Italy paid the applicant the total sum of 7 000 000 Italian lire as just satisfaction,.

Declares, having taken note of the measures taken by the Government of Italy, that it has exercised its functions under Article 32 of the Convention in this case;

Authorises the publication of the report adopted by the Commission in this case.

Appendix to Resolution DH (96) 315

Information provided by the Government of Italy.
during the examination of the case of Lanzano by the Committee of Ministers

The incriminated provisions of the Code of Criminal Procedure which provided for the possibility of combining the functions of investigation and trial in one and the same judge have been repealed. The abrogation concerns in particular the district judge's power to carry out police or investigative measures (Article 550). Accordingly, there is no longer any risk of repetition of the violation found.

Luxembourg

During 1996, in the exercise of its functions under Article 32, the Committee of Ministers adopted 1 resolution concerning *Luxembourg*.

Resolution DH (96) 370

Application No. 21903/93
Felici v. Luxembourg

(Adopted by the Committee of Ministers on 25 June 1996
at the 567th meeting of the Ministers' Deputies)

The Committee of Ministers, under the terms of Article 32 of the Convention for the Protection of Human Rights and Fundamental Freedoms (hereinafter referred to as "the Convention"),

Having regard to the report drawn up on 29 November 1995 by the European Commission of Human Rights in accordance with Article 31 of the Convention relating to the application lodged on 11 March 1993 by Mr Michel Felici against Luxembourg (Application No. 21903/93);

Whereas on 19 December 1995 the Commission transmitted the said report to the Committee of Ministers and whereas the period of three months provided for in Article 32, paragraph 1, of the Convention has elapsed without the case having been brought before the European Court of Human Rights in pursuance of Article 48 of the Convention;.

l'Italie avait versé au requérant le 22 septembre 1995, dans le délai imparti, la somme totale de 7 000 000 de lires italiennes comme satisfaction équitable,

Déclare, après avoir pris note des mesures prises par le Gouvernement de l'Italie, qu'il a rempli ses fonctions en vertu de l'article 32 de la Convention dans la présente affaire;

Autorise la publication du rapport adopté par la Commission dans cette affaire.

Annexe à la Résolution DH (96) 315

Informations fournies par le Gouvernement de l'Italie lors de l'examen de l'affaire Lanzano par le Comité des Ministres

Les dispositions litigieuses du Code de procédure pénale qui prévoyaient la possibilité de cumul des fonctions d'instruction et de jugement dans le chef du même magistrat ont été abrogées. L'abrogation concerne notamment le pouvoir du juge d'instance d'accomplir des actes de police judiciaire ou d'instruction (article 550). Ainsi, il n'y a plus de risque de répétition de la violation constatée.

Luxembourg

Dans l'exercice des fonctions que lui attribue l'article 32, le Comité des Ministres a adopté, au courant de l'année 1996, 1 résolution concernant le *Luxembourg*.

Résolution DH (96) 370

Requête n° 21903/93
Felici c/ Luxembourg

(adoptée par le Comité des Ministres le 25 juin 1996 lors de la 567e réunion des Délégués des Ministres)

Le Comité des Ministres, en vertu de l'article 32 de la Convention de sauvegarde des Droits de l'Homme et des Libertés fondamentales (ci-après dénommée «la Convention»),

Vu le rapport de la Commission européenne des Droits de l'Homme établi le 29 novembre 1995, conformément à l'article 31 de la Convention au sujet de la requête introduite le 11 mars 1993 par M. Michel Felici contre le Luxembourg (Requête n° 21903/93);

Attendu que la Commission a transmis ledit rapport au Comité des Ministres le 19 décembre 1995 et que le délai de trois mois prévu à l'article 32, paragraphe 1, de la Convention s'est écoulé sans que l'affaire ait été déférée à la Cour européenne des Droits de l'Homme en application de l'article 48 de la Convention;

Whereas in his application, as declared admissible by the Commission on 5 April 1995 (final decision as to the admissibility), the applicant complained of not having been confronted to the prosecution witnesses whose declarations had been decisive for his conviction;

Whereas in its report, the Commission expressed, unanimously, the opinion that there had been no violation of Article 6, paragraphs 1 and 3.*d*, of the Convention;

Whereas on 14 June 1996, at the 567th meeting of the Ministers' Deputies, the Committee of Ministers, agreeing with the opinion expressed by the Commission, held, having voted in accordance with the provisions of Article 32, paragraph 1, of the Convention, that there had not been in this case no violation of Article 6, paragraphs 1 and 3.*d*, of the Convention,

Declares that it has exercised its functions under Article 32 of the Convention in this case;

Authorises the publication of the report adopted by the Commission in this case.

Netherlands

During 1996, in the exercise of its functions under Article 32, the Committee of Ministers adopted 4 resolutions concerning *the Netherlands.*

Appl. No.	*Applicant*	*Interim resolution*	*"Classic" resolution*	*Final resolution*	*Complaints*
19525	Finkensieper		(96) 159		Fair trial in criminal proceedings
22046	H.J.B.	(96) 667			Length of criminal proceedings
19508	J.D.	(96) 247			Length of criminal proceedings
18395	Lupker and others		(96) 16		Length of criminal proceedings

Resolution DH (96) 159

Application No. 19525/92
Finkensieper v. the Netherlands

(Adopted by the Committee of Ministers on 15 May 1996 at the 564th meeting of the Ministers' Deputies)

The Committee of Ministers, under the terms of Article 32 of the Convention for the Protection of Human Rights and Fundamental Freedoms (hereinafter referred to as "the Convention"),

Attendu que dans sa requête, telle que déclarée recevable par la Commission le 5 avril 1995 (décision finale sur la recevabilité), le requérant s'est plaint de ne pas avoir été confronté aux témoins à charge dont les déclarations avaient été décisives pour sa condamnation;

Attendu que, dans son rapport, la Commission a exprimé l'avis, à l'unanimité, qu'il n'y avait pas eu violation de l'article 6, paragraphes 1 et 3 *d*, de la Convention;

Attendu que, lors de la 567e réunion des Délégués des Ministres, tenue le 14 juin 1996, le Comité des Ministres, faisant sien l'avis exprimé par la Commission, a dit, ayant procédé au vote conformément aux dispositions de l'article 32, paragraphe 1, de la Convention, qu'il n'y avait pas eu dans cette affaire violation de l'article 6, paragraphes 1 et 3 *d*, de la Convention,

Déclare qu'il a rempli ses fonctions en vertu de l'article 32 de la Convention dans la présente affaire;

Autorise la publication du rapport adopté par la Commission dans cette affaire.

Pays-Bas

Dans l'exercice des fonctions que lui attribue l'article 32, le Comité des Ministres a adopté, au courant de l'année 1996, 4 résolutions concernant les *Pays-Bas*.

Requête n°	*Requérant*	*Résolution intérimaire*	*Résolution "classique"*	*Résolution finale*	*Griefs*
19525	Finkensieper		(96) 159		Equité d'une procédure pénale
22046	H.J.B.	(96) 667			Durée de procédure pénale
19508	J.D.	(96) 247			Durée de procédure pénale
18395	Lupker et autres		(96) 16		Durée de procédure pénale

Résolution DH (96) 159

Requête n° 19525/92
Finkensieper c/ Pays-Bas

(adoptée par le Comité des Ministres le 15 mai 1996 lors de la 564e réunion des Délégués des Ministres)

Le Comité des Ministres, en vertu de l'article 32 de la Convention de sauvegarde des Droits de l'Homme et des Libertés fondamentales (ci-après dénommée «la Convention»),

Having regard to the report drawn up on 17 May 1995 by the European Commission of Human Rights in accordance with Article 31 of the Convention relating to the application lodged on 23 December 1991 by Mr Hans Otto Theodoor Finkensieper against the Netherlands (Application No. 19525/92);

Whereas on 10 July 1995 the Commission transmitted the said report to the Committee of Ministers and the case has not been referred to the European Court of Human Rights, either by the Commission or by a state entitled to do so under Article 48 of the Convention, within the time-limit of three months from the transmission of the report to the Chairman of the Committee of Ministers; however, whereas within this time-limit, the applicant seized the Court in accordance with Protocol No. 9, but considering that the screening panel of the Court decided on 14 March 1996 that this case would not be considered by the Court, the Committee of Ministers is now called upon to take a decision in accordance with Article 32 of the Convention and with Article 48 of the Convention as amended by Article 5 of Protocol No. 9 for those states having ratified the latter;

Whereas in his application, declared admissible by the Commission on 30 November 1994, the applicant complained of a violation of the right to a fair trial within the context of criminal proceedings, in particular of a violation of the right to examine witnesses;

Whereas in its report the Commission expressed, by ten votes to three the opinion that there had been no violation of Article 6, paragraphs 1 and 3.*d*, of the Convention;

Whereas, at the 564th meeting of the Ministers' Deputies held on 30 April 1996, the Committee of Ministers, agreeing with the opinion expressed by the Commission, held, having voted in accordance with the provisions of Article 32, paragraph 1, of the Convention, that there had been in this case no violation of Article 6, paragraphs 1 and 3.*d*, of the Convention,

Declares, that it has exercised its functions under Article 32 of the Convention in this case;

Authorises the publication of the report adopted by the Commission in this case.

Portugal

During 1996, in the exercise of its functions under Article 32, the Committee of Ministers adopted 8 resolutions concerning *Portugal*.

Appl. No.	***Applicant***	***Interim resolution***	***"Classic" resolution***	***Final resolution***	***Complaints***
20466	Araùjo Simoes		(96) 94		Length of civil proceedings

Vu le rapport de la Commission européenne des Droits de l'Homme établi le 17 mai 1995, conformément à l'article 31 de la Convention au sujet de la requête introduite le 23 décembre 1991 par M. Hans Otto Theodoor Finkensieper contre les Pays-Bas (Requête n° 19525/92);

Attendu que la Commission a transmis ledit rapport au Comité des Ministres le 10 juillet 1995 et que l'affaire n'a pas été déférée à la Cour européenne des Droits de l'Homme par la Commission ou par un Etat, en vertu de l'article 48 de la Convention, dans les trois mois suivant la date à laquelle le rapport a été transmis au Président du Comité des Ministres; attendu cependant que, dans ce délai, le requérant a saisi la Cour en vertu du Protocole n° 9, mais étant donné que le Comité de filtrage de la Cour a décidé le 14 mars 1996 que l'affaire ne serait pas examinée par la Cour, le Comité des Ministres est maintenant appelé à prendre une décision, conformément à l'article 32 de la Convention et à l'article 48 de la Convention, tel que modifié par l'article 5 du Protocole n° 9 pour les Etats l'ayant ratifié;

Attendu que dans sa requête, déclarée recevable par la Commission le 30 novembre 1994, le requérant s'est plaint d'une atteinte au droit à au procès équitable dans le cadre d'une procédure pénale, principalement d'un non-respect du droit d'interroger des témoins;

Attendu que, dans son rapport, la Commission a exprimé l'avis, par dix voix contre trois, qu'il n'y avait pas eu violation de l'article 6, paragraphes 1 et 3.d, de la Convention;

Attendu que, lors de la 564e réunion des Délégués des Ministres, tenue le 30 avril 1996, le Comité des Ministres, faisant sien l'avis exprimé par la Commission, a dit, ayant procédé au vote conformément aux dispositions de l'article 32, paragraphe 1, de la Convention, qu'il n'y avait pas eu dans cette affaire violation de l'article 6, paragraphes 1 et 3.d, de la Convention,

Déclare, qu'il a rempli ses fonctions en vertu de l'article 32 de la Convention dans la présente affaire;

Autorise la publication du rapport adopté par la Commission dans cette affaire.

Portugal

Dans l'exercice des fonctions que lui attribue l'article 32, le Comité des Ministres a adopté, au courant de l'année 1996, 8 résolutions concernant le *Portugal*.

Requête n°	*Requérant*	*Résolution intérimaire*	*Résolution "classique"*	*Résolution finale*	*Griefs*
20466	Araùjo Simoes		(96) 94		Durée de procédure civile
19470	Barros E SA Gomes		(96) 95		Durée de procédure civile

19470	Barros E SA Gomes		(96) 95	Length of civil proceedings (applicant joined proceed-ings)
18737	Dias e Costa Lda		(96) 604	Length of civil proceedings
22087	H.P. F.G.	(96) 380		Length of civil proceedings (labour courts)
21599	J.M. C.S.	(96) 118		Length of procedure (social security)
18347	L.L.		(96) 97	Length of civil proceedings (labour courts)
18915	Monteiro	(96) 81		Length of criminal proceed-ings
20273	Silva Nobre (2)		(96) 99	Length of civil proceedings, fairness of civil proceedings

Switzerland

During 1996, in the exercise of its functions under Article 32, the Committee of Ministers adopted 3 resolutions concerning *Switzerland.*

Interim Resolution DH (96) 470

Applications Nos. 20231/92, 20545/92, 23117/93, 23223/94
W. S. v. Switzerland.

(Adopted by the Committee of Ministers on 13 September 1996 at the 571st meeting of the Ministers' Deputies)

The Committee of Ministers, under the terms of Article 32 of the Convention for the Protection of Human Rights and Fundamental Freedoms (hereinafter referred to as "the Convention"),

Having regard to the report drawn up on 16 January 1996, by the European Commission of Human Rights in accordance with Article 31 of the Convention relating to the applications lodged respectively on 14 May 1992, 18 August 1992, 20 September 1993 and 30 December 1993 by Mr W. S. against Switzerland (Applications Nos. 20231/92, 20545/92, 23117/93, 23223/94);

Whereas on 22 February 1996 the Commission transmitted the said report to the Committee of Ministers and whereas the period of three months provided for in

18737	Dias e Costa Lda		(96) 604	Durée de procédure civile
22087	H.P. F.G.	(96) 380		Durée de procédure civile relative à des questions de travail
21599	J.M. C.S.	(96) 118		Durée de procédure en matière de sécurité sociale
18347	L.L.		(96) 97	Durée de procédure civile en matière fiscale
18915	Monteiro	(96) 81		Durée de procédure pénale
20273	Silva Nobre (2)		(96) 99	Durée de procédure civile, équité d'une procédure civile

Suisse

Dans l'exercice des fonctions que lui attribue l'article 32, le Comité des Ministres a adopté, au courant de l'année 1996, 3 résolutions concernant la *Suisse*.

Résolution intérimaire DH (96) 470

Requêtes n°s 20231/92, 20545/92, 23117/93, 23223/94 W. S. c/ Suisse

(adoptée par le Comité des Ministres le 13 septembre 1996 lors de la 571e réunion des Délégués des Ministres)

Le Comité des Ministres, en vertu de l'article 32 de la Convention de sauvegarde des Droits de l'Homme et des Libertés fondamentales (ci-après dénommée «la Convention»),

Vu le rapport de la Commission européenne des Droits de l'Homme établi le 16 janvier 1996, conformément à l'article 31 de la Convention au sujet des requêtes introduites respectivement les 14 mai 1992, 18 août 1992, 20 septembre 1993 et 30 décembre 1993 par M. W. S. contre la Suisse (Requêtes n°s 20231/92, 20545/92, 23117/93, 23223/94);

Attendu que la Commission a transmis ledit rapport au Comité des Ministres le

Article 32, paragraph 1, of the Convention has elapsed without the case having been brought before the European Court of Human Rights in pursuance of Article 48 of the Convention;

Whereas in his applications, declared admissible by the Commission on 28 June 1995, the applicant complained of the excessive length of his detention on remand, the delays of the judicial authorities in dealing with his requests for release, the absence of a right to compensation in domestic law in case of a breach of Article 5 of the Convention and of the excessive length of certain criminal proceedings;

Whereas in its report the Commission expressed, unanimously, the opinion that there had been a violation of Article 5, paragraph 3, of the Convention, that there had been no violation of Article 5, paragraph 4, of the Convention, that there had been no violation of Article 5, paragraph 5, of the Convention and that there had been a violation of Article 6, paragraph 1, of the Convention;

Whereas, at the 571st meeting of the Ministers' Deputies held on 4 September 1996 the Committee of Ministers, agreeing with the opinion expressed by the Commission, held, having voted in accordance with the provisions of Article 32, paragraph 1, of the Convention, that there had been in this case a violation of Article 5, paragraph 3, of the Convention, that there had been no violation of Article 5, paragraph 4, of the Convention, that there had been no violation of Article 5, paragraph 5, of the Convention and that there had been a violation of Article 6, paragraph 1, of the Convention,

Authorises the publication of the report adopted by the Commission in this case;

Decides to pursue the examination of the present case, in accordance with Article 32 of the Convention with a view to adopting the final resolution.

Resolution DH (96) 469

Application No. 17951/91
H. B. v. Switzerland

(Adopted by the Committee of Ministers on 13 September 1996 at the 571st meeting of the Ministers' Deputies)

The Committee of Ministers, under the terms of Article 32 of the Convention for the Protection of Human Rights and Fundamental Freedoms (hereinafter referred to as "the Convention"),

Having regard to the report drawn up on 18 October 1995 by the European Commission of Human Rights in accordance with Article 31 of the Convention relating to the application lodged on 16 January 1991 by Mr H. B. against Switzerland (Application No. 17951/91);

Whereas on 24 November 1995 the Commission transmitted the said report to the Committee of Ministers and whereas the case has not been referred to the European Court of Human Rights, neither by the Commission nor by a state entitled to do so under Article 48 of the Convention, within the time-limit of three months

la Convention s'est écoulé sans que l'affaire ait été déférée à la Cour européenne des Droits de l'Homme en application de l'article 48 de la Convention;

Attendu que dans ses requêtes, déclarées recevables par la Commission le 28 juin 1995, le requérant s'est plaint de la durée excessive de sa détention provisoire, du retard des autorités judiciaires pour examiner ses demandes de libération, de l'absence d'un droit d'indemnisation dans le droit interne en cas de méconnaissance de l'article 5 de la Convention et de la durée excessive de la procédure pénale;

Attendu que, dans son rapport, la Commission a exprimé l'avis, à l'unanimité, qu'il y avait eu violation de l'article 5, paragraphe 3, de la Convention, qu'il n'y avait pas eu violation de l'article 5, paragraphe 4, de la Convention, qu'il n'y avait pas eu violation de l'article 5, paragraphe 5, de la Convention et qu'il y avait eu violation de l'article 6, paragraphe 1, de la Convention;

Attendu que, lors de la 571e réunion des Délégués des Ministres, tenue le 4 septembre 1996, le Comité des Ministres, faisant sien l'avis exprimé par la Commission, a dit, ayant procédé au vote conformément aux dispositions de l'article 32, paragraphe 1, de la Convention, qu'il y avait eu dans cette affaire violation de l'article 5, paragraphe 3, de la Convention, qu'il n'y avait pas eu violation de l'article 5, paragraphe 4, de la Convention, qu'il n'y avait pas eu violation de l'article 5, paragraphe 5, de la Convention et qu'il y avait eu violation de l'article 6, paragraphe 1, de la Convention,

Autorise la publication du rapport adopté par la Commission dans cette affaire;

Décide de poursuivre l'examen de la présente affaire, conformément à l'article 32 de la Convention, en vue de l'adoption de la résolution finale.

Résolution DH (96) 469

Requête n° 17951/91
H. B. c/ Suisse

(adoptée par le Comité des Ministres le 13 septembre 1996, lors de la 571e réunion des Délégués des Ministres)

Le Comité des Ministres, en vertu de l'article 32 de la Convention de sauvegarde des Droits de l'Homme et des Libertés fondamentales (ci-après dénommée «la Convention»),

Vu le rapport de la Commission européenne des Droits de l'Homme établi le 18 octobre 1995, conformément à l'article 31 de la Convention au sujet de la requête introduite le 16 janvier 1991 par M. H. B. contre la Suisse (Requête n° 17951/91);

Attendu que la Commission a transmis ledit rapport au Comité des Ministres le 24 novembre 1995 et que l'affaire n'a pas été déférée à la Cour européenne des Droits de l'Homme par la Commission ou par un Etat, en vertu de l'article 48 de la

from the transmission of the reports to the Chairman of the Committee of Ministers; however, whereas that within this time-limit, the applicant seized the Court in accordance with Protocol No. 9 but considering that the screening panel of the Court decided on 17 may 1996 that this case would not be considered by the Court, the Committee of Ministers is now called upon to take a decision in accordance with Article 32 of the Convention and with Article 48 of the Convention as amended by Article 5 of Protocol No. 9 for those states having ratified the latter;

Whereas in his application, as declared admissible by the Commission on 5 April 1995, the applicant complained of the absence of a public hearing before the Cantonal Tax Appeals Commission;

Whereas in its report the Commission expressed, by nine votes to four, the opinion that there had been no violation of Article 6, paragraph 1, of the Convention;

Whereas, at the 571st meeting of the Ministers' Deputies held on 4 September 1996, the Committee of Ministers, agreeing with the opinion expressed by the Commission, held, having voted in accordance with the provisions of Article 32, paragraph 1, of the Convention, that there had not been in this case no violation of Article 6, paragraph 1, of the Convention,

Declares that it has exercised its functions under Article 32 of the Convention in this case;

Authorises the publication of the report adopted by the Commission in this case.

Resolution DH (96) 467

Application No. 16744/90
M. S. and others v. Switzerland

(Adopted by the Committee of Ministers on 13 September 1996 at the 571st meeting of the Ministers' Deputies)

The Committee of Ministers, under the terms of Article 32 of the Convention for the Protection of Human Rights and Fundamental Freedoms (hereinafter referred to as "the Convention"),

Having regard to the report drawn up on 24 February 1995, by the European Commission of Human Rights in accordance with Article 31 of the Convention relating to the application lodged on 23 May 1990 by the company S., C. and Co, represented by Mr M.S., the company's employes: Mr M.S., the heirs of G.C., Mr C.J., Ms E.S., Mr M.S. and Mr H.O. against Switzerland (Application No. 16744/90);

Whereas on 29 March 1995 the Commission transmitted the said report to the Committee of Ministers and whereas the period of three months provided for in Article 32, paragraph 1, of the Convention has elapsed without the case having been

Convention, dans les trois mois suivant la date à laquelle le rapport a été transmis au Président du Comité des Ministres; attendu cependant que, dans ce délai, le requérant a saisi la Cour en vertu du Protocole n° 9, mais étant donné que le Comité de filtrage de la Cour a décidé le 17 mai 1996 que l'affaire ne serait pas examinée par la Cour, le Comité des Ministres est maintenant appelé à prendre une décision, conformément à l'article 32 de la Convention et à l'article 48 de la Convention, tel que modifié par l'article 5 du Protocole n° 9 pour les Etats l'ayant ratifié;

Attendu que dans sa requête, telle que déclarée recevable par la Commission le 5 avril 1995, le requérant s'est plaint de l'absence d'audience publique devant la commission cantonale d'appel en matière fiscale;

Attendu que, dans son rapport, la Commission a exprimé l'avis, par neuf voix contre quatre, qu'il n'y avait pas eu violation de l'article 6, paragraphe 1, de la Convention;

Attendu que, lors de la 571e réunion des Délégués des Ministres, tenue le 4 septembre 1996, le Comité des Ministres, faisant sien l'avis exprimé par la Commission, a dit, ayant procédé au vote conformément aux dispositions de l'article 32, paragraphe 1, de la Convention, qu'il n'y avait pas eu dans cette affaire violation de l'article 6, paragraphe 1, de la Convention,

Déclare qu'il a rempli ses fonctions en vertu de l'article 32 de la Convention dans la présente affaire;

Autorise la publication du rapport adopté par la Commission dans cette affaire.

Résolution DH (96) 467

Requête n° 16744/90
M. S. et autres c/ Suisse

(adoptée par le Comité des Ministres le 13 septembre 1996 lors de la 571e réunion des Délégués des Ministres)

Le Comité des Ministres, en vertu de l'article 32 de la Convention de sauvegarde des Droits de l'Homme et des Libertés fondamentales (ci-après dénommée «la Convention»),

Vu le rapport de la Commission européenne des Droits de l'Homme établi le 24 février 1995, conformément à l'article 31 de la Convention au sujet de la requête introduite le 23 mai 1990 par la société S., C. et Cie, représentée par M. M.S., les agents de cette société : M. M.S., la communauté des héritiers de G.C., M. C.J., Mme E.S., M. M.S. et M. H.O. contre la Suisse (Requête n° 16744/90);

Attendu que la Commission a transmis ledit rapport au Comité des Ministres le 29 mars 1995 et que le délai de trois mois prévu à l'article 32, paragraphe 1, de la Convention s'est écoulé sans que l'affaire ait été déférée à la Cour européenne des Droits de l'Homme en application de l'article 48 de la Convention;

brought before the European Court of Human Rights in pursuance of Article 48 of the Convention;

Whereas in their application, as declared admissible by the Commission on 11 January 1994, the applicants complained of the absence of independence and impartiality before the board of appeal for foreign compensation, the length and the absence of publicity of certain proceedings;

Whereas in its report the Commission expressed, unanimously, the opinion that there had been no violation of Article 6, paragraph 1, of the Convention as regards the character of independence and impartiality of the board of appeal for foreign compensation; that there had been a violation of Article 6, paragraph 1, of the Convention as regards the absence of a public hearing and that there had been no violation of Article 6, paragraph 1, of the Convention as regards the length of the proceedings;

Whereas, at the 542nd meeting of the Ministers' Deputies, held on 7 September 1995, the Committee of Ministers, agreeing with the opinion expressed by the Commission, held, having voted in accordance with the provisions of Article 32, paragraph 1, of the Convention, that there had been in this case a violation of Article 6, paragraph 1, of the Convention as regards the absence of a public hearing, that there had been no violation of Article 6, paragraph 1, of the Convention as regards the right to an independent and impartial court and that there had been no violation of Article 6, paragraph 1, of the Convention as regards the length of the proceedings;

Whereas the Committee of Ministers examined the proposals made by the Commission when transmitting its report as regards just satisfaction to be awarded to the applicants, proposals supplemented by a letter of the President of the Commission dated 26 January 1996;

Whereas, at the 559th meeting of the Deputies, held on 22 March 1996 the Committee of Ministers decided, in accordance with Article 32, paragraph 2, of the Convention, that the Government of Switzerland was to pay jointly to the six applicants as just satisfaction, within three months, 3 000 Swiss francs in respect of non-pecuniary damage and 2 500 Swiss francs in respect of costs and expenses, namely a total sum of 5 500 Swiss francs and that interest on any non-paid sum at the statutory rate applicable on the date of this decision should be payable from the expiry of the above-mentioned three months time limit until settlement;.

Whereas the Committee of Ministers invited the Government of Switzerland to inform it of the measures taken following its decisions of 7 September 1995 and 22 March 1996, having regard to Switzerland's obligation under Article 32, paragraph 4, of the Convention to abide by them;

Whereas, during the examination of the case by the Committee of Ministers, the Government of Switzerland gave the Committee information about the measures taken, which information appears in the appendix to this resolution;

Whereas the Committee of Ministers satisfied itself that on 4 June 1996, within the time-limit set, the Government of Switzerland paid the applicants the total sum of 5 500 Swiss francs as just satisfaction,

Declares, having taken note of the measures taken by the Government of

Attendu que dans leur requête, telle que déclarée recevable par la Commission le 11 janvier 1994, les requérants se sont plaints de l'absence d'indépendance et d'impartialité de la commission de recours en matière d'indemnités étrangères, de la durée et du défaut de publicité de la procédure;

Attendu que, dans son rapport, la Commission a exprimé l'avis, à l'unanimité, qu'il n'y avait pas eu violation de l'article 6, paragraphe 1, de la Convention en ce qui concerne le caractère de tribunal indépendant et impartial de la commission de recours en matière d'indemnités étrangères; qu'il y avait eu violation de l'article 6, paragraphe 1, de la Convention, en raison du défaut de publicité de la procédure et qu'il n'y avait pas eu violation de l'article 6, paragraphe 1, de la Convention en raison de la durée de la procédure;

Attendu que, lors de la 542e réunion des Délégués des Ministres, tenue le 7 septembre 1995, le Comité des Ministres, faisant sien l'avis exprimé par la Commission, a dit, ayant procédé au vote conformément aux dispositions de l'article 32, paragraphe 1, de la Convention, qu'il y avait eu dans cette affaire violation de l'article 6, paragraphe 1, de la Convention, en ce qui concerne le défaut de publicité de la procédure, et qu'il n'y avait pas eu violation de l'article 6, paragraphe 1, de la Convention, en ce qui concerne le droit à un tribunal indépendant et impartial ainsi que la durée de la procédure;

Attendu que le Comité des Ministres a examiné les propositions faites par la Commission, lors de la transmission de son rapport, au sujet d'une satisfaction équitable à accorder aux requérants, propositions complétées par lettre du Président de la Commission en date du 26 janvier 1996;

Attendu que, lors de la 559e réunion des Délégués, tenue le 22 mars 1996, le Comité des Ministres a dit, conformément à l'article 32, paragraphe 2, de la Convention, que le Gouvernement de la Suisse devait verser conjointement aux six requérants comme satisfaction équitable, dans les trois mois, 3 000 francs suisses au titre du préjudice moral et 2 500 francs suisses au titre des frais et dépens, soit la somme totale de 5 500 francs suisses, et que ce montant serait à majorer d'un intérêt au taux légal applicable à la date de la présente décision à compter de l'expiration dudit délai de trois mois et jusqu'au versement;

Attendu que le Comité des Ministres a invité le Gouvernement de la Suisse à l'informer des mesures prises à la suite de ses décisions des 7 septembre 1995 et 22 mars 1996, eu égard à l'obligation qu'a la Suisse de s'y conformer selon l'article 32, paragraphe 4, de la Convention;

Considérant que, lors de l'examen de cette affaire par le Comité des Ministres, le Gouvernement de la Suisse a donné à celui-ci des informations sur les mesures prises, informations qui sont résumées dans l'annexe à la présente résolution;

Attendu que le Comité des Ministres s'est assuré que le Gouvernement de la Suisse avait versé aux requérants le 4 juin 1996, dans le délai imparti, la somme totale de 5 500 francs suisses comme satisfaction équitable,

Déclare, après avoir pris note des mesures prises par le Gouvernement de la Suisse, qu'il a rempli ses fonctions en vertu de l'article 32 de la Convention dans la présente affaire;

Autorise la publication du rapport adopté par la Commission dans cette affaire.

Switzerland, that it has exercised its functions under Article 32 of the Convention in this case;

Authorises the publication of the report adopted by the Commission in this case

Appendix to Resolution DH (96) 467

Information provided by the Government of Switzerland. during the examination of the case of M.S. and others by the Committee of Ministers

The order of 3 February 1993 which deals with the organisation and procedure of the Federal appeal and arbitration boards provides under Article 23 for the principle of public hearings. Appendix I of the above-mentioned text which lists the appeal boards covered by this text, includes notably the appeal and arbitration board, involved in the present case.

This order entered into force on 1 January 1994. On 24 February 1995, when the European Commission of Human Rights adopted its report, measures had therefore already been taken in order to avoid the repetition of the violation found.

The Government of Switzerland considers therefore that these measures will prevent the repetition of the violation found in the present case and that it has fulfilled its obligations under the Convention.

Turkey

During 1996, in the exercise of its functions under Article 32, the Committee of Ministers adopted 1 resolution concerning *Turkey.*

Resolution DH (96) 17

Application No. 17128/90
Erdagöz v. Turkey

(Adopted by the Committee of Ministers on 9 February 1996 at the 556th meeting of the Ministers' Deputies)

The Committee of Ministers, under the terms of Article 32 of the Convention for the Protection of Human Rights and Fundamental Freedoms (hereinafter referred to as "the Convention"),

Having regard to the report drawn up by the European Commission of Human Rights in accordance with Article 31 of the Convention relating to the application

Autorise la publication du rapport adopté par la Commission dans cette affaire.

Annexe à la Résolution DH (96) 467

Informations fournies par le Gouvernement de la Suisse lors de l'examen de l'affaire M. S. et autres par le Comité des Ministres

L'ordonnance concernant l'organisation et la procédure des commissions fédérales de recours et d'arbitrage, du 3 février 1993, prévoit aux termes de son article 23, le principe de la publicité des audiences et des débats. L'annexe 1 de ladite ordonnance qui énumère les commissions de recours et d'arbitrage entrant dans le champs d'application de ce texte, inclut notamment la commission de recours concernant les demandes d'indemnisation envers l'étranger, visée dans la présente affaire.

Cette ordonnance est entrée en vigueur le 1er janvier 1994. Au moment de l'adoption du rapport par la Commission européenne des Droits de l'Homme, le 24 février 1995, des mesures avaient donc déjà été prises pour éviter la répétition de la violation constatée.

Le Gouvernement de la Suisse considère en conséquence que ces mesures empêcheront la répétition de la violation constatée dans la présente affaire et qu'il a satisfait aux obligations découlant de la Convention.

Turquie

Dans l'exercice des fonctions que lui attribue l'article 32, le Comité des Ministres a adopté, au courant de l'année 1996, 1 résolution concernant la *Turquie*.

Résolution DH (96) 17

Requête n° 17128/90 Erdagöz c/ Turquie

(adoptée par le Comité des Ministres le 9 février 1996, lors de la 556e réunion des Délégués des Ministres)

Le Comité des Ministres, en vertu de l'article 32 de la Convention de sauvegarde des Droits de l'Homme et des Libertés fondamentales (ci-après dénommée «la Convention»),

Vu le rapport de la Commission européenne des Droits de l'Homme établi

lodged on 21 May 1990 by Mr Mehmet Erdagöz against Turkey (Application No. 17128/90);

Whereas on 10 May 1993 the Commission transmitted the said report to the Committee of Ministers and whereas the period of three months provided for in Article 32, paragraph 1, of the Convention has elapsed without the case having been brought before the European Court of Human Rights in pursuance of Article 48 of the Convention;.

Whereas in his application, declared admissible by the Commission on 10 July 1991, the applicant complained that he had been subjected to ill-treatment while held in police custody;

Whereas in its report adopted on 8 April 1993 the Commission expressed, unanimously, the opinion that there had been a violation of Article 3 of the Convention;

Whereas, at the 499th meeting of the Ministers' Deputies held on 15 October 1993, the Committee of Ministers, agreeing with the opinion expressed by the Commission, held, having voted in accordance with the provisions of Article 32, paragraph 1, of the Convention, that there had been in this case a violation of Article 3 of the Convention;

Whereas the Committee of Ministers examined the proposals made by the Commission when transmitting its report as regards just satisfaction to be awarded to the applicant, proposals supplemented by a letter of the President of the Commission dated 3 March 1995;

Whereas, at the 539th meeting of the Deputies, held on 7 June 1995, the Committee of Ministers decided, in accordance with Article 32, paragraph 2, of the Convention, that the Government of Turkey was to pay the applicant as just satisfaction, within three months, in Turkish lire, tax deducted and equivalent on the date of payment to 300 000 French francs in respect of non-pecuniary damage and 10 000 French francs in respect of costs and expenses, namely a total sum of 310 000 French francs;

Whereas the Committee of Ministers invited the Government of Turkey to inform it of the measures taken following its decisions of 15 October 1993 and 7 June 1995, having regard to Turkey's obligation under Article 32, paragraph 4, of the Convention to abide by them;

Whereas, during the examination of the case by the Committee of Ministers, the Government of Turkey gave the Committee information about the measures taken in consequence of the Committee's decisions, which information appears in the appendix to this resolution;

Whereas the Committee of Ministers satisfied itself that on 28 September 1995 the Government of Turkey paid the applicant the total sum of 310 000 French francs as just satisfaction,

Declares, having taken note of the measures taken by the Government of Turkey, that it has exercised its functions under Article 32 of the Convention in this case;

Authorises the publication of the report adopted by the Commission in this case.

21 mai 1990 par M. Mehmet Erdagöz contre la Turquie (Requête n° 17128/90);

Attendu que la Commission a transmis ledit rapport au Comité des Ministres le 10 mai 1993 et que le délai de trois mois prévu à l'article 32, paragraphe 1, de la Convention s'est écoulé sans que l'affaire ait été déférée à la Cour européenne des Droits de l'Homme en application de l'article 48 de la Convention;

Attendu que dans sa requête, telle que déclarée recevable par la Commission le 10 juillet 1991, le requérant s'est plaint de mauvais traitements qui lui auraient été infligés pendant sa garde à vue;

Attendu que, dans son rapport adopté le 8 avril 1993, la Commission a exprimé l'avis, à l'unanimité, qu'il y avait eu violation de l'article 3 de la Convention;

Attendu que, lors de la 499e réunion des Délégués des Ministres, tenue le 15 octobre 1993, le Comité des Ministres, faisant sien l'avis exprimé par la Commission, a dit, ayant procédé au vote conformément aux dispositions de l'article 32, paragraphe 1, de la Convention, qu'il y avait eu dans cette affaire violation de l'article 3 de la Convention;

Attendu que le Comité des Ministres a examiné les propositions faites par la Commission, lors de la transmission de son rapport, au sujet d'une satisfaction équitable à accorder au requérant, propositions complétées par lettre du Président de la Commission en date du 3 mars 1995;

Attendu que, lors de la 539e réunion des Délégués, tenue le 7 juin 1995, le Comité des Ministres a dit, conformément à l'article 32, paragraphe 2, de la Convention, que le Gouvernement de la Turquie devait verser au requérant comme satisfaction équitable, dans les trois mois, en livres turques, taxes déduites, et équivalent au jour du paiement à 300 000 francs français au titre du préjudice moral et 10 000 francs français au titre des frais et dépens, soit la somme totale de 310 000 francs français;

Attendu que le Comité des Ministres a invité le Gouvernement de la Turquie à l'informer des mesures prises à la suite de ses décisions des 15 octobre 1993 et 7 juin 1995, eu égard à l'obligation qu'a la Turquie de s'y conformer selon l'article 32, paragraphe 4, de la Convention;

Considérant que, lors de l'examen de cette affaire par le Comité des Ministres, le Gouvernement de la Turquie a donné à celui-ci des informations sur les mesures prises à la suite de ses décisions, informations qui sont résumées dans l'annexe à la présente résolution;

Attendu que le Comité des Ministres s'est assuré que le Gouvernement de la Turquie avait versé au requérant le 28 septembre 1995, la somme totale de 310 000 francs français comme satisfaction équitable,

Déclare, après avoir pris note des mesures prises par le Gouvernement de la Turquie, qu'il a rempli ses fonctions en vertu de l'article 32 de la Convention dans la présente affaire;

Autorise la publication du rapport adopté par la Commission dans cette affaire.

Appendix to Resolution DH (96) 17

Information provided by the Government of Turkey during the examination of the case of Erdagöz by the Committee of Ministers

Ill-treatment is forbidden under Turkish law, *inter alia* by Article 17 of the constitution (which enshrines the right to life and prohibits torture and inhuman and degrading punishments and treatments), Articles 243 (according to which the use of ill-treatment in order to obtain a confession is a crime) and 245 (which defines as a crime all use of unlawful force by an official when charged with an enforcement mission as well as the recourse to any kind of ill-treatment in the carrying out of the mission) of the Turkish Criminal Code..

Moreover, four series of measures have been adopted in the course of the last years in order to harden the struggle against all practices of ill-treatment and torture.

1. Legislative provisions with the aim of strengthening the judicial guaranties against ill-treatment

The numerous amendments to the Code of Criminal Procedure (CCP), which entered into force on 1 December 1992, have substantially strengthened the judicial guaranties surrounding police custody. Some of the most important amendments can be summarised as follows:

– the maximum length of police custody has been reduced from forty-eight hours to twenty-four hours, this period can be extended up to four days in cases concerning offences committed by at least three persons (Article 128/1, 2 of the CCP);

– the person remanded in custody shall have the right to be assisted by a lawyer during his interrogation (Articles 136-143 of the CCP) and to speak or correspond freely with his lawyer (Article 144 of the CCP);

– the person remanded in custody, his lawyer or his family shall have the right to appeal against any extension from twenty-four hours to four days of the police custody (Article 128/4 of the CCP);

– abusive methods of interrogation such as torture, ill-treatment, the forced administering of chemicals, assault, violence or the use of certain physical or psychological means or interferences capable of altering a person's free exercise of his or her will, and the promise of unlawful advantages are explicitly forbidden (Article 135*a*/1 and 2 of the CCP);

– confessions obtained by force cannot be used as motivation for a judgment (Articles 135*a*/3 and 254/2 of the CCP).

2. Statutory measures

Numerous recently adopted administrative measures remind the different levels of the administration of the legislative amendments to the CCP, specify the methods to be observed in order to ensure fully the application of the legislation, or contain new norms explaining the existing provisions. Some of these measures should be noted especially:

– the Health Ministry's circular of 22 December 1993 providing for specific norms to be observed when drawing up forensic reports;

– the Prime Minister's circular of 13 February 1995, sent to the Ministry of Home

Annexe à la Résolution DH (96) 17

Informations fournies par le Gouvernement de la Turquie lors de l'examen de l'affaire Erdagöz par le Comité des Ministres

Les mauvais traitements sont interdits en droit turc entre autres par l'article 17 de la Constitution (qui consacre le droit à la vie et interdit la torture et les traitements ou peines inhumains ou dégradants), les articles 243 (selon lequel l'utilisation de mauvais traitement afin d'obtenir des aveux est un crime) et 245 (qui définit comme crime tout usage illégal de la force par un fonctionnaire chargé d'une exécution forcée ainsi que tout mauvais traitement lors de l'exécution) du Code pénal turc.

De surcroît, au cours des dernières années quatre séries de mesures ont été adoptées pour renforcer la lutte contre toute pratique de mauvais traitements et de torture:

1. Dispositions législatives en vue du renforcement des garanties juridiques contre les mauvais traitements

Les nombreux amendements du Code de procédure pénale (CPP), entrés en vigueur le 1er décembre 1992, ont substantiellement renforcé les garanties juridiques de la garde à vue. Quelques uns des plus importants amendements peuvent être résumés ainsi:

– le délai de la garde à vue a été ramené de 48 heures à 24 heures, ce délai peut être prolongé jusqu'à quatre jours s'il s'agit de délits commis au moins par trois personnes (article 128/1, 2 du CPP);

– la personne placée en garde à vue a le droit d'être assistée par un avocat pendant son interrogatoire (articles 136-143 du CPP) et de s'entretenir ou correspondre librement avec son avocat (article 144 du CPP);

– la personne placée en garde à vue, son avocat ou ses parents ont le droit de porter opposition à l'encontre de la prolongation de la durée de la garde à vue de 24 heures à 4 jours (article 128/4 du CPP);

– sont explicitement prohibés les méthodes d'interrogatoire abusive telles que la torture, les mauvais traitements, l'administration forcée de substances chimiques, les voies de fait, la violence ou l'utilisation de certains moyens ou interventions physiques ou psychologiques, susceptibles d'altérer la libre volonté de la personne, la promesse d'avantages illicites (article 135*a*/1 et 2 du CPP);

– il est interdit de motiver un jugement ou un arrêt par des aveux extorqués par la force (articles 135*a*/3 et 254/2 du CPP).

2. Mesures réglementaires

De nombreuses mesures administratives, adoptées récemment, rappellent aux différents échelons de l'administration les amendements législatifs du CPP, détaillent les pratiques à observer afin d'assurer pleinement l'application de la législation, ou apportent de nouvelles normes explicitant les dispositions existantes. Parmi ces mesures, sont à signaler plus particulièrement:

– la circulaire du 22 décembre 1993, du ministère de la Santé qui établit des

Affairs and subsequently to all departments falling under the Ministry of Home Affairs, underlining the necessity to show strict respect for the CCP and to take immediate legal action against civil servants who do not respect these provisions;
– the Ministry of Home Affairs' regulation, of 3 July 1995, providing at the level of central as well as departmental police structures for the establishment of "Units of Police Custody Supervision" as from 1 August 1995, with the aim of providing information on persons remanded in custody to their relatives or other interested bodies;
– the regulation of 8 December 1995 on interrogations and the taking of evidence during police custody.

3. Educational measures and professional training

Besides the usual human rights education provided in the police academies, vocational training courses on interrogation methods have been obtained, with the assistance of the Council of Europe, in certain European countries.

Study visits on modern interrogation methods by scientific pluridisciplinary delegations have taken place in European capitals.

Since March 1995 officers and sub-officers of the gendarmerie receive human rights education.

4. Contribution of the Constitutional Court

In its judgment of 27 January 1993, the Constitutional Court has annulled Article 15/3 of the Law on the Combat against Terrorism, according to which legal action against members of the security forces could only be taken after preliminary administrative proceedings against the officers had taken place.

The sum of 310 000 French francs, converted into Turkish lire, namely 2 916 237 000 Turkish lire, has been paid to the applicant on 28 September 1995.

The Government of Turkey considers that by adopting these different measures it has complied with its obligations under Article 32 of the Convention..

United Kingdom

During 1996, in the exercise of its functions under Article 32, the Committee of Ministers adopted 3 resolutions concerning *the United Kingdom.*

Interim Resolution DH (96) 371

Application No. 20448/92.
A.T. v. the United Kingdom

normes spécifiques à observer lors de la rédaction de rapports médico-légaux;
– la circulaire du 13 février 1995 du Premier ministre, adressée au ministre de l'Intérieur, et par la suite à tous les départements dépendant du ministère de l'Intérieur, qui souligne la nécessité d'une stricte observation du CPP et l'engagement immédiat de poursuites, prévues par la loi, à l'encontre de policiers n'ayant pas respecté ces dispositions;
– le règlement du ministère de l'Intérieur, du 3 juillet 1995, qui a mis en place dès le 1er août 1995, des «Unités de surveillance de la garde à vue», aussi bien au niveau des structures centrales que départementales de la police, lesquelles ont pour objectif de fournir aux proches ou aux organismes intéressés des informations concernant les personnes placées en garde à vue;
– le règlement du 8 septembre 1995, concernant l'interrogatoire et la prise de dépositions au cours de la garde à vue.

3. Mesures éducatives et de formation professionnelle

Outre l'enseignement habituel des droits de l'homme dans le cadre des académies de police, des stages de formation en matière de méthodes d'interrogatoire dans certains pays européens ont été obtenus avec la contribution du Conseil de l'Europe.

Des visites de recherches sur les méthodes modernes d'interrogatoires ont été effectuées dans des capitales européennes par des délégations scientifiques pluridisciplinaires.

Depuis mars 1995, des cours de droits de l'homme sont dispensés à des officiers et des sous-officiers de la gendarmerie.

4. Contribution de la Cour Constitutionnelle

Dans son arrêt du 27 janvier 1993, la Cour constitutionnelle a annulé l'article 15/3 de la Loi sur la lutte contre le terrorisme qui soumettait l'engagement de poursuites judiciaires à l'encontre de membres des forces de sécurité à la procédure administrative préliminaire concernant les fonctionnaires.

La somme de 310 000 francs français, convertie en livres turques, soit 2 916 237 000 livres turques, a été versée au requérant le 28 septembre 1995.

Le Gouvernement turc estime, au vu de ces différentes mesures, qu'il a rempli ses obligations découlant de l'article 32 de la Convention.

Royaume-Uni

Dans l'exercice des fonctions que lui attribue l'article 32, le Comité des Ministres a adopté, au courant de l'année 1996, 3 résolutions concernant le *Royaume-Uni.*

Résolution intérimaire DH (96) 371

Requête n° 20448/92
A.T. c/ Royaume-Uni

(Adopted by the Committee of Ministers on 25 June 1996 at the 567th meeting of the Ministers' Deputies)

The Committee of Ministers, under the terms of Article 32 of the Convention for the Protection of Human Rights and Fundamental Freedoms (hereinafter referred to as "the Convention"),

Having regard to the report drawn up on 29 November 1995, by the European Commission of Human Rights in accordance with Article 31 of the Convention relating to the application lodged on 10 October 1991 by Mr A.T. against the United Kingdom (Application No. 20448/92);

Whereas on 10 January 1996 the Commission transmitted the said report to the Committee of Ministers and whereas the period of three months provided for in Article 32, paragraph 1, of the Convention has elapsed without the case having been brought before the European Court of Human Rights in pursuance of Article 48 of the Convention;

Whereas in his application, as declared admissible by the Commission on 28 June 1995, the applicant complained that neither the first nor the second review of the lawfulness of his detention was taken speedily;

Whereas in its report the Commission expressed, unanimously, the opinion that there had been a violation of Article 5, paragraph 4, of the Convention, in respect of the period which elapsed before the applicant was given an initial hearing and expressed, unanimously, the opinion that there had been a violation of Article 5, paragraph 4, of the Convention, in respect of the period which elapsed before the applicant was given a subsequent hearing;

Whereas, at the 567th meeting of the Ministers' Deputies held on 14 June 1996, the Committee of Ministers, agreeing with the opinion expressed by the Commission, held, having voted in accordance with the provisions of Article 32, paragraph 1, of the Convention, that there had been in this case a violation of Article 5, paragraph 4, of the Convention, in respect of the period which elapsed before the applicant was given an initial hearing and that there had been in this case a violation of Article 5, paragraph 4, of the Convention, in respect of the period which elapsed before the applicant was given a subsequent hearing,

Authorises the publication of the report adopted by the Commission in this case;

Decides to pursue the examination of the present case, in accordance with Article 32 of the Convention, with a view to adopting the final resolution.

(*For Resolution (96) 605, Dougan v. the United Kingdom, see p. 457*).

Interim Resolution DH (96) 674

Application No. 17821/91
Kay v. the United Kingdom

(Adopted by the Committee of Ministers on 15 November 1996 at the 576th meeting of the Ministers' Deputies)

(adoptée par le Comité des Ministres le 25 juin 1996 lors de la 567e réunion des Délégués des Ministres)

Le Comité des Ministres, en vertu de l'article 32 de la Convention de sauvegarde des Droits de l'Homme et des Libertés fondamentales (ci-après dénommée «la Convention»),

Vu le rapport de la Commission européenne des Droits de l'Homme établi le 29 novembre 1995, conformément à l'article 31 de la Convention au sujet de la requête introduite le 10 octobre 1991 par M. A.T. contre le Royaume-Uni (Requête n° 20448/92);

Attendu que la Commission a transmis ledit rapport au Comité des Ministres le 10 janvier 1996 et que le délai de trois mois prévu à l'article 32, paragraphe 1, de la Convention s'est écoulé sans que l'affaire ait été déférée à la Cour européenne des Droits de l'Homme en application de l'article 48 de la Convention;

Attendu que dans sa requête, telle que déclarée recevable par la Commission le 28 juin 1995, le requérant s'est plaint du fait que ni le premier ni le deuxième contrôle de la légalité de sa détention n'ont été effectuées dans un bref délai;

Attendu que, dans son rapport, la Commission a exprimé l'avis, à l'unanimité, qu'il y avait eu violation de l'article 5, paragraphe 4, de la Convention en ce qui concerne la période écoulée jusqu'à la première audience et, a exprimé l'avis, à l'unanimité, qu'il y avait eu violation de l'article 5, paragraphe 4, de la Convention, en ce qui concerne la période écoulée jusqu'à la deuxième audience;

Attendu que, lors de la 567e réunion des Délégués des Ministres, tenue le 14 juin 1996, le Comité des Ministres, faisant sien l'avis exprimé par la Commission, a dit, ayant procédé au vote conformément aux dispositions de l'article 32, paragraphe 1, de la Convention, qu'il y avait eu dans cette affaire violation de l'article 5, paragraphe 4, de la Convention, en ce qui concerne la période écoulée jusqu'à la première audience et qu'il y avait eu dans cette affaire violation de l'article 5, paragraphe 4, de la Convention, en ce qui concerne la période écoulée jusqu'à la deuxième audience,

Autorise la publication du rapport adopté par la Commission dans cette affaire;

Décide de poursuivre l'examen de la présente affaire, conformément à l'article 32 de la Convention en vue de l'adoption de la résolution finale.

(Pour la résolution DH (96) 605, Dougan c/ Royaume-Uni, voir p. 457).

Résolution intérimaire DH (96) 674

Requête n° 17821/91
Kay c/ Royaume-Uni

(adoptée par le Comité des Ministres le 15 novembre 1996, lors de la 576e réunion des Délégués des Ministres)

The Committee of Ministers, under the terms of Article 32 of the Convention for the Protection of Human Rights and Fundamental Freedoms (hereinafter referred to as "the Convention"),

Having regard to the report drawn up on 1 March 1994, by the European Commission of Human Rights in accordance with Article 31 of the Convention relating to the application lodged on 14 December 1990 by Mr James Kay against the United Kingdom (Application No. 17821/91);

Whereas on 28 March 1994 the Commission transmitted the said report to the Committee of Ministers and whereas the period of three months provided for in Article 32, paragraph 1, of the Convention has elapsed without the case having been brought before the European Court of Human Rights in pursuance of Article 48 of the Convention;

Whereas in his application, declared admissible by the Commission on 7 July 1993, the applicant complained of having been recalled to a psychiatric hospital, without prior medical assessment, on termination of his prison sentence, and of subsequent delays before the Mental Health Review Tribunal, which had maintained the applicant's detention in hospital;

Whereas in its report the Commission expressed, by 16 votes to 1, the opinion that there had been a violation of Article 5, paragraph 1, and by 15 votes to 2 the opinion that there had been a violation of Article 5, paragraph 4, of the Convention;

Whereas, at the 517th meeting of the Ministers' Deputies held on 21 September 1994, the Committee of Ministers, agreeing with the opinion expressed by the Commission, held, having voted in accordance with the provisions of Article 32, paragraph 1, of the Convention, that there had been in this case a violation of Article 5, paragraph 1, and that there had been a violation of Article 5, paragraph 4, of the Convention,

Authorises the publication of the report adopted by the Commission in this case;

Decides to pursue the examination of the present case, in accordance with Article 32 of the Convention, with a view to adopting the final resolution.

(adoptée par le Comité des Ministres le 15 novembre 1996, lors de la 576e réunion des Délégués des Ministres)

Le Comité des Ministres, en vertu de l'article 32 de la Convention de sauvegarde des Droits de l'Homme et des Libertés fondamentales (ci-après dénommée «la Convention»),

Vu le rapport de la Commission européenne des Droits de l'Homme établi le 1er mars 1994, conformément à l'article 31 de la Convention au sujet de la requête introduite le 14 décembre 1990 par M. James Kay contre le Royaume-Uni (Requête n° 17821/91);

Attendu que la Commission a transmis ledit rapport au Comité des Ministres le 28 mars 1994 et que le délai de trois mois prévu à l'article 32, paragraphe 1, de la Convention s'est écoulé sans que l'affaire ait été déférée à la Cour européenne des Droits de l'Homme en application de l'article 48 de la Convention;

Attendu que dans sa requête déclarée recevable par la Commission le 7 juillet 1993, le requérant s'est plaint d'avoir été interné une nouvelle fois dans un hôpital psychiatrique, sans appréciation médicale préalable, à l'issue d'une peine de prison, et des retards subséquents devant une commisson de contrôle psychiatrique qui avait maintenu sa détention à l'hôpital;

Attendu que, dans son rapport, la Commission a exprimé l'avis, par 16 voix contre 1, qu'il y avait eu violation de l'article 5 paragraphe 1 de la Convention et par 15 voix contre 2, qu'il y avait eu violation de l'article 5, paragraphe 4, de la Convention;

Attendu que, lors de la 517e réunion des Délégués des Ministres, tenue le 21 septembre 1994, le Comité des Ministres, faisant sien l'avis exprimé par la Commission, a dit, ayant procédé au vote conformément aux dispositions de l'article 32, paragraphe 1, de la Convention, qu'il y avait eu dans cette affaire violation de l'article 5, paragraphe 1, de la Convention et qu'il y avait eu violation de l'article 5, paragraphe 4, de la Convention,

Autorise la publication du rapport adopté par la Commission dans cette affaire;

Décide de poursuivre l'examen de la présente affaire, conformément à l'article 32 de la Convention en vue de l'adoption de la résolution finale.

B. RESOLUTIONS OF THE COMMITTEE OF MINISTERS ADOPTED IN APPLICATION OF ARTICLE 54 OF THE CONVENTION

Austria

During 1996, in the exercise of its functions under Article 54, the Committee of Ministers adopted 8 resolutions concerning *Austria*.

Appl. No.	*Applicant*	*Interim resolution*	*"Classic" resolution*	*Final resolution*	*Complaints*
19125	Bechter		(96) 158		Fairness of proceedings
16060	F.G. I (Gschwandtner)		(96) 87		Length of civil proceedings
17208	Hannak		(96) 248		Length of criminal proceedings, length of civil proceedings, private life (correspondence)
16718	Palaoro		(96) 150		Limits of jurisdiction in criminal proceedings, holding of a public hearing, fairness of administrative proceedings
16841	Pfarrmeier		(96) 151		Limits of jurisdiction in criminal proceedings, holding of a public hearing, fairness of administrative proceedings
16703	Pramstaller		(96) 152		Limits of jurisdiction in criminal proceedings, holding of a public hearing
15523	Schmautzer		(96) 153		Limits of jurisdiction in criminal proceedings, holding of a public hearing
15527	Umlauft		(96) 154		Limits of jurisdiction in criminal proceedings, holding of a public hearing

B. RÉSOLUTIONS DU COMITÉ DES MINISTRES ADOPTÉES EN APPLICATION DE L'ARTICLE 54 DE LA CONVENTION

Autriche

Dans l'exercice des fonctions que lui attribue l'article 54, le Comité des Ministres a adopté, au courant de l'année 1996, 8 résolutions concernant *l'Autriche*.

Requête n°	***Requérant***	***Résolution intérimaire***	***Résolution "classique"***	***Résolution finale***	***Griefs***
19125	Bechter		(96) 158		Procès équitable
16060	F.G. I (Gschwandtner)		(96) 87		Durée de procédure civile
17208	Hannak		(96) 248		Durée de procédure pénale, durée de procédure civile, vie privée (correspondance)
16718	Palaoro		(96) 150		Juridiction limitée dans une procédure pénale, audience publique, procès équitable en matière administrative
16841	Pfarrmeier		(96) 151		Juridiction limitée dans une procédure pénale, audience publique, procès équitable en matière administrative
16703	Pramstaller		(96) 152		Juridiction limitée dans une procédure pénale, audience publique
15523	Schmautzer		(96) 153		Juridiction limitée dans une procédure pénale, audience publique
15527	Umlauft		(96) 154		Juridiction limitée dans une procédure pénale, audience publique

Resolution DH (96) 150

concerning the judgment of the European Court of Human Rights of 23 October 1995 in the case of Palaoro v. Austria

(Adopted by the Committee of Ministers on 15 May 1996 at the 564th meeting of the Ministers' Deputies)

The Committee of Ministers, under the terms of Article 54 of the Convention for the Protection of Human Rights and Fundamental Freedoms (hereinafter referred to as "the Convention"),

Having regard to the judgment of the European Court of Human Rights in the Palaoro case delivered on 23 October 1995 and transmitted the same day to the Committee of Ministers;

Recalling that the case originated in an application (No. 16718/90) against Austria, lodged with the European Commission of Human Rights on 28 May 1990 under Article 25 of the Convention by Mr Peter Palaoro, an Austrian national, and that the Commission declared admissible the complaints relating to the right of access to a court and to a hearing before the Administrative Court;

Recalling that the case was brought before the Court by the Commission on 9 September 1994;

Whereas in its judgment of 23 October 1995 the Court unanimously:

– held that Article 6, paragraph 1, of the Convention applied in this case;

– held that there had been a violation of that article as regards access to a court;

– held that it was not necessary to examine the complaints based on the lack of a hearing in the Administrative Court and that court's failure to take evidence from witnesses;

– held that the respondent state was to pay the applicant, within three months, 100 000 Austrian schillings in respect of costs and expenses;

– dismissed the remainder of the claim for just satisfaction;

Having regard to the Rules adopted by the Committee of Ministers concerning the application of Article 54 of the Convention;

Having invited the Government of Austria to inform it of the measures which had been taken in consequence of the judgment of 23 October 1995, having regard to Austria's obligation under Article 53 of the Convention to abide by it;

Whereas, during the examination of the case by the Committee of Ministers, the Government of Austria gave the Committee information about the measures taken in consequence of the judgment, which information appears in the appendix to this resolution;

Having satisfied itself that on 15 January 1996, within the time-limit set, the Government of Austria paid the applicant the sum provided for in the judgment of 23 October 1995,

Declares, after having taken note of the information supplied by the Government of Austria, that it has exercised its functions under Article 54 of the Convention in this case.

Résolution DH (96) 150

relative à l'arrêt de la Cour européenne des droits de l'homme du 23 octobre 1995 dans l'affaire Palaoro c/ Autriche

(adoptée par le Comité des Ministres le 15 mai 1996 lors de la 564e réunion des Délégués des Ministres)

Le Comité des Ministres, en vertu de l'article 54 de la Convention de sauvegarde des Droits de l'Homme et des Libertés fondamentales (ci-après dénommée «la Convention»),

Vu l'arrêt de la Cour européenne des Droits de l'Homme rendu le 23 octobre 1995 dans l'affaire Palaoro et transmis à la même date au Comité des Ministres;

Rappelant qu'à l'origine de cette affaire se trouve une requête (n° 16718/90) dirigée contre l'Autriche, introduite devant la Commission européenne des Droits de l'Homme le 28 mai 1990 en vertu de l'article 25 de la Convention, par M. Peter Palaoro, ressortissant autrichien, et que la Commission a déclaré recevables les griefs relatifs au droit d'accès à un tribunal et l'absence d'audience devant la Cour administrative;

Rappelant que l'affaire a été portée devant la Cour par la Commission le 9 septembre 1994;

Considérant que dans son arrêt du 23 octobre 1995 la Cour, à l'unanimité:

– a dit que l'article 6, paragraphe 1, de la Convention s'appliquait en l'espèce;

– a dit qu'il y avait eu violation de cet article quant à l'accès à un tribunal;

– a dit qu'il ne s'imposait pas d'examiner les griefs tirés de l'absence de débats et d'audition de témoins devant la Cour administrative;

– a dit que l'Etat défendeur devait verser au requérant, dans les trois mois, 100 000 schillings autrichiens pour frais et dépens;

– a rejeté la demande de satisfaction équitable pour le surplus;

Vu les Règles adoptées par le Comité des Ministres relatives à l'application de l'article 54 de la Convention;

Ayant invité le Gouvernement de l'Autriche à l'informer des mesures prises à la suite de l'arrêt du 23 octobre 1995, eu égard à l'obligation qu'a l'Autriche de s'y conformer selon l'article 53 de la Convention;

Considérant que, lors de l'examen de cette affaire par le Comité des Ministres, le Gouvernement de l'Autriche a donné à celui-ci des informations sur les mesures prises à la suite de l'arrêt, informations qui sont résumées dans l'annexe à la présente résolution;

S'étant assuré que le 15 janvier 1996, dans le délai imparti, le Gouvernement de l'Autriche a versé au requérant la somme prévue dans l'arrêt du 23 octobre 1995,

Déclare, après avoir pris connaissance des informations fournies par le Gouvernement de l'Autriche, qu'il a rempli ses fonctions en vertu de l'article 54 de la Convention dans la présente affaire.

ment of Austria, that it has exercised its functions under Article 54 of the Convention in this case.

Appendix to Resolution DH (96) 150

Information provided by the Government of Austria during the examination of the Palaoro case by the Committee of Ministers

The problems of a general nature raised by the Court's judgment in this case have been remedied by the setting up of independent administrative tribunals (*Unabhängige Verwaltungssenate*), following an amendment to the Federal Constitution of 1929, the *Bundes-Verfassungsgesetz-Novelle* 1988, adopted on 29 November 1988 and published in *Bundesgesetzblatt* No. 685/1988.

Article I, sections 24 to 26, of this act amends the former Article 129 of the Federal Constitution and introduces the new Articles 129.*a* and 129.*b*.

The amended Article 129 sets up independent administrative tribunals in the *Länder*. These tribunals started to function on 1 January 1991 (see Article IX (1), *Bundesgesetzblatt* No. 685/1988). According to the new Article 129.*a*, the new tribunals are, *inter alia*, competent in proceedings relating to administrative offences.

The relevant procedural rules are, pursuant to the new Article 129.*b* (6), defined in federal legislation (the General Administrative Procedures Act, *Allgemeine Verwaltungsverfahrens Gesetz*, as amended on 19 January 1991, *Bundesgesetzblatt* No. 51/1991, and the Administrative Criminal Code, *Verwaltungsstrafgesetz*, as amended on 19 January 1991, *Bundesgesetzblatt* No. 52/1991).

The Administrative Criminal Code provides, *inter alia*, that the cases shall, as a general rule, only be decided after an oral hearing has been held (Article 51.*e*) and all necessary evidence has been gathered and examined (Article 51.*g*). Witnesses are in principle heard at the oral hearing (*ibidem*). The independent administrative tribunal has full competence to determine both the legal and factual issues arising in cases concerning administrative offences and may substitute its own views for those of the administrative authority below and may, accordingly, make any modification to the latter's decision (Article 66 (4) of the General Administrative Procedures Act).

The Government of Austria considers that these amendments will prevent the repetition of the violation found and solve the other problems raised by the case. Austria has, accordingly, fulfilled its obligations under Article 54 of the Convention.

Resolution DH (96) 151

concerning the judgment of the European Court of Human Rights of 23 October 1995 in the case of Pfarrmeier v. Austria

Annexe à la Résolution DH (96) 150

Informations fournies par le Gouvernement de l'Autriche lors de l'examen de l'affaire Palaoro par le Comité des Ministres

Les problèmes de caractère général soulevés par l'arrêt de la Cour dans cette affaire ont été résolus par la mise en place de chambres administratives indépendantes (*Unabhängige Verwaltungssenate*), suite à un amendement à la Constitution fédérale de 1929, *Bundes-Verfassungsgesetz-Novelle* 1988, adopté le 29 novembre 1988 et publié dans *Bundesgesetzblatt* n° 685/1988.

L'article 1, paragraphes 24 à 26, de cette loi amende le précédent article 129 de la Constitution fédérale et introduit les nouveaux articles 129.*a* et 129.*b*.

L'article 129, tel qu'amendé, met en place des chambres administratives indépendantes dans les Länder. Ces chambres ont commencé à fonctionner le 1er janvier 1991 (cf. l'article IX (1), *Bundesgesetzblatt* n° 685/1988). Selon ce nouvel article 129.*a*, les nouvelles chambres sont, *inter alia*, compétentes pour examiner des infractions administratives.

Les règles procédurales applicables sont, selon le nouvel article 129.*b* (6), définies dans la législation fédérale (le Code de procédure générale administrative, *Allgemeine Verwaltungsverfahrens Gesetz*, tel qu'amendé le 19 janvier 1991, *Bundesgesetzblatt* n° 51/1991) et le Code de procédure pénale administrative, *Verwaltungsstrafgesetz*, tel qu'amendé le 19 janvier 1991, *Bundesgesetzblatt* n° 52/1991).

Le Code de procédure pénale administrative prévoit, entre autres, en guise de règle générale, que les affaires ne pourront être tranchées qu'après la tenue d'audience publique (article 51.*e*) et la réunion et l'examen de toutes les preuves nécessaires (article 51.*g*). Les témoins sont en principe entendus lors de l'audience publique (*ibidem*). Le Code de procédure générale administrative prévoit en outre que les chambres administratives indépendantes sont pleinement compétentes pour examiner à la fois les questions de fait et de droit dans les affaires relatives aux infractions administratives et peuvent substituer leur propre avis à celui des autorités administratives inférieures et en conséquence modifier leurs décisions (article 66 (4)).

Le Gouvernement de l'Autriche considère que ces amendements permettront d'éviter la répétition de la violation constatée et résoudront les autres problèmes soulevés par cette affaire. L'Autriche a en conséquence rempli ses obligations au titre de l'article 54 de la Convention.

Résolution DH (96) 151

relative à l'arrêt de la cour européenne des Droits de l'Homme du 23 octobre 1995 dans l'affaire Pfarrmeier c/ Autriche

(Adopted by the Committee of Ministers on 15 May 1996 at the 564th meeting of the Ministers' Deputies)

The Committee of Ministers, under the terms of Article 54 of the Convention for the Protection of Human Rights and Fundamental Freedoms (hereinafter referred to as "the Convention"),

Having regard to the judgment of the European Court of Human Rights in the Pfarrmeier case delivered on 23 October 1995 and transmitted the same day to the Committee of Ministers;

Recalling that the case originated in an application (No. 16841/90) against Austria, lodged with the European Commission of Human Rights on 13 June 1990 under Article 25 of the Convention by Mr Harald Pfarrmeier, an Austrian national, and that the Commission declared admissible the complaints relating to the right of access to a court and to a hearing before the Administrative Court;

Recalling that the case was brought before the Court by the Commission on 9 September 1994;

Whereas in its judgment of 23 October 1995 the Court unanimously:

– held that Article 6, paragraph 1, of the Convention applied in this case;

– held that there had been a violation of that article as regards access to a court;

– held that it was not necessary to examine the complaints based on the lack of a hearing in the Administrative Court and that court's failure to take evidence from witnesses;

– held that the respondent state was to pay the applicant, within three months, 100 000 Austrian schillings in respect of costs and expenses;

– dismissed the remainder of the claim for just satisfaction;

Having regard to the Rules adopted by the Committee of Ministers concerning the application of Article 54 of the Convention;

Having invited the Government of Austria to inform it of the measures which had been taken in consequence of the judgment of 23 October 1995, having regard to Austria's obligation under Article 53 of the Convention to abide by it;

Whereas, during the examination of the case by the Committee of Ministers, the Government of Austria gave the Committee information about the measures taken in consequence of the judgment, which information appears in the appendix to this resolution;

Having satisfied itself that on 15 January 1996, within the time-limit set, the Government of Austria paid the applicant the sum provided for in the judgment of 23 October 1995,

Declares, after having taken note of the information supplied by the Government of Austria, that it has exercised its functions under Article 54 of the Convention in this case.

(adoptée par le Comité des Ministres le 15 mai 1996, lors de la 564e réunion des Délégués des Ministres)

Le Comité des Ministres, en vertu de l'article 54 de la Convention de sauvegarde des Droits de l'Homme et des Libertés fondamentales (ci-après dénommée «la Convention»),

Vu l'arrêt de la Cour européenne des Droits de l'Homme rendu le 23 octobre 1995 dans l'affaire Pfarrmeier et transmis à la même date au Comité des Ministres;

Rappelant qu'à l'origine de cette affaire se trouve une requête (n° 16841/90) dirigée contre l'Autriche, introduite devant la Commission européenne des Droits de l'Homme le 13 juin 1990 en vertu de l'article 25 de la Convention, par M. Harald Pfarrmeier, ressortissant autrichien, et que la Commission a déclaré recevables les griefs relatifs au droit d'accès à un tribunal et l'absence d'audience devant la Cour administrative;

Rappelant que l'affaire a été portée devant la Cour par la Commission le 9 septembre 1994;

Considérant que dans son arrêt du 23 octobre 1995 la Cour, à l'unanimité:

– a dit que l'article 6, paragraphe 1, de la Convention s'appliquait en l'espèce;

– a dit qu'il y avait eu violation de cet article quant à l'accès à un tribunal;

– a dit qu'il ne s'imposait pas d'examiner les griefs tirés de l'absence de débats et d'audition de témoins devant la Cour administrative;

– a dit que l'Etat défendeur devait verser au requérant, dans les trois mois, 100 000 schillings autrichiens pour frais et dépens;

– a rejeté la demande de satisfaction équitable pour le surplus;

Vu les Règles adoptées par le Comité des Ministres relatives à l'application de l'article 54 de la Convention;

Ayant invité le Gouvernement de l'Autriche à l'informer des mesures prises à la suite de l'arrêt du 23 octobre 1995, eu égard à l'obligation qu'a l'Autriche de s'y conformer selon l'article 53 de la Convention;

Considérant que, lors de l'examen de cette affaire par le Comité des Ministres, le Gouvernement de l'Autriche a donné à celui-ci des informations sur les mesures prises à la suite de l'arrêt, informations qui sont résumées dans l'annexe à la présente résolution;

S'étant assuré que le 15 janvier 1996, dans le délai imparti, le Gouvernement de l'Autriche a versé au requérant la somme prévue dans l'arrêt du 23 octobre 1995,

Déclare, après avoir pris connaissance des informations fournies par le Gouvernement de l'Autriche, qu'il a rempli ses fonctions en vertu de l'article 54 de la Convention dans la présente affaire.

Appendix to Resolution DH (96) 151

Information provided by the Government of Austria during the examination of the Pfarrmeier case by the Committee of Ministers

The problems of a general nature raised by the Court's judgment in this case have been remedied by the setting up of independent administrative tribunals (*Unabhängige Verwaltungssenate*), following an amendment to the Federal Constitution of 1929, the *Bundes-Verfassungsgesetz-Novelle* 1988, adopted on 29 November 1988 and published in *Bundesgesetzblatt* No. 685/1988.

Article I, sections 24 to 26, of this act amends the former Article 129 of the Federal Constitution and introduces the new Articles 129.*a* and 129.*b*.

The amended Article 129 sets up independent administrative tribunals in the *Länder*. These tribunals started to function on 1 January 1991 (see Article IX (1), *Bundesgesetzblatt* No. 685/1988). According to the new Article 129.*a*, the new tribunals are, *inter alia*, competent in proceedings relating to administrative offences.

The relevant procedural rules are, pursuant to the new Article 129.*b* (6), defined in federal legislation (the General Administrative Procedures Act, *Allgemeine Verwaltungsverfahrens Gesetz*, as amended on 19 January 1991, *Bundesgesetzblatt* No. 51/1991, and the Administrative Criminal Code, *Verwaltungsstrafgesetz*, as amended on 19 January 1991, *Bundesgesetzblatt* No. 52/1991).

The Administrative Criminal Code provides, *inter alia*, that the cases shall, as a general rule, only be decided after an oral hearing has been held (Article 51.*e*) and all necessary evidence has been gathered and examined (Article 51.*g*). Witnesses are in principle heard at the oral hearing (*ibidem*). The independent administrative tribunal has full competence to determine both the legal and factual issues arising in cases concerning administrative offences and may substitute its own views for those of the administrative authority below and may, accordingly, make any modification to the latter's decision (Article 66 (4) of the General Administrative Procedures Act).

The Government of Austria considers that these amendments will prevent the repetition of the violation found and solve the other problems raised by the case. Austria has, accordingly, fulfilled its obligations under Article 54 of the Convention.

Annexe à la Résolution DH (96) 151

Informations fournies par le Gouvernement de l'Autriche lors de l'examen de l'affaire Pfarrmeier par le Comité des Ministres

Les problèmes de caractère général soulevés par l'arrêt de la Cour dans cette affaire ont été résolus par la mise en place de chambres administratives indépendantes (*Unabhängige Verwaltungssenate*), suite à un amendement à la Constitution fédérale de 1929, *Bundes-Verfassungsgesetz-Novelle* 1988, adopté le 29 novembre 1988 et publié dans *Bundesgesetzblatt* n° 685/1988.

L'article 1, paragraphes 24 à 26, de cette loi amende le précédent article 129 de la Constitution fédérale et introduit les nouveaux articles 129.*a* et 129.*b*.

L'article 129, tel qu'amendé, met en place des chambres administratives indépendantes dans les Länder. Ces chambres ont commencé à fonctionner le 1er janvier 1991 (cf. l'article IX (1), *Bundesgesetzblatt* n° 685/1988). Selon ce nouvel article 129.*a*, les nouvelles chambres sont, *inter alia*, compétentes pour examiner des infractions administratives.

Les règles procédurales applicables sont, selon le nouvel article 129.*b* (6), définies dans la législation fédérale (le Code de procédure générale administrative, *Allgemeine Verwaltungsverfahrens Gesetz*, tel qu'amendé le 19 janvier 1991, *Bundesgesetzblatt* n° 51/1991) et le Code de procédure pénale administrative, *Verwaltungsstrafgesetz*, tel qu'amendé le 19 janvier 1991, *Bundesgesetzblatt* n° 52/1991).

Le Code de procédure pénale administrative prévoit, entre autres, en guise de règle générale, que les affaires ne pourront être tranchées qu'après la tenue d'audience publique (article 51.*e*) et la réunion et l'examen de toutes les preuves nécessaires (article 51.*g*). Les témoins sont en principe entendus lors de l'audience publique (*ibidem*). Le Code de procédure générale administrative prévoit en outre que les chambres administratives indépendantes sont pleinement compétentes pour examiner à la fois les questions de fait et de droit dans les affaires relatives aux infractions administratives et peuvent substituer leur propre avis à celui des autorités administratives inférieures et en conséquence modifier leurs décisions (article 66 (4)).

Le Gouvernement de l'Autriche considère que ces amendements permettront d'éviter la répétition de la violation constatée et résoudront les autres problèmes soulevés par cette affaire. L'Autriche a en conséquence rempli ses obligations au titre de l'article 54 de la Convention.

Resolution DH (96) 152

concerning the judgment of the European Court of Human Rights of 23 October 1995 in the case of Pramstaller v. Austria

(Adopted by the Committee of Ministers on 15 May 1996 at the 564th meeting of the Ministers' Deputies)

The Committee of Ministers, under the terms of Article 54 of the Convention for the Protection of Human Rights and Fundamental Freedoms (hereinafter referred to as "the Convention"),

Having regard to the judgment of the European Court of Human Rights in the Pramstaller case delivered on 23 October 1995 and transmitted the same day to the Committee of Ministers;

Recalling that the case originated in an application (No. 16713/90) against Austria, lodged with the European Commission of Human Rights on 18 May 1990 under Article 25 of the Convention by Mr Johann Pramstaller, an Austrian national, and that the Commission declared admissible the complaints relating to the right of access to a court and to a hearing before the Administrative Court;

Recalling that the case was brought before the Court by the Commission on 9 September 1994;

Whereas in its judgment of 23 October 1995 the Court unanimously:

– held that Article 6, paragraph 1, of the Convention applied in this case;

– held that there had been a violation of that article as regards access to a court;

– held that it was not necessary to examine the complaint based on the lack of a hearing in the Administrative Court;.

– held that the respondent state was to pay the applicant, within three months, 100 000 Austrian schillings in respect of costs and expenses;

– dismissed the remainder of the claim for just satisfaction;

Having regard to the Rules adopted by the Committee of Ministers concerning the application of Article 54 of the Convention;

Having invited the Government of Austria to inform it of the measures which had been taken in consequence of the judgment of 23 October 1995, having regard to Austria's obligation under Article 53 of the Convention to abide by it;

Whereas, during the examination of the case by the Committee of Ministers, the Government of Austria gave the Committee information about the measures taken in consequence of the judgment, which information appears in the appendix to this resolution;

Having satisfied itself that on 15 January 1996, within the time-limit set, the Government of Austria paid the applicant the sum provided for in the judgment of 23 October 1995,

Declares, after having taken note of the information supplied by the Government of Austria, that it has exercised its functions under Article 54 of the Convention in this case.

Résolution DH (96) 152

relative à l'arrêt de la Cour européenne des Droits de l'Homme du 23 octobre 1995 dans l'affaire Pramstaller c/ Autriche

(adoptée par le Comité des Ministres le 15 mai 1996 lors de la 564e réunion des Délégués des Ministres)

Le Comité des Ministres, en vertu de l'article 54 de la Convention de sauvegarde des Droits de l'Homme et des Libertés fondamentales (ci-après dénommée «la Convention»),

Vu l'arrêt de la Cour européenne des Droits de l'Homme rendu le 23 octobre 1995 dans l'affaire Pramstaller et transmis à la même date au Comité des Ministres;

Rappelant qu'à l'origine de cette affaire se trouve une requête (n° 16713/90) dirigée contre l'Autriche, introduite devant la Commission européenne des Droits de l'Homme le 18 mai 1990 en vertu de l'article 25 de la Convention, par M. Johann Pramstaller, ressortissant autrichien, et que la Commission a déclaré recevables les griefs relatifs au droit d'accès à un tribunal et l'absence d'audience devant la Cour administrative;

Rappelant que l'affaire a été portée devant la Cour par la Commission le 9 septembre 1994;

Considérant que dans son arrêt du 23 octobre 1995 la Cour, à l'unanimité:

– a dit que l'article 6, paragraphe 1, de la Convention s'appliquait en l'espèce;

– a dit qu'il y avait eu violation de cet article quant à l'accès à un tribunal;

– a dit qu'il ne s'imposait pas d'examiner le grief tiré de l'absence d'audience devant la Cour administrative;

– a dit que l'Etat défendeur devait verser au requérant, dans les trois mois, 100 000 schillings autrichiens pour frais et dépens;

– a rejeté la demande de satisfaction équitable pour le surplus;

Vu les Règles adoptées par le Comité des Ministres relatives à l'application de l'article 54 de la Convention;

Ayant invité le Gouvernement de l'Autriche à l'informer des mesures prises à la suite de l'arrêt du 23 octobre 1995, eu égard à l'obligation qu'a l'Autriche de s'y conformer selon l'article 53 de la Convention;

Considérant que, lors de l'examen de cette affaire par le Comité des Ministres, le Gouvernement de l'Autriche a donné à celui-ci des informations sur les mesures prises à la suite de l'arrêt, informations qui sont résumées dans l'annexe à la présente résolution;

S'étant assuré que le 15 janvier 1996, dans le délai imparti, le Gouvernement de l'Autriche a versé au requérant la somme prévue dans l'arrêt du 23 octobre 1995,

Déclare, après avoir pris connaissance des informations fournies par le Gouvernement de l'Autriche, qu'il a rempli ses fonctions en vertu de l'article 54 de la Convention dans la présente affaire.

Appendix to Resolution DH (96) 152

Information provided by the Government of Austria during the examination of the Pramstaller case by the Committee of Ministers

The problems of a general nature raised by the Court's judgment in this case have been remedied by the setting up of independent administrative tribunals (*Unabhängige Verwaltungssenate*), following an amendment to the Federal Constitution of 1929, the *Bundes-Verfassungsgesetz-Novelle* 1988, adopted on 29 November 1988 and published in *Bundesgesetzblatt* No. 685/1988.

Article I, sections 24 to 26, of this act amends the former Article 129 of the Federal Constitution and introduces the new Articles 129.*a* and 129.*b*.

The amended Article 129 sets up independent administrative tribunals in the *Länder*. These tribunals started to function on 1 January 1991 (see Article IX (1), *Bundesgesetzblatt* No. 685/1988). According to the new Article 129.*a*, the new tribunals are, *inter alia*, competent in proceedings relating to administrative offences..

The relevant procedural rules are, pursuant to the new Article 129.*b* (6), defined in federal legislation (the General Administrative Procedures Act, *Allgemeine Verwaltungsverfahrens Gesetz*, as amended on 19 January 1991, *Bundesgesetzblatt* No. 51/1991, and the Administrative Criminal Code, *Verwaltungsstrafgesetz*, as amended on 19 January 1991, *Bundesgesetzblatt* No. 52/1991).

The Administrative Criminal Code provides, *inter alia*, that the cases shall, as a general rule, only be decided after an oral hearing has been held (Article 51.*e*) and all necessary evidence has been gathered and examined (Article 51.*g*). Witnesses are in principle heard at the oral hearing (*ibidem*). The independent administrative tribunal has full competence to determine both the legal and factual issues arising in cases concerning administrative offences and may substitute its own views for those of the administrative authority below and may, accordingly, make any modification to the latter's decision (Article 66 (4) of the General Administrative Procedures Act).

The Government of Austria considers that these amendments will prevent the repetition of the violation found and solve the other problems raised by the case. Austria has, accordingly, fulfilled its obligations under Article 54 of the Convention.

Resolution DH (96) 153

concerning the judgment of the European Court of Human Rights of 23 October 1995 in the case of Schmautzer v. Austria

(Adopted by the Committee of Ministers on 15 May 1996 at the 564th meeting of the Ministers' Deputies)

Annexe à la Résolution DH (96) 152

Informations fournies par le Gouvernement de l'Autriche lors de l'examen de l'affaire Pramstaller par le Comité des Ministres

Les problèmes de caractère général soulevés par l'arrêt de la Cour dans cette affaire ont été résolus par la mise en place de chambres administratives indépendantes (*Unabhängige Verwaltungssenate*), suite à un amendement à la Constitution fédérale de 1929, *Bundes-Verfassungsgesetz-Novelle* 1988, adopté le 29 novembre 1988 et publié dans *Bundesgesetzblatt* n° 685/1988.

L'article 1, paragraphes 24 à 26, de cette loi amende le précédent article 129 de la Constitution fédérale et introduit les nouveaux articles 129.*a* et 129.*b*.

L'article 129, tel qu'amendé, met en place des chambres administratives indépendantes dans les Länder. Ces chambres ont commencé à fonctionner le 1er janvier 1991 (cf. l'article IX (1), *Bundesgesetzblatt* n° 685/1988). Selon ce nouvel article 129.*a*, les nouvelles chambres sont, *inter alia*, compétentes pour examiner des infractions administratives.

Les règles procédurales applicables sont, selon le nouvel article 129.*b* (6), définies dans la législation fédérale (le Code de procédure générale administrative, *Allgemeine Verwaltungsverfahrens Gesetz*, tel qu'amendé le 19 janvier 1991, *Bundesgesetzblatt* n° 51/1991) et le Code de procédure pénale administrative, *Verwaltungsstrafgesetz*, tel qu'amendé le 19 janvier 1991, *Bundesgesetzblatt* n° 52/1991).

Le Code de procédure pénale administrative prévoit, entre autres, en guise de règle générale, que les affaires ne pourront être tranchées qu'après la tenue d'audience publique (article 51.*e*) et la réunion et l'examen de toutes les preuves nécessaires (article 51.*g*). Les témoins sont en principe entendus lors de l'audience publique (*ibidem*). Le Code de procédure générale administrative prévoit en outre que les chambres administratives indépendantes sont pleinement compétentes pour examiner à la fois les questions de fait et de droit dans les affaires relatives aux infractions administratives et peuvent substituer leur propre avis à celui des autorités administratives inférieures et en conséquence modifier leurs décisions (article 66 (4)).

Le Gouvernement de l'Autriche considère que ces amendements permettront d'éviter la répétition de la violation constatée et résoudront les autres problèmes soulevés par cette affaire. L'Autriche a en conséquence rempli ses obligations au titre de l'article 54 de la Convention.

Résolution DH (96) 153

relative à l'arrêt de la Cour européenne des Droits de l'Homme du 23 octobre 1995 dans l'affaire Schmautzer c/ Autriche

(adoptée par le Comité des Ministres le 15 mai 1996, lors de la 564e réunion des Délégués des Ministres)

The Committee of Ministers, under the terms of Article 54 of the Convention for the Protection of Human Rights and Fundamental Freedoms (hereinafter referred to as "the Convention"),

Having regard to the judgment of the European Court of Human Rights in the Schmautzer case delivered on 23 October 1995 and transmitted the same day to the Committee of Ministers;

Recalling that the case originated in an application (No. 15523/89) against Austria, lodged with the European Commission of Human Rights on 26 May 1989 under Article 25 of the Convention by Mr Peter Schmautzer, an Austrian national, and that the Commission declared admissible the complaints relating to the right of access to a court and to a hearing before the Administrative Court;

Recalling that the case was brought before the Court by the Commission on 9 September 1994;

Whereas in its judgment of 23 October 1995 the Court unanimously:

– held that Article 6, paragraph 1, of the Convention applied in this case;

– held that there had been a violation of that article as regards access to a court;

– held that it was not necessary to examine the complaint based on the lack of a hearing in the Administrative Court;

– held that the respondent state was to pay the applicant, within three months, 70 000 Austrian schillings in respect of costs and expenses;

– dismissed the remainder of the claim for just satisfaction;

Having regard to the Rules adopted by the Committee of Ministers concerning the application of Article 54 of the Convention;

Having invited the Government of Austria to inform it of the measures which had been taken in consequence of the judgment of 23 October 1995, having regard to Austria's obligation under Article 53 of the Convention to abide by it;

Whereas, during the examination of the case by the Committee of Ministers, the Government of Austria gave the Committee information about the measures taken in consequence of the judgment, which information appears in the appendix to this resolution;

Having satisfied itself that on 12 January 1996, within the time-limit set, the Government of Austria paid the applicant the sum provided for in the judgment of 23 October 1995,

Declares, after having taken note of the information supplied by the Government of Austria, that it has exercised its functions under Article 54 of the Convention in this case.

Appendix to Resolution DH (96) 153

Information provided by the Government of Austria during the examination of the Schmautzer case by the Committee of Ministers

The problems of a general nature raised by the Court's judgment in this case have been remedied by the setting up of independent administrative tribunals

Le Comité des Ministres, en vertu de l'article 54 de la Convention de sauvegarde des Droits de l'Homme et des Libertés fondamentales (ci-après dénommée «la Convention»),

Vu l'arrêt de la Cour européenne des Droits de l'Homme rendu le 23 octobre 1995 dans l'affaire Schmautzer et transmis à la même date au Comité des Ministres;

Rappelant qu'à l'origine de cette affaire se trouve une requête (n° 15523/89) dirigée contre l'Autriche, introduite devant la Commission européenne des Droits de l'Homme le 26 mai 1989 en vertu de l'article 25 de la Convention, par M. Peter Schmautzer, ressortissant autrichien, et que la Commission a déclaré recevables les griefs relatifs au droit d'accès à un tribunal et l'absence d'audience devant la Cour administrative;

Rappelant que l'affaire a été portée devant la Cour par la Commission le 9 septembre 1994;

Considérant que dans son arrêt du 23 octobre 1995 la Cour, à l'unanimité:

– a dit que l'article 6, paragraphe 1, de la Convention s'appliquait en l'espèce;

– a dit qu'il y avait eu violation de cet article quant à l'accès à un tribunal;

– a dit qu'il ne s'imposait pas d'examiner le grief tiré de l'absence d'audience devant la Cour administrative;

– a dit que l'Etat défendeur devait verser au requérant, dans les trois mois, 70 000 schillings autrichiens pour frais et dépens;

– a rejeté la demande de satisfaction équitable pour le surplus;

Vu les Règles adoptées par le Comité des Ministres relatives à l'application de l'article 54 de la Convention;

Ayant invité le Gouvernement de l'Autriche à l'informer des mesures prises à la suite de l'arrêt du 23 octobre 1995, eu égard à l'obligation qu'a l'Autriche de s'y conformer selon l'article 53 de la Convention;

Considérant que, lors de l'examen de cette affaire par le Comité des Ministres, le Gouvernement de l'Autriche a donné à celui-ci des informations sur les mesures prises à la suite de l'arrêt, informations qui sont résumées dans l'annexe à la présente résolution;

S'étant assuré que le 12 janvier 1996, dans le délai imparti, le Gouvernement de l'Autriche a versé au requérant la somme prévue dans l'arrêt du 23 octobre 1995,

Déclare, après avoir pris connaissance des informations fournies par le Gouvernement de l'Autriche, qu'il a rempli ses fonctions en vertu de l'article 54 de la Convention dans la présente affaire.

Annexe à la Résolution DH (96) 153

Informations fournies par le Gouvernement de l'Autriche lors de l'examen de l'affaire Schmautzer par le Comité des Ministres

Les problèmes de caractère général soulevés par l'arrêt de la Cour dans cette affaire ont été résolus par la mise en place de chambres administratives

(*Unabhängige Verwaltungssenate*), following an amendment to the Federal Constitution of 1929, the *Bundes-Verfassungsgesetz-Novelle* 1988, adopted on 29 November 1988 and published in *Bundesgesetzblatt* No. 685/1988.

Article I, sections 24 to 26, of this act amends the former Article 129 of the Federal Constitution and introduces the new Articles 129.*a* and 129.*b*.

The amended Article 129 sets up independent administrative tribunals in the *Länder*. These tribunals started to function on 1 January 1991 (see Article IX (1), *Bundesgesetzblatt* No. 685/1988). According to the new Article 129.*a*, the new tribunals are, *inter alia*, competent in proceedings relating to administrative offences..

The relevant procedural rules are, pursuant to the new Article 129.*b* (6), defined in federal legislation (the General Administrative Procedures Act, *Allgemeine Verwaltungsverfahrens Gesetz*, as amended on 19 January 1991, *Bundesgesetzblatt* No. 51/1991, and the Administrative Criminal Code, *Verwaltungsstrafgesetz*, as amended on 19 January 1991, *Bundesgesetzblatt* No. 52/1991).

The Administrative Criminal Code provides, *inter alia*, that the cases shall, as a general rule, only be decided after an oral hearing has been held (Article 51.*e*) and all necessary evidence has been gathered and examined (Article 51.*g*). Witnesses are in principle heard at the oral hearing (*ibidem*). The independent administrative tribunal has full competence to determine both the legal and factual issues arising in cases concerning administrative offences and may substitute its own views for those of the administrative authority below and may, accordingly, make any modification to the latter's decision (Article 66 (4) of the General Administrative Procedures Act).

The Government of Austria considers that these amendments will prevent the repetition of the violation found and solve the other problems raised by the case. Austria has, accordingly, fulfilled its obligations under Article 54 of the Convention.

Resolution DH (96) 154

concerning the judgment of the European Court of Human Rights of 23 October 1995 in the case of Umlauft v. Austria

(Adopted by the Committee of Ministers on 15 May 1996 at the 564th meeting of the Ministers' Deputies)

The Committee of Ministers, under the terms of Article 54 of the Convention for the Protection of Human Rights and Fundamental Freedoms (hereinafter referred to as "the Convention"),

Having regard to the judgment of the European Court of Human Rights in the Umlauft case delivered on 23 October 1995 and transmitted the same day to the

indépendantes (*Unabhängige Verwaltungssenate*), suite à un amendement à la Constitution fédérale de 1929, *Bundes-Verfassungsgesetz-Novelle* 1988, adopté le 29 novembre 1988 et publié dans *Bundesgesetzblatt* n° 685/1988.

L'article 1, paragraphes 24 à 26, de cette loi amende le précédent article 129 de la Constitution fédérale et introduit les nouveaux articles 129.*a* et 129.*b*.

L'article 129, tel qu'amendé, met en place des chambres administratives indépendantes dans les Länder. Ces chambres ont commencé à fonctionner le 1er janvier 1991 (cf. l'article IX (1), *Bundesgesetzblatt* n° 685/1988). Selon ce nouvel article 129.*a*, les nouvelles chambres sont, *inter alia*, compétentes pour examiner des infractions administratives.

Les règles procédurales applicables sont, selon le nouvel article 129.*b* (6), définies dans la législation fédérale (le Code de procédure générale administrative, *Allgemeine Verwaltungsverfahrens Gesetz*, tel qu'amendé le 19 janvier 1991, *Bundesgesetzblatt* n° 51/1991) et le Code de procédure pénale administrative, *Verwaltungsstrafgesetz*, tel qu'amendé le 19 janvier 1991, *Bundesgesetzblatt* n° 52/1991).

Le Code de procédure pénale administrative prévoit, entre autres, en guise de règle générale, que les affaires ne pourront être tranchées qu'après la tenue d'audience publique (article 51.*e*) et la réunion et l'examen de toutes les preuves nécessaires (article 51.*g*). Les témoins sont en principe entendus lors de l'audience publique (*ibidem*). Le Code de procédure générale administrative prévoit en outre que les chambres administratives indépendantes sont pleinement compétentes pour examiner à la fois les questions de fait et de droit dans les affaires relatives aux infractions administratives et peuvent substituer leur propre avis à celui des autorités administratives inférieures et en conséquence modifier leurs décisions (article 66 (4)).

Le Gouvernement de l'Autriche considère que ces amendements permettront d'éviter la répétition de la violation constatée et résoudront les autres problèmes soulevés par cette affaire. L'Autriche a en conséquence rempli ses obligations au titre de l'article 54 de la Convention.

Résolution DH (96) 154

relative à l'arrêt de la Cour européenne des Droits de l'Homme du 23 octobre 1995 dans l'affaire Umlauft c/ Autriche

(adoptée par le Comité des Ministres le 15 mai 1996, lors de la 564e réunion des Délégués des Ministres)

Le Comité des Ministres, en vertu de l'article 54 de la Convention de sauvegarde des Droits de l'Homme et des Libertés fondamentales (ci-après dénommée «la Convention»),

Vu l'arrêt de la Cour européenne des Droits de l'Homme rendu le 23 octobre 1995 dans l'affaire Umlauft et transmis à la même date au Comité des Ministres;

Committee of Ministers;

Recalling that the case originated in an application (No. 15527/89) against Austria, lodged with the European Commission of Human Rights on 23 August 1989 under Article 25 of the Convention by Mr Helmut Umlauft, an Austrian national, and that the Commission declared admissible the complaints relating to the right of access to a court and to a hearing before the Administrative Court;

Recalling that the case was brought before the Court by the Commission on 9 September 1994;

Whereas in its judgment of 23 October 1995 the Court unanimously:

– held that Article 6, paragraph 1, of the Convention applied in this case;

– held that there had been a violation of that article as regards access to a court;

– held that it was not necessary to examine the complaint based on the lack of a hearing in the Administrative Court;.

– held that the respondent state was to pay the applicant, within three months, 100 000 Austrian schillings in respect of costs and expenses;

– dismissed the remainder of the claim for just satisfaction;

Having regard to the Rules adopted by the Committee of Ministers concerning the application of Article 54 of the Convention;

Having invited the Government of Austria to inform it of the measures which had been taken in consequence of the judgment of 23 October 1995, having regard to Austria's obligation under Article 53 of the Convention to abide by it;

Whereas, during the examination of the case by the Committee of Ministers, the Government of Austria gave the Committee information about the measures taken in consequence of the judgment, which information appears in the appendix to this resolution;

Having satisfied itself that on 15 January 1996, within the time-limit set, the Government of Austria paid the applicant the sum provided for in the judgment of 23 October 1995,

Declares, after having taken note of the information supplied by the Government of Austria, that it has exercised its functions under Article 54 of the Convention in this case.

Appendix to Resolution DH (96) 154

Information provided by the Government of Austria during the examination of the Umlauft case by the Committee of Ministers

The problems of a general nature raised by the Court's judgment in this case have been remedied by the setting up of independent administrative tribunals (*Unabhängige Verwaltungssenate*), following an amendment to the Federal Constitution of 1929, the *Bundes-Verfassungsgesetz-Novelle* 1988, adopted on 29 November 1988 and published in *Bundesgesetzblatt* No. 685/1988.

Article I, sections 24 to 26, of this act amends the former Article 129 of the Federal Constitution and introduces the new Articles 129.*a* and 129.*b*.

Rappelant qu'à l'origine de cette affaire se trouve une requête (n° 15527/89) dirigée contre l'Autriche, introduite devant la Commission européenne des Droits de l'Homme le 23 août 1989 en vertu de l'article 25 de la Convention, par M. Helmut Umlauft, ressortissant autrichien, et que la Commission a déclaré recevables les griefs relatifs au droit d'accès à un tribunal et l'absence d'audience devant la Cour administrative;

Rappelant que l'affaire a été portée devant la Cour par la Commission le 9 septembre 1994;

Considérant que dans son arrêt du 23 octobre 1995 la Cour, à l'unanimité:

– a dit que l'article 6, paragraphe 1, de la Convention s'appliquait en l'espèce;

– a dit qu'il y avait eu violation de cet article quant à l'accès à un tribunal;

– a dit qu'il ne s'imposait pas d'examiner le grief tiré de l'absence d'audience devant la Cour administrative;

– a dit que l'Etat défendeur devait verser au requérant, dans les trois mois, 100 000 schillings autrichiens pour frais et dépens;

– a rejeté la demande de satisfaction équitable pour le surplus;

Vu les Règles adoptées par le Comité des Ministres relatives à l'application de l'article 54 de la Convention;

Ayant invité le Gouvernement de l'Autriche à l'informer des mesures prises à la suite de l'arrêt du 23 octobre 1995, eu égard à l'obligation qu'a l'Autriche de s'y conformer selon l'article 53 de la Convention;

Considérant que, lors de l'examen de cette affaire par le Comité des Ministres, le Gouvernement de l'Autriche a donné à celui-ci des informations sur les mesures prises à la suite de l'arrêt, informations qui sont résumées dans l'annexe à la présente résolution;

S'étant assuré que le 15 janvier 1996, dans le cadre imparti, le Gouvernement de l'Autriche a versé au requérant la somme prévue dans l'arrêt du 23 octobre 1995,

Déclare, après avoir pris connaissance des informations fournies par le Gouvernement de l'Autriche, qu'il a rempli ses fonctions en vertu de l'article 54 de la Convention dans la présente affaire.

Annexe à la Résolution DH (96) 154

Informations fournies par le Gouvernement de l'Autriche lors de l'examen de l'affaire Umlauft par le Comité des Ministres

Les problèmes de caractère général soulevés par l'arrêt de la Cour dans cette affaire ont été résolus par la mise en place de chambres administratives indépendantes (*Unabhängige Verwaltungssenate*), suite à un amendement à la Constitution fédérale de 1929, *Bundes-Verfassungsgesetz-Novelle* 1988, adopté le 29 novembre 1988 et publié dans *Bundesgesetzblatt* n° 685/1988.

L'article 1, paragraphes 24 à 26, de cette loi amende le précédent article 129 de la Constitution fédérale et introduit les nouveaux articles 129.*a* et 129.*b*.

The amended Article 129 sets up independent administrative tribunals in the *Länder*. These tribunals started to function on 1 January 1991 (see Article IX (1), *Bundesgesetzblatt* No. 685/1988). According to the new Article 129.*a*, the new tribunals are, *inter alia*, competent in proceedings relating to administrative offences..

The relevant procedural rules are, pursuant to the new Article 129.*b* (6), defined in federal legislation (the General Administrative Procedures Act, *Allgemeine Verwaltungsverfahrens Gesetz*, as amended on 19 January 1991, *Bundesgesetzblatt* No. 51/1991, and the Administrative Criminal Code, *Verwaltungsstrafgesetz*, as amended on 19 January 1991, *Bundesgesetzblatt* No. 52/1991).

The Administrative Criminal Code provides, *inter alia*, that the cases shall, as a general rule, only be decided after an oral hearing has been held (Article 51.*e*) and all necessary evidence has been gathered and examined (Article 51.*g*). Witnesses are in principle heard at the oral hearing (*ibidem*). The independent administrative tribunal has full competence to determine both the legal and factual issues arising in cases concerning administrative offences and may substitute its own views for those of the administrative authority below and may, accordingly, make any modification to the latter's decision (Article 66 (4) of the General Administrative Procedures Act).

The Government of Austria considers that these amendments will prevent the repetition of the violation found and solve the other problems raised by the case. Austria has, accordingly, fulfilled its obligations under Article 54 of the Convention.

Belgium

During 1996, in the exericse of its functions under Article 54, the Committee of Ministers adopted 2 resolutions concerning *Belgium*.

Interim Resolution DH (96) 676

concerning the judgment of the European Court of Human Rights of 26 May 1988 in the case of Pauwels v. Belgium

(Adopted by the Committee of Ministers on 15 November 1996 at the 576th meeting of the Ministers' Deputies)

The Committee of Ministers, under the terms of Article 54 of the Convention for the Protection of Human Rights and Fundamental Freedoms (hereinafter referred to as "the Convention"),

L'article 129, tel qu'amendé, met en place des chambres administratives indépendantes dans les Länder. Ces chambres ont commencé à fonctionner le 1er janvier 1991 (cf. l'article IX (1), *Bundesgesetzblatt* n° 685/1988). Selon ce nouvel article 129.*a*, les nouvelles chambres sont, *inter alia*, compétentes pour examiner des infractions administratives.

Les règles procédurales applicables sont, selon le nouvel article 129.*b* (6), définies dans la législation fédérale (le Code de procédure générale administrative, *Allgemeine Verwaltungsverfahrens Gesetz*, tel qu'amendé le 19 janvier 1991, *Bundesgesetzblatt* n° 51/1991) et le Code de procédure pénale administrative, *Verwaltungsstrafgesetz*, tel qu'amendé le 19 janvier 1991, *Bundesgesetzblatt* n° 52/1991).

Le Code de procédure pénale administrative prévoit, entre autres, en guise de règle générale, que les affaires ne pourront être tranchées qu'après la tenue d'audience publique (article 51*e*) et la réunion et l'examen de toutes les preuves nécessaires (article 51.*g*). Les témoins sont en principe entendus lors de l'audience publique (*ibidem*). Le Code de procédure générale administrative prévoit en outre que les chambres administratives indépendantes sont pleinement compétentes pour examiner à la fois les questions de fait et de droit dans les affaires relatives aux infractions administratives et peuvent substituer leur propre avis à celui des autorités administratives inférieures et en conséquence modifier leurs décisions (article 66 (4)).

Le Gouvernement de l'Autriche considère que ces amendements permettront d'éviter la répétition de la violation constatée et résoudront les autres problèmes soulevés par cette affaire. L'Autriche a en conséquence rempli ses obligations au titre de l'article 54 de la Convention.

Belgique

Dans l'exercice des fonctions que lui attribue l'article 54, le Comité des Ministres a adopté, au courant de l'année 1996, 2 résolutions concernant la *Belgique*.

Resolution interimaire DH (96) 676

relative à l'arrêt de la Cour européenne des Droits de l'Homme du 26 mai 1988 dans l'affaire Pauwels c/ Belgique

(adoptée par le Comité des Ministres le 15 novembre 1996 lors de la 576e réunion des Délégués des Ministres)

Le Comité des Ministres, en vertu de l'article 54 de la Convention de sauvegarde des Droits de l'Homme et des Libertés fondamentales (ci-après dénommée «la Convention»),

Having regard to the judgment of the European Court of Human Rights in the Pauwels case delivered on 26 May 1988 and transmitted the same day to the Committee of Ministers;

Recalling that the case originated in an application (No. 10208/82) against Belgium, lodged with the European Commission of Human Rights on 19 November 1982 under Article 25 of the Convention by Mr Pauwels Willy, a Belgium national, and that the Commission declared admissible the complaint based on article 5 paragraph 3 of the Convention in regard to the role played by the Judge Advocate or one of his deputies;

Recalling that the case was brought before the Court by the Commission on 13 March 1987.

Whereas in its judgment of 26 May 1988 the Court unanimously:

– held that there has been a violation of Article 5 paragraph 3 of the Convention;

– held that the respondant State was to reimburse the applicant 150 000 Belgian francs in respect of costs and expenses;

Having regard to the Rules adopted by the Committee of Ministers concerning the application of Article 54 of the Convention;

Having invited the Government of Belgium to inform it of the measures which had been taken in consequence of the judgment of 26 May 1988, having regard to Belgium's obligation under Article 53 of the Convention to abide by it;

Whereas, during the examination of the case by the Committee of Ministers, the Government of Belgium gave the Committee information about the measures taken in consequence of the judgment, which information appears in the appendix to this resolution;

Having satisfied itself that the Government of Belgium paid the applicant the sum provided for in the judgment of 26 May 1988,

Declares, after having taken note of the information supplied by the Government of Belgium, that it has for the time being exercised its functions under Article 54 of the Convention in this case;

Decides to resume consideration of this case with the view to adopting the final resolution, within two years, as soon as the draft Bill reforming the military Courts is definitively adopted.

Appendix to Interim Resolution DH (96) 676

Information provided by the Government of Belgium during the examination of the case of Pauwels by the Committee of Ministers

The Government of Belgium recalls that measures had already been adopted in order to prevent the repetition of the violation found in the current case and this by way of internal circulars dated 29 March 1983, 11 March 1985 and 28 October 1991. These circulars prevent a military magistrate who has had investigative functions from exercising a prosecuting function in the same case.

Vu l'arrêt de la Cour européenne des Droits de l'Homme rendu le 26 mai 1988 dans l'affaire Pauwels et transmis à la même date au Comité des Ministres;

Rappelant qu'à l'origine de cette affaire se trouve une requête no 10208/82 dirigée contre la Belgique, introduite devant la Commission européenne des Droits de l'Homme le 19 novembre 1982 en vertu de l'article 25 de la Convention, par M.Pauwels Willy, ressortissant belge, et que la Commission a déclaré recevable le grief déduit de l'article 5 paragraphe 3 de la Convention eu égard au rôle assumé par l'auditeur militaire ou l'un de ses substituts;

Rappelant que l'affaire a été portée devant la Cour par la Commission le 13 mars 1987;

Considérant que dans son arrêt du 26 mai 1988 la Cour, à l'unanimité:

– a dit qu'il y avait eu violation de l'article 5 paragraphe 3 de la Convention

– a dit que l'Etat défendeur devait verser au requérant, dans les trois mois, 150 000 pour frais et dépens;

Vu les Règles adoptées par le Comité des Ministres relatives à l'application de l'article 54 de la Convention;

Ayant invité le Gouvernement de la Belgique à l'informer des mesures prises à la suite de l'arrêt du 26 mai 1988, eu égard à l'obligation qu'a la Belgique de s'y conformer selon l'article 53 de la Convention;

Considérant que, lors de l'examen de cette affaire par le Comité des Ministres, le Gouvernement de la Belgique a donné à celui-ci des informations sur les mesures prises à la suite de l'arrêt, informations qui sont résumées dans l'annexe à la présente résolution;

S'étant assuré que le Gouvernement de la Belgique a versé au requérant la sommes prévues dans l'arrêt du 26 mai 1988,

Déclare, après avoir pris connaissance des informations fournies par le Gouvernement de la Belgique, qu'il a rempli provisoirement ses fonctions en vertu de l'article 54 de la Convention dans la présente affaire;

Décide de reprendre l'examen de cette affaire en vue de l'adoption de la Résolution finale, au plus tard dans deux ans, dès que le projet de loi réformant les juridictions militaires aura été définitivement adopté.

Annexe à la Résolution intérimaire DH (96) 676

Informations fournies par le Gouvernement de la Belgique lors de l'examen de l'affaire Pauwels par le Comité des Ministres

Le Gouvernement de la Belgique rappelle que des mesures ont déjà été adoptées afin d'empêcher la répétition de la violation constatée dans la présente affaire et ce par voie de circulaires internes des 29 mars 1983, 11 mars 1985 et 28 octobre 1991. Celles-ci empêchent qu'un magistrat militaire qui a exercé des fonctions d'instruction puisse, dans la même affaire, exercer des fonctions de poursuites.

Furthermore, considering the withdrawal of the Belgian forces stationed in Germany, the increase in numbers of sorties by Belgian troops abroad, the demilitarisation of the *Gendarmerie* and the reorganisation of the jurisdiction of the military tribunals, a more general Bill including a reform of the military tribunals has been deemed necessary. This Bill has been approved by the Counsel of Ministers and has been examined by the *Conseil d'Etat* which gave its opinion on 3 July 1996 in which it refers to several cases, in particular the Pauwels case, and invites the Government to modify certain provisions which are not deemed to be in compliance with the European Convention of Human Rights.

As a result, the Government of Belgium is of the opinion that the Committee of Ministers should resume consideration of this case within two years, as soon as the draft Bill is definitively adopted.

Resolution DH (96) 18

concerning the judgment of the European Court of Human Rights of 23 October 1991 in the case of Muyldermans v. Belgium

(Adopted by the Committee of Ministers on 9 February 1996 at the 556th meeting of the Ministers' Deputies)

The Committee of Ministers, under the terms of Article 54 of the Convention for the Protection of Human Rights and Fundamental Freedoms (hereinafter referred to as "the Convention"),

Having regard to the judgment of the European Court of Human Rights in the Muyldermans case delivered on 23 October 1991 and transmitted the same day to the Committee of Ministers;

Recalling that the case originated in an application (No. 12217/86) against Belgium lodged with the European Commission of Human Rights on 22 December 1983 under Article 25 of the Convention by Ms Marie-Louise Muyldermans, a Belgian national, and that the Commission declared admissible the complaints that, in the proceedings engaged against her before the Court of Audit, she had not received a public hearing, nor had there been any adversarial argument or any oral submissions;

Recalling that the case was brought before the Court by the Commission on 8 December 1990;

Whereas in its judgment of 23 October 1991 the Court, after having taken formal note of a friendly settlement reached by the Government of Belgium and the applicant and having found that there were no reasons of public policy justifying the continuation of the proceedings, decided unanimously to strike the case out of its list;

Whereas under the above-mentioned friendly settlement it was agreed that:.

– the Belgian Government would not enforce the judgment of the Court of Au-

Par ailleurs, compte tenu du retrait des forces belges stationnées en Allemagne, de la multiplication des interventions des troupes belges à l'étranger, de la démilitarisation de la gendarmerie et de la réorganisation des compétences des juridictions militaires, un projet de loi plus général incluant une réforme des tribunaux militaires a été estimée nécessaire. Ce projet a été approuvé par le Conseil des Ministres et a été examiné par le Conseil d'Etat qui a remis son avis le 3 juillet 1996 dans lequel il fait référence à diverses affaires, et en particulier à l'affaire Pauwels, et invite le Gouvernement à revoir certaines dispositions qu'il n'estime pas conformes à la Convention européenne des droits de l'homme.

Par conséquent, le Gouvernement de la Belgique est d'avis que le Comité des Ministres pourrait reprendre l'examen de cette affaire, au plus tard dans deux ans, dès que le projet de loi aura été définitivement adopté.

Résolution DH (96) 18

relative à l'arrêt de la Cour européenne des Droits de l'Homme du 23 octobre 1991 dans l'affaire Muyldermans c/ Belgique

(adoptée par le Comité des Ministres le 9 février 1996, lors de la 556e réunion des Délégués des Ministres)

Le Comité des Ministres, en vertu de l'article 54 de la Convention de sauvegarde des Droits de l'Homme et des Libertés fondamentales (ci-après dénommée «la Convention»),

Vu l'arrêt de la Cour européenne des Droits de l'Homme rendu le 23 octobre 1991 dans l'affaire Muyldermans contre la Belgique et transmis à la même date au Comité des Ministres;

Rappelant qu'à l'origine de cette affaire se trouve une requête (n° 12217/86) dirigée contre la Belgique, introduite devant la Commission européenne des Droits de l'Homme le 22 décembre 1983, en vertu de l'article 25 de la Convention, par Mme Marie-Louise Muyldermans, ressortissante belge, et que la Commission a déclaré recevables les griefs relatifs à ce que la Cour des comptes ne l'aurait pas entendue publiquement et n'aurait pas tenu de débat contradictoire, ni un exposé oral;

Rappelant que l'affaire a été portée devant la Cour par la Commission le 8 décembre 1990;

Considérant que dans son arrêt du 23 octobre 1991 la Cour, ayant pris acte d'un règlement amiable auquel avaient abouti le Gouvernement de la Belgique et la requérante, et ayant constaté l'absence de tout motif d'ordre public s'opposant à la radiation de l'affaire du rôle, a décidé à l'unanimité de la rayer du rôle;

Considérant que dans le règlement amiable il a été convenu ce qui suit:

dit of 5 May 1982 in which the applicant was ordered to pay 2 000 000 Belgian francs and that this decision would be enshrined in a legislative provision without delay;

– the Belgian Government would amend the Act of 29 October 1846 on the organisation of the Court of Audit and the Law of 28 June 1963 on public accounts;

– the Belgian Government would pay the applicant 50 000 Belgian francs for costs and fees and 20 000 Belgian francs for pecuniary damage, namely a total sum of 70 000 Belgian francs;

Recalling that Rule 49, paragraph 3, of the Rules of the Court provides that the striking out of a case shall be effected by means of a judgment which the President shall forward to the Committee of Ministers in order to allow it to supervise, in accordance with Article 54 of the Convention, the execution of any undertakings which may have been attached to the discontinuance or solution of the matter;

Having satisfied itself that the Government of Belgium paid, in January 1992, the applicant the sum provided for in the friendly settlement and taken the other measures set out therein,

Declares that it has exercised its functions under Article 54 of the Convention in this case.

Appendix to Resolution DH (96) 18

Information provided by the Government of Belgium during the examination of the Muyldermans case by the Committee of Ministers

The Belgian Government has complied with its obligations under the friendly settlement approved by the Court in its judgment of 23 October 1991 in the present case.

The sum of 70 000 Belgian francs agreed upon in the friendly settlement was paid to the applicant in January 1992.

The judgment rendered against the applicant by the Court of Audit has been declared non-enforceable by the Act of 29 July 1992 concerning certain tax and financial measures (Section 65).

The planned legislative amendments have led to the adoption of a new act of 3 April 1995 (act modifying the 29 October 1846 Act on the organisation of the Court of Audit and the laws on the keeping of public accounts, co-ordinated on 17 July 1991), which entered into force on 1 September 1995.

The new act provides for a real contradictory and public procedure before the Court of Audit, including the right for the person concerned to appear in person before the Court, if she so desires with the assistance of a lawyer (Sections 5 and 6). The possibilities of excluding the public from the proceedings are the same as those referred to in Article 6, paragraph 1, of the Convention (Section 6). The new act also provides that the judgments of the Court of Audit should be motivated and rendered at a public hearing (Section 9). The parties have a right to lodge an appeal

– le Gouvernement belge renoncera à exécuter l'arrêt de la Cour des comptes du 5 mai 1982, condamnant la requérante au paiement de 2 000 000 de francs belges et que cette décision sera incessamment inscrite dans une disposition législative;

– le Gouvernement belge modifiera la loi du 29 octobre 1846, relative à l'organisation de la Cour des comptes, et la loi du 28 juin 1963 sur la comptabilité de l'Etat;

– le Gouvernement belge versera à la requérante 50 000 francs belges au titre des frais et honoraires et 20 000 francs belges au titre du dommage matériel, soit la somme totale de 70 000 francs belges;

Rappelant que l'article 49, paragraphe 3, du Règlement de la Cour prévoit que la radiation du rôle donne lieu à un arrêt que le Président communique au Comité des Ministres pour lui permettre de surveiller, conformément à l'article 54 de la Convention, l'exécution des engagements auxquels ont pu être subordonnés le désistement ou la solution du litige;

S'étant assuré que le Gouvernement de la Belgique a versé à la requérante, en janvier 1992, la somme prévue par le règlement amiable et a pris les autres mesures annoncées dans celui-ci,

Déclare qu'il a rempli ses fonctions en vertu de l'article 54 de la Convention dans la présente affaire.

Annexe à la Résolution DH (96) 18

Informations fournies par le Gouvernement de la Belgique lors de l'examen de l'affaire Muyldermans par le Comité des Ministres

Le Gouvernement belge s'est acquitté des obligations qu'il a acceptées dans le règlement amiable entériné par la Cour dans son arrêt du 23 octobre 1991 dans la présente affaire.

La somme de 70 000 francs belges convenue dans le règlement amiable a été payée à la requérante en janvier 1992.

L'arrêt de la Cour des comptes à l'encontre de la requérante a été déclaré non exécutoire par la loi du 29 juillet 1992 portant des dispositions fiscales et financières (article 65).

Les projets d'amendements législatifs prévus ont donné lieu à une nouvelle loi du 3 avril 1995 (loi modifiant la loi du 29 octobre 1846 relative à l'organisation de la Cour des comptes et les lois sur la comptabilité de l'Etat, coordonnées le 17 juillet 1991), entrée en vigueur le 1er septembre 1995.

La nouvelle loi instaure un véritable débat contradictoire et public devant la Cour des comptes, y inclus le droit pour la personne mise en cause d'apparaître en personne, assistée d'un avocat si elle le désire (articles 5 et 6). Les possibilités d'exclure le public de la procédure sont les mêmes que celles mentionnées dans l'article 6, paragraphe 1, de la Convention (article 6). La nouvelle loi prévoit aussi que les arrêts de la Cour des comptes sont motivés et prononcés en audience

against the judgment to the Court of Cassation on the ground of unlawfulness or procedural error, either where the error goes to the substance of the dispute, or where nullity is prescribed as a sanction (idem).

Denmark

During 1996, in the exericse of its functions under Article 54, the Committee of Ministers adopted 1 resolution concerning *Denmark.*

Resolution DH (96) 606

concerning the judgment of the European Court of Human Rights of 8 February 1996 in the case of A. and others v. Denmark

(Adopted by the Committee of Ministers on 15 November 1996 at the 576th meeting of the Ministers' Deputies)

The Committee of Ministers, under the terms of Article 54 of the Convention for the Protection of Human Rights and Fundamental Freedoms (hereinafter referred to as "the Convention"),

Having regard to the judgment of the European Court of Human Rights in the case of A. and others delivered on 8 February 1996 and transmitted the same day to the Committee of Ministers;

Recalling that the case originated in an application (No. 20826/92) against Denmark, lodged with the European Commission of Human Rights on 27 August 1992 under Article 25 of the Convention by A. and nine others, all Danish nationals, and that the Commission declared admissible the complaint relating to the excessive length of certain proceedings in a liability and compensation dispute between the applicants, all haemophiliacs infected with the HIV, and the Ministry of Health, the National Health Board, the company Novo-Nordisk Limited and the National Serum Institute;

Recalling that the case was brought before the Court by the Commission on 6 July 1995;

Whereas in its judgment of 8 February 1996, the Court:

– held, by six votes to three, that there had been a violation of Article 6, paragraph 1, of the Convention, with respect to Mr A, Mr Eg, Mr C and his widow, Mr D, Mr E, Mr F and his widow, and Mr and Mrs G and their son;

– held, unanimously that there had been no violation of that same provision with respect to Mrs Feldskov and Mrs Lykkeskov Jacobsen;

– held, unanimously, that the Government of Denmark was to pay, within three months, DKK 100 000 to each of Mr A, Mr Eg, Mrs Christensen, Mr D, Mr E and Mrs F and to Mr and Mrs G jointly in respect of non-pecuniary damage, and for legal fees and expenses, DKK 234 938, plus any applicable VAT, less 27 964

publique (article 9). Ces arrêts peuvent être déférés par toute partie à la Cour de cassation pour contravention à la loi ou pour violation des formes, soit substantielles, soit prescrites peine de nullité (idem).

Danemark

Dans l'exercice des fonctions que lui attribue l'article 54, le Comité des Ministres a adopté, au courant de l'année 1996, 1 résolution concernant le *Danemark*.

Résolution DH (96) 606

relative à l'arrêt de la Cour européenne des Droits de l'Homme du 8 février 1996 dans l'affaire A. et autres c/ Danemark

(adoptée par le Comité des Ministres le 15 novembre 1996, lors de la 576e réunion des Délégués des Ministres)

Le Comité des Ministres, en vertu de l'article 54 de la Convention de sauvegarde des Droits de l'Homme et des Libertés fondamentales (ci-après dénommée «la Convention»),

Vu l'arrêt de la Cour européenne des Droits de l'Homme rendu le 8 février 1996 dans l'affaire A. et autres et transmis à la même date au Comité des Ministres;

Rappelant qu'à l'origine de cette affaire se trouve une requête (n° 20826/92) dirigée contre le Danemark, introduite devant la Commission européenne des Droits de l'Homme le 27 août 1992 en vertu de l'article 25 de la Convention, par A. et neuf autres, tous ressortissants danois, et que la Commission a déclaré recevable le grief relatif à la durée excessive d'une action en responsabilité et en réparation intentée par les requérants, tous hémophiles contaminés par le virus du SIDA à la suite de transfusions sanguines, contre le Ministère de la Santé, la Direction nationale de la Santé, la société Novo-Nordisk Limited et l'Institut national du sérum;

Rappelant que l'affaire a été portée devant la Cour par la Commission le 6 juillet 1995;

Considérant que dans son arrêt du 8 février 1996, la Cour:

– a dit, par six voix contre trois, qu'il y avait eu violation de l'article 6, paragraphe 1, de la Convention, en ce qui concernait M. A, M. Eg, M. C et sa veuve, M. D, M. E, M. F et sa veuve, ainsi que M. et Mme G. et leur fils;

– a dit, à l'unanimité, qu'il n'y avait pas eu violation de cette disposition en ce qui concernait Mme Feldskov et Mme Lykkeskov Jacobsen;

– a dit, à l'unanimité que le Gouvernement du Danemark devait verser, dans les trois mois, 100 000 couronnes danoises à M. A, M. Eg, Mme Christensen, M.

French francs to be converted into DKK at the rate applicable on the date of delivery of the present judgment; that simple interest at an annual rate of 9,25% should be payable from the expiry of the above-mentioned three months until settlement;.

– dismissed unanimously the remainder of the claim for just satisfaction.

Having regard to the Rules adopted by the Committee of Ministers concerning the application of Article 54 of the Convention;

Having invited the Government of Denmark to inform it of the measures which had been taken in consequence of the judgment of 8 February 1996, having regard to Denmark's obligation under Article 53 of the Convention to abide by it;

Whereas, during the examination of the case by the Committee of Ministers, the Government of Denmark gave the Committee information about the measures taken in consequence of the judgment, which information appears in the appendix to this resolution;

Having satisfied itself that within the time-limit set, the Government of Denmark paid the applicants the sums provided for in the judgment of 8 February 1996, payment confirmed by a letter of the applicants' counsel, dated 11 March 1996,

Declares, after having taken note of the information supplied by the Government of Denmark, that it has exercised its functions under Article 54 of the Convention in this case.

Appendix to Resolution DH (96) 606

Information provided by the Government of Denmark during the examination of the case of A. and others by the Committee of Ministers

The Government is of the opinion that, taking into account the status of the European Convention and the Court's case-law in domestic law (see *inter alia* Resolution DH (95) 212 adopted following the Jersild judgment of 23 September 1994), the Danish courts will not fail to adapt their practice in civil cases, in such a way as to ensure *ex officio* a better control of the compliance with the reasonable time requirement in cases of this kind.

In this respect, the Government recalls that the Court's judgment has been distributed to the courts concerned and that an exhaustive summary in Danish of this judgment has been published in *EU-ret og Menneskeret* (No. 3, June 1996), with comments underlining the necessity for the Danish courts to adapt their practice to the European Court's judgment.

In the light of this information, the Government of Denmark considers that it has fulfilled its obligations under Articles 53 and 54 of the European Convention on Human Rights.

Nevertheless, the Government wishes to specify that within the context of the national proceedings, the Supreme Court's judgment in the case which gave rise to the case of A. and others v. Denmark was pronounced on 3 October 1996. In re-

D, M. E et Mme F chacun ainsi qu'à M. et Mme G. conjointement, en réparation du dommage moral, et 234 938 couronnes danoises, plus la T.V.A. éventuelle, moins 27 964 francs français à convertir en couronnes danoises au taux applicable à la date du présent arrêt, pour frais et dépens; que ces montants seraient à majorer d'un intérêt non-capitalisable de 9,25% l'an à compter de l'expiration dudit délai et jusqu'au versement,

- et, à l'unanimité, a rejeté la demande de satisfaction équitable pour le surplus.

Vu les Règles adoptées par le Comité des Ministres relatives à l'application de l'article 54 de la Convention;

Ayant invité le Gouvernement du Danemark à l'informer des mesures prises à la suite de l'arrêt du 8 février 1996, eu égard à l'obligation qu'a le Danemark de s'y conformer selon l'article 53 de la Convention;

Considérant que, lors de l'examen de cette affaire par le Comité des Ministres, le Gouvernement du Danemark a donné à celui-ci des informations sur les mesures prises à la suite de l'arrêt, informations qui sont résumées dans l'annexe à la présente résolution;

S'étant assuré que dans le délai imparti, le Gouvernement du Danemark a versé aux requérants les sommes prévues dans l'arrêt du 8 février 1996, paiement confirmé par l'avocat des requérants, par lettre datée du 11 mars 1996,

Déclare, après avoir pris connaissance des informations fournies par le Gouvernement du Danemark, qu'il a rempli ses fonctions en vertu de l'article 54 de la Convention dans la présente affaire.

Annexe à la Résolution DH (96) 606

Informations fournies par le Gouvernement du Danemark lors de l'examen de l'affaire A. et autres par le Comité des Ministres

Le Gouvernement est d'avis que, compte tenu du statut de la Convention européenne et de la jurisprudence de la Cour en droit interne (voir entre autres la Résolution DH (95) 212 adoptée à la suite de l'arrêt Jersild du 23 septembre 1994), les tribunaux danois ne vont pas manquer d'adapter leur pratique en matière de procédure civile, de manière à assurer d'office un plus grand contrôle du respect du délai raisonnable dans des affaires de ce genre.

Le Gouvernement rappelle à cet égard que l'arrêt de la Cour européenne a été distribué aux juridictions concernées et qu'un résumé exhaustif en danois de cet arrêt a été publié dans «EU-ret og Menneskeret» (n° 3, juin 1996), avec un commentaire mettant l'accent sur la nécessité d'adapter la pratique des tribunaux danois à l'arrêt de la Cour européenne.

A la lumière de ces informations, le Gouvernement du Danemark considère qu'il a rempli ses obligations en vertu des articles 53 et 54 de la Convention européenne des droits de l'homme.

Le Gouvernement tient néanmoins à préciser que le 3 octobre 1996, la Cour Suprême a rendu son arrêt dans le cadre de la procédure nationale, dans l'affaire

spect of two of the three applicants the Supreme Court confirmed the judgment of the High Court for Eastern Denmark's decision in favour of the National Health Authorities and Novo Nordisk/AS while it found the National Health Authorities liable towards the third applicant.

In a general way, the Government wishes to point out that a fund for Haemophiliacs was established in June 1995. The fund has a capital of 20 million Danish kroner. Payments can be made to haemophiliacs, their families and their surviving relatives. 20 percent will cover living costs of the haemophiliacs, 80 percent will go to living haemophiliacs as well as surviving relatives of haemophiliacs and include coverage of lost salaries and compensation for a reduced life expectancy. In 1995, a total amount of 7,2 million Danish kroner was paid to haemophiliacs and their families from this fund.

Finland

During 1996, in the exercise of its functions under Article 54, the Committee of Ministers adopted 4 resolutions concerning *Finland*.

Appl. No.	*Applicant*	*Interim resolution*	*"classic" resolution*	*Final resolution*	*Complaints*
17506	Kerojärvi	(96) 607			Fairness of proceedings (civil)
18507	H.		(96) 103		Fairness of proceedings (civil), enjoyment of possessions
19823	Hokkanen		(96) 608		Family life, length of civil proceedings
18969	Ollila (pub)		(96) 3		Private life (correspondence)

Resolution DH (96) 607

concerning the judgment of the European Court of Human Rights of 19 July 1995 in the case of Kerojärvi v. Finland

Adopted by the Committee of Ministers on 15 November 1996 at the 576th meeting of the Ministers' Deputies

A. et autres c/ Danemark. Dans son arrêt, la Cour Suprême a confirmé la décision de la *High Court* du Danemark oriental qui était favorable aux autorités nationales de la Santé et à Novo-Nordisk A/S., pour deux des trois requérants alors qu'elle a estimé que les autorités nationales de la santé étaient responsables vis-à-vis du troisième requérant.

D'une manière plus générale, le Gouvernement tient à faire état du fait qu'un fonds d'indemnisation pour les hémophiles a été établi en juin 1995. Le fonds dispose d'un capital de 20 millions de couronnes danoises. Peuvent être indemnisés: les hémophiles, leurs familles et leurs proches survivants. Vingt pour cent couvrira les besoins journaliers des hémophiles, quatre-vingt pour cent sera attribué aux hémophiles vivants ainsi qu'à leurs proches survivants et inclura la perte de salaires ainsi qu'une compensation du fait d'une espérance de vie réduite. En 1995, un montant total de 7,2 millions de couronnes danoises avait été versé aux hémophiles et à leurs proches par ce fonds.

Finlande

Dans l'exercice des fonctions que lui attribue l'article 54, le Comité des Ministres a adopté, au courant de l'année 1996, 4 résolutions concernant la *Finlande*.

Requête n°	*Requérant*	*Résolution intérimaire*	*Résolution "classique"*	*Résolution finale*	*Griefs*
17506	Kerojärvi	(96) 607			Procès équitable (civil)
18507	H.		(96) 103		Procès équitable (civil), respect de ses biens
19823	Hokkanen		(96) 608		Vie privée, durée de procédure civile
18969	Ollila (pub)		(96) 3		Vie privée (correspondance)

Résolution DH (96) 607

relative à l'arrêt de la Cour européenne des Droits de l'Homme du 19 juillet 1995 dans l'affaire Kerojärvi c/ Finlande

(adoptée par le Comité des Ministres le 15 novembre 1996, lors de la 576e réunion des Délégués des Ministres)

The Committee of Ministers, under the terms of Article 54 of the Convention for the Protection of Human Rights and Fundamental Freedoms (hereinafter referred to as "the Convention"),

Having regard to the judgment of the European Court of Human Rights in the Kerojärvi case delivered on 19 July 1995 and transmitted the same day to the Committee of Ministers;

Recalling that the case originated in an application (No. 17506/90) against Finland, lodged with the European Commission of Human Rights on 25 August 1990 under Article 25 of the Convention by Mr Erkki Kerojärvi, a Finnish national, and that the Commission declared admissible the complaint under Article 6, paragraph 1, of the Convention relating to the non-communication of documents in the proceedings before the Supreme Court;

Recalling that the case was brought before the Court by the Government of the Republic of Finland on 10 June 1994;

Whereas in its judgment of 19 July 1995 the Court unanimously:

– held that Article 6, paragraph 1, of the Convention applied to the present case;

– held that there had been a violation of Article 6, paragraph 1, of the Convention;

– held that the above finding of a violation constituted in itself sufficient just satisfaction of the applicant's claim in respect of non-pecuniary damage;

– held that Finland was to pay, within three months, 73 144 Finnish marks, together with value-added tax, for legal fees and expenses incurred in the Strasbourg proceedings, less 7 350 French francs to be converted into Finnish marks at the rate applicable on the date of delivery of the present judgment;

– dismissed the remainder of the claim for just satisfaction;

Having regard to the Rules adopted by the Committee of Ministers concerning the application of Article 54 of the Convention;

Having invited the Government of Finland to inform it of the measures which had been taken in consequence of the judgment of 19 July 1995, having regard to Finland's obligation under Article 53 of the Convention to abide by it;

Whereas, during the examination of the case by the Committee of Ministers, the Government of Finland gave the Committee information about the measures taken in consequence of the judgment, which information appears in the appendix to this resolution;

Having satisfied itself that on 17 August 1995, within the time-limit set, the Government of Finland paid the applicant the sum provided for in the judgment of 19 July 1995,

Declares, after having taken note of the information supplied by the Government of Finland, that it has exercised its functions under Article 54 of the Convention in this case.

Appendix to Resolution DH (96) 607

Information provided by the Government of Finland during the examination of the case of Kerojärvi by the Committee of Ministers

Le Comité des Ministres, en vertu de l'article 54 de la Convention de sauvegarde des Droits de l'Homme et des Libertés fondamentales (ci-après dénommée «la Convention»),

Vu l'arrêt de la Cour européenne des Droits de l'Homme rendu le 19 juillet 1995 dans l'affaire Kerojärvi et transmis à la même date au Comité des Ministres;

Rappelant qu'à l'origine de cette affaire se trouve une requête (n° 17506/90) dirigée contre la Finlande, introduite devant la Commission européenne des Droits de l'Homme le 25 août 1990 en vertu de l'article 25 de la Convention, par M. Erkki Kerojärvi, ressortissant finlandais, et que la Commission a déclaré recevable le grief au titre de l'article 6, paragraphe 1, de la Convention, relatif à la non-communication de documents au cours de la procédure qui s'est déroulée devant la Cour suprême;

Rappelant que l'affaire a été portée devant la Cour par le Gouvernement de la Finlande le 10 juin 1994;

Considérant que dans son arrêt du 19 juillet 1995 la Cour, à l'unanimité:

– a dit que l'article 6, paragraphe 1, de la Convention s'appliquait en l'espèce;

– a dit qu'il y avait eu violation de l'article 6, paragraphe 1, de la Convention;

– a dit que le constat de violation qui précédait constituait en soi une satisfaction équitable suffisante pour préjudice moral;

– a dit que la Finlande devait verser, dans les trois mois, 73 144 marks finlandais, plus la taxe sur la valeur ajoutée, pour les frais et dépens exposés dans la procédure de Strasbourg, moins 7 350 francs français à convertir en marks finlandais au taux applicable à la date du prononcé du présent arrêt;

– a rejeté la demande de satisfaction équitable pour le surplus;

Vu les Règles adoptées par le Comité des Ministres relatives à l'application de l'article 54 de la Convention;

Ayant invité le Gouvernement de la Finlande à l'informer des mesures prises à la suite de l'arrêt du 19 juillet 1995, eu égard à l'obligation qu'a la Finlande de s'y conformer selon l'article 53 de la Convention;

Considérant que, lors de l'examen de cette affaire par le Comité des Ministres, le Gouvernement de la Finlande a donné à celui-ci des informations sur les mesures prises à la suite de l'arrêt, informations qui sont résumées dans l'annexe à la présente résolution;

S'étant assuré que le 17 août 1995, dans le délai imparti, le Gouvernement de la Finlande a versé au requérant la somme prévues dans l'arrêt du 19 juillet 1995,

Déclare, après avoir pris connaissance des informations fournies par le Gouvernement de la Finlande, qu'il a rempli ses fonctions en vertu de l'article 54 de la Convention dans la présente affaire.

Annexe à la Résolution DH (96) 607

Informations fournies par le Gouvernement de la Finlande lors de l'examen de l'affaire Kerojärvi par le Comité des Ministres

Following the judgment of the European Court of Human Rights, the Insurance Court (*vakuutusoikeus - försäkringsdomstolen*) has adopted new Rules of Procedure on 30 October 1995 providing that an appellant shall always have the right to comment upon the opinions submitted by the Compensation Office (*tapaturmavirasto - olycksfallsverket*). The Rules furthermore provide that the appellant shall be informed of any additional material gathered *ex officio* by the Insurance Court and shall, in general, have a right to submit comments regarding this material.

The Government notes that the Convention has direct effet in Finnish law and that the domestic law should be interpreted in accordance with the judgments of the European Court of Human Rights (see, *inter alia*, the judgments of 2 June 1992, KKO:1992:73, of 31 May 1995; and KKO 1995:95, of 6 November 1995 in case S94/1347 (not yet published). Furthermore, in order to ensure that the jurisprudence of the European Court is easily accessible notably to courts and other authorities as well as to practising lawyers and applicants, the Finnish abstract of the Kerojärvi judgment has been entered into the legal database "Finnlex".

In view of these developments the Government of Finland considers it unlikely that a similar violation will take place, and that Finland has accordingly complied with its obligations under Article 53 of the Convention in this respect.

Resolution DH (96) 608

concerning the judgment of the European Court of Human Rights of 23 September 1994 in the case of Hokkanen v. Finland

Adopted by the Committee of Ministers on 15 November 1996 at the 576th meeting of the Ministers' Deputies

The Committee of Ministers, under the terms of Article 54 of the Convention for the Protection of Human Rights and Fundamental Freedoms (hereinafter referred to as "the Convention"),

Having regard to the judgment of the European Court of Human Rights in the case Hokkanen against Finland delivered on 23 September 1994 and transmitted the same day to the Committee of Ministers;

Recalling that the case originated in an application (No.19823/92) against Finland, lodged with the European Commission of Human Rights on 10 April 1992 under Article 25 of the Convention by Mr Teuvo Hokkanen, a Finnish citizen, on his own behalf and on that of his daughter, Ms Sini Hokkanen, also a Finnish national, and that the Commission declared admissible the applicant's complaints of violations of his rights under Articles 8 and 13 of the Convention and Article 5 of Protocol No. 7, concerning on the one hand, the non-enforcement of court orders granting him custody of as well as visiting rights to Sini and, on the other hand, the transfer of his custody to the child's maternal grand-parents;

A la suite de l'arrêt de la Cour européenne des droits de l'homme, le tribunal des assurances (*vakuutusoikeus - försäkringsdomstolen*) a adopté de nouvelles Règles de procédure le 30 octobre 1995 selon lesquelles tout demandeur a le droit de commenter les opinions soumises par le fond d'indemnisation (*tapaturmavirasto - olycksfallsverket*). Par ailleurs, les Règles prévoient que le demandeur sera informé de tout dossier additionnel réuni *ex officio* par le tribunal des assurances et aura, en général, le droit de soumettre ses commentaires concernant ces dossiers.

Le Gouvernement note que la Convention a un effet direct dans l'ordre juridique finlandais et que les lois internes devraient être interprétées conformément aux arrêts de la Cour européenne (voir, notamment les arrêts du 2 juin 1992, KKO:1992:73, du 31 mai 1995, KKO 1995:95, du 6 novembre 1995 dans l'affaire S94/1347 (pas encore publiée)). De plus, afin d'assurer un accès facile à la jurisprudence de la Cour européenne, notamment pour les tribunaux et autres autorités, ainsi que pour les praticiens du droit et les requérants, le résumé en finlandais de l'arrêt Kerojärvi a été inséré dans la base de données juridique «Finnlex».

Au vu de ces développements, le Gouvernement de la Finlande considère peu probable la répétition de nouvelles violations semblables et que la Finlande a en conséquence rempli ses obligations en vertu de l'article 53 de la Convention.

Résolution DH (96) 608

relative à l'arrêt de la Cour européenne des Droits de l'Homme du 23 septembre 1994 dans l'affaire Hokkanen c/ Finlande

(adoptée par le Comité des Ministres le 15 novembre 1996, lors de la 576e réunion des Délégués des Ministres)

Le Comité des Ministres, en vertu de l'article 54 de la Convention de sauvegarde des Droits de l'Homme et des Libertés fondamentales (ci-après dénommée «la Convention»),

Vu l'arrêt de la Cour européenne des Droits de l'Homme rendu le 23 septembre 1994 dans l'affaire Hokkanen et transmis à la même date au Comité des Ministres;

Rappelant qu'à l'origine de cette affaire se trouve une requête (n° 19823/92) dirigée contre la Finlande, introduite devant la Commission européenne des Droits de l'Homme le 10 avril 1992 en vertu de l'article 25 de la Convention, par M Teuvo Hokkanen, ressortissant finlandais, en son nom propre et au nom de sa fille Mlle Sini Hokkanen, ressortissante finlandaise, et que la Commission a déclaré recevable les griefs avancés par le requérant concernant la violation de ses droits au titre des articles 8 et 13 de la Convention et de l'article 5 du Protocole n° 7 concernant d'une part l'inexécution de jugements accordant au requérant le droit de garde et le droit de visite à sa fille, et d'autre part le transfert de la garde de sa fille aux grand-parents maternels de cette dernière;

Recalling that the case was brought before the Court by the Commission on 9 December 1993;

Whereas in its judgment of 23 September 1994, the Court:.

– held unanimously that the non-enforcement of the applicant's right of access from 10 May 1990 until 21 October 1993 constituted a violation of Article 8 of the Convention;

– held by six votes to three that there was no such violation thereafter;

– held by six votes to three that the non-enforcement after 10 May 1990 of his right of custody and the subsequent transfer of the custody to the grandparents did not constitute a violation of Article 8 of the Convention;

– held unanimously that it was not necessary to examine the applicant's complaint under Article 5 of Protocol No. 7;

– held unanimously that the Court's examination under Article 6, paragraph 1, of the Convention was limited to the complaint concerning the length of the second set of custody proceedings and that there had been no violation of this provision;

– held unanimously that it was not necessary to examine the applicant's allegations under Article 13 of the Convention;

– held unanimously that the Government of Finland was to pay to the applicant, within three months and together with any value-added tax that might be chargeable, 100 000 Finnish marks for non-pecuniary damage, and, for legal fees and expenses 135 000 Finnish marks, less 8 070 French francs to be converted into Finnish marks at the rate applicable on the date of delivery of the present judgment;

– dismissed unanimously the remainder of the claim for just satisfaction.

Having regard to the Rules adopted by the Committee of Ministers concerning the application of Article 54 of the Convention;

Having invited the Government of Finland to inform it of the measures which had been taken in consequence of the judgment of 23 September 1994, having regard to Finland's obligation under Article 53 of the Convention to abide by it;

Whereas, during the examination of the case by the Committee of Ministers, the Government of Finland gave the Committee information about the measures taken in consequence of the judgment, which information appears in the appendix to this resolution;

Having satisfied itself that within the time-limit set, the Government of Finland paid the applicants the sums provided for in the judgment of 23 September 1994,

Declares, after having taken note of the information supplied by the Government of Finland that it has exercised its functions under Article 54 of the Convention in this case.

Appendix to Resolution DH (96) 608

Information provided by the Government of Finland during the examination of the case of Hokkanen by the Committee of Ministers

Rappelant que l'affaire a été portée devant la Cour par la Commission le 9 décembre 1993;

Considérant que dans son arrêt du 23 septembre 1994, la Cour:

– a dit, à l'unanimité, que l'absence de mise en oeuvre du droit de visite du requérant du 10 mai 1990 au 21 octobre 1993 a violé l'article 8 de la Convention;

– a dit, par six voix contre trois, qu'il n'y a pas eu semblable violation après cette dernière date;

– a dit, par six voix contre trois, que l'inobservation, après le 10 mai 1990, du droit de garde de l'intéréssé et le transfert ultérieur de la garde aux grands-parents n'a pas violé l'article 8 de la Convention;

– a dit, à l'unanimité, qu'il ne s'imposait pas d'examiner les allégations du requérant sur le terrain de l'article 5 du Protocole n° 7;

– a dit, à l'unanimité, que sur le terrain de l'article 6 paragraphe1 de la Convention, elle se borne à examiner le grief relatif à la durée de la seconde série de procédures relatives à la garde et qu'il n'y avait pas eu d'infraction à cette disposition;

– a dit, à l'unanimité, qu'il ne s'imposait pas d'examiner les allégations du requérant sur le terrain de l'article 13 de la Convention;

– a dit, à l'unanimité, que la Finlande doit verser au requérant, dans les trois mois et plus tout montant pouvant être dû au titre de la taxe sur la valeur ajoutée, 100 000 marks finlandais pour tort moral et, pour frais et dépens 135 000 marks moins 8 070 francs français à convertir en marks finlandais au taux applicable à la date du prononcé du présent arrêt;

– et a rejeté, à l'unanimité, la demande de satisfaction équitable pour le surplus.

Vu les Règles adoptées par le Comité des Ministres relatives à l'application de l'article 54 de la Convention;

Ayant invité le Gouvernement de la Finlande à l'informer des mesures prises à la suite de l'arrêt du 23 septembre 1994, eu égard à l'obligation qu'a la Finlande de s'y conformer selon l'article 53 de la Convention;

Considérant que, lors de l'examen de cette affaire par le Comité des Ministres, le Gouvernement de la Finlande a donné à celui-ci des informations sur les mesures prises à la suite de l'arrêt, informations qui sont résumées dans l'annexe à la présente résolution;

S'étant assuré que dans le délai imparti, le Gouvernement de la Finlande a versé aux requérants les sommes prévues dans l'arrêt du 23 septembre 1994,

Déclare, après avoir pris connaissance des informations fournies par le Gouvernement de la Finlande, qu'il a rempli ses fonctions en vertu de l'article 54 de la Convention dans la présente affaire.

Annexe à la Résolution DH (96) 608

Informations fournies par le Gouvernement de la Finlande lors de l'examen de l'affaire Hokkanen par le Comité des Ministres

The judgment of the European Court of Human Rights has been communicated to the Ministry of Justice and the Ministry of Social Affairs and Health and other authorities. In addition, in a seminar on custody, right to access and protection of children organised by the Ministry of Social Affairs and Health in March 1996 for some 150 social workers, emphasis was laid, *inter alia*, on the necessity of avoiding situations such as that obtaining in the Hokkanen case was stressed.

Furthermore, in order to ensure that the jurisprudence of the European Court is easily accessible, notably to the courts and other the authorities as well as to practising lawyers and applicants, the Finnish abstract of the Hokkanen judgment has been entered into the legal database "Finnlex".

The Government is of the opinion that, considering that the Convention has direct effect in Finnish law and that the domestic law should be interpreted in accordance with the judgments of the European Court (see, *inter alia*, the Supreme Court's judgments of 2 June 1992, KKO 1992:73, of 31 May 1995; and KKO 1995:95, of 6 November 1995 in case S94/1347 (not yet published)), the authorities concerned will use their best endeavours to prevent the repetition of a violation similar to the one found by the European Court in the present case.

Accordingly, the Government considers that it has met its obligations under Article 53 of the Convention.

The Government wishes to add, nevertheless, that a legislative amendment, concerning the execution of decisions in cases regarding child custody and access, enters into force in December 1996 and that the Hokkanen case has been taken into account in the elaboration of the new law so as to ensure compliance therewith.

France

During 1996, in the exercise of its functions under Article 54, the Committee of Ministers adopted 22 resolutions concerning *France*.

Appl. No.	*Applicant*	*Interim Resoul-tion*	*"Clas-sic" res-olution*	*Final resolu-tion*	*Complaints*
18095	Aupiais	(96) 255			Length of civil proceedings
17061	Bacha		(96) 89		Fairness of proceedings
12083	Beldjoudi		(96) 85		Family life
15874	Benes		(96) 4		Length of criminal proceed-ings
18437	Boyer-Manet		(96) 249		Length of civil proceedings (criminal)

L'arrêt de la Cour européenne des droits de l'homme a été communiqué au Ministère de la Justice et au Ministère des affaires sociales et de la santé, ainsi qu'à d'autres autorités. De plus, lors d'un séminaire sur la garde, le droit de visite et la protection des enfants organisé en mars 1996 par le Ministère des affaires sociales et de la santé pour quelques 150 travailleurs sociaux, l'accent a été mis, entre autres, sur la nécessité d'éviter des situations telles que celles survenues dans l'affaire Hokkanen.

De plus, afin d'assurer un accès facile à la jurisprudence de la Cour européenne, notamment aux tribunaux et autres autorités, ainsi qu'aux praticiens du droit et aux requérants, un résumé circonstancié en finlandais de l'arrêt Hokkanen a été intégré à la base de données juridique «Finnlex».

Le Gouvernement est d'avis que, compte tenu du fait que la Convention est d'application directe en droit finlandais et que le droit interne doit être interprété en accord avec les arrêts de la Cour européenne (voir, entre autres, les arrêts de la Cour Suprême des 2 juin 1992, KKO 1992:73; 31 mai 1995 KKO 1995:95; 6 novembre 1995 dans l'affaire S94/1347 (non encore publié)), les autorités concernées mettront tout en oeuvre pour éviter la répétition d'une violation de la Convention similaire à celle constatée par la Cour européenne dans la présente affaire.

Par conséquent, le Gouvernement considère qu'il a rempli ses obligations en vertu de l'article 53 de la Convention.

Le Gouvernement souhaite néanmoins ajouter qu'un amendement concernant l'exécution des décisions dans les affaires relatives à la garde d'enfants et au droit de visite entrera en vigueur en décembre 1996 et que l'affaire Hokkanen a été prise en considération pour l'élaboration de la nouvelle loi afin d'assurer sa conformité avec cette jurisprudence.

France

Dans l'exercice des fonctions que lui attribue l'article 54, le Comité des Ministres a adopté, au courant de l'année 1996, 22 résolutions concernant la *France*.

Requête n°	*Requérant*	*Résolution intérimaire*	*Résolution "classique"*	*Résolution finale*	*Griefs*
18095	Aupiais	(96) 255			Durée de procédure civile
17061	Bacha		(96) 89		Procès équitable
12083	Beldjoudi		(96) 85		Vie famialie
15874	Benes		(96) 4		Durée de procédure pénale
18437	Boyer-Manet		(96) 249		Durée de procédure civile

22405	Cendre	(96) 668	Length of criminal proceedings
19158	De Gerando (MP, G et C)	(96) 567	Length of civil proceedings, length of criminal proceedings
19242	E.G.	(96) 394	Length of civil proceedings
17969	Farçat	(96) 256	Length of criminal proceedings
15971	Jamil	(96) 675	Punishment without law
15483	Mathieu	(96) 258	Length of civil proceedings
16979	Merand	(96) 5	Length of civil proceedings
19465	Nasri (M.N.)	(96) 86	Expulsion, family life
13361	Necco	(96) 568	Length of provisional detention; length of criminal proceedings
18228	P.M.	(96) 395	Lenght of provisional detention; length of criminal proceedings
17724	R et ML Loyen	(96) 257	Length of civil proceedings (administration)
23133	Roche	(96) 563	Length of civil proceedings
19043	T.T.	(96) 91	Length of civil proceedings
20386	Vanverberghe	(96) 122	Length of provisional detention, length of criminal proceedings, presumption of innocence

Resolution DH (96) 86

concerning the judgment of the European Court of Human Rights of 13 July 1995 in the case of Nasri v. France

(Adopted by the Committee of Ministers on 9 February 1996 at the 556th meeting of the Ministers' Deputies)

The Committee of Ministers, under the terms of Article 54 of the Convention for the Protection of Human Rights and Fundamental Freedoms (hereinafter re-

22405	Cendre	(96) 668	Durée de procédure pénale
19158	De Gerando (MP, G et C)	(96) 567	Durée de procédure civile, durée de procédure pénale
19242	E.G.	(96) 394	Durée de procédure civile
17969	Farçat	(96) 256	Durée de procédure pénale
15971	Jamil	(96) 675	Légalité des délits et des peines
15483	Mathieu	(96) 258	Durée de procédure civile
16979	Merand	(96) 5	Durée de procédure civile
19465	Nasri (M.N.)	(96) 86	Expulsion, vie familiale
13361	Necco	(96) 568	Durée de détention provisoire; durée de procédure pénale
18228	P.M.	(96) 395	Durée de détention provisoire; durée de procédure pénale
17724	R et ML Loyen	(96) 257	Durée de procédure civile en matière administrative
23133	Roche	(96) 563	Durée de procédure civile
19043	T.T.	(96) 91	Durée de procédure civile
20386	Vanverberghe	(96) 122	Durée de détention provisoire, durée de procédure pénale, présomption d' innocence

Résolution DH (96) 86

relative à l'arrêt de la Cour européenne des Droits de l'Homme du 13 juillet 1995 dans l'affaire Nasri c/ France

(adoptée par le Comité des Ministres le 9 février 1996 lors de la 556e réunion des Délégués des Ministres)

Le Comité des Ministres, en vertu de l'article 54 de la Convention de sauvegarde des Droits de l'Homme et des Libertés fondamentales (ci-après

ferred to as "the Convention"),

Having regard to the judgment of the European Court of Human Rights in the Nasri case delivered on 13 July 1995 and transmitted the same day to the Committee of Ministers;

Recalling that the case originated in an application (No. 19465/92) against France, lodged with the European Commission of Human Rights on 30 January 1992 under Article 25 of the Convention by Mr Nasri, an Algerian national, and that the Commission declared admissible the complaints according to which the expulsion of the applicant would constitute inhuman and degrading treatment, having regard to his handicap and his state of dependence on his family, within the meaning of Article 3 of the Convention, as well as a breach of the right to respect for his family life, within the meaning of Article 8;

Recalling that the case was brought before the Court by the Commission on 20 May 1994 and by the Government of France on 7 July 1994;

Whereas in its judgment of 13 July 1995 the Court:

– held, unanimously, that there would be a violation of Article 8 of the Convention if the decision to deport the applicant were executed;

– held, by seven votes to two, that it was not necessary also to examine the case under Article 3 of the Convention;

– held, unanimously, that it was not necessary to apply Article 50 of the Convention in the present case;

Having regard to the Rules adopted by the Committee of Ministers concerning the application of Article 54 of the Convention;

Having invited the Government of France to inform it of the measures which had been taken in consequence of the judgment of 13 July 1995, having regard to France's obligation under Article 53 of the Convention to abide by it;

Whereas, during the examination of the case by the Committee of Ministers, the Government of France gave the Committee information about the measures taken in consequence of the judgment, which information appears in the appendix to this resolution;

Declares, after having taken note of the information supplied by the Government of France, in particular the information on the non-execution of the deportation order, that it has exercised its functions under Article 54 of the Convention in this case.

Appendix to Resolution DH (96) 86

Information provided by the Government of France during the examination of the Nasri case by the Committee of Ministers

The Order of 2 November 1945 concerning the conditions of entry and residence of aliens in France, as last amended by the Acts of 24 August 1993 and 30 December 1993 (for the previous amendments see paragraphs 43 to 50 of the Court's judgment), establishes in Section 25 a distinct category of aliens, which enjoy special protection against expulsion measures:

dénommée «la Convention»),

Vu l'arrêt de la Cour européenne des Droits de l'Homme rendu le 13 juillet 1995 dans l'affaire Nasri et transmis à la même date au Comité des Ministres;

Rappelant qu'à l'origine de cette affaire se trouve une requête (n° 19465/92) dirigée contre la France, introduite devant la Commission européenne des Droits de l'Homme le 30 janvier 1992, en vertu de l'article 25 de la Convention, par M. Nasri, ressortissant algérien, et que la Commission a déclaré recevables les griefs selon lesquels l'expulsion du requérant constituerait un traitement inhumain et dégradant, compte tenu de son handicap et de son état de dépendance vis-à-vis de sa famille, au sens de l'article 3 de la Convention, ainsi qu'une atteinte au droit au respect de sa vie familiale, au sens de l'article 8;

Rappelant que l'affaire a été portée devant la Cour par la Commission le 20 mai 1994 et par le Gouvernement de la France le 7 juillet 1994;

Considérant que dans son arrêt du 13 juillet 1995 la Cour:

– a dit, à l'unanimité, qu'il y aurait violation de l'article 8 de la Convention si la décision d'expulser le requérant recevait exécution;

– a dit, par sept voix contre deux, qu'il n'y avait pas eu lieu d'examiner aussi l'affaire sous l'angle de l'article 3 de la Convention;

– a dit, à l'unanimité, qu'il n'y avait pas eu lieu d'appliquer l'article 50 de la Convention en l'occurrence;

Vu les Règles adoptées par le Comité des Ministres relatives à l'application de l'article 54 de la Convention;

Ayant invité le Gouvernement de la France à l'informer des mesures prises à la suite de l'arrêt du 13 juillet 1995, eu égard à l'obligation qu'a la France de s'y conformer selon l'article 53 de la Convention;

Considérant que, lors de l'examen de cette affaire par le Comité des Ministres, le Gouvernement de la France a donné à celui-ci des informations sur les mesures prises à la suite de l'arrêt, informations qui sont résumées dans l'annexe à la présente résolution;

Déclare, après avoir pris connaissance des informations fournies par le Gouvernement de la France, en particulier celle relative à la non-exécution de l'arrêté d'expulsion, qu'il a rempli ses fonctions en vertu de l'article 54 de la Convention dans la présente affaire.

Annexe à la Résolution DH (96) 86

Informations fournies par le Gouvernement de la France lors de l'examen de l'affaire Nasri par le Comité des Ministres

L'ordonnance du 2 novembre 1945, relative aux conditions d'entrée et de séjour des étrangers en France, telle que modifiée en dernier lieu (pour les changements antérieurs, voir les paragraphes 43 à 50 de l'arrêt de la Cour) par les lois du 24 août 1993 et du 30 décembre 1993, prévoit en vertu de l'article 25, une catégorie d'étrangers, bénéficiant d'une protection particulière contre une mesure d'expulsion:

"The following persons cannot be subjected to an expulsion order under Section 23:.
1. An alien under eighteen years of age;
2. An alien who proves by any means that he has habitually resided in France since attaining the age of six at the most;
3. An alien who proves by any means that he has habitually resided in France for over fifteen years, and also an alien who has lawfully resided in France for over ten years, except where he has had, during this whole period, a temporary residence permit containing the indication "student";
4. An alien who has been married for at least one year with a spouse of French nationality on condition that there has been no separation and that the spouse has kept French nationality;
5. An alien who is the father or the mother of a French child residing in France, provided that he exercises parental authority, at least in part, with respect to the child or is actually meeting his needs;
6. An alien who is the beneficiary of a pension in respect of an accident in employment or occupational illness paid by a French organisation, and whose permanent disability percentage is greater than or equal to 20%;
7. An alien residing in France in non-irregular fashion under one of the residence documents provided for by the present order or international agreements, and who has not been definitively convicted and sentenced to a penalty equivalent at least to one year's non-suspended imprisonment.
However, as a derogation to No. 7 above, any alien who has been definitively convicted and sentenced to a penalty of non-suspended imprisonment for any length of time for an offence mentioned in or punished by Section 21 of the present order, Sections 4 and 8 of Law No. 73-548 of 27 June 1973 on multiple occupation, Sections L.362-3, L.364-2-1, L.364-3 and L.364-5 of the Code of Employment or Sections 334, 334-1 and 335 of the Criminal Code, may be deported.
In derogation to the provisions of this section, an expulsion order may be issued under Sections 23 and 24 against an alien who comes in one of the categories mentioned under Nos. 3, 4, 5 and 6, provided that he or she has been definitively convicted and sentenced to a penalty of non-suspended imprisonment of at least five years ..."

Section 26 of the said order provides, however, that an expulsion is possible in the following cases:
"Expulsion may be ordered:
a. In derogation to Section 24, in the event of absolute urgency, [this section deals with the procedure to be followed in case of expulsion];
b. In derogation to Section 25, where it constitutes a compelling necessity for the security of the state or for public safety.
In derogation to Sections 24 and 25, in the event of absolute urgency and where it constitutes a compelling necessity for the security of the state or for public safety, the expulsion may be ordered [. . .]"

It follows from these amendments to the Order of 1945, which confirm for the largest part those already made since 1981, as described in the judgment, that an

«Ne peuvent faire l'objet d'un arrêté d'expulsion, en application de l'article 23:
1. L'étranger mineur de dix-huit ans;
2. L'étranger qui justifie par tous moyens résider en France habituellement depuis qu'il a atteint au plus l'âge de six ans;
3. L'étranger qui justifie, par tous moyens, résider en France habituellement depuis plus de quinze ans ainsi que l'étranger qui réside régulièrement en France depuis plus de dix ans sauf s'il a été, pendant toute cette période, titulaire d'une carte de séjour temporaire portant la mention «étudiant»;
4. L'étranger, marié depuis au moins un an avec un conjoint de nationalité française, à condition que la communauté de vie n'ait pas cessé et que le conjoint ait conservé la nationalité française;
5. L'étranger qui est père ou mère d'un enfant français résidant en France, à la condition qu'il exerce, même partiellement, l'autorité parentale à l'égard de l'enfant ou qu'il subvienne effectivement à ses besoins;
6. L'étranger titulaire d'une rente accident du travail ou de maladie professionnelle servie par un organisme français et dont le taux d'incapacité permanente est égal ou supérieur à 20 %;
7. L'étranger résidant régulièrement en France sous couvert de l'un des titres de séjour prévus par la présente ordonnance ou les conventions internationales qui n'a pas été condamné définitivement à une peine au moins égale à un an d'emprisonnement sans sursis.
Toutefois, par dérogation au 7. ci-dessus, peut être expulsé tout étranger qui a été condamné définitivement à une peine d'emprisonnement sans sursis d'une durée quelconque pour une infraction prévue ou réprimée par l'article 21 de la présente ordonnance, les articles 4 et 8 de la loi n° 73-548 du 27 juin 1973 relative à l'hébergement collectif, les articles L.362-3, L.364-2-1, L.364-3 et L.364-5 du Code du travail ou les articles 334, 334-1 et 335 du Code pénal.
Par dérogation aux dispositions du présent article, l'étranger entrant dans l'un des cas énumérés aux 3., 4., 5. et 6. peut faire l'objet d'un arrêté d'expulsion en application des articles 23 et 24 s'il a été condamné définitivement à une peine d'emprisonnement ferme au moins égale à cinq ans ...»

L'article 26 de ladite ordonnance prévoit la possibilité d'une expulsion néanmoins dans les cas suivants:
«L'expulsion peut être prononcée:
a. En cas d'urgence absolue, par dérogation à l'article 24;
b. Lorsqu'elle constitue une nécessité impérieuse pour la sûreté de l'Etat ou la sécurité publique, par dérogation à l'article 25.

En cas d'urgence absolue et lorsqu'elle constitue une nécessité impérieuse pour la sûreté de l'Etat ou la sécurité publique, l'expulsion peut être prononcée par dérogation aux articles 24 et 25. (...)»

Il ressort de ces changements à l'ordonnance de 1945, lesquels entérinent en grande partie ceux déjà intervenus depuis 1981 et décrits dans l'arrêt, qu'un étranger dans la situation de M. Nasri, ayant résidé habituellement en France

alien in Mr Nasri's situation, who has habitually resided in France ever since the age of six but who has not been able to acquire the French nationality, can no longer be expelled except where it constitutes a compelling necessity for the security of the state or for public safety.

Moreover, Section 23 of the Order of 1945 specifies that:
"[. . .] The expulsion order can be revoked at any time by the Minister of the Interior. Where a request for such a revocation is made more than five years after the effective implementation of the expulsion order, it may only be refused after the commission provided for under Section 24, before which the interested party may be represented, will have given its position [. . .]"

Moreover, an appeal may be lodged against a negative decision of the minister before the administrative judge who will consider it, in particular in the light of Article 8 of the Convention (see C.E. Sect., judgment Minin No. 76945 of 10 April 1995).

The French authorities have undertaken not to implement the expulsion order.

The French Government considers that in view of these various measures, it has fulfilled its obligations under Article 53 of the Convention.

Resolution DH (96) 85

concerning the judgment of the European Court of Human Rights of 26 March 1992 in the case of Beldjoudi v. France

(Adopted by the Committee of Ministers on 9 February 1996 at the 556th meeting of the Ministers' Deputies)

The Committee of Ministers, under the terms of Article 54 of the Convention for the Protection of Human Rights and Fundamental Freedoms (hereinafter referred to as "the Convention"),

Having regard to the judgment of the European Court of Human Rights in the Beldjoudi case delivered on 26 March 1992 and transmitted the same day to the Committee of Ministers;

Recalling that the case originated in an application (No. 12083/86) against France, lodged with the European Commission of Human Rights on 28 March 1986 under Article 25 of the Convention by Mr Mohand Beldjoudi, an Algerian national, and his wife, Ms Martine Teychene, a French national;

Recalling that the Commission declared admissible the complaints according to which the deportation of Mr Beldjoudi would constitute a violation of the applicants' rights to respect for their private and family life within the meaning of Article 8 of the Convention, and inhuman and degrading treatment within the meaning of Article 3 of the Convention, on the ground that the Algerian authorities would probably refuse to issue him a passport enabling him to leave Algeria, as well as the complaints relating to a violation of Article 14 in conjunction with Article 8, and of Articles 9 and 12 of the Convention;

depuis l'âge de six ans mais n'ayant pu obtenir la nationalité française, ne peut plus être expulsé sauf en cas de nécessité impérieuse pour la sûreté de l'Etat ou pour la sécurité publique.

L'article 23 de l'ordonnance de 1945 précise en outre que:
«(...) L'arrêté d'expulsion peut à tout moment être abrogé par le Ministre de l'Intérieur. Lorsque la demande d'abrogation est présentée à l'expiration d'un délai de cinq ans à compter de l'exécution effective de l'arrêté d'expulsion, elle ne peut être rejetée qu'après avis de la commission prévue à l'article 24, devant laquelle l'intéressé peut se faire représenter. (...)»

Par ailleurs, un éventuel refus du Ministre peut faire l'objet d'un recours devant le juge administratif qui l'examinera notamment au regard de l'article 8 de la Convention (cf. C.E. Sect., arrêt Minin n° 76945 du 10 avril 1995).

Les autorités françaises se sont engagées à ne pas exécuter l'arrêté d'expulsion.

Le Gouvernement français estime qu'au vu de ces différentes mesures, il a rempli ses obligations en vertu de l'article 53 de la Convention.

Résolution DH (96) 85

relative à l'arrêt de la Cour européenne des Droits de l'Homme du 26 mars 1992 dans l'affaire Beldjoudi c/ France

(adoptée par le Comité des Ministres le 9 février 1996, lors de la 556e réunion des Délégués des Ministres)

Le Comité des Ministres, en vertu de l'article 54 de la Convention de sauvegarde des Droits de l'Homme et des Libertés fondamentales (ci-après dénommée «la Convention»),

Vu l'arrêt de la Cour européenne des Droits de l'Homme rendu le 26 mars 1992 dans l'affaire Beldjoudi et transmis à la même date au Comité des Ministres;

Rappelant qu'à l'origine de cette affaire se trouve une requête (n° 12083/86) dirigée contre la France, introduite devant la Commission européenne des Droits de l'Homme le 28 mars 1986, en vertu de l'article 25 de la Convention, par M. Mohand Beldjoudi, ressortissant algérien, et son épouse Mme Martine Teychene, ressortissante française;

Rappelant que la Commission a déclaré recevables les griefs selon lesquels l'expulsion de M. Beldjoudi constituerait une violation aux droits des requérants au respect de leur vie privée et familiale, au sens de l'article 8 de la Convention, et un traitement inhumain et dégradant, au sens de l'article 3, du fait du refus probable des autorités algériennes de lui délivrer un passeport lui permettant de quitter l'Algérie, ainsi que les griefs relatifs à la violation des articles 8 et 14 combinés, 9 et 12 de la Convention;

Recalling that the case was brought before the Court by the Commission on 12 November 1990;

Whereas in its judgment of 26 March 1992 the Court:

– held, by seven votes to two, that, in the event of the decision to deport Mr Beldjoudi being implemented, there would be a violation of Article 8 with respect to both applicants;

– held, by eight votes to one, that it was not necessary also to consider the case from the point of view of Article 14 in conjunction with Article 8, or of Articles 3, 9 and 12;

– held, unanimously, that with respect to the non-pecuniary damage suffered by the applicants the present judgment constituted in itself sufficient just satisfaction for the purposes of Article 50;

– held, unanimously, that the respondent state was to pay the applicants within three months 60 000 French francs for costs and expenses;

– dismissed, unanimously, the remainder of the claim for just satisfaction;

Having regard to the Rules adopted by the Committee of Ministers concerning the application of Article 54 of the Convention;

Having invited the Government of France to inform it of the measures which had been taken in consequence of the judgment of 26 March 1992, having regard to France's obligation under Article 53 of the Convention to abide by it;

Whereas, during the examination of the case by the Committee of Ministers, the Government of France gave the Committee information about the measures taken in consequence of the judgment, which information appears in the appendix to this resolution;

Having satisfied itself that on 31 July 1992, the Government of France paid the applicants the sums provided for in the judgment of 26 March 1992,

Declares, after having taken note of the information supplied by the Government of France, in particular the information on the non-execution of the deportation order, that it has exercised its functions under Article 54 of the Convention in this case.

Appendix to Resolution DH (96) 85

Information provided by the Government of France during the examination of the Beldjoudi case by the Committee of Ministers

The Order of 2 November 1945 concerning the conditions of entry and residence of aliens in France, as last amended by the Acts of 24 August 1993 and 30 December 1993 (for the previous amendments see paragraphs 43 to 50 of the Court's judgment), establishes in Section 25 a distinct category of aliens, which enjoy special protection against expulsion measures:

"The following persons cannot be subjected to an expulsion order under Section 23:

1. An alien under eighteen years of age;

Rappelant que l'affaire a été portée devant la Cour par la Commission le 12 novembre 1990;

Considérant que dans son arrêt du 26 mars 1992, la Cour:

– a dit, par sept voix contre deux, qu'il y aurait violation de l'article 8 de la Convention, dans le chef des deux requérants, si la décision d'expulser M. Beldjoudi recevait exécution;

– a dit, par huit voix contre une, qu'il ne s'imposait pas d'examiner aussi l'affaire sous l'angle de l'article 14 combiné avec l'article 8, ni des articles 3, 9 et 12 de la Convention;

– a dit, à l'unanimité, quant au dommage moral subi par les requérants, que le présent arrêt constituait par lui-même une satisfaction équitable suffisante, aux fins de l'article 50;

– a dit, à l'unanimité que l'Etat défendeur devait verser aux requérants, dans les trois mois, 60 000 francs français pour frais et dépens;

– a rejeté, à l'unanimité, les prétentions des requérants pour le surplus;

Vu les Règles adoptées par le Comité des Ministres relatives à l'application de l'article 54 de la Convention;

Ayant invité le Gouvernement de la France à l'informer des mesures prises à la suite de l'arrêt du 26 mars 1992, eu égard à l'obligation qu'a la France de s'y conformer selon l'article 53 de la Convention;

Considérant que, lors de l'examen de cette affaire par le Comité des Ministres, le Gouvernement de la France a donné à celui-ci des informations sur les mesures prises à la suite de l'arrêt, informations qui sont résumées dans l'annexe à la présente résolution;

S'étant assuré que le 31 juillet 1992, le Gouvernement de la France a versé aux requérants la somme prévue dans l'arrêt du 26 mars 1992,

Déclare, après avoir pris connaissance des informations fournies par le Gouvernement de la France, en particulier celle relative à la non-exécution de l'arrêté d'expulsion, qu'il a rempli ses fonctions en vertu de l'article 54 de la Convention dans la présente affaire.

Annexe à la Résolution DH (96) 85

Informations fournies par le Gouvernement de la France lors de l'examen de l'affaire Beldjoudi par le Comité des Ministres

L'ordonnance du 2 novembre 1945, relative aux conditions d'entrée et de séjour des étrangers en France, telle que modifiée en dernier lieu (pour les changements antérieurs, voir les paragraphes 43 à 50 de l'arrêt de la Cour) par les lois du 24 août 1993 et du 30 décembre 1993, prévoit en vertu de l'article 25, une catégorie d'étrangers, bénéficiant d'une protection particulière contre une mesure d'expulsion:

«Ne peuvent faire l'objet d'un arrêté d'expulsion, en application de l'article 23:

1. L'étranger mineur de dix-huit ans;

2. An alien who proves by any means that he has habitually resided in France since attaining the age of six at the most;
3. An alien who proves by any means that he has habitually resided in France for over fifteen years, and also an alien who has lawfully resided in France for over ten years, except where he has had, during this whole period, a temporary residence permit containing the indication "student";
4. An alien who has been married for at least one year with a spouse of French nationality on condition that there has been no separation and that the spouse has kept French nationality;
5. An alien who is the father or the mother of a French child residing in France, provided that he exercises parental authority, at least in part, with respect to the child or is actually meeting his needs;
6. An alien who is the beneficiary of a pension in respect of an accident in employment or occupational illness paid by a French organisation, and whose permanent disability percentage is greater than or equal to 20 %;
7. An alien residing in France in non-irregular fashion under one of the residence documents provided for by the present order or international agreements, and who has not been definitively convicted and sentenced to a penalty equivalent at least to one year's non-suspended imprisonment.
However, as a derogation to No. 7 above, any alien who has been definitively convicted and sentenced to a penalty of non-suspended imprisonment for any length of time for an offence mentioned in or punished by Section 21 of the present order, Sections 4 and 8 of Law No. 73-548 of 27 June 1973 on multiple occupation, Sections L.362-3, L.364-2-1, L.364-3 and L.364-5 of the Code of Employment or Sections 334, 334-1 and 335 of the Criminal Code, may be deported.
In derogation to the provisions of this section, an expulsion order may be issued under Sections 23 and 24 against an alien who comes in one of the categories mentioned under Nos. 3, 4, 5 and 6, provided that he or she has been definitively convicted and sentenced to a penalty of non-suspended imprisonment of at least five years ..."

Section 26 of the said order provides, however, that an expulsion is possible in the following cases:
"Expulsion may be ordered:
a. In derogation to Section 24, in the event of absolute urgency, [this section deals with the procedure to be followed in case of expulsion];
b. In derogation to Section 25, where it constitutes a compelling necessity for the security of the state or for public safety.
In derogation to Sections 24 and 25, in the event of absolute urgency and where it constitutes a compelling necessity for the security of the state or for public safety, the expulsion may be ordered [. . .]"

It follows from these amendments to the Order of 1945, which confirm for the largest part those already made since 1981, as described in the judgment, that an alien in Mr Beldjoudi's situation, who has habitually resided in France ever since the age of six but who has not been able to acquire the French nationality, can no longer be expelled except where it constitutes a compelling necessity for the secu-

2. L'étranger qui justifie par tous moyens résider en France habituellement depuis qu'il a atteint au plus l'âge de six ans;
3. L'étranger qui justifie, par tous moyens, résider en France habituellement depuis plus de quinze ans ainsi que l'étranger qui réside régulièrement en France depuis plus de dix ans sauf s'il a été, pendant toute cette période, titulaire d'une carte de séjour temporaire portant la mention «étudiant»;
4. L'étranger, marié depuis au moins un an avec un conjoint de nationalité française, à condition que la communauté de vie n'ait pas cessé et que le conjoint ait conservé la nationalité française;
5. L'étranger qui est père ou mère d'un enfant français résidant en France, à la condition qu'il exerce, même partiellement, l'autorité parentale à l'égard de l'enfant ou qu'il subvienne effectivement à ses besoins;
6. L'étranger titulaire d'une rente accident du travail ou de maladie professionnelle servie par un organisme français et dont le taux d'incapacité permanente est égal ou supérieur à 20 %;
7. L'étranger résidant régulièrement en France sous couvert de l'un des titres de séjour prévus par la présente ordonnance ou les conventions internationales qui n'a pas été condamné définitivement à une peine au moins égale à un an d'emprisonnement sans sursis.
Toutefois, par dérogation au 7. ci-dessus, peut être expulsé tout étranger qui a été condamné définitivement à une peine d'emprisonnement sans sursis d'une durée quelconque pour une infraction prévue ou réprimée par l'article 21 de la présente ordonnance, les articles 4 et 8 de la loi n° 73-548 du 27 juin 1973 relative à l'hébergement collectif, les articles L.362-3, L.364-2-1, L.364-3 et L.364-5 du Code du travail ou les articles 334, 334-1 et 335 du Code pénal.
Par dérogation aux dispositions du présent article, l'étranger entrant dans l'un des cas énumérés aux 3., 4., 5. et 6. peut faire l'objet d'un arrêté d'expulsion en application des articles 23 et 24 s'il a été condamné définitivement à une peine d'emprisonnement ferme au moins égale à cinq ans. ...»

L'article 26 de ladite ordonnance prévoit la possibilité d'une expulsion néanmoins dans les cas suivants:
«L'expulsion peut être prononcée:
a. En cas d'urgence absolue, par dérogation à l'article 24 [cet article régit la procédure à suivre en matière d'expulsion];
b. Lorsqu'elle constitue une nécessité impérieuse pour la sûreté de l'Etat ou la sécurité publique, par dérogation à l'article 25.
En cas d'urgence absolue et lorsqu'elle constitue une nécessité impérieuse pour la sûreté de l'Etat ou la sécurité publique, l'expulsion peut être prononcée par dérogation aux articles 24 et 25. (...)»

Il ressort de ces changements à l'ordonnance de 1945, lesquels entérinent en grande partie ceux déjà intervenus depuis 1981 et décrits dans l'arrêt, qu'un étranger dans la situation de M. Beldjoudi, ayant résidé habituellement en France depuis l'âge de six ans mais n'ayant pu obtenir la nationalité française, ne peut plus être expulsé sauf en cas de nécessité impérieuse pour la sûreté de l'Etat ou

rity of the state or for public safety.

Moreover, Section 23 of the Order of 1945 specifies that:
"[. . .] The expulsion order can be revoked at any time by the Minister of the Interior. Where a request for such a revocation is made more than five years after the effective implementation of the expulsion order, it may only be refused after the commission provided for under Section 24, before which the interested party may be represented, will have given its position [. . .]"

Moreover, an appeal may be lodged against a negative decision of the minister before the administrative judge who will consider it, in particular in the light of Article 8 of the Convention (see C.E. Sect., judgment Minin No. 76945 of 10 April 1995).

After the judgment of the European Court of Human Rights, the applicant's lawyer wrote to the Minister of the Interior on 30 June 1992 requesting him once again to revoke the expulsion order issued against Mr Beldjoudi. By letter of 9 September 1992, the Minister of the Interior refused indicating that, in his view, the requirements of the judgment had been met by committing the applicant to house arrest. On 9 October 1992, the applicant's lawyer addressed a further request to the Minister of the Interior, but to no avail. Subsequently, the French authorities have undertaken not to implement the expulsion order.

The French Government considers that in view of these various measures, it has fulfilled its obligations under Article 53 of the Convention.

Germany

During 1996, in the exercise of its functions under Article 54, the Committee of Ministers adopted 2 resolutions concerning *Germany*.

Appl. No.	*Applicant*	*Interim resoluti-uon*	*"clas-sic" res-olution*	*Final resolu-tion*	*Complaints*
18999	J.I.P.		(96) 2		Length of provisional detention, length of criminal proceedings
13580	Karlheinz Schmidt		(96) 100		Civil obligations, enjoyment of possessions

Resolution DH (96) 100

concerning the judgment of the European Court of Human Rights of 18 July 1994 in the case of Karlheinz Schmidt v. Germany

pour la sécurité publique.

L'article 23 de l'ordonnance de 1945 précise en outre que:
«(...) L'arrêté d'expulsion peut à tout moment être abrogé par le Ministre de l'Intérieur. Lorsque la demande d'abrogation est présentée à l'expiration d'un délai de cinq ans à compter de l'exécution effective de l'arrêté d'expulsion, elle ne peut être rejetée qu'après avis de la commission prévue à l'article 24, devant laquelle l'intéressé peut se faire représenter. (...)»

Par ailleurs, un éventuel refus du Ministre peut faire l'objet d'un recours devant le juge administratif qui l'examinera notamment au regard de l'article 8 de la Convention (cf. C.E. Sect., arrêt Minin n° 76945 du 10 avril 1995).

Après le prononcé de l'arrêt de la Cour européenne des droits de l'homme, l'avocat du requérant a écrit au Ministre de l'Intérieur, le 30 juin 1992, lui demandant à nouveau d'abroger l'arrêté d'expulsion pris à l'encontre de M. Beldjoudi. Par lettre du 9 septembre 1992, le Ministre de l'Intérieur a refusé en indiquant qu'il considérait avoir satisfait aux exigences de l'arrêt en assignant le requérant à résidence. Une nouvelle demande de l'avocat, datée du 9 octobre 1992, a été adressée au Ministre de l'Intérieur, mais n'a abouti à aucun changement. Les autorités françaises se sont par la suite engagées à ne pas exécuter l'arrêté d'expulsion.

Le Gouvernement français estime qu'au vu de ces différentes mesures, il a rempli ses obligations en vertu de l'article 53 de la Convention.

Allemagne

Dans l'exercice des fonctions que lui attribue l'article 54, le Comité des Ministres a adopté, au courant de l'année 1996, 2 résolutions concernant *l'Allemagne*.

Requête n°	*Requérant*	*Résolution intérimaire*	*Résolution "classique"*	*Résolution finale*	*Griefs*
18999	J.I.P.		(96) 2		Durée de détention provisoire, durée de procédure pénale
13580	Karlheinz Schmidt		(96) 100		Obligations civiles, respect de ses biens

Résolution DH (96) 100

relative à l'arrêt de la Cour européenne des Droits de l'Homme du 18 juillet 1994 dans l'affaire Karlheinz Schmidt c/ Allemagne

(Adopted by the Committee of Ministers on 22 March 1996 at the 559th meeting of the Ministers' Deputies)

The Committee of Ministers, under the terms of Article 54 of the Convention for the Protection of Human Rights and Fundamental Freedoms (hereinafter referred to as "the Convention"),

Having regard to the judgment of the European Court of Human Rights in the Karlheinz Schmidt case delivered on 18 July 1994 and transmitted the same day to the Committee of Ministers;

Recalling that the case originated in an application (No. 13580/88) against Germany, lodged with the European Commission of Human Rights on 11 August 1987 under Article 25 of the Convention by Mr Karlheinz Schmidt, a German national, and that the Commission declared admissible his complaint of a breach of the principle of sexual equality in so far as in the *Land* of Baden-Württemberg only men were subject to the obligation to serve as firemen or pay a financial contribution;

Recalling that the case was brought before the Court by the Commission on 7 April 1993;

Whereas in its judgment of 18 July 1994 the Court:

– held unanimously that Article 14 of the Convention taken in conjunction with Article 4, paragraph 3.*d*, was applicable in this case;

– held by six votes to three that there had been a breach of Article 14 of the Convention taken in conjunction with Article 4, paragraph 3.*d*;

– held unanimously that it was not necessary also to examine the case from the point of view of Article 14 taken in conjunction with Article 1 of Protocol No. 1;

– held by eight votes to one that the respondent state was to pay the applicant, within three months, 620 Deutschmarks for damage and costs and expenses;

Having regard to the Rules adopted by the Committee of Ministers concerning the application of Article 54 of the Convention;

Having invited the Government of Germany to inform it of the measures which had been taken in consequence of the judgment of 18 July 1994, having regard to Germany's obligation under Article 53 of the Convention to abide by it;

Whereas, during the examination of the case by the Committee of Ministers, the Government of Germany gave the Committee information about the measures taken in consequence of the judgment, which information appears in the appendix to this resolution;

Having satisfied itself that, within the time-limit set, the Government of Germany paid the applicant the sum provided for in the judgment of 18 July 1994,

Declares, after having taken note of the information supplied by the Government of Germany, that it has exercised its functions under Article 54 of the Convention in this case.

(adoptée par le Comité des Ministres le 22 mars 1996, lors de la 559e réunion des Délégués des Ministres)

Le Comité des Ministres, en vertu de l'article 54 de la Convention de sauvegarde des Droits de l'Homme et des Libertés fondamentales (ci-après dénommée «la Convention»),

Vu l'arrêt de la Cour européenne des Droits de l'Homme rendu le 18 juillet 1994 dans l'affaire Karlheinz Schmidt et transmis à la même date au Comité des Ministres;

Rappelant qu'à l'origine de cette affaire se trouve une requête (n° 13580/88) dirigée contre l'Allemagne, introduite devant la Commission européenne des Droits de l'Homme le 11 août 1987, en vertu de l'article 25 de la Convention, par M. Karlheinz Schmidt, ressortissant allemand, et que la Commission a déclaré recevable le grief relatif à une violation du principe de l'égalité entre les sexes du fait que dans le Land du Bade-Wurtemberg seuls les hommes étaient assujettis à l'obligation d'effectuer un service de sapeur-pompier ou de payer une contribution financière;

Rappelant que l'affaire a été portée devant la Cour par la Commission le 7 avril 1993;

Considérant que dans son arrêt du 18 juillet 1994 la Cour:

– a dit, à l'unanimité, que l'article 14 de la Convention combiné avec l'article 4, paragraphe 3.*d* s'appliquait en l'espèce;

– a dit, par six voix contre trois, que l'article 14 de la Convention, combiné avec l'article 4, paragraphe 3.*d* avait été violé;

– a dit, à l'unanimité, qu'il ne s'imposait pas d'examiner aussi l'affaire sous l'angle de l'article 14 combiné avec l'article 1 du Protocole n° 1;

– a dit, par huit voix contre une, que l'Etat défendeur devait verser au requérant, dans les trois mois, 620 deutsche marks pour dommage et pour frais et dépens;

Vu les Règles adoptées par le Comité des Ministres relatives à l'application de l'article 54 de la Convention;

Ayant invité le Gouvernement de l'Allemagne à l'informer des mesures prises à la suite de l'arrêt du 18 juillet 1994, eu égard à l'obligation qu'a l'Allemagne de s'y conformer selon l'article 53 de la Convention;

Considérant que, lors de l'examen de cette affaire par le Comité des Ministres, le Gouvernement de l'Allemagne a donné à celui-ci des informations sur les mesures prises à la suite de l'arrêt, informations qui sont résumées dans l'annexe à la présente résolution;

S'étant assuré que dans le délai imparti, le Gouvernement de l'Allemagne a versé au requérant la somme prévue dans l'arrêt du 18 juillet 1994,

Déclare, après avoir pris connaissance des informations fournies par le Gouvernement de l'Allemagne, qu'il a rempli ses fonctions en vertu de l'article 54 de la Convention dans la présente affaire.

Appendix to Resolution DH (96) 100

Information provided by the Government of Germany during the examination of the Karlheinz Schmidt case by the Committee of Ministers

Following the judgment of the Court, the authorities of the Land Baden-Württemberg and of the two other Länder which had similar regulations (Bayern and Sachsen) stopped requesting the payment of outstanding fire service levies (*Feuerwehrabgabe*) and stopped imposing new obligations to pay these levies.

Subsequently, the Federal Constitutional Court has held, in a judgment of 24 January 1995 (1 BvL 18/93 u.a., see, *inter alia*, EuGRZ 1995, 410) concerning the regulations in two of the three Länder (Baden-Württemberg and Bayern – the situation in Sachsen was not before the Court in this case), that the impugned provisions, which imposed on men only the duty of doing fire service and of paying fire service levy, amounted to a discrimination based on sex contrary to Article 3, paragraph 3, of the Basic Law (*Grundgesetz*). The Federal Constitutional Court also held that this kind of levy was contrary to the general principles applicable to special levies of a tax character (*die Grundsätze über die finanzverfassungsrechtliche Zulässigkeit parafiskalischer Sonderabgaben*). It finally held that the unconstitutionality of the impugned provisions rendered these null and void (*Nichtigerklärung*). A mere declaration of incompatibility (*Unvereinbarerklärung*), in order to provide the legislator with an opportunity to amend the provisions in issue, was excluded on account of the nature of the constitutional breaches found.

The corresponding regulations in Sachsen are no longer in force.

In view of these developments there is no longer any risk of repetition of the violation found by the Court and the government therefore considers that Germany has complied with its obligations under Article 53 of the Convention.

Greece

During 1996, in the exercise of its functions under Article 54, the Committee of Ministers adopted 2 resolutions concerning *Greece*.

Appl. No.	*Applicant*	*Interim resolution*	*"Classic" resolution*	*Final resolution*	*Complaints*
16938	Kalpidis		(96) 123		Length of civil proceedings
17977	Kampanis		(96) 367		Fairness of proceedings

Annexe à la Résolution DH (96) 100

Informations fournies par le Gouvernement de l'Allemagne lors de l'examen de l'affaire Karlheinz Schmidt par le Comité des Ministres

A la suite de l'arrêt de la Cour, les autorités du Land de Bade-Wurtemberg et celles de deux autres Länder qui avaient une réglementation similaire (la Bavière et la Saxe) n'ont plus demandé le paiement des arriérés de la contribution de sapeur-pompier (*Feuerwehrabgabe*) et ont cessé d'imposer de nouvelles obligations pour le paiement de cette contribution.

Par la suite, la Cour Constitutionnelle fédérale a déclaré, dans son arrêt du 24 janvier 1995 (1 BvL 18/93 u.a., voir, *inter alia*, EuGRZ 1995, 410) relatif à la réglementation dans deux des trois Länder (le Bade-Wurtemberg et la Bavière – la situation en Saxe n'était pas examinée par la Cour dans cette affaire), que les dispositions mises en cause, lesquelles imposaient seulement aux hommes le devoir d'effectuer un service de sapeur-pompier et de payer une contribution de sapeur-pompier, étaient constitutives d'une discrimination fondée sur le sexe, contraire à l'article 3, paragraphe 3, de la Loi Fondamentale (*Grundgesetz*). La Cour constitutionnelle fédérale a également déclaré que ce genre de contribution était contraire aux principes généraux applicables aux contributions spéciales assimilables à des impôts (*die Grundsätze über die finanzverfassungsrechtliche Zulässigkeit parafiskalischer Sonderabgaben*). Enfin, elle a déclaré que de par leur inconstitutionnalité les dispositions litigieuses étaient nulles et non avenues (*Nichtigerklärung*). Une simple déclaration d'incompatibilité (*Unvereinbarerklärung*), afin de permettre de fournir au législateur l'opportunité d'amender la législation en cause, était exclue sur la base de la nature des violations constitutionnelles constatées.

La réglementation équivalente dans le Land de Saxe n'est plus en vigueur.

Au vu de ces développements, il n'existe plus de risque de répétition de la violation constatée par la Cour et le Gouvernement considère en conséquence qu'il a rempli ses obligations en vertu de l'article 53 de la Convention.

Grèce

Dans l'exercice des fonctions que lui attribue l'article 54, le Comité des Ministres a adopté, au courant de l'année 1996, 2 résolutions concernant la *Grèce*.

Requête n°	***Requérant***	***Résolution intérimaire***	***Résolution "classique"***	***Résolution finale***	***Griefs***
16938	Kalpidis		(96) 123		Durée de procédure civile
17977	Kampanis		(96) 367		Procès équitable

Resolution DH (96) 367

concerning the judgment of the European Court of Human Rights of 13 July 1995 in the case of Kampanis v. Greece

Adopted by the Committee of Ministers on 25 June 1996 at the 567th meeting of the Ministers' Deputies

The Committee of Ministers, under the terms of Article 54 of the Convention for the Protection of Human Rights and Fundamental Freedoms (hereinafter referred to as "the Convention"),

Having regard to the judgment of the European Court of Human Rights in the case of Kampanis delivered on 13 July 1995 and transmitted the same day to the Committee of Ministers;

Recalling that the case originated in an application (No. 17997/91) against Greece, lodged with the European Commission of Human Rights on 7 March 1991 under Article 25 of the Convention by Mr Stamatios Kampanis, a Greek and Canadian national, and that the Commission declared admissible the complaint that there had been a violation of the equality of arms before the indictments chamber of the Court of Appeal in certain proceedings initiated in the context of a charge in criminal matters;

Recalling that the case was brought before the Court by the Government of Greece on 1 June 1994;

Whereas in its judgment of 13 July 1995 the Court unanimously:

– held that there had been a violation of Article 5, paragraph 4 of the Convention as regards the proceedings relating to the application for release of 30 January 1991;

– held that there had been no violation of Article 5, paragraph 4 of the Convention as regards the proceedings relating to the application lodged on 18 December 1992 during the committal proceedings and the application for release made on 29 March 1991;

– held that the present judgment in itself constituted sufficient just satisfaction as regards the alleged non-pecuniary damage;.

– held that the respondent State was to pay 1 400 000 Drachmas within 3 months, for costs and expenses;

– dismissed the remainder of the claims for just satisfaction.

Having regard to the Rules adopted by the Committee of Ministers concerning the application of Article 54 of the Convention;

Having invited the Government of Greece to inform it of the measures which had been taken in consequence of the judgment of 13 July 1995, having regard to Greece's obligation under Article 53 of the Convention to abide by it;

Whereas, during the examination of the case by the Committee of Ministers, the Government of Greece gave the Committee information about the measures taken in consequence of the judgment, which information appears in the appendix to this resolution;

Résolution DH (96) 367

relative à l'arrêt de la Cour européenne des Droits de l'Homme du 13 juillet 1995 dans l'affaire Kampanis c/ Grèce

(adoptée par le Comité des Ministres le 25 juin 1996, lors de la 567ᵉ réunion des Délégués des Ministres)

Le Comité des Ministres, en vertu de l'article 54 de la Convention de sauvegarde des Droits de l'Homme et des Libertés fondamentales (ci-après dénommée «la Convention»),

Vu l'arrêt de la Cour européenne des Droits de l'Homme rendu le 13 juillet 1995 dans l'affaire Kampanis et transmis à la même date au Comité des Ministres;

Rappelant qu'à l'origine de cette affaire se trouve une requête (n° 17997/91) dirigée contre la Grèce, introduite devant la Commission européenne des Droits de l'Homme le 7 mars 1991 en vertu de l'article 25 de la Convention, par M. Stamatios Kampanis, ressortissant grec et canadien, et que la Commission a déclaré recevable le grief selon lequel il y aurait eu méconnaissance du principe de l'égalité des armes devant la chambre d'accusation de la cour d'appel dans certaines procédures engagées dans le cadre d'une accusation en matière pénale ;

Rappelant que l'affaire a été portée devant la Cour par le Gouvernement de la Grèce le 1er juin 1994;

Considérant que dans son arrêt du 13 juillet 1995 la Cour, à l'unanimité:

– a dit qu'il y avait eu violation de l'article 5, paragraphe 4, de la Convention en ce qui concerne la procédure relative à la demande d'élargissement du 30 janvier 1991;

– a dit qu'il n'y avait pas eu violation de l'article 5, paragraphe 4, de la Convention quant aux procédures relatives à la demande du 18 décembre 1992 dans le cadre de l'instance de renvoi en jugement et à la demande d'élargissement du 29 mars 1991;

– a dit que le présent arrêt constituait par lui-même une satisfaction équitable suffisante quant au préjudice moral allégué;

– a dit que l'Etat défendeur doit verser au requérant, dans les trois mois, 1 400 000 drachmes pour frais et dépens;

– a rejeté les prétentions du requérant pour le surplus;

Vu les Règles adoptées par le Comité des Ministres relatives à l'application de l'article 54 de la Convention;

Ayant invité le Gouvernement de la Grèce à l'informer des mesures prises à la suite de l'arrêt du 13 juillet 1995, eu égard à l'obligation qu'a la Grèce de s'y conformer selon l'article 53 de la Convention;

Considérant que, lors de l'examen de cette affaire par le Comité des Ministres, le Gouvernement de la Grèce a donné à celui-ci des informations sur les mesures prises à la suite de l'arrêt, informations qui sont résumées dans l'annexe à la présente Résolution;

Having satisfied itself that on 1 December 1995, the Government of Greece paid the applicant the sum provided for in the judgment of 13 July 1995,

Declares, after having taken note of the information supplied by the Government of Greece, that it has exercised its functions under Article 54 of the Convention in this case.

Appendix to Resolution DH (96) 367

Information provided by the Government of Greece during the examination of the case of Kampanis by the Committee of Ministers

Article 287 of the Code of Criminal Procedure, as amended by law 2298/95 (Official Government Journal 62 of 4 April 1995) provides that the accused must be informed of the deliberation of the indictments chamber of the competent court, at least 5 whole days before the deliberation is to be held and that the accused must be summoned to be heard in person when the indictments chamber decides:.
– either, by virtue of the paragraph 1, letter (a), whether it is necessary to extend the duration of the detention on remand beyond 6 months in case of a crime, and beyond 3 months in case of an offence,
– or, by virtue of paragraph 2, if exceptional circumstances justify the imposition of an additional period of detention on remand of 6 months for crimes or of 3 months for offenses, beyond the maximum period of detention on remand normally set by the Constitution (1 year for crimes and 6 months for offenses).

The first section of paragraph 5 indicates that all uncertainties and all contestations relating to the maximum duration of the detention on remand are settled by the indictments chamber, before which the accused has the right to appear under the same conditions as above.

It appears clearly from these provisions that in all cases relating to decisions regarding the extension or the lawfulness of a detention on remand, the accused has to be summoned in order to be heard by the indictments chamber. The Greek Government therefore finds that there is no longer any risk of any repetition of the violation found by the Court in the present case.

Ireland

During 1996, in the exercise of its functions under Article 54, the Committee of Ministers adopted 1 resolution concerning *Ireland*.

Resolution DH (96) 368

concerning the judgment of the European Court of Human Rights of 29 October 1992 in the case of Open Door and Dublin Well Woman v. Ireland

S'étant assuré que le 1er décembre 1995, le Gouvernement de la Grèce a versé au requérant la somme prévue dans l'arrêt du 13 juillet 1995,

Déclare, après avoir pris connaissance des informations fournies par le Gouvernement de la Grèce, qu'il a rempli ses fonctions en vertu de l'article 54 de la Convention dans la présente affaire.

Annexe à la Résolution DH (96) 367

Informations fournies par le Gouvernement de la Grèce lors de l'examen de l'affaire Kampanis par le Comité des Ministres

Ainsi qu'amendé, le plus récemment par la loi 2298/95 (Journal officiel du Gouvernement 62 du 4 avril 1995), l'article 287 du Code de Procédure Pénal prévoit que l'accusé doit être informé au moins 5 jours francs avant la délibération de la chambre d'accusation du tribunal compétent et cité à comparaître pour être entendu, lorsque la chambre d'accusation décide:
– soit, en vertu du premier paragraphe, lettre (a), s'il est nécessaire de prolonger la durée de la détention provisoire au delà de 6 mois en cas de crime, et 3 mois en cas d'infraction,
– soit, en vertu du paragraphe 2, si des circonstances exceptionnelles justifient l'imposition d'une période de détention provisoire additionnelle de 6 mois pour les crimes ou de 3 mois pour les infractions, au-delà de la période de détention provisoire maximale normale fixée par la Constitution (1 an pour les crimes et 6 mois pour les infractions).

L'alinéa premier du paragraphe 5, précise que toute incertitude et toute contestation relatives aux durées maximales de la détention provisoire sont tranchées par la chambre d'accusation devant laquelle l'accusé a le droit de comparaître dans les mêmes conditions.

Il résulte clairement de ces dispositions que dans tous les cas où il s'agit de statuer sur la prolongation ou la légalité de la détention provisoire, l'accusé est obligatoirement cité afin d'être entendu par la chambre d'accusation. Le Gouvernement grec estime par conséquent qu'il n'y a plus de risque de répétition de la violation constatée par la Cour dans la présente affaire.

Irlande

Dans l'exercice des fonctions que lui attribue l'article 54, le Comité des Ministres a adopté, au courant de l'année 1996, 1 résolution concernant *l'Irlande.*

Résolution DH (96) 368

relative à l'arrêt de la Cour européenne des Droits de l'Homme du 29 octobre 1992 dans l'affaire Open Door et Dublin Well Woman c/ l'Irlande

(Adopted by the Committee of Ministers on 25 June 1996 at the 567th meeting of the Ministers' Deputies)

The Committtee of Ministers, under the terms of Article 54 of the Convention for the Protection of Human Rights and Fundamental Freedoms (hereinafter referred to as "the Convention"),

Having regard to the judgment of the European Court of Human Rights in the Open Door and Dublin Well Woman case delivered on 29 October 1992 and transmitted the same day to the Committee of Ministers;

Recalling that the case originated in two applications (Nos. 14234/88 and 14235/88) against Ireland, lodged with the European Commission of Human Rights on 19 August and 15 September 1988 under Article 25 of the Convention by Open Door Counselling Ltd and Dublin Well Woman Centre Ltd, two companies incorporated in Ireland, and one citizen of the United States of America, Ms Bonnie Maher, and three Irish citizens, Ms Ann Downes, Mrs X and Ms Maeve Geraghty and that the Commission declared admissible the complaints that the High Court's injunction of 19 December 1986, as varied by the Supreme Court on 16 March 1988, which prohibited their dissemination of information to pregnant women about abortion services in the United Kingdom, violated their rights under Articles 8, 10 and 14 of the Convention;

Recalling that the case was brought before the Court by the Commission on 24 April 1991 and by the Government of Ireland on 3 July 1991;

Whereas in its judgment of 29 October 1992 the Court:

– dismissed, by fifteen votes to eight, the Government's plea that Mrs X and Ms Geraghty could not claim to be victims of a violation of the Convention;

– dismissed, unanimously, the remainder of the Government's preliminary objections;

– held, by fifteen votes to eight, that there had been a violation of Article 10, of the Convention;

– held, unanimously, that it was not necessary to examine the remaining complaints;

– held, by seventeen votes to six, that Ireland was to pay to Dublin Well Woman, within three months, 25 000 Irish pounds in respect of damages;

– held, unanimously, that Ireland was to pay to Open Door and Dublin Well Woman, within three months, in respect of costs and expenses, the sums resulting from the calculation to be made in accordance with paragraphs 90, 93 and 94 of the judgment;

– dismissed, unanimously, the remainder of the claims for just satisfaction;

Having regard to the Rules adopted by the Committee of Ministers concerning the application of Article 54 of the Convention;

Having invited the Government of Ireland to inform it of the measures which had been taken in consequence of the judgment of 29 October 1992, having regard to Ireland's obligation under Article 53 of the Convention to abide by it;

Whereas, during the examination of the case by the Committee of Ministers, the Government of Ireland gave the Committee information about the measures

(adoptée par le Comité des Ministres le 25 juin 1996, lors de la 567e réunion des Délégués des Ministres)

Le Comité des Ministres, en vertu de l'article 54 de la Convention de sauvegarde des Droits de l'Homme et des Libertés fondamentales (ci-après dénommée «la Convention»),

Vu l'arrêt de la Cour européenne des Droits de l'Homme rendu le 29 octobre 1992 dans l'affaire Open Door et Dublin Well Woman et transmis à la même date au Comité des Ministres;

Rappelant qu'à l'origine de cette affaire se trouve deux requêtes (n°s 14234/88 et 14235/88) dirigées contre l'Irlande, introduites devant la Commission européenne des Droits de l'Homme le 19 août et le 15 septembre 1988 en vertu de l'article 25 de la Convention, par Open Door Counselling Ltd et Dublin Well Woman Centre Ltd, deux sociétés enregistrées en Irlande, et une citoyenne des Etats-Unis d'Amérique, Mme Bonnie Maher et trois Irlandaises, Mme Ann Dowes, Mme X et Mme Maeve Geraghty, et que la Commission a déclaré recevables les griefs faisant valoir que l'ordonnance de la *High Court* du 19 décembre 1986, telle qu'amendée par la Cour suprême le 16 mars 1988, interdisant de diffuser auprès des femmes enceintes des informations relatives aux services d'avortement au Royaume-Uni violaits les droits des requérants garantis par les articles 8, 10 et 14 de la Convention;

Rappelant que l'affaire a été portée devant la Cour par la Commission le 24 avril 1991 et par le Gouvernement de l'Irlande le 3 juillet 1991;

Considérant que dans son arrêt du 29 octobre 1992 la Cour:

– a rejeté, par quinze voix contre huit, le moyen du Gouvernement selon lequel Mme X et Mme Geraghty ne pouvaient pas se prétendre victimes d'une violation de la Convention;

– a rejeté, à l'unanimité, les autres exceptions préliminaires du Gouvernement;

– a dit, par quinze voix contre huit, qu'il y avait eu violation de l'article 10, de la Convention;

– a dit, à l'unanimité, qu'il n'y avait pas lieu d'examiner les autres griefs;

– a dit, par dix-sept voix contre six, que l'Irlande devait verser à Dublin Well Woman, dans les trois mois, 25 000 livres irlandaises pour dommage;

– a dit, à l'unanimité, qu'elle devait verser dans les trois mois à Open Door et Dublin Well Woman, pour frais et dépens, les sommes résultant des calculs à opérer conformément aux paragraphes 90, 93 et 94 des motifs;

– a rejeté, à l'unanimité, les demandes de satisfaction équitable pour le surplus;

Vu les Règles adoptées par le Comité des Ministres relatives à l'application de l'article 54 de la Convention;

Ayant invité le Gouvernement de l'Irlande à l'informer des mesures prises à la suite de l'arrêt du 29 octobre 1992, eu égard à l'obligation qu'a l'Irlande de s'y conformer selon l'article 53 de la Convention;

Considérant que, lors de l'examen de cette affaire par le Comité des Ministres, le Gouvernement de l'Irlande a donné à celui-ci des informations sur les mesures

taken in consequence of the judgment, which information appears in the appendix to this resolution;

Having satisfied itself that on 29 January 1993, within the time-limit set, the Government of Ireland paid the applicants the sums provided for in the judgment of 29 October 1992,

Declares, after having taken note of the information supplied by the Government of Ireland, that it has exercised its functions under Article 54 of the Convention in this case.

Appendix to Resolution DH (96) 368

Information provided by the Government of Ireland during the examination of the Open Door and Dublin Well Woman case by the Committee of Ministers

In 1992, the Fourteenth Amendment to the Irish Constitution amended subsection 3 of Article 40 of the Constitution, which henceforth reads as follows:
"The State acknowledges the right to life of the unborn and, with due regard to the equal right to life of the mother, guarantees in its laws to respect, and as far as practicable, by its laws to defend and vindicate that right.
This subsection shall not limit freedom to obtain or make available, in the State, subject to such conditions as may be laid down by law, information relating to services lawfully available in another state."

The Irish Parliament has subsequently enacted the "Regulation of Information (Services outside the State for Termination of Pregnancies) Act, 1995".

According to this Act it is henceforth lawful subject to certain conditions to give information which "is likely to be required by a woman for the purpose of availing herself of services provided outside the State for the termination of pregnancies and relates to such services or to persons who provide them", so-called act information (section 2).

Act information may be given to the public at meetings, in publications or radio and television if it would be lawful also in the foreign state in question and if it is truthful and objective and does not advocate or promote the termination of pregnancy (section 3). Certain public notices and the distribution of unsolicited publications containing act information are prohibited (section 4). Doctors and other counsellors have the right to communicate act information on certain conditions. These conditions include a duty to be truthful and objective and to always mention that there exist other solutions than abortion (section 5). They also include a prohibition of having any financial or other interest in the persons or organisations abroad which are engaged in the termination of pregnancies (section 6) and of receiving any special financial benefits or advantages for the advice, either from interested foreign sources or from the woman herself (section 7), and of making appointments on her behalf (section 8).

A person who contravenes the new legislation is guilty of an offence and is li-

prises à la suite de l'arrêt, informations qui sont résumées dans l'annexe à la présente Résolution;

S'étant assuré que le 29 janvier 1993, dans le délai imparti, le Gouvernement de l'Irlande a versé aux requérants les sommes prévues dans l'arrêt du 29 octobre 1992,

Déclare, après avoir pris connaissance des informations fournies par le Gouvernement de l'Irlande, qu'il a rempli ses fonctions en vertu de l'article 54 de la Convention dans la présente affaire.

Annexe à la Résolution DH (96) 368

Informations fournies par le Gouvernement de l'Irlande lors de l'examen de l'affaire Open Door et Dublin Well Woman par le Comité des Ministres

En 1992, le Quatorzième Amendement de la Constitution irlandaise a amendé l'alinéa 3 de l'article 40 de la Constitution, lequel se lit désormais comme suit:
«L'Etat reconnaît le droit à la vie des enfants à naître et, de manière égale le droit à la vie de la mère, garantit dans ses lois le respect de ce droit et, dans la mesure du possible, sa défense et sa revendication.
Cet alinéa ne limitera pas la liberté d'obtenir ou de permettre l'obtention, dans l'Etat, des informations relatives aux services légaux existants dans un autre Etat, aux conditions qui seront établies par la loi.»

Le Parlement irlandais a par la suite adopté la loi de 1995 sur la réglementation de l'information (services à l'étranger pour les interruptions volontaires de grossesses).

Selon cette loi, il est désormais légal, sous certaines conditions, de donner des informations qui "peuvent être demandées par une femme souhaitant disposer des services fournis à l'étranger d'interruption volontaire de grossesse et qui concernent de tels services ou personnes qui les effectuent", ainsi appelé information légale (article 2).

L'information légale peut être donnée au public lors de réunions, dans des publications, à la radio ou à la télévision, à la condition qu'elle soit relative à un service légal dans l'état étranger en question, qu'elle soit véridique et objective et qu'elle ne recommande ni n'encourage l'avortement (article 3). Certaines annonces publiques ainsi que la distribution de publications non-demandées contenant des informations légales sont interdites (article 4). Les médecins et autres conseillers ont le droit de communiquer des informations légales sous certaines conditions. Ces conditions incluent un devoir de véracité et d'objectivité, et d'information systématique sur les solutions autres que l'avortement (article 5). Elles incluent également l'interdiction d'avoir tout intérêt, financier ou autre, avec les personnes ou les organisations à l'étranger qui sont engagées dans la pratique de l'avortement (article 6), et d'obtenir un bénéfice financier ou un avantage pour

able, on summary conviction, to a fine not exceeding 1 500 Irish pounds (section 10). Prosecutions may be brought only by or with the consent of the Director of Public Prosecutions. Searches and seizures in case there are reasonable grounds for suspecting such an offence may be ordered by the District Court (section 9) and, if an offence is found to have been committed, the court may order forfeiture of anything in which act information is published and which has been employed in the commission of the offence (section 12).

In a judgment of 23 June 1995, the High Court lifted, in so far as Dublin Well Woman Centre Ltd is concerned, the injunction which the High Court had imposed on 19 December 1986, as varied by the Supreme Court on 16 March 1988, and which had been at the origin of the case before the European Court of Human Rights.

The Irish Government considers that these measures will prevent a repetition of the violation found by the European Court of Human Rights and ensure full compliance with Article 53 of the Convention.

Italy

During 1996, in the exercise of its functions under Article 54, the Committee of Ministers adopted 276 resolutions concerning *Italy*.

Appl. No.	*Applicant*	*Interim resolution*	*"Classic" resolution*	*Final resolution*	*Complaints*
23601	A.A. and E.A.		(96) 564		Length of civil proceedings
24810	A.B. II	(96) 65	(96) 569		Length of civil proceedings
14587	A.C. (Ballario)		(96) 9		Length of civil proceedings
26427	A.C. IV	(96) 520	(96) 669		Length of civil proceedings
24309	A.F. II	(95) 398	(96) 397		Length of civil proceedings
24314	A.F. III	(95) 399	(96) 396		Length of civil proceedings
23583	A.M. and B.C.		(96) 260		Length of civil proceedings
17347	A.M.M.		(96) 263		Length of civil proceedings
23472	A.Q.		(96) 264		Length of civil proceedings

le conseil donné, que ce soit de la part des sources intéressées à l'étranger ou de la part de la femme concernée (article 7), ainsi que de prendre des rendez-vous pour le compte de la femme intéressée (article 8).

Une personne qui contrevient à la nouvelle législation est coupable d'infraction et est passible d'une amende n'excédant pas 1 500 livres irlandaises (article 10). Des poursuites pourront être engagées seulement par le Procureur général, ou avec son autorisation. Des perquisitions ou saisies pourront être ordonnées par la Cour de District dans le cas où il existe des raisons de suspecter une telle infraction (article 9) et, si une infraction est constatée, la Cour pourra ordonner la confiscation de tout ouvrage dans lequel une information légale a été publiée et qui a été utilisée pour commettre l'infraction (article 12).

Dans un arrêt du 23 juin 1995, la *High Court* a annulé, en ce qui concerne Dublin Well Woman Centre Ltd, l'injonction qu'elle avait adoptée le 19 décembre 1986, ainsi que modifiée par la Cour Suprême le 16 mars 1988, et qui avait été à l'origine de l'affaire portée devant la Cour européenne des Droits de l'Homme.

Le Gouvernement irlandais considère que ces mesures préviendront une répétition de la violation constatée par la Cour européenne des Droits de l'Homme et satisferont aux obligations découlant de l'article 53 de la Convention.

Italie

Dans l'exercice des fonctions que lui attribue l'article 54, le Comité des Ministres a adopté, au courant de l'année 1996, 276 résolutions concernant *l'Italie*

Requête n°	*Requérant*	*Résolution intérimaire*	*Résolution "classique"*	*Résolution finale*	*Griefs*
23601	A.A. et E.A.		(96) 564		Durée de procédure civile
24810	A.B. II	(96) 65	(96) 569		Durée de procédure civile
14587	A.C. (Ballario)		(96) 9		Durée de procédure civile
26427	A.C. IV	(96) 520	(96) 669		Durée de procédure civile
24309	A.F. II	(95) 398	(96) 397		Durée de procédure civile
24314	A.F. III	(95) 399	(96) 396		Durée de procédure civile
23583	A.M. et B.C.		(96) 260		Durée de procédure civile
17347	A.M.M.		(96) 263		Durée de procédure civile
23472	A.Q.		(96) 264		Durée de procédure civile

25568	Amabile	(96) 235	(96) 603	Length of civil proceedings
20171	Ambesi		(96) 261	Length of civil proceedings
23615	Amico and Badalà		(96) 262	Length of civil proceedings
24316	Ancora	(95) 400	(96) 398	Length of civil proceedings
19423	Andreoli	(95) 401	(96) 399	Length of civil proceedings
22526	Arrigoni		(96) 570	Length of civil proceedings
24313	Aspetti	(95) 402	(96) 365	Length of civil proceedings
24336	Atzeni	(95) 403	(96) 400	Length of civil proceedings
14581	Ausiello II (Ballario)		(96) 10	Length of civil proceedings
17803	Ausiello IV		(96) 124	Length of criminal proceedings
20331	Ausiello V	(96) 381		Length of civil proceedings (Court of Accounts)
19826	B.A.	(96) 125		Length of civil proceedings
24819	B.F.	(96) 39	(96) 571	Length of civil proceedings
23591	B.P. and V.O.		(96) 275	Length of civil proceedings
20611	Bacci Corrado		(96) 265	Length of civil proceedings
24061	Baldi	(95) 265	(96) 266	Length of civil proceedings
14685	Ballario		(96) 6	Length of civil proceedings
24337	Banchero	(95) 404	(96) 366	Length of civil proceedings
23484	Barbiero		(96) 267	Length of civil proceedings
20206	Barca I		(96) 268	Length of civil proceedings
20218	Barca II		(96) 269	Length of civil proceedings
16879	Battelli		(96) 270	Length of civil proceedings
24055	Benedetti	(95) 266	(96) 271	Length of civil proceedings
24320	Benedettini	(95) 405	(96) 401	Length of civil proceedings
26037	Bernabei	(96) 485	(96) 670	Length of civil proceedings

25568	Amabile	(96) 235	(96) 603	Durée de procédure civile
20171	Ambesi		(96) 261	Durée de procédure civile
23615	Amico et Badalà		(96) 262	Durée de procédure civile
24316	Ancora	(95) 400	(96) 398	Durée de procédure civile
19423	Andreoli	(95) 401	(96) 399	Durée de procédure civile
22526	Arrigoni		(96) 570	Durée de procédure civile
24313	Aspetti	(95) 402	(96) 365	Durée de procédure civile
24336	Atzeni	(95) 403	(96) 400	Durée de procédure civile
14581	Ausiello II (Ballario)		(96) 10	Durée de procédure civile
17803	Ausiello IV		(96) 124	Durée de procédure pénale
20331	Ausiello V	(96) 381		Durée de procédure civile (Cour des comptes)
19826	B.A.	(96) 125		Durée de procédure civile
24819	B.F.	(96) 39	(96) 571	Durée de procédure civile
23591	B.P. et V.O.		(96) 275	Durée de procédure civile
20611	Bacci Corrado		(96) 265	Durée de procédure civile
24061	Baldi	(95) 265	(96) 266	Durée de procédure civile
14685	Ballario		(96) 6	Durée de procédure civile
24337	Banchero	(95) 404	(96) 366	Durée de procédure civile
23484	Barbiero		(96) 267	Durée de procédure civile
20206	Barca I		(96) 268	Durée de procédure civile
20218	Barca II		(96) 269	Durée de procédure civile
16879	Battelli		(96) 270	Durée de procédure civile
24055	Benedetti	(95) 266	(96) 271	Durée de procédure civile
24320	Benedettini	(95) 405	(96) 401	Durée de procédure civile
26037	Bernabei	(96) 485	(96) 670	Durée de procédure civile

23470	Bonaiti, Gatto and Formenti		(96) 402	Length of civil proceedings
19724	Bonanno and Aliotta		(96) 272	Length of civil proceedings
19833	Borgese Domenico		(96) 403	Length of civil proceedings
21306	Borgese Giuseppina		(96) 273	Length of civil proceedings
24028	Borrelli	(95) 267	(96) 404	Length of civil proceedings
19732	Boschetti		(96) 274	Length of civil proceedings (Court of Accounts)
24067	Bregliano	(95) 268	(96) 405	Length of civil proceedings
24038	Broglia	(95) 269	(96) 406	Length of civil proceedings
22423	Burroni		(96) 572	Length of civil proceedings
26446	C. & F.Z.	(96) 526	(96) 671	Length of civil proceedings
18430	C.B.		(96) 279	Length of civil proceedings
16645	C.C.		(96) 573	Length of criminal proceedings
17201	C.D.D.	(96) 127		Length of civil proceedings
23469	C.G. and M.L.S.		(96) 281	Length of civil proceedings
23605	C.G. III		(96) 280	Length of civil proceedings
24301	C.P.	(95) 406	(96) 407	Length of civil proceedings
24792	Caligaris	(96) 41	(96) 574	Length of civil proceedings
20045	Campisi		(96) 276	Length of civil proceedings
20287	Casella		(96) 277	Length of civil proceedings
23594	Casseri		(96) 278	Length of civil proceedings
17246	Castellana		(96) 126	Length of civil proceedings
24787	Castellazzi	(96) 42	(96) 575	Length of civil proceedings
24025	Cecere Domenico	(95) 270	(96) 408	Length of civil proceedings
25217	Cerati	(96) 166	(96) 385	Length of civil proceedings

23470	Bonaiti, Gatto et Formenti		(96) 402	Durée de procédure civile
19724	Bonanno et Aliotta		(96) 272	Durée de procédure civile
19833	Borgese Domenico		(96) 403	Durée de procédure civile
21306	Borgese Giuseppina		(96) 273	Durée de procédure civile
24028	Borrelli	(95) 267	(96) 404	Durée de procédure civile
19732	Boschetti		(96) 274	Durée de procédure civile (Cour des comptes)
24067	Bregliano	(95) 268	(96) 405	Durée de procédure civile
24038	Broglia	(95) 269	(96) 406	Durée de procédure civile
22423	Burroni		(96) 572	Durée de procédure civile
26446	C. & F.Z.	(96) 526	(96) 671	Durée de procédure civile
18430	C.B.		(96) 279	Durée de procédure civile
16645	C.C.		(96) 573	Durée de procédure pénale
17201	C.D.D.	(96) 127		Durée de procédure civile
23469	C.G. et M.L.S.		(96) 281	Durée de procédure civile
23605	C.G. III		(96) 280	Durée de procédure civile
24301	C.P.	(95) 406	(96) 407	Durée de procédure civile
24792	Caligaris	(96) 41	(96) 574	Durée de procédure civile
20045	Campisi		(96) 276	Durée de procédure civile
20287	Casella		(96) 277	Durée de procédure civile
23594	Casseri		(96) 278	Durée de procédure civile
17246	Castellana		(96) 126	Durée de procédure civile
24787	Castellazzi	(96) 42	(96) 575	Durée de procédure civile
24025	Cecere Domenico	(95) 270	(96) 408	Durée de procédure civile
25217	Cerati	(96) 166	(96) 385	Durée de procédure civile

24312	Cherubin	(95) 407	(96) 409	Length of civil proceedings
16711	Cialdea and others		(96) 282	Length of civil proceedings (criminal)
23619	Cimino		(96) 283	Length of civil proceedings
24326	Cire S.p.a. / Ferrari	(95) 408	(96) 82	Length of civil proceedings
20210	Colacioppo Antonio		(96) 410	Length of civil proceedings (criminal)
16644	Colella		(96) 285	Length of civil proceedings
24026	Colicchio	(95) 271	(96) 388	Length of civil proceedings
23611	Conte		(96) 286	Length of civil proceedings
24068	Corona Cesare	(95) 273	(96) 411	Length of civil proceedings
23620	Cortese		(96) 383	Length of civil proceedings
24045	Corvi	(95) 274	(96) 412	Length of civil proceedings
14489	Costa (Ballario)		(96) 11	Length of civil proceedings
21310	Cundari M. et M.		(96) 413	Length of civil proceedings
20233	Cutelle		(96) 287	Length of civil proceedings
20011	Cutri		(96) 288	Length of civil proceedings
24302	Cuzzocrea and Serrano	(95) 409	(96) 414	Length of civil proceedings
24339	D.C. II	(95) 410	(96) 415	Length of civil proceedings
20581	D.D.		(96) 290	Length of civil proceedings
24035	D.M.	(95) 276	(96) 416	Length of civil proceedings
23599	D.P. III		(96) 298	Length of civil proceedings
25227	D'Andrea and Scottà	(96) 168	(96) 384	Length of civil proceedings
20363	Danielli	(96) 105	(96) 576	Length of criminal proceedings
23610	Davi'		(96) 289	Length of civil proceedings
24811	De Agazio I	(96) 43	(96) 577	Length of civil proceedings

24312	Cherubin	(95) 407	(96) 409	Durée de procédure civile
16711	Cialdea et autres		(96) 282	Durée de procédure civile
23619	Cimino		(96) 283	Durée de procédure civile
24326	Cire S.p.a. / Ferrari	(95) 408	(96) 82	Durée de procédure civile
20210	Colacioppo Antonio		(96) 410	Durée de procédure civile
16644	Colella		(96) 285	Durée de procédure civile
24026	Colicchio	(95) 271	(96) 388	Durée de procédure civile
23611	Conte		(96) 286	Durée de procédure civile
24068	Corona Cesare	(95) 273	(96) 411	Durée de procédure civile
23620	Cortese		(96) 383	Durée de procédure civile
24045	Corvi	(95) 274	(96) 412	Durée de procédure civile
14489	Costa (Ballario)		(96) 11	Durée de procédure civile
21310	Cundari M. et M.		(96) 413	Durée de procédure civile
20233	Cutelle		(96) 287	Durée de procédure civile
20011	Cutri		(96) 288	Durée de procédure civile
24302	Cuzzocrea et Serrano	(95) 409	(96) 414	Durée de procédure civile
24339	D.C. II	(95) 410	(96) 415	Durée de procédure civile
20581	D.D.		(96) 290	Durée de procédure civile
24035	D.M.	(95) 276	(96) 416	Durée de procédure civile
23599	D.P. III		(96) 298	Durée de procédure civile
25227	D'Andrea et Scottà	(96) 168	(96) 384	Durée de procédure civile
20363	Danielli	(96) 105	(96) 576	Durée de procédure pénale
23610	Davi'		(96) 289	Durée de procédure civile
24811	De Agazio I	(96) 43	(96) 577	Durée de procédure civile
24812	De Agazio II	(96) 44	(96) 578	Durée de procédure civile

24812	De Agazio II	(96) 44	(96) 578	Length of civil proceedings
23621	De Domenico		(96) 291	Length of civil proceedings
18704	De Felice	(96) 30	(96) 579	Length of criminal proceedings
20203	De Lorenzo and Cosentino		(96) 292	Length of civil proceedings
23622	De Luca Antonino		(96) 293	Length of civil proceedings
18722	Di Bartolomeo	(96) 128		Length of civil proceedings
14386	Di Bisceglie (Ballario)		(96) 12	Length of civil proceedings
23467	Di Camillo		(96) 294	Length of civil proceedings
14145	Di Clemente (Ballario)		(96) 13	Length of civil proceedings
23627	Di Franco		(96) 295	Length of civil proceedings
24029	Di Gilio	(95) 277	(96) 417	Length of civil proceedings
24323	Di Giovanni	(95) 411	(96) 418	Length of civil proceedings
21033	Di Giuseppe Domenico	(96) 129		Length of civil proceedings
22973	Di Giuseppe Raffaellina		(96) 296	Length of civil proceedings
23606	Di Zinno M. & F.		(96) 297	Length of civil proceedings
22976	Dominici		(96) 419	Length of civil proceedings
16372	E.B. II		(96) 299	Length of civil proceedings
23582	E.C. I	(96) 130		Length of civil proceedings
25261	E.T. and G.Z.	(96) 170	(96) 386	Length of civil proceedings
17050	F. and A.L.C.	(95) 412	(96) 420	Length of civil proceedings
23595	F.B.		(96) 300	Length of civil proceedings
24340	F.C. and F.T.-T.	(95) 413	(96) 421	Length of civil proceedings
20288	F.C. I	(96) 131		Length of civil proceedings
22991	F.C. II		(96) 422	Length of civil proceedings

23621	De Domenico		(96) 291	Durée de procédure civile
18704	De Felice	(96) 30	(96) 579	Durée de procédure pénale
20203	De Lorenzo et Cosentino		(96) 292	Durée de procédure civile
23622	De Luca Antonino		(96) 293	Durée de procédure civile
18722	Di Bartolomeo	(96) 128		Durée de procédure civile
14386	Di Bisceglie (Ballario)		(96) 12	Durée de procédure civile
23467	Di Camillo		(96) 294	Durée de procédure civile
14145	Di Clemente (Ballario)		(96) 13	Durée de procédure civile
23627	Di Franco		(96) 295	Durée de procédure civile
24029	Di Gilio	(95) 277	(96) 417	Durée de procédure civile
24323	Di Giovanni	(95) 411	(96) 418	Durée de procédure civile
21033	Di Giuseppe Domenico	(96) 129		Durée de procédure civile
22973	Di Giuseppe Raffaellina		(96) 296	Durée de procédure civile
23606	Di Zinno M. & F.		(96) 297	Durée de procédure civile
22976	Dominici		(96) 419	Durée de procédure civile
16372	E.B. II		(96) 299	Durée de procédure civile
23582	E.C. I	(96) 130		Durée de procédure civile
25261	E.T. et G.Z.	(96) 170	(96) 386	Durée de procédure civile
17050	F. et A.L.C.	(95) 412	(96) 420	Durée de procédure civile
23595	F.B.		(96) 300	Durée de procédure civile
24340	F.C. et F.T.-T.	(95) 413	(96) 421	Durée de procédure civile
20288	F.C. I	(96) 131		Durée de procédure civile
22991	F.C. II		(96) 422	Durée de procédure civile
19555	F.C. III	(96) 31	(96) 580	Durée de procédure pénale
24303	F.D.A. I	(95) 414	(96) 423	Durée de procédure civile

19555	F.C. III	(96) 31	(96) 580	Length of criminal proceedings
24303	F.D.A. I	(95) 414	(96) 423	Length of civil proceedings
22545	F.I. and E.L.R.		(96) 132	Length of civil proceedings
24056	Feverati	(95) 279	(96) 301	Length of civil proceedings
20174	Filomeno		(96) 302	Length of civil proceedings
24299	Foti Katinka	(95) 415	(96) 424	Length of civil proceedings
18610	Francesini		(96) 133	Length of civil proceedings
22703	Frontini	(96) 106	(96) 581	Length of criminal proceedings
17334	G. and R.C.		(96) 134	Length of civil proceedings
23471	G.A.		(96) 303	Length of civil proceedings
24318	G.A. II	(95) 416	(96) 425	Length of civil proceedings
24063	G.C. II	(95) 281	(96) 389	Length of civil proceedings
24808	G.C. III	(96) 48	(96) 582	Length of civil proceedings
24813	G.M. III	(96) 49	(96) 583	Length of civil proceedings
22955	G.N.	(96) 33	(96) 584	Length of civil proceedings
24804	G.P.	(96) 50	(96) 585	Length of civil proceedings
24060	G.P.F. and M.V.	(95) 282	(96) 426	Length of civil proceedings
23598	G.R. III		(96) 427	Length of civil proceedings
20892	G.S. I		(96) 305	Length of civil proceedings
23614	G.S. II		(96) 306	Length of civil proceedings
23584	Garsia		(96) 304	Length of civil proceedings
23609	Giunta Maria Clara		(96) 307	Length of civil proceedings
22257	Golia		(96) 308	Length of civil proceedings (criminal)
17936	Gravagno		(96) 309	Length of civil proceedings

22545	F.I. et E.L.R.		(96) 132	Durée de procédure civile
24056	Feverati	(95) 279	(96) 301	Durée de procédure civile
20174	Filomeno		(96) 302	Durée de procédure civile
24299	Foti Katinka	(95) 415	(96) 424	Durée de procédure civile
18610	Francesini		(96) 133	Durée de procédure civile
22703	Frontini	(96) 106	(96) 581	Durée de procédure pénale
17334	G. et R.C.		(96) 134	Durée de procédure civile
23471	G.A.		(96) 303	Durée de procédure civile
24318	G.A. II	(95) 416	(96) 425	Durée de procédure civile
24063	G.C. II	(95) 281	(96) 389	Durée de procédure civile
24808	G.C. III	(96) 48	(96) 582	Durée de procédure civile
24813	G.M. III	(96) 49	(96) 583	Durée de procédure civile
22955	G.N.	(96) 33	(96) 584	Durée de procédure civile
24804	G.P.	(96) 50	(96) 585	Durée de procédure civile
24060	G.P.F. et M.V.	(95) 282	(96) 426	Durée de procédure civile
23598	G.R. III		(96) 427	Durée de procédure civile
20892	G.S. I		(96) 305	Durée de procédure civile
23614	G.S. II		(96) 306	Durée de procédure civile
23584	Garsia		(96) 304	Durée de procédure civile
23609	Giunta Maria Clara		(96) 307	Durée de procédure civile
22257	Golia		(96) 308	Durée de procédure civile
17936	Gravagno		(96) 309	Durée de procédure civile
24328	Graziano	(95) 418	(96) 83	Durée de procédure civile
23489	I.M. II		(96) 310	Durée de procédure civile
24032	I.R.	(95) 307	(96) 428	Durée de procédure civile

24328	Graziano	(95) 418	(96) 83	Length of civil proceedings
23489	I.M. II		(96) 310	Length of civil proceedings
24032	I.R.	(95) 307	(96) 428	Length of civil proceedings
24069	Immobiliare Mira-monti s.r.l.	(95) 283	(96) 429	Length of civil proceedings
23631	Imparato		(96) 311	Length of civil proceedings
25262	In Moto s.r.l.	(96) 179	(96) 382	Length of civil proceedings
24802	Iommi	(96) 52	(96) 588	Length of civil proceedings
19425	Ioppolo Sergio	(96) 378	(97) 121	Length of criminal proceed-ings
14490	IS		(96) 586	Length of civil proceedings
24311	L.A.	(95) 419	(96) 430	Length of civil proceedings
24344	L.B. II	(95) 420	(96) 431	Length of civil proceedings
23624	L.M. IV		(96) 313	Length of civil proceedings
24058	Lagirti and Pasqualini	(95) 285	(96) 312	Length of civil proceedings
19928	Lamanna		(96) 314	Length of civil proceedings
14725	Lanzano		(96) 315	Impartiality
24064	Larotonda	(95) 286	(96) 432	Length of civil proceedings
13368	Lo Cicero (Carriero)		(96) 433	Length of civil proceedings
20038	Lucarelli		(96) 135	Length of civil proceedings
24321	Lucarini	(95) 421	(96) 434	Length of civil proceedings
20044	Lucà		(96) 317	Length of civil proceedings
19721	Lucà and Condoluci		(96) 316	Length of civil proceedings
23593	Lucente		(96) 318	Length of civil proceedings
22992	Lupi		(96) 136	Length of civil proceedings
13962	M.A.G. (Ballario)		(96) 14	Length of civil proceedings
24305	M.B.	(95) 422	(96) 435	Length of civil proceedings

24069	Immobiliare Miramonti s.r.l.	(95) 283	(96) 429	Durée de procédure civile
23631	Imparato		(96) 311	Durée de procédure civile
25262	In Moto s.r.l.	(96) 179	(96) 382	Durée de procédure civile
24802	Iommi	(96) 52	(96) 588	Durée de procédure civile
19425	Ioppolo Sergio	(96) 378	F97-121	Durée de procédure pénale
14490	IS		(96) 586	Durée de procédure civile
24311	L.A.	(95) 419	(96) 430	Durée de procédure civile
24344	L.B. II	(95) 420	(96) 431	Durée de procédure civile
23624	L.M. IV		(96) 313	Durée de procédure civile
24058	Lagirti et Pasqualini	(95) 285	(96) 312	Durée de procédure civile
19928	Lamanna		(96) 314	Durée de procédure civile
14725	Lanzano		(96) 315	Impartialité
24064	Larotonda	(95) 286	(96) 432	Durée de procédure civile
13368	Lo Cicero (Carriero)		(96) 433	Durée de procédure civile
20038	Lucarelli		(96) 135	Durée de procédure civile
24321	Lucarini	(95) 421	(96) 434	Durée de procédure civile
20044	Lucà		(96) 317	Durée de procédure civile
19721	Lucà et Condoluci		(96) 316	Durée de procédure civile
23593	Lucente		(96) 318	Durée de procédure civile
22992	Lupi		(96) 136	Durée de procédure civile
13962	M.A.G. (Ballario)		(96) 14	Durée de procédure civile
24305	M.B.	(95) 422	(96) 435	Durée de procédure civile
17048	M.C. (Chiaravalle)		(96) 319	Durée de procédure civile
24308	M.D.B.	(95) 423	(96) 436	Durée de procédure civile
24786	M.D.F.	(96) 54	(96) 437	Durée de procédure civile

17048	M.C. (Chiaravalle)		(96) 319	Length of civil proceedings
24308	M.D.B.	(95) 423	(96) 436	Length of civil proceedings
24786	M.D.F.	(96) 54	(96) 437	Length of civil proceedings
17053	M.F.		(96) 137	Length of civil proceedings
24333	M.F. II	(95) 424	(96) 438	Length of civil proceedings
24823	M.G.	(96) 55	(96) 589	Length of civil proceedings
24785	M.L.	(96) 56	(96) 590	Length of civil proceedings
24065	M.M.	(95) 287	(96) 439	Length of civil proceedings
23475	M.T. I		(96) 320	Length of civil proceedings
24338	Maccari	(96) 29	(96) 440	Length of civil proceedings
19926	Malerba		(96) 321	Length of civil proceedings
19450	Malvaso F. and G.		(96) 323	Length of civil proceedings
20285	Malvaso Fortunato		(96) 322	Length of civil proceedings
18293	Mangiapane Antonino		(96) 138	Length of civil proceedings
18184	Mangiapane V. & A.		(96) 324	Length of civil proceedings
24317	Mannucci	(95) 426	(96) 441	Length of civil proceedings
24054	Marini	(95) 288	(96) 442	Length of civil proceedings
24041	Merlini	(95) 308	(96) 443	Length of civil proceedings
23617	Mertoli		(96) 325	Length of civil proceedings
24790	Mesenasco	(96) 67	(96) 591	Length of civil proceedings
26431	Migliore	(96) 541	(96) 672	Length of civil proceedings
24809	Minasola	(96) 114	(96) 592	Length of civil proceedings
18294	Mirabile and Alessi		(96) 139	Length of civil proceedings
23477	Mollica		(96) 387	Length of civil proceedings
24778	Mori Giovanni	(96) 68	(96) 593	Length of civil proceedings
16804	Motta Luciano		(96) 444	Length of civil proceedings

17053	M.F.		(96) 137	Durée de procédure civile
24333	M.F. II	(95) 424	(96) 438	Durée de procédure civile
24823	M.G.	(96) 55	(96) 589	Durée de procédure civile
24785	M.L.	(96) 56	(96) 590	Durée de procédure civile
24065	M.M.	(95) 287	(96) 439	Durée de procédure civile
23475	M.T. I		(96) 320	Durée de procédure civile
24338	Maccari	(96) 29	(96) 440	Durée de procédure civile
19926	Malerba		(96) 321	Durée de procédure civile
19450	Malvaso F. et G.		(96) 323	Durée de procédure civile
20285	Malvaso Fortunato		(96) 322	Durée de procédure civile
18293	Mangiapane Antonino		(96) 138	Durée de procédure civile
18184	Mangiapane V. & A.		(96) 324	Durée de procédure civile
24317	Mannucci	(95) 426	(96) 441	Durée de procédure civile
24054	Marini	(95) 288	(96) 442	Durée de procédure civile
24041	Merlini	(95) 308	(96) 443	Durée de procédure civile
23617	Mertoli		(96) 325	Durée de procédure civile
24790	Mesenasco	(96) 67	(96) 591	Durée de procédure civile
26431	Migliore	(96) 541	(96) 672	Durée de procédure civile
24809	Minasola	(96) 114	(96) 592	Durée de procédure civile
18294	Mirabile et Alessi		(96) 139	Durée de procédure civile
23477	Mollica		(96) 387	Durée de procédure civile
24778	Mori Giovanni	(96) 68	(96) 593	Durée de procédure civile
16804	Motta Luciano		(96) 444	Durée de procédure civile
15728	N.et S.		(96) 445	Durée de procédure civile
20286	Napoli Santino		(96) 140	Durée de procédure civile

15728	N.et S.		(96) 445	Length of civil proceedings
20286	Napoli Santino		(96) 140	Length of civil proceedings
20232	Navarra		(96) 326	Length of civil proceedings
24791	Nesti	(96) 69	(96) 594	Length of civil proceedings
19986	Nicastro	(96) 108	(96) 595	Length of criminal proceedings
19113	Niccolai		(96) 141	Length of civil proceedings
19112	Nijman		(96) 327	Length of civil proceedings
24310	O.C. and E.F.	(95) 427	(96) 446	Length of civil proceedings
24059	O.P.	(95) 289	(96) 390	Length of civil proceedings
24052	Olmi	(95) 290	(96) 447	Length of civil proceedings
20236	Ozzimo and others		(96) 328	Length of civil proceedings
23612	P.B. I		(96) 330	Length of civil proceedings
24031	P.B. II	(95) 291	(96) 448	Length of civil proceedings
24815	P.D'A.	(96) 70	(96) 596	Length of civil proceedings
23476	P.L. I		(96) 143	Length of civil proceedings
17955	Pagetti		(96) 565	Length of civil proceedings
23483	Panebianco		(96) 329	Length of civil proceedings
20885	Panepinto		(96) 142	Length of civil proceedings
24319	Parri	(95) 430	(96) 449	Length of civil proceedings
19735	Pelaia and others		(96) 331	Length of civil proceedings
24329	Pepe	(95) 431	(96) 450	Length of civil proceedings
24341	Peri	(95) 432	(96) 451	Length of civil proceedings
23602	Perrella		(96) 332	Length of civil proceedings
24057	Pianacci and others	(95) 309	(96) 452	Length of civil proceedings (criminal)
19825	Piazzolla		(96) 15	Length of civil proceedings

20232	Navarra		(96) 326	Durée de procédure civile
24791	Nesti	(96) 69	(96) 594	Durée de procédure civile
19986	Nicastro	(96) 108	(96) 595	Durée de procédure pénale
19113	Niccolai		(96) 141	Durée de procédure civile
19112	Nijman		(96) 327	Durée de procédure civile
24310	O.C. et E.F.	(95) 427	(96) 446	Durée de procédure civile
24059	O.P.	(95) 289	(96) 390	Durée de procédure civile
24052	Olmi	(95) 290	(96) 447	Durée de procédure civile
20236	Ozzimo et autres		(96) 328	Durée de procédure civile
23612	P.B. I		(96) 330	Durée de procédure civile
24031	P.B. II	(95) 291	(96) 448	Durée de procédure civile
24815	P.D'A.	(96) 70	(96) 596	Durée de procédure civile
23476	P.L. I		(96) 143	Durée de procédure civile
17955	Pagetti		(96) 565	Durée de procédure civile
23483	Panebianco		(96) 329	Durée de procédure civile
20885	Panepinto		(96) 142	Durée de procédure civile
24319	Parri	(95) 430	(96) 449	Durée de procédure civile
19735	Pelaia et autres		(96) 331	Durée de procédure civile
24329	Pepe	(95) 431	(96) 450	Durée de procédure civile
24341	Peri	(95) 432	(96) 451	Durée de procédure civile
23602	Perrella		(96) 332	Durée de procédure civile
24057	Pianacci et autres	(95) 309	(96) 452	Durée de procédure civile
19825	Piazzolla		(96) 15	Durée de procédure civile
15807	Picchi (Bionda)		(96) 92	Durée de procédure civile
20170	Plastimare S.r.L.		(96) 333	Durée de procédure civile

15807	Picchi (Bionda)		(96) 92	Length of civil proceedings
20170	Plastimare S.r.L.		(96) 333	Length of civil proceedings
20172	Pochiero		(96) 334	Length of civil proceedings
24335	Porcu	(96) 36	(96) 597	Length of civil proceedings
23607	Portello		(96) 335	Length of civil proceedings
22090	R.A.		(96) 336	Length of civil proceedings
24043	R.C. II	(95) 295	(96) 453	Length of civil proceedings
24304	R.M. II	(95) 433	(96) 454	Length of civil proceedings
23628	R.R.		(96) 344	Length of civil proceedings
23486	R.S. II		(96) 345	Length of civil proceedings
23616	R.V. I		(96) 348	Length of civil proceedings
26032	Raimondo Adiutore		(96) 609	Length of civil proceedings (labour)
12954	Raimondo Giuseppe	(96) 468		Enjoyment of possessions
26025	Ravizza	(96) 508	(96) 673	Length of civil proceedings
20644	Reggiani		(96) 144	Length of civil proceedings
24044	Ricciarelli Marcucci	(95) 296	(96) 455	Length of civil proceedings
23608	Ricotta		(96) 337	Length of civil proceedings
23625	Ridolfo and Faranda		(96) 338	Length of civil proceedings
20737	Riga and others		(96) 339	Length of civil proceedings
23465	Rodeghiero and others		(96) 340	Length of civil proceedings
20234	Romano		(96) 341	Length of civil proceedings
14340	Rosin (Ballario)		(96) 7	Length of civil proceedings
24820	Rossi Luigi	(96) 74	(96) 598	Length of civil proceedings
20590	Rota I		(96) 342	Length of civil proceedings
22971	Rota II		(96) 343	Length of civil proceedings

20172	Pochiero		(96) 334	Durée de procédure civile
24335	Porcu	(96) 36	(96) 597	Durée de procédure civile
23607	Portello		(96) 335	Durée de procédure civile
22090	R.A.		(96) 336	Durée de procédure civile
24043	R.C. II	(95) 295	(96) 453	Durée de procédure civile
24304	R.M. II	(95) 433	(96) 454	Durée de procédure civile
23628	R.R.		(96) 344	Durée de procédure civile
23486	R.S. II		(96) 345	Durée de procédure civile
23616	R.V. I		(96) 348	Durée de procédure civile
26032	Raimondo Adiutore		(96) 609	Durée de procédure civile relative à des questions de travail
12954	Raimondo Giuseppe	(96) 468		Respect des biens
26025	Ravizza	(96) 508	(96) 673	Durée de procédure civile
20644	Reggiani		(96) 144	Durée de procédure civile
24044	Ricciarelli Marcucci	(95) 296	(96) 455	Durée de procédure civile
23608	Ricotta		(96) 337	Durée de procédure civile
23625	Ridolfo et Faranda		(96) 338	Durée de procédure civile
20737	Riga et autres		(96) 339	Durée de procédure civile
23465	Rodeghiero et autres		(96) 340	Durée de procédure civile
20234	Romano		(96) 341	Durée de procédure civile
14340	Rosin (Ballario)		(96) 7	Durée de procédure civile
24820	Rossi Luigi	(96) 74	(96) 598	Durée de procédure civile
20590	Rota I		(96) 342	Durée de procédure civile
22971	Rota II		(96) 343	Durée de procédure civile
21666	Ruggieri et Di Beco		(96) 145	Durée de procédure civile
23629	Ruggiero		(96) 346	Durée de procédure civile

21666	Ruggieri and Di Beco		(96) 145	Length of civil proceedings
23629	Ruggiero		(96) 346	Length of civil proceedings
20173	Rullo		(96) 347	Length of civil proceedings
24300	Rullo and Verdiglione	(95) 434	(96) 456	Length of civil proceedings
24821	S. et A.C.	(96) 75	(96) 599	Length of civil proceedings
24048	S. S.r.l.	(95) 297	(96) 457	Length of civil proceedings
21665	S., D., A. and M.A.A. & C.G.		(96) 147	Length of civil proceedings
23473	S.A.GE.MA. s.n.c.		(96) 458	Length of civil proceedings
18681	S.C. I		(96) 148	Length of civil proceedings
23590	S.r.l. CIPDI		(96) 284	Length of civil proceedings
23613	S.X. and G.P.M.		(96) 354	Length of civil proceedings
23596	Salomon		(96) 349	Length of civil proceedings
17046	Sana		(96) 146	Length of civil proceedings
24037	Semprini	(95) 300	(96) 459	Length of civil proceedings
24306	Siviero and Bandini	(95) 435	(96) 460	Length of civil proceedings
17892	Société Laterplatani		(96) 93	Length of civil proceedings
24327	Soldano Antonia	(95) 436	(96) 84	Length of civil proceedings
23488	Soldano Carlo		(96) 461	Length of civil proceedings
19711	Sorrenti		(96) 350	Length of civil proceedings
23626	Spadaro and Cafeo		(96) 351	Length of civil proceedings
24030	Speranza	(95) 301	(96) 462	Length of civil proceedings
21434	Spizzichini, Marasca		(96) 352	Length of civil proceedings
15821	Squillante Montoro (Ballario)		(96) 8	Length of civil proceedings
24330	Sturda	(95) 437	(96) 600	Length of civil proceedings
19571	Surace		(96) 353	Length of civil proceedings

20173	Rullo		(96) 347	Durée de procédure civile
24300	Rullo et Verdiglione	(95) 434	(96) 456	Durée de procédure civile
24821	S. et A.C.	(96) 75	(96) 599	Durée de procédure civile
24048	S. S.r.l.	(95) 297	(96) 457	Durée de procédure civile
21665	S., D., A. et M.A.A. & C.G.		(96) 147	Durée de procédure civile
23473	S.A.GE.MA. s.n.c.		(96) 458	Durée de procédure civile
18681	S.C. I		(96) 148	Durée de procédure civile
23590	S.r.l. CIPDI		(96) 284	Durée de procédure civile
23613	S.X. et G.P.M.		(96) 354	Durée de procédure civile
23596	Salomon		(96) 349	Durée de procédure civile
17046	Sana		(96) 146	Durée de procédure civile
24037	Semprini	(95) 300	(96) 459	Durée de procédure civile
24306	Siviero et Bandini	(95) 435	(96) 460	Durée de procédure civile
17892	Société Laterplatani		(96) 93	Durée de procédure civile
24327	Soldano Antonia	(95) 436	(96) 84	Durée de procédure civile
23488	Soldano Carlo		(96) 461	Durée de procédure civile
19711	Sorrenti		(96) 350	Durée de procédure civile
23626	Spadaro et Cafeo		(96) 351	Durée de procédure civile
24030	Speranza	(95) 301	(96) 462	Durée de procédure civile
21434	Spizzichini, Marasca		(96) 352	Durée de procédure civile
15821	Squillante Montoro (Ballario)		(96) 8	Durée de procédure civile
24330	Sturda	(95) 437	(96) 600	Durée de procédure civile
19571	Surace		(96) 353	Durée de procédure civile
18398	T.P.		(96) 391	Durée de procédure civile

18398	T.P.		(96) 391	Length of civil proceedings
23487	T.V.		(96) 355	Length of civil proceedings
24051	Torosani	(95) 304	(96) 463	Length of civil proceedings
24788	Triunfo	(96) 78	(96) 601	Length of civil proceedings
23482	V.B.		(96) 356	Length of civil proceedings
23597	V.C.		(96) 358	Length of civil proceedings
24296	V.C. II	(95) 438	(96) 464	Length of civil proceedings
24070	V.D.	(95) 305	(96) 465	Length of civil proceedings
23585	V.F.		(96) 361	Length of civil proceedings
17461	Vaccarisi		(96) 357	Length of civil proceedings
24824	Valtulini	(96) 80	(96) 602	Length of civil proceedings
19829	Ventura and Iannizzi		(96) 359	Length of civil proceedings
24342	Venturini I	(95) 439	(96) 360	Length of civil proceedings
22547	Vincenti		(96) 362	Length of civil proceedings
19722	Vinciguerra	(95) 442	(96) 250	Length of criminal proceedings
24053	Vitale Paolo	(95) 306	(96) 466	Length of civil proceedings
20090	Vomero		(96) 363	Length of civil proceedings
19454	Zanellato		(96) 364	Length of civil proceedings
14791	Zanfavero		(96) 587	Length of civil proceedings
18182	Zodda		(96) 149	Length of civil proceedings

23487	T.V.		(96) 355	Durée de procédure civile
24051	Torosani	(95) 304	(96) 463	Durée de procédure civile
24788	Triunfo	(96) 78	(96) 601	Durée de procédure civile
23482	V.B.		(96) 356	Durée de procédure civile
23597	V.C.		(96) 358	Durée de procédure civile
24296	V.C. II	(95) 438	(96) 464	Durée de procédure civile
24070	V.D.	(95) 305	(96) 465	Durée de procédure civile
23585	V.F.		(96) 361	Durée de procédure civile
17461	Vaccarisi		(96) 357	Durée de procédure civile
24824	Valtulini	(96) 80	(96) 602	Durée de procédure civile
19829	Ventura et Iannizzi		(96) 359	Durée de procédure civile
24342	Venturini I	(95) 439	(96) 360	Durée de procédure civile
22547	Vincenti		(96) 362	Durée de procédure civile
19722	Vinciguerra	(95) 442	(96) 250	Durée de procédure pénale
24053	Vitale Paolo	(95) 306	(96) 466	Durée de procédure civile
20090	Vomero		(96) 363	Durée de procédure civile
19454	Zanellato		(96) 364	Durée de procédure civile
14791	Zanfavero		(96) 587	Durée de procédure civile
18182	Zodda		(96) 149	Durée de procédure civile

Resolution DH (96) 310

Application No. 23489/94
I.M. II v. Italy

(Adopted by the Committee of Ministers on 25 June 1996 at the 567th meeting of the Ministers' Deputies)

The Committee of Ministers, under the terms of Article 32 of the Convention for the Protection of Human Rights and Fundamental Freedoms (hereinafter referred to as "the Convention"),

Having regard to the report drawn up on 17 January 1995, by the European Commission of Human Rights in accordance with Article 31 of the Convention relating to the application lodged on 4 May 1993 by Ms I.M. against Italy (Application No. 23489/94);

Whereas on 2 March 1995 the Commission transmitted the said report to the Committee of Ministers and whereas the period of three months provided for in Article 32, paragraph 1, of the Convention has elapsed without the case having been brought before the European Court of Human Rights in pursuance of Article 48 of the Convention;

Whereas in her application, declared admissible by the Commission on 18 October 1994, the applicant complained of the excessive length of certain civil proceedings;

Whereas in its report the Commission expressed, unanimously, the opinion that there had been a violation of Article 6, paragraph 1, of the Convention;

Whereas, at the 542nd meeting of the Ministers' Deputies, held on 11 September 1995 the Committee of Ministers, agreeing with the opinion expressed by the Commission, held, having voted in accordance with the provisions of Article 32, paragraph 1, of the Convention, that there had been in this case a violation of Article 6, paragraph 1, of the Convention;

Whereas the Committee of Ministers examined the proposals made by the Commission when transmitting its report as regards just satisfaction to be awarded to the applicant, proposals supplemented by a letter of the President of the Commission dated 7 July 1995;

Whereas, at thc 546th meeting of the Deputies, held on 19 October 1995 the Committee of Ministers decided, in accordance with Article 32, paragraph 2, of the Convention, that the Government of Italy was to pay the applicant as just satisfaction, within three months, 2 500 000 Italian lire in respect of non-pecuniary damage;

Whereas the Committee of Ministers invited the Government of Italy to inform it of the measures taken following its decisions of 11 September 1995 and 19 October 1995, having regard to Italy's obligation under Article 32, paragraph 4, of the Convention to abide by them;

Whereas the Government of Italy recalled that measures had already been taken to prevent the repetition of the violation found in this case, through notably the

Résolution DH (96) 310

Requête n° 23489/94
I.M. II c/ Italie

(adoptée par le Comité des Ministres le 25 juin 1996 lors de la 567e réunion des Délégués des Ministres)

Le Comité des Ministres, en vertu de l'article 32 de la Convention de sauvegarde des Droits de l'Homme et des Libertés fondamentales (ci-après dénommée «la Convention»),

Vu le rapport de la Commission européenne des Droits de l'Homme établi le 17 janvier 1995, conformément à l'article 31 de la Convention au sujet de la requête introduite le 4 mai 1993 par Mme I.M. contre l'Italie (Requête n° 23489/94);

Attendu que la Commission a transmis ledit rapport au Comité des Ministres le 2 mars 1995 et que le délai de trois mois prévu à l'article 32, paragraphe 1, de la Convention s'est écoulé sans que l'affaire ait été déférée à la Cour européenne des Droits de l'Homme en application de l'article 48 de la Convention;

Attendu que dans sa requête, déclarée recevable par la Commission le 18 octobre 1994, la requérante s'est plainte de la durée excessive d'une procédure civile;

Attendu que, dans son rapport, la Commission a exprimé l'avis, à l'unanimité, qu'il y avait eu violation de l'article 6, paragraphe 1, de la Convention;

Attendu que, lors de la 542e réunion des Délégués des Ministres, tenue le 11 septembre 1995, le Comité des Ministres, faisant sien l'avis exprimé par la Commission, a dit, ayant procédé au vote conformément aux dispositions de l'article 32, paragraphe 1, de la Convention, qu'il y avait eu dans cette affaire violation de l'article 6, paragraphe 1, de la Convention;

Attendu que le Comité des Ministres a examiné les propositions faites par la Commission, lors de la transmission de son rapport, au sujet d'une satisfaction équitable à accorder à la requérante, propositions complétées par lettre du Président de la Commission en date du 7 juillet 1995;

Attendu que, lors de la 546e réunion des Délégués, tenue le 19 octobre 1995, le Comité des Ministres a dit, conformément à l'article 32, paragraphe 2, de la Convention, que le Gouvernement de l'Italie devait verser à la requérante comme satisfaction équitable, dans les trois mois, 2 500 000 lires italiennes au titre du préjudice moral;

Attendu que le Comité des Ministres a invité le Gouvernement de l'Italie à l'informer des mesures prises à la suite de ses décisions des 11 septembre 1995 et 19 octobre 1995, eu égard à l'obligation qu'a l'Italie de s'y conformer selon l'article 32, paragraphe 4, de la Convention;

Attendu que le Gouvernement de l'Italie a rappelé que des mesures avaient été adoptées pour empêcher la répétition de la violation constatée dans la présente

entry into force on 30 April and 1 May 1995 of two laws restructuring the civil courts and speeding up the proceedings in civil cases (see Resolution DH (95) 82 in the case of Zanghì against Italy);

Whereas the Committee of Ministers satisfied itself that on 20 December 1995, within the time-limit set, the Government of Italy paid the applicant the total sum of 2 500 000 Italian lire as just satisfaction,

Declares, having taken note of the measures taken by the Government of Italy, that it has exercised its functions under Article 32 of the Convention in this case;

Authorises the publication of the report adopted by the Commission in this case.

Resolution DH (96) 381

concerning the judgment of the European Court of Human Rights of 21 May 1996 in the case of Ausiello V v. Italy

(Adopted by the Committee of Ministers on 25 June 1996 at the 567th meeting of the Ministers' Deputies)

The Committee of Ministers, under the terms of Article 54 of the Convention for the Protection of Human Rights and Fundamental Freedoms (hereinafter referred to as "the Convention"),

Having regard to the judgment of the European Court of Human Rights in the case of Ausiello delivered on 21 May 1996 and transmitted the same day to the Committee of Ministers;

Recalling that the case originated in an application (No. 20331/92) against Italy, lodged with the European Commission of Human Rights on 21 February 1992 under Article 25 of the Convention by Mr Pasquale Ausiello, an Italian national, and that the Commission declared admissible the complaint of the excessive length of certain proceedings before the Court of Audit;

Recalling that the case was brought before the Court by the Government of Italy on 18 October 1995;

Whereas in its judgment of 21 May 1996 the Court unanimously:

– held, that there had been a violation of Article 6, paragraph 1, of the Convention;

– held, that the present judgment constituted sufficient just satisfaction for the non-pecuniary damage alleged;

– dismissed the remainder of the applicant's claim for just satisfaction;

Having regard to the Rules adopted by the Committee of Ministers concerning the application of Article 54 of the Convention;

Having invited the Government of Italy to inform it of the measures which had been taken in consequence of the judgment of 21 May 1996, having regard to Italy's obligation under Article 53 of the Convention to abide by it;

Whereas the Government of Italy recalled that measures had already been tak-

affaire, avec notamment l'entrée en vigueur le 30 avril et le 1er mai 1995 de deux lois visant à restructurer les juridictions civiles et à accélérer les procédures civiles (voir la Résolution DH (95) 82 dans l'affaire Zanghì contre l'Italie);

Attendu que le Comité des Ministres s'est assuré que le Gouvernement de l'Italie avait versé à la requérante le 20 décembre 1995, dans le délai imparti, la somme totale de 2 500 000 lires italiennes comme satisfaction équitable,

Déclare, après avoir pris note des mesures prises par le Gouvernement de l'Italie, qu'il a rempli ses fonctions en vertu de l'article 32 de la Convention dans la présente affaire;

Autorise la publication du rapport adopté par la Commission dans cette affaire.

Résolution DH (96) 381

relative à l'arrêt de la Cour européenne des Droits de l'Homme du 21 mai 1996 dans l'affaire Ausiello V c/ Italie

(adoptée par le Comité des Ministres le 25 juin 1996, lors de la 567e réunion des Délégués des Ministres)

Le Comité des Ministres, en vertu de l'article 54 de la Convention de sauvegarde des Droits de l'Homme et des Libertés fondamentales (ci-après dénommée «la Convention»),

Vu l'arrêt de la Cour européenne des Droits de l'Homme rendu le 21 mai 1996 dans l'affaire Ausiello et transmis à la même date au Comité des Ministres;

Rappelant qu'à l'origine de cette affaire se trouve une requête (n° 20331/92) dirigée contre l'Italie, introduite devant la Commission européenne des Droits de l'Homme le 21 février 1992 en vertu de l'article 25 de la Convention, par M. Pasquale Ausiello, ressortissant italien, et que la Commission a déclaré recevable le grief relatif à la durée excessive d'une procédure devant la Cour des Comptes;

Rappelant que l'affaire a été portée devant la Cour par le Gouvernement de l'Italie le 18 octobre 1995;

Considérant que dans son arrêt du 21 mai 1996 la Cour, à l'unanimité:

– a dit qu'il y avait eu violation de l'article 6, paragraphe 1, de la Convention;

– a dit que le présent arrêt constituait une satisfaction équitable suffisante quant au préjudice moral allégué;

– a rejeté la demande de satisfaction équitable pour le surplus;

Vu les Règles adoptées par le Comité des Ministres relatives à l'application de l'article 54 de la Convention;

Ayant invité le Gouvernement de l'Italie à l'informer des mesures prises à la suite de l'arrêt du 21 mai 1996, eu égard à l'obligation qu'a l'Italie de s'y conformer selon l'article 53 de la Convention;

Considérant que le Gouvernement de l'Italie a rappelé que des mesures avaient

en to prevent the repetition of the violation found in this case, by a legislative decree of 15 November 1993 (No. 453), converted into parliamentary legislation by Act No. 19 of January 1994 (see, *inter alia*, Resolution DH (94) 25 in the case of Giancarlo Lombardo against Italy),

Declares, after having taken note of the information supplied by the Government of Italy, that it has exercised its functions under Article 54 of the Convention in this case.

Resolution DH (96) 468

concerning the judgment of the European Court of Human Rights of 22 February 1994 in the case of Raimondo v. Italy

(Adopted by the Committee of Ministers on 13 September 1996 at the 571st meeting of the Ministers' Deputies)

The Committee of Ministers, under the terms of Article 54 of the Convention for the Protection of Human Rights and Fundamental Freedoms (hereinafter referred to as "the Convention"),

Having regard to the judgment of the European Court of Human Rights in the Raimondo case delivered on 22 February 1994 and transmitted the same day to the Committee of Ministers;

Recalling that the case originated in an application against Italy lodged with the European Commission of Human Rights on 23 April 1987 under Article 25 of the Convention by Mr Guiseppe Raimondo, an Italian national, and that the Commission declared admissible the complaints regarding the confiscation of certain of his possessions, the special police supervision to which he was subjected and the length of the proceedings he brought to challenge these measures;

Recalling that the case was brought before the Court by the Commission on 18 January 1993;

Whereas in its judgment of 22 February 1994 the Court unanimously:

– held that no violation of Article 1 of Protocol No. 1 had been established either in respect of the confiscation of the applicant's property up to 31 December 1986 or in respect of the damage occasioned by those measures;

– held that there had been a breach of the same article inasmuch as the confiscation, on 16 October 1985, of a lorry and nine items of real property remained entered in the relevant registers after 31 December 1986 and that no other violation of that provision had been established;

– held that there had been a violation of Article 2 of Protocol No. 4 at least in so far as the special police supervision had continued after 2 December 1986;

– held that Article 6 of the Convention did not apply to the said special supervision;

– held that there had been no violation of that provision as regards the length

été adoptées pour empêcher la répétition de la violation constatée dans la présente affaire, par un décret-loi du 15 novembre 1993 (n° 453), converti en loi le 14 janvier 1994 (Loi n° 19) (voir, entre autres, la Résolution DH (94) 25 dans l'affaire Giancarlo Lombardo contre l'Italie),

Déclare, après avoir pris connaissance des informations fournies par le Gouvernement de l'Italie, qu'il a rempli ses fonctions en vertu de l'article 54 de la Convention dans la présente affaire.

Résolution DH (96) 468

relative à l'arrêt de la Cour européenne des Droits de l'Homme du 22 février 1994 dans l'affaire Raimondo c/ Italie

(adoptée par le Comité des Ministres le 13 septembre 1996, lors de la 571ᵉ réunion des Délégués des Ministres)

Le Comité des Ministres, en vertu de l'article 54 de la Convention de sauvegarde des Droits de l'Homme et des Libertés fondamentales (ci-après dénommée «la Convention»),

Vu l'arrêt de la Cour européenne des Droits de l'Homme rendu le 22 février 1994 dans l'affaire Raimondo et transmis à la même date au Comité des Ministres;

Rappelant qu'à l'origine de cette affaire se trouve une requête dirigée contre l'Italie, introduite devant la Commission européenne des Droits de l'Homme le 23 avril 1987 en vertu de l'article 25 de la Convention, par M. Giuseppe Raimondo, ressortissant italien, et que la Commission a déclaré recevables les griefs relatifs à la confiscation de certains de ses biens, à son placement sous surveillance spéciale de la police et à la durée de la procédure relative à son recours contre ces mesures;

Rappelant que l'affaire a été portée devant la Cour par la Commission le 18 janvier 1993;

Considérant que dans son arrêt du 22 février 1994 la Cour, à l'unanimité:

– a dit que nulle violation de l'article 1 du Protocole n° 1 ne se trouvait établie quant à la saisie et à la confiscation de biens du requérant jusqu'au 31 décembre 1986 ni quant aux dommages entraînés par lesdites mesures;

– a dit qu'il y avait eu méconnaissance du même article pour autant que la confiscation, le 16 octobre 1985, d'un camion et de neuf immeubles est demeurée inscrite dans les registres publics au-delà du 31 décembre 1986 et que nulle autre violation de ce texte ne s'est trouvée établie

– a dit qu'il y avait eu infraction à l'article 2 du Protocole n° 4 pour autant au moins que la surveillance spéciale de l'intéressé par la police avait continué après le 2 décembre 1986;

of the confiscation proceedings;

– held that the respondent state was to pay to Mr Raimondo, within three months, 10 000 000 Italian lire for non-pecuniary damage and 5 000 000 Italian lire for costs and expenses;

– dismissed the remainder of the applicant's claims for just satisfaction;

Having regard to the Rules adopted by the Committee of Ministers concerning the application of Article 54 of the Convention;

Having invited the Government of Italy to inform it of the measures which had been taken in consequence of the judgment of 22 February 1994, having regard to Italy's obligation under Article 53 of the Convention to abide by it;

Whereas, during the examination of the case by the Committee of Ministers, the Government of Italy gave the Committee information about the measures taken in consequence of the judgment, which information appears in the appendix to this resolution;

Having satisfied itself that on 30 July 1996 the Government of Italy paid the applicant the sums provided for in the judgment of 22 February 1994,

Declares, after having taken note of the information supplied by the Government of Italy, that it has exercised its functions under Article 54 of the Convention in this case.

Appendix to Resolution DH (96) 468

Information provided by the Government of Italy during the examination of the Raimondo case by the Committee of Ministers

In order to ensure that the violations found by the Court in the present case will not be repeated, the Ministry of Justice has distributed the Court's judgment, together with an Italian translation, to the authorities concerned.

Luxembourg

During 1996, in the exercise of its functions under Article 54, the Committee of Ministers adopted 2 resolutions concerning *Luxembourg*.

– a dit que l'article 6 de la Convention ne s'appliquait pas à ladite surveillance spéciale;

– a dit qu'il n'y avait pas eu violation de cette disposition quant à la durée de la procédure de confiscation;

– a dit que l'Etat défendeur devait verser à M. Raimondo, dans les trois mois, 10 000 000 de lires italiennes pour tort moral et 5 000 000 de lires italiennes pour frais et dépens;

– a rejeté les autres prétentions du requérant au titre de la satisfaction équitable;

Vu les Règles adoptées par le Comité des Ministres relatives à l'application de l'article 54 de la Convention;

Ayant invité le Gouvernement de l'Italie à l'informer des mesures prises à la suite de l'arrêt du 22 février 1994, eu égard à l'obligation qu'a l'Italie de s'y conformer selon l'article 53 de la Convention;

Considérant que, lors de l'examen de cette affaire par le Comité des Ministres, le Gouvernement de l'Italie a donné à celui-ci des informations sur les mesures prises à la suite de l'arrêt, informations qui sont résumées dans l'annexe à la présente résolution;

S'étant assuré que le 30 juillet 1996 le Gouvernement de l'Italie a versé au requérant les sommes prévues dans l'arrêt du 22 février 1994,

Déclare, après avoir pris connaissance des informations fournies par le Gouvernement de l'Italie, qu'il a rempli ses fonctions en vertu de l'article 54 de la Convention dans la présente affaire.

Annexe à la Résolution DH (96) 468

Informations fournies par le Gouvernement de l'Italie lors de l'examen de l'affaire Raimondo par le Comité des Ministres

Afin d'éviter une répétition des violations constatées par la Cour dans la présente affaire, le ministère de la Justice a diffusé l'arrêt de la Cour, ainsi qu'une traduction italienne de celui-ci, aux autorités concernées.

Luxembourg

Dans l'exercice des fonctions que lui attribue l'article 54, le Comité des Ministres a adopté, au courant de l'année 1996, 2 résolutions concernant le *Luxembourg*.

Appl. No	*Applicant*	*Interim resolution*	*"Classic" resolution*	*Final resolution*	*Complaints*
14570	Procola		(96) 19		Impartiality
21903	Felici		(96) 370		Fairness of proceedings (criminal)

Resolution DH (96) 19

concerning the judgment of the European Court of Human Rights of 28 September 1995 in the case of Procola v. Luxembourg

(Adopted by the Committee of Ministers on 9 February 1996 at the 556th meeting of the Ministers' Deputies)

The Committee of Ministers, under the terms of Article 54 of the Convention for the Protection of Human Rights and Fundamental Freedoms (hereinafter referred to as "the Convention"),

Having regard to the judgment of the European Court of Human Rights in the Procola case delivered on 28 September 1995 and transmitted the same day to the Committee of Ministers;

Recalling that the case originated in an application (No. 14570/89) against Luxembourg, lodged with the European Commission of Human Rights on 22 November 1988 under Article 25 of the Convention by an association under Luxembourg law – the Agricultural Association for the Promotion of Milk Marketing ("Procola") – and sixty-three of its members, and that the Commission declared admissible the complaints relating to the lack of independence and impartiality of the Judicial Committee of the *Conseil d'Etat*;

Recalling that the case was brought before the Court by the Commission on 9 September 1994;

Whereas in its judgment of 28 September 1995 the Court unanimously:

– held that Article 6, paragraph 1, of the Convention was applicable in this case;

– held that there had been a breach of Article 6, paragraph 1, of the Convention;

– held that the respondent state was to pay the applicant association, within three months, 350 000 Luxembourg francs for costs and expenses;

– dismissed the remainder of the claim for just satisfaction;

Having regard to the Rules adopted by the Committee of Ministers concerning

Requête n°	*Requérant*	*Résolution intérimaire*	*Résolution "classique"*	*Résolution finale*	*Griefs*
14570	Procola		(96) 19		Impartialité
21903	Felici		(96) 370		Procès équitable (procédure pénale)

Résolution DH (96) 19

relative à l'arrêt de la Cour européenne des Droits de l'Homme du 28 septembre 1995 dans l'affaire Procola c/ Luxembourg

(adoptée par le Comité des Ministres le 9 février 1996, lors de la 556e réunion des Délégués des Ministres)

Le Comité des Ministres, en vertu de l'article 54 de la Convention de sauvegarde des Droits de l'Homme et des Libertés fondamentales (ci-après dénommée «la Convention»),

Vu l'arrêt de la Cour européenne des Droits de l'Homme rendu le 28 septembre 1995 dans l'affaire Procola et transmis à la même date au Comité des Ministres;

Rappelant qu'à l'origine de cette affaire se trouve une requête (n° 14570/89) dirigée contre le Luxembourg, introduite devant la Commission européenne des Droits de l'Homme le 22 novembre 1988, en vertu de l'article 25 de la Convention, par une association de droit luxembourgeois, – l'Association agricole pour la promotion de la commercialisation laitière («Procola») – et soixante-trois de ses adhérents, et que la Commission a déclaré recevables les griefs relatifs au manque d'indépendance et d'impartialité du comité du contentieux du Conseil d'Etat;

Rappelant que l'affaire a été portée devant la Cour par la Commission le 9 septembre 1994;

Considérant que dans son arrêt du 28 septembre 1995 la Cour, à l'unanimité:

– a dit que l'article 6, paragraphe 1, de la Convention s'appliquait en l'espèce;

– a dit que l'article 6, paragraphe 1, de la Convention avait été violé;

– a dit que l'Etat défendeur devait verser à l'association requérante, dans les trois mois, 350 000 francs luxembourgeois pour frais et dépens;

– a rejeté la demande de satisfaction équitable pour le surplus;

Vu les Règles adoptées par le Comité des Ministres relatives à l'application de l'article 54 de la Convention;

the application of Article 54 of the Convention;

Having invited the Government of Luxembourg to inform it of the measures which had been taken in consequence of the judgment of 28 September 1995, having regard to Luxembourg's obligation under Article 53 of the Convention to abide by it;

Whereas, during the examination of the case by the Committee of Ministers, the Government of Luxembourg gave the Committee information about the measures taken in consequence of the judgment, which information appears in the appendix to this resolution;

Having satisfied itself that on 20 December 1995, within the time-limit set, the Government of Luxembourg paid the applicant association the sum provided for in the judgment of 28 September 1995,

Declares, after having taken note of the information supplied by the Government of Luxembourg, that it has exercised its functions under Article 54 of the Convention in this case.

Appendix to Resolution DH (96) 19

Information provided by the Government of Luxembourg during the examination of the Procola case by the Committee of Ministers

The Act of 27 October 1995, amending the Act of 8 February 1961, as amended, on the organisation of the *Conseil d'Etat*, contains notably the following provisions:

"Section I. The Act of 8 February 1961, as amended, on the organisation of the *Conseil d'Etat* shall henceforth read as follows:

1. A third paragraph shall be inserted in Section 1, which reads as follows: "The Judicial Committe shall be enlarged with five substitute members."

2. The following two paragraphs shall be added to Section 5: "The substitute members of the Judicial Committee shall be appointed by the Grand Duke and chosen from candidates who shall be court judges [. . .]."

[. . .]

3. [. . .]

4. Section 21 is replaced by the following text: "When sitting, deliberating and delivering its decisions, the Judicial Committee shall be composed of three members, subject to exceptions provided by special laws.

In case of impediment a member of the Judicial Committee shall be replaced by another member.

If it proves impossible to constitute the Judicial Committee, it will be completed by one or more substitute members of the Judicial Committee.

The decisions of the Judicial Committee are taken by a majority of votes."

5. A new third paragraph shall be added to Section 22, which reads as follows: "Likewise, the members of the Judicial Committee shall not sit in cases concerning the application of provisions of laws or decrees in respect of which they have taken part in the deliberations of the *Conseil d'Etat*."

Section II. The provisions under point 4. and 5. of the previous section shall apply

Ayant invité le Gouvernement du Luxembourg à l'informer des mesures prises à la suite de l'arrêt du 28 septembre 1995, eu égard à l'obligation qu'a le Luxembourg de s'y conformer selon l'article 53 de la Convention;

Considérant que, lors de l'examen de cette affaire par le Comité des Ministres, le Gouvernement du Luxembourg a donné à celui-ci des informations sur les mesures prises à la suite de l'arrêt, informations qui sont résumées dans l'annexe à la présente résolution;

S'étant assuré que le 20 décembre 1995, dans le délai imparti, le Gouvernement du Luxembourg a versé à l'association requérante la somme prévue dans l'arrêt du 28 septembre 1995,

Déclare, après avoir pris connaissance des informations fournies par le Gouvernement du Luxembourg, qu'il a rempli ses fonctions en vertu de l'article 54 de la Convention dans la présente affaire.

Annexe à la Résolution DH (96) 19

Informations fournies par le Gouvernement du Luxembourg lors de l'examen de l'affaire Procola par le Comité des Ministres

La loi du 27 octobre 1995, portant modification de la loi modifiée du 8 février 1961 portant organisation du Conseil d'Etat, contient notamment les articles suivantes:

« Article I. La loi modifiée du 8 février 1961 portant organisation du Conseil d'Etat est modifiée comme suit:

1. Il est ajouté à l'article 1er un alinéa trois de la teneur suivante: «Le Comité du Contentieux est complété par cinq membres suppléants.»

2. L'article 5 est complété par les deux alinéas ci-après: «Les membres suppléants du Comité du Contentieux sont nommés par le Grand-Duc et choisis parmi des candidats qui doivent être des magistrats de l'ordre judiciaire. (...).»

(...)

3. (...)

4. L'article 21 est remplacé par le texte suivant: «Le Comité du Contentieux siège, délibère et rend ses décisions au nombre de trois membres, sauf dérogations prévues par des lois spéciales.

Les membres du Comité du Contentieux se remplacent mutuellement en cas d'empêchement.

Si le Comité ne peut se composer utilement, il se complète par un ou plusieurs membres suppléants du Comité du Contentieux.

Les décisions du Comité sont arrêtées à la majorité des voix.»

5. Il est ajouté à l'article 22 un alinéa 3 nouveau qui a la teneur suivante: «De même, les membres du Comité du Contentieux ne peuvent siéger dans les affaires ayant trait à l'application de dispositions légales ou réglementaires au sujet desquelles ils ont pris part aux délibérations du Conseil d'Etat.»

to all disputes submitted to the Judicial Committee including those in respect of which the member-rapporteur has already established his report..
Section III. The present act shall enter into force on the day of its publication in the *Mémorial* and shall remain in force until 15 July 1996. At that date the term of office of the substitute members shall expire."

This act was published in the *Mémorial* No. A 89, p. 2060, on 30 October 1995.

This interim act will be replaced, as from 15 July 1996, by a new definitive act drafted in the same spirit and in a manner consistant with the European Court's judgment in the Procola case..

In the light of the above changes the Government of Luxembourg considers that there is no risk of any repetition of the violation found in the present case and that it has, accordingly, complied with its obligations under Article 53 of the Convention.

Netherlands

During 1996, in the exercise of its functions under Article 54, the Committee of Ministers adopted 4 resolutions concerning *the Netherlands.*

Appl. No.	*Applicant*	*Interim resolution*	*"Classic" resolutionn*	*Final resolution*	*Complaints*
18395	Lupker and Others		(96) 16		Length of criminal proceedings
19525	Finkensieper		(96) 159		Fairness of proceedings (criminal)
16616	Vereniging Weekblad		(96) 101		Freedom of expression
19005	Schouten et Meldrum		(96) 21		Length of civil proceedings, fairness of procedure

Resolution DH (96) 21

concerning the judgment of the European Court of Human Rights of 9 December 1994 in the cases of Schouten and Meldrum v. the Netherlands

(Adopted by the Committee of Ministers on 9 February 1996 at the 556th meeting of the Ministers' Deputies)

Article II. Les dispositions prévues aux points 4. et 5. de l'article qui précède s'appliquent à tous les litiges soumis au Comité du Contentieux y compris ceux où le conseiller-rapporteur a déjà fait son rapport.
Article III. La présente loi entre en vigueur le jour de sa publication au *Mémorial* et produit ses effets jusqu'au 15 juillet 1996. A cette date les fonctions des membres suppléants prennent fin de plein droit.»

Cette loi a été publiée dans le *Mémorial* n° A 89, p. 2060, le 30 octobre 1995.

Cette loi intérimaire sera remplacée, à partir du 15 juillet 1996, par une nouvelle loi définitive rédigée dans le même esprit et d'une manière conforme à l'arrêt de la Cour européenne dans l'affaire Procola.

A la lumière des changements précités le Gouvernement du Luxembourg estime qu'il n'y a plus de risque de répétition d'une violation de la Convention semblable à celle constatée dans la présente affaire et en conséquence qu'il a rempli ses obligations en vertu de l'article 53 de la Convention.

Pays-Bas

Dans l'exercice des fonctions que lui attribue l'article 54, le Comité des Ministres a adopté, au courant de l'année 1996, 4 résolutions concernant les *Pays-Bas.*

Requête n°	***Requérant***	***Résolution intérimaire***	***Résolution "classique"***	***Résolution finale***	***Griefs***
18395	Lupker et autres		(96) 16		Durée de procédure pénale
19525	Finkensieper		(96) 159		Procès équitable (pénale)
16616	Vereniging Weekblad		(96) 101		Liberté d'expression
19005	Schouten et Meldrum		(96) 21		Durée de procédure civile, procédure équitable

Résolution DH (96) 21

relative à l'arrêt de la Cour européenne des Droits de l'Homme du 9 décembre 1994 dans les affaires Schouten et Meldrum c/ Pays-Bas

(adoptée par le Comité des Ministres le 9 février 1996 lors de la 556e réunion des Délégués des Ministres)

The Committee of Ministers, under the terms of Article 54 of the Convention for the Protection of Human Rights and Fundamental Freedoms (hereinafter referred to as "the Convention"),

Having regard to the judgment of the European Court of Human Rights in the Schouten and Meldrum cases delivered on 9 December 1994 and transmitted the same day to the Committee of Ministers;

Recalling that the cases originated in two applications (Nos. 19005/91 and 19006/91) against the Netherlands, lodged with the European Commission of Human Rights on 4 September 1991 under Article 25 of the Convention by Mr Johannes Schouten and Mr Hendrik Alexander Meldrum, both Dutch nationals, and that the Commission declared admissible their complaints relating to the length of certain administrative procedures engaged against the applicants in order to determine the contributions owed by them under certain compulsory social insurance schemes and to the fairness of these proceedings;

Recalling that the cases were brought before the Court by the Commission on 9 December 1993 and by the Netherlands' Government on 24 February 1994;

Whereas in its judgment of 9 December 1994 the Court unanimously:

– held that Article 6, paragraph 1, of the Convention was applicable;

– held that there had been a violation of that provision as regards the "reasonable time" requirement;

– held that there had been no violation of that provision as regards "fairness";

– held that the respondent state was to pay each applicant, within three months, 10 000 Dutch guilders in respect of costs and expenses;

– dismissed the remainder of the claim for just satisfaction;

Having regard to the Rules adopted by the Committee of Ministers concerning the application of Article 54 of the Convention;

Having invited the Government of the Netherlands to inform it of the measures which had been taken in consequence of the judgment of 9 December 1994, having regard to the Netherlands' obligation under Article 53 of the Convention to abide by it;

Whereas, during the examination of the cases by the Committee of Ministers, the Government of the Netherlands gave the Committee information about the measures taken in consequence of the judgment, which information appears in the appendix to this resolution;

Having satisfied itself that on 16 February 1995, within the time-limit set, the Government of the Netherlands paid the applicants the sums provided for in the judgment of 9 December 1994,

Declares, after having taken note of the information supplied by the Government of the Netherlands, that it has exercised its functions under Article 54 of the Convention in these cases.

Le Comité des Ministres, en vertu de l'article 54 de la Convention de sauvegarde des Droits de l'Homme et des Libertés fondamentales (ci-après dénommée «la Convention»),

Vu l'arrêt de la Cour européenne des Droits de l'Homme rendu le 9 décembre 1994 dans les affaires Schouten et Meldrum et transmis à la même date au Comité des Ministres;

Rappelant qu'à l'origine de ces affaires se trouvent deux requêtes (n°s 19005/91 et 19006/91) dirigées contre les Pays-Bas, introduites devant la Commission européenne des Droits de l'Homme le 4 septembre 1991, en vertu de l'article 25 de la Convention, par M. Johannes Schouten et M. Hendrik Alexander Meldrum, tous les deux ressortissants néerlandais, et que la Commission a déclaré recevables les griefs relatifs à la durée des procédures administratives engagées afin de déterminer les cotisations dues par les requérants en vertu de certaines assurances sociales obligatoires et à l'équité de ces procédures;

Rappelant que les affaires ont été portées devant la Cour par la Commission le 9 décembre 1993 et par le Gouvernement néerlandais le 24 février 1994;

Considérant que dans son arrêt du 9 décembre 1994 la Cour, à l'unanimité:

– a dit que l'article 6, paragraphe 1, de la Convention était applicable;

– a dit qu'il y avait eu violation de cette disposition au regard de l'exigence d'un «délai raisonnable»;

– a dit qu'il n'y avait pas eu violation de cette disposition du point de vue du «caractère équitable»;

– a dit que l'Etat défendeur devait verser à chaque requérant, dans les trois mois, 10 000 florins néerlandais pour frais et dépens;

– a rejeté pour le surplus les demandes de satisfaction équitable;

Vu les Règles adoptées par le Comité des Ministres relatives à l'application de l'article 54 de la Convention;

Ayant invité le Gouvernement des Pays-Bas à l'informer des mesures prises à la suite de l'arrêt du 9 décembre 1994, eu égard à l'obligation qu'ont les Pays-Bas de s'y conformer selon l'article 53 de la Convention;

Considérant que, lors de l'examen de ces affaires par le Comité des Ministres, le Gouvernement des Pays-Bas a donné à celui-ci des informations sur les mesures prises à la suite de l'arrêt, informations qui sont résumées dans l'annexe à la présente résolution;

S'étant assuré que le 16 février 1995, dans le délai imparti, le Gouvernement des Pays-Bas a versé aux requérants les sommes prévues dans l'arrêt du 9 décembre 1994,

Déclare, après avoir pris connaissance des informations fournies par le Gouvernement des Pays-Bas, qu'il a rempli ses fonctions en vertu de l'article 54 de la Convention dans les présentes affaires.

Appendix to Resolution DH (96) 21

Information provided by the Government of the Netherlands during the examination of the Schouten and Meldrum cases by the Committee of Ministers

The General Administrative Code (*Algemene Wet Bestuursrecht*) entered into force on 1 January 1994. It lays down new uniform rules of administrative procedures which apply also to cases such as the present ones (see also the Court's judgment in these cases, paragraph 42).

Anyone wishing to challenge a decision by an occupational association concerning contributions under social security schemes may, accordingly, henceforth lodge an administrative objection with that body within six weeks from the decision (section 6:7).

If the occupational association fails to decide within a reasonable time or refuses to do so, the party seeking review can lodge an appeal with the regional court (*Arrondissementsrechtbank*) without waiting any longer for a decision (sections 6:2, 6:12 and 8.1.1). It is thus no longer necessary to request formal confirmation of a decision of an occupational association before lodging an appeal to the regional court.

The decision of the regional court may be appealed before the Central Appeals Tribunal (section 18 of the Appeals Act – *Beroepswet*).

These legislative reforms should, in the opinion of the Netherlands' Government, be sufficient to prevent the repetition of violations of the kind at issue in the present cases.

In addition, a detailed summary in Dutch of the Court's judgment has been published in the *Nederlands Juristenblad*, year 70 (1995), pp. 219-220.

Resolution DH (96) 101

concerning the judgment of the European Court of Human Rights of 9 February 1995 in the case of Vereniging Weekblad *Bluf!* v. the Netherlands

(Adopted by the Committee of Ministers on 22 March 1996 at the 559th meeting of the Ministers' Deputies)

The Committee of Ministers, under the terms of Article 54 of the Convention for the Protection of Human Rights and Fundamental Freedoms (hereinafter referred to as "the Convention"),

Having regard to the judgment of the European Court of Human Rights in the Vereniging Weekblad *Bluf!* case delivered on 9 February 1995 and transmitted the same day to the Committee of Ministers;

Recalling that the case originated in an application (No. 16616/90) against the Netherlands, lodged with the European Commission of Human Rights on 4 May

Annexe à la Résolution DH (96) 21

Informations fournies par le Gouvernement des Pays-Bas lors de l'examen de les affaires Schouten et Meldrum par le Comité des Ministres

Le 1er janvier 1994 est entré en vigueur le code administratif général (*Algemene Wet Bestuursrecht*) fixant de nouvelles règles uniformes de procédure administrative s'appliquant aussi à des affaires telles que celles-ci (voir aussi l'arrêt de la Cour dans ces affaires, paragraphe 42).

Toute personne souhaitant attaquer une décision d'une association professionnelle concernant des cotisations à un régime de sécurité sociale peut ainsi dorénavant adresser une réclamation à cette association dans les six semaines à partir de la décision (article 6:7).

Si l'association professionnelle ne décide pas dans un délai raisonnable ou refuse de se prononcer, le réclamant peut adresser un recours au tribunal d'arrondissement (*Arrondissementsrechtbank*) sans attendre plus longtemps une décision (articles 6:2, 6:12 et 8.1.1). Il n'est donc plus nécessaire de demander et de recevoir la confirmation formelle de la décision de l'association professionnelle avant de pouvoir interjeter cet appel.

La décision du tribunal d'arrondissement est susceptible d'appel devant la commission centrale de recours (article 18 de la loi sur les recours – *Beroepswet*).

De l'avis du Gouvernement néerlandais, ces mesures législatives devraient pouvoir empêcher la répétition de violations telles que celle constatée dans les présentes affaires.

De surcroît un résumé circonstancié en néerlandais de l'arrêt de la Cour a été publié dans le *Nederlands Juristenblad*, année 70 (1995), pp. 219-220.

Résolution DH (96) 101

relative à l'arrêt de la Cour européenne des Droits de l'Homme du 9 février 1995 dans l'affaire Vereniging Weekblad *Bluf!* c/ Pays- Bas

(adoptée par le Comité des Ministres le 22 mars 1996, lors de la 559e réunion des Délégués des Ministres)

Le Comité des Ministres, en vertu de l'article 54 de la Convention de sauvegarde des Droits de l'Homme et des Libertés fondamentales (ci-après dénommée «la Convention»),

Vu l'arrêt de la Cour européenne des Droits de l'Homme rendu le 9 février 1995 dans l'affaire Vereniging Weekblad *Bluf!* et transmis à la même date au Comité des Ministres;

Rappelant qu'à l'origine de cette affaire se trouve une requête (n° 16616/90) dirigée contre les Pays-Bas, introduite devant la Commission européenne des

1988 under Article 25 of the Convention by the association, Vereniging Weekblad *Bluf!*, whose seat is in Amsterdam, and that the Commission declared admissible the complaint concerning the seizure of one of the issues of the applicant association's periodical;

Recalling that the case was brought before the Court by the Commission on 9 December 1993;

Whereas in its judgment of 9 February 1995 the Court unanimously:

– held that there had been a breach of Article 10 of the Convention;

– held that the respondent state was to pay the applicant association, within three months, 60 000 guilders for costs and expenses;

– dismissed the remainder of the claim for just satisfaction;

Having regard to the Rules adopted by the Committee of Ministers concerning the application of Article 54 of the Convention;

Having invited the Government of the Netherlands to inform it of the measures which had been taken in consequence of the judgment of 9 February 1995, having regard to the Netherlands' obligation under Article 53 of the Convention to abide by it;

Whereas, during the examination of the case by the Committee of Ministers, the Government of the Netherlands gave the Committee information about the measures taken in consequence of the judgment, which information appears in the appendix to this resolution;

Having satisfied itself that on 4 May 1995, within the time-limit set, the Government of the Netherlands paid the applicant the sum provided for in the judgment of 9 February 1995,

Declares, after having taken note of the information supplied by the Government of the Netherlands, that it has exercised its functions under Article 54 of the Convention in this case.

Appendix to Resolution DH (96) 101

Information provided by the Government of the Netherlands during the examination of the Vereniging Weekblad Bluf! case by the Committee of Ministers

The attention of the Netherlands' authorities has been drawn to the requirements of Article 10 of the Convention in situations comparable to the one at issue in the present case, *inter alia*, through the publication of a translation of the Court's judgment in the *Nederlands Juristenblad*, year 70 (1995), pp. 207-208.

Portugal

During 1996, in the exercise of its functions under Article 54, the Committee of Ministers adopted 10 resolutions concerning *Portugal*.

Droits de l'Homme le 4 mai 1988, en vertu de l'article 25 de la Convention, par l'association, Vereniging Weekblad *Bluf!*, ayant son siège à Amsterdam, et que la Commission a déclaré recevable le grief relatif à la saisie d'un des numéros du périodique de l'association requérante;

Rappelant que l'affaire a été portée devant la Cour par la Commission le 9 décembre 1993;

Considérant que dans son arrêt du 9 février 1995 la Cour, à l'unanimité:

– a dit qu'il y avait eu violation de l'article 10 de la Convention;

– a dit que l'Etat défendeur devait verser à la requérante, dans les trois mois, 60 000 florins pour frais et dépens;

– a rejeté la demande de satisfaction équitable pour le surplus;

Vu les Règles adoptées par le Comité des Ministres relatives à l'application de l'article 54 de la Convention;

Ayant invité le Gouvernement des Pays-Bas à l'informer des mesures prises à la suite de l'arrêt du 9 février 1995, eu égard à l'obligation qu'ont les Pays-Bas de s'y conformer selon l'article 53 de la Convention;

Considérant que, lors de l'examen de cette affaire par le Comité des Ministres, le Gouvernement des Pays-Bas a donné à celui-ci des informations sur les mesures prises à la suite de l'arrêt, informations qui sont résumées dans l'annexe à la présente résolution;

S'étant assuré que le 4 mai 1995, dans le délai imparti, le Gouvernement des Pays-Bas a versé à l'association requérante la somme prévue dans l'arrêt du 9 février 1995,

Déclare, après avoir pris connaissance des informations fournies par le Gouvernement des Pays-Bas, qu'il a rempli ses fonctions en vertu de l'article 54 de la Convention dans la présente affaire.

Annexe à la Résolution DH (96) 101

Informations fournies par le Gouvernement des Pays-Bas lors de l'examen de l'affaire Vereniging Weekblad Bluf! par le Comité des Ministres

L'attention des autorités néerlandaises a été attirée sur les exigences de l'article 10 de la Convention dans des situations comparables à celle en cause dans la présente affaire, entre autres, à travers la publication d'une traduction de l'arrêt dans le *Nederlands Juristenblad*, année 70 (1995), pp. 207-208.

Portugal

Dans l'exercice des fonctions que lui attribue l'article 54, le Comité des Ministres a adopté, au courant de l'année 1996, 10 résolutions concernant le *Portugal*.

Appl. No.	*Applicant*	*Interim resolution*	*"Classic" resolution*	*Final resolution*	*Complaints*
20466	Araùjo Simoes		(96) 94		Length of civil proceedings
19470	Barros E SA Gomes		(96) 95		Length of civil proceedings
18737	Dias e Costa Lda		(96) 604		Length of civil proceedings
20744	Dias Marques	(95) 243	(96) 96		Length of civil proceedings, fairness of proceedings (civil)
19995	Geraldes Barba	(95) 447	(97) 10		Length of civil proceedings
18335	J.M.A.	(95) 244	(96) 98		Length of civil proceedings
18347	L.L.		(96) 97		Length of civil proceedings (criminal)
20273	Silva Nobre (2)		(96) 99		Length of civil proceedings, fairness of proceedings (civil)

Resolution DH (96) 604

Application No. 18737/91. Dias E Costa Lda. v. Portugal

(Adopted by the Committee of Ministers on 15 November 1996 at the 576th meeting of the Ministers' Deputies)

The Committee of Ministers, under the terms of Article 32 of the Convention for the Protection of Human Rights and Fundamental Freedoms (hereinafter referred to as "the Convention"),

Having regard to the report drawn up on 22 February 1995, by the European Commission of Human Rights in accordance with Article 31 of the Convention relating to the application lodged on 18 June 1991 by the company Dias e Costa Lda. against Portugal (Application No. 18737/91);

Whereas on 29 March 1995 the Commission transmitted the said report to the Committee of Ministers and whereas the period of three months provided for in Article 32, paragraph 1, of the Convention has elapsed without the case having

Requête n^o	*Requérant*	*Résolution intérimaire*	*Résolution "classique"*	*Résolution finale*	*Griefs*
20466	Araùjo Simoes		(96) 94		Durée de procédure civile
19470	Barros E SA Gomes		(96) 95		Durée de procédure civile
18737	Dias e Costa Lda		(96) 604		Durée de procédure civile
20744	Dias Marques	(95) 243	(96) 96		Durée de procédure civile, procès équitable
19995	Geraldes Barba	(95) 447	(97) 10		Durée de procédure civile
18335	J.M.A.	(95) 244	(96) 98		Durée de procédure civile
18347	L.L.		(96) 97		Durée de procédure civile
20273	Silva Nobre (2)		(96) 99		Durée de procédure civile, procès équitable

Résolution DH (96) 604

Requpete n° 18737/91
Dias E Costa Lda. c/ Portugal

(adoptée par le Comité des Ministres le 15 novembre 1996, lors de la 576e réunion des Délégués des Ministres)

Le Comité des Ministres, en vertu de l'article 32 de la Convention de sauvegarde des Droits de l'Homme et des Libertés fondamentales (ci-après dénommée «la Convention»),

Vu le rapport de la Commission européenne des Droits de l'Homme établi le 22 février 1995, conformément à l'article 31 de la Convention au sujet de la requête introduite le 18 juin 1991 par la société Dias e Costa Lda. contre le Portugal (Requête n° 18737/91);

Attendu que la Commission a transmis ledit rapport au Comité des Ministres le 29 mars 1995 et que le délai de trois mois prévu à l'article 32, paragraphe 1, de la Convention s'est écoulé sans que l'affaire ait été déférée à la Cour européenne des

been brought before the European Court of Human Rights in pursuance of Article 48 of the Convention;

Whereas in its application, as declared admissible by the Commission on 31 August 1994 (final decision on the admissibility), the applicant company complained of the excessive length of certain civil proceedings;

Whereas in its report the Commission expressed, unanimously, the opinion that there had been a violation of Article 6, paragraph 1, of the Convention;

Whereas, at the 542nd meeting of the Ministers' Deputies, the Committee of Ministers, agreeing with the opinion expressed by the Commission, held, in a decision adopted on 11 September 1995, having voted in accordance with the provisions of Article 32, paragraph 1, of the Convention, that there had been in this case a violation of Article 6, paragraph 1, of the Convention;

Whereas the Committee of Ministers examined the proposals made by the Commission when transmitting its report as regards just satisfaction to be awarded to the applicant company, proposals supplemented by a letter of the President of the Commission dated 26 May 1995;

Whereas, at the 549th meeting of the Deputies, the Committee of Ministers held, in a decision adopted on 20 November 1995, in accordance with Article 32, paragraph 2, of the Convention, that the Government of Portugal was to pay the applicant company as just satisfaction, within three months, 585 000 Portuguese escudos in respect of non-pecuniary damage and 200 000 Portuguese escudos in respect of costs and expenses, namely a total sum of 785 000 Portuguese escudos;

Whereas the Committee of Ministers invited the Government of Portugal to inform it of the measures taken following its decisions of 11 September 1995 and 20 November 1995, having regard to Portugal's obligation under Article 32, paragraph 4, of the Convention to abby them;

Whereas, during the examination of the case by the Committee of Ministers, the Government of Portugal recalled that measures had already been taken to prevent the repetition of the violation found in this case, through the reorganisation of the Portuguese court system introduced by the Act of 20 August 1992 (no. 24/92), as implemented by the Decree of 15 September 1993 (no. 312/93) and by the Legislative Decree of 17 June 1994 (no. 222/94) (see, *inter alia*, Resolution DH (94) 71 in the case of Gama Cidrais against Portugal and Resolution DH (94) 76 in the case of Martins da Cunha against Portugal);

Whereas the Committee of Ministers satisfied itself that on 25 July 1996, the Government of Portugal paid into a bank account, opened in the name of the company Dias e Costa Lda., the total sum of 785 000 Portuguese escudos as just satisfaction, as the applicant company did not exist any longer and the former holders were untraceable,

Declares, having taken note of the measures taken by the Government of Portugal, that it has exercised its functions under Article 32 of the Convention in this case;

Authorises the publication of the report adopted by the Commission in this case.

Droits de l'Homme en application de l'article 48 de la Convention;

Attendu que dans sa requête, telle que déclarée recevable par la Commission le 31 août 1994 (décision finale sur la recevabilité), la société requérante s'est plainte de la durée excessive d'une procédure civile;

Attendu que, dans son rapport, la Commission a exprimé l'avis, à l'unanimité, qu'il y avait eu violation de l'article 6, paragraphe 1, de la Convention;

Attendu que, lors de la 542e réunion des Délégués des Ministres, le Comité des Ministres, faisant sien l'avis exprimé par la Commission, a dit, dans une décision adoptée le 11 septembre 1995, ayant procédé au vote conformément aux dispositions de l'article 32, paragraphe 1, de la Convention, qu'il y avait eu dans cette affaire violation de l'article 6, paragraphe 1, de la Convention;

Attendu que le Comité des Ministres a examiné les propositions faites par la Commission, lors de la transmission de son rapport, au sujet d'une satisfaction équitable à accorder à la société requérante, propositions complétées par lettre du Président de la Commission en date du 26 mai 1995;

Attendu que, lors de la 549e réunion des Délégués, le Comité des Ministres a dit, dans une décision adoptée le 20 novembre 1995, conformément à l'article 32, paragraphe 2, de la Convention, que le Gouvernement du Portugal devait verser à la société requérante comme satisfaction équitable, dans les trois mois, 585 000 escudos au titre du préjudice moral et 200 000 escudos au titre des frais et dépens, soit la somme totale de 785 000 escudos;

Attendu que le Comité des Ministres a invité le Gouvernement du Portugal à l'informer des mesures prises à la suite de ses décisions des 11 septembre 1995 et 20 novembre 1995, eu égard à l'obligation qu'a le Portugal de s'y conformer selon l'article 32, paragraphe 4, de la Convention;

Considérant que, lors de l'examen de cette affaire par le Comité des Ministres, le Gouvernement du Portugal a rappelé que des mesures avaient déjà adoptées afin d'empêcher la répétition de la violation constatée dans la présente affaire, par la réorganisation du système judiciaire portugais introduite par la loi du 20 août 1992 (n° 24/92), par son décret d'application du 15 septembre 1993 (n° 312/93) et par le décret-loi du 17 juin 1994 (n° 222/94) (voir, notamment, la Résolution DH (96) 71 dans l'affaire Gama Cidrais contre le Portugal et la Résolution DH (96) 76 dans l'affaire Martins da Cunha contre le Portugal);

Attendu que le Comité des Ministres s'est assuré que le Gouvernement du Portugal avait versé le 25 juillet 1996, la somme totale de 785 000 escudos comme satisfaction équitable, sur un compte ouvert au nom de la société Dias e Costa Lda., car la société requérante n'existait plus et les anciens titulaires étaient introuvables,

Déclare, après avoir pris note des mesures prises par le Gouvernement du Portugal, qu'il a rempli ses fonctions en vertu de l'article 32 de la Convention dans la présente affaire;

Autorise la publication du rapport adopté par la Commission dans cette affaire.

Switzerland

During 1996, in the exercise of its functions under Article 54, the Committee of Ministers adopted 2 resolutions concerning *Switzerland.*

(For Resolution DH (96) 467, M.S. and others v. Switzerland, see p. 378)

Resolution DH (96) 469

Application No. 17951/91
H. B. v. Switzerland

(Adopted by the Committee of Ministers on 13 September 1996 at the 571st meeting of the Ministers' Deputies)

The Committee of Ministers, under the terms of Article 32 of the Convention for the Protection of Human Rights and Fundamental Freedoms (hereinafter referred to as "the Convention"),

Having regard to the report drawn up on 18 October 1995 by the European Commission of Human Rights in accordance with Article 31 of the Convention relating to the application lodged on 16 January 1991 by Mr H. B. against Switzerland (Application No. 17951/91);

Whereas on 24 November 1995 the Commission transmitted the said report to the Committee of Ministers and whereas the case has not been referred to the European Court of Human Rights, neither by the Commission nor by a state entitled to do so under Article 48 of the Convention, within the time-limit of three months from the transmission of the reports to the Chairman of the Committee of Ministers; however, whereas that within this time-limit, the applicant seized the Court in accordance with Protocol No. 9 but considering that the screening panel of the Court decided on 17 may 1996 that this case would not be considered by the Court, the Committee of Ministers is now called upon to take a decision in accordance with Article 32 of the Convention and with Article 48 of the Convention as amended by Article 5 of Protocol No. 9 for those states having ratified the latter;

Whereas in his application, as declared admissible by the Commission on 5 April 1995, the applicant complained of the absence of a public hearing before the Cantonal Tax Appeals Commission;

Whereas in its report the Commission expressed, by nine votes to four, the opinion that there had been no violation of Article 6, paragraph 1, of the Convention;

Whereas, at the 571st meeting of the Ministers' Deputies held on 4 September 1996, the Committee of Ministers, agreeing with the opinion expressed by the Commission, held, having voted in accordance with the provisions of Article 32, paragraph 1, of the Convention, that there had not been in this case no violation of Article 6, paragraph 1, of the Convention,

Declares that it has exercised its functions under Article 32 of the Convention

Suisse

Dans l'exercice des fonctions que lui attribue l'article 54, le Comité des Ministres a adopté, au courant de l'année 1996, 2 résolutions concernant la *Suisse*.
(Pour la Résolution DH (96) 467, M.S. et autres c/ Suisse, voir p. 378).

Résolution DH (96) 469

Requête n° 17951/91
H. B. c/ Suisse

(adoptée par le Comité des Ministres le 13 septembre 1996, lors de la 571e réunion des Délégués des Ministres)

Le Comité des Ministres, en vertu de l'article 32 de la Convention de sauvegarde des Droits de l'Homme et des Libertés fondamentales (ci-après dénommée «la Convention»),

Vu le rapport de la Commission européenne des Droits de l'Homme établi le 18 octobre 1995, conformément à l'article 31 de la Convention au sujet de la requête introduite le 16 janvier 1991 par M. H. B. contre la Suisse (Requête n° 17951/91);

Attendu que la Commission a transmis ledit rapport au Comité des Ministres le 24 novembre 1995 et que l'affaire n'a pas été déférée à la Cour européenne des Droits de l'Homme par la Commission ou par un Etat, en vertu de l'article 48 de la Convention, dans les trois mois suivant la date à laquelle le rapport a été transmis au Président du Comité des Ministres; attendu cependant que, dans ce délai, le requérant a saisi la Cour en vertu du Protocole n° 9, mais étant donné que le Comité de filtrage de la Cour a décidé le 17 mai 1996 que l'affaire ne serait pas examinée par la Cour, le Comité des Ministres est maintenant appelé à prendre une décision, conformément à l'article 32 de la Convention et à l'article 48 de la Convention, tel que modifié par l'article 5 du Protocole n° 9 pour les Etats l'ayant ratifié;

Attendu que dans sa requête, telle que déclarée recevable par la Commission le 5 avril 1995, le requérant s'est plaint de l'absence d'audience publique devant la commission cantonale d'appel en matière fiscale;

Attendu que, dans son rapport, la Commission a exprimé l'avis, par neuf voix contre quatre, qu'il n'y avait pas eu violation de l'article 6, paragraphe 1, de la Convention;

Attendu que, lors de la 571e réunion des Délégués des Ministres, tenue le 4 septembre 1996, le Comité des Ministres, faisant sien l'avis exprimé par la Commission, a dit, ayant procédé au vote conformément aux dispositions de l'article 32, paragraphe 1, de la Convention, qu'il n'y avait pas eu dans cette affaire violation de l'article 6, paragraphe 1, de la Convention,

in this case;

Authorises the publication of the report adopted by the Commission in this case.

Turkey

During 1996, in the exercise of its functions under Article 54, the Committee of Ministers adopted 3 resolutions concerning *Turkey*.

Resolution DH (96) 22

concerning the judgment of the European Court of Human Rights of 8 June 1995 in the case of Mansur v. Turkey

(Adopted by the Committee of Ministers on 9 February 1996 at the 556th meeting of the Ministers' Deputies)

The Committee of Ministers, under the terms of Article 54 of the Convention for the Protection of Human Rights and Fundamental Freedoms (hereinafter referred to as "the Convention"),

Having regard to the judgment of the European Court of Human Rights in the Mansur case delivered on 8 June 1995 and transmitted the same day to the Committee of Ministers;

Recalling that the case originated in an application (No. 16026/90) against Turkey, lodged with the European Commission of Human Rights on 23 November 1989 under Article 25 of the Convention by Mr Sadi Mansur, a Turkish national, and that the Commission declared admissible the complaints relating to the length of the applicant's detention pending trial and of the criminal proceedings brought against him;

Recalling that the case was brought before the Court by the Commission on 15 April 1994;

Whereas in its judgment of 8 June 1995 the Court unanimously:

– dismissed the preliminary objection of lack of jurisdiction *ratione temporis*;

– dismissed the objection that domestic remedies were not exhausted;

– dismissed the objection based on loss of victim status;

– held that there had been a breach of Article 5, paragraph 3, of the Convention on account of the length of the applicant's detention;

– held that there had been a breach of Article 6, paragraph 1, of the Convention on account of the length of the criminal proceedings;

– held that the respondent state was to pay the applicant, within three months, 30 000 French francs in respect of non-pecuniary damage and 30 000 francs in respect of costs and fees, less 14 106 francs 50 centimes;

– dismissed the remainder of the claim for just satisfaction;

Déclare qu'il a rempli ses fonctions en vertu de l'article 32 de la Convention dans la présente affaire;

Autorise la publication du rapport adopté par la Commission dans cette affaire.

Turquie

Dans l'exercice des fonctions que lui attribue l'article 54, le Comité des Ministres a adopté, au courant de l'année 1996, 3 résolutions concernant la *Turquie.*

Résolution DH (96) 22

Relative à l'arrêt de la Cour européenne des Droits de l'Homme du 8 juin 1995 dans l'affaire Mansur c/ Turquie

(adoptée par le Comité des Ministres le 9 février 1996, lors de la 556ᵉ réunion des Délégués des Ministres)

Le Comité des Ministres, en vertu de l'article 54 de la Convention de sauvegarde des Droits de l'Homme et des Libertés fondamentales (ci-après dénommée «la Convention»),

Vu l'arrêt de la Cour européenne des Droits de l'Homme rendu le 8 juin 1995 dans l'affaire Mansur et transmis à la même date au Comité des Ministres;

Rappelant qu'à l'origine de cette affaire se trouve une requête (n° 16026/90) dirigée contre la Turquie, introduite devant la Commission européenne des Droits de l'Homme le 23 novembre 1989, en vertu de l'article 25 de la Convention, par M. Sadi Mansur, ressortissant turc, et que la Commission a déclaré recevables les griefs relatifs à la durée de la détention provisoire et de la procédure pénale diligentée contre le requérant;

Rappelant que l'affaire a été portée devant la Cour par la Commission le 15 avril 1994;

Considérant que dans son arrêt du 8 juin 1995 la Cour, à l'unanimité:

– a rejeté l'exception d'incompétence *ratione temporis*;

– a rejeté l'exception de non-épuisement des voies de recours internes;

– a rejeté l'exception tirée de la perte de la qualité de victime;

– a dit qu'il y avait eu violation de l'article 5, paragraphe 3, de la Convention à cause de la durée de la détention du requérant;

– a dit qu'il y avait eu violation de l'article 6, paragraphe 1, de la Convention à raison de la durée de la procédure pénale;

– a dit que l'Etat défendeur devait verser au requérant, dans les trois mois, 30 000 francs français pour dommage moral et 30 000 francs pour frais et honoraires, moins 14 106 francs et 50 centimes;

– a rejeté les demandes de satisfaction équitable pour le surplus;

Having regard to the Rules adopted by the Committee of Ministers concerning the application of Article 54 of the Convention;

Having invited the Government of Turkey to inform it of the measures which had been taken in consequence of the judgment of 8 June 1995, having regard to Turkey's obligation under Article 53 of the Convention to abide by it;

Whereas, during the examination of the case by the Committee of Ministers, the Government of Turkey gave the Committee information about the measures taken in consequence of the judgment, which information appears in the appendix to this resolution;

Having satisfied itself that on 11 September 1995 the Government of Turkey paid the applicant the sums provided for in the judgment of 8 June 1995,

Declares, after having taken note of the information supplied by the Government of Turkey, that it has exercised its functions under Article 54 of the Convention in this case.

Appendix to Resolution DH (96) 22

Information provided by the Government of Turkey during the examination of the Mansur case by the Committee of Ministers

1. Article 110 of the Code of Judicial Procedure, as amended by Act 3842, which entered into force on 1 December 1992, provides:

"The length of detention during the preliminary investigation cannot exceed six months. If criminal proceedings are instituted, the length of detention cannot exceed two years, including the detention already imposed.

If no criminal proceedings are instituted or if no judgment is rendered because of particular problems relating to the investigation or the judgment, the detention order is lifted at the expiration of the above time-limits if the maximum sanction risked does not exceed seven years' imprisonment. In those cases where the sanction risked is equal to or exceeds seven years' imprisonment, or is capital punishment, the decision whether to lift or continue the detention may take into account the motives underlying the detention, the state of the evidence in the case and the accused's personal situation; release may also be ordered after an adequate monetary guarantee has been fixed."

2. Furthermore, directly after it received the judgment of the European Court of Human Rights in this case, the Ministry of Foreign Affairs transmitted the judgment to the Ministry of Justice with a request that it be communicated to all courts concerned, after being duly translated.

3. Subsequently, Dr Seref Ünal, associate university professor and a high ranking official within the Ministry of Justice, published an article summarising the Mansur judgment of the Court and stressing the criteria used by the Court when ascertaining whether or not the length of the detention on remand and the criminal proceedings at issue had a reasonable character. The article concluded by indicating the main legal and organisational problems raised by the Court's judgment.

Vu les Règles adoptées par le Comité des Ministres relatives à l'application de l'article 54 de la Convention;

Ayant invité le Gouvernement de la Turquie à l'informer des mesures prises à la suite de l'arrêt du 8 juin 1995, eu égard à l'obligation qu'a la Turquie de s'y conformer selon l'article 53 de la Convention;

Considérant que, lors de l'examen de cette affaire par le Comité des Ministres, le Gouvernement de la Turquie a donné à celui-ci des informations sur les mesures prises à la suite de l'arrêt, informations qui sont résumées dans l'annexe à la présente résolution;

S'étant assuré que le 11 septembre 1995, le Gouvernement de la Turquie a versé au requérant les sommes prévues dans l'arrêt du 8 juin 1995,

Déclare, après avoir pris connaissance des informations fournies par le Gouvernement de la Turquie, qu'il a rempli ses fonctions en vertu de l'article 54 de la Convention dans la présente affaire.

Annexe à la Résolution DH (96) 22

Informations fournies par le Gouvernement de la Turquie lors de l'examen de l'affaire Mansur par le Comité des Ministres

1. L'article 110 du Code de procédure pénale, tel qu'amendé par la loi 3842, entrée en vigueur le 1er décembre 1992, dispose que :

«La durée de la détention pendant l'instruction préliminaire ne peut dépasser les six mois. En cas d'ouverture d'une action publique, cette durée ne peut dépasser deux ans, la durée de détention subie y comprise.

En cas de non-ouverture de l'action publique ou de non-prononciation d'un jugement en raison des difficultés particulières de l'instruction ou du jugement à l'expiration des délais prévus, le mandat de dépôt est levé si la limite minimale de la peine prévue par la loi s'élève jusqu'à sept ans. Dans les cas où la peine prévue est égale ou supérieure à sept ans, ou s'avère être la peine capitale, la levée ou le maintien de la détention de l'accusé peuvent être prononcés en tenant compte du motif de la détention, de l'état des preuves et de la situation personnelle de l'accusé; la libération peut également être prononcée après fixation d'une caution pécuniaire adéquate.»

2. De surcroît, le Ministre des Affaires Etrangères a, dès sa réception, transmis l'arrêt de la Cour européenne des Droits de l'Homme adopté dans cette affaire, au ministère de la Justice avec demande qu'il soit communiqué à toutes les juridictions intéressées, après avoir été dûment traduit.

3. Par la suite, le Dr Seref Ünal, agrégé de l'université et haut responsable du ministère de la Justice, a publié un article résumant l'arrêt Mansur et mettant l'accent sur les critères utilisés par la Cour pour évaluer le caractère raisonnable de la durée de la détention provisoire et de la procédure pénale en cause. L'article conclut en indiquant les principaux problèmes juridiques et organisationnels

The article has been published in the "Constitutional Court's Bulletin", April-July-October 1995 issue, which is distributed to all the courts, the public prosecutors' offices and the bar associations. The Turkish Government is convinced that the authorities concerned will not fail to adapt their practices to the requirements of the Convention as defined by the Court's judgment.

4. The Turkish Government considers that the above-mentioned measures comply with the requirements of Article 53 of the Convention.

Resolution DH (96) 23

concerning the judgment of the European Court of Human Rights of 8 June 1995 in the case of Yağci and Sargin v. Turkey

(Adopted by the Committee of Ministers on 9 February 1996 at the 556th meeting of the Ministers' Deputies)

The Committee of Ministers, under the terms of Article 54 of the Convention for the Protection of Human Rights and Fundamental Freedoms (hereinafter referred to as "the Convention"),

Having regard to the judgment of the European Court of Human Rights in the Yağci and Sargin case delivered on 8 June 1995 and transmitted the same day to the Committee of Ministers;

Recalling that the case originated in two applications (Nos. 16419/90 and 16426/90) against Turkey, lodged with the European Commission of Human Rights on 6 February 1990 under Article 25 of the Convention by Mr Nabi Yağci and Mr Nihat Sargin, Turkish nationals, and that the Commission declared admissible the complaints relating to the excessive length of the applicants' detention and of the criminal proceedings brought against them;

Recalling that the case was brought before the Court by the Commission on 11 March 1994;

Whereas in its judgment of 8 June 1995 the Court:

– dismissed unanimously the preliminary objection of lack of jurisdiction *ratione temporis*;

– dismissed unanimously the objection that domestic remedies were not exhausted;

– dismissed unanimously the objection based on loss of victim status;

– held by eight votes to one that there had been a breach of Article 5, paragraph 3, of the Convention on account of the length of the applicants' detention;

– held by eight votes to one that there had been a breach of Article 6, paragraph 1, of the Convention on account of the length of the criminal proceedings;

soulevés par l'arrêt de la Cour. L'article a été publié dans le numéro d'avril-juillet-octobre 1995 du «Bulletin de la Cour Constitutionnelle» lequel est diffusé à toutes les juridictions, les ministères publics et les ordres d'avocats. Le Gouvernement turc est convaincu que les autorités concernées ne vont pas manquer de prendre les mesures nécessaires pour adapter leurs pratiques aux exigences de la Convention telles que définies dans l'arrêt de la Cour.

4. Le Gouvernement turc considère que les mesures mentionnées ci-dessus répondent aux exigences de l'article 53 de la Convention.

Résolution DH (96) 23

relative à l'arrêt de la Cour européenne des Droits de l'Homme du 8 juin 1995 dans l'affaire Yağci et Sargin c/ Turquie

(adoptée par le Comité des Ministres le 9 février 1996, lors de la 556e réunion des Délégués des Ministres)

Le Comité des Ministres, en vertu de l'article 54 de la Convention de sauvegarde des Droits de l'Homme et des Libertés fondamentales (ci-après dénommée «la Convention»),

Vu l'arrêt de la Cour européenne des Droits de l'Homme rendu le 8 juin 1995 dans l'affaire Yağci et Sargin et transmis à la même date au Comité des Ministres;

Rappelant qu'à l'origine de cette affaire se trouvent deux requêtes (n°s 16419/90 et 16426/90) dirigées contre la Turquie, introduites devant la Commission européenne des Droits de l'Homme le 6 février 1990, en vertu de l'article 25 de la Convention, par M. Nabi Yağci et M. Nihat Sargin, ressortissants turcs, et que la Commission a déclaré recevables les griefs relatifs à la durée excessive de la détention provisoire des requérants et de la procédure pénale diligentée contre eux;

Rappelant que l'affaire a été portée devant la Cour par la Commission le 11 mars 1994;

Considérant que dans son arrêt du 8 juin 1995 la Cour:

– a rejeté, à l'unanimité, l'exception d'incompétence *ratione temporis*;

– a rejeté, à l'unanimité, l'exception de non-épuisement des voies de recours internes;

– a rejeté, à l'unanimité, l'exception tirée de la perte de la qualité de victime;

– a dit, par huit voix contre une, qu'il y avait eu violation de l'article 5, paragraphe 3, de la Convention à cause de la durée de la détention des requérants;

– a dit, par huit voix contre une, qu'il y avait eu violation de l'article 6, paragraphe 1, de la Convention à raison de la durée de la procédure pénale;

– a dit, par huit voix contre une, que l'Etat défendeur devait verser à chaque requérant, dans les trois mois, 30 000 francs français pour dommage moral;

– a dit, à l'unanimité, que l'Etat défendeur devait verser aux requérants réunis,

– held by eight votes to one that the respondent state was to pay each of the applicants, within three months, 30 000 French francs in respect of non-pecuniary damage;

– held unanimously that the respondent state was to pay the two applicants jointly, within three months, 38 000 French francs in respect of costs and expenses and 30 000 francs in respect of laywers' fees;

– dismissed unanimously the remainder of the claim for just satisfaction;.

Having regard to the Rules adopted by the Committee of Ministers concerning the application of Article 54 of the Convention;

Having invited the Government of Turkey to inform it of the measures which had been taken in consequence of the judgment of 8 June 1995, having regard to Turkey's obligation under Article 53 of the Convention to abide by it;

Whereas, during the examination of the case by the Committee of Ministers, the Government of Turkey gave the Committee information about the measures taken in consequence of the judgment, which information appears in the appendix to this resolution;

Having satisfied itself that on 11 September 1995 the Government of Turkey paid the applicants the sums provided for in the judgment of 8 June 1995,

Declares, after having taken note of the information supplied by the Government of Turkey, that it has exercised its functions under Article 54 of the Convention in this case.

Appendix to Resolution DH (96) 23

Information provided by the Government of Turkey during the examination of the Yağci and Sargin case by the Committee of Ministers

1. The offence of making communist propaganda and of being director of an organisation aiming at establishing the domination of one social class, which constituted the principle charges brought against the applicants in the present case, have been abolished by Act 3713 which entered into force on 12 April 1991.

2. Article 110 of the Code of Judicial Procedure, as amended by Act 3842, which entered into force on 1 December 1992, provides:

"The length of detention during the preliminary investigation cannot exceed six months. If criminal proceedings are instituted, the length of detention cannot exceed two years, including the detention already imposed.

If no criminal proceedings are instituted or if no judgment is rendered because of particular problems relating to the investigation or the judgment, the detention order is lifted at the expiration of the above time-limits if the maximum sanction risked does not exceed seven years' imprisonment. In those cases where the sanction risked is equal to or exceeds seven years' imprisonment, or is capital punishment, the decision whether to lift or continue the detention may take into account the motives underlying the detention, the state of the evidence in the case and the accused's personal situation; release may also be ordered after an adequate monetary guarantee has been fixed."

dans les trois mois, 38 000 francs pour frais et dépens ainsi que 30 000 francs pour honoraires d'avocat;

– a rejeté, à l'unanimité, les demandes de satisfaction équitable pour le surplus;

Vu les Règles adoptées par le Comité des Ministres relatives à l'application de l'article 54 de la Convention;

Ayant invité le Gouvernement de la Turquie à l'informer des mesures prises à la suite de l'arrêt du 8 juin 1995, eu égard à l'obligation qu'a la Turquie de s'y conformer selon l'article 53 de la Convention;

Considérant que, lors de l'examen de cette affaire par le Comité des Ministres, le Gouvernement de la Turquie a donné à celui-ci des informations sur les mesures prises à la suite de l'arrêt, informations qui sont résumées dans l'annexe à la présente résolution;

S'étant assuré que le 11 septembre 1995, le Gouvernement de la Turquie a versé aux requérants les sommes prévues dans l'arrêt du 8 juin 1995,

Déclare, après avoir pris connaissance des informations fournies par le Gouvernement de la Turquie, qu'il a rempli ses fonctions en vertu de l'article 54 de la Convention dans la présente affaire.

Annexe à la Résolution DH (96) 23

Informations fournies par le Gouvernement de la Turquie lors de l'examen de l'affaire Yağci et Sargin par le Comité des Ministres

1. Les délits de propagande communiste et celui d'appartenance en tant que dirigeant à une organisation visant la domination d'une classe sociale qui constituaient les principaux chefs d'accusation contre les requérants dans la présente affaire, ont été abrogés par la loi 3713, entrée en vigueur le 12 avril 1991.

2. Le Code de procédure pénale, tel qu'amendé par la loi 3842, entrée en vigueur le 1er décembre 1992, dans son article 110 dispose que :

«La durée de la détention pendant l'instruction préliminaire ne peut dépasser les six mois. En cas d'ouverture d'une action publique, cette durée ne peut dépasser deux ans, la durée de détention subie y comprise.

En cas de non-ouverture de l'action publique ou de non-prononciation d'un jugement en raison des difficultés particulières de l'instruction ou du jugement à l'expiration des délais prévus, le mandat de dépôt est levé si la limite minimale de la peine prévue par la loi s'élève jusqu'à sept ans. Dans les cas où la peine prévue est égale ou supérieure à sept ans, ou s'avère être la peine capitale, la levée ou le maintien de la détention de l'accusé peuvent être prononcés en tenant compte du motif de la détention, de l'état des preuves et de la situation personnelle de l'accusé; la libération peut également être prononcée après fixation d'une caution

3. Directly after it received the judgment of the European Court of Human Rights in this case, the Ministry of Foreign Affairs transmitted the judgment to the Ministry of Justice with a request that it be communicated to all courts concerned, after being duly translated.

Brief articles dealing with the present judgment have been published in certain private publications. In addition, Dr Seref Ünal, associate university professor and a high ranking official within the Ministry of Justice, has published an article summarising the Mansur judgment of the Court, which concerns issues similar to those raised in the present case, and which stresses the criteria used by the Court when ascertaining whether or not the length of the detention on remand and the criminal proceedings at issue had a reasonable character. The article concluded by indicating the main legal and organisational problems raised by the Court's judgment. The article has been published in the "Constitutional Court's Bulletin", April-July-October 1995 issue, which is distributed to all the courts, the public prosecutors' offices and the bar associations. The Turkish Government is convinced that the authorities concerned will not fail to adapt their practices to the requirements of the Convention as defined by the Court's judgment.

4. The Turkish Government considers that the above-mentioned measures comply with the requirements of Article 53 of the Convention.

(For Resolution DH (96) 17, Erdagöz v. Turkey, see p. 380).

United Kingdom

During 1996, in the exercise of its functions under Article 54, the Committee of Ministers adopted 5 resolutions concerning the *United Kingdom.*

Resolution DH (96) 102

concerning the judgment of the European Court of Human Rights of 27 September 1995 in the case of McCann and others v. the United Kingdom

(Adopted by the Committee of Ministers on 22 March 1996 at the 559th meeting of the Ministers' Deputies)

The Committee of Ministers, under the terms of Article 54 of the Convention for the Protection of Human Rights and Fundamental Freedoms (hereinafter referred to as "the Convention"),

Having regard to the judgment of the European Court of Human Rights in the case of McCann and others delivered on 27 September 1995 and transmitted the same day to the Committee of Ministers;

Recalling that the case originated in an application (No. 18984/91) against the

pécuniaire adéquate.»

3. Le Ministre des Affaires Etrangères a, dès sa réception, transmis l'arrêt de la Cour européenne des Droits de l'Homme adopté dans cette affaire, au ministère de la Justice avec demande qu'il soit communiqué à toutes les juridictions intéressées, après avoir été dûment traduit.

De brèves chroniques concernant cet arrêt ont paru dans certaines publications privées. De surcroît, le Dr Seref Ünal, agrégé de l'université et haut responsable du ministère de la Justice, a publié un article résumant l'arrêt Mansur, qui concerne des questions semblables à celles du présent arrêt, et mettant l'accent sur les critères utilisés par la Cour pour évaluer le caractère raisonnable de la durée de la détention provisoire et de la procédure pénale en cause. L'article conclut en indiquant les principaux problèmes juridiques et organisationnels soulevés par l'arrêt de la Cour. L'article a été publié dans le numéro d'avril-juillet-octobre 1995 du «Bulletin de la Cour Constitutionnelle» lequel est diffusé à toutes les juridictions, les ministères publics et les ordres d'avocats. Le Gouvernement turc est convaincu que les autorités concernées ne vont pas manquer de prendre les mesures nécessaires pour adapter leurs pratiques aux exigences de la Convention telles que définies dans l'arrêt de la Cour.

4. Le Gouvernement turc considère que les mesures mentionnées ci-dessus répondent aux exigences de l'article 53 de la Convention.

(Pour la Résolution DH (96) 17, Erdagöz c/ Turquie, voir p. 380).

Royaume-Uni

Dans l'exercice des fonctions que lui attribue l'article 54, le Comité des Ministres a adopté, au courant de l'année 1996, 5 résolutions concernant le *Royaume-Uni.*

Résolution DH (96) 102

relative à l'arrêt de la Cour européenne des Droits de l'Homme du 27 septembre 1995 dans l'affaire McCann et autres c/ Royaume-Uni

(adoptée par le Comité des Ministres le 22 mars 1996, lors de la 559e réunion des Délégués des Ministres)

Le Comité des Ministres, en vertu de l'article 54 de la Convention de sauvegarde des Droits de l'Homme et des Libertés fondamentales (ci-après dénommée «la Convention»),

Vu l'arrêt de la Cour européenne des Droits de l'Homme rendu le 27 septembre 1995 dans l'affaire McCann et autres et transmis à la même date au Comité des Ministres;

Rappelant qu'à l'origine de cette affaire se trouve une requête (n° 18984/91)

United Kingdom, lodged with the European Commission of Human Rights on 14 August 1991 under Article 25 of the Convention by Mrs Margaret McCann, Mr Daniel Farrell and Mr John Savage, United Kingdom and Irish citizens, and that the Commission declared admissible the complaint according to which the killing by members of the security forces of three members of the IRA (Irish Republican Army), Daniel McCann, Mairead Farrell and Sean Savage, suspected of involvement in a bombing mission, constituted a breach of Article 2 of the Convention;

Recalling that the case was brought before the Court by the Commission on 20 May 1994;

Whereas in its judgment of 27 September 1995 the Court:

– held, by ten votes to nine, that there had been a violation of Article 2 of the Convention;

– held, unanimously, that the United Kingdom was to pay the applicants, within three months, 38 700 pounds sterling for costs and expenses incurred in the Strasbourg proceedings, less 37 731 French francs to be converted into pounds sterling at the rate of exchange applicable on the date of delivery of the present judgment;

– dismissed, unanimously, the applicants' claim for damages;

– dismissed, unanimously, the applicants' claim for costs and expenses incurred in the Gibraltar Inquest;

– dismissed, unanimously, the remainder of the claim for just satisfaction;

Having invited the Government of the United Kingdom to inform it of the measures which had been taken in consequence of the judgment of 27 September 1995, having regard to the United Kingdom's obligation under Article 53 of the Convention to abide by it;

Having satisfied itself that on 20 December 1995, within the time-limit set, the Government of the United Kingdom paid the applicants the sum provided for in the judgment of 27 September 1995,

Declares, after having taken note of the information supplied by the Government of the United Kingdom, that it has exercised its functions under Article 54 of the Convention in this case.

Resolution DH (96) 155

concerning the judgment of the European Court of Human Rights of 28 October 1994 in the case of Boner v. the United Kingdom.

(Adopted by the Committee of Ministers on 15 May 1996 at the 564th meeting of the Ministers' Deputies)

The Committee of Ministers, under the terms of Article 54 of the Convention

dirigée contre le Royaume-Uni, introduite devant la Commission européenne des Droits de l'Homme le 14 août 1991 en vertu de l'article 25 de la Convention, par Mme Margaret McCann, M. Daniel Farrell et M. John Savage, ressortissants britanniques et irlandais, et que la Commission a déclaré recevable le grief selon lequel les homicides, par des agents de la sûreté, sur les personnes de Daniel McCann, Mairead Farrell et Sean Savage, membres de l'IRA (*Irish Republican Army*), soupçonnés de préparer un attentat à la bombe, constituaient une violation de l'article 2 de la Convention;

Rappelant que l'affaire a été portée devant la Cour par la Commission le 20 mai 1994;

Considérant que dans son arrêt du 27 septembre 1995 la Cour:

– a dit, par dix voix contre neuf, qu'il y avait eu violation de l'article 2 de la Convention;

– a dit, à l'unanimité, que le Royaume-Uni devait verser aux requérants, dans les trois mois, 38 700 livres sterling pour frais et dépens correspondant à la procédure de Strasbourg, moins 37 731 francs français à convertir en livres sterling au taux de change applicable à la date de prononcé du présent arrêt;

– a rejeté, à l'unanimité, la demande des requérants pour dommages;

– a rejeté, à l'unanimité, la demande des requérants pour les frais et dépens afférents à l'enquête judiciaire à Gibraltar;

– a rejeté, à l'unanimité, la demande de satisfaction équitable pour le surplus.

Vu les Règles adoptées par le Comité des Ministres relatives à l'application de l'article 54 de la Convention;

Ayant invité le Gouvernement du Royaume-Uni à l'informer des mesures prises à la suite de l'arrêt du 27 septembre 1995, eu égard à l'obligation qu'a le Royaume-Uni de s'y conformer selon l'article 53 de la Convention;

S'étant assuré que le 20 décembre 1995, dans le délai imparti, le Gouvernement du Royaume-Uni a versé aux requérants la somme prévue dans l'arrêt du 27 septembre 1995,

Déclare, après avoir pris connaissance des informations fournies par le Gouvernement du Royaume-Uni, qu'il a rempli ses fonctions en vertu de l'article 54 de la Convention dans la présente affaire.

Résolution DH (96) 155

relative à l'arrêt de la Cour européenne des Droits de l'Homme du 28 octobre 1994 dans l'affaire Boner c/ Royaume-Uni

(adoptée par le Comité des Ministres le 15 mai 1996, lors de la 564e réunion des Délégués des Ministres)

Le Comité des Ministres, en vertu de l'article 54 de la Convention de

for the Protection of Human Rights and Fundamental Freedoms (hereinafter referred to as "the Convention"),

Having regard to the judgment of the European Court of Human Rights in the Boner case delivered on 28 October 1994 and transmitted the same day to the Committee of Ministers;

Recalling that the case originated in an application (No. 18711/91) against the United Kingdom, lodged with the European Commission of Human Rights on 4 April 1991 under Article 25 of the Convention by Mr Anthony Boner, a British national, and that the Commission declared admissible the complaint concerning the refusal of legal aid for representation at the hearing of the applicant's appeal against his criminal conviction;

Recalling that the case was brought before the Court by the Commission on 12 July 1993 and by the Government of the United Kingdom on 3 August 1993;

Whereas in its judgment of 28 October 1994 the Court unanimously:

– held that there had been a violation of paragraph 3.*c* of Article 6 of the Convention;

– held as regards the claim for non-pecuniary damage that the present judgment constituted, in itself, sufficient just satisfaction for the purposes of Article 50 of the Convention;

– held that the United Kingdom was to pay the applicant, within three months, 7 500,28 pounds sterling less 16 275,79 French francs to be converted into pounds sterling, in accordance with the exchange rate applicable on the date of delivery of the present judgment, in respect of costs and expenses;

– rejected the remainder of the claim for just satisfaction;

Having regard to the Rules adopted by the Committee of Ministers concerning the application of Article 54 of the Convention;

Having invited the Government of the United Kingdom to inform it of the measures which had been taken in consequence of the judgment of 28 October 1994, having regard to the United Kingdom's obligation under Article 53 of the Convention to abide by it;

Whereas, during the examination of the case by the Committee of Ministers, the Government of the United Kingdom gave the Committee information about the measures taken in consequence of the judgment, which information appears in the appendix to this resolution;

Having satisfied itself that on 31 January 1995, the Government of the United Kingdom paid the applicant the sum provided for in the judgment of 28 October 1994,

Declares, after having taken note of the information supplied by the Government of the United Kingdom, that it has exercised its functions under Article 54 of the Convention in this case.

Appendix to Resolution DH (96) 155

Information provided by the Government of the United Kingdom during the examination of the Boner case by the Committee of Ministers

sauvegarde des Droits de l'Homme et des Libertés fondamentales (ci-après dénommée «la Convention»),

Vu l'arrêt de la Cour européenne des Droits de l'Homme rendu le 28 octobre 1994 dans l'affaire Boner et transmis à la même date au Comité des Ministres;

Rappelant qu'à l'origine de cette affaire se trouve une requête (n° 18711/91) dirigée contre le Royaume-Uni, introduite devant la Commission européenne des Droits de l'Homme le 4 avril 1991 en vertu de l'article 25 de la Convention, par M. Anthony Boner, ressortissant britannique, et que la Commission a déclaré recevable le grief concernant le refus d'accorder au requérant l'aide judiciaire pour sa représentation à l'audience relative à son appel contre sa condamnation pénale;

Rappelant que l'affaire a été portée devant la Cour par la Commission le 12 juillet 1993 et par le Gouvernement du Royaume-Uni le 3 août 1993;

Considérant que dans son arrêt du 28 octobre 1994 la Cour, à l'unanimité:

– a dit qu'il y avait eu violation du paragraphe 3.*c* de l'article 6 de la Convention;

– a dit que le présent arrêt constituait une satisfaction équitable suffisante aux fins de l'article 50 au titre du préjudice moral;

– a dit que le Gouvernement du Royaume-Uni devait verser au requérant, dans les trois mois, 7 500,28 livres sterling, moins 16 275,79 francs français à convertir en livres sterling au taux de change applicable à la date du prononcé du présent arrêt, au titre des frais et dépens;

– a rejeté la demande de satisfaction équitable pour le surplus;

Vu les Règles adoptées par le Comité des Ministres relatives à l'application de l'article 54 de la Convention;

Ayant invité le Gouvernement du Royaume-Uni à l'informer des mesures prises à la suite de l'arrêt du 28 octobre 1994, eu égard à l'obligation qu'a le Royaume-Uni de s'y conformer selon l'article 53 de la Convention;

Considérant que, lors de l'examen de cette affaire par le Comité des Ministres, le Gouvernement du Royaume-Uni a donné à celui-ci des informations sur les mesures prises à la suite de l'arrêt, informations qui sont résumées dans l'annexe à la présente résolution;

S'étant assuré que le 31 janvier 1995, le Gouvernement du Royaume-Uni a versé au requérant la somme prévue dans l'arrêt du 28 octobre 1994;

Déclare, après avoir pris connaissance des informations fournies par le Gouvernement du Royaume-Uni, qu'il a rempli ses fonctions en vertu de l'article 54 de la Convention dans la présente affaire.

Annexe à la Résolution DH (96) 155

Informations fournies par le Gouvernement du Royaume-Uni lors de l'examen de l'affaire Boner par le Comité des Ministres

1. The previous Scottish system of appeals in criminal cases and of legal aid for such appeals has been replaced by a new system introduced by the Criminal Justice (Scotland) Act 1995 ("the 1995 Act"). The new system applies to any appeal by a person convicted on or after 26 September 1995.
2. Under the previous system, a person, who had been convicted in Scotland, had an unrestricted right to appeal against his conviction and/or sentence under section 228 (1) or section 442 (1) of the Criminal Procedure (Scotland) Act 1975 ("the 1975 Act") on any ground which he alleged constituted a miscarriage of justice, without seeking any leave to appeal..

However, even if he was eligible on financial grounds to obtain legal aid, he was only entitled to receive legal aid for the purpose of obtaining legal representation at the oral hearing of his appeal if the Scottish Legal Aid Board ("SLAB") was satisfied that he had substantial grounds for making the appeal and that it was reasonable in the particular circumstances of the case that legal aid should be made available to him..

In the Boner case, the SLAB was not so satisfied because Mr Boner's counsel had advised in effect that his appeal had no prospects of success. However, the European Court of Human Rights held, in the circumstances of that case, that it was in the "interests of justice", as this term was to be understood under Article 6, paragraph 3.*c* of the Convention, that Mr Boner should have obtained legal aid to enable him to present his appeal effectively.
3. Under the new system, a person, who is convicted on or after 26 September 1995 and who wishes to appeal against his conviction or sentence under section 228 (1) of the 1975 Act, requires to seek leave to appeal. The decision upon whether or not to grant leave to appeal is taken, without an oral hearing, by a single judge of the High Court or, on appeal, by the High Court. Leave to appeal is only granted if the appellant submits arguable grounds of appeal. When leave is granted, the appeal proceeds to an oral hearing (section 42 of the 1995 Act which inserts a new section 230A in the 1975 Act).
4. Under the new system, in the ordinary case of an appeal under section 228 (1) or section 442 (1) of the 1975 Act, where an appellant applies for legal aid in connection with his application for leave of appeal or, if leave to appeal is granted, any subsequent appeal proceedings, the SLAB will grant the appellant legal aid if they are satisfied simply that the appellant is financially eligible. No other test requires to be fulfilled (section 25(2)(a) and (b) of the Legal Aid (Scotland) Act 1986 ("the 1986 Act"), as amended by section 65(3)(b) and (5) of the 1995 Act). In other words, there is no longer any provision requiring the SLAB to be satisfied that the appellant has "substantial grounds" for his appeal, as under the previous system.
5. In the case of any other criminal appeal (such as an appeal by way of bill of suspension under section 453A of the 1975 Act) or a petition to the *nobile officium* of the High Court, an application for legal aid will be granted by the SLAB if they are satisfied that the appellant is financially eligible and that, in all circumstances of the case, it is in "the interests of justice", that the appellant should receive legal aid (section 25(2)(c) and (6) of the 1986 Act, as amended by section 65(3)(c) of

1. L'ancien système écossais d'appel en matière pénale et d'aide judiciaire a été remplacé par un nouveau système, introduit par la loi sur la justice pénale (Ecosse) de 1995 («la loi de 1995»). Cette nouvelle législation s'applique à tout appel formulé par une personne condamnée à partir du 26 septembre 1995 inclus.
2. Selon l'ancien système, une personne condamnée en Ecosse disposait d'un droit d'appel sans restriction contre sa condamnation et/ou sa peine en vertu de l'article 228 (1) ou l'article 442 (1) de la loi de 1975 sur la procédure pénale (Ecosse) («la loi de 1975»), tout moyen pouvant être soulevé pour alléguer une erreur judiciaire, sans avoir à demander une autorisation de faire appel.

Cependant, même si une personne était autorisée à bénéficier de l'aide judiciaire, eu égard à ses ressources financières, elle était seulement habilitée à recevoir une telle aide dans le but d'assurer sa représentation juridique à l'audience orale de cet appel à la condition que le Comité écossais de l'aide judiciaire ("CEAJ") ait constaté que l'accusé avait des motifs sérieux d'introduire le recours et que l'octroi de l'aide judiciaire semblait raisonnable en l'espèce.

Dans l'affaire Boner, le CEAJ a rejeté la demande parce que l'avocat de M. Boner avait considéré que l'appel n'avait pas de chance de succès. Cependant, la Cour européenne a estimé que dans les circonstances de l'espèce, il était dans «l'intérêt de la justice», au sens de l'article 6, paragraphe 3.*c* de la Convention, que M. Boner obtienne une aide judiciaire lui permettant de présenter effectivement son appel.
3. Avec le nouveau système, une personne condamnée à partir du 26 septembre 1995 et qui souhaite faire appel contre sa condamnation ou sa peine en vertu de l'article 228 (1) de la loi de 1975, doit demander une autorisation pour faire appel. La décision d'autoriser ou non l'appel est prise, sans audience orale, par un seul juge de la *High Court* ou, en appel, par la *High Court*. L'autorisation de faire appel est seulement accordée si le demandeur présente des moyens d'appel défendables. Lorsque l'autorisation est accordée, il sera procédé à une audience orale pour examiner l'appel (article 42 de la loi de 1995, lequel insère une nouvelle disposition 230 A dans la loi de 1975).
4. Avec le nouveau système, dans les affaires ordinaires d'appel en vertu de l'article 228 (1) ou l'article 442 (1) de la loi de 1975, lorsqu'un appelant demande l'aide judiciaire en connexion avec une demande d'autorisation d'appel ou, si cette autorisation a été accordée, avec la procédure d'appel conséquente, le CEAJ accordera l'aide judiciaire s'il constate que l'appelant remplit les conditions financières requises. Aucune autre condition n'est exigée (article 25(2)(a) et (b) de la loi sur l'aide judiciaire (Ecosse) de 1986 («la loi de 1986»), telle que modifiée par l'article 65(3)(b) et (5) de la loi de 1995). En d'autres termes, aucun texte n'exige désormais du CEAJ qu'il constate que l'appelant dispose de motifs sérieux comme c'était le cas sous l'ancien système.
5. Dans le cas de tout autre appel en matière pénale (tel qu'un appel par le biais d'un *bill of suspension* en vertu de l'article 453A de la loi de 1975) ou une demande adressée au *nobile officium* de *la High Court*, une demande d'aide judiciaire sera accordée par le CEAJ si l'appelant satisfait aux conditions

the 1995 Act). The government is of the opinion that in defining "the interests of justice" in this context the Scottish courts will not fail to give due consideration to the relevant case-law of the European Court under Article 6, paragraph 3.*c*, of the Convention.

6. The provisions of the 1975 Act and the 1995 Act have been consolidated into the Criminal Procedure (Scotland) Act 1995 ("the Consolidation Act") which came into force on 1 April 1996. The provisions of section 228 (1), 230A, 442 (1) and 453A of the 1975 Act will then become sections 106 (1), 107, 175 (2) and 191 of the Consolidation Act, respectively.

7. In view of these measures, the Government of the United Kingdom considers that the violation found in the present case will not re-occur and that it has fulfilled its obligations under Article 53 of the Convention.

Resolution DH (96) 156

concerning the judgment of the European Court of Human Rights of 28 October 1994 in the case of Maxwell v. the United Kingdom.

(Adopted by the Committee of Ministers on 15 May 1996 at the 564th meeting of the Ministers' Deputies)

The Committee of Ministers, under the terms of Article 54 of the Convention for the Protection of Human Rights and Fundamental Freedoms (hereinafter referred to as "the Convention"),

Having regard to the judgment of the European Court of Human Rights in the Maxwell case delivered on 28 October 1994 and transmitted the same day to the Committee of Ministers;

Recalling that the case originated in an application (No. 18949/91) against the United Kingdom, lodged with the European Commission of Human Rights on 25 March 1991 under Article 25 of the Convention by Mr Peter Maxwell, a British national, and that the Commission declared admissible the complaint concerning the refusal of legal aid for representation at the hearing of the applicant's appeal against his criminal conviction;

Recalling that the case was brought before the Court by the Commission on 12 July 1993 and by the Government of the United Kingdom on 3 August 1993;

Whereas in its judgment of 28 October 1994 the Court unanimously:

– held that there had been a violation of paragraph 3.*c* of Article 6 of the Convention;

– dismissed the claim for just satisfaction;

Having regard to the Rules adopted by the Committee of Ministers concerning

financières et si au vu de toutes les circonstances de l'affaire, il est dans l'intérêt de la justice que l'appelant bénéficie de l'aide judiciaire (article 25(2)(c) et (6) de la loi de 1986, telle qu'amendée par l'article 65(3)(c) de la loi de 1995). Le Gouvernement est d'avis qu'en définissant «les intérêts de la justice» dans ce contexte, les tribunaux écossais ne manqueront pas de prendre dûment en considération la jurisprudence pertinente de la Cour européenne au titre de l'article 6, paragraphe 3.*c*, de la Convention.

6. Les dispositions de la loi de 1975 et de la loi de 1995 ont été intégrées dans le Code de procédure pénale (Ecosse) de 1995 («la loi de codification») lequel est entré en vigueur le 1er avril 1996. Les articles 228 (1), 230A, 442 (1) et 453A de la loi de 1975 deviendront alors respectivement les articles 106 (1), 107, 175 (2) et 191 de la loi de codification.

7. Au vu de ces mesures, le Gouvernement du Royaume-Uni considère que la violation constatée dans la présente affaire ne se reproduira plus et qu'il a ainsi rempli ses obligations en vertu de l'article 53 de la Convention.

Résolution DH (96) 156

relative à l'arrêt de la Cour européenne des Droits de l'Homme du 28 octobre 1994 dans l'affaire Maxwell c/ Royaume-Uni

(adoptée par le Comité des Ministres le 15 mai 1996, lors de la 564e réunion des Délégués des Ministres)

Le Comité des Ministres, en vertu de l'article 54 de la Convention de sauvegarde des Droits de l'Homme et des Libertés fondamentales (ci-après dénommée «la Convention»),

Vu l'arrêt de la Cour européenne des Droits de l'Homme rendu le 28 octobre 1994 dans l'affaire Maxwell et transmis à la même date au Comité des Ministres;

Rappelant qu'à l'origine de cette affaire se trouve une requête (n° 18949/91) dirigée contre le Royaume-Uni, introduite devant la Commission européenne des Droits de l'Homme le 25 mars 1991 en vertu de l'article 25 de la Convention, par M. Peter Maxwell, ressortissant britannique, et que la Commission a déclaré recevable le grief concernant le refus d'accorder au requérant l'aide judiciaire pour sa représentation à l'audience relative à son appel contre sa condamnation pénale;

Rappelant que l'affaire a été portée devant la Cour par la Commission le 12 juillet 1993 et par le Gouvernement du Royaume-Uni le 3 août 1993;

Considérant que dans son arrêt du 28 octobre 1994 la Cour, à l'unanimité:

– a dit qu'il y avait eu violation du paragraphe 3.*c* de l'article 6 de la Convention;

– a rejeté la demande de satisfaction équitable;

Vu les Règles adoptées par le Comité des Ministres relatives à l'application de

the application of Article 54 of the Convention;

Having invited the Government of the United Kingdom to inform it of the measures which had been taken in consequence of the judgment of 28 October 1994, having regard to the United Kingdom's obligation under Article 53 of the Convention to abide by it;

Whereas, during the examination of the case by the Committee of Ministers, the Government of the United Kingdom gave the Committee information about the measures taken in consequence of the judgment, which information appears in the appendix to this Resolution;

Declares, after having taken note of the information supplied by the Government of the United Kingdom, that it has exercised its functions under Article 54 of the Convention in this case.

Appendix to Resolution DH (96) 156

Information provided by the Government of the United Kingdom during the examination of the Maxwell case by the Committee of Ministers

1. The previous Scottish system of appeals in criminal cases and of legal aid for such appeals has been replaced by a new system introduced by the Criminal Justice (Scotland) Act 1995 ("the 1995 Act"). The new system applies to any appeal by a person convicted on or after 26 September 1995.

2. Under the previous system, a person, who had been convicted in Scotland, had an unrestricted right to appeal against his conviction and/or sentence under section 228 (1) or section 442 (1) of the Criminal Procedure (Scotland) Act 1975 ("the 1975 Act") on any ground which he alleged constituted a miscarriage of justice, without seeking any leave to appeal..

However, even if he was eligible on financial grounds to obtain legal aid, he was only entitled to receive legal aid for the purpose of obtaining legal representation at the oral hearing of his appeal if the Scottish Legal Aid Board ("SLAB") was satisfied that he had substantial grounds for making the appeal and that it was reasonable in the particular circumstances of the case that legal aid should be made available to him..

In the Maxwell case, the SLAB was not so satisfied although Mr Maxwell's counsel had advised that legal aid should be granted because of the lengthy sentence imposed notwithstanding that his appeal had no prospects of success. However, the European Court of Human Rights held, in the circumstances of that case, that it was in the "interests of justice", as this term was to be understood under Article 6, paragraph 3.*c* of the Convention, that Mr Maxwell should have obtained legal aid to enable him to present his appeal effectively..

3. Under the new system, a person, who is convicted on or after 26 September 1995 and who wishes to appeal against his conviction or sentence under section 228 (1) of the 1975 Act, requires to seek leave to appeal. The decision upon whether or not to grant leave to appeal is taken, without an oral hearing, by a single judge of the High Court or, on appeal, by the High Court. Leave to appeal is

l'article 54 de la Convention;

Ayant invité le Gouvernement du Royaume-Uni à l'informer des mesures prises à la suite de l'arrêt du 28 octobre 1994, eu égard à l'obligation qu'a le Royaume-Uni de s'y conformer selon l'article 53 de la Convention;

Considérant que, lors de l'examen de cette affaire par le Comité des Ministres, le Gouvernement du Royaume-Uni a donné à celui-ci des informations sur les mesures prises à la suite de l'arrêt, informations qui sont résumées dans l'annexe à la présente résolution;

Déclare, après avoir pris connaissance des informations fournies par le Gouvernement du Royaume-Uni, qu'il a rempli ses fonctions en vertu de l'article 54 de la Convention dans la présente affaire.

Annexe à la Résolution DH (96) 156

Informations fournies par le Gouvernement du Royaume-Uni lors de l'examen de l'affaire Maxwell par le Comité des Ministres

1. L'ancien système écossais d'appel en matière pénale et d'aide judiciaire a été remplacé par un nouveau système, introduit par la loi sur la justice pénale (Ecosse) de 1995 («la loi de 1995»). Cette nouvelle législation s'applique à tout appel formulé par une personne condamnée à partir du 26 septembre 1995 inclus.

2. Selon l'ancien système, une personne condamnée en Ecosse disposait d'un droit d'appel sans restriction contre sa condamnation et/ou sa peine en vertu de l'article 228 (1) ou l'article 442 (1) de la loi de 1975 sur la procédure pénale (Ecosse) («la loi de 1975»), tout moyen pouvant être soulevé pour alléguer une erreur judiciaire, sans avoir à demander une autorisation de faire appel.

Cependant, même si une personne était autorisée à bénéficier de l'aide judiciaire, eu égard à ses ressources financières, elle était seulement habilitée à recevoir une telle aide dans le but d'assurer sa représentation juridique à l'audience orale de cet appel à la condition que le Comité écossais de l'aide judiciaire («CEAJ») ait constaté que l'accusé avait des motifs sérieux d'introduire le recours et que l'octroi de l'aide judiciaire semblait raisonnable en l'espèce.

Dans l'affaire Maxwell, le CEAJ a considéré que ces conditions n'étaient pas remplies alors que l'avocat de M. Maxwell avait proposé l'octroi de l'aide judiciaire en raison de la gravité de la sentence, même s'il considérait par ailleurs que l'appel avait peu de chance de succès. Cependant, la Cour européenne a estimé que dans les circonstances de l'espèce, il était dans «l'intérêt de la justice», au sens de l'article 6, paragraphe 3.*c* de la Convention, que M. Maxwell obtienne une aide judiciaire lui permettant de présenter effectivement son appel.

3. Avec le nouveau système, une personne condamnée à partir du 26 septembre 1995 et qui souhaite faire appel contre sa condamnation ou sa peine en vertu de l'article 228 (1) de la loi de 1975, doit demander une autorisation pour faire appel. La décision d'autoriser ou non l'appel est prise, sans audience orale, par un seul

only granted if the appellant submits arguable grounds of appeal. When leave is granted, the appeal proceeds to an oral hearing (section 42 of the 1995 Act which inserts a new section 230A in the 1975 Act).

4. Under the new system, in the ordinary case of an appeal under section 228 (1) or section 442 (1) of the 1975 Act, where an appellant applies for legal aid in connection with his application for leave of appeal or, if leave to appeal is granted, any subsequent appeal proceedings, the SLAB will grant the appellant legal aid if they are satisfied simply that the appellant is financially eligible. No other test requires to be fulfilled (section 25(2)(a) and (b) of the Legal Aid (Scotland) Act 1986 ("the 1986 Act"), as amended by section 65(3)(b) and (5) of the 1995 Act). In other words, there is no longer any provision requiring the SLAB to be satisfied that the appellant has "substantial grounds" for his appeal, as under the previous system.

5. In the case of any other criminal appeal (such as an appeal by way of bill of suspension under section 453A of the 1975 Act) or a petition to the nobile officium of the High Court, an application for legal aid will be granted by the SLAB if they are satisfied that the appellant is financially eligible and that, in all circumstances of the case, it is in "the interests of justice", that the appellant should receive legal aid (section 25(2)(c) and (6) of the 1986 Act, as amended by section 65(3)(c) of the 1995 Act). The government is of the opinion that in defining "the interests of justice" in this context the Scottish courts will not fail to give due consideration to the relevant case-law of the European Court under Article 6, paragraph 3.*c*, of the Convention.

6. The provisions of the 1975 Act and the 1995 Act have been consolidated into the Criminal Procedure (Scotland) Act 1995 ("the Consolidation Act") which came into force on 1 April 1996. The provisions of section 228 (1), 230A, 442 (1) and 453A of the 1975 Act will then become sections 106 (1), 107, 175 (2) and 191 of the Consolidation Act, respectively.

7. In view of these measures, the Government of the United Kingdom considers that the violation found in the present case will not re-occur and that it has fulfilled its obligations under Article 53 of the Convention.

Resolution DH (96) 20

concerning the judgment of the European Court of Human Rights of 13 July 1995 in the case of Tolstoy Miloslavsky v. the United Kingdom

(Adopted by the Committee of Ministers on 9 February 1996 at the 556th meeting of the Ministers' Deputies)

juge de la *High Court* ou, en appel, par la *High Court*. L'autorisation de faire appel est seulement accordée si le demandeur présente des moyens d'appel défendables. Lorsque l'autorisation est accordée, il sera procédé à une audience orale pour examiner l'appel (article 42 de la loi de 1995, lequel insère une nouvelle disposition 230 A dans la loi de 1975).

4. Avec le nouveau système, dans les affaires ordinaires d'appel en vertu de l'article 228 (1) ou l'article 442 (1) de la loi de 1975, lorsqu'un appelant demande l'aide judiciaire en connexion avec une demande d'autorisation d'appel ou, si cette autorisation a été accordée, avec la procédure d'appel conséquente, le CEAJ accordera l'aide judiciaire s'il constate que l'appelant remplit les conditions financières requises. Aucune autre condition n'est exigée (article 25(2)(a) et (b) de la loi sur l'aide judiciaire (Ecosse) de 1986 («la loi de 1986»), telle que modifiée par l'article 65(3)(b) et (5) de la loi de 1995). En d'autres termes, aucun texte n'exige désormais du CEAJ qu'il constate que l'appelant dispose de motifs sérieux comme c'était le cas sous l'ancien système.

5. Dans le cas de tout autre appel en matière pénale (tel qu'un appel par le biais d'un *bill of suspension* en vertu de l'article 453A de la la loi de 1975) ou une demande adressée au *nobile officium* de *la High Court*, une demande d'aide judiciaire sera accordée par le CEAJ si l'appelant satisfait aux conditions financières et si au vu de toutes les circonstances de l'affaire, il est dans l'intérêt de la justice que l'appelant bénéficie de l'aide judiciaire (article 25(2)(c) et (6) de la loi de 1986, telle qu'amendée par l'article 65(3)(c) de la loi de 1995). Le Gouvernement est d'avis qu'en définissant «les intérêts de la justice» dans ce contexte, les tribunaux écossais ne manqueront pas de prendre dûment en considération la jurisprudence pertinente de la Cour européenne au titre de l'article 6, paragraphe 3.*c*, de la Convention.

6. Les dispositions de la loi de 1975 et de la loi de 1995 ont été intégrées dans le Code de procédure pénale (Ecosse) de 1995 («la loi de codification») lequel est entré en vigueur le 1er avril 1996. Les articles 228 (1), 230A, 442 (1) et 453A de la loi de 1975 deviendront alors respectivement les articles 106 (1), 107, 175 (2) et 191 de la loi de codification.

7. Au vu de ces mesures, le Gouvernement du Royaume-Uni considère que la violation constatée dans la présente affaire ne se reproduira plus et qu'il a ainsi rempli ses obligations en vertu de l'article 53 de la Convention.

Résolution DH (96) 20

relative à l'arrêt de la Cour européenne des Droits de l'Homme du 13 juillet 1995 dans l'affaire Tolstoy Miloslavsky c/ Royaume-Uni

(adoptée par le Comité des Ministres le 9 février 1996, lors de la 556e réunion des Délégués des Ministres)

The Committee of Ministers, under the terms of Article 54 of the Convention for the Protection of Human Rights and Fundamental Freedoms (hereinafter referred to as "the Convention"),

Having regard to the judgment of the European Court of Human Rights in the Tolstoy Miloslavsky case delivered on 13 July 1995 and transmitted the same day to the Committee of Ministers;

Recalling that the case originated in an application (No. 18139/91) against the United Kingdom lodged with the European Commission of Human Rights on 18 December 1990 under Article 25 of the Convention by Count Nikolai Tolstoy Miloslavsky, a British national, and that the Commission declared admissible the complaints relating to a court decision ordering him to pay damages to the amount of 1 500 000 pounds sterling in certain libel proceedings, an injunction restraining him from repeating the libelous statements and an order by the Court of Appeal requiring him to provide security for the plaintiff's costs as a condition for his appeal to be heard;

Recalling that the case was brought before the Court by the Commission on 11 March 1994;

Whereas in its judgment of 13 July 1995 the Court:

– held unanimously that the award was "prescribed by law" within the meaning of Article 10 of the Convention;

– held unanimously that the award, having regard to its size taken in conjunction with the state of national law at the relevant time, was not "necessary in a democratic society" and thus constituted a violation of the applicant's rights under Article 10;

– held unanimously that the injunction, either taken alone or together with the award, did not give rise to a breach of Article 10;

– held unanimously that Article 6, paragraph 1, of the Convention was applicable to the proceedings in the Court of Appeal;

– held by eight votes to one that there had been no violation of the applicant's right of access to court as guaranteed by Article 6, paragraph 1, on account of the security for costs order by the Court of Appeal;

– held unanimously that the United Kingdom was to pay the applicant, within three months, in compensation for fees and expenses 40 000 Swiss francs and 70,000 pounds sterling;

– dimissed unanimously the remainder of the claim for just satisfaction;.

Having regard to the Rules adopted by the Committee of Ministers concerning the application of Article 54 of the Convention;

Having invited the Government of the United Kingdom to inform it of the measures which had been taken in consequence of the judgment of 13 July 1995, having regard to the United Kingdom's obligation under Article 53 of the Convention to abide by it;

Whereas, during the examination of the case by the Committee of Ministers, the Government of the United Kingdom gave the Committee information about the measures taken in consequence of the judgment, which information appears in the appendix to this resolution;

Le Comité des Ministres, en vertu de l'article 54 de la Convention de sauvegarde des Droits de l'Homme et des Libertés fondamentales (ci-après dénommée «la Convention»),

Vu l'arrêt de la Cour européenne des Droits de l'Homme rendu le 13 juillet 1995 dans l'affaire Tolstoy Miloslavsky et transmis à la même date au Comité des Ministres;

Rappelant qu'à l'origine de cette affaire se trouve une requête (n° 18139/91) dirigée contre le Royaume-Uni, introduite devant la Commission européenne des Droits de l'Homme le 18 décembre 1990, en vertu de l'article 25 de la Convention, par M. le Comte Nikolai Tolstoy Miloslavsky, ressortissant britannique, et que la Commission a déclaré recevables les griefs relatifs à la condamnation du requérant au paiement de la somme de 1 500 000 livres sterling au titre de dommages dans le cadre d'une procédure de diffamation, à l'injonction l'interdisant de réitérer ses propos diffamatoires, et à l'ordonnance de la cour d'appel subordonnant l'admission de son recours au versement d'une caution *judicatum solvi*;

Rappelant que l'affaire a été portée devant la Cour par la Commission le 11 mars 1994;

Considérant que dans son arrêt du 13 juillet 1995 la Cour:

– a dit, à l'unanimité, que l'indemnité était «prévue par la loi» au sens de l'article 10 de la Convention;

– a dit, à l'unanimité, que compte tenu à la fois de son quantum et de l'état du droit interne à l'époque pertinente, elle n'était pas «nécessaire dans une société démocratique» et a donc violé les droits garantis au requérant par l'article 10;

– a dit, à l'unanimité, que, ni considérée isolément ni combinée avec l'indemnité, l'injonction n'avait méconnu l'article 10;

– a dit, à l'unanimité, que l'article 6, paragraphe 1, de la Convention s'appliquait à la procédure devant la cour d'appel;

– a dit, par huit voix contre une, qu'il n'y avait pas eu, du fait de l'ordonnance de la cour d'appel prescrivant le versement d'une caution *judicatum solvi*, violation du droit d'accès à un tribunal garanti au requérant par l'article 6, paragraphe 1;

– a dit, à l'unanimité, que le Royaume-Uni devait verser au requérant, dans les trois mois, 40 000 francs suisses et 70 000 livres britanniques pour frais et dépens;

– a rejeté, à l'unanimité, la demande de satisfaction équitable pour le surplus;

Vu les Règles adoptées par le Comité des Ministres relatives à l'application de l'article 54 de la Convention;

Ayant invité le Gouvernement du Royaume-Uni à l'informer des mesures prises à la suite de l'arrêt du 13 juillet 1995, eu égard à l'obligation qu'à le Royaume-Uni de s'y conformer selon l'article 53 de la Convention;

Considérant que, lors de l'examen de cette affaire par le Comité des Ministres, le Gouvernement du Royaume-Uni a donné à celui-ci des informations sur les mesures prises à la suite de l'arrêt, informations qui sont résumées dans l'Annexe à la présente Résolution;

Having satisfied itself that, within the time-limit set, the Government of the United Kingdom paid the applicant the sums provided for in the judgment of 13 July 1995,

Declares, after having taken note of the information supplied by the Government of the United Kingdom, that it has exercised its functions under Article 54 of the Convention in this case.

Appendix to Resolution DH (96) 20

Information provided by the Government of the United Kingdom during the examination of the Tolstoy Miloslavsky case by the Committee of Ministers

The government recalls that the measures required in order to prevent the repetition of the kind of violation at issue in the present case were already taken before the Court rendered its judgment in the present case. These measures are summarised in paragraphs 27 and 28 of the judgment.

The government, accordingly, considers that it has complied with its obligations under Article 53 of the Convention.

Resolution DH (96) 605

Application No. 21437/93
Dougan v. the United Kingdom

(Adopted by the Committee of Ministers on 15 November 1996 at the 576th meeting of the Ministers' Deputies)

The Committee of Ministers, under the terms of Article 32 of the Convention for the Protection of Human Rights and Fundamental Freedoms (hereinafter referred to as "the Convention"),

Having regard to the report drawn up on 11 January 1995, by the European Commission of Human Rights in accordance with Article 31 of the Convention relating to the application lodged on 22 November 1992 by Mr Francis Dougan against the United Kingdom (Application No. 21437/93);

Whereas on 22 February 1995 the Commission transmitted the said report to the Committee of Ministers and whereas the period of three months provided for in Article 32, paragraph 1, of the Convention has elapsed without the case having been brought before the European Court of Human Rights in pursuance of Article 48 of the Convention;

Whereas in his application, declared admissible by the Commission on 11 May 1994, the applicant complained of the excessive length of certain criminal proceedings;

S'étant assuré que le Gouvernement du Royaume-Uni a versé au requérant, dans le délai imparti, les sommes prévues dans l'arrêt du 13 juillet 1995,

Déclare, après avoir pris connaissance des informations fournies par le Gouvernement du Royaume-Uni, qu'il a rempli ses fonctions en vertu de l'article 54 de la Convention dans la présente affaire.

Annexe à la Résolution DH (96) 20

Informations fournies par le Gouvernement du Royaume-Uni lors de l'examen de l'affaire Tolstoy Miloslavsky par le Comité des Ministres

Le gouvernement rappelle que les mesures requises pour la prévention de la répétition de ce type de violation en cause dans la présente affaire ont déjà été prises avant que la Cour n'adopte son arrêt dans la présente affaire. Ces mesures sont résumées aux paragraphes 27 et 28 de l'arrêt.

En conséquence, le gouvernement considère qu'il a rempli ses obligations au titre de l'article 53 de la Convention.

Résolution DH (96) 605

Requête n⁰ 21437/93 Dougan c/ Royaume-Uni

(adoptée par le Comité des Ministres le 15 novembre 1996, lors de la 576e réunion des Délégués des Ministres)

Le Comité des Ministres, en vertu de l'article 32 de la Convention de sauvegarde des Droits de l'Homme et des Libertés fondamentales (ci-après dénommée «la Convention»),

Vu le rapport de la Commission européenne des Droits de l'Homme établi le 11 janvier 1995, conformément à l'article 31 de la Convention au sujet de la requête introduite le 22 novembre 1992 par M. Francis Dougan contre le Royaume-Uni (Requête n⁰ 21437/93);

Attendu que la Commission a transmis ledit rapport au Comité des Ministres le 22 février 1995 et que le délai de trois mois prévu à l'article 32, paragraphe 1, de la Convention s'est écoulé sans que l'affaire ait été déférée à la Cour européenne des Droits de l'Homme en application de l'article 48 de la Convention;

Attendu que dans sa requête, déclarée recevable par la Commission le 11 mai 1994, le requérant s'est plaint de la durée excessive d'une procédure pénale;

Whereas in its report the Commission expressed, unanimously, the opinion that there had been a violation of Article 6, paragraph 1, of the Convention;

Whereas, at the 542nd meeting of the Ministers' Deputies, the Committee of Ministers, agreeing with the opinion expressed by the Commission, held, in a decision adopted on 11 September 1995, having voted in accordance with the provisions of Article 32, paragraph 1, of the Convention, that there had been in this case a violation of Article 6, paragraph 1, of the Convention;

Whereas the Committee of Ministers examined the proposals made by the Commission when transmitting its report as regards just satisfaction to be awarded to the applicant, proposals supplemented by a letter of the President of the Commission dated 8 March 1996;

Whereas, at the 564th meeting of the Deputies, the Committee of Ministers held, in a decision adopted on 15 May 1996, in accordance with Article 32, paragraph 2, of the Convention, that the Government of the United Kingdom was to pay the applicant as just satisfaction, within three months, 2 000 pounds sterling in respect of non-pecuniary damage and 700 pounds sterling in respect of costs and expenses, namely a total sum of 2 700 pounds sterling and that interest should be payable on any non-paid sum at the statutory rate applicable on the date of this decision, it being understood that the interest will accrue from the expiry of the time-limit until full payment is placed at the disposal of the applicant;

Whereas the Committee of Ministers invited the Government of the United Kingdom to inform it of the measures taken following its decisions of 11 September 1995 and 15 May 1996, having regard to the United Kingdom's obligation under Article 32, paragraph 4, of the Convention to abide by them;

Whereas, during the examination of the case by the Committee of Ministers, the Government of the United Kingdom gave the Committee information about the measures taken in consequence of the Committee's decisions, which information appears in the appendix to this resolution;

Whereas the Committee of Ministers satisfied itself that on 22 July 1996, within the time-limit set, the Government of the United Kingdom paid the applicant the total sum of 2 700 pounds sterling as just satisfaction,

Declares, having taken note of the measures taken by the Government of the United Kingdom, that it has exercised its functions under Article 32 of the Convention in this case;

Authorises the publication of the report adopted by the Commission in this case.

Appendix to Resolution DH (96) 605

Information provided by the Government of the United Kingdom during the examination of the case of Dougan by the Committee of Ministers

In order to prevent a repetition of the violation found in this case, the Government of the United Kingdom wish to underline the measures which have been

Attendu que, dans son rapport, la Commission a exprimé l'avis, à l'unanimité, qu'il y avait eu violation de l'article 6, paragraphe 1, de la Convention;

Attendu que, lors de la 542e réunion des Délégués des Ministres, le Comité des Ministres, faisant sien l'avis exprimé par la Commission, a dit, dans une décision adoptée le 11 septembre 1995, ayant procédé au vote conformément aux dispositions de l'article 32, paragraphe 1, de la Convention, qu'il y avait eu dans cette affaire violation de l'article 6, paragraphe 1, de la Convention;

Attendu que le Comité des Ministres a examiné les propositions faites par la Commission, lors de la transmission de son rapport, au sujet d'une satisfaction équitable à accorder au requérant, propositions complétées par lettre du Président de la Commission en date du 8 mars 1996;

Attendu que, lors de la 564e réunion des Délégués, le Comité des Ministres a dit, dans une décision adoptée le 15 mai 1996, conformément à l'article 32, paragraphe 2, de la Convention, que le Gouvernement du Royaume-Uni devait verser au requérant comme satisfaction équitable, dans les trois mois, 2 000 livres sterling au titre du préjudice moral et 700 livres sterling au titre des frais et dépens, soit la somme totale de 2 700 livres sterling et que des intérêts seraient payables sur toute somme impayée au taux légal applicable à la date de la présente décision, étant entendu que les intérêts courront à partir de l'expiration du délai jusqu'au jour de la mise à disposition du paiement complet;

Attendu que le Comité des Ministres a invité le Gouvernement du Royaume-Uni à l'informer des mesures prises à la suite de ses décisions des 11 septembre 1995 et 15 mai 1996, eu égard à l'obligation qu'a le Royaume-Uni de s'y conformer selon l'article 32, paragraphe 4, de la Convention;

Considérant que, lors de l'examen de cette affaire par le Comité des Ministres, le Gouvernement du Royaume-Uni a donné à celui-ci des informations sur les mesures prises à la suite de ses décisions, informations qui sont résumées dans l'annexe à la présente résolution;

Attendu que le Comité des Ministres s'est assuré que le Gouvernement du Royaume-Uni avait versé au requérant le 22 juillet 1996, dans le délai imparti, la somme totale de 2 700 livres sterling comme satisfaction équitable,

Déclare, après avoir pris note des mesures prises par le Gouvernement du Royaume-Uni, qu'il a rempli ses fonctions en vertu de l'article 32 de la Convention dans la présente affaire;

Autorise la publication du rapport adopté par la Commission dans cette affaire.

Annexe à la Résolution DH (96) 605

Informations fournies par le Gouvernement du Royaume-Uni lors de l'examen de l'affaire Dougan par le Comité des Ministres

Afin de prévenir une répétition de la violation constatée dans cette affaire, le Gouvernement du Royaume-Uni souhaite souligner les mesures adoptées. Une

adopted. A primary reason for the delay in bringing the applicant before trial lay in the prosecuting proceedings and especially in the absence of any speedy execution of the arrest warrant issued against him.

Since 1992, computerisation of record keeping and case tracking introduced in the Procurator Fiscal Service has ensured the regular identification of outstanding warrants to be pursued and executed. It is now the invariable practice that when an accused person fails to appear for trial at the High Court in Scotland a warrant for his arrest is immediately passed to the police for the execution.

In addition, in order to prevent the repetition of the other shortcomings at the basis of the violation of Article 6, paragraph 1, in this case, the Commission's report has been distributed to the authorities concerned so as to draw their attention to their responsibilities under the Convention.

The Government of the United Kingdom consider, accordingly, that they have fulfilled their obligations under Article 32 of the Convention.

première cause du délai excessif de traduction du requérant devant un tribunal réside dans la procédure d'instruction et spécialement dans l'absence de toute exécution rapide du mandat d'arrêt délivré contre lui.

Depuis 1992 l'automatisation des enregistrements des dossiers et le suivi des affaires, introduits dans le Service du Procureur Fiscal, ont assuré l'identification régulière des mandats d'arrêt en suspens à exécuter. Désormais lorsqu'une personne accusée ne comparait pas à son procès devant le *High Court* en Ecosse, la pratique est d'envoyer systématiquement son mandat d'arrêt à la police pour exécution.

De plus, afin de prévenir la répétition des autres défauts qui ont contribué à la violation de l'article 6, paragraphe 1, dans cette affaire, le rapport de la Commission a été diffusé auprès des autorités concernées afin d'attirer leur attention sur leurs responsabilités en vertu de la Convention.

Le Gouvernement du Royaume-Uni considère en conséquence qu'il a rempli ses obligations en vertu de l'article 32 de la Convention.

PART FIVE

Other activities of the Council of Europe concerning the European Convention on Human Rights

CINQUIEME PARTIE

Autres activités du Conseil de l'Europe concernant la Convention européenne des Droits de l'Homme

CHAPTER I

Committee of Ministers

The Committee of Ministers, as the executive organ of the Council of Europe, each year adopts a number of recommendations, resolutions and declarations. These texts contain proposals for action to be taken by the governments of member states or policy statements. The following texts, which are a selection of the most relevant to the field of human rights, were adopted by the Committee of Ministers in 1996.

A. RESOLUTIONS ADOPTED BY THE COMMITTEE OF MINISTERS

1. Resolution (96) 2

Invitation to the Russian Federation to become a member of the Council of Europe

(Adopted by the Committee of Ministers on 8 February 1996 at the 557th meeting of the Ministers' Deputies)

The Committee of Ministers,

Considering the wish expressed by the Russian Federation to become a member of the Council of Europe;

Having taken note of the intention of the Government of the Russian Federation to sign the Convention for the Protection of Human Rights and Fundamental Freedoms and its Protocol No. 11 upon the deposit by the said government of its instrument of accession to the Statute of the Council of Europe;

Expecting that these instruments will be ratified as soon as possible and that the said government, on this occasion, will recognise the right of individual application under Article 25 and the compulsory jurisdiction of the Court under Article 46 of the Convention;

Having, in accordance with the provisions of Statutory Resolution (51) 30 A, consulted the Parliamentary Assembly, which has expressed a favourable opinion (Opinion No. 193 (1996));

Observing with satisfaction that the Russian Federation complies with the conditions laid down in Article 4 of the Statute;

In the light of the commitments entered into and the assurances for their fulfilment given by the Russian Government in its contacts, both with the Committee of Ministers and the Parliamentary Assembly of the Council of Europe, with a view to membership of the Council of Europe;

Having regard to Article 16 of the Financial Regulations,

Resolves:

CHAPITRE I

Comité des Ministres

Le Comité des Ministres, en tant qu'organe exécutif du Conseil de l'Europe, adopte chaque année un certain nombre de recommandations, résolutions et déclarations. Ces textes contiennent des propositions en vue d'actions à mener par les gouvernements des Etats membres ou des exposés de grands principes. Les textes suivants, qui constituent une sélection de textes concernant les droits de l'homme, ont été adoptés par le Comité des Ministres en 1996.

A. RESOLUTIONS ADOPTEES PAR LE COMITE DES MINISTRES

1. Résolution (96) 2

invitant la Fédération de Russie à devenir membre du Conseil de l'Europe

(adoptée par le Comité des Ministres le 8 février 1996 lors de la 557e réunion des Délégués des Ministres)

Le Comité des Ministres,

Considérant le désir exprimé par la Fédération de Russie de devenir membre du Conseil de l'Europe;

Ayant pris note de l'intention du Gouvernement de la Fédération de Russie de signer la Convention de sauvegarde des Droits de l'Homme et des Libertés fondamentales ainsi que son Protocole n° 11 dès le dépôt par ledit Gouvernement de son instrument d'adhésion au Statut du Conseil de l'Europe;

S'attendant à ce que ces instruments soient ratifiés dans les meilleurs délais et que ledit Gouvernement, à cette occasion, reconnaisse le droit de requête individuelle en application de l'article 25 et la juridiction obligatoire de la Cour en application de l'article 46 de la Convention;

Ayant consulté, conformément aux dispositions de la Résolution statutaire (51) 30 A, l'Assemblée parlementaire, qui a exprimé un avis favorable (Avis n° 193 (1996));

Constatant avec satisfaction que la Fédération de Russie remplit les conditions prévues à l'article 4 du Statut;

A la lumière des engagements pris et des assurances pour leur mise en œuvre données par le Gouvernement russe dans ses contacts, tant avec le Comité des Ministres qu'avec l'Assemblée parlementaire du Conseil de l'Europe, en vue de son adhésion au Conseil de l'Europe;

Vu l'article 16 du Règlement financier,

Décide:

i. to invite the Russian Federation to become a member of the Council of Europe and accede to the Statute;

ii. to fix at eighteen the number of Representatives of the Russian Federation in the Parliamentary Assembly;

iii. to determine the Russian Federation's various proportionate financial contributions to the Council of Europe according to the appendix to this resolution, of which it forms an integral part;

Instructs the Secretary General to notify the Government of the Russian Federation of these decisions and to make all necessary arrangements for their implementation.

Appendix to Resolution (96) 2

1. The Committee of Ministers, in accordance with Resolution (94) 31 on the method of calculating the scale of member states' contributions to Council of Europe budgets, fixes the rate of the contribution of the Russian Federation to the ordinary and pensions budgets at 4,65% for 1996, to be applied *pro rata temporis* from the day of accession.
2. The amount which the Russian Federation is to contribute to the Working Capital Fund, calculated in accordance with the same percentage as for the ordinary budget, is 883 500 French francs which is added to the fund's present total.
3. The Committee of Ministers notes the interest shown by the Russian Federation to be integrated at a later stage into the category of major contributor states. Should this interest be confirmed by a decision of the Russian Federation, it would be duly taken into account during the annual adjustment of the scales of contributions.

2. Resolution (96) 8

Appointment of eight members of the Human Rights Chamber in Bosnia and Herzegovina and designation of its President

(Adopted by the Committee of Ministers on 12 March 1996 at the 560th meeting of the Ministers' Deputies)

The Committee of Ministers, under the terms of the "Agreement on Human Rights" contained at Annex 6 to the General Framework Agreement for Peace in Bosnia and Herzegovina, initialled in Dayton, Ohio, and signed in Paris on 14 December 1995 (hereafter referred to as "the Peace Agreement");

Considering that pursuant to Article VII, paragraph 2, of Annex 6 to the Peace Agreement the Committee of Ministers is called upon to appoint eight members for the Human Rights Chamber for Bosnia and Herzegovina (hereafter referred to as "the Chamber") and to designate one such member as the President of the Chamber;

i. d'inviter la Fédération de Russie à devenir membre du Conseil de l'Europe et à adhérer au Statut;

ii. de fixer à dix-huit le nombre de Représentants de la Fédération de Russie à l'Assemblée parlementaire;

iii. de fixer la quote-part des diverses contributions financières de la Fédération de Russie au Conseil de l'Europe selon l'annexe à la présente résolution, dont elle fait partie intégrante;

Charge le Secrétaire Général de porter ces décisions à la connaissance du Gouvernement de la Fédération de Russie et de prendre pour leur application toutes les dispositions utiles.

Annexe à la Résolution (96) 2

1. Le Comité des Ministres, conformément à la Résolution (94) 31 sur la méthode de calcul du barème des contributions des Etats membres aux budgets du Conseil de l'Europe, fixe à 4,65 % le taux de contribution de la Fédération de Russie aux budgets ordinaire et des pensions pour 1996, appliqué *pro rata temporis* du jour de l'adhésion.
2. La participation de la Fédération de Russie au fonds de roulement, calculée selon le même pourcentage que pour le budget ordinaire, s'élève à 883 500 francs français. Ce montant s'ajoute au montant actuel de ce fonds.
3. Le Comité des Ministres prend note de l'intérêt manifesté par la Fédération de Russie à rejoindre, à un stade ultérieur, la catégorie des Etats principaux contributeurs. Si cet intérêt devait se concrétiser par une décision de la Fédération de Russie, il en serait dûment tenu compte au moment de l'ajustement annuel des barèmes de contribution.

2. Résolution (96) 8

Désignation de huit membres de la Chambre des Droits de l'Homme en Bosnie et Herzégovine et désignation de son président

(adoptée par le Comité des Ministres le 12 mars 1996 lors de la 560e réunion des Délégués des Ministres)

Le Comité des Ministres, aux termes de l' «Accord sur les Droits de l'Homme» contenu à l'annexe 6 de l'Accord-cadre général de Paix pour la Bosnie et Herzégovine, paraphé à Dayton, Ohio, et signé à Paris le 14 décembre 1995 (ci-après appelé «l'Accord de Paix»);

Considérant qu'en vertu de l'article VII, paragraphe 2, de l'Annexe 6 à l'Accord de Paix, le Comité des Ministres est appelé à désigner huit membres de la Chambre des Droits de l'Homme en Bosnie et Herzégovine (ci-après appelée «la Chambre») et à désigner l'un de ces membres comme Président de la Chambre;

Having regard to Resolution (93) 6 on the control of respect for human rights in European states not yet members of the Council of Europe adopted by the Committee of Ministers of the Council of Europe on 9 March 1993;

Having examined the candidatures submitted in December 1995 and January 1996;

Having drawn up, following elections by secret ballot, a list of eight members for the Chamber at the 557th meeting of the Deputies held from 5 to 8 February 1996;

Having consulted the Parties (i.e. Bosnia and Herzegovina, Federation of Bosnia and Herzegovina, Republika Srpska) on the above-mentioned list;

Considering that Article VII, paragraph 3, of Annex 6 to the Peace Agreement provides that the members of the Chamber shall be appointed for a period of five years;

Considering that Article VII, paragraph 2, of Annex 6 to the Peace Agreement provides that the Committee of Ministers shall designate one of the members it has appointed as President of the Chamber,

Declares the following candidates appointed (in alphabetical order)

- Professor Rona Aybay (Turkey)
- Professor Peter Germer (Denmark)
- Professor Giovanni Grasso (Italy)
- Mr Jakob Th. Möller (Iceland)
- Professor Manfred Nowak (Austria)
- Judge Michèle Picard (France)
- Professor Dietrich Guido Rauschning (Germany)
- Professor Adam Zieliński (Poland)

as members of the Human Rights Chamber for Bosnia and Herzegovina, with effect from 15 March 1996, for a term of office which will expire no later than 14 March 2001;

and designates Professor Peter Germer as President of the Human Rights Chamber for Bosnia and Herzegovina, with effect from 15 March 1996, for a term of office which will expire no later than 14 March 2001.

3. Resolution (96) 9

on observer status for Canada with the Council of Europe

(Adopted by the Committee of Ministers on 3 April 1996 at the 562nd meeting of the Ministers' Deputies)

The Committee of Ministers,

In view of the interest officially expressed by Canada in obtaining observer Status with the Council of Europe in the context of Statutory Resolution (93) 26 and according to the terms of the letter of 1 February 1996 of the Minister for For-

Eu égard à la Résolution (93) 6 relative au contrôle du respect des droits de l'homme dans des Etats non membres du Conseil de l'Europe, adoptée par le Comité des Ministres du Conseil de l'Europe le 9 mars 1993;

Ayant examiné les candidatures soumises en décembre 1995 et janvier 1996;

Ayant établi, à la suite d'élections à bulletins secrets, une liste de huit membres de la Chambre lors de la 557e réunion des Délégués tenue du 5 au 8 février 1996;

Ayant consulté les Parties (Bosnie et Herzégovine, Fédération de Bosnie et Herzégovine, Republika Srpska) au sujet de la liste susmentionnée;

Considérant que l'article VII, paragraphe 3, de l'Annexe 6 à l'Accord de Paix dispose que les membres de la Chambre sont nommés pour une période de cinq ans;

Considérant que l'article VII, paragraphe 2, de l'Annexe 6 à l'Accord de Paix dispose que le Comité des Ministres est invité à désigner le Président de la Chambre parmi les membres ainsi nommés,

Déclare les candidats ci-après (par ordre alphabétique):

- Professeur Rona Aybay (Turquie)
- Professeur Peter Germer (Danemark)
- Professeur Giovanni Grasso (Italie)
- M. Jakob Th. Möller (Islande)
- Professeur Manfred Nowak (Autriche)
- Mme le Juge Michèle Picard (France)
- Professeur Dietrich Guido Rauschning (Allemagne)
- Professeur Adam Zieliński (Pologne)

nommés membres de la Chambre des Droits de l'Homme en Bosnie et Herzégovine, à compter du 15 mars 1996, pour un mandat qui expirera au plus tard le 14 mars 2001;

et désigne M. le Professeur Peter Germer comme Président de la Chambre des Droits de l'Homme de Bosnie et Herzégovine, à compter du 15 mars 1996, pour un mandat qui expirera au plus tard le 14 mars 2001.

3. Résolution (96) 9

relative au statut d'observateur pour le Canada auprès du Conseil de l'Europe

(adoptée par le Comité des Ministres le 3 avril 1996, lors de la 562e réunion des Délégués des Ministres)

Le Comité des Ministres,

Vu l'intérêt officiellement exprimé par le Canada d'obtenir le statut d'observateur auprès du Conseil de l'Europe dans le contexte de la Résolution statutaire (93) 26 et aux termes de la lettre du 1er février 1996 du ministre des

eign Affairs of Canada, supplemented by information contained in the letter dated 20 March 1996, from the Canadian Ambassador in Berne;

Considering that Canada shares the ideals and values of the Council of Europe;

Conscious of the particular interest of Canada in strengthening co-operation with a view to increasing stabilisation in the new democracies of central and eastern Europe;

Bearing in mind the necessity to intensify functional co-operation between the Council of Europe and the OSCE in the human dimension field, recognised in the Vienna Declaration of 1993;

Pending confirmation of the positive opinion of the Parliamentary Assembly,

Decides to invite Canada to become an observer with the Council of Europe. This status will give Canada the possibility of:

i. naming a permanent observer to the Council of Europe;

ii. sending observers to those committees of experts of the Council of Europe instituted in application of Article 17 of the Statute to which all member states may designate participants;

iii. sending their permanent observer to the subsidiary meetings of the Deputies, including those devoted to the planning and programming of the activities of the Council of Europe aiming at the strengthening of democratic institutions, the establishment of the rule of law and the reinforcement of human rights;

iv. sending, following an invitation from the host country, observers to conferences of specialised ministers;

v. participating in the activities of the Partial and Enlarged Agreements following invitation and in conformity with the rules applicable to such agreements.

4. Resolution (96) 21

on Armenia

(Adopted by the Committee of Ministers on 15 May 1996 at the 566th meeting of the Ministers' Deputies)

The Committee of Ministers,

Mindful of its decision, expressed at its 8th session in May 1951, to consult the Parliamentary Assembly before inviting a state to become a member or associate member of the Council of Europe in conformity with the provisions of the Statute;

Considering that the Government of the Republic of Armenia, in its letter of 7 March 1996 addressed to the Secretary General of the Council of Europe, expressed the wish to be invited to become a member of the Council of Europe and declared its readiness to adhere to the principles stated in Article 3 of the Statute;

Having noted with satisfaction the interest shown by the Republic of Armenia

Affaires étrangères du Canada et des informations supplémentaires contenues dans la lettre, en date du 20 mars 1996, de l'ambassadeur du Canada à Berne;

Considérant que le Canada partage les idéaux et les valeurs du Conseil de l'Europe;

Conscient de l'intérêt particulier du Canada pour le renforcement de la coopération en vue d'une stabilisation accrue des nouvelles démocraties en Europe centrale et orientale;

Ayant à l'esprit la nécessité d'intensifier la coopération fonctionnelle entre le Conseil de l'Europe et l'OSCE dans le secteur de la dimension humaine, comme le reconnaît la Déclaration de Vienne de 1993;

Sous réserve de confirmation de l'avis positif de l'Assemblée parlementaire,

Décide d'inviter le Canada à devenir observateur auprès du Conseil de l'Europe. Ce statut donnera au Canada la faculté:

i. de nommer un observateur permanent auprès du Conseil de l'Europe;

ii. d'envoyer des observateurs à ceux des comités d'experts du Conseil de l'Europe institués en application de l'article 17 du Statut, auxquels tous les Etats membres ont la faculté de désigner des participants;

iii. d'envoyer son observateur permanent aux réunions subsidiaires des Délégués, y compris celles consacrées à la planification et à la programmation des activités du Conseil de l'Europe visant le renforcement des institutions démocratiques, l'établissement d'un Etat de droit et le renforcement des droits de l'homme;

iv. d'envoyer, sous réserve d'une invitation par le pays hôte, des observateurs aux conférences de ministres spécialisés;

v. de participer aux activités des Accords partiels, élargis ou partiels élargis, sur invitation conforme aux règles applicables à de tels accords.

4. Résolution (96) 21

sur l'Arménie

(adoptée par le Comité des Ministres le 15 mai 1996, lors de la 566ᵉ réunion des Délégués des Ministres)

Le Comité des Ministres,

Rappelant sa décision, exprimée lors de sa 8ᵉ Session en mai 1951, de consulter l'Assemblée parlementaire avant d'inviter un Etat à devenir membre ou membre associé du Conseil de l'Europe conformément aux dispositions du Statut;

Considérant que le Gouvernement de la République d'Arménie, dans sa lettre du 7 mars 1996 adressée au Secrétaire Général du Conseil de l'Europe, a exprimé le souhait d'être invité à devenir membre du Conseil de l'Europe et s'est déclaré prêt à respecter les principes énoncés à l'article 3 du Statut;

Ayant pris note avec satisfaction de l'intérêt manifesté par la République

in acceding to the Organisation,

Invites the Parliamentary Assembly to express its opinion on the matter and brings the following considerations to the attention of the Assembly at this stage:

Firstly, the Committee of Ministers wishes to inform the Assembly that a consensus exists among its members in favour of Armenia's accession to the Organisation as soon as the requirements of the Statute have been met, namely the implementation of the principles of pluralist parliamentary democracy, respect for human rights and the rule of law. This implies that the legislative and judicial system of the country should be brought into line with the principles of the rule of law.

The Committee of Ministers wishes also to recall its reply to Parliamentary Assembly Recommendation 1247 (1994) on the enlargement of the Council of Europe, in which it stated *inter alia*:

"Future candidatures will be examined on their own merits and on the same basis as the states in the preceding paragraph. In particular, the three Transcaucasian countries of Armenia, Azerbaijan and Georgia are known to want closer links with the Council of Europe. The Committee of Ministers recalls the Conclusions of the Chair of the special meeting held in Istanbul in September 1992 which concluded that a closer relationship 'would demand not only the implementation of substantial democratic reforms, but also their commitment to resolve conflicts by peaceful means'."

In his letter of 7 March 1996, the Minister for Foreign Affairs of Armenia indicated that his country would be prepared, like any other member state, to become party to the European Convention on Human Rights. The Committee of Ministers has welcomed this statement of intention, and expects the Government of Armenia to express its readiness to recognise the right of individual petition and the compulsory jurisdiction of the European Court of Human Rights. The Republic of Armenia would thus have to give practical effect to the obligations under the Convention throughout the whole of its territory at the various levels of the administration.

The Committee of Ministers also declares its readiness to intensify its talks with the Armenian authorities and step up its support in the form of co-operation and assistance programmes in order to facilitate and expedite as far as possible Armenia's transition to democracy with a view to its rapid accession to the Council of Europe.

5. Resolution (96) 31

Invitation to Croatia to become a member of the Council of Europe

(Adopted by the Committee of Ministers on 2 July 1996 at the 570th meeting of the Ministers' Deputies)

d'Arménie d'adhérer à l'Organisation,

Invite l'Assemblée parlementaire à exprimer son avis en la matière, et lui fait part à ce stade des observations suivantes:

En premier lieu, le Comité des Ministres souhaite informer l'Assemblée qu'il existe parmi ses membres un consensus pour que l'Arménie adhère à l'Organisation dès que les conditions requises par le Statut seront satisfaites, à savoir la mise en œuvre des principes de démocratie parlementaire pluraliste, de respect des droits de l'homme et de prééminence du droit. Cela implique que le système législatif et judiciaire du pays devrait répondre aux principes de l'Etat de droit;

Le Comité des Ministres souhaite également rappeler les termes de sa réponse à la Recommandation 1247 (1994) de l'Assemblée parlementaire relative à l'élargissement du Conseil de l'Europe, dans laquelle il déclarait entre autres:

«De futures candidatures seront examinées selon leurs propres mérites et sur les mêmes bases que celles des Etats mentionnés dans le paragraphe précédent. En particulier, les trois pays du Transcaucase (Arménie, Azerbaïdjan et Géorgie) ont fait savoir qu'ils recherchaient des liens plus proches avec le Conseil de l'Europe. Le Comité des Ministres rappelle les conclusions de la présidence à la suite de la réunion spéciale à Istanbul en septembre 1992 selon lesquelles un rapprochement significatif "exigerait non seulement la mise en œuvre de réformes démocratiques substantielles, mais aussi leur engagement de résoudre les situations conflictuelles par des voies pacifiques".»

Le ministre des Affaires étrangères d'Arménie, dans sa lettre du 7 mars 1996, a indiqué que l'Arménie serait prête à devenir partie à la Convention européenne des Droits de l'Homme, à l'instar de tout autre Etat membre. Le Comité des Ministres a pris note avec satisfaction de cette intention. Il s'attend à ce que le Gouvernement d'Arménie exprime son intention de reconnaître le droit de recours individuel et la juridiction obligatoire de la Cour européenne des Droits de l'Homme. La République d'Arménie devrait donc mettre en œuvre dans la pratique les obligations découlant de la Convention sur l'ensemble de son territoire, aux différents niveaux de l'administration.

Le Comité des Ministres affirme aussi sa disponibilité pour approfondir le dialogue avec les autorités de l'Arménie et pour intensifier son concours par le biais de ses programmes de coopération et d'assistance, afin de faciliter et d'accélérer autant que possible la transition démocratique, et de permettre à l'Arménie d'adhérer au Conseil de l'Europe dans les meilleurs délais.

5. Résolution (96) 31

Invitation à la Croatie à devenir membre du Conseil de l'Europe

(adoptée par le Comité des Ministres le 2 juillet 1996, lors de la 570e réunion des Délégués des Ministres)

The Committee of Ministers,

Considering the wish expressed by Croatia to become a member of the Council of Europe;

Having taken note of the intention of the Government of Croatia to sign the Convention for the Protection of Human Rights and Fundamental Freedoms and its Protocol No. 11 upon the deposit by the said government of its instrument of accession to the Statute of the Council of Europe;

Expecting that these instruments will be ratified as soon as possible and that the said government, on this occasion, will recognise the right of individual application under Article 25 and the compulsory jurisdiction of the Court under Article 46 of the Convention;

Having, in accordance with the provisions of Statutory Resolution (51) 30 A, consulted the Parliamentary Assembly, which has expressed a favourable opinion (Opinion No. 195 (1996) adopted on 24 April 1996);

Having taken note of Resolution 1089 of the Parliamentary Assembly adopted on 29 May 1996 on the implementation by Croatia of its commitments in the framework of the procedure of accession to the Council of Europe;

In the light of the exchange of correspondence between the Chairman of the Committee of Ministers and the Deputy Prime Minister and Minister for Foreign Affairs of Croatia whereby Croatia: accepted the priority commitments and expectations associated with the accession of Croatia to the Council of Europe;

Observing that Croatia is willing to comply with the conditions laid down in Article 4 of the Statute,

Resolves:

i. to invite Croatia to become a member of the Council of Europe subject to the possibility for the Committee of Ministers, at a meeting at the level of Ministers' Deputies during the second fortnight of September 1996, to reconsider this decision in the light of the manner in which, according to information they may receive from all relevant sources, Croatia:

– has respected its obligations deriving from the Peace Agreement for Bosnia and Herzegovina, and in particular has contributed to the proper conduct of the elections in Bosnia and Herzegovina;

– has demonstrated its willingness to honour all its commitments and to respond to the priority expectations of the Council of Europe, as specified in the appendix to the letter from the Chairman of the Committee of Ministers to the Minister for Foreign Affairs of the Republic of Croatia dated 7 June 1996, in the context of accession, as well as its ability to comply with the other conditions required by the Statute;

– and co-operates with the Council of Europe, *inter alia,* in applying the Constitutional Law on Human Rights and Freedoms and the Rights of National and Ethnic Communities or Minorities in the Republic of Croatia;

ii. to fix at five the number of Croatia's Representatives in the Parliamentary Assembly;

iii. to determine Croatia's various proportionate financial contributions to the Council of Europe according to the appendix to this resolution, of which it forms

Le Comité des Ministres,

Considérant le désir exprimé par la Croatie de devenir membre du Conseil de l'Europe;

Ayant pris note de l'intention du Gouvernement de la Croatie de signer la Convention de sauvegarde des Droits de l'Homme et des Libertés fondamentales ainsi que son Protocole n° 11 dès le dépôt par ledit Gouvernement de son instrument d'adhésion au Statut du Conseil de l'Europe;

S'attendant à ce que ces instruments soient ratifiés dans les meilleurs délais et que ledit Gouvernement, à cette occasion, reconnaisse le droit de requête individuelle en application de l'article 25 et la juridiction obligatoire de la Cour en application de l'article 46 de la Convention;

Ayant consulté, conformément aux dispositions de la Résolution statutaire (51) 30 A, l'Assemblée parlementaire, qui a exprimé un avis favorable (Avis n° 195 (1996) adopté le 24 avril 1996);

Ayant pris note de la Résolution 1089 de l'Assemblée parlementaire adoptée le 29 mai 1996 et relative à la mise en œuvre des engagements contractés par la Croatie dans le cadre de la procédure d'admission au Conseil de l'Europe;

A la lumière de l'échange de correspondance entre le Président du Comité des Ministres et le Vice-Premier ministre et ministre des Affaires étrangères de la Croatie par lequel la Croatie accepte tous les engagements et attentes prioritaires dans le cadre de l'adhésion de la Croatie au Conseil de l'Europe;

Constatant que la Croatie a la volonté de remplir les conditions prévues à l'article 4 du Statut,

Décide:

i. d'inviter la Croatie à devenir membre du Conseil de l'Europe sous réserve de la possibilité pour le Comité des Ministres, lors d'une réunion au niveau des Délégués des Ministres dans la seconde quinzaine de septembre 1996, de reconsidérer cette décision au vu de la manière dont la Croatie, selon les informations qu'ils pourraient recevoir de toutes les sources pertinentes,

– a exécuté ses engagements en vertu de l'Accord de paix pour la Bosnie et Herzégovine et en particulier favorisé le bon déroulement des élections dans ce pays;

– a démontré sa volonté d'honorer tous ses engagements et de répondre aux attentes prioritaires du Conseil de l'Europe, tels que précisés à l'annexe de la lettre qu'a adressée le Président du Comité des Ministres le 7 juin 1996 au ministre des Affaires étrangères de la Croatie, dans le cadre de l'adhésion, ainsi que sa capacité à remplir les autres conditions requises par le Statut; et

– coopère avec le Conseil de l'Europe notamment concernant l'application de la Loi constitutionnelle sur les droits et libertés de l'homme et sur les droits des communautés ou minorités nationales et ethniques dans la République de Croatie;

ii. de fixer à cinq le nombre de Représentants de la Croatie à l'Assemblée parlementaire;

iii. de fixer la quote-part des diverses contributions financières de la Croatie au Conseil de l'Europe selon l'annexe à la présente résolution, dont elle fait partie intégrante;

an integral part;

Instructs the Secretary General to notify the Government of Croatia of these decisions and to make all necessary arrangements for their implementation.

Appendix to Resolution (96) 31

1. The Committee of Ministers, in accordance with Resolution (94) 31 on the method of calculating the scale of member states' contributions to Council of Europe budgets, fixes the rate of the contribution of Croatia to the ordinary and pensions budgets at 0,34 % for 1996, to be applied *pro rata temporis* from the day of accession.
2. The Committee of Ministers, in accordance with Resolution (86) 30, fixes the proportion of the Republic of Croatia's contribution for the financing of the Human Rights Building at 0,31 %.
3. The amount which Croatia is to contribute to the Working Capital Fund, calculated in accordance with the same percentage as for the ordinary budget, is 64 600 French francs which is added to the fund's present total.

6. Resolution (96) 32

on Azerbaijan

(Adopted by the Committee of Ministers on 11 September 1996 at the 573rd meeting of the Ministers' Deputies)

The Committee of Ministers,

Mindful of its decision, expressed at its 8th Session in May 1951, to consult the Parliamentary Assembly before inviting a state to become a member or associate member of the Council of Europe in conformity with the provisions of the Statute;

Considering that the Government of the Republic of Azerbaijan, in its letter of 13 July 1996 addressed to the Secretary General of the Council of Europe, expressed the wish to be invited to become a member of the Council of Europe and declared its readiness to adhere to the principles stated in Article 3 of the Statute;

Having noted with satisfaction the interest shown by the Republic of Azerbaijan in acceding to the Organisation,

Invites the Parliamentary Assembly to express its opinion on the matter and brings the following considerations to the attention of the Assembly at this stage:

Firstly, the Committee of Ministers wishes to inform the Assembly that a consensus exists among its members in favour of Azerbaijan's accession to the Organisation as soon as the requirements of the Statute have been met, namely the implementation of the principles of pluralist parliamentary democracy, respect for human rights and the rule of law. This implies that the legislative and judicial sys-

Charge le Secrétaire Général de porter ces décisions à la connaissance du Gouvernement de la Croatie et de prendre pour leur application toutes les dispositions utiles.

Annexe à la Résolution (96) 31

1. Le Comité des Ministres, conformément à la Résolution (94) 31 sur la méthode de calcul du barème des contributions des Etats membres aux budgets du Conseil de l'Europe, fixe à 0,34 % le taux de contribution de la Croatie aux budgets ordinaire et des pensions pour 1996, appliqué *pro rata temporis* du jour de l'adhésion.
2. Le Comité des Ministres, conformément à la Résolution (86) 30, fixe à 0,31 % la quote-part de la République de Croatie pour le financement du Palais des droits de l'homme.
3. La participation de la Croatie au fonds de roulement, calculée selon le même pourcentage que pour le budget ordinaire, s'élève à 64 600 francs français. Ce montant s'ajoute au montant actuel de ce fonds.

6. Résolution (96) 32

sur l'Azerbaïdjan

(adoptée par le Comité des Ministres le 11 septembre 1996, lors de la 573e réunion des Délégués des Ministres)

Le Comité des Ministres,

Rappelant sa décision, exprimée lors de sa 8e Session en mai 1951, de consulter l'Assemblée parlementaire avant d'inviter un Etat à devenir membre ou membre associé du Conseil de l'Europe conformément aux dispositions du Statut;

Considérant que le Gouvernement de la République d'Azerbaïdjan, dans sa lettre du 13 juillet 1996 adressée au Secrétaire Général du Conseil de l'Europe, a exprimé le souhait d'être invité à devenir membre du Conseil de l'Europe et s'est déclaré prêt à respecter les principes énoncés à l'article 3 du Statut;

Ayant pris note avec satisfaction de l'intérêt manifesté par la République d'Azerbaïdjan d'adhérer à l'Organisation,

Invite l'Assemblée parlementaire à exprimer son avis en la matière, et lui fait part à ce stade des observations suivantes:

En premier lieu, le Comité des Ministres souhaite informer l'Assemblée qu'il existe parmi ses membres un consensus pour que l'Azerbaïdjan adhère à l'Organisation dès que les conditions requises par le Statut seront satisfaites, à savoir la mise en œuvre des principes de démocratie parlementaire pluraliste, de respect des droits de l'homme et de prééminence du droit. Cela implique que les systèmes législatif et judiciaire du pays devraient répondre aux principes de l'Etat

tem of the country should be brought into line with the principles of the rule of law.

The Committee of Ministers wishes also to recall its reply to Parliamentary Assembly Recommendation 1247 (1994) on the enlargement of the Council of Europe, in which it stated, *inter alia*:

"Future candidatures will be examined on their own merits and on the same basis as the states in the preceding paragraph. In particular, the three transcaucasian countries of Armenia, Azerbaijan and Georgia are known to want closer links with the Council of Europe. The Committee of Ministers recalls the Conclusions of the Chair of the special meeting held in Istanbul in September 1992 which concluded that a closer relationship'would demand not only the implementation of substantial democratic reforms, but also their commitment to resolve conflicts by peaceful means'."

In his letter of 13 July 1996, the President of the Republic of Azerbaijan indicated that his country would be prepared, like any other member state, to become party to the European Convention on Human Rights. The Committee of Ministers has welcomed this statement of intention, and expects the Government of Azerbaijan to express its readiness to recognise the right of individual petition and the compulsory jurisdiction of the European Court of Human Rights. The Republic of Azerbaijan would thus have to give practical effect to the obligations under the Convention throughout the whole of its territory at the various levels of the administration.

The Committee of Ministers also declares its readiness to intensify its talks with the Azerbaijan authorities and step up its support in the form of co-operation and assistance programmes in order to facilitate and expedite as far as possible Azerbaijan's transition to democracy with a view to its rapid accession to the Council of Europe.

7. Resolution (96) 33

on Georgia

(Adopted by the Committee of Ministers on 11 September 1996 at the 573rd meeting of the Ministers' Deputies)

The Committee of Ministers,

Mindful of its decision, expressed at its 8th Session in May 1951, to consult the Parliamentary Assembly before inviting a state to become a member or associate member of the Council of Europe in conformity with the provisions of the Statute;

Considering that the Government of the Republic of Georgia, in its letter of 14 July 1996 addressed to the Secretary General of the Council of Europe, expressed the wish to be invited to become a member of the Council of Europe and declared

de droit;

Le Comité des Ministres souhaite également rappeler les termes de sa réponse à la Recommandation 1247 (1994) de l'Assemblée parlementaire relative à l'élargissement du Conseil de l'Europe, dans laquelle il déclarait entre autres:

«De futures candidatures seront examinées selon leurs propres mérites et sur les mêmes bases que celles des Etats mentionnés dans le paragraphe précédent. En particulier, les trois pays de la Transcaucasie (Arménie, Azerbaïdjan et Géorgie) ont fait savoir qu'ils recherchaient des liens plus proches avec le Conseil de l'Europe. Le Comité des Ministres rappelle les conclusions de la présidence à la suite de la réunion spéciale à Istanbul en septembre 1992 selon lesquelles un rapprochement significatif "exigerait non seulement la mise en œuvre de réformes démocratiques substantielles, mais aussi leur engagement de résoudre les situations conflictuelles par des voies pacifiques".»

Le Président de la République d'Azerbaïdjan, dans sa lettre du 13 juillet 1996, a indiqué que l'Azerbaïdjan serait prêt à devenir partie à la Convention européenne des Droits de l'Homme, à l'instar de tout autre Etat membre. Le Comité des Ministres a pris note avec satisfaction de cette intention. Il s'attend à ce que le Gouvernement d'Azerbaïdjan exprime son intention de reconnaître le droit de recours individuel et la juridiction obligatoire de la Cour européenne des Droits de l'Homme. La République d'Azerbaïdjan devrait donc mettre en œuvre dans la pratique les obligations découlant de la Convention sur l'ensemble de son territoire, aux différents niveaux de l'administration.

Le Comité des Ministres affirme aussi sa disponibilité pour approfondir le dialogue avec les autorités de l'Azerbaïdjan et pour intensifier son concours par le biais de ses programmes de coopération et d'assistance, afin de faciliter et d'accélérer autant que possible la transition démocratique, et de permettre à l'Azerbaïdjan d'adhérer au Conseil de l'Europe dans les meilleurs délais.

7. Résolution (96) 33

sur la Géorgie

(adoptée par le Comité des Ministres le 11 septembre 1996, lors de la 573e réunion des Délégués des Ministres)

Le Comité des Ministres,

Rappelant sa décision, exprimée lors de sa 8e Session en mai 1951, de consulter l'Assemblée parlementaire avant d'inviter un Etat à devenir membre ou membre associé du Conseil de l'Europe conformément aux dispositions du Statut;

Considérant que le Gouvernement de la République de Géorgie, dans sa lettre du 14 juillet 1996 adressée au Secrétaire Général du Conseil de l'Europe, a exprimé le souhait d'être invité à devenir membre du Conseil de l'Europe et s'est déclaré prêt à respecter les principes énoncés à l'article 3 du Statut;

its readiness to adhere to the principles stated in Article 3 of the Statute;

Having noted with satisfaction the interest shown by the Republic of Georgia in acceding to the Organisation,

Invites the Parliamentary Assembly to express its opinion on the matter and brings the following considerations to the attention of the Assembly at this stage:

Firstly, the Committee of Ministers wishes to inform the Assembly that a consensus exists among its members in favour of Georgia's accession to the Organisation as soon as the requirements of the Statute have been met, namely the implementation of the principles of pluralist parliamentary democracy, respect for human rights and the rule of law. This implies that the legislative and judicial system of the country should be brought into line with the principles of the rule of law.

The Committee of Ministers wishes also to recall its reply to Parliamentary Assembly Recommendation 1247 (1994) on the enlargement of the Council of Europe, in which it stated, *inter alia*:

"Future candidatures will be examined on their own merits and on the same basis as the states in the preceding paragraph. In particular, the three transcaucasian countries of Armenia, Azerbaijan and Georgia are known to want closer links with the Council of Europe. The Committee of Ministers recalls the Conclusions of the Chair of the special meeting held in Istanbul in September 1992 which concluded that a closer relationship 'would demand not only the implementation of substantial democratic reforms, but also their commitment to resolve conflicts by peaceful means'."

In his letter of 14 July 1996, the Minister for Foreign Affairs of Georgia indicated that his country would be prepared, like any other member state, to become party to the European Convention on Human Rights. The Committee of Ministers has welcomed this statement of intention, and expects the Government of Georgia to express its readiness to recognise the right of individual petition and the compulsory jurisdiction of the European Court of Human Rights. The Republic of Georgia would thus have to give practical effect to the obligations under the Convention throughout the whole of its territory at the various levels of the administration.

The Committee of Ministers also declares its readiness to intensify its talks with the Georgian authorities and step up its support in the form of co-operation and assistance programmes in order to facilitate and expedite as far as possible Georgia's transition to democracy with a view to its rapid accession to the Council of Europe.

8. Resolution (96) 37

on observer status for Japan with the Council of Europe

(Adopted by the Committee of Ministers on 20 November 1996 at the 578th meeting of the Ministers' Deputies)

Ayant pris note avec satisfaction de l'intérêt manifesté par la République de Géorgie d'adhérer à l'Organisation,

Invite l'Assemblée parlementaire à exprimer son avis en la matière, et lui fait part à ce stade des observations suivantes:

En premier lieu, le Comité des Ministres souhaite informer l'Assemblée qu'il existe parmi ses membres un consensus pour que la Géorgie adhère à l'Organisation dès que les conditions requises par le Statut seront satisfaites, à savoir la mise en œuvre des principes de démocratie parlementaire pluraliste, de respect des droits de l'homme et de prééminence du droit. Cela implique que les systèmes législatif et judiciaire du pays devraient répondre aux principes de l'Etat de droit;

Le Comité des Ministres souhaite également rappeler les termes de sa réponse à la Recommandation 1247 (1994) de l'Assemblée parlementaire relative à l'élargissement du Conseil de l'Europe, dans laquelle il déclarait entre autres:

«De futures candidatures seront examinées selon leurs propres mérites et sur les mêmes bases que celles des Etats mentionnés dans le paragraphe précédent. En particulier, les trois pays de la Transcaucasie (Arménie, Azerbaïdjan et Géorgie) ont fait savoir qu'ils recherchaient des liens plus proches avec le Conseil de l'Europe. Le Comité des Ministres rappelle les conclusions de la présidence à la suite de la réunion spéciale à Istanbul en septembre 1992 selon lesquelles un rapprochement significatif "exigerait non seulement la mise en œuvre de réformes démocratiques substantielles, mais aussi leur engagement de résoudre les situations conflictuelles par des voies pacifiques".»

Le Ministre des Affaires étrangères de Géorgie, dans sa lettre du 14 juillet 1996, a indiqué que la Géorgie serait prête à devenir partie à la Convention européenne des Droits de l'Homme, à l'instar de tout autre Etat membre. Le Comité des Ministres a pris note avec satisfaction de cette intention. Il s'attend à ce que le Gouvernement de Géorgie exprime son intention de reconnaître le droit de recours individuel et la juridiction obligatoire de la Cour européenne des Droits de l'Homme. La République de Géorgie devrait donc mettre en œuvre dans la pratique les obligations découlant de la Convention sur l'ensemble de son territoire, aux différents niveaux de l'administration.

Le Comité des Ministres affirme aussi sa disponibilité pour approfondir le dialogue avec les autorités de la Géorgie et pour intensifier son concours par le biais de ses programmes de coopération et d'assistance, afin de faciliter et d'accélérer autant que possible la transition démocratique, et de permettre à la Géorgie d'adhérer au Conseil de l'Europe dans les meilleurs délais.

8. Résolution (96) 37

relative au statut d'observateur pour le Japon auprès du Conseil de l'Europe

(adoptée par le Comité des Ministres le 20 novembre 1996, lors de la 578e réunion des Délégués des Ministres)

The Committee of Ministers,

In view of the interest officially expressed by Japan in obtaining observer status with the Council of Europ in the context of Statutory Resolution (93) 26;

Considering that Japan shares the ideals and values of the Council of Europe;

Considering the state of, and the prospects for, dialogue and co-operation between the Council of Europe and Japan in numerous fields, and particularly in that of democratic security with a view to reinforcing democratic institutions, establishing the rule of law and reinforcing human rights;

Having regard to Opinion No. 194 of the Parliamentary Assembly of 20 March 1996,

Decides to invite Japan to become an observer with the Council of Europe. This status will give Japan the possibility of:

i. naming a permanent observer to the Council of Europe;

ii. sending observers to those Council of Europe committees of experts instituted in application of Article 17 of the Statute to which all member states may designate participants;

iii. sending, following an invitation from the host country, observers to conferences of specialised ministers;

iv. participating in the activities of the partial and enlarged agreements following invitation and in conformity with the rules applicable to such agreements.

The modes of access to subsidiary groups of the Deputies will be examined by the Committee of Ministers as soon as possible with a view to strengthening dialogue and co-operation between the Council of Europe and Japan.

B. RECOMMENDATIONS OF THE COMMITTEE OF MINISTERS TO MEMBER STATES

1. Recommendation No. R (96) 2

of the Committee of Ministers to member states on referendums and popular initiatives at local level

(Adopted by the Committee of Ministers on 15 February 1996 at the 558th meeting of the Ministers' Deputies)

The Committee of Ministers of the Council of Europe, under the terms of Article 15.*b* of the Statute of the Council of Europe,

Considering that the right of citizens to have their say in major decisions on long-term or virtually irreversible commitments involving a majority of citizens is one of the democratic principles common to all member States of the Council of Europe;

Convinced that this right can be most directly exercised at local level and that

Le Comité des Ministres,

Vu l'intérêt officiellement exprimé par le Japon d'obtenir le statut d'observateur auprès du Conseil de l'Europe dans le contexte de la Résolution statutaire (93) 26;

Considérant que le Japon partage les idéaux et les valeurs du Conseil de l'Europe;

Considérant l'état et les perspectives du dialogue ainsi que la coopération entre le Conseil de l'Europe et le Japon dans de nombreux domaines, et tout particulièrement dans le domaine de la sécurité démocratique en vue du renforcement des institutions démocratiques, de l'établissement d'un Etat de droit et du renforcement des droits de l'homme;

Compte tenu de l'Avis nº 194 de l'Assemblée parlementaire du 20 mars 1996,

Décide d'inviter le Japon à devenir observateur auprès du Conseil de l'Europe. Ce statut donnera au Japon la faculté:

i. de nommer un observateur permanent auprès du Conseil de l'Europe;

ii. d'envoyer des observateurs à ceux des comités d'experts du Conseil de l'Europe institués en application de l'article 17 du Statut, auxquels tous les Etats membres ont la faculté de désigner des participants;

iii. d'envoyer, sous réserve d'une invitation par le pays hôte, des observateurs aux conférences de ministres spécialisés;

iv. de participer aux activités des accords partiels, élargis ou partiels élargis, sur invitation conforme aux règles applicables à de tels accords.

Les modalités d'accès aux groupes subsidiaires des Délégués seront examinées par le Comité des Ministres dès que possible en vue de renforcer le dialogue et la coopération entre le Conseil de l'Europe et le Japon.

B. RECOMMANDATIONS DU COMITE DES MINISTRES AUX ETATS MEMBRES

1. Recommandation nº R (96) 2

du Comité des Ministres aux Etats membres concernant les référendums et les initiatives populaires au niveau local

(adoptée par le Comité des Ministres le 15 février 1996, lors de la 558ᵉ réunion des Délégués des Ministres)

Le Comité des Ministres du Conseil de l'Europe, en vertu de l'article 15.*b* du Statut du Conseil de l'Europe,

Considérant que le droit des citoyens de se prononcer sur des choix importants qui engagent l'avenir pour une longue période ou portent sur une décision difficilement réversible intéressant une majorité de citoyens fait partie des principes démocratiques communs à tous les Etats membres du Conseil de l'Europe;

the management of important local affairs should involve more effective citizen participation while losing none of its efficiency;

Considering that the local referendum may be seen as an instrument of direct participation which places responsibility on all citizens and can provide democratic solutions to situations of conflict and help strengthen local autonomy by reinforcing the individual's feeling of belonging to a community;

Considering that consultative referendums can provide an opportunity to foster the participation of foreigners in local public life in accordance with Article 4 of the Council of Europe Convention on the Participation of Foreigners in Public Life at Local Level, which was opened to signature on 5 February 1992;

Considering that the local referendum may allow minority groups to express themselves and participate in local affairs;

Noting that local referendums provide a foundation or legitimacy for collective decisions and thus facilitate their acceptance and application by the population concerned;

Considering nevertheless that representative democracy must remain the basis of local democracy, without detracting from the system of direct democracy which in cases where it is part of the country's institutional tradition may, as appropriate, replace or coexist with it;

Considering that the practice of local referendums, however, presents a number of potential risks (for example, cumbersome nature of the process, risk of delegitimising the representative character of local institutions, difficulty in expressing choices in a subtle way, possibility of contradictory decisions by contiguous authorities on a matter of common interest) which it is important to avoid;

Believing that the institutionalisation of local referendum and popular initiatives within the framework of regulations is a suitable means of guaranteeing the proper use of these instruments of direct democracy and limiting their potential risks;

Having regard to Resolution No. 2 on local referendums adopted by the European Ministers responsible for Local Government meeting in The Hague on 15 and 16 September 1993;

Having regard to the declaration of the Council of Europe summit of heads of state and government held in Vienna in October 1993, particularly concerning the protection of national minorities and the active participation of all citizens in political life,

Having regard to Opinion 2 (1995) of the Chamber of Local Authorities of the Congress of Local and Regional Authorities of Europe,

Recommends to the governments of the member States, having regard to the appendix to this recommendation:

a. to acknowledge that local and regional authorities may, within the autonomy granted to them, make provisions for referendums and/or popular initiatives at local level, by specifying, if appropriate, the matters for which these instruments are admitted or forbidden as well as the consultative or decision-making character of the referendums or, alternatively;

Convaincu que c'est au niveau local que ce droit peut être exercé le plus directement et qu'il convient de rendre plus effective la participation des citoyens à la gestion des affaires locales importantes, tout en sauvegardant l'efficacité de celle-ci;

Considérant que le référendum local peut être considéré comme un instrument de participation directe qui responsabilise tous les citoyens, permet de résoudre démocratiquement des situations conflictuelles et contribue à l'affirmation de l'autonomie locale par le renforcement du sentiment d'appartenance des citoyens à une communauté;

Considérant que les référendums consultatifs peuvent être une occasion de promouvoir la participation des étrangers à la vie publique locale, en harmonie avec l'article 4 de la Convention du Conseil de l'Europe sur la participation des étrangers à la vie publique au niveau local, qui a été ouverte à la signature le 5 février 1992;

Considérant que le référendum local peut permettre l'expression et la participation de groupes minoritaires dans les affaires locales;

Constatant que le référendum local permet de fonder ou de légitimer les choix collectifs et par là de les faire mieux accepter et appliquer par la population concernée;

Considérant toutefois que le système de la démocratie représentative doit rester la base de la démocratie locale, mais sans préjudice du système de démocratie directe, qui, là où il fait partie de la tradition institutionnelle du pays, peut, le cas échéant, suppléer au premier ou coexister avec lui;

Considérant que la pratique des référendums locaux présente toutefois un certain nombre d'inconvénients potentiels (lourdeur du processus, par exemple, risque d'enlever de la légitimité au caractère représentatif des autorités locales, difficulté de présenter les choix de façon nuancée, possibilité de décisions contradictoires par des autorités voisines sur des questions d'intérêt commun) qu'il est important d'éviter;

Estimant que l'institutionnalisation des référendums locaux et des initiatives populaires dans le cadre d'une réglementation est l'un des moyens adéquats de garantir l'usage approprié de ces instruments de démocratie directe et d'en limiter les dangers potentiels;

Vu la Résolution n° 2 sur les référendums locaux adoptée par les ministres européens responsables des collectivités locales à La Haye les 15 et 16 septembre 1993;

Vu la déclaration du Sommet des chefs d'Etat et de gouvernement du Conseil de l'Europe tenu à Vienne en octobre 1993, notamment en ce qui concerne la protection des minorités nationales et la participation active de tous les citoyens à la vie politique;

Vu l'Avis 2 (1995) de la Chambre des pouvoirs locaux du Congrès des pouvoirs locaux et régionaux de l'Europe,

Recommande aux gouvernements des Etats membres, en tenant compte de l'annexe à la présente recommandation:

a. de reconnaître la possibilité aux collectivités locales et régionales, dans le cadre de leur autonomie, de prévoir des initiatives populaires et/ou des référendums au niveau local, tout en précisant, le cas échéant, les sujets pour lesquels ces instruments seraient admis ou prohibés, ainsi que le caractère consultatif ou décisionnel des référendums, ou, alternativement;

b. to lay down, if appropriate and after duly consulting the relevant associations of local authorities, a legal framework for referendums and/or popular initiatives at local level, by specifying the matters for which these instruments are admitted or forbidden as well as the consultative or decision-making character of the referendums.

Appendix to Recommendation No. R (96) 2

Guidelines on referendums and popular initiatives at local level

Preliminary remarks

In many member States of the Council of Europe, and further to the traditional mechanisms of representative democracy, citizens are able to express their opinions or will through two instruments: referendum and/or popular initiative.

For the purposes of this recommendation, the following definitions are used: referendum is an instrument whereby a plan or decision of the local deliberative body is submitted to the judgment of the local community on an initiative either of the local deliberative body or the citizens themselves; a popular initiative is a right of proposal granted to citizens to bring about a decision by the local deliberative body, if need be.

There are two types of referendum: consultative referendum and decision-making referendum, which differ fundamentally in their procedures and effects.

I. General provisions applying to both referendums and popular initiatives

1. *Legal basis*

Referendums and/or popular initiatives may be institutionalised by legislation or other suitable means, or by local authorities making provisions for these instruments as part of self-government, so as to guarantee their proper use.

2. *Subjects*

Local referendums and popular initiatives should be organised by the local authorities only on questions which fall within their sphere of competence. Regulations, however, may enlarge the application of these instruments to other matters which affect essential local interests or exclude certain issues.

The competent authority should decide on the admissibility of the request for a referendum or popular initiative without delay. The admissibility criteria should be laid down in regulations.

b. de prévoir, le cas échéant et après avoir dûment consulté les associations compétentes de collectivités locales, un cadre législatif pour les référendums et/ou les initiatives populaires au niveau local, en indiquant les sujets pour lesquels ces instruments seraient admis ou prohibés, ainsi que le caractère consultatif ou décisionnel des référendums.

Annexe à la Recommandation n° R (96) 2

Lignes directrices sur les référendums et initiatives populaires au niveau local

Remarques préliminaires

Dans de nombreux Etats membres du Conseil de l'Europe, en plus des mécanismes traditionnels de la démocratie représentative, les citoyens ont la possibilité d'exprimer leur avis ou volonté par le biais de deux instruments: le référendum et/ou l'initiative populaire.

La présente recommandation adopte les définitions suivantes: le référendum est un instrument consistant à soumettre au verdict de la communauté locale un projet ou une décision de l'organe délibérant local et qui peut être déclenché soit par l'organe délibérant local soit par les citoyens eux-mêmes; l'initiative populaire est un droit de proposition attribué aux citoyens pour susciter une décision de l'organe délibérant local, le cas échéant.

Il convient de distinguer deux types de référendum: le référendum consultatif et le référendum décisionnel, dont les modalités et les effets sont de nature fondamentalement différente.

I. Dispositions générales concernant les référendums et les initiatives populaires

1. *Fondement juridique*

Le référendum et/ou l'initiative populaire peuvent être institutionnalisés, soit par la législation ou d'autres moyens adaptés, soit par les pouvoirs locaux prenant des dispositions concernant ces instruments dans le cadre de l'autonomie locale, afin d'en garantir le bon usage.

2. *Objets*

Les référendums locaux et les initiatives populaires devraient être organisés par les collectivités locales seulement sur des questions qui relèvent de leurs compétences. La réglementation, toutefois, peut élargir le champ d'application de ces instruments à des sujets qui touchent des intérêts locaux fondamentaux ou exclure certaines questions.

La décision de l'autorité compétente sur l'admissibilité de la demande de référendum ou d'initiative populaire devrait avoir lieu dans les meilleurs délais. Les critères d'admissibilité devraient être définis par la réglementation.

3. *Information*

Local authorities have the responsibility for providing adequate information to the local community as regards the issues at stake and procedural matters.

4. *Voting conditions*

The ballot should be organised having regard to the rules governing voting arrangements for local elections, subject to any specific provisions applying (in particular, see paragraph II.1 below).

5. *Results of ballots*

Voters should reply yes or no or leave their ballot slip blank (exceptions to this provision may however be admitted for consultative referendums). The final count yielding a positive or negative result should be explicitly indicated and published in an appropriate manner, as laid down in the regulations.

6. *Funding*

Regulations may eventually set limits on the expenditure on information activities of the parties involved in campaigns for referendums and popular initiatives, in order to avoid excessive discrepancies between them.

7. *Provisions applying to requests for referendums and popular initiatives*

Detailed procedures for lodging requests and, if necessary, for appeals should be laid down in regulations.

Requests once accepted should be submitted to popular ballot within a reasonable time-limit (unless they are withdrawn in accordance with the relevant regulations).

II. Provisions applying to consultative referendums

1. *Voting eligibility*

All persons residing within the community concerned who are vested with full legal rights (including foreign nationals under arrangements to be set out in the specific regulations) should be entitled to vote in consultative referendums.

2. *Subjects*

In principle, any subject within the competence of the local authority concerned may be submitted to a consultative referendum. Regulations, however, may enlarge the application of this instrument to other matters which affect essential local interest, or exclude certain issues.

Consultative referendums may be held on a project at the planning stage or at any stage of development, if called by the local deliberative body.

3. *Information*

Les collectivités locales ont la responsabilité d'informer correctement la communauté locale des enjeux et des procédures.

4. *Organisation du scrutin*

L'organisation du scrutin devrait tenir compte des dispositions régissant les élections locales, sous réserve, le cas échéant, de dispositions spécifiques (voir notamment, paragraphe II.1 ci-dessous).

5. *Résultats des scrutins*

Les participants au scrutin devraient répondre par oui, non ou blanc à la question posée (il peut toutefois être dérogé à cette disposition dans un référendum consultatif). Le décompte final, constituant le résultat positif ou négatif, devrait faire l'objet d'un constat explicite, à publier sous une forme appropriée, fixée dans la réglementation.

6. *Financement*

La réglementation pourrait éventuellement fixer des plafonds limitant les dépenses d'information des parties prenant part à la campagne sur un référendum ou une initiative populaire pour éviter des écarts trop prononcés entre les parties.

7. *Dispositions applicables aux demandes de référendums et d'initiatives populaires*

La réglementation devrait définir des procédures détaillées de présentation des demandes et, le cas échéant, des recours.

Une fois acceptées, les demandes devraient être soumises au scrutin populaire dans un délai raisonnable (à moins qu'elles ne soient retirées dans les conditions prévues par la réglementation).

II. Dispositions afférentes aux référendums consultatifs

1. *Ayants droit*

Devraient être admises à voter lors d'un référendum consultatif toutes les personnes résidant dans la collectivité en question et jouissant pleinement des droits civils (y compris les ressortissants étrangers selon des règles à fixer dans la réglementation spécifique).

2. *Objets*

Les objets admis au référendum consultatif sont, en principe, tous ceux qui relèvent de la compétence de la collectivité locale concernée. La réglementation, toutefois, peut élargir le champ d'application de cet instrument à d'autres sujets qui touchent des intérêts locaux fondamentaux ou exclure certaines questions.

Le référendum consultatif peut porter sur un projet au stade de l'intention ou à tout stade d'élaboration lorsqu'il est déclenché par l'organe délibérant local.

A question submitted to a consultative referendum should take the form of a fully drafted proposal (single form) and may cover only one specific issue (single content). The wording must be sufficiently precise to avoid any ambiguity.

3. *Initiation*

A consultative referendum may be initiated either by decision of the local deliberative body or by residents through a request bearing a minimum number of signatures, the number to be laid down in the regulations.

4. *Status of results*

The result of a consultative referendum is not binding on the municipal authorities.

III. Provisions applying to decision-making referendums

1. *Voting eligibility*

As far as this is compatible with domestic legislation, all those entitled to vote in local elections in the local authority concerned should be eligible to vote in decision-making referendums.

2. *Subjects*

In principle, any decision or plan within the competence of the local deliberative body may be submitted to a decision-making referendum.

Regulations may, however, limit the use of this type of referendum to fundamental issues or choices (for example changes in municipal boundaries, land-use plans, local regulations of a general nature, participation in joint authorities) and/or exclude others (for example decisions of a personal kind, such as appointments and elections).

A question submitted to a decision-making referendum should take the form of a fully drafted proposal (single form) and may cover only one specific issue (single content). The wording must be sufficiently precise to avoid any ambiguity.

3. *Initiation*

A decision-making referendum is generally initiated on the basis of citizens' request bearing a minimum number of signatures, the number to be laid down by the appropriate regulations. However, the regulations may also provide for a referendum to be initiated by the local deliberative body.

4. *Status of results*

The result of a decision-making referendum, whether positive or negative, shall be binding on the local authority. In the case of a "No" vote, therefore, the

La question soumise à référendum consultatif devrait être une proposition entièrement rédigée (unicité de forme) et ne porter que sur un seul problème spécifique (unicité de fond). Son libellé devrait être suffisamment précis pour ne pas prêter à équivoque.

3. *Déclenchement*

Un référendum consultatif peut être déclenché sur décision de l'organe délibérant local ou par les résidents sur la base d'une demande cosignée par un nombre minimal d'entre eux à fixer par la réglementation.

4. *Statut des résultats*

Le résultat d'un référendum consultatif n'a pas de portée impérative pour l'autorité municipale.

III. Dispositions afférentes aux référendums décisionnels

1. *Ayants droit*

Dans la mesure où cela est compatible avec le droit interne, devraient être admises à voter lors d'un référendum décisionnel toutes les personnes disposant du droit de vote aux élections locales dans la collectivité locale concernée.

2. *Objets*

Tout projet ou décision du ressort de l'organe délibérant local peut, en principe, être soumis à un référendum décisionnel.

La réglementation peut toutefois limiter l'exercice de ce type de référendum à des questions ou des choix fondamentaux (par exemple la modification des limites communales, le plan d'occupation des sols, les règlements locaux de portée générale, la participation aux syndicats intercommunaux) et/ou en exclure d'autres (par exemple les décisions de nature personnelle, telles que les nominations et les élections).

La question soumise à référendum décisionnel devrait être une proposition entièrement rédigée (unicité de forme) et ne porter que sur un seul problème spécifique (unicité de fond). Son libellé devrait être suffisamment précis pour ne pas prêter à équivoque.

3. *Déclenchement*

Un référendum décisionnel est, en règle générale, déclenché par les citoyens, sur la base d'une demande cosignée par un nombre minimal d'entre eux à fixer par la réglementation pertinente. Cependant, la réglementation peut également prévoir la possibilité de déclenchement du référendum par l'organe délibérant local.

4. *Statut des résultats*

Le résultat positif ou négatif d'un référendum décisionnel a une portée impérative pour la collectivité locale. Un vote négatif doit donc entraîner

decision rejected must be rescinded or the plan abandoned.

The result of a ballot is generally considered to be valid, regardless of the turn-out. However, regulations may lay down a minimum turn-out level for results to be considered as valid.

IV. Provisions applying to popular initiatives

1. *Voting eligibility*

Voting eligibility criteria should be defined in the relevant regulations having regard to the status of results (see IV.4 below).

2. *Subjects*

In principle, popular initiatives may cover any subject within the competence of the local authority. Regulations however, may enlarge the application of this instrument to other matters which affect essential local interests, whenever its results have only a consultative status, or exclude certain issues.

A popular initiative may take the form of a proposal conceived in general terms or a fully drafted project. It may concern only one subject.

3. *Initiation*

A popular initiative may be introduced by persons entitled to vote, by means of a request bearing a minimum number of signatures, the number to be laid down in the regulations.

4. *Status of results*

The legal value of the result of ballots concerning popular initiatives should be defined in the relevant regulations.

Regulations may lay down a minimum turn-out level for results to be considered as valid.

2. Recommendation No. R (96) 4

of the Committee of Ministers to member states on the protection of journalists in situations of conflict and tension

(Adopted by the Committee of Ministers on 3 May 1996 at its 98th Session)

The Committee of Ministers of the Council of Europe, under the terms of Ar-

l'abrogation de la décision ou l'abandon du projet rejeté.

On considère généralement qu'un résultat de scrutin est valable quel que soit le niveau de la participation. La réglementation pourrait toutefois fixer un taux minimal de participation pour que les résultats soient déclarés valables.

IV. Dispositions afférentes aux initiatives populaires

1. *Ayants droit*

Les conditions donnant droit au vote devraient être fixées dans la réglementation pertinente, compte tenu du statut des résultats (voir point IV.4 ci-dessous).

2. *Objets*

Une initiative populaire peut, en principe, porter sur tout objet qui entre dans les compétences de la collectivité locale. La réglementation, toutefois, peut élargir le champ d'application de cet instrument à d'autres sujets qui touchent des intérêts locaux fondamentaux, chaque fois que ses résultats n'ont qu'un statut consultatif, ou exclure certaines questions.

L'initiative populaire peut prendre la forme d'une proposition faite en termes généraux ou d'un projet rédigé de toutes pièces. Elle ne peut porter que sur un seul objet.

3. *Déclenchement*

Une initiative populaire peut être déclenchée par les ayants droit sur la base d'une demande cosignée par un nombre minimal d'entre eux à fixer par la réglementation.

4. *Statut des résultats*

La portée juridique des résultats du scrutin devrait être fixée dans la réglementation.

La réglementation pourrait toutefois fixer un taux de participation minimal pour que les résultats soient déclarés valables.

2. Recommandation n° R (96) 4

du Comité des Ministres aux Etats membres sur la protection des journalistes en situation de conflit et de tension

(adoptée par le Comité des Ministres le 3 mai 1996, lors de sa 98e Session)

Le Comité des Ministres, en vertu de l'article 15.*b* du Statut du Conseil de

ticle 15.*b* of the Statute of the Council of Europe,

Emphasising that the freedom of the media and the free and unhindered exercise of journalism are essential in a democratic society, in particular for informing the public, for the free formation and expression of opinions and ideas, and for scrutinising the activities of public authorities;

Affirming that the freedom of the media and the free and unhindered exercise of journalism must be respected in situations of conflict and tension, since the right of individuals and the general public to be informed about all matters of public interest and to be able to evaluate the actions of public authorities and other parties involved is especially important in such situations;

Emphasising the importance of the role of journalists and the media in informing the public about violations of national and international law and human suffering in situations of conflict and tension, and the fact that they thereby can help to prevent further violations and suffering;

Noting that, in such situations, the freedom of the media and the free and unhindered exercise of journalism can be seriously threatened, and journalists often find their lives and physical integrity at risk and encounter restrictions on their right to free and independent reporting;

Noting that attacks on the physical safety of journalists and restrictions on reporting may assume a variety of forms, ranging from seizure of their means of communication to harassment, detention and assassination;

Reaffirming the importance of international human rights instruments at both world and European levels for the protection of journalists working in situations of conflict and tension, especially the Universal Declaration of Human Rights, the International Covenant on Civil and Political Rights and the European Convention on Human Rights;

Reaffirming also the importance of Article 79 of the First Additional Protocol to the Geneva Conventions of 12 August 1949, adopted on 8 June 1977, which provides that journalists shall be considered as civilians and shall be protected as such;

Considering that this obligation also applies with respect to non-international armed conflicts;

Convinced that it is necessary to reaffirm these existing guarantees, to make them better known and to ensure that they are fully respected with a view to strengthening the protection of journalists in situations of conflict and tension;

Stressing that any interference with the work of journalists in such situations must be exceptional, be kept to a minimum and be strictly in line with the conditions set out in relevant international human rights instruments;

Noting that media organisations, professional organisations and journalists themselves can also contribute to enhancing the physical safety of journalists, notably by taking and encouraging practical prevention and self-protection measures;

Considering that, for the purposes of this recommendation, the term "journalist" must be understood as covering all representatives of the media, namely all those engaged in the collection, processing and dissemination of news and information including cameramen and photographers, as well as support staff such as

l'Europe,

Soulignant que la liberté des médias et l'exercice libre et sans entrave du journalisme sont essentiels dans une société démocratique, en particulier pour informer le public, pour les libres formation et expression des opinions et des idées, et pour surveiller les activités des pouvoirs publics;

Affirmant que la liberté des médias et l'exercice libre et sans entrave du journalisme doivent être respectés dans les situations de conflit et de tension, étant donné que le droit des individus et du public en général d'être informés sur toutes questions d'intérêt public et de pouvoir évaluer l'action des pouvoirs publics et d'autres parties impliquées est particulièrement important dans ces situations;

Soulignant l'importance du rôle des journalistes et des médias pour informer le public des violations du droit national et international, ainsi que de la souffrance humaine dans des situations de tension et de conflit, et du fait qu'ils peuvent en conséquence aider à empêcher d'autres violations ou des souffrances supplémentaires;

Notant que, dans de telles situations, la liberté des médias et l'exercice libre et sans entrave du journalisme peuvent être sérieusement menacés et que les journalistes voient souvent leur vie et leur intégrité physique mises en danger, et subissent des restrictions dans leur droit de rendre compte librement et en toute indépendance;

Notant que les attaques commises à l'encontre de la sécurité physique des journalistes et les restrictions aux comptes-rendus qu'ils effectuent peuvent revêtir différentes formes, allant de la saisie de leurs moyens de communication à leur harcèlement, leur détention et leur assassinat;

Réaffirmant l'importance que revêtent, pour la protection des journalistes travaillant dans des situations de conflit et de tension, les instruments internationaux relatifs aux droits de l'homme qui existent tant au niveau mondial qu'européen, en particulier la Déclaration universelle des droits de l'homme, le Pacte international relatif aux droits civils et politiques et la Convention européenne des Droits de l'Homme;

Réaffirmant également l'importance de l'article 79 du Premier Protocole additionnel aux Conventions de Genève du 12 août 1949, adopté le 8 juin 1977, qui prévoit que les journalistes doivent être considérés comme des civils et doivent être protégés comme tels;

Considérant que cette obligation s'applique également aux conflits armés non internationaux;

Convaincu qu'il est nécessaire, pour renforcer la protection des journalistes travaillant dans des situations de conflit et de tension, de réaffirmer ces garanties en vigueur, de mieux les faire connaître et de veiller à ce qu'elles soient pleinement respectées;

Soulignant que toute ingérence dans les activités des journalistes dans ces situations doit rester exceptionnelle et à un niveau minimal, et se conformer de manière stricte aux conditions énoncées dans les instruments internationaux pertinents relatifs aux droits de l'homme;

Notant que les médias, les organisations professionnelles et les journalistes eux-mêmes peuvent également contribuer à l'amélioration de la sécurité physique des journalistes, notamment en prenant et en encourageant des mesures pratiques

drivers and interpreters,

Recommends that the governments of member states:

1. be guided in their actions and policies by the basic principles concerning the protection of journalists working in situations of conflict and tension set out in the appendix to this recommendation, and apply them without distinction to foreign correspondents and local journalists and without discrimination on any ground;

2. disseminate widely this recommendation and in particular bring it to the attention of media organisations, journalists and professional organisations, as well as public authorities and their officials, both civilian and military.

Appendix to Recommendation No. R (96) 4

Basic principles concerning the protection of journalists in situations of conflict and tension

Chapter A: Protection of the physical safety of journalists

Principle 1

Prevention

1. Media organisations, journalists and professional organisations can take important preventive measures contributing to the protection of the physical safety of journalists. Consideration should be given to the following measures with a view to adequate preparation for dangerous missions in situations of conflict and tension:

a. the provision of practical information and training to all journalists, whether staff or freelance, with the assistance of experienced journalists and competent specialised authorities and organisations such as the police or the armed forces;

b. wide dissemination among the profession of existing "survival guides";

c. wide dissemination among the profession of information on the availability of appropriate protection equipment.

2. While these measures are first and foremost the responsibility of media organisations, journalists and professional organisations, the authorities and competent specialised organisations of the member states should be co-operative when approached with requests for the provision of information or training.

de prévention et d'autoprotection;

Considérant que, aux fins de la présente recommandation, le terme «journaliste» doit être entendu comme couvrant tous les représentants des médias, à savoir toutes celles et ceux qui participent à la collecte, au traitement et à la diffusion de nouvelles et d'informations, y compris les opérateurs de prises de vues et les photographes, ainsi que le personnel de soutien tel que les chauffeurs et les interprètes,

Recommande que les gouvernements des Etats membres:

1. soient guidés, dans leurs actions et leurs politiques, par les principes de base concernant la protection des journalistes travaillant dans des situations de conflit et de tension contenus en annexe à la présente recommandation, et les appliquent sans distinction aux correspondants étrangers et aux journalistes locaux, et sans effectuer quelque discrimination que ce soit;
2. diffusent largement cette recommandation et, en particulier, la portent à l'attention des médias, des journalistes et des organisations professionnelles, ainsi que des pouvoirs publics et de leurs représentants, tant civils que militaires.

Annexe à la Recommandation n^o^ R (96) 4

Principes de base concernant la protection des journalistes en situation de conflit et de tension

Chapitre A: Protection de la sécurité physique des journalistes

Principe 1

Prévention

1. Les médias, les journalistes et les organisations professionnelles peuvent prendre des mesures préventives importantes contribuant à la protection de la sécurité physique des journalistes. Les mesures suivantes devraient être examinées en vue de pourvoir à une préparation adéquate des missions périlleuses dans des situations de conflit et de tension:

a. fourniture d'informations pratiques et d'une formation à tous les journalistes, tant salariés qu'indépendants, avec l'assistance de journalistes expérimentés et des autorités ou organisations spécialisées compétentes en la matière, telles que la police ou les forces armées;

b. large diffusion parmi la profession des «guides de survie» existants;

c. large diffusion parmi la profession d'informations sur l'existence d'équipements de protection appropriés.

2. Si ces mesures relèvent d'abord et avant tout de la responsabilité des médias, des journalistes et des organisations professionnelles, les autorités ou organisations spécialisées compétentes des Etats membres devraient se montrer coopératives lorsqu'elles sont saisies de demandes de fourniture d'informations ou de formation.

Principle 2

Insurance
1. Journalists working in situations of conflict and tension should have adequate insurance cover for illness, injury, repatriation and death. Media organisations should ensure that this is the case before sending journalists employed by them on dangerous missions. Self-employed journalists should make their own insurance arrangements.

2. Member states and media organisations should examine ways of promoting the provision of insurance cover for all journalists embarking on dangerous missions as a standard feature of contracts and collective agreements.

3. Media organisations and professional organisations in member states should give consideration to setting up a solidarity fund to indemnify journalists or their families for damage suffered in cases where insurance is insufficient or non-existent.

Principle 3

"Hotlines"
1. The emergency hotline operated by the International Committee of the Red Cross (ICRC) has proved invaluable for tracing missing journalists. Other organisations such as the International Federation of Journalists (IFJ) and the International Freedom of Expression Exchange (IFEX) operate effective hotlines which draw attention to cases of attacks on the physical safety of journalists and their journalistic freedoms. Media organisations and professional organisations are encouraged to take steps to make these hotlines better known among those in the profession. Member states should support such initiatives.

2. Journalists working in situations of conflict and tension should consider the advisability of keeping the local field offices of the ICRC informed, on a confidential basis, of their whereabouts, so enhancing the effectiveness of the hotline in tracing journalists and in taking steps to improve their safety.

Principe 2

Assurances

1. Les journalistes travaillant dans des situations de conflit et de tension devraient disposer d'une assurance adéquate couvrant les cas de maladie, de blessure, de rapatriement et de décès. Les médias ont la responsabilité de s'assurer que tel est le cas avant d'envoyer les journalistes qu'ils emploient en mission périlleuse. Les journalistes qui travaillent de manière indépendante devraient prendre leurs propres dispositions en matière d'assurance.

2. Les Etats membres et les médias devraient examiner les moyens de faire en sorte que la fourniture d'une assurance pour couvrir tout journaliste en partance pour une mission périlleuse constitue une clause normale dans les contrats individuels ou dans les conventions collectives.

3. Les médias et les organisations professionnelles dans les Etats membres devraient étudier la création d'un fonds de solidarité pour indemniser les journalistes ou leur famille au titre des dommages subis, en cas d'insuffisance ou d'absence d'assurance.

Principe 3

Réseaux d'alerte

1. Le réseau d'alerte géré par le Comité international de la Croix-Rouge (CICR) s'est révélé d'un intérêt inestimable pour suivre la trace de journalistes portés disparus. D'autres organisations, telles que la Fédération internationale des journalistes (FIJ) et l'International Freedom of Expression Exchange (IFEX), gèrent des réseaux d'alerte qui se sont avérés efficaces pour attirer l'attention sur des cas d'attaques commises à l'encontre de la sécurité physique des journalistes et de leur libertés journalistiques. Les médias et leurs organisations professionnelles sont encouragés à prendre des mesures pour mieux faire connaître ces réseaux d'alerte au sein de la profession. Les Etats membres devraient soutenir ces initiatives.

2. Les journalistes opérant dans des situations de conflit et de tension devraient étudier l'intérêt de tenir les bureaux locaux du CICR informés, à titre confidentiel, de leurs déplacements, afin de renforcer l'efficacité du réseau d'alerte du CICR pour suivre la trace des journalistes et pour prendre des mesures pour améliorer leur sécurité.

Chapter B: Rights and working conditions of journalists working in situations of conflict and tension

Principle 4

Information, movement and correspondence

Member states recognise that journalists are fully entitled to the free exercise of human rights and fundamental freedoms as guaranteed by the European Convention on Human Rights (ECHR), and by protocols thereto and international instruments to which they are a party, including the following rights:

a. the right of everyone to seek, impart and receive information and ideas regardless of frontiers;

b. the right of everyone lawfully within the territory of a state to liberty of movement and freedom to choose their residence within that territory as well as the right of everyone to leave any country;

c. the right of everyone to respect for their correspondence in its various forms.

Principle 5

Confidentiality of sources

Having regard to the importance of the confidentiality of sources used by journalists in situations of conflict and tension, member states shall ensure that this confidentiality is respected.

Principle 6

Means of communication

Member states shall not restrict the use by journalists of means of communication for the international or national transmission of news, opinions, ideas and comments. They shall not delay or otherwise interfere with such transmissions.

Principle 7

Checks on limitations

1. No interference with the exercise of the rights and freedoms covered by Principles 4 to 6 is permitted except in accordance with the conditions laid down in relevant provisions of human rights instruments, as interpreted by their supervisory bodies. Any such interference must therefore:

– be prescribed by law and formulated in clear and precise terms;

– pursue a legitimate aim as indicated in relevant provisions of human rights instruments; in accordance with the case-law of the European Court of Human Rights, the protection of national security within the meaning of the ECHR, while

Chapitre B: Droits et conditions de travail des journalistes travaillant dans des situations de conflit et de tension

Principe 4

Information, circulation et correspondance

Les Etats membres reconnaissent que les journalistes peuvent se prévaloir pleinement du libre exercice des droits de l'homme et des libertés fondamentales, tels qu'ils sont garantis par la Convention européenne des Droits de l'Homme (CEDH), ainsi que par les protocoles y afférents et les instruments internationaux auxquels ils sont parties, y compris en ce qui concerne les droits suivants:

a. le droit pour toute personne de rechercher, de communiquer et de recevoir des informations et des idées sans considération de frontière;

b. le droit pour toute personne se trouvant régulièrement sur le territoire d'un Etat d'y circuler librement et d'y choisir librement sa résidence, ainsi que la liberté pour toute personne de quitter n'importe quel pays;

c. le droit de toute personne au respect de sa correspondance sous ses différentes formes.

Principe 5

Confidentialité des sources

Compte tenu de l'importance de la confidentialité des sources utilisées par les journalistes dans des situations de conflit et de tension, les Etats membres doivent veiller à ce que cette confidentialité soit respectée.

Principe 6

Moyens de communication

Les Etats membres ne doivent pas restreindre l'utilisation par les journalistes de moyens de communication pour transmettre des informations, des opinions, des idées et des commentaires sur le plan international ou national. Ils ne doivent pas retarder ou s'ingérer d'une quelconque autre manière dans ces transmissions.

Principe 7

Limites aux restrictions

1. Aucune ingérence dans l'exercice des droits et libertés couverts par les principes 4 à 6 n'est permise, sauf si elle est prise conformément aux conditions posées par les dispositions pertinentes des instruments relatifs aux droits de l'homme, telles qu'interprétées par leurs organes de contrôle. Toute ingérence doit donc:

– être prévue par la loi et formulée en termes clairs et précis;

– poursuivre l'un des buts légitimes énoncés par les dispositions pertinentes des instruments relatifs aux droits de l'homme; conformément à la jurisprudence

constituting such a legitimate aim, cannot be understood or used as a blanket ground for restricting fundamental rights and freedoms; and

– be necessary in a democratic society, that is: correspond to a pressing social need, be based on reasons which are relevant and sufficient and be proportionate to the legitimate aim pursued.

2. In situations of war or other public emergency threatening the life of the nation and the existence of which is officially proclaimed, measures derogating from the state's obligation to secure these rights and freedoms are allowed to the extent that these measures are strictly required by the exigencies of the situation, provided that they are not inconsistent with other obligations under international law and do not involve discrimination solely on the ground of race, colour, sex, language, religion or social origin.

3. Member states should refrain from taking any restrictive measures against journalists such as withdrawal of accreditation or expulsion on account of the exercise of their professional activities or the content of reports and information carried by their media.

Principle 8

Protection and assistance

1. Member states should instruct their military and police forces to give necessary and reasonable protection and assistance to journalists when they so request, and treat them as civilians.

2. Member states shall not use the protection of journalists as a pretext for restricting their rights.

Principle 9

Non-discrimination

Member states shall ensure that, in their dealings with journalists, whether foreign or local, public authorities shall act in a non-discriminatory and non-arbitrary manner.

Principle 10

Access to the territory of a state

1. Member states should facilitate the access of journalists to the territory of destination by promptly issuing visas and other necessary documents.

de la Cour européenne des Droits de l'Homme, la protection de la sécurité nationale au sens de la CEDH, tout en constituant l'un de ces buts légitimes, ne peut être comprise ou utilisée comme blanc-seing pour restreindre les droits et libertés fondamentales; et

– être nécessaire dans une société démocratique, c'est-à-dire correspondre à un besoin social impérieux, être fondée sur des raisons pertinentes et suffisantes, et être proportionnée au but légitime poursuivi.

2. En cas de guerre ou d'autre danger public menaçant la vie de la nation, dont l'existence est officiellement proclamée, des mesures dérogeant à l'obligation pour les Etats de garantir ces droits et libertés sont permises dans la stricte mesure où la situation l'exige, et à la condition qu'elles ne soient pas en contradiction avec les autres obligations découlant du droit international et qu'elles n'entraînent pas une discrimination fondée uniquement sur la race, la couleur, le sexe, la langue, la religion ou l'origine sociale.

3. Les Etats membres devraient éviter de prendre toute mesure restrictive à l'encontre des journalistes, par exemple le retrait d'une accréditation ou l'expulsion en raison de l'exercice de leurs activités professionnelles ou du contenu des reportages ou des informations diffusés par leur média.

Principe 8

Protection et assistance

1. Les Etats membres devraient donner des instructions à leurs services de police et à leurs forces armées en vue de fournir une protection et une assistance nécessaires et raisonnables aux journalistes lorsque ceux-ci en font la demande, et de les considérer comme des civils.

2. Les Etats membres ne doivent pas utiliser la protection des journalistes comme prétexte pour restreindre leurs droits.

Principe 9

Non-discrimination

Les Etats membres doivent veiller à ce que, dans leurs relations avec les journalistes, tant correspondants étrangers que journalistes locaux, les pouvoirs publics agissent de manière non discriminatoire et non arbitraire.

Principe 10

Accès au territoire d'un Etat

1. Les Etats membres devraient faciliter l'accès des journalistes au territoire de leur destination en leur délivrant sans délai des visas et d'autres documents nécessaires.

2. Member states should likewise facilitate the importation and exportation of professional equipment.

Principle 11

Use of accreditation systems

Systems for the accreditation of journalists should be introduced only to the extent necessary in particular situations. When accreditation systems are in place, accreditation should normally be granted. Member states shall ensure that:

a. accreditation operates to facilitate the exercise of journalism in situations of conflict and tension;

b. the exercise of journalism and journalistic freedoms is not made dependent on accreditation;

c. accreditation is not used for the purpose of restricting the journalist's liberty of movement or access to information; to the extent that refusal of accreditation may have the effect of restricting these rights, such restrictions must be strictly in accordance with the conditions set out in Principle 7 above;

d. the granting of accreditation is not made dependent on concessions on the part of journalists which would limit their rights and freedoms to a greater extent than is provided for in Principle 7 above;

e. any refusal of accreditation having the effect of restricting a journalist's liberty of movement or access to information is reasoned.

Chapter C: Investigation

Principle 12

1. In situations of conflict and tension, member states shall investigate instances of attacks on the physical safety of journalists occurring within their jurisdiction. They shall give due consideration to reports of journalists, media organisations and professional organisations which draw attention to such attacks and shall, where necessary, take all appropriate follow-up action.

2. Member states should use all appropriate means to bring to justice those responsible for such attacks, irrespective of whether these are planned, encouraged or committed by persons belonging to terrorist or other organisations, persons working for the government or other public authorities, or persons acting in an individual capacity.

3. Member states shall provide the necessary mutual assistance in criminal mat-

2. Les Etats membres devraient de la même façon faciliter l'importation et l'exportation des équipements professionnels.

Principe 11

Utilisation de systèmes d'accréditation

Des systèmes d'accréditation des journalistes ne devraient être introduits que dans la mesure où cela est nécessaire dans des situations particulières. Lorsque des systèmes d'accréditation sont en place, cette accréditation devrait normalement être donnée. Les Etats membres doivent veiller à ce que:

a. l'accréditation joue de manière à faciliter l'exercice du journalisme dans des situations de conflit et de tension;

b. l'exercice du journalisme et des libertés journalistiques ne dépende pas d'une accréditation;

c. l'accréditation ne soit pas utilisée dans le but de restreindre la circulation des journalistes ou leur accès à l'information; dans la mesure où le refus de l'accréditation peut avoir pour effet de restreindre ces droits, de telles restrictions doivent être strictement conformes aux conditions mentionnées au principe 7 ci-dessus;

d. l'octroi d'une accréditation ne soit pas soumis à des concessions, de la part des journalistes, qui limiteraient leurs droits et libertés au-delà de ce qui est prévu au principe 7 ci-dessus;

e. toute décision de refuser une accréditation ayant pour effet de restreindre la liberté de circulation d'un journaliste ou son accès à l'information soit motivée.

Chapitre C: Investigation

Principe 12

1. Dans des situations de conflit et de tension, les Etats membres doivent procéder à des investigations sur les cas d'attaques commises à l'encontre de la sécurité physique des journalistes dans le cadre de leur juridiction. Ils doivent accorder toute l'attention méritée aux rapports des journalistes, des médias et des organisations professionnelles qui attirent leur attention sur de telles attaques et, le cas échéant, prendre toute mesure de suivi appropriée.

2. Les Etats membres devraient utiliser tous les moyens appropriés pour assigner en justice les responsables de telles attaques, sans considération quant au fait qu'elles aient été planifiées, encouragées ou commises par des personnes appartenant à des organisations terroristes ou autres, par des individus travaillant pour le gouvernement ou d'autres autorités publiques, ou par des personnes agissant à titre individuel.

3. Les Etats membres doivent s'accorder l'assistance mutuelle nécessaire en

ters in accordance with relevant applicable Council of Europe and other European and international instruments.

3. Recommendation No. R (96) 5

of the Committee of Ministers to member states on reconciling work and family life

(Adopted by the Committee of Ministers on 19 June 1996 at the 569th meeting of the Ministers' Deputies)

The Committee of Ministers, under the terms of Article 15.*b* of the Statute of the Council of Europe,

Considering that the aim of the Council of Europe is to achieve a greater unity between its members for the purpose of safeguarding and realising the ideals and principles which are their common heritage and facilitating their economic and social progress, while respecting human rights and fundamental freedoms;

Bearing in mind Article 1 of the Revised European Social Charter, which contains an undertaking to ensure the effective exercise of the right to work, as well as Article 20 concerning the right to equal opportunities and equal treatment in matters of employment and occupation without discrimination on the grounds of sex, and Article 27 concerning the right of workers with family responsibilities to equal opportunities and equal treatment;

Bearing in mind its declaration adopted on the occasion of its 83rd Session in 1988 on equality of women and men;

Recalling that, in the resolution on the employment of women adopted at the close of the 4th Conference of European Ministers of Labour (Copenhagen, 1989), the Ministers of Labour agreed that adaptive and innovative measures were required in order to better reconcile working life and family life, whether it be in social infrastructures, labour and social protection legislation, or flexibility of employment for workers, without prejudice to access by women to professional responsibilities of all kinds;

Bearing in mind Recommendation No. R (94) 14 of the Committee of Ministers on coherent and integrated family policies;

Taking note of the final communique of the XXIVth session of the Conference of European Ministers responsible for Family Affairs on the theme of the status and role of fathers – family policy aspects (Helsinki, 1995);

Bearing in mind the various instruments of the International Labour Organisation, particularly Convention No. 156 and Recommendation No. 165 concerning equal opportunities and equal treatment for men and women workers: workers with family responsibilities, and Convention No. 175 and Recommendation No. 182 concerning part-time work;

matière criminelle, conformément aux instruments pertinents du Conseil de l'Europe et autres instruments européens et internationaux en vigueur.

3. Recommandation n° R (96) 5

du Comité des Ministres aux Etats membres sur la conciliation de la vie professionnelle et de la vie familiale

(adoptée par le Comité des Ministres le 19 juin 1996, lors de la 569ᵉ réunion des Délégués des Ministres)

Le Comité des Ministres, en vertu de l'article 15.*b* du Statut du Conseil de l'Europe,

Considérant que le but du Conseil de l'Europe est de réaliser une union plus étroite entre ses membres afin de sauvegarder et de promouvoir les idéaux et les principes qui sont leur patrimoine commun, et de favoriser leur progrès économique et social dans le respect des droits de l'homme et des libertés fondamentales;

Ayant à l'esprit l'article 1er de la Charte sociale européenne révisée, qui contient l'engagement d'assurer l'exercice effectif du droit au travail, ainsi que l'article 20 concernant le droit à l'égalité de chances et de traitement en matière d'emploi et de profession, sans discrimination fondée sur le sexe, et l'article 27 concernant le droit des travailleurs ayant des responsabilités familiales à l'égalité de chances et de traitement;

Ayant à l'esprit sa déclaration sur l'égalité des femmes et des hommes adoptée à l'occasion de sa 83e Session en 1988;

Rappelant que, dans la Résolution sur l'emploi des femmes adoptée lors de la clôture de la 4e Conférence des ministres européens du Travail (Copenhague, 1989), les ministres du Travail ont convenu que des mesures de réaménagement et des innovations sont nécessaires pour mieux concilier la vie professionnelle et la vie familiale, que ce soit au niveau des infrastructures sociales, du droit du travail et de la protection sociale, ou de la flexibilité du travail pour les travailleurs et les travailleuses, sans préjudice de l'accès des femmes à toutes les responsabilités professionnelles;

Ayant à l'esprit la Recommandation n° R (94) 14 du Comité des Ministres concernant les politiques familiales cohérentes et intégrées;

Prenant note du communiqué final de la XXIVe session de la Conférence des ministres européens responsables des affaires familiales, sur le thème du statut et du rôle du père – aspects de la politique familiale (Helsinki, 1995);

Ayant à l'esprit les divers instruments de l'Organisation internationale du travail, et tout particulièrement la Convention n° 156 et la Recommandation n° 165 concernant l'égalité de chances et de traitement pour les travailleurs des deux

Considering that the initiatives to enable women and men to reconcile their occupational, family and upbringing responsibilities arising from the care of children contained in the Recommendation of the Council of the European Communities of 31 March 1992 on child care (92/241/EEC) are relevant to the circumstances pertaining in all member states;

Bearing in mind the principles set out in Article 18 of the United Nations Convention on the Rights of the Child (1989), which provides that the states parties shall use their best efforts to ensure recognition of the principle that both parents have common responsibilities for the upbringing and development of their children, that they shall render appropriate assistance to parents in the performance of their child-rearing responsibilities, and that they shall take all appropriate measures to ensure that children of working parents have the right to benefit from child-care services and facilities for which they are eligible;

Bearing in mind the strategic objectives set out in the Platform for Action adopted by the United Nations 4th World Conference on Women (Beijing, 1995), and in particular those aiming at the promotion of the harmonisation of work and family responsibilities for women and men;

Considering that employment and family policies should promote equal opportunities in order to overcome discrimination on grounds such as disability, age, sex, sexual orientation, race, colour, or ethnic origins;

Welcoming the progress already made in facilitating the labour force participation of workers with family responsibilities;

Recognising that the reconciliation of work and family life is a problem of considerable complexity which still remains insufficiently understood;

Recognising, nonetheless, that the following observations can be made:

– it is women who most often continue to bear the principal burden of family responsibilities;

– discrimination against women in the labour market is encouraged by insufficient sharing of family responsibilities;

– women and men have an increasing desire and willingness to share their family responsibilities more equally;

– numerous obstacles, especially social and cultural, stand in the way of a more equal sharing between women and men of their family responsibilities;

– overall, labour market actors continue to take insufficient account of the family responsibilities of women and men;

Taking note of the development and importance of family responsibilities for women and men arising from economic, cultural and social changes;

Taking into consideration, on the one hand, the difficult economic and social context, particularly the budgetary restrictions confronting member states, and, on the other hand, the potential benefits to be gained in the promotion of a working society that uses the skills of all its members to the full;

Noting that the full social and economic participation of workers with family responsibilities has positive effects for the efficiency of the economy, the promotion of employment, and the fight against unemployment, and also has a role in strengthening social cohesion;

sexes: travailleurs ayant des responsabilités familiales, et la Convention n° 175 et la Recommandation n° 182 concernant le travail à temps partiel;

Estimant que les initiatives permettant aux femmes et aux hommes de concilier leurs responsabilités professionnelles, familiales et d'éducation découlant de la garde des enfants, contenues dans la Recommandation du Conseil des Communautés européennes du 31 mars 1992 concernant la garde des enfants (92/241/CEE) sont pertinentes au regard des conditions qui existent dans tous les Etats membres;

Ayant à l'esprit les principes énoncés à l'article 18 de la Convention des Nations unies relative aux droits de l'enfant (1989), qui prévoit que les Etats parties doivent s'employer de leur mieux à assurer la reconnaissance du principe selon lequel les deux parents ont une responsabilité commune pour ce qui est d'élever l'enfant et d'assurer son développement; qu'ils doivent accorder l'aide appropriée aux parents dans l'exercice de la responsabilité qui leur incombe d'élever l'enfant et prendre toutes les mesures appropriées pour assurer aux enfants dont les parents travaillent le droit de bénéficier des services et établissements de garde d'enfants pour lesquels ils remplissent les conditions requises;

Ayant à l'esprit les objectifs stratégiques décrits dans le programme d'action adopté par la 4e Conférence mondiale des Nations unies sur les femmes (Pékin, 1995), et notamment ceux qui visent à permettre aux femmes et aux hommes de concilier responsabilités professionnelles et responsabilités familiales;

Estimant que les politiques de l'emploi et les politiques familiales devraient promouvoir l'égalité des chances afin d'éliminer les discriminations fondées notamment sur le handicap, l'âge, le sexe, la sexualité, la race, la couleur ou l'origine ethnique;

Se félicitant des progrès accomplis pour faciliter la participation à la vie active des travailleurs et des travailleuses ayant des responsabilités familiales;

Reconnaissant que la conciliation de la vie professionnelle et de la vie familiale est un problème d'une grande complexité, qui reste encore insuffisamment analysé;

Reconnaissant, néanmoins, que les observations suivantes peuvent être formulées:

– les femmes continuent d'assumer le plus souvent l'essentiel des responsabilités familiales;

– le partage insuffisant des responsabilités familiales contribue à la discrimination à l'égard des femmes sur le marché du travail;

– les femmes et les hommes expriment de plus en plus le désir et la volonté de partager d'une façon plus égale les responsabilités familiales;

– de nombreux obstacles, notamment sociaux et culturels, contrarient encore l'accomplissement d'un partage plus égal des responsabilités familiales entre les femmes et les hommes;

– les acteurs du marché du travail dans leur ensemble ne prennent pas suffisamment en compte les responsabilités familiales des femmes et des hommes;

Constatant l'importance et le développement des responsabilités familiales pour les femmes et les hommes en raison de l'évolution économique, culturelle et sociale;

Prenant en considération, d'une part, le contexte économique et social difficile, notamment les contraintes budgétaires auxquelles sont confrontés tous les Etats

Considering that success in meeting the objectives and implementing the measures and initiatives described below demands both individual initiative and collective effort;

Considering, furthermore, that the undertaking of such a collective effort concerns, *inter alia*, public authorities, employers, organisations of employers and workers, and non-governmental organisations;

Being aware that greater access for women to positions of responsibility is an important factor in promoting measures designed to improve equal opportunities for women and men;

Affirming that the reconciliation of work and family life, promoting as it does self-fulfilment in public, professional, social and family life, is a precondition for a meaningful quality of life and for the full exercise of fundamental human rights in the economic and social sphere,

Recommends that the governments of member states:

1. take action, within the framework of a general policy promoting equal opportunities and equal treatment, to enable women and men, without discrimination, to better reconcile their working and family lives;
2. adopt and implement the measures and general principles described in the appendix to this recommendation in the manner they consider the most appropriate to achieve this goal in the light of national circumstances and preferences.

Appendix to Recommendation No. R (96) 5

General principles

1. With a view to creating effective equality of opportunity and treatment for women and men workers, each member state should make it an aim of national policy to enable persons with family responsibilities who are engaged or wish to engage in employment to exercise their right to do so without being subject to discrimination and, to the extent possible, without any conflict between their employment and family responsibilities.

2. The need for women and men to meet their responsibilities for child rearing should be made a priority, not only in respect of their very young children but also in respect of their older children. It is also important that workers be able to meet their increasing responsibilities to other dependent family members, and in particular to their relatives who are elderly or who have a disability.

membres, et, d'autre part, tous les avantages potentiels liés à la promotion d'une société active utilisant pleinement les compétences de tous ses membres;

Notant que la pleine participation à la vie économique et sociale des travailleurs et des travailleuses ayant des responsabilités familiales a des effets positifs sur l'efficacité de l'économie, la promotion de l'emploi, la lutte contre le chômage, et contribue à renforcer la cohésion sociale;

Considérant que la réussite des objectifs, des mesures et des initiatives décrits ci-dessous nécessite à la fois des initiatives individuelles et une prise en charge collective;

Considérant en outre qu'une prise en charge collective concerne, entre autres, les pouvoirs publics, les employeurs, les organisations d'employeurs et de travailleurs, et les organisations non gouvernementales;

Conscient qu'un accès plus grand des femmes aux postes de responsabilité est important pour soutenir les mesures favorisant l'égalité des chances pour les femmes et les hommes;

Affirmant que la conciliation de la vie professionnelle et de la vie familiale est l'une des conditions d'une authentique qualité de vie et du plein exercice des droits fondamentaux de la personne humaine dans les domaines économique et social, puisqu'elle permet l'épanouissement personnel dans la vie publique, professionnelle, sociale et familiale,

Recommande que les gouvernements des Etats membres:

1. Interviennent, dans le cadre d'une politique générale d'encouragement de l'égalité des chances et de traitement, pour permettre aux hommes et aux femmes, sans discrimination, de mieux concilier leur vie professionnelle et leur vie familiale;

2. Adoptent et mettent en œuvre les mesures et principes généraux décrits dans l'annexe à cette recommandation, de la manière qu'ils jugent la plus appropriée pour réaliser cet objectif à la lumière des situations et des préférences nationales.

Annexe à la Recommandation n° R (96) 5

Principes généraux

1. En vue d'instaurer l'égalité effective des chances et de traitement pour les travailleurs et les travailleuses, chaque Etat membre devrait, parmi ses objectifs de politique nationale, viser à permettre aux personnes ayant des responsabilités familiales qui occupent ou désirent occuper un emploi d'exercer leur droit de l'occuper ou de l'obtenir sans faire l'objet de discrimination et, dans la mesure du possible, sans conflit entre leurs responsabilités professionnelles et familiales.

2. La nécessité pour les femmes et les hommes d'assumer leurs responsabilités, consistant à élever leurs enfants, devrait être rendue prioritaire non seulement à l'égard de leurs enfants en bas âge mais aussi de leurs enfants plus âgés. Il importe aussi de permettre aux travailleurs d'assumer leurs responsabilités croissantes à l'égard des autres membres de leur famille qui sont à leur charge, et en particulier

3. The measures described in this appendix imply a considerable change in attitudes, business structures and working patterns in the public and private sectors, and it is therefore important to ensure that the measures in this appendix are implemented with the full involvement and co-operation of all labour market actors including employers and organisations of employers and workers.

4. Although the measures described in this appendix relate essentially to the labour market, they will not in themselves ensure a more equal reconciliation of occupational and family responsibilities. A concerted effort, therefore, needs to be taken in all fields of social life in order to promote and take account of changes in the roles of women and men in both the workplace and the home.

5. With a view to promoting the reconciliation of working and family life, action needs to be taken in a number of related priority policy areas, namely:

- the organisation of working time;
- the abolition of discrimination between women and men in the labour market;
- the development of adequately financed services in favour of families;
- the adaptation of social security schemes and tax systems to the increasing diversity in working patterns;
- the organisation of school time and curricula.

6. A significant effort should be made to strengthen the regulatory and social infrastructures which support and assist workers who have to reconcile their working and family responsibilities.

7. The various instruments of the international bodies referred to in the preamble to this recommendation should be applied as widely as possible.

Organisation of working time

General

8. Governments should promote effective flexibility, or, where appropriate, encourage employers' and workers' organisations to promote such flexibility, throughout the length of the active life of workers to take account of their family responsibilities. Account should be taken of their needs and in particular on their preparation for, entry to and withdrawal from the labour market.

de leurs parents âgés ou handicapés.

3. Les mesures décrites dans la présente annexe impliquent un changement considérable dans les attitudes, les structures d'entreprise et les schémas de travail dans les secteurs public et privé; il est donc vital que les mesures recommandées dans cette annexe soient mises en œuvre avec la pleine participation et coopération de tous les acteurs du marché du travail, y compris les employeurs et les organisations d'employeurs et de travailleurs.

4. Si les mesures énoncées dans la présente annexe visent essentiellement le marché du travail, elles ne suffiront cependant pas à elles seules à garantir une conciliation plus équitable des responsabilités professionnelles et familiales; c'est pourquoi il convient de consentir un effort concerté dans tous les domaines de la vie sociale pour promouvoir et prendre en compte l'évolution des rôles des femmes et des hommes tant sur le lieu de travail qu'au domicile.

5. Afin de promouvoir la conciliation de la vie professionnelle et de la vie familiale, il est nécessaire de prendre des mesures dans un certain nombre de domaines prioritaires et voisins, à savoir:
- l'aménagement du temps de travail;
- la suppression des discriminations entre les femmes et les hommes sur le marché du travail;
- le développement des services, avec les moyens financiers appropriés, en faveur des familles;
- l'adaptation des régimes de sécurité sociale et fiscaux à la diversité croissante des modèles de travail;
- l'aménagement des rythmes et des programmes scolaires.

6. Un effort de grande ampleur est nécessaire pour renforcer l'infrastructure sociale et réglementaire de soutien et d'aide aux travailleurs et travailleuses qui doivent concilier responsabilités professionnelles et familiales.

7. Les divers instruments des instances internationales cités dans le préambule de cette recommandation devraient faire l'objet d'une mise en œuvre aussi large que possible.

Aménagement du temps de travail

Généralités

8. Les gouvernements devraient promouvoir une véritable souplesse, ou, le cas échéant, encourager les organisations d'employeurs et de travailleurs à promouvoir une telle souplesse, pendant toute la durée de la vie active des travailleurs et des travailleuses, pour tenir compte de leurs responsabilités familiales. Il importe de tenir compte des besoins de ces personnes, notamment à l'occasion de la préparation à la vie professionnelle, de l'entrée sur le marché du travail ou de la sortie du marché du travail.

A flexible employment practice

9. Employers should be encouraged to develop flexible employment practices enabling their workers, both women and men, to meet the demands of their family responsibilities in the most satisfactory manner possible. In so far as is possible, account should be taken of the individual circumstances of each worker in relation to their family responsibilities and the needs of the persons dependent on them (for example the size of their family, whether they are a single parent, or whether their dependent relatives are ill, elderly or have a disability).

10. A flexible and voluntary employment practice widely agreed between employers and workers should comprise as many as possible of the following options:

- easier access to part-time work for those workers who so wish;
- easier access, where possible, to options for "distance employment" such as, for example, telework or homework for those workers who so wish;
- the possibility for workers to vary their working hours and the organisation of their working time, whilst retaining the possibility of reverting to their original hours;
- leave arrangements to care for family members who are ill or who have a disability.

11. Flexible employment practices should provide for conditions of employment which are equivalent or comparable to those of similarly placed full-time workers. In particular, member states are encouraged to extend this principle of equal or comparable treatment to the following areas:

- job security;
- work place representation;
- career development including promotion possibilities;
- pay and other benefits.

Maternity and parental leave

12. Women should be entitled to legal protection in the event of pregnancy, and, in particular, an adequate period of maternity leave, adequate pay or allowance during this period and job protection.

13. The fathers of newly born children should also be allowed a short period of leave to be with their families. In addition, both the father and the mother should have the right to take parental leave during a period to be determined by the national authorities without losing either their employment or any related rights provided for in social protection or employment regulations. The possibility should exist for such parental leave to be taken part-time and to be shared between parents.

Une pratique de l'emploi flexible

9. Les employeurs devraient être encouragés à développer la pratique de l'emploi flexible permettant à leurs travailleurs et travailleuses de s'acquitter, dans les meilleures conditions, de leurs responsabilités familiales. Dans la mesure du possible, il devrait être tenu compte des circonstances propres à chaque travailleur et travailleuse en fonction de leurs responsabilités familiales et des besoins des personnes à leur charge (par exemple taille de la famille, famille monoparentale, personne à charge malade, handicapée ou âgée).

10. La pratique de l'emploi flexible et librement consenti sur la base d'une large concertation entre les employeurs et les travailleurs devrait, autant que possible, comprendre les options suivantes:

- un recours facilité au travail à temps partiel lorsqu'il est demandé par les travailleurs et les travailleuses;
- un recours facilité, lorsque cela est possible, aux formules de «travail à distance» telles que le télétravail et le travail à domicile pour les travailleurs et les travailleuses qui le souhaitent;
- la possibilité pour les travailleurs et les travailleuses de varier leurs horaires de travail et l'organisation de leur temps de travail tout en laissant ouverte la possibilité de revenir à l'horaire initial;
- des possibilités de congés pour soigner des membres malades et handicapés de la famille.

11. Les formules d'emploi flexible devraient offrir des conditions de travail équivalentes ou comparables à celles des personnes actives à temps complet dans des emplois similaires. Les Etats membres sont notamment encouragés à étendre ce principe du traitement égal ou comparable aux domaines suivants:

- sécurité de l'emploi;
- représentation sur le lieu de travail;
- épanouissement professionnel, y compris les perspectives de promotion;
- salaire et prestations annexes.

Congé de maternité et congé parental

12. En cas de maternité, les femmes devraient bénéficier d'une protection juridique, et notamment d'un arrêt de travail d'une durée adéquate, d'un salaire ou d'une allocation adéquats au titre de cet arrêt, et d'une protection de l'emploi.

13. Les pères de nouveau-nés devraient également bénéficier d'une courte période de congé pour être auprès de leur famille. Par ailleurs, le père et la mère devraient avoir droit à un congé parental au cours d'une période à définir par les autorités nationales, sans perdre leur emploi ou les droits afférents à cet emploi, prévus dans la réglementation du travail ou les systèmes de protection sociale. Ce congé parental devrait pouvoir être pris à temps partiel et être partagé entre les parents.

14. The measures described in paragraph 13 should apply equally for the benefit of persons adopting a child.

15. The return to work at the end of a period of parental leave should be facilitated by, for example, vocational guidance and training facilities.

Abolition of discrimination between women and men in the labour market

16. A reduction of wage differentials between women and men should be encouraged in order to achieve a more equal sharing of family responsibilities within each family unit. Accordingly, measures should be taken to promote:

i. a more balanced distribution of women and men in different sectors and occupations;

ii. a reduction of wage differentials between female-dominated and male-dominated occupations;

iii. a reduction in wage differentials between women and men within the same occupation.

Development of adequately financed services in favour of families

17. A wide and diversified variety of high quality services in the public and private sectors (including the voluntary welfare sector and the personal service sector) should be available to assist women and men in better reconciling their occupational and family responsibilities. They should operate at local level and cover child-minding services, child care, the bringing up of dependent children, reception facilities outside school time and the care of relatives who are elderly or who have a disability.

18. In order to ensure the success of the various services they should be financed collectively and not only by families. They should also be closely co-ordinated by the different parties concerned, that is national, regional and local authorities, employers, organisations of employers and workers, as well as service users themselves.

19. Employers should also be encouraged to participate, financially or otherwise, in the provision of child care and family facilities for their workers, or in other services to help them meet their family responsibilities.

20. Full information should be available to users on the various services open to them, the standard of these services and their charges.

14. Les personnes qui adoptent un enfant devraient bénéficier, *mutatis mutandis*, des mesures décrites au paragraphe 13.

15. La réinsertion professionnelle, à l'issue du congé parental, devrait être facilitée par des services tels que l'orientation et la formation professionnelles.

Suppression de la discrimination entre les femmes et les hommes sur le marché du travail

16. Il convient d'encourager la réduction des différences de salaire entre les femmes et les hommes pour générer un partage plus égal des responsabilités familiales au sein de chaque cellule familiale. Pour ce faire, des mesures devraient être prises pour favoriser:

i. une représentation plus équilibrée des femmes et des hommes entre les différents secteurs et métiers;

ii. une réduction des différences de salaires entre les professions majoritairement occupées par les hommes et les professions majoritairement occupées par les femmes;

iii. une réduction des différences de salaires entre les femmes et les hommes au sein de la même profession.

Développement de services – avec les moyens financiers appropriés – en faveur des familles

17. Il devrait exister, dans les secteurs public et privé (y compris l'activité sociale bénévole et les services personnels), une large diversité de services de haute qualité chargés d'aider les femmes et les hommes à mieux concilier leurs responsabilités professionnelles et familiales. Ces services devraient fonctionner à l'échelon local et couvrir l'accueil des enfants, les soins aux enfants et l'éducation des enfants à charge, des services parascolaires, et les soins aux parents âgés ou handicapés.

18. Afin d'assurer le bon fonctionnement des divers services, ceux-ci devraient être financés de façon collective et pas seulement par les familles. Ils devraient également être étroitement coordonnés par les différents responsables concernés, c'est-à-dire les autorités nationales, régionales et locales, les employeurs, les organisations d'employeurs et de travailleurs ainsi que les usagers eux-mêmes.

19. Il faudrait également encourager les employeurs à participer, sur le plan financier ou autre, à la mise à disposition pour leurs travailleurs et travailleuses de garderies d'enfants, ou d'autres services, pour les aider à assumer leurs responsabilités familiales.

20. Il convient de bien informer les usagers de l'existence des différents services à leur disposition, du niveau de ces services et de leurs tarifs.

21. Where charges are made for child care and other services, these should be reasonable, and/or means-tested, and reflect the nature and quality of the service provided by the public authorities. Where necessary, and in order to ensure that these services are effectively available for workers with low means, financial assistance should be provided by the public authorities. Governments should ensure that the services are open to all children and that they should not be excluded for reasons related to the situation, and particularly the financial situation, of their parents.

22. Assistance to families may take the form of cash benefits, free entitlement to services, services at reduced charges and public funding to service providers. Consideration should be given to determining the most efficient means of financing these services.

23. The full range of public services, in particular public transport and housing, should be organised to better meet the needs of workers with family responsibilities. Similarly, urban and rural planning should take into account such responsibilities.

Adaptation of social security schemes and tax systems to the increasing diversity of working patterns

24. Where necessary, income tax and social security schemes should be reviewed to ensure that their operation does not work against the goal of enabling women and men to better reconcile their occupational and family responsibilities and to share these responsibilities between them more equally.

25. With a view to financing the assistance referred to in paragraph 22, contribution and tax systems might be designed in such a way as to encourage employers to make provision for their workers.

The organisation of school time and curricula

26. An effort should be made to better harmonise school and working hours.

27. School curricula should support an awareness of the needs related to reconciling work and family life.

21. Lorsque des tarifs sont établis pour des services de garderie et autres, ils devraient refléter la nature et la qualité du service fourni par les services publics, être soumis à des conditions de ressources et/ou ne pas dépasser des limites raisonnables. Si cela est nécessaire, et afin d'assurer que les travailleurs et les travailleuses à faibles ressources bénéficient effectivement de ces services, une assistance financière devrait être accordée par les pouvoirs publics. Les gouvernements devraient s'assurer que l'accès aux services est offert à tous les enfants, et que ceux-ci ne peuvent être exclus à cause de la situation – notamment financière – de leurs parents.

22. L'aide financière accordée aux familles peut prendre la forme d'avantages en espèces, du droit de bénéficier des services soit gratuitement, soit à tarif réduit, ou d'une subvention publique aux pourvoyeurs de services. Il convient d'examiner les moyens les plus efficaces de financer ces services.

23. L'ensemble des services publics, notamment les services de transport collectif et de logement, devrait être aménagé pour mieux répondre aux besoins des travailleurs et des travailleuses ayant des responsabilités familiales. Il devrait en aller de même pour les politiques concernant l'aménagement du territoire, tant en zone urbaine qu'en zone rurale.

Adaptation des régimes de sécurité sociale et fiscaux à la diversité croissante des modèles de travail

24. Il conviendrait, le cas échéant, de réviser le régime de l'impôt sur le revenu et les régimes de sécurité sociale pour éviter qu'ils n'aillent à l'encontre de l'objectif consistant à permettre aux femmes et aux hommes de mieux concilier leurs responsabilités professionnelles et familiales, et de se partager d'une façon plus égale ces responsabilités.

25. Afin de financer les aides évoquées au paragraphe 22, les régimes de cotisations ou les régimes fiscaux pourraient être conçus dans le but d'encourager les employeurs à prendre des mesures en faveur de leurs travailleurs et travailleuses.

Aménagement des rythmes et programmes scolaires

26. Il convient d'assurer une meilleure harmonisation entre les rythmes scolaires et les horaires du travail.

27. Les programmes éducatifs devraient être aménagés afin de favoriser une prise de conscience des besoins liés à la conciliation de la vie professionnelle et de la vie familiale.

4. Recommendation No. R (96) 10

of the Committee of Ministers to member states on the guarantee of the independence of public service broadcasting

(Adopted by the Committee of Ministers on 11 September 1996 at the 573rd meeting of the Ministers' Deputies)

The Committee of Ministers, under the terms of Article 15.*b* of the Statute of the Council of Europe,

Considering that the aim of the Council of Europe is to achieve a greater unity between its members for the purpose of safeguarding and realising the ideals and principles which are their common heritage;

Recalling that the independence of the media, including broadcasting, is essential for the functioning of a democratic society;

Stressing the importance which it attaches to respect for media independence, especially by governments;

Recalling in this respect the principles endorsed by the governments of the member states of the Council of Europe set out in the declaration on freedom of expression and information of 29 April 1982, especially as regards the need for a wide range of independent and autonomous means of communication allowing for the reflection of a diversity of ideas and opinions;

Reaffirming the vital role of public service broadcasting as an essential factor of pluralistic communication which is accessible to everyone at both national and regional levels, through the provision of a basic comprehensive programme service comprising information, education, culture and entertainment;

Recalling the commitments accepted by the representatives of the states participating in the 4th European Ministerial Conference on Mass Media Policy (Prague, 7-8 December 1994) in the framework of Resolution No. 1 on the future of public service broadcasting, especially respect for the independence of public service broadcasting organisations;

Noting the need to develop further the principles on the independence of public service broadcasting set out in the aforementioned Prague resolution in the light of the challenges raised by political, economic and technological change in Europe;

Considering that, in the light of these challenges, the independence of public service broadcasting should be guaranteed expressly at the national level by means of a body of rules dealing with all aspects of its functioning;

Underlining the importance of ensuring strict respect for these rules by any person or authority external to public service broadcasting organisations,

Recommends the governments of the member states:

a. to include in their domestic law or in instruments governing public service broadcasting organisations provisions guaranteeing their independence in accordance with the guidelines set out in the appendix to this recommendation;

b. to bring these guidelines to the attention of authorities responsible for su-

4. Recommandation nº R (96) 10

du Comité des Ministres aux Etats membres concernant la garantie de l'indépendance du service public de la radiodiffusion

(adoptée par le Comité des Ministres le 11 septembre 1996, lors de la 573e réunion des Délégués des Ministres)

Le Comité des Ministres, en vertu de l'article 15.*b* du Statut du Conseil de l'Europe,

Considérant que le but du Conseil de l'Europe est de réaliser une union plus étroite entre ses membres afin de sauvegarder et de promouvoir les idéaux et les principes qui sont leur patrimoine commun;

Rappelant que l'indépendance des médias, y compris ceux du secteur de la radiodiffusion, est essentielle au fonctionnement d'une société démocratique;

Soulignant l'importance qu'il attache au respect de cette indépendance, en particulier de la part des gouvernements;

Rappelant à cet égard les principes auxquels ont adhéré les Etats membres du Conseil de l'Europe dans le cadre de la Déclaration sur la liberté d'expression et d'information du 29 avril 1982, en particulier en ce qui concerne l'existence d'un large éventail de moyens de communication indépendants et autonomes, permettant de refléter la diversité des idées et des opinions;

Réaffirmant la fonction vitale du service public de la radiodiffusion en tant que facteur essentiel d'une communication pluraliste accessible à tous, aux niveaux tant national que régional, à travers la fourniture d'un service de base généraliste comprenant des informations et des programmes éducatifs, culturels et de divertissement;

Rappelant les engagements souscrits par les représentants des Etats ayant participé à la 4e Conférence ministérielle européenne sur la politique des communications de masse (Prague, 7-8 décembre 1994), dans le cadre de la Résolution nº 1 sur l'avenir du service public de la radiodiffusion, en particulier en ce qui concerne le respect de l'indépendance des organismes de radiodiffusion de service public;

Notant la nécessité de développer plus avant les principes relatifs à l'indépendance du service public de la radiodiffusion énoncés dans la résolution de Prague, à la lumière des défis posés par les changements politiques, économiques et techniques en Europe;

Considérant que, face à ces défis, l'indépendance du service public de la radiodiffusion devrait être expressément garantie au niveau national à travers un ensemble de règles couvrant tous les aspects de son fonctionnement;

Soulignant l'importance qui s'attache au respect scrupuleux de telles règles de la part de toutes personnes ou autorités extérieures aux organismes de radiodiffusion de service public,

Recommande aux gouvernements des Etats membres:

a. d'inclure dans leur législation nationale ou dans les textes régissant les

pervising the activities of public service broadcasting organisations as well as to the attention of the management and staff of such organisations.

Appendix to Recommendation No. R (96) 10

Guidelines on the guarantee of the independence of public service broadcasting

I. General provisions

The legal framework governing public service broadcasting organisations should clearly stipulate their editorial independence and institutional autonomy, especially in areas such as:

– the definition of programme schedules;
– the conception and production of programmes;
– the editing and presentation of news and current affairs programmes;
– the organisation of the activities of the service;
– recruitment, employment and staff management within the service;
– the purchase, hire, sale and use of goods and services;
– the management of financial resources;
– the preparation and execution of the budget;
– the negotiation, preparation and signature of legal acts relating to the operation of the service;
– the representation of the service in legal proceedings as well as with respect to third parties.

The provisions relating to the responsibility and supervision of public service broadcasting organisations and their statutory organs should be clearly defined in the governing legal framework.

The programming activities of public service broadcasting organisations shall not be subject to any form of censorship. No *a priori* control of the activities of public service broadcasting organisations shall be exercised by external persons or bodies except in exceptional cases provided for by law.

II. Boards of management of public service broadcasting organisations

1. *Competences*

The legal framework governing public service broadcasting organisations should stipulate that their boards of management are solely responsible for the day-to-day operation of their organisation.

organismes de radiodiffusion de service public des dispositions garantissant l'indépendance de ceux-ci, conformément aux lignes directrices figurant en annexe à cette recommandation;

b. de porter ces lignes directrices à la connaissance des autorités chargées de superviser les activités des organismes de radiodiffusion de service public, ainsi que des responsables et des agents de ces organismes.

Annexe à la Recommandation n° R (96) 10

Lignes directrices concernant la garantie de l'indépendance du service public de la radiodiffusion

I. Dispositions générales

Le cadre juridique régissant les organismes de radiodiffusion de service public devrait clairement affirmer leur indépendance éditoriale et leur autonomie institutionnelle, en particulier dans des domaines tels que:

- la définition de la programmation;
- la conception et la production des programmes;
- l'édition et la présentation des programmes d'information et d'actualité;
- l'organisation des activités du service;
- le recrutement, l'emploi et la gestion du personnel utilisé dans le cadre du service;
- l'achat, la location, la vente et l'emploi de biens ou de services;
- la gestion des ressources financières;
- la préparation et l'exécution du budget du service;
- la négociation, la préparation et la signature des actes juridiques liés au fonctionnement du service;
- la représentation du service en justice et avec les tiers.

Les dispositions relatives à la responsabilité et à la surveillance des organismes de radiodiffusion de service public et de leurs organes statutaires devraient être clairement définies par le cadre juridique régissant ces organismes.

Les activités de programmation des organismes de radiodiffusion de service public ne peuvent faire l'objet d'aucune forme de censure. Aucun contrôle *a priori* des activités des organismes de radiodiffusion de service public ne peut être exercé par des personnes ou des instances extérieures en dehors des cas exceptionnels prévus par la loi.

II. Organes de gestion des organismes de radiodiffusion de service public

1. *Compétences*

Le cadre juridique régissant les organismes de radiodiffusion de service public devrait stipuler que les organes de gestion de ces organismes sont seuls responsables du fonctionnement quotidien de l'organisme de radiodiffusion de service public dont ils relèvent.

2. *Status*

The rules governing the status of the boards of management of public service broadcasting organisations, especially their membership, should be defined in a manner which avoids placing the boards at risk of any political or other interference.

These rules should, in particular, stipulate that the members of boards of management or persons assuming such functions in an individual capacity:

– exercise their functions strictly in the interests of the public service broadcasting organisation which they represent and manage;

– may not, directly or indirectly, exercise functions, receive payment or hold interests in enterprises or other organisations in media or media-related sectors where this would lead to a conflict of interest with the management functions which they exercise in their public service broadcasting organisation;

– may not receive any mandate or take instructions from any person or body whatsoever other than the bodies or individuals responsible for the supervision of the public service broadcasting organisation in question, subject to exceptional cases provided for by law.

3. *Responsibilities*

Subject to their accountability to the courts for the exercise of their competences in cases provided for by law, the boards of management of public service broadcasting organisations, or individuals assuming such functions in an individual capacity, should only be accountable for the exercise of their functions to the supervisory body of their public service broadcasting organisation.

Any decision taken by the aforementioned supervisory bodies against members of the boards of management of public service broadcasting organisations or persons assuming such functions in an individual capacity for breach of their duties and obligations should be duly reasoned and subject to appeal to the competent courts.

III. Supervisory bodies of public service broadcasting organisations

1. *Competences*

The legal framework governing public service broadcasting organisations should define clearly and precisely the competences of their supervisory bodies.

The supervisory bodies of public service broadcasting organisations should not exercise any *a priori* control over programming.

2. *Status*

The rules governing the status of the supervisory bodies of public service broadcasting organisations, especially their membership, should be defined in a

2. *Statut*

Les règles régissant le statut des organes de gestion des organismes de radiodiffusion de service public, en particulier leur composition, devraient être définies de manière à éviter que ces organes puissent faire l'objet d'ingérences politiques ou autres.

Ces règles devraient stipuler, en particulier, que les membres des organes de gestion de ces organismes ou les personnes assumant de telles fonctions à titre individuel:

– exercent leurs fonctions dans le strict intérêt de l'organisme de radiodiffusion de service public qu'ils représentent et qu'ils gèrent;

– ne peuvent, directement ou indirectement, exercer des fonctions, recevoir une rémunération ou détenir des intérêts dans des entreprises ou d'autres organismes du secteur des médias, ou de secteurs connexes, dans le cas où cela conduirait à un conflit d'intérêts avec les fonctions de gestion qu'ils exercent au sein de leur organisme de radiodiffusion de service public;

– ne peuvent recevoir de mandat ni prendre d'instructions auprès de quelque personne ou instance autre que les organes ou personnes chargés de fonctions de surveillance de l'organisme de service public concerné, sauf cas exceptionnels prévus par la loi.

3. *Responsabilités*

Sous réserve de la mise en cause de leur responsabilité devant les tribunaux au titre de l'exercice de leurs fonctions dans les cas prévus par la loi, les organes de gestion des organismes de radiodiffusion de service public ou les personnes assumant de telles fonctions à titre individuel ne devraient être redevables de l'exercice de ces fonctions que devant les organes de surveillance de leur organisme de radiodiffusion de service public.

Toute décision prise par les organes de surveillance précités à l'encontre des membres des organes de gestion d'un organisme de radiodiffusion ou des personnes assumant de telles fonctions à titre individuel pour manquement aux devoirs et obligations qui leur incombent devrait être dûment motivée et devrait pouvoir faire l'objet d'un recours devant les tribunaux compétents.

III. Organes de surveillance des organismes de radiodiffusion de service public

1. *Compétences*

Le cadre juridique régissant les organismes de radiodiffusion de service public devrait définir de manière claire et précise les compétences des organes de surveillance de ces organismes.

Les organes de surveillance des organismes de radiodiffusion de service public ne devraient exercer aucun contrôle *a priori* sur les programmes de ces organismes.

2. *Statut*

Les règles régissant le statut des organes de surveillance des organismes de radiodiffusion de service public, en particulier leur composition, devraient être

way which avoids placing the bodies at risk of political or other interference.

These rules should, in particular, guarantee that the members of the supervisory bodies:

– are appointed in an open and pluralistic manner;
– represent collectively the interests of society in general;
– may not receive any mandate or take any instructions from any person or body other than the one which appointed them, subject to any contrary provisions prescribed by law in exceptional cases;
– may not be dismissed, suspended or replaced during their term of office by any person or body other than the one which appointed them, except where the supervisory body has duly certified that they are incapable of or have been prevented from exercising their functions;
– may not, directly or indirectly, exercise functions, receive payment or hold interests in enterprises or other organisations in media or media-related sectors where this would lead to a conflict of interest with their functions within the supervisory body.

Rules on the payment of members of the supervisory bodies of public service broadcasting organisations should be defined in a clear and open manner by the texts governing these bodies.

IV. Staff of public service broadcasting organisations

The recruitment, promotion and transfer as well as the rights and obligations of the staff of public service broadcasting organisations should not depend on origin, sex, opinions or political, philosophical or religious beliefs or trade union membership.

The staff of public service broadcasting organisations should be guaranteed without discrimination the right to take part in trade union activities and to strike, subject to any restrictions laid down by law to guarantee the continuity of the public service or other legitimate reasons.

The legal framework governing public service broadcasting organisations should clearly stipulate that the staff of these organisations may not take any instructions whatsoever from individuals or bodies outside the organisation employing them without the agreement of the board of management of the organisation, subject to the competences of the supervisory bodies.

V. Funding of public service broadcasting organisations

The rules governing the funding of public service broadcasting organisations should be based on the principle that member states undertake to maintain and, where necessary, establish an appropriate, secure and transparent funding framework which guarantees public service broadcasting organisations the means necessary to accomplish their missions.

définies de manière à éviter que ceux-ci puissent faire l'objet d'ingérences politiques ou autres.

Ces règles devraient, en particulier, garantir que les membres des organes de surveillance de ces organismes:

– sont désignés de manière transparente et pluraliste;
– représentent collectivement les intérêts de la société en général;
– ne peuvent recevoir de mandat ni prendre d'instructions auprès de quelque personne ou instance autre que celle qui les a désignés, sauf cas exceptionnels prévus par la loi;
– ne peuvent être révoqués, suspendus ou remplacés pendant la durée de leur mandat par une quelconque personne ou instance autre que celle qui les a désignés, sauf incapacité à exercer leurs fonctions ou empêchement dûment constaté par l'organe de contrôle au sein duquel ils siègent;
– ne peuvent, directement ou indirectement, exercer des fonctions, recevoir une rémunération ou détenir des intérêts dans des entreprises ou d'autres organismes du secteur des médias, ou de secteurs connexes, dans le cas où cela conduirait à un conflit d'intérêts avec leurs fonctions au sein de l'organe de contrôle.

Les règles applicables à la rémunération des membres des organes de surveillance des organismes de radiodiffusion de service public devraient être définies de manière claire et transparente par les textes régissant ces organes.

IV. Personnel des organismes de radiodiffusion de service public

Le recrutement, l'avancement, la mutation, ainsi que les droits et obligations des agents des organismes de radiodiffusion de service public ne sauraient dépendre de leur origine, de leur sexe, de leurs opinions ou croyances politiques, philosophiques ou religieuses, ou de leur appartenance syndicale.

L'exercice de la liberté syndicale et du droit de grève devrait être assuré, sans discrimination, aux agents des organismes de radiodiffusion de service public, sous réserve des limitations prévues par la loi pour assurer la continuité du service public ou pour d'autres motifs légitimes.

Le cadre juridique régissant les organismes de radiodiffusion de service public devrait affirmer le principe selon lequel les agents de ces organismes ne peuvent prendre d'instructions auprès de personnes ou d'instances extérieures à l'organisme qui les emploie sans l'accord du ou des organes de gestion de cet organisme, sous réserve des compétences des organes de surveillance.

V. Financement des organismes de radiodiffusion de service public

Les règles régissant le financement des organismes de radiodiffusion de service public devraient être fondées sur le principe selon lequel les Etats membres s'engagent à maintenir et, si nécessaire, à établir un cadre de financement sûr, approprié et transparent garantissant aux organismes de radiodiffusion de service public les moyens nécessaires à l'exécution de leurs missions.

The following principles should apply in cases where the funding of a public service broadcasting organisation is based either entirely or in part on a regular or exceptional contribution from the state budget or on a licence fee:

– the decision-making power of authorities external to the public service broadcasting organisation in question regarding its funding should not be used to exert, directly or indirectly, any influence over the editorial independence and institutional autonomy of the organisation;

– the level of the contribution or licence fee should be fixed after consultation with the public service broadcasting organisation concerned, taking account of trends in the costs of its activities, and in a way which allows the organisation to carry out fully its various missions;

– payment of the contribution or licence fee should be made in a way which guarantees the continuity of the activities of the public service broadcasting organisation and which allows it to engage in long-term planning;

– the use of the contribution or licence fee by the public service broadcasting organisation should respect the principle of independence and autonomy mentioned in guideline No. 1;

– where the contribution or licence fee revenue has to be shared among several public service broadcasting organisations, this should be done in a way which satisfies in an equitable manner the needs of each organisation.

The rules on the financial supervision of public service broadcasting organisations should not prejudice their independence in programming matters as stated in guideline No. 1.

VI. The programming policy of public service broadcasting organisations

The legal framework governing public service broadcasting organisations should clearly stipulate that they shall ensure that news programmes fairly present facts and events and encourage the free formation of opinions.

The cases in which public service broadcasting organisations may be compelled to broadcast official messages, declarations or communications, or to report on the acts or decisions of public authorities, or to grant airtime to such authorities, should be confined to exceptional circumstances expressly laid down in laws or regulations.

Any official announcements should be clearly described as such and should be broadcast under the sole responsibility of the commissioning authority.

VII. Access by public service broadcasting organisations to new communications technologies

Dans le cas où le financement d'un organisme de radiodiffusion de service public est assuré en totalité ou en partie par une contribution régulière ou exceptionnelle du budget de l'Etat ou par la redevance, les principes suivants devraient s'appliquer:

– le pouvoir de décision détenu par des autorités extérieures à l'organisme de radiodiffusion de service public concerné en ce qui concerne le financement de cet organisme ne devrait pas être utilisé par ces autorités pour exercer, directement ou indirectement, une influence sur l'indépendance éditoriale et l'autonomie institutionnelle de cet organisme;

– le montant de la contribution ou de la redevance devrait être fixé après consultation de l'organisme de service public concerné et en tenant compte de l'évolution des coûts de ses activités, de manière à permettre à cet organisme de remplir pleinement les différentes missions qui lui sont assignées;

– le versement de la contribution ou de la redevance devrait être effectué de manière à garantir la continuité des activités de l'organisme de service public concerné et à permettre à celui-ci de planifier à long terme ses activités;

– l'utilisation de la contribution ou de la redevance par l'organisme de service public concerné devrait obéir au principe d'indépendance et d'autonomie énoncé dans la ligne directrice nº 1;

– dans l'hypothèse où la contribution ou le produit de la redevance doit être réparti entre plusieurs organismes de radiodiffusion de service public, cette répartition devrait être effectuée de manière à répondre équitablement aux besoins de chaque organisme.

Les règles applicables au contrôle financier des organismes de radiodiffusion de service public ne devraient pas remettre en cause l'indépendance de ces organismes dans le domaine des programmes, telle qu'énoncée par la ligne directrice nº 1.

VI. Politique des programmes des organismes de radiodiffusion de service public

Le cadre juridique régissant les organismes de radiodiffusion de service public devrait affirmer le principe selon lequel ces organismes veillent à ce que les journaux télévisés présentent loyalement les faits et les événements, et favorisent la libre formation des opinions.

Les cas dans lesquels les organismes de radiodiffusion de service public peuvent être astreints à diffuser des messages, des déclarations ou des communications officiels, ou à rendre compte d'actes ou de décisions des pouvoirs publics, ou à accorder un temps d'antenne à ceux-ci devraient se limiter à des circonstances exceptionnelles et être expressément prévus par la voie législative ou réglementaire.

Ces annonces officielles devraient être clairement mentionnées comme telles lors de leur diffusion et devraient être effectuées sous la seule responsabilité de l'autorité qui les a ordonnées.

VII. Accès des organismes de radiodiffusion de service public aux nouvelles technologies de la communication

Public service broadcasting organisations should be able to exploit new communications technologies and, where authorised, to develop new services based on such technologies in order to fulfil in an independent manner their missions as defined by law.

C. DECLARATIONS OF THE COMMITTEE OF MINISTERS

1. Declaration on the follow-up to the European Youth Campaign against Racism, Xenophobia, Anti-Semitism and Intolerance

(Adopted by the Committee of Ministers on 3 May 1996 at its 98th Session)

The Committee of Ministers of the Council of Europe:

1. recalls that the heads of state and government of the member states of the Council of Europe instructed the Committee of Ministers, in the Declaration on combating racism, xenophobia, anti-Semitism and intolerance adopted at the Vienna Summit in October 1993, to implement the Plan of Action which accompanied that Declaration;

2. welcomes the positive results achieved by this Plan through the work of the European Commission against Racism and Intolerance (ECRI), the intergovernmental work programme and the European Youth Campaign which has successfully mobilised a large number of partners and protagonists in support of an open and tolerant society;

3. is none the less concerned about the persistence, in spite of the efforts made, of racism and intolerance and the resurgence of xenophobic behaviour which has even become commonplace; this demands energetic action;

4. takes the view that the best response to the fear and ignorance often underlying such behaviour is to continue the efforts already made, which need to be expanded and targeted through co-ordinated action by public authorities, experts, groups and associations, the co-operation of which is essential;

5. decides to follow up the Campaign, underlining the role of ECRI and the special responsibility of the Council of Europe's structures in the field of youth, human rights, education, culture and sport;

6. instructs the Deputies to consider the follow-up to the Campaign taking into account the European Steering Group's Message. This could involve, *inter alia*: training courses for representatives of minorities; pilot projects; the production of educational material; the opening up of the relevant Council of Europe's structures to representatives of civil society; co-operation in the field of migration; and the contribution of Council of Europe intergovernmental committees to the implementation of the Campaign's objectives;

7. invites the Governments of member states to incorporate the anti-racism and anti-intolerance dimensions in all national policies and particularly the training

Les organismes de radiodiffusion de service public devraient pouvoir exploiter les nouvelles technologies de la communication et, lorsqu'ils y sont autorisés, développer de nouveaux services basés sur ces technologies, afin de remplir de manière indépendante leurs missions, telles que définies par la loi.

C. DECLARATIONS DU COMITE DES MINISTRES

1. Déclaration sur les suites à donner de la Campagne européenne de la jeunesse contre le racisme, la xénophobie, l'antisémitisme et l'intolérance

(adoptée par le Comité des Ministres le 3 mai 1996, lors de sa 98e Session)

Le Comité des Ministres du Conseil de l'Europe:

1. rappelle que dans la Déclaration des Chefs d'Etat et de gouvernement des Etats membres du Conseil de l'Europe sur la lutte contre le racisme, la xénophobie, l'antisémitisme et l'intolérance adoptée au Sommet de Vienne en octobre 1993, le Comité des Ministres a été chargé de mettre en œuvre le Plan d'action qui accompagne cette Déclaration;

2. se félicite des résultats positifs obtenus par ce Plan dans le cadre des travaux de la Commission européenne contre le racisme et l'intolérance (ECRI), du programme de travail intergouvernemental et de la Campagne européenne de la jeunesse qui a réussi à mobiliser un grand nombre de partenaires et d'acteurs en faveur d'une société ouverte et tolérante;

3. s'inquiète néanmoins de la persistance, malgré les efforts déployés, de phénomènes de racisme et d'intolérance allant jusqu'à une recrudescence, voire une banalisation de comportements xénophobes, contre lesquels il convient de réagir énergiquement;

4. estime que la meilleure réponse à la peur et à l'ignorance qui sont souvent à l'origine de ces comportements, est la poursuite des efforts entrepris, qu'il importe d'approfondir et de cibler par l'action coordonnée des pouvoirs publics, du monde scientifique et du mouvement associatif, dont la coopération est indispensable;

5. décide de donner suite à la Campagne, en soulignant le rôle de l'ECRI et les responsabilités particulières des structures du Conseil de l'Europe dans le domaine de la jeunesse, des droits de l'homme, de l'éducation, de la culture et du sport;

6. charge les Délégués d'examiner le suivi de la Campagne, en tenant compte du Message du Comité européen d'organisation. Il pourrait s'agir, entre autres, des stages de formation à l'attention des représentants de minorités, des projets pilotes, de la production de matériel pédagogique, de l'ouverture des structures pertinentes du Conseil de l'Europe aux représentants de la société civile, de la coopération dans le domaine des migrations et de la contribution des comités

of teachers and instructors, journalists, social workers and public staff and to support and continue to co-operate with national committees or non-governmental organisations wishing to pursue their action;

8. considers that the experience acquired by the Council of Europe in the fight against racism and intolerance should be used by European and international organisations which share this concern;

9. transmits the present Declaration and the European Steering Group's Message to the Parliamentary Assembly, the Congress of Local and Regional Authorities of Europe and the Council of Europe's competent bodies in the fight against racism and intolerance.

2. Declaration on the protection of journalists in situations of conflict and tension

(Adopted by the Committee of Ministers on 3 May 1996 at its 98th Session)

1.The Committee of Ministers of the Council of Europe condemns the growing number of killings, disappearances and other attacks on journalists and considers these to be also attacks on the free and unhindered exercise of journalism.

2. The Committee of Ministers appeals to all states, in particular to all member states of the Council of Europe, to recognise that the right of individuals and the general public to be informed about all matters of public interest and to be able to evaluate the actions of public authorities and other parties involved is especially important in situations of conflict and tension.

3.The Committee of Ministers solemnly reaffirms that all journalists working in situations of conflict and tension are, without qualification, entitled to the full protection offered by applicable international humanitarian law, the European Convention on Human Rights and other international human rights instruments.

4. The Committee of Ministers reaffirms the commitments of governments of member states to respect these existing guarantees for the protection of journalists.

5. The Committee of Ministers, on the occasion of World Press Freedom Day, draws attention to Recommendation No. R (96) 4 on the protection of journalists in situations of conflict and tension and the appended basic principles.

6. The Committee of Ministers shall consider, together with the Secretary General, ways of strengthening, in general, existing arrangements within the Council of Europe for receiving information, and taking action on, infringements of

intergouvernementaux à la réalisation de ces objectifs;

7. invite les Gouvernements des Etats membres à intégrer la lutte contre le racisme et l'intolérance dans leurs politiques nationales, spécialement dans la formation des enseignants, des formateurs, des journalistes, des travailleurs sociaux et des agents des services publics, et à soutenir et à poursuivre la coopération avec les comités nationaux ou les organisations non gouvernementales qui souhaitent poursuivre leur action;

8. considère que l'expérience acquise par le Conseil de l'Europe dans la lutte contre le racisme et l'intolérance devrait être mise à profit par les organisations européennes et internationales partageant cette préoccupation.

9. transmet la présente Déclaration et le Message du Comité européen d'organisation de la Campagne à l'Assemblée parlementaire, au Congrès des Pouvoirs locaux et régionaux de l'Europe et aux organes compétents du Conseil de l'Europe dans le domaine de la lutte contre le racisme et l'intolérance.

2. Déclaration sur la protection des journalistes en situation de conflit et de tension

(adoptée par le Comité des Ministres le 3 mai 1996, lors de sa 98e Session)

1. Le Comité des Ministres du Conseil de l'Europe condamne le nombre croissant de meurtres, de disparitions ou d'autres attaques commises à l'encontre de journalistes, et considère que ces actes constituent également une attaque à l'encontre de l'exercice libre et sans entrave du journalisme.

2. Le Comité des Ministres en appelle à tous les Etats, en particulier à tous les Etats membres du Conseil de l'Europe, pour reconnaître que le droit des individus et du public en général d'être informés sur toutes questions d'intérêt public, et de pouvoir évaluer l'action des pouvoirs publics et d'autres parties impliquées est particulièrement important dans les situations de conflit et de tension.

3. Le Comité des Ministres réaffirme solennellement que tous les journalistes travaillant dans des situations de conflit et de tension bénéficient pleinement et sans condition de la protection offerte par le droit international humanitaire applicable, par la Convention européenne des Droits de l'Homme et par les autres instruments internationaux relatifs aux droits de l'homme.

4. Le Comité des Ministres réaffirme les engagements pris par les gouvernements des Etats membres de respecter toutes les garanties existantes intéressant la protection des journalistes.

5. Le Comité des Ministres, à l'occasion de la Journée mondiale de la liberté de la presse, attire l'attention sur la Recommandation n° R (96) 4 sur la protection des journalistes en situation de conflit et de tension, ainsi que sur les principes de base annexés.

6. Le Comité des Ministres examinera, en collaboration avec le Secrétaire

rights and freedoms of journalists in situations of conflict and tension.

7. The Committee of Ministers considers in this context that, in urgent cases, the Secretary General could take speedily all appropriate action on receipt of reports on infringements of rights and freedoms of journalists in member states in situations of conflict and tension and calls on the member states to co-operate with the Secretary General in this regard.

D. REPLIES OF THE COMMITTEE OF MINISTERS TO ASSEMBLY RECOMMENDATIONS AND WRITTEN QUESTIONS

1. Rights of minorities

Recommendations 1255 (1995) and 1285 (1996)

on the protection of the rights of national minorities

Interim reply by the Committee of Ministers:

The Committee of Ministers has taken note of Recommendation 1255 (1995) and 1285 (1996) and welcomes the continuing interest expressed by the Assembly in issues relating to the protection of national minorities.

In particular, the Committee of Ministers welcomes the support expressed by the Assembly for the widest possible signature and ratification of the European Charter for Regional or Minority Languages, the Framework Convention for the Protection of National Minorities and the European Charter of Local Self- Government, and the early entry into force of the first two instruments.

With regard to the Assembly's proposal to draw up an amending protocol to the last-mentioned instrument to enable non-member states to accede to it, the Committee of Ministers would inform the Assembly that it is seeking the views of the Steering Committee on Local and Regional Authorities (CDLR). It will inform the Assembly of the follow-up envisaged once it has received the opinion of the CDLR.

The Committee of Ministers has taken note of the views expressed by the Assembly regarding the Advisory Committee mentioned in Article 26, paragraph 1, of the Framework Convention for the Protection of National Minorities. It would inform the Assembly that, at their 560th meeting, the Ministers' Deputies agreed to undertake the work regarding the implementation mechanism provided for in Arti-

Général, les moyens de renforcer d'une manière générale les dispositifs existant au sein du Conseil de l'Europe pour la réception d'informations sur les atteintes aux droits et libertés des journalistes dans des situations de conflit et de tension, et les actions à entreprendre pour y donner suite.

7. Le Comité des Ministres estime dans ce contexte que, en cas d'urgence, le Secrétaire Général pourrait prendre sans délai toutes actions appropriées dès réception de rapports sur les atteintes, dans des Etats membres, aux droits et libertés des journalistes dans des situations de conflit et de tension, et appelle les Etats membres à coopérer avec le Secrétaire Général à cet égard.

D. REPONSES DU COMITE DES MINISTRES AUX RECOMMANDATIONS ET QUESTIONS ECRITES DE L'ASSEMBLEE PARLEMENTAIRE

1. Droits des minorités

Recommandations 1255 (1995) et 1285 (1996)

relatives l'une à la protection des droits des minorités nationales, l'autre aux droits de celles-ci

Réponse intérimaire du Comité des Ministres:

Le Comité des Ministres a pris note des Recommandations 1255 (1995) et 1285 (1996) et se félicite de l'intérêt permanent manifesté par l'Assemblée pour tout ce qui a trait à la protection des minorités nationales.

Le Comité des Ministres se félicite en particulier du soutien exprimé par l'Assemblée pour la signature et la ratification les plus larges possibles de la Charte européenne des langues régionales et minoritaires, de la Convention-cadre pour la protection des minorités nationales et de la Charte européenne de l'autonomie locale, ainsi que pour la prochaine entrée en vigueur des deux premiers instruments.

En ce qui concerne la proposition de l'Assemblée tendant à l'établissement d'un protocole qui porterait amendement du troisième instrument pour permettre à des Etats non membres d'adhérer à celui-ci, le Comité des Ministres informe l'Assemblée qu'il a sollicité le point de vue à cet égard du Comité directeur des autorités locales et régionales (CDLR). Il informera l'Assemblée du suivi envisagé dès qu'il aura reçu communication de l'avis du CDLR.

Le Comité des Ministres a pris note des points de vue exprimés par l'Assemblée en ce qui concerne le Comité consultatif mentionné à l'article 26, paragraphe 1 de la Convention-cadre pour la protection des minorités nationales. Il informe l'Assemblée qu'à leur 560e réunion, les Délégués des Ministres ont

cles 24-26 of the Framework Convention for the Protection of National Minorities in accordance with the following procedure:

1. to instruct an *Ad hoc* Committee of Experts on the Implementation Mechanism of the Framework Convention for the Protection of National Minorities (CAHMEC) to clarify pertinent questions and to identify possible options within the confines of Article 24-26 of the Framework Convention;

2. to establish an *ad hoc* committee of Deputies open to all and with the assistance and participation of experts in order to identify and agree on the broad lines of the implementation mechanism, on the basis of the report of the meeting of the CAHMEC;

3. to instruct the CAHMEC to draft, on the basis of the decisions taken by the *ad hoc* committee of Deputies, the necessary regulations and procedures, within an agreed period, to enable the Committee of Ministers to meet the requirements of Articles 24-26 of the Framework Convention;

4. to take final decisions on the implementation mechanism of the Framework Convention.

It has further been agreed that the aim is to complete the first two stages by the time the Framework Convention is expected to enter into force. In this context, it is expected that the number of ratifications required to bring the Framework Convention into force will be achieved later this year.

The Committee of Ministers would draw attention to the fact that the Parliamentary Assembly will be able to keep fully abreast of the work in the CAHMEC, since it is entitled to designate a representative to participate in this Committee.

With regard to the drafting of a protocol complementing the European Convention on Human Rights in the cultural field by provisions guaranteeing individual rights, in particular for persons belonging to national minorities, the Committee of Ministers refers to the decision taken at the 554th meeting of the Ministers' Deputies. This decision, which was taken after thorough debate, was to suspend the work of the *Ad hoc* Committee for the Protection of National Minorities (CAHMIN) on this subject, its working papers being declassified and made available to interested circles. However, the Committee of Ministers would draw the Assembly's attention to the fact that it has also decided to continue reflection on the feasibility of further standard-setting in the cultural field and in the field of protection of national minorities, taking into account the Declaration adopted at the Vienna Summit. The Committee of Ministers will inform the Assembly in due course of the outcome of this work.

convenu d'entreprendre l'activité relative au mécanisme de mise en œuvre prévu aux articles 24 à 26 de la Convention-cadre pour la protection des minorités nationales, et ce conformément à la procédure suivante:

1. charger le Comité ad hoc d'experts sur le mécanisme de mise en oeuvre de la Convention-cadre pour la protection des minorités nationales (CAHMEC) d'éclaircir les questions pertinentes et d'identifier les options possibles dans les limites des articles 24 à 26 de la Convention-cadre;

2. établir un comité ad hoc des Délégués ouvert à tous et bénéficiant de l'assistance et de la participation d'experts, en vue d'identifier et d'arrêter les grandes lignes du mécanisme de mise en œuvre, sur la base du rapport de la réunion du CAHMEC;

3. charger le CAHMEC de rédiger dans un délai convenu, sur la base des décisions prises par le comité ad hoc des Délégués, les règlements et procédures nécessaires, pour permettre au Comité des Ministres de satisfaire aux exigences des articles 24 à 26 de la Convention-cadre;

4. prendre des décisions définitives sur le mécanisme de mise en œuvre de la Convention-cadre.

Il a été convenu, en outre, que l'objectif à atteindre était de boucler les deux premières étapes d'ici la date prévue de l'entrée en vigueur de la Convention-cadre. Dans ce contexte, on s'attend à ce que le nombre de ratifications nécessaire à l'entrée en vigueur de la Convention-cadre soit atteint dans le courant de l'année.

Le Comité des Ministres insiste sur le fait que l'Assemblée parlementaire pourra se tenir parfaitement au courant des travaux du CAHMEC, puisqu'elle peut désigner un représentant au sein de cet organe.

En ce qui concerne la rédaction d'un protocole qui viendrait compléter la Convention européenne des Droits de l'Homme dans le domaine culturel par des dispositions garantissant certains droits, en particulier ceux des personnes appartenant à des minorités nationales, le Comité des Ministres renvoie à la décision prise lors de la 554ᵉ réunion des Délégués des Ministres. Cette décision, à laquelle on est parvenu après un débat exhaustif, était de suspendre les travaux du Comité ad hoc pour la protection des minorités nationales (CAHMIN) en ce qui concerne la question, les documents de travail de cet organe étant dépouillés de leur caractère confidentiel et mis à la disposition des milieux intéressés. Toutefois, le Comité des Ministres attire l'attention de l'Assemblée sur le fait qu'il a décidé également de poursuivre sa réflexion sur la possibilité de continuer à établir des normes dans le domaine de la culture comme dans celui de la protection des minorités nationales, en tenant compte de la Déclaration adoptée au Sommet de Vienne. Le Comité des Ministres informera l'Assemblée en temps utile de l'issue de ces travaux.1. Une fois encore, l'Assemblée souligne la grande importance qu'elle attache à la protection effective des droits des minorités nationales en Europe.

2. Situation in former Yugoslavia

Recommendation 1287 (1996)

on refugees, displaced persons and reconstruction in certain countries of the former Yugoslavia

Interim reply by the Committee of Ministers:

The Committee of Ministers has studied with interest, and decided to bring to the attention of their Governments as well as of the Governing Body of the Social Development Fund, for opinion, Recommendation 1287 (1996) of the Parliamentary Assembly.

Concerning the recommendation (paragraph 19.i) to set up a specific structure and invite member States to contribute to its financing, it is recalled that, following the holding of the third high-level ("2+2") meeting OSCE/Council of Europe (Strasbourg, 23 January 1996), the two Chairmen-in-Office, together with High Representative Carl Bildt, addressed a joint appeal (30 January 1996) to the Council of Europe and OSCE States for the funding of the Human Rights structures, foreseen in the Peace Agreement, through voluntary contributions. The structure in question is the Human Rights Commission of Bosnia and Herzegovina, officially inaugurated on 27 March 1996, consisting of:

- an Ombudsman (Ambassador Gret Haller) appointed, in accordance with the Peace Agreement, by OSCE. Two members of the Council of Europe Secretariat have been seconded to her staff in Sarajevo since 19 February 1996;
- a Human Rights Chamber, eight of whose fourteen members, including the Chairman, have been appointed by the Committee of Ministers of the Council of Europe, after consultation of the Parties to the Agreement (see Resolution (96) 8 adopted on 12 March 1996).

As regards the urgent issue of the return of refugees and displaced persons, the President of the European Court of Human Rights, in accordance with the role assigned to him by the Peace Agreement for the establishment of the Commission for Displaced Persons and Refugees, has appointed three of its members including the Chair.

The above-mentioned joint appeal for funding stresses that the early functioning of this Commission also needs outside funding. The three signatories also draw attention to the fact that the Council of Europe is at present assessing the needs for the development of programmes in Bosnia and Herzegovina relating to human rights monitoring, democratic institution-building and co-operation at the level of local authorities in particular.

According to information available in the beginning of May 1996, the state of contributions is as follows:

The Swiss and the Danish governments have contributed 1 million US dollars (USD) each (10 300 000 Austrian schillings (ATS) approximately) earmarked re-

2. Situation dans l'ex-Yougoslavie

Recommandation 1287 (1996)

relative aux réfugiés, aux personnes déplacées et à la reconstruction dans certains pays de l'ex-Yougoslavie

Réponse intérimaire du Comité des Ministres:

Le Comité des Ministres a étudié avec intérêt la Recommandation 1287 (1996) de l'Assemblée parlementaire et a décidé de la porter à l'attention des gouvernements et du Comité de direction du Fonds de Développement social, pour avis.

En ce qui concerne la recommandation de créer une structure spécifique et d'inviter les Etats membres à contribuer à son financement (paragraphe 19.i), il est rappelé qu'à la suite de la troisième réunion à haut niveau ("2+2") de l'OSCE et du Conseil de l'Europe (tenue à Strasbourg le 23 janvier 1996), les deux Présidents en exercice ont lancé, avec le Haut Représentant Carl Bildt, un appel commun (30 janvier 1996) aux Etats membres du Conseil de l'Europe et aux Etats participants de l'OSCE afin qu'ils financent, en versant des contributions volontaires, la structure en faveur des droits de l'homme prévue dans l'Accord de paix. Il s'agit de la Commission des droits de l'homme pour la Bosnie et Herzégovine, officiellement inaugurée le 27 mars 1996, dont la composition est la suivante:

- une médiatrice (l'Ambassadrice Gret Haller), nommée par l'OSCE conformément à l'Accord de paix. Deux fonctionnaires du Secrétariat du Conseil de l'Europe ont été détachés à Sarajevo pour l'assister depuis le 19 février 1996;
- une Chambre des Droits de l'Homme, composée de quatorze membres dont huit, y compris le président, sont nommés par le Comité des Ministres du Conseil de l'Europe après consultation des parties à l'Accord (voir Résolution (96) 8 adoptée le 12 mars 1996)

En ce qui concerne la question urgente qui est celle du retour des réfugiés et des personnes déplacées, le Président de la Cour européenne des Droits de l'Homme, conformément au rôle qui lui a été assigné par l'Accord de paix de contribuer à instituer la Commission pour les personnes déplacées et les réfugiés, a nommé trois de ses membres dont son président.

L'appel commun susmentionné souligne que des fonds extérieurs sont également nécessaires au fonctionnement de cette commission à brève échéance. En outre, les trois signataires insistent sur le fait que le Conseil de l'Europe évalue actuellement la nécessité d'établir, en Bosnie et Herzégovine, des programmes de suivi du respect des droits de l'homme, de développement des institutions démocratiques et de coopération au niveau des pouvoirs locaux, en particulier.

D'après les informations disponibles au début de mai 1996, l'état des contributions s'établit comme suit:

spectively to the functioning of the Ombudsman's Office and to the Human Rights Chamber. In addition, contributions have been received from Norway (1 130 000 ATS) and from the Netherlands (1 006 400 ATS) for staffing of the Ombudsman's Office, and without specific designation, from Austria (250 000 ATS), Finland (700 000 ATS), Liechtenstein (130 253 ATS), Norway (1 044 000 ATS), Sweden (700 000 USD) and Turkey (249 929 ATS). Andorra has announced a contribution of 100 000 FF. The United States of America also announced, in connection with the Assembly's debate on 25 April 1996 on the implementation of the Dayton Agreement, a contribution of 500 000 US dollars to support the Human Rights Chamber and the Ombudsman. Consultations between the OSCE and the Council of Europe are under way on the budgeting assessment and on the management of the funds.

Preparation, conduct and observation of parliamentary elections in the autumn of 1996 are the responsibility of the OSCE, which has appointed an Election Monitoring Coordinator. The OSCE's Chairman-in-Office has appealed to the Council of Europe, and the Parliamentary Assembly in particular, to give support to the work of the Coordinator.

On 11 December 1995, the Secretary General had already presented two series of measures which the Council of Europe might take in the field of rehabilitation and reconstruction of democratic institutions and the rule of law in Bosnia and Herzegovina and Croatia (SG/Inf(95)16).

At their 554th meeting (January 1996), the Ministers' Deputies agreed to a limited number of urgent measures for Bosnia and Herzegovina and Croatia. This total expenditure of about 4 million FRF covers measures resulting from mandates given to the Council of Europe by the Peace Agreement or relating to activities which the Council of Europe traditionally undertakes with states which are candidates for membership. The main areas are:

- Human Rights (including appropriate links with and assistance to the Human Rights Chamber and the Ombudsman; legislative assistance with a view to ensuring that the legislation is compatible with the standards of the European Convention on Human Rights; human rights monitoring),
- Institutional and Legal Questions (including legal advice on constitutional matters; citizenship questions),
- Refugees and Displaced Persons (including the human dimension of return and resettlement; if need be legislative appraisal and training for the staff of the Commission for Displaced Persons and Refugees),
- Local Democracy (including support for the action of Local Democracy Embassies in Tuzla, Sarajevo (opened on 13 March 1996), Osijek and later Mostar and Sisak; legislative assistance in the establishing of the legal framework for local government; restoration of local government services in the form of sponsorship/training arrangements between local authorities and through a special fund supplied by financial contributions from the local and regional authorities of Europe).

Where training of human rights monitors is concerned, a co-ordination meeting took place in Geneva on 1 March 1996 with the participation of the Council of Europe, the OSCE Office for Democratic Institutions and Human Rights and the UN

Les gouvernements danois et suisse ont versé un million de dollars US chacun (10 300 000 schillings autrichiens ATS environ) destinés respectivement à la Chambre des Droits de l'Homme et au Bureau de la médiatrice. En plus, des contributions ont été reçues de la Norvège (1 130 000 ATS) et des Pays-Bas (1 006 400 ATS) pour pourvoir un poste au Bureau de la médiatrice, et, sans affectation spécifique, de l'Autriche (250 000 ATS), de la Finlande (700 000 ATS), du Liechtenstein (130 253 ATS), de la Norvège (1 044 000 ATS), de la Suède (700 000 USD) et de la Turquie (249 929 ATS). Andorre a annoncé une contribution de 100 000 FF. Les Etats-Unis ont annoncé, dans le contexte du débat de l'Assemblée du 25 avril 1996 sur la mise en oeuvre de l'Accord de Dayton, une contribution de 500 000 dollars U.S. pour soutenir la Chambre des Droits de l'Homme et la Médiatrice. Des consultations entre l'OSCE et le Conseil de l'Europe sont en cours sur l'évaluation du budget et la gestion des fonds.

La préparation, la conduite et l'observation des élections législatives à l'automne 1996 sont sous la responsabilité de l'OSCE, qui a nommé un Coordinateur pour le suivi des élections. Le Président en exercice de l'OSCE a lancé un appel au Conseil de l'Europe, et en particulier à l'Assemblée parlementaire, pour soutenir les travaux du Coordinateur.

Le 11 décembre 1995, le Secrétaire Général avait déjà présenté deux séries de mesures que le Conseil de l'Europe pourrait prendre, s'agissant de la réhabilitation et du rétablissement d'institutions démocratiques ainsi que de la primauté du droit en Bosnie et Herzégovine et en Croatie (SG/Inf(95)16).

Lors de leur 554e réunion (janvier 1996), les Délégués des Ministres sont convenus d'un nombre restreint de mesures urgentes pour la Bosnie et Herzégovine et la Croatie, dont le coût total s'élève à près de 4 millions de FF. Certaines résultent de mandats donnés au Conseil de l'Europe par l'Accord de paix ou ont trait à des activités que le Conseil de l'Europe entreprend traditionnellement avec des Etats candidats à l'adhésion. Les principaux domaines de cette action sont les suivants:

- les droits de l'homme (établissement de liens appropriés avec et fourniture d'une assistance à la Chambre des Droits de l'Homme et à la Médiatrice; aide juridique destinée à faire en sorte que la législation soit compatible avec les normes fixées par la Convention européenne des Droits de l'Homme; mécanisme de suivi du respect des droits de l'homme);
- les questions institutionnelles et juridiques (avis juridique sur les questions constitutionnelles, questions de citoyenneté);
- les réfugiés et personnes déplacées (dimension humaine du retour et de la réinstallation, évaluation du niveau juridique et, en cas de besoin, formation juridique du personnel de la Commission pour les personnes déplacées et les réfugiés);
- la démocratie locale (aide à l'action des Ambassades de la démocratie locale de Tuzla, Sarajevo (ouverte le 13 mars 1996) et Osijek, puis de celles de Mostar et de Sisak; aide à la création du cadre législatif des collectivités locales; reconstruction des services dans les collectivités locales sous la forme de parrainages/jumelages entre collectivités locales et grâce à un fonds spécial alimenté par des contributions financières des pouvoirs locaux et régionaux de l'Europe).

Centre for Human Rights to discuss in more depth the mandate of the monitors, training courses and Council of Europe involvement in the training.

Council of Europe officials from the Directorate of Human Rights and the Secretariat of the Commission for the Prevention of Torture also participated in the first introductory courses for monitors from 12 to 16 February in Vienna to brief the latter on Council of Europe standards and give them appropriate guidelines. The Council of Europe will also take part in courses to be held in Sarajevo.

Dialogue with the UNHCR (paragraph 19.ii), responsible under the Agreement for co-ordinating the contribution of the international community as a whole in the field of its competence, has been pursued intensively. As a result, UNHCR will use the Council of Europe's expertise in preparing lasting solutions to problems linked with the return of refugees. In this context, an exchange of views was organised (25-29 March 1996) on the legislation of the various countries of the region relating to citizenship.

Where the Social Development Fund is concerned, the Committee of Ministers has invited the Fund's member states to make voluntary contributions to the Fund's "selective trust account" to enable this to function, in particular, for the financing of projects in Bosnia and Herzegovina. The Committee of Ministers has also invited the member states of the Social Development Fund to give the required guarantee to such projects.

Where relations with Croatia (paragraph 19.vi) are concerned, a political dialogue took place on 24 January 1996 between the Ministers' Deputies and Mr Mate Granić, Minister for Foreign Affairs, in the framework of the Enlarged Rapporteur Group (GREL). Moreover, Council of Europe experts participated in a fact-finding mission organised by OSCE from 6 to 10 October 1995, and in a follow-up mission, which visited Eastern Slavonia and Krajina, to assess developments, from 20 to 24 February 1996. On 12 March 1996, the Ministers' Deputies held an exchange of views with Mr Jacques Klein, the UN's Transitional Administrator for Eastern Slavonia, Baranja and Western Sirmium (UNTAES). A number of concrete requests were addressed to the Council of Europe to which the Deputies decided to respond favourably.

A delegation of experts on constitutional matters went to Croatia from 15 to 16 March 1996 to examine the conditions of implementation of the 1991 Constitutional law on the protection of human rights and minorities, and in particular the setting up of a provisional court of human rights.

The closest co-ordination in all aspects of civilian implementation of the Peace Agreement, including with the International Committee of the Red Cross (ICRC) and the Commission of the European Communities (paragraph 19.viii.d and 19.ix), is assured through regular Council of Europe representation at international co-ordination meetings including meetings in Brussels and (weekly) in Sarajevo of the Human Rights Task Force, chaired by the Office of High Representative Carl Bildt. The Secretary General, who visited Sarajevo from 20 to 22 March 1996, has appointed a member of the Secretariat as the Organisation's representative to the Task Force in Sarajevo.

Where the International Criminal Tribunal for the Former Yugoslavia

En ce qui concerne la formation des surveillants des droits de l'homme, une réunion a eu lieu à Genève le 1er mars 1996, avec la participation du Conseil de l'Europe, du Bureau des Institutions Démocratiques et des Droits de l'Homme de l'OSCE et du Centre pour les Droits de l'Homme des Nations Unies, pour discuter de manière plus approfondie du mandat des surveillants, des cours de formation et de la participation du Conseil de l'Europe à la formation.

Des fonctionnaires du Conseil de l'Europe, de la Direction des Droits de l'Homme et du Secrétariat du Comité pour la Prévention de la Torture, ont également participé au premier cours d'introduction pour les surveillants du 12 au 16 février à Vienne destiné à informer ces derniers des normes du Conseil de l'Europe et à leur donner des lignes directrices appropriées. Le Conseil de l'Europe prendra aussi part aux cours qui se tiendront à Sarajevo.

Le dialogue avec le HCNUR (paragraphe 19.ii), chargé par l'Accord de coordonner la contribution de l'ensemble de la communauté internationale dans le domaine de ses compétences, a été poursuivi de manière intensive. En conséquence, le HCNUR aura recours aux compétences du Conseil de l'Europe pour élaborer des solutions durables aux problèmes liés au retour des réfugiés. A cet égard, il a été procédé, du 25 au 29 mars 1996, à un échange de vues sur la législation des différents pays de la région en matière de nationalité.

En ce qui concerne le Fonds de Développement Social, le Comité des Ministres a invité les Etats membres du Fonds à verser des contributions volontaires au "compte fiduciaire sélectif" du Fonds afin que celui-ci puisse servir, en particulier, à financer des projets en Bosnie et Herzégovine. Il les a également invités à fournir la garantie nécessaire à ces projets.

En ce qui concerne les relations avec la Croatie (paragraphe 19.vi), un dialogue politique a eu lieu le 24 janvier 1996 entre les Délégués des Ministres et M. Mate Granić, Ministre des Affaires étrangères, dans le cadre du Groupe de rapporteurs élargi (GREL). En outre, des experts du Conseil de l'Europe ont participé à une mission d'information organisée par l'OSCE du 6 au 10 octobre 1995, ainsi qu'à une mission de suivi, qui s'est rendue en Slavonie orientale et en Krajina du 20 au 24 février 1996. Le 12 mars 1996, les Délégués des Ministres ont tenu un échange de vues avec M. Jacques Klein, l'Administrateur transitoire des Nations Unies pour la Slavonie orientale, le Baranja et le Sirmium occidental (ATNUSO). Plusieurs demandes concrètes ont été adressées au Conseil de l'Europe auxquelles les Délégués ont décidé de répondre positivement.

Une délégation d'experts sur les problèmes constitutionnels s'est rendue en Croatie du 15 au 16 mars 1996 pour examiner les conditions d'application de la loi constitutionnelle de 1991 sur la protection des droits de l'homme et des minorités, et en particulier la mise en place d'une Cour provisoire des Droits de l'Homme.

Le fait que le Conseil de l'Europe soit régulièrement représenté aux réunions internationales de coordination, notamment à celles de la Task Force Droits de l'Homme tenues à Bruxelles et (chaque semaine) à Sarajevo et présidées par le Bureau du Haut Représentant Carl Bildt, garantit que tous les aspects civils de l'application de l'Accord de paix feront l'objet de la coordination la plus étroite, notamment avec le Comité international de la Croix-Rouge (CICR) et la Commission des Communautés

(paragraph 19.viii.e) is concerned, the Council of Europe is giving assistance to member states in adapting their legislation to the needs of the Tribunal, for example by organising, under the aegis of the European Committee on Crime Problems (CDPC) (13 and 14 October 1993) an exchange of views of experts on the repercussions on international legal co-operation and domestic law of the creation of the Tribunal.

Furthermore, the Secretariat seeks to obtain copies of national legislation enacted by member states, aiming at taking care of the Tribunal's needs, and distributes such texts regularly, as a matter of information, to all member states.

Where the recommendation contained in paragraph 19.iv is concerned, ("to consider the possibility of inviting representatives of the Federal Republic of Yugoslavia") the Committee of Ministers, having no relations with that state as such, is not yet in a position to reply. It would, however, remind the Assembly that it has always encouraged the Secretariat to maintain relations with non-governmental circles in that country. Moreover, for its activities connected with implementation of the Dayton Agreement, it has invited experts from Belgrade, for example in connection with citizenship legislation.

Recommendations 1297 and 1301 (1996)

on implementation of the Dayton Agreements for peace in Bosnia-Herzegovina and on civilian aspects of the Dayton and Erdut Agreements

Reply by the Committee of Ministers:

The Committee of Ministers has studied with interest, and decided to bring to the attention of governments Recommendations 1297 and 1301 (1996) of the Parliamentary Assembly on Implementation of the Dayton Agreements for Peace in Bosnia and Herzegovina and on the Civilian Aspects of the Dayton and Erdut Agreements during debates to which representatives of several organisations involved in the implementation contributed.

The Committee of Ministers recalls in this context the substantial interim reply, adopted at the 566th meeting of the Ministers' Deputies (May 1996) to the Assembly's earlier Recommendation 1287 (1996) on refugees, displaced persons and reconstruction in certain countries of the former Yugoslavia.

Where the essential field of co-operation with the OSCE is concerned – whose Chairman-in-Office, Mr Flavio Cotti, Head of the Federal Department of Foreign Affairs of Switzerland, has also addressed the Assembly – it is recalled that the Ministers, at the 98th Session of the Committee of Ministers (3 May 1996),

européennes (paragraphe 19.viii.d et 19.ix). Le Secrétaire Général, qui s'est rendu à Sarajevo du 20 au 22 mars 1996, a nommé un membre du Secrétariat représentant de l'Organisation auprès de la Task Force à Sarajevo.

S'agissant du Tribunal pénal international pour l'ex-Yougoslavie (paragraphe 19.viii.e), le Conseil de l'Europe aide des Etats membres à adapter leur législation aux besoins du Tribunal. A cette fin, il a par exemple organisé, les 13 et 14 octobre 1993, sous l'égide du Comité européen pour les problèmes criminels (CDPC), un échange de vues entre experts consacré aux effets de la création du Tribunal sur la coopération juridique internationale et le droit interne. En outre, le Secrétariat s'efforce d'obtenir des exemplaires de textes législatifs nationaux adoptés par des Etats membres dans le but de répondre aux besoins du Tribunal, et les distribue régulièrement à tous les Etats membres, à titre d'information.

Pour ce qui est de la recommandation (paragraphe 19.iv) «d'envisager la possibilité d'inviter des représentants de la République fédérale de Yougoslavie», le Comité des Ministres, n'ayant pas de relations avec cet Etat en tant que tel, n'est pas encore en mesure de répondre. Toutefois, il rappelle à l'Assemblée qu'il a toujours encouragé le Secrétariat à maintenir des relations avec les milieux non-gouvernementaux dans ce pays. Aussi, en rapport avec ses activités touchant la mise en oeuvre de l'Accord de Dayton, il a invité des experts de Belgrade, par exemple dans le contexte de la législation sur la citoyenneté.

Recommandations 1297 (1996) et 1301 (1996)

relatives l'une à la mise en œuvre des accords de Dayton pour la paix en Bosnie-Herzégovine, l'autre aux aspects civils des accords de Dayton et d'Erdut

Réponse du Comité des Ministres:

Les Recommandations 1297 et 1301 (1996) de l'Assemblée parlementaire relatives, respectivement, à la mise en œuvre des accords de Dayton pour la paix en Bosnie et Herzégovine et aux aspects civils des accords de Dayton et d'Erdut ont été étudiées avec intérêt par le Comité des Ministres au cours de débats auxquels ont participé des représentants de plusieurs Organisations concernées par cette mise en œuvre. Le Comité des Ministres a décidé de porter ces Recommandations à la connaissance des gouvernements des Etats membres.

Le Comité des Ministres se réfère à cet égard à la réponse intérimaire circonstanciée adoptée, au cours de la 566e réunion des Délégués des Ministres (mai 1996), concernant la Recommandation parlementaire précédente 1287 (1996) «relative aux réfugiés, aux personnes déplacées et à la reconstruction dans certains pays de l'ex-Yougoslavie».

S'agissant du domaine, essentiel, de la coopération avec l'OSCE – dont le Président en exercice, M. Flavio Cotti, Chef du Département fédéral suisse des

"against the background of a difficult and complicated situation ... welcomed the close co-operation and effective division of tasks between the two organisations, as well as expressing the readiness of the Council of Europe, alongside other international organisations, and particularly the OSCE, to play its part in contributing to creating in Bosnia and Herzegovina the conditions for free and fair elections", due to take place on 14 September 1996.

It is also recalled where wider co-operation between all the organisations and agencies involved is concerned, that the Secretary General participated in the mid-term Ministerial Conference of the Peace Implementation Council to review civilian implementation of the Peace Agreement on Bosnia and Herzegovina, held in Florence on 13 and 14 June 1996.

The Committee notes that Recommendations 1297 and 1301 largely concentrate, as was the case of Recommendation 1287, on the Council of Europe's contribution in the fields of:

(i)the Council of Europe Secretariat's presence in Sarajevo;
(ii)the human rights institutions, and their financing;
(iii)human rights monitoring, particularly in the context of the forthcoming elections;
(iv)legal and constitutional assistance;
(v)the situation of refugees;
(vi)the protection of national minorities (including support for the UN Transitional Administration for Eastern Slavonia, Baranja and Western Sirmium (UNTAES), following the Erdut Agreement);
(vii)co-operation at local democracy level (including confidence-building measures);
(viii)the role of the Social Development Fund;
(ix)relations with the International Criminal Tribunal in The Hague, and
(x)possible future relations with the Federal Republic of Yugoslavia.

Where (i) is concerned, in addition to the assistance, mentioned in the earlier interim reply, to the Ombudsperson, Ambassador Haller, a member of the Secretariat has been detached to Sarajevo since April 1996, for a period of six months, later prolonged until the end of the current year. With the help of a local assistant since the end of May, the Council's representative has facilitated and assured links and direct contacts with the Human Rights Task Force, the Human Rights Co-ordination Centre, the Human Rights Commission, international organisations, government authorities, non-governmental and professional organisations, institutions and individuals. She has provided advice, information, documentation, forwarded and translated correspondence, ordered translations of Council of Europe documents, suggested names of experts to be invited to meetings in Strasbourg, etc. She has provided administrative and logistical support to visiting delegations and the implementation of co-operation projects.

Concerning (ii) – Human rights – developments, subsequent to the information contained in the reply to Recommendation 1287, are that sessions of the Human Rights Chamber took place on 17-21 June, 8-12 July and 12-16 August in Sarajevo. The next meeting will take place on 9-13 September 1996. The Chamber has

affaires étrangères, s'est également adressé à l'Assemblée – il est rappelé que, lors de la 98e Session du Comité des Ministres (3 mai 1996) les Ministres «face à une situation difficile et complexe, se sont félicités de la coopération étroite et de la répartition efficace des tâches entre les deux Organisations, ... et ont également indiqué que le Conseil de l'Europe était disposé, aux côtés d'autres Organisations internationales, et notamment de l'OSCE, à remplir son rôle en contribuant à la mise en œuvre des conditions nécessaires en Bosnie et Herzégovine pour que des élections libres et équitables puissent se dérouler», comme prévu, le 14 septembre 1996.

Il est également rappelé qu'en ce qui concerne une plus grande coopération entre toutes les Organisations et instances concernées, le Secrétaire Général a participé à la Conférence ministérielle à mi-mandat du Conseil pour la mise en œuvre de la paix, qui s'est tenu à Florence les 13 et 14 juin 1996, afin de faire le point sur la mise en œuvre des aspects civils de l'Accord de Paix en Bosnie et Herzégovine.

Le Comité des Ministres note que les Recommandations 1297 et 1301 se focalisent essentiellement, comme cela était déjà le cas pour la Recommandation 1287, sur la contribution du Conseil de l'Europe dans les domaines suivants:

(i) présence du Secrétariat du Conseil de l'Europe à Sarajevo;
(ii)institutions de protection des droits de l'homme, et leur financement;
(iii)contrôle du respect des droits de l'homme, notamment dans l'optique des prochaines élections;
(iv)assistance dans les domaines juridique et constitutionnel;
(v)situation des réfugiés;
(vi)protection des minorités nationales (y compris un appui à l'Administration transitoire des NU pour la Slavonie orientale, la Baranja et la Sirmie occidentale (ATNUSO) à la suite de l'accord d'Erdut);
(vii)coopération au niveau de la démocratie locale (incluant les mesures de confiance);
(viii)rôle du Fonds de développement social;
(ix)relations avec le Tribunal pénal international pour l'ex-Yougoslavie à La Haye; et
(x)relations futures envisageables avec la République fédérale de Yougoslavie.

En ce qui concerne le point (i), outre l'assistance, mentionnée dans la réponse intérimaire précédente, apportée à la médiatrice, Mme l'Ambassadeur Haller, un membre du Secrétariat est détaché à Sarajevo depuis avril 1996, initialement pour une période de six mois qui vient d'être prolongée jusqu'à la fin de l'année en cours. Aidée par un assistant local depuis fin mai, la représentante du Conseil de l'Europe a facilité et assuré les liaisons et les contacts directs avec la Task Force pour les Droits de l'Homme, le Centre de coordination pour les Droits de l'Homme, la Commission des Droits de l'Homme, des organisations internationales, des autorités gouvernementales, des organisations non gouvernementales et professionnelles, des institutions et des personnes privées. Elle a fourni des conseils, des informations, de la documentation, transmis et

appointed a Registrar.

Of particular relevance in the human rights (including media) field, are the following activities:

- Translation into the country's official languages of the European Convention on Human Rights – which is directly applicable in the whole of Bosnia and Herzegovina under the Peace Agreement, and of the Convention for the Prevention of Torture;
- Provision of the human rights documentation to the governments (Ministries of Justice in particular) of Bosnia and Herzegovina, the Federation and the Republika Srpska, as well as the University of Sarajevo;
- Holding of a Seminar (mid-July) on the European Convention on Human Rights and its implementation in co-operation with the lawyers' associations;
- Study visit to Strasbourg (European Commission and Court of Human Rights) of members of the Human Rights Chamber and of the Constitutional Court of the Federation (autumn 1996);
- Three media seminars have been organised by the Co-ordination Centre for Independent Media (Ljubljana) and the Soros Media Centre (Sarajevo) with funding from the Council of Europe's "Package of Measures for Independent Media on the territory of the former Yugoslavia". The first seminar (17-18 May) was attended by editors of print media as well as representatives from electronic media from both the Federation and the Republika Srpska. The second (24-25 May) was aimed at journalists of electronic and print media and was followed by a third (1 June) which dealt with the transformation of state media into genuine public service broadcasters;
- Establishment by the Human Rights Ombudsperson for Bosnia and Herzegovina of the project Transfer of Know-How to Bosnia and Herzegovina (TRAK), financed up to the present by voluntary contributions from Liechtenstein, the Netherlands and Norway.

Where *financing* of civilian aspects of the Peace Agreement, and the human rights institutions in particular, is concerned, it is recalled that the Ministers, at the 98th Session (3 May 1996), noted "with satisfaction that several member states had responded generously to the joint appeal to governments for voluntary contributions, addressed on 30 January 1996, co-signed by the Chairman, by the Chairman-in-Office of OSCE and by High Representative Carl Bildt, for implementation of the civilian aspects of the Peace Agreement". Stressing the essential nature of these efforts they appealed for further generous contributions.

Where (iii) – Human Rights monitoring – is concerned, Council of Europe officials from the Directorate of Human Rights and the Secretariat of the Commission for the Prevention of Torture have participated, alongside the representatives of other Organisations (OSCE and UN including UNHCR, and the International Red Cross), in the introductory courses for monitors to brief the latter on Council of Europe standards and give them appropriate guidelines. The Council of Europe has provided the OSCE monitors with a set of human rights documents.

Concerning (iv) – Constitutional and Legal issues – the President of the Human Rights Court has appealed for candidatures in view of the fact that Dayton

traduit de la correspondance, demandé des traductions de documents du Conseil de l'Europe, avancé des noms d'experts en vue de les inviter à des réunions à Strasbourg, etc. Elle a fourni son appui administratif et logistique aux délégations qui se sont rendues sur place, et a également procédé à la mise en œuvre de projets de coopération.

Pour ce qui est du point (ii) relatif aux Droits de l'Homme, pour compléter les informations fournies dans la réponse à la Recommandation 1287, la Chambre des Droits de l'Homme a siégé à Sarajevo les 17-21 juin, 8-12 juillet et 12-16 août. La prochaine réunion est prévue les 9-13 septembre 1996. La Chambre a désigné un Greffier.

Parmi les activités qui revêtent une importance particulière dans le domaine des droits de l'homme (y compris dans le domaine des médias), on peut citer:

• la traduction dans les langues officielles du pays de la Convention européenne des Droits de l'Homme – directement applicable dans l'ensemble de la Bosnie et Herzégovine, conformément à l'Accord de Paix, ainsi que de la Convention pour la prévention de la torture;

• la fourniture, aux gouvernements (et notamment aux Ministères de la Justice) de Bosnie et Herzégovine, à la Fédération et à la Republika Srpska ainsi qu'à l'Université de Sarajevo, de documentation relative aux droits de l'homme;

• l'organisation d'un séminaire (mi-juillet) sur la Convention européenne des Droits de l'Homme et sa mise en œuvre, en coopération avec les associations d'avocats;

• l'organisation d'une visite d'étude à Strasbourg (Commission européenne et Cour des Droits de l'Homme) pour des membres de la Chambre des Droits de l'Homme et de la Cour Constitutionnelle de la Fédération (automne 1996);

• l'organisation de trois séminaires, à l'intention des médias, par le centre de coordination pour des médias indépendants (Ljubljana) et le Centre Soros des médias (Sarajevo), avec un financement par le programme du Conseil de l'Europe «Train de mesures pour des médias indépendants sur le territoire de l'ex-Yougoslavie». Au premier séminaire (17 et 18 mai) ont assisté des éditeurs de la presse écrite ainsi que des représentants des médias électroniques de la Fédération comme de la Republika Sprska. Le deuxième (24-25 mai) était organisé à l'intention de journalistes de la presse écrite et électronique; il a été suivi par un troisième (1er juin) qui traitait de la transformation de médias publics en un véritable service public de radio et télédiffusion;

• l'établissement par la Médiatrice pour les Droits de l'Homme en Bosnie et Herzégovine du projet sur le transfert de «know-how» (TRAK), financé jusqu'à présent par des contributions volontaires du Liechtenstein, des Pays-Bas et de la Norvège.

Pour ce qui concerne le *financement* des aspects civils de l'Accord de Paix, et notamment des institutions chargées des droits de l'homme, il est rappelé qu'au cours de leur 98e Session (3 mai 1996), les Ministres ont noté «avec satisfaction que plusieurs Etats membres avaient répondu généreusement à l'appel co-signé par le Président, par le Président en exercice de l'OSCE et par M. Carl Bildt, Haut Représentant, le 30 janvier 1996, invitant les gouvernements à verser des contributions volontaires en vue de mettre en œuvre les aspects civils de l'Accord

provides that he should nominate three judges (out of nine) of the Constitutional Court of Bosnia and Herzegovina, to be constituted after the elections.

Also in the constitutional field, the Commission for Democracy through Law ("Venice Commission") has begun work, in co-operation with the High Representative, on:

- the compatibility of the Constitutions of the two Entities with the Constitution provided for in the Dayton Agreement (meeting held on 27 June 1996 in Paris) and
- the various human rights protection mechanisms established (Constitution of the Federation of Bosnia and Herzegovina) and the Dayton Agreement (meetings held on 21 and 22 June 1996 in Paris and on 27 and 28 August in Sarajevo).

The report of the two working groups and their follow-up will be examined by the Commission at its next plenary meeting (13-14 September 1996). The Commission will, in particular, adopt its opinion on the compatibility of the Constitutions of the two Entities, including precise recommendations for their amendment.

In the legal field, two meetings of regional experts (including from Belgrade) on the citizenship legislation were held in Strasbourg from 25 to 29 March 1996 and from 4 to 7 June 1996. A third meeting is scheduled for the autumn of 1996.

For the purposes of evaluating generally the needs of Bosnia and Herzegovina, including the Federation, concerning assistance in the field of legal institution-building, legislation, judiciary, administration and law enforcement, the Secretariat (Directorate of Legal Affairs) organised a mission at the end of May.

Concerning (v) – Refugees – it is recalled that the President of the Human Rights Court nominated three out of the nine members of the Commission for the Real Estate Property Claims of Displaced Persons and Refugees. The Commission held its third meeting (in Rome) from 7 to 10 June 1996. The Commission has *inter alia* prepared application forms for filing complaints.

A fact-finding mission on the situation of the Roma/Gypsies in Bosnia and Herzegovina, with which the OSCE was associated, took place from 15 to 21 May 1996, making recommendations on the eventual return of Roma and on their humanitarian situation in both entities of Bosnia and Herzegovina.

Concerning (vi) – Minorities – it is recalled, particularly in connection with the Croatian territory of Eastern Slavonia, that the Committee of Ministers has included in the "list of commitments and expectations" communicated to the Croatian authorities (as well as to the Assembly, cf. Doc 7617 of 15 July 1996) in connection with the process for accession to the Council of Europe, the following:

"2.1 Croatia should provide information on the state of implementation of a plan for the return in stages of displaced persons and refugees, including in particular Serbs previously residing in the formerly occupied territories, and on measures taken to encourage, and to create the necessary conditions for such return in safety and dignity. These conditions include the safety of persons, the free return of displaced persons and ...

2.4 Croatia should pursue discussions with representatives and experts of the Council of Europe with a view to the implementation of the Constitutional Law on

de Paix.» Soulignant la nature essentielle de ces efforts, ils ont appelé à d'autres contributions généreuses.

Un tableau présentant la situation en ce qui concerne les contributions volontaires (mis à jour le 27 août 1996) est annexé.

Pour ce qui est du point (iii) – Contrôle du respect des Droits de l'Homme – des fonctionnaires du Conseil de l'Europe (Direction des Droits de l'Homme et Secrétariat de la Commission pour la prévention contre la torture) ont, avec les représentants d'autres Organisations (l'OSCE, les Nations Unies et notamment l'UNHCR, ainsi que la Croix-Rouge internationale), participé aux sessions préparatoires à l'intention des observateurs, pour informer ces derniers des normes du Conseil de l'Europe et leur indiquer la marche à suivre. Le Conseil de l'Europe a fourni aux observateurs de l'OSCE un ensemble de documents relatifs aux Droits de l'Homme.

Concernant le point (iv) – Questions d'ordre juridique et constitutionnel – le Président de la Cour des Droits de l'Homme a invité les candidats potentiels à se faire connaître, conformément aux termes de l'Accord de Dayton indiquant qu'il devra nommer trois juges sur les neuf qui formeront la Cour Constitutionnelle de Bosnie et Herzégovine dont la mise en place est prévue après les élections.

Toujours dans le domaine constitutionnel, la Commission pour la Démocratie par le droit («Commission de Venise») a entamé ses travaux, en coopération avec le Haut Représentant, sur:

- la compatibilité des Constitutions des deux entités avec la Constitution prévue dans l'Accord de Dayton (une réunion s'est tenue le 27 juin 1996 à Paris); et
- les différents mécanismes de protection des Droits de l'Homme mis en place (Constitution de la Fédération de Bosnie et Herzégovine) et l'accord de Dayton (des réunions se sont tenues les 21 et 22 juin à Paris et les 27 et 28 août 1996 à Sarajevo).

Les rapports des deux groupes de travail et leur suivi seront examinés par la Commission au cours de sa prochaine séance plénière (13-14 septembre 1996). La Commission adoptera notamment son avis sur la compatibilité des Constitutions des deux entités, assorti de recommandations précises pour leur amendement.

Dans le domaine juridique, deux réunions d'experts régionaux (y compris de Belgrade) sur le droit de la citoyenneté se sont tenues à Strasbourg du 25 au 29 mars 1996 et du 4 au 7 juin 1996. Une troisième réunion est prévue pour l'automne 1996.

Afin d'évaluer de manière générale les besoins de la Bosnie et Herzégovine, y compris ceux de la Fédération, en matière d'assistance dans la mise en place d'institutions juridiques, pour ce qui est de la législation, de l'appareil judiciaire, de l'administration et de l'application des lois, le Secrétariat (Direction des affaires juridiques) a organisé une mission fin mai.

Concernant le point (v) – Réfugiés –, il est rappelé que le Président de la Cour des Droits de l'Homme a nommé trois des neuf membres de la Commission pour les réclamations liées aux biens fonciers de personnes déplacées et de réfugiés. La Commission a tenu sa troisième réunion (à Rome) du 7 au 10 juin 1996. Elle a, entre autres, préparé des formulaires d'enregistrement des plaintes.

Une mission d'enquête sur la situation des Roms/Tsiganes en Bosnie et Herzégovine, à laquelle s'est associée l'OSCE, s'est déroulée du 15 au 21 mai

Human Rights and Minorities of 1991.

2.5 Croatia should refrain from adopting legislative and other measures which would compromise ratification of the Framework Convention on the Protection of National Minorities and the Charter for Regional or Minority Languages."

These two important instruments – like the European Convention on Human Rights (see above) – have been translated into the official languages of the countries concerned.

Where (vii) – Local democracy (and Confidence-building measures) – is concerned, the Council of Europe confidence-building measures programme is supporting a number of pilot-projects in Bosnia and Herzegovina aiming at rebuilding trust among the different communities through activities carried out in common. Among the projects sponsored are: a study on the Roma population in Bosnian cities; and a school of civil society implemented by the Sarajevo and Tuzla Local Democracy Embassies.

Concerning (viii) – role of the Social Development Fund – the Assembly will recall that its earlier Recommendation 1287 (of January 1996) was communicated by the Committee of Ministers for opinion to the Governing Body of the Fund, which, at its 149th meeting (18 June 1996), adopted an opinion, as follows:

> "The Governing Body of the Social Development Fund welcomes the interest which the Committee of Ministers shows in the Fund's possibilities of action for contributing to the international effort of reconstruction in the former Yugoslavia, and in particular in Bosnia and Herzegovina. It welcomes in particular the Committee's appeal to member States for contributions to the Selective Trust Account and for the granting of guarantees for projects in the non-member countries concerned.
>
> It is pleased to inform the Committee of Ministers that an amount of ECU 15 million from the net results of the 1995 financial year has been allocated by the Fund's Administrative Council to the Selective Trust Account. Part of this amount will be available for projects in favour of Bosnia and Herzegovina. The first such project, for an amount of USD 5 million, was approved by the Administrative Council at its 181st meeting on 22 April 1996. It involves the co-financing, by the Fund and the World Bank, for a programme of emergency medical aid – rehabilitation of health services in favour of war victims and refugees in Bosnia and Herzegovina. By way of exception, and in the light of the urgency and the importance of this matter, the Administrative Council authorised the use of the Selective Trust Account not only for interest subsidies, but also for the internal coverage of the loan. This exception was necessary because, despite repeated appeals, a sufficient number of member States had not as yet offered their guarantee."

Where (ix) – relations with the International Criminal Tribunal in The Hague – is concerned, the Committee of Ministers would recall that co-operating with the Tribunal headed the already mentioned "list of commitments and expectations" addressed to the Croatian authorities in June 1996, in the following terms:

1996, avec pour résultat des recommandations sur l'éventuel retour de Roms et sur leur situation du point de vue humanitaire dans l'une et l'autre des entités de Bosnie et Herzégovine.

Concernant le point (vi) – Minorités – il est rappelé, notamment compte tenu du territoire croate de Slavonie orientale, que le Comité des Ministres a inclus, dans la liste des engagements et attentes communiquée aux autorités croates (ainsi qu'à l'Assemblée, voir Doc. 7617 du 15 juillet 1996) dans le cadre de la procédure d'adhésion au Conseil de l'Europe, les points suivants:

«2.1 La Croatie devrait fournir des informations sur l'état de mise en œuvre d'un plan de retour échelonné des personnes déplacées et des réfugiés, notamment les Serbes qui résidaient auparavant dans les territoires occupés, ainsi que sur les mesures prises pour encourager et créer les conditions nécessaires pour que ces retours s'effectuent dans des conditions de sécurité et de dignité. Ces conditions incluent la sécurité des personnes, le libre retour des personnes déplacées et des réfugiés et la restitution ou l'indemnisation des biens ...

2.4 La Croatie devrait poursuivre les discussions avec les représentants et experts du Conseil de l'Europe aux fins de la mise en œuvre de la loi constitutionnelle de 1991 sur les droits de l'homme et les minorités.

2.5 La Croatie devrait s'abstenir d'adopter des mesures législatives ou d'autre nature qui pourraient compromettre la ratification de la Convention-cadre du Conseil de l'Europe pour la protection des minorités nationales et de la Charte européenne des langues régionales ou minoritaires.»

Ces deux instruments importants – comme la Convention européenne des Droits de l'Homme (voir supra) – ont été traduits dans les langues officielles des pays concernés.

Pour ce qui est du point (vii) – Démocratie locale (et mesures de confiance) –, le programme du Conseil de l'Europe «Mesures de confiance» aide un certain nombre de projets-pilotes en Bosnie et Herzégovine, dans le but de restaurer la confiance entre les différentes communautés par le biais d'activités exercées en commun. Parmi les projets parrainés, on trouve une étude sur la population rom dans les villes bosniaques et une école sur la société civile mise en place par les Ambassades de la démocratie locale de Sarajevo et de Tuzla.

Concernant le point (viii) – Rôle du Fonds de développement social –, l'Assemblée a en mémoire que sa précédente Recommandation 1287 (de janvier 1996) a été communiquée au Comité de Direction du Fonds pour avis par le Comité des Ministres, et que le Comité de Direction, lors de sa 149e réunion (18 juin 1996), a adopté l'avis ci-dessous:

> «Le Comité de Direction du Fonds de Développement Social se félicite de l'intérêt que porte le Comité des Ministres aux possibilités d'action du Fonds pour contribuer à l'effort international de reconstruction dans l'ancienne Yougoslavie, et notamment en Bosnie et Herzégovine. Il salue notamment l'invitation faite par le Comité des Ministres aux Etats membres de faire des contributions au Compte Fiduciaire Sélectif et d'octroyer des garanties pour des projets dans les Etats non membres concernés.
>
> Le Comité de Direction se réjouit de pouvoir informer le Comité des Ministres

[1.1]

"According to the General Framework Agreement for Peace in Bosnia and Herzegovina which was also signed by Croatia, the latter is under the obligation to co-operate with the International Criminal Tribunal for the Former Yugoslavia in The Hague, in the investigation and prosecution of war crimes and other violations of international humanitarian law. In accordance with this obligation, Croatia should immediately arrest and turn over to the Tribunal indicted individuals (*Stupni Do* and *Lasva Valley* indictments) who are suspected of having committed war crimes or other violations of international humanitarian law. Croatia should further immediately co-operate fully with the International Criminal Tribunal regarding all other matters relating to the investigation and prosecution of war crimes and other violations of international humanitarian law."

Finally, where (x) – possible future relations with the Federal Republic of Yugoslavia – is concerned, the final paragraph of the interim reply to Recommendation 1287 remains valid.

3. Fight against intolerance

Recommendation 1275 (1995)

on the fight against racism, xenophobia, anti-Semitism and intolerance

qu'un montant de 15 millions d'écus du résultat net de l'année 1995 a été alloué au Compte Fiduciaire Sélectif par le Conseil d'administration du Fonds. Une partie de ce montant sera disponible pour des projets en faveur de la Bosnie et Herzégovine. Un premier projet, pour un montant de USD 5 millions a été approuvé par le Conseil d'administration lors de sa 181e réunion du 22 avril 1996. Il s'agit du co-financement, par le Fonds et la Banque Mondiale, pour un programme d'aide médicale d'urgence – réadaptation des services sanitaires en faveur des victimes de guerre et de réfugiés en Bosnie et Herzégovine. Exceptionnellement, et au vu de l'urgence et de l'importance du problème, le Conseil d'administration a autorisé l'utilisation du Compte Fiduciaire Sélectif non seulement pour des subventions d'intérêts, mais aussi pour la couverture interne du prêt. Cette exception était nécessaire car, malgré les appels répétés, un nombre insuffisant d'Etats membres ont, à ce jour, offert leur garantie.»

En ce qui concerne le point (ix) – Relations avec le Tribunal pénal international pour l'ex-Yougoslavie à La Haye –, le Comité des Ministres aimerait rappeler que la coopération avec ce Tribunal figurait en tête de la liste d'engagements et attentes adressée aux autorités croates en juin 1996, en ces termes:

[1.1]

«Selon l'Accord-cadre général pour la Paix en Bosnie et Herzégovine, dont la Croatie est co-signataire, ce pays est tenu de coopérer avec le Tribunal Pénal International pour l'Ex-Yougoslavie, dont le siège est à La Haye, dans la recherche et la poursuite des criminels de guerre et auteurs d'autres violations du droit humanitaire international. Conformément à ces obligations, la Croatie devrait immédiatement arrêter et livrer au Tribunal les individus accusés (actes d'accusation de «Stupni Do» et de «Lasva Valley») soupçonnés d'avoir commis des crimes de guerre ou d'autres violations du droit humanitaire international.

En outre, la Croatie devrait coopérer immédiatement et pleinement avec le Tribunal Pénal International pour toutes autres questions portant sur des enquêtes et la poursuite des crimes de guerre et autres violations du droit humanitaire international.»

Enfin, en ce qui concerne le point (x) – Relations futures envisageables avec la République fédérale de Yougoslavie –, le dernier paragraphe de la réponse provisoire à la Recommandation 1287 reste valable.

3. Lutte contre l'intolérance

Recommandation 1275 (1995)

relative à la lutte contre le racisme, la xénophobie, l'antisémitisme et l'intolérance

Reply by the Committee of Ministers:

1. The Committee of Ministers shares the preoccupations of the Assembly concerning the resurgence in Europe of intolerance in all its forms, which risks having a profoundly destabilising effect on society. It was indeed this concern which prompted the heads of state and government of the member states to adopt, at the Vienna Summit, a wide-ranging Plan of Action to combat these phenomena.

The Committee of Ministers attaches great importance to the European Plan and regularly and attentively follows its implementation, regarding both the work of the European Commission against Racism and Intolerance (ECRI), and the European Youth Campaign against Racism, Xenophobia, Anti-Semitism and Intolerance, as well as the Intergovernmental Programme of Activities.

2. With regard more particularly to the ECRI, which has done important and constructive work since its creation, it is recalled that, at the 97th Session of the Committee of Ministers (9 November 1995), the Ministers "renewed their encouragement for the work of the ECRI" and "stressed the importance of co-ordination between the Council of Europe and the European Union in the fight against racism and all manifestations of intolerance, including aggressive nationalism, bearing in mind the Council's wider geographical coverage".

In this respect, the Committee of Ministers has consistently striven to avoid any duplication between this work and initiatives undertaken within the European Union. In particular, it has reiterated that, if the European Observatory on Racism and Xenophobia is to be created, it should be a "joint venture" between the Council of Europe and the European Union. The Committee of Ministers will consider the Assembly's proposals concerning the ECRI's terms of reference in due course.

As far as paragraph 6.iii is concerned, moreover, the ECRI has drawn up a detailed report on strengthening Article 14 of the European Convention on Human Rights on non-discrimination by means of an additional protocol thereto. The Committee of Ministers is at present considering the ECRI's detailed report on this question and will keep the Assembly informed of any action it takes regarding this.

In undertaking its work, the ECRI follows a "country-by-country" approach, which consists of making an in-depth analysis of the situation in each of the member countries with a view to drawing up conclusions proposing to the Committee of Ministers formulae to facilitate the solution to problems which arise or to fill gaps found in the various countries. The points raised in paragraphs 7.i to v and viii are covered by this approach.

3. The European Youth Campaign against Racism, Xenophobia, Anti-Semitism and Intolerance was launched on 10 December 1994 and has developed a European programme as well as actions at national and local level. The Committee of Ministers follows more closely the implementation of the European programme, which includes training courses for anti-racist youth organisations, pilot projects and major awareness-raising events such as the European Youth Trains and the European Youth Week. These events symbolised the mobilisation of young people throughout Europe and led to a series of follow-up proposals.

Indeed, the Campaign has now entered into its evaluation phase, after which

Réponse du Comité des Ministres:

1. Le Comité des Ministres partage les préoccupations de l'Assemblée devant la résurgence, en Europe, de l'intolérance sous toutes ses formes qui risque de déstabiliser en profondeur nos sociétés. C'est d'ailleurs ce qui a incité les Chefs d'Etat et de Gouvernement des Etats membres à adopter, lors du Sommet de Vienne, un vaste Plan d'action de lutte contre ces phénomènes.

Le Comité des Ministres accorde une grande importance au Plan Européen dont il suit régulièrement et avec la plus grande attention la mise en oeuvre, tant en ce qui concerne les travaux de la Commission européenne contre le racisme et l'intolérance (ECRI), que la Campagne européenne de la jeunesse contre le racisme, la xénophobie, l'antisémitisme et l'intolérance et le Programme intergouvernemental d'activités.

2. En ce qui concerne plus particulièrement l'ECRI, lequel a entrepris un travail important et constructif depuis sa création, il est rappelé que lors de la 97e Session du Comité des Ministres (9 novembre 1995), les Ministres «ont renouvelé leur encouragement aux travaux de l'ECRI» et «ont souligné l'importance de la coordination entre le Conseil de l'Europe et l'Union européenne dans la lutte contre le racisme et toutes les manifestations d'intolérance, y compris le nationalisme agressif, en gardant à l'esprit le champ géographique plus large du Conseil de l'Europe.»

A cet égard, le Comité des Ministres s'est constamment efforcé d'éviter tout double emploi entre les travaux de l'ECRI et des initiatives prises au sein de l'Union européenne. En particulier, il a réitéré qu'au cas où un observatoire européen du racisme et de la xénophobie serait créé, celui-ci devrait être une «joint venture» entre le Conseil de l'Europe et l'Union européenne. Le Comité des Ministres examinera le moment venu les propositions de l'Assemblée concernant le mandat de l'ECRI.

En outre, en ce qui concerne le paragraphe 6.iii, l'ECRI a élaboré un rapport circonstancié sur le renforcement de l'article 14 de la Convention européenne des Droits de l'Homme sur la non-discrimination au moyen d'un Protocole additionnel à cette dernière. Le Comité des Ministres examine, à présent, le rapport détaillé de l'ECRI sur cette question et tiendra l'Assemblée informée de toute action qu'il prendra à cet égard.

Dans l'exécution de ses travaux, l'ECRI suit une approche «pays par pays» qui consiste à effectuer une analyse approfondie de la situation dans chacun des pays membres en vue d'élaborer des conclusions en proposant au Comité des Ministres des formules pour faciliter la solution des problèmes qui se posent ou combler les lacunes qui peuvent être constatées dans les différents pays. Les points soulevés dans les paragraphes 7.i à v et viii sont couverts par cette approche.

3. La Campagne européenne de la jeunesse contre le racisme, la xénophobie, l'antisémitisme et l'intolérance a été lancée le 10 décembre 1994 et développe un programme européen ainsi que des actions au niveau national et local. Le Comité des Ministres suit plus particulièrement la mise en oeuvre du programme européen qui comprend des cours de formation à l'attention des organisations de jeunesse

the Committee of Ministers will study carefully the follow-up that should be given, and will inform the Assembly of any decisions that it takes on this question; however, the dynamic that it has created at national and local level should be maintained.

4. In a general sense, with reference to paragraph 6.i, the Committee of Ministers recalls that the European Committee on Migration (CDMG) has, since 1991, undertaken a great deal of work on community relations and the integration of immigrant populations. The basis for much of this work is the report "Community and ethnic relations in Europe", which presents a detailed and comprehensive strategy for building good relations between different groups in Europe's increasingly diverse societies. The 6th Conference of European Ministers responsible for Migration Affairs, to be held in Warsaw in 1996, will discuss progress in implementing community relations policies on the basis of a review of these policies in member states. Racism and xenophobia are also dealt with in the context of other projects being or to be undertaken by the CDMG.

5. With regard to paragraph 6.iv, the Committee of Ministers recalls the reply that it adopted to Assembly Recommendations 1236 (1994) on the right of asylum and 1237 (1994) on the situation of asylum-seekers whose asylum applications have been rejected. Moreover, as far as paragraph 6.v is concerned, the Committee of Ministers draws the Assembly's attention to the supplementary reply adopted to Assembly Recommendation 1203 (1993) on Gypsies in Europe, and in particular to the last paragraph thereof, in which it recalled that a Co-ordinator on Roma/Gypsies responsible for various questions relating to Roma/Gypsies has been designated by the Secretary General, but that it has not seen fit to act on the proposal concerning the appointment of a mediator for Roma/Gypsies.

6. With regard to paragraph 7.i, the Committee of Ministers is convinced that the Framework Convention for the Protection of National Minorities is a very important instrument and it shares the Assembly's concerns as to its rapid entry into force. To date it has been signed by 32 member states and ratified by 4.

7. As far as paragraphs 7.xii and xiii are concerned, it is recalled that the Steering Committee on the Mass Media (CDMM) has set up a Group of Specialists on media and intolerance (MM-S-IN) whose work covers, *inter alia*, the question of the contribution that the media can make to combating racism and intolerance, including studying means of raising awareness amongst and training media professionals. It is moreover recalled that the 1996 International Federation of Journalists media prize, supported by the Council of Europe and several other bodies, will be presented on 21 March 1996 in Strasbourg, to recognise journalism which raises awareness of racism, and which promotes better understanding of the societies with cultural diversity. The Committee of Ministers would also stress that the majority of existing professional codes of ethics include a provision concerning racial discrimination.

8. Finally, and with regard in particular to paragraph 7.xv, it should be noted that education for tolerance and mutual understanding has been the subject of a wide range of projects and activities undertaken in the context of the Organisation's work on education. An important feature of work in this field, covering such

antiracistes, des projets pilotes et de grands événements de sensibilisation dont les Trains européens de la jeunesse et la Semaine européenne de la jeunesse. Ces événements ont symbolisé la mobilisation des jeunes à travers toute l'Europe et ont abouti à une série de propositions de suivi.

La Campagne est entrée, dès à présent, dans sa phase d'évaluation, après laquelle le Comité des Ministres étudiera, avec attention, le suivi qu'il conviendra de lui donner, et informera l'Assemblée de toute décision qu'il prendra sur cette question; toutefois, une dynamique a été créée au niveau national et local qu'il convient de maintenir.

4. D'une manière générale, avec référence au paragraphe 6.i, le Comité des Ministres rappelle que le Comité européen sur les migrations (CDMG) a, depuis 1991, entrepris un travail important sur les relations intercommunautaires et l'intégration des populations immigrées. La base d'une grande partie de ces travaux est le rapport «Relations intercommunautaires et interethniques en Europe», lequel présente une stratégie complète et détaillée pour la construction des bonnes relations entre différents groupes dans les sociétés de plus en plus diverses en Europe. La Sixième Conférence des Ministres européens responsables des questions de migration, qui se tiendra à Varsovie en 1996 traitera du progrès réalisé dans la mise en oeuvre des politiques des relations intercommunautaires sur la base d'un bilan de ces politiques dans les Etats membres. Le racisme et la xénophobie sont également traités dans le cadre d'autres projets à entreprendre ou menés par le CDMG.

5. Eu égard au paragraphe 6.iv, le Comité des Ministres rappelle la réponse qu'il a adoptée aux Recommandations 1236 (1994) et 1237 (1994) de l'Assemblée relatives au droit d'asile et à la situation des demandeurs d'asile déboutés, respectivement. D'ailleurs, en ce qui concerne le paragraphe 6.v, le Comité des Ministres attire l'attention de l'Assemblée sur la réponse complémentaire adoptée à la Recommandation 1203 (1993) de l'Assemblée relative aux tsiganes en Europe, et en particulier sur l'avant-dernier paragraphe de celle-ci, dans lequel il rappelle qu'un coordinateur pour les Roms/Tsiganes, responsable des diverses questions relatives aux Roms/Tsiganes, a été nommé par le Secrétaire Général mais que le Comité des Ministres n'a pas estimé opportun de donner suite à la proposition visant à nommer un médiateur pour les Roms/Tsiganes.

6. Eu égard au paragraphe 7.i, le Comité des Ministres est convaincu que la Convention-cadre pour la protection des minorités nationales est un instrument très important et partage la préoccupation de l'Assemblée concernant sa mise en vigueur rapide. A ce jour, 32 Etats membres l'ont signée et 4 l'ont ratifiée.

7. En ce qui concerne les paragraphes 7.xii et xiii, il est rappelé que le Comité directeur sur les moyens de communication de masse (CDMM) a créé un Groupe de spécialistes sur les médias et l'intolérance (MM-S-IN) dont les travaux couvrent, entre autres, la question de la contribution que les médias peuvent apporter à la lutte contre le racisme et l'intolérance, y compris l'étude des moyens de sensibiliser et former les professionnels des médias. Il est d'ailleurs rappelé que le prix 1996 des médias de la Fédération internationale des journalistes, appuyé par le Conseil de l'Europe et plusieurs autres organisations, sera décerné le 21 mars

aspects as education for democratic values, education for intercultural understanding and the teaching of history, has been the involvement of both policy-makers and practitioners, as well as non-governmental organisations.

Recommendation 1277 (1995)

on migrants, ethnic minorities and media

Reply by the Committee of Ministers:

The Committee of Ministers noted with interest Parliamentary Assembly Recommendation 1277 (1995) on migrants, minorities and media. It has been communicated to the governments of member states as well as to the *Ad hoc* Committee for the Protection of National Minorities (CAHMIN), the European Commission against Racism and Intolerance (ECRI) and the European Support Fund for the Co-production and Distribution of Creative Cinematographic Audio-Visual Works ("Eurimages"), so that they might take it into account in their respective activities. As a first response, the Committee of Ministers wishes to bring to the Assembly's attention the following information in respect of the relevant paragraphs of the recommendation:

5.i – In the framework of the implementation of the Plan of Action on combating Racism, Xenophobia, Anti-Semitism and Intolerance, adopted by the heads of state and government of the member states of the Council of Europe on 9 October 1993, a Group of Specialists on Media and Intolerance (MM-S-IN) has been set up under the authority of the Steering Committee on the Mass Media, with a view to examining the negative and positive contributions the media may make to the fight against intolerance.

As the issues mentioned in paragraphs 5.i and iv.*a*. of the recommendation are of direct relevance to the work of the MM-S-IN – whose terms of reference include making any proposals of a policy, legal or other nature that it believes to be necessary either to combat the spread of racism, xenophobia, anti-Semitism and intolerance through the media or to strengthen the contribution of the media to fight against these – the CDMM has communicated Recommendation 1277 to the MM-

1996 à Strasbourg, afin de récompenser le journalisme qui favorise la prise de conscience en matière de racisme et une meilleure compréhension des sociétés ayant des diversités culturelles. Le Comité des Ministres souligne aussi que la plupart des codes de déontologie existant à l'heure actuelle incluent une disposition concernant la discrimination raciale.

8. Finalement, et eu égard en particulier au paragraphe 7.xv, il convient de noter que l'éducation à la tolérance et à la compréhension mutuelle a été le sujet d'une vaste gamme de projets et d'activités entrepris dans le cadre des travaux de l'Organisation sur l'éducation. Une caractéristique importante des travaux dans ce domaine, qui couvre des aspects tels que l'éducation aux valeurs démocratiques, l'éducation à la compréhension interculturelle et l'enseignement de l'histoire, a été la participation des décideurs et praticiens, et des organisations non-gouvernementales.

Recommandation 1277 (1995)

relative aux migrants, aux minorités ethniques et aux médias

Réponse du Comité des Ministres :

Le Comité des Ministres a pris note avec intérêt de la Recommandation 1277 (1995) de l'Assemblée parlementaire relative aux migrants, aux minorités ethniques et aux médias. Elle a été transmise aux gouvernements des Etats membres ainsi qu'au Comité ad hoc pour la protection des minorités nationales (CAHMIN), à la Commission européenne contre le racisme et l'intolérance (ECRI) et au Fonds européen de soutien à la coproduction et à la diffusion des oeuvres de création cinématographiques et audiovisuelles («Eurimages»), afin qu'ils puissent en tenir compte dans leurs activités respectives. En tant que première réponse, le Comité des Ministres aimerait signaler à l'attention de l'Assemblée les informations suivantes au sujet des paragraphes pertinents de la Recommandation.

5.i –Dans le cadre de la mise en oeuvre du Plan d'action contre le racisme, la xénophobie, l'antisémitisme, et l'intolérance, adopté le 9 octobre 1993 par les Chefs d'Etat et de Gouvernement des Etats membres du Conseil de l'Europe, un Groupe de spécialistes sur les médias et l'intolérance (MM-S-IN) a été créé sous l'autorité du Comité directeur sur les moyens de communication de masse, en vue d'examiner les contributions négatives et positives que les médias peuvent apporter à la lutte contre l'intolérance.

Les questions mentionnées au paragraphe 5.i et iv.*a* de la Recommandation présentant un intérêt direct pour les travaux du MM-S-IN - dont le mandat englobe toutes propositions sur les politiques jugées nécessaires, qu'il s'agisse du droit ou de tout autre domaine, pour combattre la diffusion du racisme, de la xénophobie, de l'antisémitisme et de l'intolérance par les médias ou pour renforcer la contribution de ces derniers à la lutte contre les phénomènes précités – le CDMM

S-IN. The latter's work will have to be completed by 31 December 1996. The Committee of Ministers will convey to the Assembly, at the appropriate time, any relevant information on the work carried out as a follow-up to proposals for action made by the MM-S-IN.

The Committee of Ministers stresses that any measures proposed in this area should be compatible with the principles of freedom of expression and editorial independence and the right of media professionals themselves to draw up their own codes of conduct to address the issues raised in the recommendation.

It can also be mentioned in this connection that, in the framework of the project on "The integration of immigrants: towards equal opportunities" carried out under the authority of the European Committee on Migration (CDMG), a meeting was organised in December 1994 in Solingen (Germany) on the role of the media in promoting integration and equal opportunities for immigrants.

The meeting was one in a series in which European media experts are attempting to set up a pan-European media network, facilitating the exchange of "good practice" in integration and equal opportunities for immigrants. Its conclusions, drawn up and adopted by the participants, will help to widen the scope of current policies.

5.ii – The International Federation of Journalists has created a pan-European prize, to be awarded annually to the media that has most effectively promoted the ideals of tolerance and mutual understanding. It will be attributed for the first time on 21 March 1996, in the context of the second European Media Forum against Racism and Intolerance which will be held in Strasbourg. This prize benefits from the support of the European Commission and the Council of Europe.

5.iii – As stated before, Recommendation 1277 has been communicated to the European Commission against Racism and Intolerance (ECRI) so that it might take it into account in its activities. In fact, amongst the "guiding principles" adopted by ECRI in its final activity report of 14 December 1995, many refer to the media. The Committee of Ministers will shortly consider the appropriate follow-up action to be given to these "principles".

It may also be noted that two members of ECRI sit in the MM-S-IN referred to above, thus ensuring that ECRI's integrated approach is reflected in the group of specialists' work on media and intolerance.

5.iv – Amongst the detailed proposals made by ECRI to prevent, combat and redress racist, xenophobic and intolerant behaviour and acts, many relate to subjects dealt with in paragraph 5.iv of Recommendation 1277. The Committee of Ministers will inform the Assembly of follow-up given to them.

However, regarding the teaching in journalism schools of questions relating to the problems of intolerance, it can be noted that work is already under way, with the support of the Council of Europe, to prepare a "kit" of journalistic training materials on the question of intolerance and the media, aimed at the schools of journalism.

a communiqué la Recommandation 1277 au MM-S-IN. Celui-ci devra achever ses travaux au 31 décembre 1996. Le Comité des Ministres transmettra à l'Assemblée, en temps utile, toutes informations pertinentes sur les activités entreprises pour donner suite aux propositions du MM-S-IN.

Le Comité des Ministres souligne que toutes les dispositions suggérées en la matière doivent être compatibles avec les principes de la liberté d'expression, de l'indépendance de la rédaction et du droit, pour les professionnels des médias, de rédiger eux-mêmes leurs propres codes de déontologie afin de traiter les questions soulevées dans la Recommandation.

On peut indiquer à cet égard que, dans le cadre du projet: «L'intégration des immigrés: vers l'égalité des chances» relevant du Comité européen sur les migrations (CDMG), une réunion a été organisée en décembre 1994 à Solingen (Allemagne) sur le rôle des médias dans la promotion de l'intégration et de l'égalité des chances pour les immigrés.

La réunion faisait partie d'une série de rencontres au cours desquelles les experts européens des médias s'efforcent d'établir dans ce domaine un réseau pan-européen qui facilitera l'échange de «bonnes pratiques» concernant l'intégration et l'égalité des chances pour les immigrés. Ses conclusions, élaborées et adoptées par les participants, aideront à élargir la portée des politiques en vigueur.

5.ii – La Fédération internationale des journalistes a créé un prix pan-européen, qui sera attribué annuellement aux médias ayant œuvré le plus efficacement pour les idéaux de tolérance et de compréhension mutuelle. Le prix sera décerné pour la première fois le 21 mars 1996, dans le contexte du deuxième Forum européen des médias contre le racisme et l'intolérance qui se tiendra à Strasbourg. Ce prix bénéficie du soutien de la Commission européenne et du Conseil de l'Europe.

5.iii – Comme indiqué plus haut, la Recommandation 1277 a été communiquée à la Commission européenne contre le racisme et l'intolérance (ECRI) pour qu'elle puisse en tenir compte dans ses activités. En fait, beaucoup des «principes directeurs» adoptés par l'ECRI dans son rapport final d'activités du 14 décembre 1995, peuvent s'appliquer aux médias. Le Comité des Ministres examinera bientôt le suivi approprié à réserver à ces «principes».

Il convient aussi de noter que deux membres de l'ECRI siègent au MM-S-IN mentionné plus haut et font en sorte que l'approche intégrée de l'ECRI se retrouve dans les travaux du Groupe de spécialistes sur les médias et l'intolérance.

5.iv – Parmi les propositions détaillées présentées par l'ECRI pour prévenir, combattre et corriger les comportements et actes racistes, xénophobes et intolérants, beaucoup concernent des sujets traités au paragraphe 5.iv de la Recommandation 1277. Le Comité des Ministres informera l'Assemblée des suites qu'il leur aura réservé.

Toutefois, en ce qui concerne l'enseignement des questions touchant les problèmes d'intolérance dans les écoles de journalisme, on peut noter que des travaux sont déjà en cours, avec l'aide du Conseil de l'Europe, pour élaborer un

In April 1995, the Council of Europe also gave support to a three-day training seminar for journalists organised by the European Journalism Centre entitled "Xenophobia and the media: the situation in Europe today".

In addition, it can be recalled that under Article 7, paragraph 1, of the European Convention on Transfrontier Television – which has so far been ratified by 13 countries and signed by 9 more – it is the broadcaster's responsibility – *inter alia* – to ensure that items of programme services do not give undue prominence to violence or are likely to incite to racial hatred.

The Committee of Ministers will supplement the Assembly with additional information on the issues raised in Recommendation 1277 (1995) in due course.

4. Abolition of capital punishment

Recommendation 1246 (1994)

on the abolition of capital punishment

Interim reply by the Committee of Ministers:

The Committee of Ministers has noted the initiative taken by the Parliamentary Assembly to strengthen, at the European level, the international protection against the death penalty. It has received the opinions of the Steering Committee for Human Rights (CDDH) and of the European Committee on Crime Problems (CDPC) on this text. The Committee of Ministers has taken note of the various proposals of the Assembly, *inter alia*, to draw up an additional protocol to the European Convention on Human Rights, abolishing the death penalty, both in peace and war time, to set up a control mechanism under the Secretary General to encompass both member states and states whose legislative assemblies enjoy special guest status, and to organise a conference on the abolition of the death penalty.

The Committee of Ministers is in the position to inform the Parliamentary Assembly that the Ministers' Deputies are currently examining these proposals, within the framework of its Rapporteur Group on Human Rights. It will not fail to keep the Parliamentary Assembly duly informed of the results of this examination.

In the meantime, the Committee of Ministers has encouraged member States which have not abolished the death penalty to operate *de facto* or *de jure* a moratorium on the execution of death sentences.

ensemble de matériels de formation journalistique sur l'intolérance et les médias, ensemble qui s'adresse aux écoles précitées.

En avril 1995, le Conseil de l'Europe a également apporté son soutien à un séminaire de formation des journalistes organisé pendant trois jours par le Centre européen du journalisme et intitulé «La xénophobie et les médias: la situation dans l'Europe d'aujourd'hui».

En outre on peut rappeler que l'article 7, paragraphe 1, de la Convention européenne sur la télévision transfrontière – ratifiée jusqu'ici par 13 pays et signée par 9 autres – attribue, entre autres, au radiodiffuseur la responsabilité de faire en sorte que les programmes n'accordent pas une place exagérée à la violence ou n'incitent pas à la haine raciale.

Le Comité des Ministres communiquera à l'Assemblée, le moment venu, des informations complémentaires sur les questions abordées dans la Recommandation 1277 (1995).

4. Abolition de la peine de mort

Recommandation 1246 (1994)

relative à l'abolition de la peine de mort

Réponse intérimaire du Comité des Ministres:

Le Comité des Ministres prend note de l'initiative prise par l'Assemblée parlementaire visant à renforcer au niveau européen la protection internationale contre la peine de mort. Il a recueilli les avis du Comité directeur pour les Droits de l'Homme (CDDH) et du Comité européen pour les problèmes criminels (CDPC) sur ce texte. Le Comité des Ministres note les diverses propositions de l'Assemblée tendant notamment à l'élaboration d'un Protocole additionnel à la Convention européenne des Droits de l'Homme abolissant la peine de mort, à la fois en temps de paix et en temps de guerre, à la création d'un mécanisme de contrôle supervisé par le Secrétaire Général et s'appliquant à la fois aux Etats membres et aux Etats dont l'Assemblée législative bénéficie du Statut d'invité spécial, et à l'organisation d'une conférence sur l'abolition de la peine de mort.

Le Comité des Ministres est en mesure d'informer l'Assemblée parlementaire que les Délégués des Ministres ont engagé un examen approfondi de ces propositions dans le cadre de leur Groupe de Rapporteurs sur les Droits de l'Homme. Il ne manquera pas de tenir l'Assemblée parlementaire dûment informée des résultats de cet examen.

Entre-temps, le Comité des Ministres a encouragé les Etats membres qui n'ont pas aboli la peine de mort à mettre en oeuvre un moratoire, de facto ou de jure, sur l'exécution des sentences capitales.

5. Conditions of detention

Recommendation 1257 (1995)

on the conditions of detention in Council of Europe member states

Reply by the Committee of Ministers:

The Committee of Ministers, recalling its recent reply to Recommendation 1245 (1994) on the detention of persons pending trial, wishes to inform the Parliamentary Assembly that it fully shares the concerns expressed in its Recommendation 1257 (1995) on the conditions of detention in Council of Europe member states. It now has at its disposal the opinion which it had asked the European Committee on Crime Problems (CDPC) to give on the important questions raised in paragraph 11.i of the Assembly Recommendation.

The Committee of Ministers agrees with the Assembly that the overcrowding of prisons is one of the major reasons for the present deterioration of prison conditions. Overcrowding of prisons is the subject of a new activity in the Intergovernmental Programme of Activities for 1996. Furthermore, it associates itself with the tribute paid by the Assembly to the valuable work of the European Committee for the Prevention of Torture and Inhuman or Degrading Treatment or Punishment (CPT), which has acquired very valuable experience in this matter.

As regards paragraph 11.i.a and b, the Committee of Ministers considers that the questions raised constitute complex matters which are closely related to substantive and procedural criminal law, as well as to sentencing policies. Thus, a thorough examination of these questions would require the active participation of all member states; such a large-scale study cannot, at this stage, be undertaken by the CDPC, which, however, will take these questions into account in the framework of its work programme.

As regards paragraph 11.i.c, the Committee of Ministers recalls the adoption of Recommendation No. R (92) 16 on the European rules on community sanctions and measures and wishes to inform the Assembly that the CDPC continues its efforts with a view to examining the actual use of community sanctions and measures and to promoting them as a particularly humane and constructive way for dealing with certain categories of offences and offenders. In this connection, the CDPC will also study certain specific modalities of the enforcement of sentences aimed at reducing the overall duration of imprisonment (prison leave, semi-liberty, early release, conditional release, early release with intensive supervision or electronic surveillance, etc ...) and/or aimed at reducing the risk for offenders to relapse after release.

As regards paragraph 11.i.d, the Committee of Ministers wishes to underline that the way in which remand in custody is being used by the competent judicial authorities is a matter of great concern to the prison administrations in that it con-

5. Conditions de détention

Recommandation 1257 (1995)

relative aux conditions de détention dans les Etats membres du Conseil de l'Europe

Réponse du Comité des Ministres:

Le Comité des Ministres, rappelant sa récente réponse à la Recommandation 1245 (1994) relative à la détention de personnes en attente de jugement, souhaite informer l'Assemblée parlementaire qu'il partage pleinement les préoccupations exprimées dans sa Recommandation 1257 (1995) relative aux conditions de détention dans les Etats membres du Conseil de l'Europe. Il dispose à présent de l'avis qu'il avait demandé au Comité européen pour les problèmes criminels (CDPC) de formuler sur les importantes questions soulevées au paragraphe 11.i de la Recommandation de l'Assemblée.

Le Comité des Ministres convient avec l'Assemblée que le surpeuplement des prisons est l'une des causes principales de la dégradation actuelle des conditions de détention. Le surpeuplement des prisons fait l'objet d'une nouvelle activité dans le Programme intergouvernemental d'activités pour 1996. Il s'associe par ailleurs à l'hommage rendu par l'Assemblée au travail remarquable du Comité européen pour la prévention de la torture et des peines ou traitements inhumains ou dégradants (CPT) qui a acquis une expérience très utile en la matière.

S'agissant du paragraphe 11.i.a et b, le Comité des Ministres estime que les questions qui y sont évoquées constituent des matières complexes étroitement liées au droit pénal matériel et de procédure ainsi qu'à la politique en matière de prononcé des peines. Aussi, un examen approfondi de ces questions nécessiterait-il la participation active de tous les Etats membres; une étude d'une telle envergure ne peut pas, à ce stade, être entreprise par le CDPC qui, cependant, prendra ces questions en compte dans le cadre de son programme de travail.

S'agissant du paragraphe 11.i.c, le Comité des Ministres rappelle l'adoption de la Recommandation n° R (92) 16 relative aux règles européennes sur les sanctions et mesures appliquées dans la communauté et souhaite informer l'Assemblée que le CDPC poursuit ses efforts en vue d'étudier l'utilisation des sanctions appliquées dans la communauté et de les promouvoir comme un moyen particulièrement humain et constructif pour traiter certaines catégories d'infractions et de délinquants. Dans ce contexte, le CDPC examinera également certaines modalités spécifiques concernant l'exécution des peines visant à réduire la durée totale de la détention (congé pénitentiaire, semi-liberté, libération anticipée, libération conditionnelle, libération anticipée avec surveillance intensive ou électronique, etc...) et/ou à diminuer le risque de voir les déliquants récidiver après leur libération.

S'agissant du paragraphe 11.i.d, le Comité des Ministres souhaite souligner

tributes to considerably exacerbating the problems of prison overcrowding. It is therefore in a position to inform the Assembly that the CDPC will encourage the Council for Penological Co-operation (PC-CP) to examine this question.

As regards paragraph 11.i.e, the Committee of Ministers wishes to remind the Assembly that the European Prison Rules, devised in order to provide guidance to prison administrations, impose "powerful moral and political obligations on those member states that have accepted them" (see explanatory memorandum on the said rules, page 30), but have no binding legal effect in international law, nor do they grant individual rights to prisoners. Thus, given their legal nature, they would not be the appropriate framework for a catalogue of prisoners' rights. On the other hand, the draft protocol to the European Convention on Human Rights securing additional rights to persons deprived of their liberty – to which the Assembly refers in paragraph 11.iv of its recommendation and on which the CDPC has already adopted an opinion and transmitted it to the Steering Committee for Human Rights (CDDH) which had requested it – might constitute an appropriate framework. The Committee of Ministers, however, deems it advisable to await the outcome of the CDDH's work before considering the preparation of a possibly more comprehensive text on prisoners' rights.

As regards paragraph 11.i.f, the Committee of Ministers notes that imprisonment considerably affects the relationship of prisoners with members of their families. The families concerned often suffer from financial difficulties and substantial distress, thus indirectly exacerbating the prisoner's difficult psychological situation. It would thus be of interest to carry out further studies on the effect of imprisonment on family relations. Some aspects of this question might well be addressed within the framework of the work undertaken by the Council for Penological Co-operation on overcrowding of prisons.

As regards paragraph 11.ii, the Committee of Ministers wishes to inform the Assembly that it has invited the authorities of member states to implement the principles contained in recommendations of the Committee of Ministers to member states No. R (92) 16 on the European rules on community sanctions and measures and No. R (92) 17 on consistency in sentencing. Furthermore, it invited them to comply with the guidelines on police custody as laid down in the second general report of the CPT. As specifically regards the CPT, the Committee of Ministers wishes to inform the Assembly that, when adopting the budget of the Council of Europe for 1996, it created an A5 grade post and upgraded an A2/A3 grade post to an A4 grade post, and a B5 grade post to an A2/A3 grade post within its Secretariat. Furthermore, it invited those member states which have not yet done so to ratify the European Convention on the Transfer of Proceedings in Criminal Matters and the Convention on the Transfer of Sentenced Persons.

Lastly, it decided to invite the Parliamentary Assembly to give an opinion on the draft protocol to the European Convention on Human Rights securing additional rights to persons deprived of their liberty, once concluded.

que les conditions dans lesquelles les autorités judiciaires compétentes recourent à la détention provisoire est pour les administrations pénitentiaires un sujet de grave préoccupation dans la mesure où ces conditions contribuent à aggraver les problèmes liés au surpeuplement des prisons. Il est à cet égard en mesure d'informer l'Assemblée de ce que le CDPC encouragera le Conseil de Coopération Pénologique (PC-CP) à examiner cette question.

S'agissant du paragraphe 11.i.e, le Comité des Ministres souhaite rappeler à l'Assemblée que les Règles pénitentiaires européennes, conçues pour orienter les administrations pénitentiaires, imposent «de grandes obligations morales et politiques aux Etats membres qui les ont acceptées» (cf. exposé des motifs desdites Règles, page 30), mais n'ont pas d'effets contraignants en droit international et ne confèrent pas de droits individuels aux détenus. Aussi ne constitueraient-elles pas, en raison de leur nature juridique, le cadre approprié pour un catalogue des droits des détenus. En revanche, le projet de Protocole à la Convention européenne des droits de l'homme reconnaissant certains droits additionnels aux personnes privées de leur liberté – auquel se réfère l'Assemblée dans le paragraphe 11.iv de sa Recommandation et sur lequel le CDPC a d'ores et déjà adopté un avis, qu'il a communiqué au Comité directeur pour les droits de l'homme (CDDH) qui l'avait sollicité - pourrait constituer un cadre approprié. Le Comité des Ministres estime cependant qu'il serait opportun d'attendre le résultat des travaux du CDDH avant de se prononcer sur la préparation d'un texte, éventuellement plus détaillé, sur les droits des détenus.

S'agissant du paragraphe 11.i.f, le Comité des Ministres constate que l'incarcération perturbe sensiblement les relations des détenus avec les membres de leur famille. Les familles concernées endurent souvent des difficultés financières et une profonde détresse, ce qui a pour effet direct d'aggraver la situation psychologique difficile du détenu. Aussi serait-il certainement intéressant de poursuivre l'étude des effets de la détention sur les relations familiales. Certains aspects de cette question pourraient être traités dans le cadre des travaux que le Conseil de Coopération Pénologique consacre au surpeuplement des prisons.

S'agissant du paragraphe 11.ii, le Comité des Ministres souhaite informer l'Assemblée qu'il a invité les autorités des Etats membres à faire application des principes contenus dans les Recommandations du Comité des Ministres aux Etats membres n° R (92) 16 relative aux règles européennes sur les sanctions et mesures appliquées dans la communauté et n° R (92) 17 relative à la cohérence dans le prononcé des peines. En outre, il les a invités à se conformer aux directives en matière de garde à vue, énoncées dans le deuxième rapport général du CPT. S'agissant précisément du CPT, le Comité des Ministres souhaite informer l'Assemblée que lors de l'adoption du budget du Conseil de l'Europe pour 1996, il a procédé à la création d'un poste de grade A5 et au reclassement d'un poste de grade A2/A3 en A4 et d'un poste de grade B5 en A2/A3 au sein de son Secrétariat. En outre, il a invité les Etats membres qui ne l'ont pas encore fait à ratifier la Convention européenne sur la transmission des procédures répressives et la Convention sur le transfèrement des personnes condamnées. Enfin, il a décidé d'inviter l'Assemblée parlementaire à formuler un avis sur le projet de Protocole à

6. Gender equality

Recommendation 1269 (1995)

on achieving real progress in women's rights as from 1995

Reply by the Committee of Ministers:

The Committee of Ministers is gratified by the Parliamentary Assembly's interest in equality between women and men and welcomes its Recommendation 1269 (1995) on achieving real progress in women's rights as from 1995. It particularly appreciates the recommendation's placement of equality in the context of human rights and democracy.

In its message of 11 July 1995 to the United Nations 4th World Conference on Women (Beijing, 4-15 September 1995), the Committee of Ministers took a similar line to the Assembly, reiterating its "commitment to the principle of equality between women and men as a fundamental principle of human rights". This commitment has been given tangible expression in the recent establishment by the Ministers' Deputies of a Rapporteur Group on equality between women and men. By this means the Committee of Ministers intends to watch over the "equality" dimension in all of the Council of Europe's intergovernmental activities.

The Committee of Ministers also believes that the Parliamentary Assembly could contribute substantially to furthering the equal representation of women and men in politics and public life. Moreover, the Committee of Ministers refers to its reply to Assembly Recommendation 1229 (1994) on equal rights between men and women in which it pointed out that, in so far as the Assembly is involved in the procedures for appointment or election to the bodies provided for by legal instruments in the human rights field, it can itself promote more equal representation of women and men in those bodies.

Equality of rights for men and women is one of the principles championed by the Council of Europe. The participation and representation of women and men in all walks of life must be based on the principle of partnership and sharing rights and responsibilities. Genuine democracy cannot ignore women, whose participation must be placed on an equal footing with men.

The question of the necessity and feasibility of establishing women's and men's fundamental right to equality by means of a protocol to the European Convention on Human Rights (cf paragraph 6.i of the recommendation) is still being considered by the Steering Committee for Human Rights, which is due to deliver its opinion by 31 December 1996. The Committee of Ministers stresses that exam-

la Convention européenne des droits de l'homme reconnaissant certains droits additionnels aux personnes privées de leur liberté dès qu'il sera achevé.

6. Egalité des sexes

Recommandation 1269 (1995)

relative à un progrès tangible des droits des femmes à partir de 1995

Réponse du Comité des Ministres:

Le Comité des Ministres se félicite de l'intérêt manifesté par l'Assemblée parlementaire pour l'égalité entre les femmes et les hommes et accueille favorablement sa Recommandation 1269 (1995) relative à un progrès tangible des droits des femmes à partir de 1995. Il apprécie particulièrement le fait que ce texte situe le domaine de l'égalité dans la perspective des droits de la personne humaine et de la démocratie.

Dans son message du 11 juillet 1995 adressé à la 4e Conférence mondiale des Nations unies sur les femmes (Pékin, 4-15 septembre 1995), le Comité des Ministres s'est placé dans la lignée similaire à celle de l'Assemblée parlementaire et a réitéré son «attachement au principe de l'égalité entre la femme et l'homme en tant que principe fondamental des droits de la personne humaine». Cet attachement trouve une de ses expressions tangibles dans la récente création, au niveau des Délégués des Ministres, d'un Groupe de rapporteurs sur l'égalité entre les femmes et les hommes. Le Comité des Ministres se propose ainsi de veiller à la dimension «égalité» dans toutes les activités intergouvernementales du Conseil de l'Europe.

Le Comité des Ministres est aussi d'avis que l'Assemblée parlementaire pourrait largement contribuer à favoriser la représentation égale des femmes et des hommes à la vie politique et publique. Par ailleurs, le Comité des Ministres rappelle sa réponse à la Recommandation 1229 (1994) de l'Assemblée relative à l'égalité des droits entre les hommes et les femmes dans laquelle il a souligné que, dans la mesure où l'Assemblée est impliquée dans les procédures de nomination ou d'élection aux organes établis par les instruments juridiques dans le domaine des droits de l'homme, elle peut promouvoir une représentation plus égale de femmes et d'hommes dans ces organes.

L'égalité des droits entre les hommes et les femmes est une des valeurs que défend le Conseil de l'Europe. La participation et la représentation des femmes et des hommes dans tous les domaines de la vie de société doit être basée sur le principe du partenariat et du partage des droits et des responsabilités. La démocratie véritable ne saurait oublier les femmes dont la participation est requise sur un pied d'égalité avec les hommes.

La question de la nécessité, et de la faisabilité, d'établir le droit fondamental de la

ination of this question requires particular care, notably because the inclusion of the right to equality in the European Human Rights Convention would make its observance subject to international judicial proceedings.

Concerning paragraph 6.ii, the Committee of Ministers agrees with the Assembly that there is a need for policies and action geared to addressing the problems of women, particularly the most vulnerable women in our societies. The Steering Committee for Equality between Women and Men (CDEG) is currently drawing up a Pan-European Plan of Action to combat forced prostitution and trafficking in women. Both the Committee of Ministers and the CDEG hope that the Parliamentary Assembly will be able to play an important part in promoting the implementation of this plan. The CDEG is also preparing, on the basis of the work of a Group of Specialists, a Plan of Action to combat violence against women. In December 1995, the Committee of Ministers approved the establishment by this same Steering Committee of a Group of Specialists on mainstreaming (EG-S-MS). The Group's brief is to define strategies for integrating the equality aspect in all fields of activity and all spheres of life.

Regarding paragraph 6.iii, the Committee of Ministers wishes to inform the Assembly that the Protocol to the European Social Charter providing for a system of collective complaints has already been adopted and is open for signature by the states concerned. This protocol will enable the protection of women's rights to be effectively improved.

With regard to the following paragraph of the recommendation, the Committee of Ministers notes that some member states' constitutions explicitly recognise men's and women's right to equality. Other states are encouraged to include such a provision in their basic laws. However, it should not be forgotten that equality can also be ensured by other legislative and practical measures.

Paragraph 6.v rightly emphasises the need to treat women as independent individuals. The Committee wishes to assure the Assembly that the work being done in the Council of Europe, and more particularly within the CDEG, favours this approach to equality and seeks to reconcile family life and occupational activity for women and men, both individually and in the organisation and structures of political and public life. In the appendix to Recommendation No. R (94) 14 on coherent and integrated family policies, adopted on 22 November 1994, the Committee of Ministers stated a number of principles on which family policies must be based. These principles include: taking into account the rights of each member of the family (No. 3), the promotion of equality, including legal equality, between men and women in the home (No. 4) and the promotion by the public authorities of harmonious reconciliation of family life and working life (No. 5).

The Committee of Ministers agrees with the Assembly (paragraph 6.vi) that the effective realisation of equality can be greatly encouraged by the action of appropriate national bodies set up for the purpose. The Assembly itself could play an important part by urging its members actively to support and further the establishment and/or development of equality machinery in their own countries.

Regarding paragraph 6.vii, the Committee of Ministers supports this recommendation but wishes to emphasise that anti-discrimination legislation concerning

femme et de l'homme à l'égalité dans le cadre d'un protocole additionnel à la Convention européenne des Droits de l'Homme (cf. paragraphe 6.i de la Recommandation), reste à l'étude du Comité directeur des Droits de l'Homme qui doit rendre son avis jusqu'au 31 décembre 1996. Le Comité des Ministres souligne à cet égard que l'examen de cette question nécessite une attention toute particulière, notamment parce que l'inclusion éventuelle du droit à l'égalité dans la Convention européenne des Droits de l'Homme impliquerait que le respect de ce droit serait soumis à des procédures juridictionnelles internationales.

Concernant l'alinéa 6.ii, le Comité des Ministres partage l'opinion de l'Assemblée sur la nécessité de politiques et actions destinées à examiner les problèmes des femmes, notamment des femmes les plus vulnérables dans nos sociétés. Le Comité directeur pour l'égalité entre les femmes et les hommes (CDEG) prépare actuellement un Plan d'action paneuropéen pour combattre la prostitution forcée et la traite des femmes. Le Comité des Ministres ainsi que le CDEG expriment l'espoir que l'Assemblée parlementaire sera en mesure de jouer un rôle important dans la promotion de la mise en oeuvre de ce Plan. Le CDEG prépare également, sur la base des travaux d'un Groupe de spécialistes, un Plan d'action pour combattre la violence à l'égard des femmes. En décembre 1995, le Comité des Ministres a approuvé la création par ce même Comité directeur d'un Groupe de spécialistes sur l'approche intégrée de l'égalité (EG-S-MS). Le Groupe a pour mandat de définir des stratégies pour l'intégration de la perspective de l'égalité dans tous les domaines d'activités et dans tous les domaines de la vie.

S'agissant de l'alinéa 6.iii, le Comité des Ministres souhaite informer l'Assemblée que le Protocole à la Charte sociale européenne prévoyant un système de réclamations collectives est déjà adopté et ouvert à la signature des Etats concernés. Ce Protocole pourra effectivement renforcer la protection des droits de la femme.

Pour ce qui est de l'alinéa suivant de la Recommandation, le Comité des Ministres note que les Constitutions de certains Etats membres reconnaissent explicitement le droit de l'homme et de la femme à l'égalité. D'autres Etats sont encouragés à inclure une telle disposition dans leurs lois fondamentales. Il n'est cependant pas à oublier que l'égalité s'assure également par d'autres mesures législatives et pratiques.

L'alinéa 6.v met à juste titre l'accent sur la nécessité de considérer la femme en tant qu'individu indépendant. Le Comité des Ministres souhaite assurer l'Assemblée que les travaux menés au sein de l'Organisation, et plus particulièrement au sein du CDEG, favorisent cette approche de l'égalité et s'efforcent de promouvoir l'idée de la réconciliation de la vie familiale et de la vie professionnelle tant pour les femmes que pour les hommes, à la fois au niveau individuel et dans l'organisation et les structures de la vie politique et publique. Dans l'Annexe à sa Recommandation nº R (94) 14 concernant les politiques familiales cohérentes et intégrées, adoptée le 22 novembre 1994, le Comité des Ministres énonce une série de principes sur lesquels doivent s'appuyer les politiques familiales. Les principes suivants s'y trouvent parmi d'autres: celui de la prise en considération des droits de chacun des membres de la famille (nº 3), celui de la promotion de l'égalité, notamment juridique, entre l'homme et la femme au sein du foyer (nº 4) et celui de la promotion par les pouvoirs publics de

equality between women and men, particularly at work, already exists in many member states.

The questions raised in paragraphs 6.viii, ix and x were discussed in February 1995 at the Conference on "Equality and Democracy: Utopia or Challenge?", organised by the Council of Europe as a contribution to European preparations for the 4th World Conference on Women. The Committee of Ministers echoes the appeals of the Assembly and the Beijing Platform for Action for the most widespread and speedy possible accession by states, including Council of Europe member states, to the United Nations Convention on the Elimination of all forms of Discrimination against Women (CEDAW). The Committee of Ministers considers that any reservation which a state cannot avoid must be formulated with the greatest precision so as not to be incompatible with the object and purpose of the CEDAW. The possible drafting of an optional protocol to the CEDAW providing for a right of petition falls within the Beijing Platform for Action.

The Committee of Ministers wishes to assure the Assembly that it will closely monitor the implementation of the Platform of the 4th World Conference on Women in the Council of Europe member states. The Council of Europe's commitment to the protection and further development of human rights oblige it to pay very close attention to effective equality between women and men.

The Committee of Ministers wishes to inform the Assembly that it has forwarded this recommendation to the Governments of member states and finds it most useful in relation to the implementation of the Beijing Platform in the member states of the Council of Europe.

Recommendation 1271 (1995)

on discrimination between men and women in the choice of a surname and in the passing on of parents' surnames to children

Reply by the Committee of Ministers:

The Committee of Ministers took note with interest of Parliamentary Assembly Recommendation 1271 (1995) on discrimination between men and women in the choice of a surname and in the passing on of parents' surnames to children.

la concilation harmonieuse entre la vie familiale et la vie professionnelle (nº 5).

Le Comité des Ministres partage l'avis de l'Assemblée de l'alinéa 6.vi que la réalisation effective de l'égalité peut être fortement encouragée par l'action d'organes nationaux appropriés, créés à cet effet. L'Assemblée elle-même pourrait y jouer un rôle important en incitant ses membres à soutenir activement et à favoriser la mise en place et/ou le développement de mécanismes pour l'égalité dans leurs pays respectifs.

S'agissant de la recommandation de l'alinéa 6.vii, le Comité des Ministres la soutient mais il souhaite souligner que les législations antidiscriminatoires relatives au respect de l'égalité entre les hommes et les femmes, notamment dans la vie professionnelle, existent dans de nombreux Etats membres.

Les questions soulevées aux alinéas 6.viii, ix et x ont été discutées en février 1995, lors de la Conférence «Egalité et démocratie: utopie ou défi ?» que le Conseil de l'Europe a organisée en contribution à la préparation sur le plan européen de la 4e Conférence mondiale sur les femmes. Le Comité des Ministres suit les appels de l'Assemblée et de la Plate-forme d'action de Pékin en faveur d'une adhésion aussi large et aussi rapide que possible des Etats dont des Etats membres du Conseil de l'Europe à la Convention des Nations unies sur l'élimination de toutes les formes de discrimination contre les femmes (CEDCF). Le Comité des Ministres est de l'avis que toute réserve qu'il n'est pas possible à un Etat d'éviter, doit être formulée avec la plus grande précision afin de ne pas être incompatible avec l'objet et le but de la CEDCF. S'agissant d'un protocole facultatif éventuel à la CEDCF relatif à un droit de pétition, il est à noter que son élaboration entre dans le cadre de la Plate-forme d'action de Pékin.

Le Comité des Ministres souhaite assurer l'Assemblée parlementaire qu'il suivra de près la mise en œuvre dans les Etats membres du Conseil de l'Europe de la Plate-forme de la 4e Conférence mondiale sur les femmes. L'engagement de l'Organisation dans la protection et la promotion des droits de la personne humaine l'oblige à prêter une attention toute particulière à l'égalité effective entre les femmes et les hommes.

Le Comité des Ministres tient à informer l'Assemblée qu'il a transmis cette Recommandation aux gouvernements des Etats membres et la trouve fort utile dans la perspective de la mise en œuvre de la Plate-forme de Pékin dans les Etats membres de l'Organisation.

Recommandation 1271 (1995)

relative aux discriminations entre les hommes et les femmes pour le choix du nom de famille et la transmission du nom des parents aux enfants

Réponse du Comité des Ministres :

Le Comité des Ministres a pris connaissance avec intérêt de la Recommandation 1271 (1995) de l'Assemblée parlementaire relative aux discriminations entre les hommes et les femmes pour le choix du nom de famille et

The Committee of Ministers agrees with the Parliamentary Assembly that the question of the choice of a surname and the passing on of surnames to children needs to be discussed as long as a number of legal, statutory and/or practical measures may be regarded as discriminatory by women and men in Europe. The issue of discrimination in the matter of names arises in the same way with regard to spouses' name(s) and the passing on of parents' name to children, and should be dealt with in a comprehensive manner. Long-standing customs and traditions in the matter of surnames give precedence to the man's surname and many of them are consequently out of step with the trend towards equality between women and men in European societies.

The Committee of Ministers is aware that the right to retain one's name can be a significant issue for many people, since it brings the individual's identity into play – witness the Committee's Resolution (78) 37 of 27 September 1978 on equality of spouses in civil law. It recalls that the United Nations Convention on the Elimination of All Forms of Discrimination against Women (CEDAW) of 18 December 1979, which most Council of Europe member states have signed and ratified, provides that the States Parties shall take all appropriate measures to secure and promote the principle of equality between spouses, notably regarding the legal status of their names.

These two international instruments, with which the Parliamentary Assembly is familiar, moreover, have strongly influenced legislation in several states, which have amended their domestic law in compliance with the principle of equality between women and men regarding the family name and the passing on of the name to children. Although some Council of Europe member states do not yet fully comply with the provisions of those instruments, the principle of promoting equality between women and men remains a major objective both to them and to the Organisation. This principle is also reflected in the case-law of the European Court of Human Rights (see judgment of 28 January 1994 in the case of *Burghartz v. Switzerland*).

The Committee of Ministers nevertheless wishes to point out that the legal systems applicable to the right to a name in the member states vary considerably from one country to another and depend to a great extent on local customs and traditions. This diversity should be respected and the Committee of Ministers does not consider it necessary to devise a uniform system in the matter.

However, the maintenance of provisions discriminating between women and men with regard to the choice of a family name is not compatible with the principle of equality upheld by the Council of Europe. It is with this in mind that Parliamentary Assembly Recommendation 1271 (1995) has been transmitted to the Governments of the Council of Europe member states.

la transmission du nom des parents aux enfants.

Le Comité des Ministres convient, en accord avec l'Assemblée parlementaire, que la question de choix du nom de famille et de sa transmission aux enfants mérite d'être examinée tant que certaines mesures légales, réglementaires et/ou pratiques peuvent paraître discriminatoires aux yeux des femmes et des hommes en Europe. Le problème des discriminations au niveau du nom se pose dans les mêmes conditions pour le(s) nom(s) des époux que pour la transmission du nom des parents aux enfants et il devrait être traité globalement. Les anciens us et coutumes relatifs aux patronymes donnent une préférence au nom de l'homme et, de ce fait, souvent, ils ne sont plus en concordance avec l'évolution des sociétés européennes dans le sens de l'égalité entre les femmes et les hommes.

Le Comité des Ministres est conscient que le droit de garder son nom peut représenter une question importante pour de nombreux individus, car l'identité de toute personne y entre en jeu. Preuve en est sa Résolution (78) 37 du 27 septembre 1978 sur l'égalité des époux en droit civil. Il rappelle que la Convention des Nations unies du 18 décembre 1979 sur l'élimination de toutes les formes de discrimination à l'égard des femmes (CEDFC), que la plupart des Etats membres du Conseil de l'Europe ont signée et ratifiée, prévoit que les Etats Parties doivent prendre toutes les mesures appropriées pour assurer et promouvoir le principe d'égalité des époux entre autres en matière du régime juridique du nom.

Ces deux textes internationaux, bien connus par ailleurs de l'Assemblée parlementaire, ont fortement influencé les législations de plusieurs Etats qui ont modifié leur droit interne, dans le respect du principe d'égalité entre les femmes et les hommes s'agissant du nom de famille et de sa transmission aux enfants. Quoique certains Etats membres du Conseil de l'Europe ne se soient pas encore entièrement conformés aux dispositions de ces textes, le principe de la promotion de l'égalité entre les femmes et les hommes reste tant pour ceux-ci que pour l'Organisation un but important. Ce principe trouve également son expression dans la jurisprudence de la Cour européenne des Droits de l'Homme (cf. arrêt du 28 janvier 1994 dans l'affaire Burghartz c. Suisse).

Le Comité des Ministres souhaite cependant souligner que les régimes juridiques applicables dans les Etats membres au droit du nom sont très variables d'un pays à l'autre et dépendent beaucoup des moeurs et des traditions locales. Il y a lieu de respecter cette diversité et le Comité des Ministres n'estime pas nécessaire de rechercher un système uniforme à cet égard.

Le maintien de dispositions discriminatoires entre la femme et l'homme en ce qui concerne le choix du nom de famille est par contre incompatible avec le principe d'égalité défendu par le Conseil de l'Europe. C'est dans cet esprit que la Recommandation 1271 (1995) de l'Assemblée parlementaire a été transmise aux Gouvernements des Etats membres du Conseil de l'Europe.

Recommendation No. 1281 (1995)

on gender equality in education

Reply by the Committee of Ministers:

1. The Committee of Ministers has read with interest Parliamentary Assembly Recommendation 1281 (1995) on gender equality in education. It wishes to inform the Assembly that it has brought this recommendation to the attention of the governments and to transmit it to the European Commission against Racism and Intolerance (ECRI), the Steering Committee for Equality between Women and Men (CDEG), the Education Committee (CC-ED) and the Council for Cultural Co-operation (CDCC), asking them to bear it in mind in their activities.

2. Furthermore, the Committee of Ministers notes with satisfaction that this recommendation not only complements a series of recent Assembly Recommendations on equality between women and men, but also coincided with the adoption by the 4th World Conference on Women (Beijing, 4-15 September 1995) of the Action Platform, one chapter of which deals with education. It is thus making a useful contribution to the implementation of the Action Platform in the member States of the Council of Europe.

3. The Committee of Ministers shares the concerns expressed in the recommendation regarding the need to achieve *de facto* equality between women and men, which involves reviewing and redefining traditional value judgments on the roles attributed to women and men in society. Education, particularly human rights education, can play a key role in this field.

4. In this context, the Committee of Ministers recalls the project "Access to higher education in Europe" conducted by the Higher Education and Research Committee. This project has highlighted the difficulties encountered by certain groups or sectors of the population in acceding to higher education on an egalitarian basis, and has facilitated an analysis of policies and practices liable to restrict the participation of women and measures to offset the negative aspects noted. The closing conference of the project held in Parma (Italy) on 18-20 September 1996 considered and supported the recommendations prepared within the project concerning *inter alia* "access of women to higher education". These proposals will serve as the basis for preparing a draft recommendation that the Higher Education and Research Committee will submit to the Committee of Ministers in 1997 via the Council for Cultural Co-operation (CDCC).

5. The Committee of Ministers broadly shares the Assembly's view that "education should help [girls and boys, women and men] to develop their full potential, to preserve their personal integrity, to aim at economic independence and to participate fully in society and political life", and recalls the many relevant projects conducted by the CDCC, such as "Education in democratic life", "Adult education" and "A secondary education for Europe". The results of the new project on "Learning and Teaching about the history of Europe in the 20th century in secondary schools" will include a set of teaching units, one of which is concerned

Recommandation 1281 (1995)

relative à l'égalité des sexes dans le domaine de l'éducation

Réponse du Comité des Ministres:

1. Le Comité des Ministres a pris connaissance avec intérêt de la Recommandation 1281 (1995) de l'Assemblée parlementaire relative à l'égalité des sexes dans le domaine de l'éducation. Il souhaite informer l'Assemblée qu'il a porté cette Recommandation à l'attention des gouvernements et l'a transmise à la Commission européenne contre le racisme et l'intolérance (ECRI), au Comité directeur pour l'égalité entre les femmes et les hommes (CDEG), au Comité de l'éducation (CC-ED) ainsi qu'au Conseil de la coopération culturelle (CDCC), en leur demandant d'en tenir compte dans leurs activités.

2. Par ailleurs, le Comité des Ministres relève avec satisfaction que cette Recommandation non seulement vient compléter une série de Recommandations récentes de l'Assemblée concernant l'égalité entre les femmes et les hommes mais qu'elle a également coïncidé avec l'adoption par la 4e Conférence mondiale sur les femmes (Pékin, 4-15 septembre 1995) de la Plate-forme d'action, dont un chapitre est consacré à l'éducation. Elle apporte ainsi une contribution utile dans la perspective de la mise en oeuvre de la Plate-forme d'action dans les Etats membres du Conseil de l'Europe.

3. Le Comité des Ministres partage les préoccupations exprimées dans la Recommandation quant à la nécessité d'atteindre l'égalité *de facto* entre les femmes et les hommes, ce qui suppose la révision des jugements de valeurs traditionnels sur les rôles dévolus aux femmes et aux hommes dans la société ainsi que leur redéfinition. A cet égard, l'éducation, notamment l'éducation aux droits de la personne humaine, pourra jouer un rôle clé.

4. Le Comité des Ministres rappelle à ce propos le projet «l'Accès à l'enseignement supérieur en Europe» mené par le Comité de l'enseignement supérieur et de la recherche. Ce projet a permis d'appréhender les difficultés que rencontrent certains groupes ou secteurs de la population, à accéder sur une base égalitaire à l'éducation supérieure et d'analyser les politiques et les pratiques susceptibles de restreindre la participation notamment des femmes ainsi que les mesures permettant de pallier les inconvénients constatés. La conférence de clôture du projet, qui a eu lieu à Parme (Italie) du 18 au 20 septembre 1996, a examiné et appuyé les conclusions et les recommandations élaborées dans le cadre de ce projet concernant entre autres l'«Accès des femmes à l'éducation supérieure». Ces propositions formeront la base d'un projet de Recommandation que le Comité de l'enseignement supérieur et de la recherche soumettra en 1997 au Comité des Ministres, par l'intermédiaire du Conseil de la coopération culturelle (CDCC).

5. D'une manière générale, le Comité des Ministres partage l'avis de l'Assemblée selon lequel «l'éducation devrait aider [les filles et les garçons, les femmes et les hommes] à développer toutes leurs potentialités, à préserver leur intégrité personnelle, à viser l'indépendance économique et à participer pleinement

with the history of women in Europe in the 20th century.

6. The Committee of Ministers is aware of the importance of a balanced sharing of responsibilities in the home between men and women. Such a balance not only facilitates access by women to working life, including vocational training and further education, but also removes the old stereotypes from the vision which children have of gender roles. Moreover, a greater sharing of responsibility within the family is felt to be of benefit to society as a whole. It recalls Recommendation No. R (96) 5 on reconciling working life and family life, adopted at the 569th meeting of the Ministers' Deputies (June 1996).

7. In connection with discrimination against women in terms of access to employment and working conditions, we should bear in mind the established case-law of the supervisory organs of the European Social Charter, which have regularly drawn the Contracting States' attention to the need to adopt all the appropriate measures to give full effect to the provisions of Article 4 of the Charter and Article 1 of the Additional Protocol thereto.

8. With regard to the idea of an "overall strategy for a more egalitarian and democratic society", the Committee of Ministers recalls that the Steering Committee for Equality between Women and Men (CDEG) has set up a Group of Specialists on Mainstreaming, which will be responsible for devising strategies for the integration of equality between women and men as a natural component part of all fields of activity at all levels of society.

9. Where paragraph 12 of the recommendation is concerned, the Committee of Ministers would make the following comments:

Re. ii a-c:In 1995 the CDEG adopted a report on equality and democracy which set out, *inter alia*, guidelines for a strategy to integrate women on an equal footing with men in political and public life and the other spheres of life. This report contains several references to education and stresses the need to review teaching materials and methods in order to prevent stereotyping and acknowledge and enhance the role played by women in history. The Committee of Ministers transmitted this report for information to the Parliamentary Assembly, the CLRAE and the steering and *ad hoc* committees. Moreover, a handbook on equality and democracy is being prepared within the context of the CDEG. Education is one of the areas which will be given special consideration in the handbook. The handbook is expected to be an important pedagogical tool in the work for awareness-raising and practical work to promote gender equality. Furthermore, in connection with para. ii *a*, the Committee of Ministers draws the Assembly's attention to its Recommendation No. R (90) 4 on the elimination of sexism from language, adopted at the 434th meeting of the Deputies (February 1990).

Re ii d:A CDEG Group of Specialists on the Right to Free Choice in matter of Reproduction and Lifestyles, which has been instructed to prepare a recommendation on this subject, will be paying close attention to questions such as sex education and information and family planning advisory services.

Re ii e:The Committee of Ministers recalls that the 3rd European Ministerial Conference on Equality between Women and Men (Rome, 21-22 October 1993), which dealt with the subject of "Strategies for the elimination of violence against

à la société et à la vie politique» et rappelle les nombreux projets du CDCC allant dans ce sens, tels que «l'Education à la vie démocratique», «l'Education des adultes», «Un enseignement secondaire pour l'Europe». Les résultats du nouveau projet sur «L'enseignement de l'histoire de l'Europe au XXe siècle dans les établissements d'enseignement secondaire» devraient aussi inclure un module pédagogique consacré à l'histoire des femmes dans l'Europe du XXe siècle.

6. Le Comité des Ministres est conscient de l'importance d'un partage équilibré des tâches au sein de la famille entre les hommes et les femmes. Celui-ci non seulement permet un meilleur accès des femmes à la vie professionnelle, y compris la formation professionnelle et l'éducation permanente, mais a aussi pour effet de donner aux enfants une vision des rôles de l'homme et de la femme libérée de stéréotypes anciens. Par ailleurs, un meilleur partage des responsabilités au sein de la famille est considéré comme bénéfique pour la société tout entière. Il rappelle à ce propos la Recommandation nº R (96) 5 sur la conciliation de la vie professionnelle et de la vie familiale, adoptée lors de la 569e réunion des Délégués des Ministres (juin 1996).

7. Pour ce qui est des discriminations dont souffrent les femmes en matière d'accès à l'emploi et de conditions de travail, il convient de rappeler la jurisprudence constante des organes de contrôle de la Charte sociale européenne, qui ont régulièrement attiré l'attention des Etats contractants sur la nécessité de prendre toute mesure appropriée pour donner pleinement effet aux dispositions des articles 4 de la Charte et 1 du protocole additionnel de celle-ci.

8. En ce qui concerne l'idée d'une «stratégie globale ayant pour objectif une société plus égalitaire et plus démocratique», le Comité des Ministres rappelle que le Comité directeur pour l'égalité entre les femmes et les hommes (CDEG) a créé un Groupe de spécialistes pour une approche intégrée de l'égalité («mainstreaming»), qui aura pour tâche de définir des stratégies pour l'intégration de l'égalité entre les femmes et les hommes comme une composante naturelle dans tous les domaines d'activités et à tous les niveaux de la société.

9. Quant au paragraphe 12 de la Recommandation, le Comité des Ministres souhaite faire des remarques suivantes:

Ad ii a-c:Le CDEG a adopté, en 1995, un rapport sur l'égalité et la démocratie, comportant notamment des lignes directrices pour une stratégie d'intégration des femmes sur un pied d'égalité avec les hommes dans la vie politique et publique et dans les autres sphères de la vie. Ce rapport contient plusieurs références à l'éducation et souligne notamment la nécessité de réviser le matériel et les méthodes d'enseignement pour éviter les stéréotypes et de reconnaître et valoriser le rôle historique joué par les femmes. Le Comité des Ministres a transmis le rapport pour information à l'Assemblée parlementaire, au CPLRE et aux comités directeurs et ad hoc. En outre, un manuel sur l'égalité et la démocratie est en cours d'élaboration au sein du CDEG. L'éducation est l'un des domaines auxquels une attention toute particulière sera accordée. On s'attend à ce que le manuel constitue un important outil pédagogique visant à sensibiliser la société et à promouvoir, de manière pratique, l'égalité des sexes. Par ailleurs, concernant le point ii a, le Comité des Ministres attire l'attention de l'Assemblée sur sa Recommandation nº

women in society: the media and other means", adopted a Declaration on policies to combat violence against women in a democratic Europe. Following this Declaration, the CDEG set up a Group of Specialists for Combating Violence against Women, which is responsible for preparing a plan of action on this subject. The plan will deal not only with researching and evaluating the phenomenon of violence against women but also with the legislative and judicial aspects, prevention and education, and also assistance for the victims and perpetrators of violence. The Group is also studying the role and responsibility of the media *vis-à-vis* violence against women.

Re v:The Committee of Ministers shares the Parliamentary Assembly's views on this point, and recalls its Declaration on Equality of Women and Men, adopted on 16 November 1988, which states that the strategies to be applied to enable women and men to "receive equal treatment under the law and equal opportunities to exercise their rights and develop their individual gifts and talents" must provided for appropriate measures, including "access to all professions, occupational advancement, and remuneration".

Re vi:A joint group of CDEG and CDMG specialists is currently working on the subject of "migrations, cultural diversity and equality between women and men". This group has dealt with migrant girls and the many difficulties they encounter in society, particularly in education.

10. Lastly, the Committee of Ministers takes note of the Assembly's proposals in paragraph 13 and recalls that Recommendation 1281 has been forwarded to the Council for Cultural Co-operation and the Education Committee so that they can take it into account in their work. The European Commission against Racism and Intolerance recently co-operated with the CDEG in setting up a joint Group of Specialists on Intolerance, Racism and Equality between Women and Men. This Group is responsible for examining the question of universality as compared with cultural relativism, in respect of the fundamental right of women and men to equality, as well as the links between intolerance and sexism.

R (90) 4 sur l'élimination du sexisme dans le langage, adoptée lors de la 434e réunion des Délégués (février 1990).

Ad ii d:Un Groupe de spécialistes du CDEG sur le droit au libre choix en matière de procréation et de modes de vie, qui est chargé, entre autres, de préparer une Recommandation sur ce sujet, accordera une large place aux questions telles que l'information et l'éducation sexuelle et les services de conseils concernant la planification familiale.

Ad ii e:Le Comité des Ministres rappelle que la 3e Conférence ministérielle européenne sur l'égalité entre les femmes et les hommes (Rome, 21-22 octobre 1993), sur le sujet «Stratégies pour l'élimination de la violence à l'égard des femmes dans la société: médias et autres moyens», a adopté une Déclaration sur la politique contre la violence à l'égard des femmes dans une Europe démocratique. Suite à cette Déclaration, le CDEG a créé un Groupe de spécialistes pour la lutte contre la violence à l'égard des femmes, chargé d'élaborer un Plan d'action sur ce sujet. Ce Plan portera non seulement sur la recherche et l'évaluation du phénomène de la violence à l'égard des femmes, mais aussi sur les aspects législatifs et judiciaires, la prévention et l'éducation ainsi que sur l'assistance aux victimes et aux auteurs de violence. Le rôle et la responsabilité des médias concernant la violence à l'égard des femmes sont également étudiés au sein du Groupe.

Ad v: Le Comité des Ministres partage les vues de l'Assemblée parlementaire sur ce point, et rappelle sa Déclaration sur l'égalité des femmes et des hommes, adoptée le 16 novembre 1988, selon laquelle les stratégies à mettre en oeuvre pour permettre à la femme et à l'homme «de bénéficier d'un traitement égal en droit et de possibilités égales d'exercer leurs droits et de développer les dons et les talents de chacun» doivent prévoir des mesures appropriées, concernant, entre autres «l'accès à toutes les professions, la promotion dans le travail, la rémunération».

Ad vi:Un Groupe mixte de spécialistes du CDEG et du CDMG travaille actuellement sur le sujet «migrations, la diversité culturelle et l'égalité entre les femmes et les hommes». Le Groupe, s'est notamment penché sur le cas des filles d'immigrées et les nombreuses difficultés qu'elles rencontrent dans la société, y compris en matière d'éducation.

10. Enfin, le Comité des Ministres prend note des propositions de l'Assemblée figurant au paragraphe 13 et rappelle que le Conseil de la coopération culturelle et le Comité de l'éducation ont été saisis de la Recommandation 1281 pour qu'ils en tiennent compte dans leurs travaux. Quant à la Commission européenne contre le racisme et l'intolérance, elle vient de créer avec le CDEG un Groupe de spécialistes conjoint sur l'intolérance, le racisme et l'égalité entre les femmes et les hommes. Ce Groupe est chargé d'examiner entre autres la question de l'universalité par opposition au relativisme culturel, au regard du droit fondamental de la femme et de l'homme à l'égalité, ainsi que les liens entre l'intolérance et le sexisme.

Conscientious objectors

Written Question No. 366
on the rights of conscientious objectors in Greece

Reply by the Committee of Ministers:

The Committee of Ministers, in response to the Honourable Member's Written Question No. 366 on the rights of conscientious objectors in Greece, would first recall that, while Article 9 of the European Convention on Human Rights guarantees the right of every person to freedom of thought and conscience, according to the established case law of the European Commission of Human Rights, this provision does not embody a right to conscientious objection as such. Furthermore, Article 4 of the Convention, which prohibits the performance of forced or compulsory labour, expressly excludes from the term "forced or compulsory labour", "any service of a military character or, in case of conscientious objectors in countries where they are recognised, service exacted instead of compulsory military service".

The Committee of Ministers would also recall that, on 9 April 1987, it adopted Recommendation No. R (87) 8 regarding conscientious objection to compulsory military service in which it laid down the basic principle that "anyone liable to conscription for military service who, for compelling reasons of conscience, refuses to be involved in the use of arms, shall have the right to be released from the obligation to perform such service" on conditions laid down in the recommendation.

At the time the recommendation was adopted, Greece, in application of the relevant Rules of Procedure, reserved the right to comply with the recommendation or not.

According to information supplied by the Greek authorities, the current legal situation is as follows: the Greek Constitution stipulates that each Greek who is able to be called up for military service is required to contribute to the defence of the country and that no one can be exempt from his obligation towards the State or refuse compliance with the law on account of his religious beliefs. A law enacted in 1977 provides for the possibility for persons who refuse to take up arms for ideological reasons to perform unarmed military service or training for a period which is double the duration of armed service. Conscientious objectors refusing to perform such unarmed service are sanctioned under the provisions of the military penal code and may face imprisonment. However, the possibility of introducing civilian or social service as an alternative to compulsory military service is currently under study within the Greek Ministry of Defence. Since the introduction of such alternative civilian service raises constitutional questions according to a recent Opinion of the State Legal Council, this matter is being studied in the framework of the revision of the Greek Constitution.

More generally, the Committee of Ministers has noted that there have been a

Objection de conscience

Question écrite No. 366
sur les droits des objecteurs de conscience en Grèce

Réponse du Comité des Ministres:

En réponse à la question écrite n° 366 de l'honorable membre sur les droits des objecteurs de conscience en Grèce, le Comité des Ministres souhaiterait dans un premier temps rappeler que, bien que l'article 9 de la Convention européenne de sauvegarde des Droits de l'Homme garantisse à toute personne le droit à la liberté de conscience et de pensée, selon la jurisprudence constante de la Commission européenne des Droits de l'Homme, le droit à l'objection de conscience n'est pas, en tant que tel, protégé par la Convention. De plus, l'article 4 de la Convention, qui interdit le travail forcé ou obligatoire, dispose expressément que «tout service de caractère militaire ou, dans le cas d'objecteurs de conscience dans les pays où l'objection de conscience est reconnue comme légitime, à un autre service à la place du service militaire obligatoire» n'est pas considéré comme «travail forcé ou obligatoire».

Le Comité des Ministres souhaiterait également rappeler que, le 9 avril 1987, il a adopté la Recommandation n° R (87) 8 relative à l'objection de conscience au service militaire obligatoire, établissant le principe fondamental selon lequel «toute personne soumise à l'obligation du service militaire qui, pour d'impérieux motifs de conscience, refuse de participer à l'usage des armes, a le droit d'être dispensée de ce service» dans les conditions fixées par la Recommandation.

Au moment où cette Recommandation a été adoptée, la Grèce s'est réservée le droit de se conformer ou non à cette Recommandation, conformément aux Règles de procédure pertinentes.

Selon les informations fournies par les autorités grecques, la situation juridique actuelle est la suivante: la Constitution grecque dispose que tout citoyen grec capable d'effectuer son service militaire doit contribuer à la défense de son pays, et que nul ne peut être exempté de cette obligation envers l'Etat ou refuser de respecter la loi en raison de ses convictions religieuses. Une loi promulguée en 1977 autorise les personnes qui refusent de prendre les armes pour des motifs idéologiques à effectuer un service ou un entraînement militaire non armé pendant une période deux fois plus longue que celle du service armé. Les objecteurs de conscience qui refusent d'effectuer ce service non armé s'exposent à des sanctions prévues par le code pénal militaire et sont passibles d'une peine d'emprisonnement. Néanmoins, le ministère grec de la Défense envisage actuellement d'instaurer un service civil ou social en remplacement du service militaire. Etant donné que, selon un récent avis du Conseil d'Etat, l'instauration d'un pareil service de remplacement civil soulève des questions constitutionnelles, ce point est examiné dans le cadre de la révision de la Constitution grecque.

D'une manière plus générale, le Comité des Ministres a remarqué qu'il y avait

number of developments in recent years in several member states as regards conscription and/or conscientious objection to military service. At the same time, the membership of the Organisation has expanded considerably since the time the Committee adopted its Recommendation No. R (87) 8. For these reasons, the Committee of Ministers believes it would be helpful to have at its disposal a comparative review of member states' legislation and practice in the field. The Committee of Ministers wishes to inform the Honourable Member that it has instructed the Steering Committee for Human Rights (CDDH) to conduct such a review and to assess the implementation of Recommendation No. R (87) 8 with a view to identifying what further action might be called for at European level.

E. OTHER ACTIVITIES OF THE COMMITTEE OF MINISTERS WITH RESPECT TO HUMAN RIGHTS

1. Ministerial meetings

a. 98th Session of the Committee of Ministers

This session, held on 3 May 1996, was largely given over to the question of the Council's enlargement, the compliance with commitments entered into by member states, and democratic security.

The presence of Mr Flavio Cotti, head of the Swiss federal department of foreign affairs and chairman-in-office of the OSCE, afforded the opportunity for the Ministers to discuss democratic security in Bosnia and Herzegovina and the region, as well as the implementation of the peace agreements, including the role and obligations of the Council of Europe. They expressed their satisfaction on the close co-operation between the two organisations and the efficient sharing of responsibilities. The inaugural session of the Bosnia and Herzegovina Human Rights Commission was held in Sarajevo from 27 to 29 March 1996. It is made up of two constituent parts, which are both now operational. These are the Human Rights Chamber – whose international members, including the chairman, are nominated by the Council of Europe – and the ombudsman appointed by the OSCE. The Ministers observed that, in accordance with the Dayton Agreements, the President of the European Court of Human Rights had appointed three members of the Committee on Refugees and Displaced Persons.

Where the Agreement on Eastern Slavonia (Croatia) was concerned, the Council of Europe had responded favourably to requests from the United Nations Transitional administrator concerning the designation of a chairman for the Joint Implementation Committee for Human Rights and assistance in working out a methodology for conducting a study of the population in that region.

The Ministers reaffirmed the readiness of the Council of Europe to contribute to the process of democratic reconstruction in the region, including the return of

eu quelques développements au cours des dernières années dans plusieurs Etats membres en ce qui concerne la conscription et/ou l'objection de conscience au service militaire. Par ailleurs, le nombre de membres de l'Organisation a considérablement augmenté depuis que le Comité a adopté la Recommandation n° R (87) 8. En conséquence, le Comité des Ministres estime qu'il serait utile de procéder à un examen comparé des législations et pratiques des Etats dans ce domaine. Le Comité des Ministres informe l'honorable membre qu'il a chargé le Comité directeur pour les droits de l'homme (CDDH) de procéder à cet examen et d'évaluer le degré d'application de la Recommandation n° R (87) 8, afin de déterminer quelle nouvelle action entreprendre au niveau européen.

F. AUTRES ACTIVITES DU COMITE DES MINISTRES EN RAPPORT AVEC LES DROITS DE L'HOMME

1. Réunions ministérielles

a. 98e Session du Comité des Ministres

Cette Session, tenue le 3 mai 1996, a été essentiellement consacrée aux questions liées à l'élargissement de l'Organisation, à la mise en oeuvre du respect des engagements pris par les Etats membres et à la sécurité démocratique.

En ce qui concerne ce dernier point, les ministres ont, en la présence de M. Flavio Cotti, Chef du Département fédéral des Affaires étrangères de la Suisse et Président en exercice de l'OSCE, examiné la question de la sécurité démocratique en Bosnie et Herzégovine et dans la région ainsi que de la mise en oeuvre des accords de paix, y compris le rôle et les responsabilités du Conseil de l'Europe. Ils se sont félicités de la coopération étroite et de la répartition efficace des tâches entre les deux Organisations. La session inaugurale de la Commission des droits de l'homme de Bosnie et Herzégovine s'est tenue à Sarajevo du 27 au 29 mars 1996. Ses deux composantes sont à présent opérationnelles. Ce sont, respectivement, la Chambre des droits de l'homme, dont les membres internationaux – y compris le président – ont été désignés par le Conseil de l'Europe, et la médiatrice (ombudsman) nommée par l'OSCE. Les ministres ont également noté que le Président de la Cour européenne des Droits de l'Homme avait nommé trois membres de la commission des réfugiés et des personnes déplacées, conformément à l'Accord de Dayton.

S'agissant de l'Accord sur la Slavonie orientale (Croatie), le Conseil de l'Europe a donné une suite favorable aux demandes du chef de l'Administration transitoire des Nations unies concernant la désignation d'un président du Comité mixte de mise en oeuvre pour les droits de l'homme ainsi qu'une assistance à l'élaboration d'une méthodologie pour la réalisation d'une étude de la population dans cette région.

refugees and protection of minorities, and the creation in Bosnia and Herzegovina of the conditions for free and fair elections. Stressing the essential nature of voluntary financial help, such as many states had already offered for the implementation of the civilian aspects of the Peace Agreement, they appealed for further contributions.

b. 99th Session (6-7 November 1996)

Ministers participated in an informal session devoted to the subject of "Security in Europe", introduced by Mr Carl Bildt, High Representative for Bosnia and Herzegovina.

Referring to the declaration of the Vienna Summit concerning reinforced co-ordination with the other institutions contributing to the construction of a democratic and stable Europe, the Ministers welcomed the holding, on 23 October 1996, of the 8th high-level quadripartite meeting with the European Union, reflecting the deepening co-operation between the Council of Europe and the European Union. They welcomed the announced intention of the European Commission to contribute 4 million ECUs over a two-year period to ensure the continuation and expansion of the Joint Programmes in favour of the Russian Federation and Ukraine. Where relations between the Council of Europe and the OSCE were concerned, the Ministers encouraged continued efforts to achieve further improvement in co-ordination and co-operation between the two organisations, on the basis, in particular, of complementarity, of the comparative advantages of each and of efficient use of resources and of the pursuit of synergy. They noted with satisfaction the joint efforts which had been undertaken in Bosnia and Herzegovina, and invited their Deputies to examine the future role of the Council of Europe in the civilian reconstruction there.

The Ministers reaffirmed the high priority they attach to the protection of national minorities as well as to combating racism, xenophobia, anti-Semitism and intolerance as essential elements of stability and democratic security in our continent.

They called upon all member states which have not yet done so to become party to the European Convention on Human Rights, and, as underlined in the declaration of the Vienna Summit, to ensure that Protocol No. 11 to the Convention is submitted for ratification at the earliest possible date.

They noted with satisfaction that monitoring of compliance with obligations and commitments is being implemented by the Committee of Ministers through a constructive, non-discriminatory and co-operative dialogue. They also noted the work being carried out in this field by the Parliamentary Assembly.

The Ministers discussed the plans to hold a second Council of Europe Summit, which could help to foster the sense of a common European identity on the basis of shared values and promote the cohesion of the continent as a whole.

Les ministres ont réaffirmé la disponibilité du Conseil de l'Europe pour contribuer, d'une part, au processus de reconstruction démocratique dans la région, qui inclut le retour des réfugiés et la protection des minorités, et, d'autre part, à la mise en oeuvre des conditions nécessaires pour que des élections libres et équitables puissent se dérouler en Bosnie et Herzégovine. Soulignant la nature essentielle des contributions financières versées volontairement par certains Etats membres en vue de mettre en oeuvre les aspects civils de l'accord de paix et la responsabilité de l'ensemble de la communauté internationale en matière de restauration de la sécurité, ils ont appelé à d'autres contributions.

b. 99e Session (6-7 novembre 1996)

Les ministres ont consacré une séance informelle au thème de la sécurité en Europe, présenté par M. Carl Bildt, Haut Représentant pour la Bosnie et Herzégovine.

Se référant à la déclaration du Sommet de Vienne qui prévoit une coordination renforcée avec les autres institutions qui concourent à la construction d'une Europe démocratique et stable, ils se sont félicités de la tenue, en octobre 1996, de la huitième réunion quadripartite à haut niveau avec l'Union européenne et de l'approfondissement de la coopération entre les deux Organisations. Ils ont salué l'intention de la Commission européenne d'apporter une contribution de 4 millions d'Ecu, pendant une période de deux ans, pour assurer la continuité et le développement de programmes communs en faveur de la Fédération de Russie et de l'Ukraine. S'agissant des relations avec l'OSCE, les ministres ont encouragé la poursuite des efforts visant à améliorer la coordination et la coopération, dans un esprit de complémentarité. Ils ont noté avec satisfaction les efforts communs entrepris en Bosnie et Herzégovine et ont invité leurs Délégués à étudier le rôle futur du Conseil de l'Europe dans la reconstruction civile dans ce pays.

Les ministres ont réaffirmé la haute priorité qu'ils accordent à la protection des minorités nationales ainsi qu'à la lutte contre le racisme, la xénophobie, l'antisémitisme et l'intolérance, éléments essentiels de la stabilité et de la sécurité démocratique.

Ils ont appelé les Etats membres qui ne le sont pas déjà à devenir parties à la Convention des Droits de l'Homme et à veiller à ce que le Protocole n° 11 soit soumis à ratification dans les plus brefs délais.

Les ministres ont noté avec satisfaction que le suivi du respect des engagements souscrits par les Etats membres est en cours de mise en oeuvre par le Comité des Ministres, au moyen d'un dialogue constructif, non discriminatoire et coopératif, et ont relevé le travail accompli dans ce domaine par l'Assemblée.

Ils ont discuté de la tenue d'un deuxième Sommet du Conseil de l'Europe, dont la tenue pourrait contribuer à stimuler la prise de conscience d'une identité européenne commune.

2. Human Rights Chamber in Bosnia-Herzegovina

The Human Rights Chamber is a judicial body which forms one part of the Human Rights Commission for Bosnia and Herzegovina established under Annex 6 to the General Framework Agreement for Peace in Bosnia and Herzegovina (the Dayton Agreement). The Office of the Human Rights Ombudsperson forms the other part of the Commission.

In accordance with Article VII of Annex 6 to the Dayton Agreement the Chamber consists of fourteen members. Four members are appointed by the Federation of Bosnia and Herzegovina, two by the Republika Srpska and the remaining eight by the Committee of Ministers of the Council of Europe. The members appointed by the Council of Europe (international members) may not be citizens of Bosnia and Herzegovina or any neighbouring state. The President of the Chamber is designed by the Committee of Ministers of the Council of Europe from among the international members.

The Federation of Bosnia and Herzegovina and the Republika Srpska each appointed the required number of members early in 1996. The eight international members were appointed by resolution of the Committee of Ministers and the President, Professor Peter Gormer (Danish), was also designated by the Committee of Ministers. The members appointed are all distinguished lawyers. They bring to the Chamber a wide variety of experience in different backgrounds including the judiciary, the academic sphere, private legal practice, administration and politics, international and human rights law. The eight international members all come from different member states of the Council of Europe. A list of the members is annexed to this Report, (Annex I).

Article X para. 2 of Annex 6 provides that the Chamber shall normally sit in panels of seven members. The Panels are to made up of two members form the Federation, one from the Republika Srpska and four international members. The power to promulgate procedural rules and regulations can only be exercised by the full Chamber, however (see Article XII).

It can thus be seen that for at least the first five years of its existence the Chamber will have a strong international dimension. Both the full Chamber and any Panel will have a majority of international members. In this respect the Chamber can be distinguished from other judicial and administrative bodies provided for under the Dayton Agreement which have only a minority international element, namely the Constitutional Court (Article VI of Annex 4) and the Commissions for Displaced Persons and Refugees (Article IX of Annex 7) National Monuments (Article II of Article 8) and Public Corporations (Article I of Annex 9).

The functions of the Human Rights Commission as a whole are set out in Article II of Annex 6 to the Dayton Agreement. Paragraph 1 of this Article states that the Commission is established "to assist [the Parties] in honouring their obligations under this Agreement". Assisting the Parties to honour their obligations so that human rights are effectively secured must thus be seen as the Chamber's overall objective. Article II further provides (in para. 2) that the Chamber (like the Ombudsperson) is to consider alleged or apparent violations of human rights as

2. Chambre des droits de l'homme de Bosnie et Herzégovine

La Chambre des droits de l'homme est un organe judiciaire faisant partie de la Commission des droits de l'homme de Bosnie et Herzégovine, instituée par l'Annexe 6 de l'Accord-cadre général sur la paix en Bosnie et Herzégovine (Accord de Dayton). Le Bureau du médiateur des droits de l'homme constitue la deuxième partie de la Commission.

Aux terme de l'article VII de l'Annexe 6 à l'Accord de Dayton, la Chambre est composée de quatorze membres. Quatre membre sont désignés par la Fédération de Bosnie et herzégovine, deux par la Republika Srpska et les huits membres restants par le Comité des Ministres du Conseil de l'Europe.

Les membres désignés par le Conseil de l'Europe (membres «internationaux») ne peuvent être citoyens de Bosnie et Herzégovine ou d'un Etat voisin. Le Président de la Chambre est désigné par le Comité des Ministres du Conseil de l'Europe parmi les membres internationaux.

Au début de l'année 1996, la Fédération de Bosnie et Herzégovine et la Republika Srpska ont chacune nommé le nombre de membres requis. Les huits membres internationaux ont été nommés par le biais d'un Résolution du Comité des Ministres, qui a également désigné le Président de la Chambre, Monsieur Peter Germer (de nationalité danoise). Les membres nommés sont tous d'éminents juristes, qui apportent à la Chambre un large éventail d'expériences tirées de divers milieux et domaines, à savoir la magistrature, le monde universitaire, les professions juridiques, l'administration et la politique, le droit international et les droits de l'homme. Les huits membres internationaux viennent tous de différents pays membres du Conseil de l'Europe.

L'article X, par. 2, de l'Annexe 6 dispose que la Chambre siège normalement en commissions de sept membres, composées de deux membres de la Fédération, d'un de la Republika Srpska et de quatre membres qui ne sont pas citoyens de Bosnie et Herzégovine ni d'un Etat voisin. Toutefois, le pouvoir de promulguer des règles et des règlements est réservé à la Chambre au complet (voir article XII).

Pendant au moins ses cinq premières années d'existence, la Chambre aura une dimension internationale très marquée, puisque la Chambre au complet et chacune de ses commission comporteront une majorité de membres internationaux. La Chambre se distingue en cela des autres organes judiciaire et administratifs mentionnés dans l'Accord de Dayton, dont l'élément international est minoritaire: il s'agit de la Cour constitutionnelle (article IX de l'Annexe 7), des monuments nationaux (article II de l'Annexe 8) et des entreprises publiques (article 1er de l'Annexe 9).

L'ensemble des fonctions de la Commission des droits de l'homme de la Chambre sont énoncées à l'article II de l'Annexe 6 à l'Accord de Dayton. Le paragraphe 1er de cet article indique que la Commission est établie pour «aider [les parties] à honorer leurs obligations au titre du présent Accord». On peut donc considérer que l'objectif général de la Commission et d'aider les parties à honorer leurs obligations de sorte que les droits de l'homme soient effectivement garantis. L'article II (par. 2) ajoute que la Chambre – tout comme le médiateur – instruit les atteintes manifestes ou alléguées aux droits de l'homme prévues dans la

provided in the European Convention on Human Rights and its Protocols, and alleged or apparent discrimination arising in the enjoyment of the rights and freedoms provided for in the Convention and fifteen other international agreements listed in the Appendix to Annex 6.

Activities of the Chamber

After appointment of the international members an informal briefing meeting was held at the headquarters of the Council of Europe in Strasbourg in March 1996 at which the international members met officials of the Council of Europe and discussed the organisation and work of the Chamber.

The Chamber held its first full session in Sarajevo from 27-29 March 1996 and has held seven further four-day sessions in Sarajevo since. During these sessions it has developed its Rules of Procedure, considered the first cases referred to it and dealt with a number of miscellaneous matters.

Cases submitted to the Chamber

A total of nineteen cases has been referred to the Chamber by the Ombudsperson. The first of these cases was referred by the Ombudsperson under Article V para. 7 of Annex 6, after she had concluded her own proceedings and drawn up a report on the merits of the case. This case related to three persons allegedly detained unlawfully since 14 December 1995 and raises issues under Article 5 of the European Convention on Human Rights.

The remaining cases referred to the Chamber by the Ombudsperson relate mainly to property rights. Fourteen cases relate to the suspension of court proceedings and annulment of contracts entered into by the applicants for the purchase of flats from the Yugoslav National Army.

These cases have a complex factual and legal background. They have been referred to the Chamber by the Ombudsperson under para. 5 of Article V of Annex 6 at an early stage of proceedings. In her decisions referring the cases the Ombudsperson finds that they raise issues under Articles 6 and 13 of the European Convention on Human Rights and under Article 1 of Protocol No. 1 to the Convention.

Of the remaining cases referred to the Chamber by the Ombudsperson, two relate to the threatened eviction of the applications from houses which have been ruled to be abandoned property. Another concerns the alleged failure of the com-

Convention européenne des Droits de l'Homme et ses Protocoles, et les discriminations manifestes ou alléguées survenant dans l'exercice des droits et des libertés reconnus dans la Convention et quinze autres accords internationaux, énumérés à l'annexe 6. Potentiellement, les compétences de la Chambre sont donc très étendues.

La Chambre possède trois fonctions essentielles: tout d'abord, elle filtre les requêtes en se prononçant sur leur admissibilité; ensuite, elle favorise les règlements amiables en se fondant sur le respect des droits de l'homme; enfin, elle statue sur le fond des affaires déclarées recevables et rend des décisions juridiquement contraignantes prévoyant une réparation adéquate lorsqu'elle conclut qu'il y a eu violation des droits de l'homme.

Activités de la Chambre

Après la désignation des membres internationaux, une réunion d'information informelle a eu lieu en mars 1996 au siège du Conseil de l'Europe, à Strasbourg, Lors de cette réunion, les membres internationaux ont rencontré des responsables du Conseil de l'Europe et ont discuté de l'organisation et des activités de la Chambre.

La Chambre a tenu sa première session plénière à Sarajevo du 27 au 29 mars 1996 et, depuis cette date, a tenu sept autres sessions de quatre jours chacune à Sarajevo. Au cours de ces différentes sessions, la Chambre a défini son règlement, examiné les premières affaires dont elle a été saisie et traité des questions diverses.

Affaires dont la Chambre a été saisie

Pour l'heure, la Chambre a été saisie par le médiateur de dix-neuf affaires. Le médiateur a soumis la première affaire en application de l'article V, par. 7, de l'Annexe 6, après avoir clos sa propre procédure et rédigé un rapport sur le fond de l'affaire. Cette affaire portait sur la détention prétendument illégale de trois personnes depuis la date du 14 décembre 1995 et soulevait des questions sur le terrain de l'article 5 de la Convention européenne des Droits de l'Homme.

Les autres affaires dont le médiateur a saisi la Chambre portent essentiellement sur les droits patrimoniaux. Quatorze affaires ont trait à la suspension de procédures judiciaires et à l'annulation de contrats conclus par les requérants en vue d'acheter des appartements à l'Armée nationale yougoslave. Ces affaires sont assez complexes, aussi bien en fait qu'en droit. Elles ont été soumises à la Chambre par le médiateur en application de l'article V, par. 5 de l'Annexe 6 à un stade peu avancé des procédures. Dans les décisions des questions sur le terrain des articles 6 et 13 de la Convention européenne des Droits de l'Homme et de l'article 1 du Protocole n° 1 à la Convention.

Parmi les autres affaires dont le médiateur a saisi la Chambre, deux ont trait à la menace d'expulsion des requérants de maisons considérées comme abandonnées. Dans une autre affaire, il est fait grief aux autorités compétentes de n'avoir pas fait appliquer une décision judiciaire qui reconnaissait au requérant la

petent authorities to enforce a court decree giving the applicant possession of a house from which he had allegedly been evicted at gun-point. One concerns an allegedly unlawful detention and seizure of property.

A number of other cases have been submitted directly to the Chamber. Two such cases were submitted by a non-governmental organisation concerning persons allegedly missing in detention. One of these concerns one of the applicants in the case referred to the Chamber by the Ombudsperson which is described above. The other concerns a person allegedly arrested a considerable time before the Dayton Agreement came into force and allegedly still detained. That case has been transmitted to the respondent Party concerned for observations.

Another complaint was brought before the Chamber by an organisation which complained of a situation in which villagers who had returned to their homes has allegedly been blockaded in the village by IFOR with the assistance of local authorities. They asked the Chamber to order, as a provisional measure, the lifting of the alleged "siege". This request was considered by the President of the Chamber on the day it was received. Having considered the circumstances he decided not to make the order requested. Soon afterwards the request was considered by the Chamber which took a similar decision. Further information is now being sought from the association concerned.

Finally a case has been submitted directly to the Chamber by an applicant complaining of her forcible eviction from an apartment under "abandoned property" laws. The applicant has also complained to the Human Rights Ombudsperson about the same matter. The Chamber will shortly be considering its handling of this case.

Representatives from the Council of Europe assisted different sessions and meetings of the Chamber. Following these visits the Council of Europe invited the six national members of the Chamber and two national members of its staff to attend a study visit at the Council of Europe headquarters in Strasbourg. The visit took place from 7 to 11 October 1996 and included a wide-ranging programme on the work of the Council of Europe in the human rights field.

3. The Council of Europe and the Organisation for Security and Co-operation in Europe (OSCE)

Co-operation and co-ordination between the Council of Europe and the OSCE was intensified further in 1996 in fields of common interest. In particular, the two organisations co-operated in the implementation of the Dayton Peace Agreement in Bosnia and Herzegovina. The OSCE Review Meeting (Vienna, 4-22 November 1996) and the Lisbon Summit (2-3 December 1996) were major OSCE events in which the Council of Europe Secretariat participated actively.

Meetings and contacts

The third High Level ("two + two") Council of Europe/OSCE Meeting took

possession d'une maison dont il aurait été expulsé sous la menace d'une arme à feu. Une autre enfin porte sur une mise en détention et une saisie de biens prétendument illégales.

D'autres affaires ont été portées directement devant la Chambre. Deux d'entre elles, soumises par une organisation non gouvernementale, portent sur la disparition de détenus. L'une de ces deux affaires concerne l'un des requérants de l'affaire soumise à la Chambre par le médiateur qui est décrite plus haut. L'autre affaire concerne une personne qui aurait été arrêtée bien avant l'entrée en vigueur de l'Accord de Dayton et qui serait toujours en détention. Cette affaire a fait l'objet d'une notification à la partie défenderesse afin qu'elle soumette ses observations.

Une requête introduite devant la Chambre par une organisation porte sur une affaire dans laquelle des villageois, après avoir regagné leurs foyers, auraient été forcés de rester au village par l'IFOR, avec l'aide des autorités locales. Les villageois ont demandé à la Chambre d'ordonner comme mesure provisoire la levée du «siège». Cette requête a été examinée par le Président le jour même de son introduction. Après examen des circonstances de la cause, le Président a décidé de ne pas ordonner la mesure demandée. Peu après, la requête a été examinée par la Chambre, qui a rendu une décision similaire. Des informations complémentaires ont été demandées à l'association concernée.

Enfin, une affaire a été soumise directement à la Chambre par une requérante qui se plaignait d'avoir été expulsée par la force d'un logement relevant de la législation sur les biens abandonnés. Cette affaire, également soumise au médiateur des droits de l'homme, sera prochainement examinée par la Chambre.

Des représentants du Conseil de l'Europe ont assisté à différentes sessions et réunions de la Chambre. A la suite de ces visites, le Conseil de l'Europe a invité les six membre nationaux de la Chambre et deux membres nationaux du Secrétariat à venir en séjour d'études au siège du Conseil de l'Europe à Strasbourg. Cette visite, qui a eu lieu du 7 au 11 octobre 1996, a permis de dresser un vaste panorama des travaux du Conseil de l'Europe dans le domaine des droits de l'homme.

3. Le Conseil de l'Europe et l'Organisation pour la Sécurité et la Coopération en Europe (OSCE)

La coopération et la coordination entre le Conseil de l'Europe et l'OSCE se sont encore intensifiées en 1996 dans les domaines d'intérêt communs. En particulier, les deux Organisations ont coopéré à la mise en œuvre de l'Accord de Paix de Dayton en Bosnie et Herzégovine. La réunion d'examen de l'OSCE (Vienne, 4-22 novembre 1996) et le Sommet de Lisbonne (2-3 décembre 1996) ont été des manifestations majeures de l'OSCE, auxquelles le Secrétariat du Conseil de l'Europe a participé activement.

Réunions et contacts

La troisième réunion de haut niveau («deux + deux») du Conseil de l'Europe et de

place on 23 January 1996 in Entzheim/Strasbourg and brought together the Chairman of the Council of Europe's Committee of Ministers, the OSCE Chairman-in-Office and the Secretaries General of both organisations, a representative of the OSCE High Commissioner on National Minorities, the Director of ODIHR, the Chairman of the Council of Europe Rapporteur Group on Relations with OSCE, and the Ombudsperson for Bosnia and Herzegovina.

The participants agreed on common endeavours concerning the establishment of the Human Rights Structures foreseen in the Dayton Agreement, notably the Commission on Human Rights, composed of the Office of the Ombudsperson and the Human Rights Chamber. Moreover they defined the broad lines to be taken with regard to human rights monitoring and election monitoring.

The two Chairmen-in-Office, together with the High Representative, on 30 January 1996 addressed a joint appeal to the Council of Europe and OSCE States for the funding of the Human Rights Structures, as well as other needs in the human rights and institution-building sectors, through voluntary contributions.

Other items on the agenda of the "two + two" meeting included the Pact on Stability in Europe, the monitoring of commitments and the protection of national minorities.

The OSCE Chairman-in-Office, Swiss Foreign Minister Flavio Cotti, addressed the Parliamentary Assembly of the Council of Europe on 23 January 1996 as well as the Committee of Ministers of the Council of Europe on 3 May 1996.

From 29 to 30 April 1996, the Director of ODIHR, Mrs Audrey Glover, and her delegation had meetings with members of the Council of Europe Secretariat in Strasbourg to discuss ongoing activities and the potential for further practical co-operation and joint action.

The Council of Europe Secretary General, Daniel Tarschys, addressed the OSCE Permanent Council on 11 July 1996 and had a meeting with the new OSCE Secretary General Giancarlo Aragona (appointed in June 1996).

The OSCE Secretary General addressed the Ministers' Deputies and had an exchange of views with the Deputies on 15 October 1996.

The Council of Europe Secretariat attended meetings of the OSCE decision-making and auxiliary bodies, notably the OSCE Senior Council Meeting (Prague, 21-22 March 1996), the OSCE Security Model Committee Meeting (Vienna, 11 October 1996), and several meetings of the OSCE Permanent Council in Vienna.

Council of Europe Participation in Major OSCE Events

The Fourth OSCE Economic Forum was held in Prague on 27-29 March 1996, concentrating on the economic dimension of security with a view to contributing to the OSCE work on a security model for the 21st century. The Council of Europe's Director of Social and Economic Affairs was one of the keynote speakers. A comprehensive written contribution was distributed.

l'OSCE a eu lieu le 23 janvier 1996 à Entzheim/Strasbourg et a rassemblé le Président du Comité des Ministres du Conseil de l'Europe, le Président en exercice de l'OSCE et les Secrétaires Généraux des deux Organisations, un représentant du Haut Commissaire de l'OSCE pour les minorités nationales, le Directeur du BIDDH, le Président du Groupe de Rapporteurs du Conseil de l'Europe sur les relations avec l'OSCE, ainsi que le médiateur pour la Bosnie-Herzégovine.

Les participants ont décidé d'agir en commun pour la mise en place des structures en matière de droits de l'homme prévues dans l'accord de Dayton, notamment la Commission sur les Droits de l'homme, composée du bureau du médiateur et de la chambre des Droits de l'homme. Ils ont, en outre, défini les grandes lignes à suivre concernant le suivi des droits de l'homme et des élections.

Les deux Présidents en exercice ainsi que le Haut Représentant ont adressé, le 30 janvier 1996, un appel commun aux Etats membres du Conseil de l'Europe et de l'OSCE pour le financement, par des contributions volontaires, des structures en matière de droits de l'homme ainsi que des autres besoins dans les secteurs des droits de l'homme et de la création des institutions.

Au nombre des points figurant à l'ordre du jour de la réunion «deux + deux» figuraient le pacte sur la stabilité en Europe, le contrôle du respect des engagements et la protection des minorités nationales.

Le président en exercice de l'OSCE, le Ministre des Affaires Etrangères de la Suisse, M. F. Cotti, a pris la parole devant l'Assemblée Parlementaire du Conseil de l'Europe le 23 janvier 1996 et devant le Comité des Ministres du Conseil de l'Europe le 3 mai 1996.

Les 29 et 30 avril 1996, le Directeur du BIDDH, Mme A. Glover, et sa délégation ont rencontré des membres du Secrétariat du Conseil de l'Europe à Strasbourg afin de discuter des activités en cours et des possibilités de coopération pragmatique et d'actions conjointes futures.

Le Secrétaire Général du Conseil de l'Europe, M. Daniel Tarschys, a pris la parole devant le Conseil permanent de l'OSCE le 11 juillet 1996 et a rencontré le nouveau Secrétaire Général de l'OSCE, M. G Aragona (nommé en juin 1996).

Le Secrétaire Général de l'OSCE a pris la parole devant les Délégués des Ministres et a eu un échange de vue avec les Délégués le 15 octobre 1996.

Des membres du Secrétariat du Conseil de l'Europe ont assisté à des réunions des organes décisionnels et auxiliaires de l'OSCE, notamment à la réunion du Conseil Supérieur de l'OSCE (Prague 21-22 mars 1996), à la réunion du comité sur le modèle de sécurité de l'OSCE (Vienne, 11 octobre 1996) et à plusieurs réunions du Conseil Permanent de l'OSCE à Vienne.

Participation du Conseil de l'Europe à des manifestations majeures de l'OSCE

Le quatrième Forum Economique de l'OSCE s'est tenu du 27 au 29 mars 1996 à Prague, pour examiner essentiellement la dimension économique de la sécurité en vue de contribuer au travail de l'OSCE sur l'élaboration d'un modèle de sécurité pour le XXIème siècle. Le Directeur des affaires sociales et économiques du Conseil de l'Europe a été un des intervenants principaux. Une contribution

The OSCE Review Meeting took place in Vienna, from 4 to 22 November 1996. The Council of Europe delegation took part in the plenary sessions as well as in the working groups. An extensive written contribution was submitted.

The Secretary General of the Council of Europe attended the OSCE Lisbon Summit on 2-3 December 1996. The Lisbon Document includes *inter alia* expressions of the OSCE's readiness for partnership with other relevant organisations, particularly concerning further work in Bosnia and Herzegovina and the security model for the 21st century.

Co-operation with OSCE bodies

The close contacts and regular exchange of information between the Council of Europe and the ODIHR – including its Contact Point on Roma and Sinti issues, the High Commissioner on National Minorities – and many OSCE field missions, continued in 1996. Since there were a high number of issues and projects on which the two organisations co-operated, the following overview is not exhaustive.

ODIHR

The Ministers' Deputies decided in May 1996 to invite ODIHR to attend as an observer committee meetings within the framework of the Council of Europe's Intergovernmental Programme of Activities in matters of interest to the ODIHR (human rights, legal co-operation, media, migration). ODIHR has been for several years now an observer to the European Commission for Democracy through Law ("Venice Commission").

Throughout the year, Council of Europe officials and experts participated in numerous seminars and meetings organised by the ODIHR, including the OSCE Human Dimension Seminar on Constitutional, Legal and Administrative Aspects of the Freedom of Religion (Warsaw, 16-19 April 1996) and the 3rd Annual Warsaw Judicial Symposium (25-27 September 1996), as well as the Joint UNHCR, IOM, ODIHR Regional Conference on Refugees and Displaced Persons in the CIS and Relevant Neighbouring States (Geneva, 30-31 May 1996). The Council of Europe is also a member of the Conference's follow-up steering group.

Several joint activities were realised by the Council of Europe and the ODIHR, including a Regional Seminar organised in collaboration with the Government of Estonia on the role of education in strengthening civil society (Tallinn, 29-31 October 1996), and a meeting of Judges from Bosnia and Herzegovina (Tuzla, 11-12 December 1996).

On Roma/Gypsies, contacts and co-operation between the Council of Europe and the ODIHR Contact Point for Roma and Sinti issues developed further. Notably, the Co-ordinator of the ODIHR Contact Point took part in a Council of Europe fact-finding mission sent to Bosnia and Herzegovina in May 1996. A workshop on consultative mechanisms concerning Roma/Gypsies was organised by the Council

écrite complète a été distribuée.

La Réunion d'Examen de l'OSCE a eu lieu du 4 au 22 novembre 1996 à Vienne. La délégation du Conseil de l'Europe a participé aux sessions plénières ainsi qu'aux groupes de travail. Une contribution écrite détaillée a été présentée.

Le Secrétaire Général du Conseil de l'Europe a assisté au Sommet de Lisbonne de l'OSCE les 2 et 3 décembre 1996. Le document de Lisbonne exprime le souhait de l'OSCE d'agir en partenariat avec d'autres organisations pertinentes, notamment en ce qui concerne la poursuite des activités en Bosnie-Herzégovine et le modèle de sécurité pour le XXIème siècle.

Coopération avec des organes de l'OSCE

Les contacts étroits et les échanges réguliers d'information entre le Conseil de l'Europe et le BIDDH – notamment son point de contact sur les questions intéressant les Roms et les Sintis, le Haut Commissaire sur les minorités nationales – et de nombreuses missions sur le terrain de l'OSCE se sont poursuivies en 1996. Etant donné le nombre élevé de questions et de projets faisant l'objet d'une coopération entre les deux organisations, le tableau ci-après n'est pas exhaustif.

BIDDH

Les Délégués des Ministres ont décidé, en mai 1996, d'inviter le BIDDH à assister comme observateur à des réunions du comité dans le cadre du programme intergouvernemental d'activités du Conseil de l'Europe pour des questions intéressant le BIDDH (droits de l'homme, coopération juridique, médias, migrations). Le BIDDH jouit déjà depuis plusieurs années du statut d'observateur auprès de la Commission européenne pour la démocratie par le droit («Commission de Venise»).

Tout au long de l'année, des représentants et experts du Conseil de l'Europe ont participé à de nombreux séminaires et réunions organisés par le BIDDH, notamment au séminaire sur la dimension humaine de l'OSCE, relatif aux aspects constitutionnels, juridiques et administratifs de la liberté de religion (Varsovie 16-19 avril 1996) et au troisième symposium judiciaire annuel de Varsovie (25 et 27 septembre 1996), ainsi qu'à la conférence régionale commune UNHCR - OIM - BIDDH sur les réfugiés et les personnes déplacées dans la CEI et dans les états voisins concernés (Genève, 30-31 mai 1996). Le Conseil de l'Europe est également membre du comité directeur, chargé du suivi de la Conférence.

Plusieurs activités communes ont été menées par le Conseil de l'Europe et le BIDDH, notamment un séminaire régional organisé en collaboration avec le gouvernement de l'Estonie sur le rôle de l'éducation dans le renforcement de la société civile (Tallinn, 29-31 octobre 1996), et une réunion de juges de Bosnie-Herzégovine (Tuzla, 11-12 décembre 1996).

Sur les Roms/Tsiganes, les contacts et la coopération entre le Conseil de l'Europe et le Point de contact du BIDDH pour les questions intéressant les Roms et les Sintis se sont encore développés. Notamment, le coordinateur du point de contact du

of Europe in co-operation with the ODIHR Contact Point (Budapest, 21-22 November 1996).

With regard to election monitoring, the Parliamentary Assembly of the Council of Europe and the Congress of Local and Regional Authorities in Europe (CLRAE) worked in close co-operation with the ODIHR in the field and exchanged information prior to the elections in Russia (June and July), Romania (November), Bosnia and Herzegovina (September) and "the former Yugoslav Republic of Macedonia" (November).

High Commissioner on National Minorities

Council of Europe officials and experts participated in several seminars and meetings organised by, or upon the request of, the OSCE High Commissioner on National Minorities. The themes of these seminars included: the situation in Eastern Slavonia, minority education, inter-ethnic relations in Estonia and in "the former Yugoslav Republic of Macedonia".

Co-operation in Bosnia and Herzegovina

Upon the appointment of Mrs Haller as Ombudsperson, under the Dayton Peace Agreement, by the OSCE authorities, two Council of Europe officials were seconded to her to assist in establishing the Office of the Ombudsperson. The Council of Europe also seconded legal staff to the Office to help in training local lawyers.

The international organisations which are depositaries of human rights standards, i.e. the Council of Europe, the OSCE and the United Nations, including the UNHCR, and the ICRC have been co-operating in Bosnia and Herzegovina in the field of human rights monitoring.

ODIHR and the OSCE Mission to Bosnia and Herzegovina participated in a conference on strengthening civil society in South-Eastern Europe organised by the Council of Europe in co-operation with the Friedrich Ebert Foundation (Germany) and the Dr Karl Renner Institute (Austria), Vienna, 25-27 October 1996.

Co-operation in Croatia

The co-operation between the Council of Europe and the OSCE Mission in Croatia deserves particular attention since the Mission's mandate makes specific reference to co-operation with other international organisations and institutions, including the Council of Europe.

It was in this context that the Head of the OSCE Mission to Croatia visited the

BIDDH a participé à une mission d'établissement de faits du Conseil de l'Europe envoyée en mai 1996 en Bosnie-Herzégovine. Un atelier sur les mécanismes consultatifs concernant les Roms/Tziganes a été organisé par le Conseil de l'Europe en coopération avec le point de contact du BIDDH (Budapest, 21-22 novembre 1996).

En ce qui concerne l'observation des élections, l'Assemblée parlementaire du Conseil de l'Europe et le Congrès des pouvoirs locaux et régionaux de l'Europe (CPLRE) ont œuvré en étroite coopération avec le BIDDH sur le terrain et ont échangé des informations avant les élections en Russie (juin et juillet), en Roumanie (novembre), en Bosnie-Herzégovine (septembre) et dans l'«ex-République yougoslave de Macédoine» (novembre).

Haut Commissaire sur les minorités nationales

Des représentants et des experts du Conseil de l'Europe ont participé à plusieurs séminaires et réunions organisés par le Haut Commissaire de l'OSCE sur les minorités nationales, ou à sa demande. Parmi les thèmes de ces séminaires figuraient: la situation en Slavonie orientale, l'éducation des minorités, les relations inter-éthniques en Estonie et dans l'«ex-République yougoslave de Macédoine».

Coopération en Bosnie-Herzégovine

A la suite de la nomination de Mme Haller comme médiatrice, en vertu de l'Accord de Paix de Dayton, par les autorités de l'OSCE, deux représentants du Conseil de l'Europe ont été détachés pour l'aider à mettre en place le bureau du médiateur. Le Conseil de l'Europe a aussi détaché du personnel juridique à ce bureau afin de l'aider à former des juristes locaux.

Les organisations internationales qui sont dépositaires des normes en matière de droits de l'homme, c'est-à-dire le Conseil de l'Europe, l'OSCE et les Nations Unies, ainsi que l'UNHCR et le CIRC ont coopéré en Bosnie-Herzégovine dans le domaine du «monitoring» des droits de l'homme.

Le BIDDH et la Mission de l'OSCE en Bosnie-Herzégovine ont participé à une conférence sur le renforcement de la société civile dans l'Europe du Sud-Est organisée par le Conseil de l'Europe en coopération avec la Fondation Friedrich Ebert (Allemagne) et l'Institut du Dr Karl Renner (Autriche), du 25 au 27 octobre 1996 à Vienne.

Coopération en Croatie

La coopération entre le Conseil de l'Europe et la Mission de l'OSCE en Croatie mérite une attention particulière étant donné que le mandat de la Mission fait spécifiquement référence à la coopération avec d'autres organisations et institutions internationales, dont le Conseil de l'Europe.

C'est dans ce contexte que le Chef de la Mission de l'OSCE en Croatie a

Council of Europe on 27-28 June 1996 to discuss the possibilities for Council of Europe support for the Mission. The major fields of common concern were human rights, minorities and local democracy.

The OSCE Mission's office in Vukovar has been actively involved in the implementation of a series of Human Rights Workshops in Eastern Slavonia, organised by the Council of Europe, UNTAES and the Local Democracy Embassy in Osijek. The Council of Europe organised a legislative expertise on the Law on education in minority languages with the help of the OSCE Mission to Croatia.

4. Relations with the European Union

The *8th quadripartite meeting* (high-level co-ordination meeting) between the Council of Europe and the European Union was held in Strasbourg in October 1996.

The participants summed up the work in progress to update the 1987 Arrangement on Co-operation between the European Community and the Council of Europe which is shortly due to expire. They were informed of the measures adopted in September 1996 by the Council of the European Union and the European Commission aimed at increasing co-operation with the Council of Europe to encompass all fields covered by treaties, including Titles V and VI of the Treaty on European Union.

In view of the very positive results of the shared programmes for co-operation with countries of central and eastern Europe the representatives of the two organisations firmly committed themselves to intensifying and developing their joint efforts for the building up of democratic institutions, human rights and the rule of law in these countries. In this context they stressed the importance they attached to the continuation and development of their joint programmes for the Russian Federation and Ukraine, with a view to helping these two countries meet the commitments they had entered into on joining the Council of Europe. They expressed also their concern over the unstable political situation in Belarus, and stated their readiness to undertake joint measures to consolidate the country's democratic forces. They stated their willingness to extend their co-operation to other countries such as Moldova and the transcaucasian republics. The European Commission announced its intention to contribute around 4 million ecus to these different programmes over a period of two years. Furthermore, the participants looked at ways of putting the Council of Europe's expertise to work in the European Union's enlargement strategy. In this context, recent joint programmes between the European Commission (Phare) and the Council of Europe supporting national minorities and the fight against corruption offered encouraging possibilities for an even closer co-operation between the two institutions. The participants also indicated their desire to intensify their joint activities by means of different initiatives aimed at guaranteeing stability and "good neighbourliness" in central and eastern Europe.

effectué une visite au Conseil de l'Europe, les 27-28 juin 1996, afin d'examiner les possibilités de soutien à la Mission. Les principaux domaines d'intérêts mutuels ont été les droits de l'homme, les minorités et la démocratie locale.

Le bureau de la Mission de l'OSCE à Vukovar a été activement associé à la réalisation d'une série d'ateliers sur les droits de l'homme en Slavonie orientale, organisée par le Conseil de l'Europe, l'UNTAES et l'ambassade de la démocratie locale d'Osijek. Le Conseil de l'Europe a organisé une expertise législative concernant la loi sur l'éducation dans les langues minoritaires avec l'aide de la Mission de l'OSCE en Croatie.

4. Relations avec l'Union européenne

La huitième réunion quadripartite – réunion de coordination à haut niveau – entre le Conseil de l'Europe et l'Union européenne s'est tenue à Strasbourg en octobre 1996.

Les participants ont fait le bilan des travaux de mise à jour de l'Arrangement de 1987 relatif à la coopération entre la Communauté européenne et le Conseil de l'Europe, qui se fera à brève échéance. Ils ont été informés des mesures adoptées, en septembre 1996, par le Conseil de l'Union et la Commission européenne, en vue d'intensifier la coopération avec le Conseil de l'Europe afin d'englober tous les domaines couverts par les traités, y compris les Titres V et VI du Traité sur l'Union européenne.

Au vu des résultats très positifs de leurs programmes communs pour la coopération avec les pays d'Europe centrale et orientale, les représentants des deux Organisations se sont résolument engagés à intensifier et à développer davantage leurs efforts conjoints pour le renforcement des institutions démocratiques, des droits de l'homme et de la prééminence du droit dans ces pays; dans ce contexte, ils ont attaché la plus grande importance à la poursuite et au développement de leurs programmes communs en faveur de la Fédération de Russie et de l'Ukraine, en vue d'aider ces pays à respecter tous les engagements qu'ils ont contractés lors de leur adhésion au Conseil de l'Europe. Profondément préoccupés par l'instabilité politique qui règne au Bélarus, ils se sont déclarés prêts à déployer des efforts conjoints afin de consolider les forces démocratiques de ce pays. Ils ont également envisagé d'étendre leur coopération à d'autres pays tels que la Moldova et les républiques transcaucasiennes. La Commission européenne a déclaré qu'elle entendait contribuer à ces divers programmes à hauteur de 4 millions d'Ecu sur une période de deux ans. En outre, les participants ont étudié les façons de mettre les compétences du Conseil de l'Europe au service de la mise en oeuvre de la stratégie d'élargissement de l'Union européenne. A cet égard, les récents programmes communs entre la Commission européenne (programme Phare) et le Conseil de l'Europe en faveur des minorités nationales et de la lutte contre la corruption offrent des perspectives encourageantes pour une coopération toujours plus étroite entre les deux institutions. Les participants ont indiqué également qu'ils souhaitaient renforcer l'action conjointe par le biais de diverses initiatives destinées à garantir la stabilité et les relations de bon voisinage en Europe centrale et orientale.

They furthermore stressed the necessity for co-operation in the fight against racism and xenophobia. It was noted that the Council of Europe's pan-European experience could be put to good use in the European Union's forthcoming European Year against Racism planned for 1997. Similarly, ways should be found to make best use of the Council's experience within the European Observatory on Racism and Xenophobia to be set up in accordance with the Florence summit of the European Council.

Regarding the development of democratic security in central and eastern Europe, the Council of Europe's representatives said they were willing to put their relevant practical knowledge at the disposal of those responsible for following up the Euro-Mediterranean Conference (Barcelona, November 1995).

The strengthening of co-operation between the European Commission and the Council of Europe was the subject of an *exchange of letters* between Commission President, Mr Jacques Santer, and the Council of Europe's Secretary General, Mr Daniel Tarschys, aimed at finalising the Arrangement in force since 1987. The new provisions are the result of recent developments, such as the Maastricht Treaty, the establishment of the second and third pillars, and the enlargement of both organisations.

Liaison between the two institutions are to be maintained by senior officials. On the invitation of the relevant authorities of the Council of Europe the Commission may participate in meetings and activities of the Committee of Ministers, the Ministers' Deputies, rapporteur groups and working groups. Requests by the Council of Europe to participate in meetings of Commission organs whose work has not yet reached the stage of internal decision-making will be considered by the Commission.

As for the question of *the Union's accession to the European Convention on Human Rights*, on 28 March 1996 the European Court of Justice pronounced its opinion that, in the current state of Union law, the Union did not have the necessary competence to accede to the Convention; it was only entitled to act within the extent of the powers conferred on it by the Treaty, which did not include the power to adopt regulations concerning human rights, nor to cconclude international conventions in that field. Accession to the Convention would go beyond the field of application of Article 235 – covering the power to take necessary action in order to attain an objective of the Treaty – and could only be carried out if the Treaty were amended.

5. European Commission for Democracy through Law (Venice Commission)

In 1996 "the former Yugoslav Republic of Macedonia" and Moldova became members of the commission; and Azerbaijan and Bosnia and Herzegovina became associate members.

Les participants ont en outre souligné la nécessité de coopérer dans la lutte contre le racisme et la xénophobie. Ils ont noté que le Conseil de l'Europe pourrait mettre l'expérience qu'il a acquise dans le cadre de ses travaux à travers toute l'Europe au service de l'Année européenne contre le racisme qui sera organisée par l'Union en 1997. Ils ont également exprimé le souhait de trouver les moyens pour que l'expérience du Conseil de l'Europe puisse être exploitée au mieux au sein de l'Observatoire européen sur le racisme et la xénophobie qui sera créé conformément aux conclusions du Conseil européen de Florence.

Les représentants du Conseil de l'Europe se sont déclarés prêts à faire bénéficier les responsables du suivi de la Conférence euro-méditerranéenne (Barcelone, novembre 1995) de la pratique qu'ils ont acquise en matière de développement de la sécurité démocratique dans les pays d'Europe centrale et orientale.

Le renforcement de la coopération entre la Commission européenne et le Conseil de l'Europe a fait l'objet d'un *échange de lettres* entre le Président Jacques Santer et le Secrétaire Général Daniel Tarschys, venant compléter l'Arrangement en vigueur depuis 1987. Ces nouvelles dispositions découlent des importants changements intervenus ces dernières années: le Traité de Maastricht, l'établissement des deuxième et troisième piliers et l'élargissement des deux Organisations.

Des hauts fonctionnaires assureront la liaison entre les deux institutions. Sur invitation des autorités compétentes du Conseil de l'Europe, la Commission participera aux réunions et activités du Comité des Ministres, des Délégués des Ministres, des groupes de Rapporteurs et des groupes de travail. La Commission prendra en considération les demandes de participation du Conseil de l'Europe aux réunions des organes de la Commission dont les travaux n'auront pas encore été soumis au processus de décision interne de la Commission.

En ce qui concerne la question de *l'adhésion de la Communauté à la Convention européenne des Droits de l'Homme*, la Cour de Justice des Communautés européennes a rendu, le 28 mars 1996, un avis établissant que, selon le Droit communautaire actuel, la Communauté n'avait pas la compétence nécessaire pour accéder à cette Convention; elle ne peut agir que dans le cadre des pouvoirs qui lui ont été conférés par le Traité et ceux-ci n'incluent pas la possibilité d'adopter des règles concernant les droits de l'homme ou de conclure des conventions internationales dans ce domaine. L'adhésion dépasserait le champ d'application de l'article 235 – qui donne le pouvoir d'agir, si c'est nécessaire, pour atteindre un objectif du Traité – et ne pourrait se faire que par un amendement au Traité.

5. Commission européenne pour la démocratie par le Droit (Commission de Venise)

Durant l'année 1996, l'«ex-République yougoslave de Macédoine» la Moldova, l'Albanie et la Croatie sont devenues membres de la Commission; l'Azerbaïdjan et la Bosnie et Herzégovine sont devenus membres associés.

The Commission's activities included:

– preparing a contribution to the 1996 Intergovernmental Conference, consisting of an Act on European Citizenship aimed at defining and guaranteeing the rights of European citizens;

– adopted two opinions at the request of the Parliamentary Assembly: the first on which provisions of the European Charter for regional and minority languages should be accepted by all the contracting states and the second on the interpretation of article 11 of the draft protocol to the European Convention on Human Rights contained in the appendix to Recommendation 1201 of the Parliamentary Assembly on the rights of national minorities;

– organised three UniDem seminars: the first, in association with the Swiss Institute of Comparative Law, on the theme "Local self-government, territorial integrity and the protection of minorities"; the second on "Human rights and the functioning of democratic institutions in emergency situations:; and the third on "European constitutional heritage";

– organising jointly with the Georgian Constitutional Court, a seminar on the problems of constitutional justice;

– studying human rights and legislative developments in Bulgaria, Croatia, Ukraine, Bosnia and Herzegovina, Albania, Armenia, Azerbaijan, Georgia, Latvia and South Africa.

6. Relations with the United Nations

The Ministers' Deputies held their annual exchange of views on the activities of the United Nations in the human rights field. They summed up the results of the 50th Session of the United Nations General Assembly which dealt in particular with the following points:

– increasing tension caused by the gap between the resources available to the UN and the growing number of tasks allotted to it, together with a greater expectation on the part of the member states; the development of preventive diplomacy and the necessity of drawing a better distinction between peacekeeping and the rebuilding of peace following a conflict;

– the wholly inadequate nature of the resources set aside for human rights in the United Nations' activities;

– the human rights situation in the following countries: Nigeria, Afghanistan, Burundi, Cambodia, Cuba, the former Yugoslavia, Haiti, Iraq, Kosovo, Myanmar, Rwanda and Sudan.

The subjects discussed by the Third Commission included the abolition of the death penalty, minority rights, the situation of women, economic, social and cultural rights, and the follow-up to the Vienna Conference.

La Commission a, notamment:

– préparé une contribution pour la Conférence intergouvernementale de 1996 consistant en un Acte sur la citoyenneté européenne qui vise à définir et à garantir les droits du citoyen européen;

– adopté deux avis à la demande de l'Assemblée parlementaire: l'un sur les dipositions de la Charte européenne des langues régionales et minoritaires qui devraient être acceptées par tous les Etats contractants et l'autre sur l'interprétation de l'article 11 du Projet de Protocole à la Convention européenne des Droits de l'Homme annexé à la Recommandation 1201 de l'Assemblée Parlementaire, relatif aux droits des minorités nationales.

– organisé trois séminaires UniDem: l'un, conjointement avec l'Institut suisse de droit comparé, sur le thème «Autonomies locales, intégrité territoriale et protection des minorités», le deuxième sur «les droits de l'homme et le fonctionnement des institutions démocratiques dans les situations d'urgences», le troisième sur «le patrimoine constitutionnel européen».

– organisé, conjointement avec la Cour constitutionnelle géorgienne, un séminaire sur les problèmes de la justice constitutionnelle;

– étudié la situation des droits de l'homme et les développements législatifs en Bulgarie, Croatie, Ukraine, Bosnie et Herzégovine, Albanie, Arménie, Azerbaïdjan, Géorgie, Lettonie et Afrique du Sud.

6. Relations avec les Nations unies

Les Délégués des ministres ont tenu leur échange de vues annuel sur les activités des Nations unies dans le domaine des droits de l'homme. Au cours de cette session, ils ont dressé le bilan de la 50e session de l'Assemblée générale, qui avait, notamment, été consacrée aux questions suivantes:

– La tension croissante entre la faiblesse des moyens alloués à l'ONU et les tâches de plus en plus nombreuses qui lui sont imposées ainsi que les attentes des Etats membres en matière d'efficacité; l'évolution de la diplomatie préventive et la nécessité de mieux distinguer le maintien de la paix et la construction de la paix après un conflit.

– Le caractère totalement inadéquat des ressources réservées aux droits de l'homme dans l'action des Nations unies.

– La situation des droits de l'homme dans les pays suivants: Nigéria, Afghanistan, Burundi, Cambodge, Cuba, ex-Yougoslavie, Haïti, Irak, Iran, Kosovo, Myanmar, Rwanda, Soudan.

Parmi les thèmes examinés par la Troisième Commission, on relève: l'abolition de la peine de mort, les droits des minorités, la situation des femmes, les droits économiques, sociaux et culturels et les suites de la Conférence de Vienne.

CHAPTER II

Parliamentary Assembly

In the course of 1996, the Parliamentary Assembly of the Council of Europe adopted various texts dealing with human rights, the most important of which are as follows:

A. OPINIONS

1. Opinion No. 193 (1996)

on Russia's request for membership of the Council of Europe

1. The Russian Federation applied to join the Council of Europe on 7 May 1992. By Resolution (92) 27 of 25 June 1992, the Committee of Ministers asked the Parliamentary Assembly to give an opinion, in accordance with Statutory Resolution (51) 30 A.

2. Special guest status with the Parliamentary Assembly was granted to the Russian Parliament on 14 January 1992.

3. Procedure for an opinion on Russia's request for membership was interrupted on 2 February 1995 because of the conflict in Chechnya. On 27 September 1995, with the adoption of Resolution 1065, procedure was resumed on the grounds that Russia was henceforth committed to finding a political solution and that alleged and documented human rights violations were being investigated.

4. The Assembly has followed the events in December 1995 in Gudermes and the recent events in Pervomayskoye with deep concern. It firmly condemns the taking of hostages as an act of terrorism and a flagrant violation of human rights, which no cause can justify. At the same time, it considers that the Russian authorities did not show sufficient concern for the safety of the hostages. The apparently indiscriminate use of force cost the lives of many innocent people and violated international humanitarian law. The Chechen conflict cannot be resolved by the use of force. There will be no peace in the region, nor an end to terrorist attacks, without a political solution based on negotiation and on European democratic values.

5. The Assembly notes that political, legal and economic reforms have been sustained. The legal system continues to show shortcomings, as noted by Council of

CHAPITRE II

Assemblée parlementaire

Au cours de l'année 1996, l'Assemblée parlementaire du Conseil de l'Europe a adopté différents textes concernant les droits de l'homme. Parmi les plus importants figurent les textes suivants:

A. AVIS

1. Avis n° 193 (1996)

relatif à la demande d'adhésion de la Russie au Conseil de l'Europe

1. La Fédération de Russie a déposé une demande d'adhésion au Conseil de l'Europe le 7 mai 1992. Par sa Résolution (92) 27 du 25 juin 1992, le Comité des Ministres a demandé à l'Assemblée parlementaire d'émettre un avis sur cette demande, conformément à la Résolution statutaire (51) 30 A.

2. Le statut d'invité spécial auprès de l'Assemblée parlementaire a été accordé au Parlement de la Fédération de Russie le 14 janvier 1992.

3. La procédure concernant l'avis sur la demande d'adhésion de la Russie a été interrompue le 2 février 1995 du fait du conflit en Tchétchénie. Avec l'adoption de la Résolution 1065, le 27 septembre 1995, cette procédure a été reprise au motif que la Russie était désormais engagée dans la recherche d'une solution politique et que des atteintes alléguées et attestées aux droits de l'homme faisaient l'objet d'enquêtes.

4. L'Assemblée a suivi avec beaucoup d'inquiétude les événements de décembre 1995 à Goudermes et ceux récemment intervenus à Pervomaïskoïe. Elle condamne fermement la prise d'otages en tant qu'acte de terrorisme et violation flagrante des droits de l'homme, qu'aucune cause ne peut justifier. En même temps, elle estime que les autorités russes ne se sont pas assez préoccupées de la sécurité des otages. L'usage apparemment sans discrimination de la force a coûté la vie à de nombreuses personnes innocentes et violé le droit humanitaire international. Le conflit tchétchène ne peut être réglé par la force. On ne pourra instaurer la paix dans la région, ni mettre fin aux attaques terroristes sans une solution politique fondée sur la négociation et les valeurs démocratiques européennes.

5. L'Assemblée note que les réformes politiques, juridiques et économiques se sont poursuivies. Le système juridique laisse encore apparaître des insuffisances, comme

Europe legal experts (7 October 1994). Nonetheless, there is progress towards a general awareness of – and respect for – the rule of law.

6. Assurances of continued progress were given to the Council of Europe by the President of the Federation, the Prime Minister, the President of the Duma and the President of the Council of the Federation in their letter of 18 January 1995.

7. On the basis of these assurances and of the following considerations and commitments, the Assembly believes that Russia – in the sense of Article 4 of the Statute – is clearly willing and will be able in the near future to fulfil the provisions for membership of the Council of Europe as set forth in Article 3 ("Every member of the Council of Europe must accept the principles of the rule of law and of the enjoyment by all persons within its jurisdiction of human rights and fundamental freedoms, and collaborate sincerely and effectively in the realisation of the aim of the Council ..."):

i. Russia has been taking part in various activities of the Council of Europe since 1992 – through its participation in intergovernmental "co-operation and assistance" programmes (notably in the fields of legal reform and human rights), and through the participation of its special guest delegation in the work of the Parliamentary Assembly and its committees;
ii. "political dialogue" between Russia and the Committee of Ministers has been established since 7 May 1992;
iii. Russia has acceded to several Council of Europe conventions, including the European Cultural Convention;
iv. the following legislation is being prepared as a matter of priority with international consultation, on the basis of Council of Europe principles and standards: a new criminal code and a code of criminal procedure; a new civil code and a code of civil procedure; a law on the functioning and administration of the penitentiary system;
v. new laws in line with Council of Europe standards will be introduced: on the role, functioning and administration of the Procurator's Office and of the Office of the Commissioner for Human Rights; for the protection of national minorities; on freedom of assembly and on freedom of religion;
vi. the status of the legal profession will be protected by law: a professional bar association will be established;
vii. those found responsible for human rights violations will be brought to justice – notably in relation to events in Chechnya;
viii. effective exercise will be guaranteed of the rights enshrined in Article 27 of the Constitution and in the law on freedom of movement and choice of place of residence;
ix. conditions of detention will be improved in line with Recommendation R (87) 3 on European prison rules: in particular the practically inhuman conditions in many pre-trial detention centres will be ameliorated without delay;

l'avaient noté les experts juridiques du Conseil de l'Europe (le 7 octobre 1994). On constate néanmoins un progrès vers une prise de conscience générale et un plus grand respect de la légalité.

6. Des assurances quant à la poursuite des progrès ont été données au Conseil de l'Europe par le Président de la Fédération, le Premier ministre, le président de la Douma et le président du Conseil de la Fédération dans leur lettre du 18 janvier 1995.

7. Compte tenu des assurances et des considérations et engagements ci-dessous, l'Assemblée estime que la Russie – au sens de l'article 4 du Statut – a clairement la volonté et sera capable dans un avenir proche de se conformer aux dispositions de l'article 3 de ce Statut précisant les conditions requises pour pouvoir adhérer au Conseil de l'Europe («tout membre du Conseil de l'Europe reconnaît le principe de la prééminence du droit et le principe en vertu duquel toute personne placée sous sa juridiction doit jouir des droits de l'homme et des libertés fondamentales. Il s'engage à collaborer sincèrement et activement à la poursuite [de ce] but...»):

i. La Russie s'est associée à plusieurs activités du Conseil de l'Europe depuis 1992 – par le biais de sa participation aux programmes intergouvernementaux de «coopération et d'assistance» (notamment dans le domaine des réformes juridiques et des droits de l'homme) et par la participation de sa délégation d'invités spéciaux aux travaux de l'Assemblée parlementaire et de ses commissions;
ii. un «dialogue politique» est établi entre la Russie et le Comité des Ministres depuis le 7 mai 1992;
iii. la Russie a adhéré à plusieurs conventions du Conseil de l'Europe, dont la Convention culturelle européenne;
iv. les textes législatifs suivants sont actuellement élaborés en priorité, à la lumière de consultations internationales, sur la base des principes et des normes du Conseil de l'Europe: un nouveau Code pénal et un Code de procédure pénale; un nouveau Code civil et un Code de procédure civile; une loi sur le fonctionnement et l'administration du système pénitentiaire;
v. de nouvelles lois conformes aux normes du Conseil de l'Europe seront adoptées: sur le rôle, le fonctionnement et l'administration du Parquet et de l'Office du commissaire aux droits de l'homme; sur la protection des minorités nationales; sur la liberté de réunion et la liberté religieuse;
vi. le statut de la profession juridique sera protégé par la loi: unc association professionnelle (barreau) sera établie;
vii. les responsables avérés de violations des droits de l'homme seront traduits en justice – notamment en relation avec les événements de Tchétchénie;
viii. l'exercice effectif des droits consacrés par l'article 27 de la Constitution et par la loi sur la liberté de mouvement et de choix du lieu de résidence sera assuré;
ix. les conditions de détention seront améliorées conformément à la Recommandation R (87) 3 relative aux règles pénitentiaires européennes: en particulier, les conditions quasi inhumaines régnant dans de nombreux centres de détention préventive seront améliorées dans les plus brefs délais;

x. responsibility for the prison administration and the execution of judgments will be transferred to the Ministry of Justice as soon as possible;
xi. the state and progress of legislative reform will permit the signature and ratification, within the indicated timetable, of the European conventions listed hereunder in paragraph 10;
xii. the Russian Federation will assist persons formerly deported from the occupied Baltic states or those belonging to the descendants of deportees to return home according to special repatriation and compensation programmes which must be worked out.

8. With a view to the fulfilment of these assurances and respect for these commitments, the Assembly resolves to establish – with the close co-operation of Russia's national parliamentary delegation – its own parliamentary "advisory and control" programme under the authority of the committees responsible for the implementation of Order No. 508 (1995) on the honouring of obligations and commitments by member states of the Council of Europe. This programme will complement and not prejudice the monitoring procedure under Order No. 508 (1995).

9. As a contribution to long-term assistance and co-operation, the Assembly welcomes the European Union/Council of Europe joint programme for the strengthening of the federal structure and of human rights protection mechanisms and for legal system reform: particular attention should also be paid to support for, and the strengthening of, non-governmental organisations in the field of human rights and to the establishment of a civil society.

10. The Parliamentary Assembly notes that the Russian Federation shares fully its understanding and interpretation of commitments entered into as spelt out in paragraph 7, and intends:
i. to sign the European Convention on Human Rights at the moment of accession; to ratify the Convention and Protocols Nos. 1, 2, 4, 7 and 11 within a year; to recognise, pending the entry into force of Protocol No. 11, the right of individual application to the European Commission and the compulsory jurisdiction of the European Court (Articles 25 and 46 of the Convention);
ii. to sign within one year and ratify within three years from the time of accession Protocol No. 6 of the European Convention on Human Rights on the abolition of the death penalty in time of peace, and to put into place a moratorium on executions with effect from the day of accession;
iii. to sign and ratify within a year from the time of accession the European Convention for the Prevention of Torture and Inhuman or Degrading Treatment or Punishment;
iv. to sign and ratify within a year from the time of accession the European Framework Convention for the Protection of National Minorities; to conduct its policy towards minorities on the principles set forth in Assembly Recommendation 1201 (1993), and to incorporate these principles into the

x. la responsabilité de l'administration pénitentiaire et de l'application des peines sera transférée au ministère de la Justice dès que possible;
xi. l'état d'avancement de la réforme législative permettra la signature et la ratification, dans les délais indiqués, des conventions européennes énumérées ci-dessous au paragraphe 10;
xii. la Fédération de Russie aidera les personnes précédemment déportées des Etats baltes occupés ou celles qui descendent de déportés à rentrer dans leur pays conformément à des programmes spéciaux de rapatriement et d'indemnisation qui devront être mis au point.

8. Pour assurer la concrétisation de ces assurances et le respect de ces engagements, l'Assemblée décide d'établir – en étroite coopération avec la délégation parlementaire russe – son propre programme parlementaire «de conseil et de contrôle» sous l'autorité des commissions responsables de la mise en œuvre de la Directive n° 508 (1995) relative au respect des obligations et engagements contractés par les Etats membres du Conseil de l'Europe. Ce programme complétera la procédure de contrôle prévue par la Directive n° 508 (1995), sans y porter atteinte.

9. Comme contribution à l'assistance et à la coopération à long terme, l'Assemblée se félicite du programme joint Union européenne/Conseil de l'Europe pour le renforcement des structures fédérales et des mécanismes de protection des droits de l'homme et pour la réforme du système juridique: une attention toute particulière devrait également être accordée à l'appui et au renforcement des organisations non gouvernementales dans les domaines des droits de l'homme et à l'établissement d'une société civile.

10. L'Assemblée parlementaire prend note que la Fédération de Russie partage pleinement sa conception et son interprétation des engagements contractés, tels qu'énoncés au paragraphe 7, et qu'elle a l'intention:
i. de signer la Convention européenne des Droits de l'Homme au moment de son adhésion; de ratifier la Convention et les Protocoles nos 1, 2, 4, 7 et 11 dans un délai d'un an; de reconnaître, dans l'attente de l'entrée en vigueur du Protocole n° 11, le droit de requête individuelle auprès de la Commission européenne et la juridiction obligatoire de la Cour européenne (articles 25 et 46 de la Convention);
ii. de signer dans l'année et de ratifier dans les trois ans suivant son adhésion le Protocole n° 6 à la Convention européenne des Droits de l'Homme concernant l'abolition de la peine de mort en temps de paix, et de mettre en place un moratoire sur les exécutions prenant effet le jour de l'adhésion;
iii. de signer et de ratifier, dans l'année suivant son adhésion, la Convention européenne pour la prévention de la torture et des peines ou traitements inhumains ou dégradants;
iv. de signer et de ratifier, dans l'année suivant son adhésion, la Convention-cadre européenne pour la protection des minorités nationales; de fonder sa politique à l'égard des minorités sur les principes énoncés dans la Recommandation 1201 (1993) de l'Assemblée, et d'incorporer ces

Recommendation 1201 (1993), and to incorporate these principles into the legal and administrative system and practice of the country;

v. to sign and ratify within a year from the time of accession the European Charter on Local Self-Government and the Charter for Regional and Minority Languages; to study, with a view to ratification, the Council of Europe's Social Charter; and meanwhile to conduct its policy in accordance with the principles of these conventions;

vi. to sign and ratify and meanwhile to apply the basic principles of other Council of Europe conventions – notably those on extradition; on mutual assistance in criminal matters; on the transfer of sentenced persons; and on the laundering, search, seizure and confiscation of proceeds from crime;

vii. to settle international as well as internal disputes by peaceful means (an obligation incumbent upon all member states of the Council of Europe), rejecting resolutely any forms of threats of force against its neighbours;

viii. to settle outstanding international border disputes according to the principles of international law, abiding by the existing international treaties;

ix. to ratify, within six months from the time of accession, the agreement of 21 October 1994 between the Russian and Moldovan Governments and to continue the withdrawal of the 14th Army and its equipment from the territory of Moldova within a time-limit of three years from the date of signature of the agreement;

x. to fulfil its obligations under the Treaty on Conventional Armed Forces in Europe (CFE);

xi. to denounce as wrong the concept of two different species of foreign countries, treating some of them as a zone of special influence called "near abroad";

xii. to negotiate claims for the return of cultural property to other European countries on an *ad hoc* basis that differentiates between types of property (archives, works of art, buildings etc.) and of ownership (public, private or institutional);

xiii. to return without delay the property of religious institutions;

xiv. to settle rapidly all issues related to the return of property claimed by Council of Europe member states, in particular the archives transferred to Moscow in 1945;

xv. to cease to restrict – with immediate effect – international travel of persons aware of state secrets, with the exception of those restrictions which are generally accepted in Council of Europe member states and to facilitate the consultation of archives kept in the Russian Federation

xvi. to ensure that the application of the CIS Convention on Human Rights does not in any way interfere with the procedure and guarantees of the European Convention on Human Rights;

xvii. to revise the law on federal security services in order to bring it into line with Council of Europe principles and standards within one year from the time of accession: in particular, the right of the Federal Security Service (FSB) to possess and run pre-trial detention centres should be withdrawn;

principes dans le système et la pratique juridiques et administratifs du pays;

v. de signer et de ratifier, dans l'année suivant son adhésion, la Charte européenne de l'autonomie locale et la Charte des langues régionales ou minoritaires; d'étudier, en vue de sa ratification, la Charte sociale du Conseil de l'Europe; et de mener entre-temps sa politique selon les principes de ces conventions;

vi. de signer et ratifier et d'appliquer entre-temps les principes de base d'autres conventions du Conseil de l'Europe – notamment celles relatives à l'extradition; à l'entraide judiciaire en matière pénale; au transfèrement des personnes condamnées; et au blanchiment, au dépistage, à la saisie et à la confiscation de produits du crime;

vii. de régler les différends internationaux et internes par des moyens pacifiques (obligation qui incombe à tous les Etats membres du Conseil de l'Europe), en rejetant résolument toute menace d'employer la force contre ses voisins;

viii. de régler les différends internationaux qui subsistent en matière de frontières selon les principes du droit international, en s'en tenant aux traités internationaux existants;

ix. de ratifier, dans un délai de six mois après son adhésion, l'accord intervenu le 21 octobre 1994 entre les Gouvernements russe et moldove, et de poursuivre le retrait de la 14e armée et de son matériel du territoire de la Moldova dans un délai de trois ans à compter de la date de signature de l'accord;

x. de remplir les obligations qui lui incombent en vertu du Traité relatif aux forces armées conventionnelles en Europe (CFE);

xi. de dénoncer comme erroné le concept de deux catégories différentes de pays étrangers, qui consiste à traiter certains d'entre eux appelés «pays étrangers proches» comme une zone d'influence spéciale;

xii. de négocier les demandes de restitution de biens culturels à d'autres pays européens sur une base *ad hoc*, qui permettrait de distinguer les différentes catégories de biens (archives, œuvres d'art, bâtiments, etc.) et de propriétaire (public, privé ou institutionnel);

xiii. de restituer dans les plus brefs délais les biens des institutions religieuses;

xiv. de régler rapidement toutes les questions relatives à la restitution de biens réclamés par des Etats membres du Conseil de l'Europe, et notamment les archives transférées à Moscou en 1945;

xv. de cesser de restreindre, avec effet immédiat, la liberté de circulation internationale de personnes ayant connaissance de secrets d'Etat, à l'exception des restrictions qui sont généralement acceptées dans les Etats membres du Conseil de l'Europe, et de faciliter la consultation des archives conservées dans la Fédération russe;

xvi. de s'assurer que l'application de la Convention des droits de l'homme de la CEI n'entrave en rien la procédure et les garanties de la Convention européenne des Droits de l'Homme;

xix. to reduce, if not eliminate, incidents of ill-treatment and deaths in the armed forces outside military conflicts;

xx. to pursue legal reform with a view to bringing all legislation in line with Council of Europe principles and standards: in particular, Presidential Decree No. 1226 should be revised without delay;

xxi. to extend its international co-operation in order to prevent – and eliminate the ecological effects of – natural and technological disasters;

xxii. to sign and ratify within a year from the time of accession the General Agreement on Privileges and Immunities of the Council of Europe and its additional protocols;

xxiii. to co-operate fully in the implementation of Assembly Order No. 508 (1995) on the honouring of obligations and commitments by member states of the Council of Europe, as well as in monitoring processes established by virtue of the Committee of Ministers' Declaration of 10 November 1994 (95th session);

xxiv. to respect strictly the provisions of international humanitarian law, including in cases of armed conflict on its territory;

xxv. to co-operate in good faith with international humanitarian organisations and to enable them to carry on their activities on its territory in conformity with their mandates.

11. The Assembly recommends that the Committee of Ministers – on the basis of the commitments and understandings indicated above:

i. invite the Russian Federation to become a member of the Council of Europe;

ii. allocate eighteen seats to the Russian Federation in the Parliamentary Assembly;

iii. guarantee that the Organisation's means and capabilities, in particular those of the Assembly and of the human rights institutions, are increased to meet the consequences of these decisions, and refrain from using the Russian Federation's accession to reduce the contribution of states which are already members.

xvii. de réviser la loi sur les services de sécurité fédéraux afin de la mettre en conformité avec les principes et les normes du Conseil de l'Europe dans un délai d'un an suivant son adhésion: en particulier le droit du Service fédéral de sécurité (FSB) de posséder et de gérer des centres de détention préventive devrait être supprimé;
xviii. d'adopter une loi prévoyant un service militaire de substitution, comme prévu à l'article 59 de la Constitution;
xix. de réduire, voire d'éliminer, les incidents de mauvais traitements et les décès dans les forces armées en dehors des affrontements militaires;
xx. de poursuivre les réformes juridiques afin de mettre l'ensemble de sa législation en conformité avec les principes et les normes du Conseil de l'Europe: en particulier le décret présidentiel nº 1226 doit être révisé dans les plus brefs délais;
xxi. d'élargir sa coopération internationale pour prévenir – et éliminer les effets écologiques – des catastrophes naturelles et technologiques;
xxii. de signer et de ratifier, dans l'année suivant son adhésion, l'Accord général sur les privilèges et immunités du Conseil de l'Europe et ses protocoles additionnels;
xxiii. de coopérer pleinement à la mise en œuvre de la Directive nº 508 (1995) de l'Assemblée relative au respect des obligations et engagements contractés par les Etats membres du Conseil de l'Europe, ainsi qu'aux processus de contrôle établis en vertu de la Déclaration du Comité des Ministres du 10 novembre 1994 (95e session);
xxiv. de respecter strictement les dispositions du droit international humanitaire, y compris en cas de conflits armés sur son territoire;
xxv. de coopérer de bonne foi avec les organisations humanitaires internationales et de leur permettre d'exercer leurs activités sur son territoire conformément à leurs mandats.

11. L'Assemblée recommande au Comité des Ministres – sur la base des engagements et ententes exposés ci-dessus:

i. d'inviter la Fédération de Russie à devenir membre du Conseil de l'Europe;
ii. d'attribuer à la Fédération de Russie dix-huit sièges à l'Assemblée parlementaire;
iii. de garantir une augmentation des moyens et des capacités de l'Organisation, notamment ceux de l'Assemblée et des institutions des droits de l'homme, afin de faire face aux conséquences de ces décisions et de ne pas utiliser l'adhésion de la Fédération de Russie pour diminuer les contributions des Etats qui sont déjà membres.

2. Opinion No. 195 (1996)

on Croatia's request for membership of the Council of Europe

1. Croatia applied to join the Council of Europe on 11 September 1992. By Resolution (1992) 69 of 10 December 1992, the Committee of Ministers asked the Parliamentary Assembly to give an opinion, in accordance with Statutory Resolution 51 (30A).

2. Special guest status with the Parliamentary Assembly was granted to the Croatian Parliament on 4 May 1992.

3. Procedure for an opinion on Croatia's request for membership was delayed as a result of Croatian involvement in the war in Bosnia-Herzegovina. Events in Western Slavonia and former United Nations Sectors North and South further delayed the procedure.

4. Parliamentary elections were held in October 1995. The Assembly's observer delegation considered them, with some reservation, to have been free and fair.

5. Croatia has been taking part in various activities of the Council of Europe since 1992 through its participation in intergovernmental co-operation and assistance programmes and through the participation of its special guest delegation in the work of the Parliamentary Assembly and its committees.

6. Political dialogue between Croatia and the Committee of Ministers has been established since April 1992.

7. Croatia has also acceded to several Council of Europe conventions, including the European Cultural Convention.

8. Furthermore, the Assembly welcomes the provisional agreement on the establishment of an OSCE mission in Croatia.

9. On 15 March 1996, the President of Croatia and the President of the Croatian Parliament signed a document stating that, in order to fulfil the requirements for admission to the Council of Europe, Croatia was formally undertaking the following commitments:

i. to sign the European Convention on Human Rights (ECHR) at the moment of accession;

ii. to ratify the ECHR and Protocol Nos. 1,2,4,7 and 11 within a year from the time of accession;

iii. to recognise, pending the entry into force of Protocol No. 11, the right of individual application to the European Commission of Human Rights and

2. Avis n° 195 (1996)

relatif à la demande d'adhésion de la Croatie au Conseil de l'Europe

1. La Croatie a déposé le 11 septembre 1992 une demande d'adhésion au Conseil de l'Europe. Par sa Résolution (92) 69 du 10 décembre 1992, le Comité des Ministres a invité l'Assemblée parlementaire à formuler un avis, conformément à la Résolution statutaire (51) 30A.

2. Le statut d'invité spécial auprès de l'Assemblée parlementaire a été accordé au Parlement croate le 4 mai 1992.

3. La procédure pour avis sur la demande d'adhésion de la Croatie a été retardée du fait de la participation croate à la guerre en Bosnie-Herzégovine. Les événements survenus en Slavonie occidentale et dans les anciens secteurs nord et sud des zones de protection des Nations unies ont entraîné de nouveaux retards dans la procédure.

4. Des élections parlementaires ont eu lieu en octobre 1995. Les observateurs de l'Assemblée ont, avec certaines réserves, considéré que le scrutin s'était déroulé librement et loyalement.

5. La Croatie participe à diverses activités du Conseil de l'Europe depuis 1992 dans le cadre de programmes intergouvernementaux de coopération et d'assistance, et par le biais de la participation de sa délégation d'invités spéciaux aux travaux de l'Assemblée parlementaire et de ses commissions.

6. Le dialogue politique entre la Croatie et le Comité des Ministres est établi depuis avril 1992.

7. La Croatie a par ailleurs adhéré à plusieurs conventions du Conseil de l'Europe, dont la Convention culturelle européenne.

8. De plus, l'Assemblée se félicite de l'accord provisoire sur l'instauration d'une mission de l'OSCE en Croatie.

9. Le 15 mars 1996, le Président de la République de Croatie et le Président du Parlement croate ont signé un document constatant que, dans le but de remplir les conditions d'adhésion au Conseil de l'Europe, la Croatie prenait officiellement les engagements suivants:

i. signer la Convention européenne des Droits de l'Homme (CEDH) au moment de son adhésion;
ii. ratifier la CEDH et les Protocoles n°s 1, 2, 4, 7 et 11 dans l'année suivant son adhésion;
iii. reconnaître, en attendant l'entrée en vigueur du Protocole n° 11, le droit de requête individuel auprès de la Commission européenne et la juridiction

the compulsory jurisdiction of the European Court of Human Rights (Articles 25 and 46 of the Convention);

iv. to sign within one year and ratify within three years from the time of accession Protocol No. 6 of the ECHR on the abolition of the death penalty in time of peace;

v. to sign and ratify within a year from the time of accession the European Convention for the Prevention of Torture and Inhuman and Degrading Treatment or Punishment;

vi. to sign and ratify within a year from the time of accession the European Framework Convention for the Protection of National Minorities, the European Charter on Local Self-Government, and the Charter for Regional and Minority Languages; to conduct its policy towards minorities on the principles set forth in Assembly Recommendation 1201 (1993), and to incorporate these principles into the legal and administrative system and practice of the country;

vii. to implement the recommendations resulting from the opinion of the European Commission for Democracy through Law (the "Venice Commission") on the constitutional law on human rights and the freedoms and rights of national and ethnic communities and minorities and human rights protection mechanisms;

viii. to take all necessary measures, including adequate police protection, to guarantee the safety and human rights of the Serb population in Croatia, in particular in the former UN Protected Areas, to facilitate the return of people who left these areas and to allow them, through a specific procedure established by law, effectively to exercise their rights to recover their property or receive compensation;

ix. to study, with a view to ratification, the Council of Europe's Social Charter, and meanwhile to conduct its policy in accordance with the principles contained therein;

x. to sign and ratify and meanwhile apply the basic principles of other Council of Europe conventions – notably those on extradition, on mutual assistance in criminal matters, on the transfer of sentenced persons, and on the laundering, search, seizure and confiscation of proceeds from crime;

xi. to settle international as well as internal disputes by peaceful means;

xii. to comply strictly with its obligations under the Basic Agreement on the Region of Eastern Slavonia, Baranja and Western Sirmium, and to co-operate fully with the United Nations Transitional Administration for this region (UNTAES);

xiii. to co-operate fully and effectively in the implementation of the Dayton/Paris Agreements for Peace in Bosnia-Herzegovina;

xiv. to co-operate with, and actively assist, the Prosecutor of the International Criminal Tribunal for the former Yugoslavia, in bringing before the tribunal without delay persons indicted for war crimes, crimes against humanity and genocide;

xv. to settle outstanding international border disputes according to the princi-

obligatoire de la Cour européenne des Droits de l'Homme (articles 25 et 46 de la Convention);

iv. signer dans l'année et ratifier dans un délai de trois ans suivant son adhésion le Protocole n° 6 à la CEDH concernant l'abolition de la peine de mort en temps de paix;

v. signer et ratifier, dans l'année suivant son adhésion, la Convention européenne pour la prévention de la torture et des peines ou traitements inhumains ou dégradants;

vi. signer et ratifier, dans l'année suivant son adhésion, la Convention-cadre européenne pour la protection des minorités nationales et la Charte européenne de l'autonomie locale, ainsi que la Charte des langues régionales ou minoritaires; fonder sa politique à l'égard des minorités sur les principes énoncés dans la Recommandation 1201 (1993) de l'Assemblée, et incorporer ces principes dans le système et la pratique juridiques et administratifs du pays;

vii. mettre en œuvre les recommandations résultant de l'avis de la Commission européenne pour la démocratie par le droit («Commission de Venise») sur le droit constitutionnel relatif aux droits de l'homme et aux libertés et droits des communautés nationales et ethniques, et des minorités, ainsi qu'aux mécanismes de protection des droits de l'homme;

viii. prendre toutes les mesures nécessaires, notamment en assurant une bonne protection par la police, pour garantir la sécurité et les droits de l'homme de la population serbe en Croatie, en particulier dans les anciennes zones protégées par l'ONU, pour faciliter le retour des personnes qui ont quitté ces zones et les autoriser, par une procédure spécifique établie par la loi, à exercer effectivement leurs droits de recouvrer leurs biens ou d'obtenir réparation;

ix. étudier, en vue de sa ratification, la Charte sociale du Conseil de l'Europe et, en attendant, mettre en œuvre une politique conforme aux principes qu'elle contient;

x. signer et ratifier, et appliquer entre-temps, les principes fondamentaux d'autres conventions du Conseil de l'Europe, notamment celles relatives à l'extradition, à l'entraide judiciaire en matière pénale, au transfèrement des personnes condamnées, et celle relative au blanchiment, au dépistage, à la saisie et à la confiscation des produits du crime;

xi. régler les différends internationaux et internes par des moyens pacifiques;

xii. respecter strictement ses obligations aux termes de l'accord de base sur la région de la Slavonie orientale, de la Baranja et de la Sirmie occidentale, et coopérer pleinement avec l'Administration transitoire des Nations unies pour cette région (UNTAES);

xiii. coopérer pleinement et efficacement à l'application des accords de paix de Dayton/Paris en Bosnie-Herzégovine;

xiv. coopérer avec le procureur du Tribunal pénal international pour l'ex-Yougoslavie et l'aider activement en traduisant sans délai devant le tribunal les personnes accusées de crimes de guerre, de crimes contre

ples of international law;

xvi. to implement the recommendations of Council of Europe experts on legislation relating to the media, such as the law on public information, the law on telecommunications and the law on protection of competition;

xvii. to continue with the procedure of electing a mayor of Zagreb in accordance with the constitution and the laws of the Republic of Croatia and taking into account the recommendations of the Council of Europe;

xviii. to pursue reforms with a view to bringing all legislation and practice in line with Council of Europe principles and standards;

xix. to comply, well before the next elections, with the recommendations made by the election observers of the Council of Europe and other international organisations, in particular with regard to the special voting block for the diaspora, minority representation, voter registration lists, voter anonymity, as well as the need to increase the independence of the state broadcasting corporation (HRT) and to undertake a census of the population as soon as possible;

xx. to sign and ratify within a year from the time of accession the General Agreement on Privileges and Immunities and its additional protocols;

xxi. to co-operate fully in the implementation of Assembly Order No. 508 (1995) on the honouring of obligations and commitments by member states of the Council of Europe, as well as in the monitoring process established by virtue of the Committee of Ministers' declaration of 10 November 1994 (95th session).

10. The Assembly further expects Croatia:

i. to observe strictly the provisions of international humanitarian law, including in the event of armed conflict within its territory;

ii. to co-operate with the international humanitarian organisations and to take all necessary steps to solve the remaining humanitarian problems in the wake of the recent conflicts, notably in connection with prisoners and missing persons;

iii. to ensure that the application of the law on the High Judiciary Council respects Council of Europe standards;

iv. to guarantee effectively the rights and freedoms of national and ethnic minorities in compliance with the commitments undertaken by the Croatian authorities;

v. to guarantee effectively freedom of the media in compliance with the commitments undertaken by the Croatian authorities;

vi. to grant, without delay, a general amnesty for all former combatants, not suspected of war crimes, in order to encourage the return of Croatian Serbs;

l'humanité et de génocide;

xv. régler les problèmes de frontières internationales dans le respect des principes du droit international;

xvi. mettre en œuvre les recommandations des experts du Conseil de l'Europe sur la législation relative aux médias comme la loi sur l'information publique, la loi sur les télécommunications et la loi sur la protection de la concurrence;

xvii. poursuivre la procédure d'élection du maire de Zagreb, conformément à la Constitution et aux lois de la République de Croatie, en tenant compte des recommandations du Conseil de l'Europe;

xviii. poursuivre les réformes pour mettre l'ensemble de la législation et de la pratique en conformité avec les principes et les normes du Conseil de l'Europe;

xix. se conformer, bien avant les prochaines élections, aux recommandations faites par les observateurs du Conseil de l'Europe et d'autres organisations internationales aux dernières élections, en ce qui concerne en particulier la fixation d'un nombre de sièges pour la Diaspora, la représentation de la minorité, les listes électorales, le secret du scrutin, la nécessité de renforcer l'indépendance de l'organisme de radio-télévision (HRT) et de procéder à un recensement de la population le plus tôt possible;

xx. signer et ratifier dans un délai d'un an suivant l'adhésion l'Accord général sur les privilèges et immunités, et ses protocoles additionnels;

xxi. coopérer pleinement à la mise en œuvre de la Directive n° 508 (1995) de l'Assemblée relative au respect des obligations et engagements contractés par les Etats membres du Conseil de l'Europe, ainsi qu'aux processus de contrôle établis en vertu de la Déclaration du Comité des Ministres du 10 novembre 1994 (95ᵉ session).

10. L'Assemblée escompte également que la Croatie:

i. respectera strictement les dispositions du droit humanitaire international, y compris en cas de conflit armé sur son territoire.

ii. coopèrera avec les organisations humanitaires internationales et prendra toutes les mesures nécessaires pour résoudre les problèmes humanitaires qui subsistent à la suite des conflits récents, notamment en ce qui concerne les personnes détenues et les personnes disparues.

iii. veillera à ce que l'application de la loi sur le Conseil supérieur de la magistrature respecte les normes du Conseil de l'Europe;

iv. garantira effectivement les droits et libertés des minorités ethniques et nationales, conformément aux engagements pris par les autorités croates;

v. garantira effectivement la liberté des médias conformément aux engagements pris par les autorités croates;

vi. accordera tout de suite une amnistie générale à tous les anciens combattants non soupçonnés de crimes de guerre, afin d'encourager le retour des Serbes croates;

vii. assistera activement la mission de l'OSCE dans ses travaux;

vii. to actively assist the OSCE mission in its work;
viii.to consult the Council of Europe experts on the revision bill of the Local Administration and Autonomy Act sufficiently in advance of its second reading in parliament.
ix. to solve, in acccordance with the standards and principles of the Council of Europe, the problems related to the confiscation of property during the fascist and communist regimes.

11. On the basis of these commitments and expectations the Assembly believes that Croatia, in the sense of Article 4 of the Statute of the Council of Europe, is clearly able and willing to fulfil the provisions for membership to the Council of Europe as set forth in Article 3: "Every member of the Council must accept the principles of the rule of law and of the enjoyment by all persons within its jurisdiction of human rights and fundamental freedoms, and collaborate sincerely and effectively in the realisation of the aim of the Council ...".

12. With a view to ensuring respect for these commitments, the Assembly resolves to monitor closely, and with immediate effect from the day of accession, the situation in Croatia according to its procedure under Order No. 508 (1995).

13. The Assembly recommends that the Committee of Ministers, on the basis of the commitments set out above,
i. invite Croatia to become a member of the Council of Europe;
ii. allocate five seats to Croatia in the Parliamentary Assembly.

3. Opinion No. 198 (1996)

on the draft convention for the protection of human rights and dignity of the human being with regard to the application of biology and medicine: convention on human rights and biomedicine

1. The adoption on 7 June 1996 by the Steering Committee on Bioethics (CDBI) of a revised draft convention marked the culmination of many long years of work. In this connection, the Assembly draws particular attention to its Recommendations 934 (1982) on genetic engineering, 1046 (1986) and 1100 (1989) on the use of human embryos and foetuses, and 1160 (1991) on the preparation of a convention on bioethics, as well as its Opinion No. 184 (1995) on the first draft convention in which it recommended that the Committee of Ministers "review thoroughly" the draft text.

2. The new draft convention is more complete and better structured as a whole. The order in which its provisions are placed and the links between them are more

viii. consultera les experts du Conseil de l'Europe sur le projet de loi portant révision de la loi sur l'administration et l'autonomie locales à une date laissant un délai suffisant avant sa seconde lecture au parlement.
ix. règlera, conformément aux normes et principes du Conseil de l'Europe, les problèmes liés à la confiscation des propriétés durant les régimes fasciste et communiste.

11. Sur la base de ces engagements et attentes, l'Assemblée estime que la Croatie est capable et a la volonté, conformément à l'article 4 du Statut du Conseil de l'Europe, de se conformer aux dispositions de l'article 3 de ce Statut précisant les conditions requises pour pouvoir adhérer au Conseil de l'Europe: «Tout membre du Conseil de l'Europe reconnaît le principe de la prééminence du droit et le principe en vertu duquel toute personne placée sous sa juridiction doit jouir des droits de l'homme et des libertés fondamentales. Il s'engage à collaborer sincèrement et activement à la poursuite (de ce) but (...)».

12. En vue d'assurer le respect de ces engagements, l'Assemblée décide de suivre de près, dès son adhésion, la situation en Croatie dans le cadre de sa Directive n° 508 (1995).

13. L'Assemblée recommande au Comité des Ministres, sur la base des engagements exposés ci-dessus:
i. d'inviter la Croatie à devenir membre du Conseil de l'Europe;
ii. d'attribuer à la Croatie cinq sièges à l'Assemblée parlementaire.

3. Avis n° 198 (1996)

relatif au projet de convention pour la protection des droits de l'homme et de la dignité de l'être humain à l'égard des applications de la biologie et de la médecine

1. L'adoption par le Comité directeur pour la bioéthique (CDBI) le 7 juin dernier d'un projet de convention révisé est le couronnement de longues années de travaux. L'Assemblée rappelle en particulier ses Recommandations 934 (1982) relative à l'ingénierie génétique, 1046 (1986) et 1100 (1989), relatives à l'utilisation d'embryons et de fœtus humains, 1160 (1991) relative à l'élaboration d'une convention de bioéthique et son Avis n° 184 (1995), sur un premier projet de convention, où elle demandait au Comité des Ministres de revoir celui-ci de «façon approfondie».

2. Le nouveau projet est plus complet et mieux structuré dans son ensemble. L'ordre et l'enchaînement des dispositions suivent une logique plus rigoureuse par

logical than in the initial draft. The text has been more carefully worded, and the addition of new articles, for example, on organ transplantation, constitutes an improvement. On some points, such as the protection of embryos, the articles have been kept brief and are intended merely to provide the basis for future protocols.

3. The draft text is in tune with the thinking behind the Assembly's proposals, although the exact wording of the individual amendments has not always been followed. A series of newly drafted provisions provides a satisfactory response to one of the Assembly's main concerns, namely the question of "consent" and, in particular, the protection of persons unable to give consent. At the same time, a further guarantee is enshrined in a new provision, based on the Assembly's amendments, concerning the role to be played by the European Court of Human Rights in interpreting the convention.

4. The Assembly believes that the new draft convention is a coherent and balanced text. It represents the maximum degree of European consensus that can be achieved at present. Once it has been adopted, the convention will serve as a universal benchmark and will encourage many states to comply with and go beyond the standards it lays down.

5. As with all texts based on compromise, it could, however, be improved in some areas. In the view of the Assembly, the draft convention provides no clear guidance on the question of the communication of results of genetic tests to third parties. This problem, which is likely to assume considerable social and economic importance in the years ahead, cannot be left unmentioned.

6. The Assembly therefore recommends that the Committee of Ministers:

i. amend Article 1 (Purpose and object) of the draft convention by inserting a second sentence as follows:
The Parties to this convention shall take all legislative and administrative actions necessary to give effect to and carry out the provisions of this convention within their own territories.";

ii. modify Article 2 (Primacy of the human being) of the draft convention as follows:
"The interests and welfare of the human being shall prevail over the sole interest of society or science.";

iii. amend Article 4 (Professional standards) of the draft convention by inserting a second sentence as follows:
"But persons working in the field of health and biomedical research shall have the right to exercise conscientious objection to any such interventions.";

iv. amend Article 12 (Predictive genetic tests) of the draft convention by add-

rapport au projet initial. Sa rédaction est plus soignée et l'adjonction de nouveaux articles, par exemple sur les transplantations d'organes, constitue un progrès. Sur certains points, tels que la protection de l'embryon, les libellés des articles sont courts, ceux-ci devant servir uniquement comme référence de base aux protocoles futurs.

3. Le projet respecte la philosophie des propositions de l'Assemblée même si le libellé exact des amendements individuels n'a pas toujours été suivi. Une des préoccupations majeures de l'Assemblée relative à la question du «consentement», et en particulier à la protection des personnes qui n'ont pas la capacité de consentir, a trouvé une réponse satisfaisante dans une série de nouvelles formulations. Par ailleurs, une nouvelle disposition, inspirée des amendements de l'Assemblée, relative au rôle que doit jouer la Cour européenne des Droits de l'Homme dans l'interprétation de la convention, constitue une sauvegarde supplémentaire.

4. L'Assemblée considère que le nouveau projet de convention est un texte cohérent et équilibré. Il représente le degré optimal de consensus européen qui soit possible à l'heure actuelle. Une fois adoptée, la convention servira de référence universelle et incitera plusieurs Etats à atteindre et à dépasser les normes qui y sont contenues.

5. Comme tout texte qui est le résultat de compromis, le projet reste néanmoins perfectible sur un certain nombre de points. L'Assemblée estime qu'en ce qui concerne la question relative aux tests génétiques le projet de convention ne comporte aucun message clair quant à la communication des résultats de ces tests aux tiers. Ce problème qui risque de prendre une ampleur socio-économique considérable dans les années à venir ne pourra être passé sous silence.

6. L'Assemblée recommande, par conséquent, au Comité des Ministres:
   i. d'amender l'article 1 (Objet et finalité) du projet de convention en ajoutant un second alinéa libellé comme suit:
   «Les Parties à la présente convention prennent toutes les mesures législatives et administratives nécessaires pour mettre en vigueur et appliquer les dispositions de la convention sur leur propre territoire.»;
   ii. de modifier l'article 2 (Primauté de l'être humain) du projet de convention comme suit:
   «Les intérêts et le bien-être de l'être humain doivent prévaloir sur le seul intérêt de la société ou de la science.»;
   iii. de modifier l'article 4 (Obligations professionnelles et règles de conduite) du projet de convention en insérant une deuxième phrase libellée comme suit:
   «Cependant, toute personne travaillant dans le domaine de la santé et de la recherche biomédicale peut faire valoir son droit à l'objection de conscience pour refuser de procéder à ladite intervention.»;

ing the following two new paragraphs:
"2. The communication of results of genetic testing outside the health field may be allowed only in accordance with the provisions of Article 26, paragraph 1, of this convention and in accordance with national legislation on data protection.
3. Even where the person concerned has consented or is bound by contract, the results of predictive genetic tests shall be used strictly in accordance with paragraphs 1 and 2 above.";

v. amend Article 14 (Non-selection of sex) of the draft convention to read as follows:
"The use of techniques of medically assisted procreation shall not be permitted for the purpose of choosing a future child's sex.";

vi. amplify Article 16.iii (Protection of persons undergoing research) of the draft convention as follows:
"The research project has been approved by the independent multidisciplinary competent body after independent examination of its scientific merit, including the importance of the aim of the research, and ethical acceptability.";

ii. amend Article 17, paragraph 1.ii, of the draft convention to read:
"the results of the research have the potential to produce real and direct benefit to his or her health.";

viii.amend Article 18 (Research on embryos in vitro) of the draft convention as follows:
"– research on embryos in vitro shall be permitted only in the interests of their development. It may, nevertheless, relate to the diagnosis of the most serious diseases;
– the creation of human embryos for research purposes is prohibited.";

ix. amend Article 20, paragraph 2.iv, of the draft convention, to read:
"The authorisation provided for under paragraphs 2 and 3 of Article 6 has been given specifically and in writing, in accordance with the law and with the approval of the judicial authorities responsible for the protection of children.";

x. amend Article 32, paragraph 6 (Amendments to the convention), of the draft convention by amplifying it as follows:
"The committee shall examine the proposal not earlier than two months after it has been forwarded by the Secretary General in accordance with paragraph 5. The committee shall submit the text adopted by a two-thirds majority of the votes cast to the Committee of Ministers for approval. The Committee of Ministers shall transmit the adopted text, before approval, to the Parliamentary Assembly for opinion. After its approval, this text shall be forwarded to the Parties for ratification, acceptance or approval.";

xi. adopt the amended draft convention without referring it back to the CDBI and open it for signature before the end of this year, as any further delay could jeopardise the innovative nature of the text as a model for national legislators;

v. d'amender le projet de convention en introduisant deux nouveaux alinéas dans l'article 12 (Tests génétiques prédictifs) libellés comme suit:
«2. La communication des résultats d'un test génétique à des fins autres que médicales ne peut être autorisée que conformément aux dispositions de l'article 26, paragraphe 1, de la présente convention et à celles de la législation nationale en matière de protection des données.
3. Même en cas de consentement ou d'obligation contractuelle de l'intéressé, l'utilisation des résultats de tests génétiques prédictifs n'est strictement autorisée que dans le cadre des paragraphes 1 et 2 ci-dessus.»;

v. d'amender l'article 14 (Non-sélection du sexe) du projet de convention comme suit:
«L'utilisation des techniques d'assistance médicale à la procréation n'est pas admise pour choisir le sexe de l'enfant à naître.»;

vi. de compléter l'article 16.iii (Protection des personnes se prêtant à une recherche) du projet de convention comme suit:
«Le projet de recherche a été approuvé par l'instance compétente, indépendante et multidisciplinaire, après avoir fait l'objet d'un examen indépendant sur le plan de sa pertinence scientifique, y compris l'importance de l'objectif de la recherche, et sur le plan éthique.»;

vii. d'ajouter à l'article 17 du projet de convention, paragraphe 1.ii:
«comportent un bénéfice réel et direct pour sa santé.»;

viii. d'amender le projet de convention en rédigeant ainsi l'article 18 (Recherche sur les embryons in vitro):
«– la recherche sur les embryons in vitro n'est admise que dans l'intérêt de leur développement. Elle peut toutefois porter sur le diagnostic des maladies les plus graves;
– la constitution d'embryons humains aux fins de recherche est interdite.»;

ix. d'amender l'article 20, paragraphe 2.iv, du projet de convention comme suit:
«L'autorisation prévue aux paragraphes 2 et 3 de l'article 6 a été donnée spécifiquement et par écrit, selon la loi et en accord avec l'autorité judiciaire chargée de la protection de l'enfance.»;

x. de compléter l'article 32, paragraphe 6 (Amendements à la convention), du projet de convention comme suit:
«Le comité examine la proposition au plus tôt deux mois après qu'elle a été transmise par le Secrétaire Général conformément au paragraphe 5. Le comité soumet le texte adopté à la majorité des deux tiers des voix exprimées à l'approbation du Comité des Ministres. Le Comité des Ministres transmet le texte adopté, avant son approbation, à l'Assemblée parlementaire pour avis. Après son approbation, ce texte est communiqué aux Parties en vue de sa ratification, son acceptation ou son approbation.»;

xi. d'adopter le projet de convention amendé, sans le référer une nouvelle fois au CDBI, et de l'ouvrir à la signature avant la fin de l'année en cours, un nouveau retard pouvant mettre en péril le caractère innovateur du texte en

xii. establish a timetable for the preparation of the draft protocols on organ transplantation, medical research and the protection of embryos, instruct the CDBI also to prepare a protocol on genetics, and transmit each draft protocol to the Assembly for opinion as soon as it has been finalised.

B. RECOMMENDATIONS

1. Recommendation 1281 (1995)

on gender equality in education

1. The Assembly believes that education for all girls and boys is a fundamental human right, regardless of gender, race, ethnic origin, family background or personal wealth.

2. In line with its Recommendation 1229 (1994) on equality of rights between men and women, the Assembly asserts the importance of gender equality in education and believes that it should be guaranteed by the educational systems of all States Party to the European Cultural Convention.

3. It acknowledges the action already initiated by the Council of Europe on gender equality and in particular by the Standing Conference of European Ministers of Education (11th session in 1979 and 14th session in 1985) on gender equality in education and by the Steering Committee for Equality between Women and Men on participation of women in public and political life.

4. The Assembly is however concerned that:

i. co-education has led to more equality but in many countries there continue to be institutionalised and non institutionalised forms of discrimination of girls and women;

ii. traditional gender roles in education still strongly steer and reduce the choices of both sexes as regards education, occupation and lifestyles, thus reinforcing the male norms in division of family responsibilities, in the labour market and their dominance in decision-making processes;

iii. women and girls are still subject to sexual harassment and violence in society and in education.

tant que modèle pour le législateur national;

xii. d'établir un calendrier pour l'élaboration des projets de protocole concernant les transplantations d'organes, la recherche médicale et la protection de l'embryon, de donner mandat au CDBI aussi pour l'élaboration d'un protocole sur la génétique et de transmettre pour avis à l'Assemblée les projets de protocole au fur et à mesure que ceux-ci auront été mis au point.

B. RECOMMANDATIONS

1. Recommandation 1281 (1995)

relative à l'égalité des sexes dans le domaine de l'éducation

1. L'Assemblée estime que l'éducation pour toutes les filles et tous les garçons est un droit fondamental de la personne, sans distinction de sexe, de race, d'origine ethnique, d'environnement familial ou de richesse personnelle.

2. Conformément à la Recommandation 1229 (1994) relative à l'égalité des droits entre les hommes et les femmes, l'Assemblée affirme l'importance de l'égalité des sexes dans le domaine de l'éducation et estime que celle-ci devrait être garantie par les systèmes éducatifs de tous les Etats parties à la Convention culturelle européenne.

3. L'Assemblée reconnaît l'action du Conseil de l'Europe en faveur de l'égalité des sexes dans le domaine de l'éducation, et en particulier l'action de la Conférence permanente des ministres européens de l'Education (11e session en 1979 et 14e session en 1985) sur ce sujet, et celle du Comité directeur pour l'égalité entre les femmes et les hommes sur la participation des femmes à la vie publique et politique.

4. L'Assemblée note pourtant avec inquiétude que:

i. bien que l'éducation mixte ait conduit à davantage d'égalité, il subsiste dans de nombreux pays des formes institutionnalisées et non institutionnalisées de discrimination à l'encontre des filles et des femmes;

ii. les rôles dévolus traditionnellement aux sexes dans le domaine de l'éducation continuent d'orienter et de restreindre fortement les choix des deux sexes en matière d'éducation, d'activité professionnelle et de mode de vie, renforçant ainsi les normes masculines dans la répartition des responsabilités familiales, sur le marché du travail, ainsi que leur domination dans les processus de décision;

iii. les femmes et les filles subissent toujours un harcèlement sexuel et des actes de violence dans la société et dans le domaine de l'éducation.

5. The Assembly believes therefore that strategies should be developed which create for girls and boys, women and men, *de jure* and *de facto* freedom of access to and freedom of choice in education including initial and further education, vocational training and adult education. Education should help them to develop their full potential, to preserve their personal integrity, to aim at economic independence and to participate fully in society and in political life.

6. Girls and boys should be presented with positive role models of women of the past and present as a valid educational concept for removing stereotypes. Women as principals and decision-makers within a gender-balanced educational workforce can also be considered as important role-models.

7. Childbearing and motherhood have a considerable impact on women's activities. Knowledge of this, and also the sharing of responsibilities in the home and with the raising of children, should be a basic part of the school curriculum for boys and girls.

8. Gender equality in education can only be achieved by meeting the needs of employed women, especially those working in the educational fields, and by counteracting existing discrimination. The educational authorities of the member states should do all they can to achieve fixed and regular school timetables and provide mothers with support, such as child-oriented timetabling and provisions for personal choice of child care.

9. Gender equality in education must be part of an overall strategy for a more egalitarian and democratic society, considering that women of the past and present have contributed eminently to European culture and society and it is necessary to incorporate into education that knowledge that feminists have gathered on this contribution.

10. The Assembly acknowledges the significant contribution of the women's movement and feminist researchers and activists to human rights and gender equality in the educational field as well as in the political, social, cultural and economic fields and appreciates the expertise gathered in analysing and counteracting sexism and racism.

11. It believes that democracy can only be taught in schools in a democratic setting respecting the cultural plurality in Europe, and stressing the fundamental principle of equality between girls and boys, women and men, whatever differences there may be between them, their different viewpoints and experiences.

5. L'Assemblée estime donc qu'il faudrait élaborer des stratégies qui donnent *de jure* et *de facto* aux filles et aux garçons, aux femmes et aux hommes le libre accès à l'éducation et la liberté de choisir leur filière d'études, y compris l'éducation de base et l'éducation complémentaire, l'enseignement professionnel et la formation des adultes. L'éducation devrait les aider à développer toutes leurs potentialités, à préserver leur intégrité personnelle, à viser à l'indépendance économique et à participer pleinement à la société et à la vie politique.

6. Des modèles de femmes du passé et du présent à imiter devraient être présentés aux filles et aux garçons comme concept éducatif valable pour éliminer les stéréotypes. Les femmes qui exercent une fonction de directrice et de décideuse au sein d'une équipe enseignante où la répartition des sexes est bien équilibrée peuvent aussi être considérées comme des modèles valorisants.

7. La grossesse et la maternité ont une influence considérable sur les activités des femmes. Etre conscient de ce fait, comme du partage des responsabilités au sein du foyer et pour l'éducation des enfants, ce sont là des points qui devraient représenter une partie fondamentale du programme scolaire des garçons et des filles.

8. L'égalité des sexes dans le domaine de l'éducation n'est possible que si l'on répond aux besoins des employées, notamment celles qui travaillent dans le secteur de l'éducation, en prenant des mesures contre les discriminations existantes. Les autorités éducatives des Etats membres devraient faire tout ce qui est en leur pouvoir pour établir des calendriers scolaires fixes et réguliers et apporter un soutien aux mères, en établissant le calendrier scolaire en fonction des enfants et en assurant, tout en leur laissant la possibilité de choisir, des services de garderie.

9. L'égalité sexuelle dans le domaine de l'éducation doit s'inscrire dans une stratégie globale ayant pour objectif une société plus égalitaire et plus démocratique, attendu que les femmes des temps passé et présent ont apporté une précieuse contribution à la culture et à la société européennes et qu'il convient d'intégrer au système éducatif les données d'experts féministes sur cette contribution.

10. L'Assemblée reconnaît l'importante contribution que le mouvement des femmes, les chercheurs et les activistes féministes ont apporté aux droits de la personne et à l'égalité des sexes dans l'éducation, ainsi que dans les domaines politique, social, culturel et économique, et elle apprécie à sa juste valeur les connaissances accumulées grâce à l'analyse du sexisme et du racisme et aux mesures prises pour les combattre.

11. Elle estime que la démocratie ne peut être enseignée dans les écoles que dans un cadre démocratique respectant le pluralisme culturel de l'Europe, tout en affirmant le principe fondamental de l'égalité entre filles et garçons, femmes et hommes, quelles que soient les différences entre eux, leurs différents points de vue et expériences.

12. The Assembly, therefore, recommends that the Committee of Ministers ask the competent authorities of member states to promote education in human rights with a gender-sensitive approach and to take measures to accelerate *de jure* and *de facto* equality in education, promoting actively equal rights, equal chances, equal treatment in a gender-sensitive way of girls and boys, women and men, whether students or belonging to the workforce in education, and in particular to:

i. create strategies for freedom of access and freedom of choice in education for girls and boys, women and men, including initial and further education, vocational training and adult education;

ii. identify and spread good practice in gender-sensitive education, for example by:

   a. revising teaching material and methods with a view to reinforcing non-discriminatory language and non-sexist teaching and to placing greater emphasis on equality and non-violence;

   b. revising stereotypes and role models for girls and boys, improving their self-images and providing them with positive role models while counteracting concepts of inequality and male violence;

   c. better presentation of the importance of women in European history and culture;

   d. taking greater consideration of the needs of girls and women and of boys and men for education in the fields of health, sex, family planning and parenthood;

   e. directing attention in media education to non-sexist, non-racist and non-violent scenes, avoiding verbal and visual violence against girls and women;

iii. include gender sensitivity and the promotion of equality in all initial and in-service teacher training and in the training of vocational advisors;

iv. initiate gender-sensitive research, including the participation of researchers on feminism and migration;

v. improve the gender balance of teaching and administrative staff and school management;

vi. recognise the strategic and supportive role played by teachers and parents in the removal of discrimination, for example by improving communications between schools and parents especially for migrant girls, and by the provision of support services for working parents.

13. The Assembly further recommends that the Committee of Ministers:

i. place special emphasis on activities in the field of monitoring gender equality in education and provide in due course information on the situa-

12. Aussi, l'Assemblée recommande-t-elle au Comité des Ministres d'inciter les autorités compétentes des Etats membres à promouvoir une éducation aux droits de la personne tenant compte de l'approche différenciée par sexe et à prendre des mesures propres à accélérer *de jure* et *de facto* l'égalité dans l'éducation en défendant activement l'égalité en droits et l'égalité des chances pour les filles et les garçons, les femmes et les hommes, ainsi que l'égalité de traitement dans le respect de leurs différences, qu'ils soient élèves, étudiants ou enseignants; ces mesures doivent notamment:

i. créer des stratégies pour garantir aux filles et aux garçons, aux femmes et aux hommes, le libre accès à l'éducation et la liberté de choisir leur filière d'études, y compris l'éducation de base et l'éducation complémentaire, la formation professionnelle et l'éducation pour adultes;

ii. recenser et populariser les bonnes pratiques d'une éducation respectueuse des différences entre les sexes, par exemple:

a. en révisant le matériel et les méthodes d'enseignement pour promouvoir un langage non discriminatoire et un enseignement non sexiste, et pour insister davantage sur l'égalité et la non-violence;

b. en révisant les stéréotypes et modèles pour les filles et les garçons, en améliorant leur propre image et en leur proposant des modèles positifs, tout en fustigeant les idées d'inégalité et de violence masculine;

c. en présentant mieux l'importance des femmes dans l'histoire et la culture européennes;

d. en prenant davantage en considération les besoins éducatifs des filles et des femmes de même que des garçons et des hommes dans le domaine de la santé, de la sexualité, du planning familial et de la fonction parentale;

e. en attirant l'attention dans l'éducation aux médias sur les scènes non sexistes, non racistes et non violentes, en évitant la violence verbale et visuelle à l'encontre des filles et des femmes;

iii. incorporer une sensibilisation à la différence entre les sexes et la promotion de l'égalité dans toutes les formations initiales et continues des enseignants et dans les formations d'orientateurs professionnels;

iv. lancer des études sur la sensibilisation à la différence entre les sexes, avec la participation de chercheurs sur le féminisme et sur les migrations;

v. améliorer l'équilibre des sexes au sein des équipes enseignantes, administratives et de direction d'école;

vi. reconnaître le rôle stratégique et protecteur joué par les enseignants et les parents dans la suppression des inégalités, par exemple, en améliorant la communication entre l'école et les parents, notamment dans le cas des filles d'immigrés, et en offrant des services de soutien aux parents qui travaillent.

13. L'Assemblée recommande en outre que le Comité des Ministres:

i. accorde une importance particulière aux activités dans le domaine de la surveillance de l'égalité des sexes dans l'éducation, et l'informe en temps

tion within the area of the European Cultural Convention;

ii. expand international consultation and exchange of experiences with regard to legislation, educational programmes, studies or debates on topical problems relating to gender equality in education;

iii. initiate exchange programmes for teachers, students and researchers and increase the possibilities for training and research in gender-sensitive education, in both cases with due regard for gender balance;

iv. instruct the European Commission against Racism and Intolerance to consider the dimension of gender equality in education in its work;

v. re-establish the former joint working party of the Steering Committee for Equality between Women and Men and the Council for Cultural Co-operation to study the effects of co-education and to organise subsequently an international policy-making conference.

2. Recommendation 1285 (1996)

on the rights of national minorities

1. Once more the Assembly stresses the great importance it attaches to the effective protection of the rights of national minorities in Europe.

2. It has shown its great interest in the matter by holding five debates and adopting an equal number of recommendations to the Committee of Ministers since 1990, including the present one.

3. In the same period, two new Council of Europe conventions dealing with minority rights were opened for signature and ratification. They are the European Charter for Regional or Minority Languages (1992) and the Framework Convention for the Protection of National Minorities (1995). The Assembly fully supports these conventions.

4. As much depends on the way they are to be implemented, the Assembly's Committee on Legal Affairs and Human Rights is studying whether it might be possible, in the Charter for Regional or Minority Languages, to arrive at a hard core of rights which should be accepted by every Contracting Party in respect of the minority or regional languages it designates. Such a hard core would not form part of the convention as such but could be submitted as a recommendation to (prospective) contracting states.

voulu sur la situation dans les Etats parties à la Convention culturelle européenne;

ii. développe sur le plan international les consultations et les échanges de données d'experts en matière de législation, de programmes d'éducation, d'études ou de débats sur des problèmes d'actualité liés à l'égalité des sexes dans le domaine de l'éducation;

iii. lance des programmes d'échange pour les enseignants, étudiants et chercheurs, et développe les possibilités de formation et de recherche dans le domaine de l'éducation respectueuse des différences entre les sexes, en tenant compte dans les deux cas de l'équilibre des sexes;

iv. demande à la Commission européenne contre le racisme et l'intolérance d'examiner dans ses travaux l'aspect égalité des sexes dans l'éducation;

v. reconstitue l'ancien groupe de travail mixte du Comité directeur pour l'égalité entre les femmes et les hommes et du Conseil de la coopération culturelle en le chargeant d'étudier les effets de l'éducation mixte et d'organiser par la suite une conférence internationale chargée de déterminer la politique à suivre.

2. Recommandation 1285 (1996)

sur les droits des minorités nationales

1. Une fois encore, l'Assemblée souligne la grande importance qu'elle attache à la protection effective des droits des minorités nationales en Europe.

2. Elle a prouvé le grand intérêt qu'elle porte à cette question en tenant, depuis 1990, cinq débats et en adoptant un nombre égal de recommandations au Comité des Ministres, dont le présent texte.

3. Au cours de la même période, deux nouvelles conventions du Conseil de l'Europe relatives aux droits des minorités ont été ouvertes à la signature et à la ratification. Il s'agit de la Charte européenne des langues régionales ou minoritaires (1992) et de la Convention-cadre pour la protection des minorités nationales (1995). L'Assemblée adhère sans réserve à ces conventions.

4. Etant donné l'importance de la manière dont elles seront mises en œuvre, la commission des questions juridiques et des droits de l'homme de l'Assemblée étudie actuellement la possibilité de parvenir, dans la Charte des langues régionales ou minoritaires, à un noyau dur de droits qui devraient être acceptés par chaque Partie contractante pour les langues régionales ou minoritaires qu'elle désigne. Ce noyau de droits ne ferait pas partie intégrante de la convention en tant que tel, mais pourrait être proposé sous forme d'une recommandation aux (futures) Parties contractantes.

5. For the implementation of the framework convention the Committee of Ministers will be assisted by an advisory committee, the composition and procedure of which is still to be determined by the Committee of Ministers. It is essential that this advisory committee be independent. The success of the convention may well depend on the way it accomplishes its task.

6. The Assembly may make further proposals in the light of the conclusions of a special meeting that the Sub-Committee on Human Rights of the Committee on Legal Affairs and Human Rights may hold in the near future on the composition and procedures of the advisory committee.

7. The European Charter for Regional or Minority Languages has been ratified by Finland, Hungary and Norway and signed by Austria, Cyprus, Denmark, Germany, Liechtenstein, Luxembourg, Malta, Netherlands, Romania, Spain and Switzerland.

8. The Framework Convention for the Protection of National Minorities has been ratified by Hungary, Romania, Slovakia and Spain and signed by Albania, Austria, Cyprus, Czech Republic, Denmark, Estonia, Finland, Germany, Iceland, Ireland, Italy, Latvia, Liechtenstein, Lithuania, Luxembourg, Malta, Moldova, Netherlands, Norway, Poland, Portugal, San Marino, Slovenia, Sweden, Switzerland, Ukraine and the United Kingdom.

9. Respectively five and twelve ratifications are necessary for these conventions to enter into force.

10. It is furthermore essential that these two conventions be complemented by an additional protocol to the European Convention on Human Rights setting out clearly defined rights which individuals may invoke before independent judiciary organs.

11. The summit of heads of state and government of Council of Europe member states (Vienna, October 1993) instructed the Committee of Ministers "to begin work on drafting a protocol complementing the European Convention on Human Rights in the cultural field by provisions guaranteeing individual rights, in particular for persons belonging to national minorities".

12. The Assembly, in its Recommendation 1231 (1994), "deeply regretted" that the summit did not follow the Assembly's proposal made in Recommendation 1201 (1993) on an additional protocol on the rights of national minorities to the European Convention on Human Rights.

13. Yet, if a "maximalist" approach were to be made for the new protocol the Assembly might be satisfied as many of the rights of minorities are either already

5. Pour la mise en œuvre de la convention-cadre, le Comité des Ministres sera assisté d'un comité consultatif, dont il lui reste à déterminer la composition et les procédures. Il est essentiel que ce comité consultatif soit indépendant. Le succès de la convention pourrait dépendre pour beaucoup de la manière dont il s'acquittera de sa mission.

6. L'Assemblée pourrait formuler d'autres propositions à la lumière des conclusions d'une réunion spéciale que la sous-commission des droits de l'homme de la commission des questions juridiques et des droits de l'homme pourrait tenir dans un proche avenir sur la composition et les procédures du comité consultatif.

7. La Charte européenne des langues régionales ou minoritaires a été ratifiée par la Finlande, la Hongrie et la Norvège et signée par l'Autriche, Chypre, le Danemark, l'Allemagne, le Liechtenstein, le Luxembourg, Malte, les Pays-Bas, la Roumanie, l'Espagne et la Suisse.

8. La Convention-cadre pour la protection des minorités nationales a été ratifiée par la Hongrie, la Roumanie, la Slovaquie et l'Espagne, et signée par l'Albanie, l'Autriche, Chypre, la République tchèque, le Danemark, l'Estonie, la Finlande, l'Allemagne, l'Islande, l'Irlande, l'Italie, la Lettonie, le Liechtenstein, la Lituanie, le Luxembourg, Malte, la Moldova, les Pays-Bas, la Norvège, la Pologne, le Portugal, Saint-Marin, la Slovénie, la Suède, la Suisse, l'Ukraine et le Royaume-Uni.

9. Pour l'entrée en vigueur de ces conventions, respectivement cinq et douze ratifications sont nécessaires.

10. Il est en outre essentiel de compléter ces deux conventions par un protocole additionnel à la Convention européenne des Droits de l'Homme énonçant des droits clairement définis pouvant être invoqués par des individus devant des organes judiciaires indépendants.

11. Le Sommet des chefs d'Etat et de gouvernement des Etats membres du Conseil de l'Europe (Vienne, octobre 1993) avait chargé le Comité des Ministres «d'engager les travaux de rédaction d'un protocole complétant la Convention européenne des Droits de l'Homme dans le domaine culturel par des dispositions garantissant des droits individuels, notamment pour les personnes appartenant à des minorités nationales».

12. L'Assemblée, dans sa Recommandation 1231 (1994), «regrette profondément» que le Sommet n'ait pas suivi sa proposition (figurant dans la Recommandation 1201 (1993)), relative à un protocole additionnel à la Convention européenne des Droits de l'Homme portant sur les droits des minorités nationales.

13. Cependant, si une approche «maximaliste» était adoptée pour le nouveau protocole, l'Assemblée pourrait s'estimer satisfaite, étant donné que nombre des

covered by the Convention itself or may be considered as "cultural" rights.

14. The Assembly is profoundly disappointed by the recent decision of the Committee of Ministers to suspend its work on a draft protocol and hopes very strongly that this activity will soon be taken up again.

15. Pending the outcome of the work of the Committee of Ministers, the Assembly will continue to use the proposal for an additional protocol to the European Convention on Human Rights concerning persons belonging to national minorities, included in Recommendation 1201 (1993), as a reference text. It will closely follow and monitor the activities described above.

16. In conclusion, the Assembly recommends that the Committee of Ministers:

i. invite the twenty-four member states which have not yet signed the European Charter for Regional or Minority Languages and the thirty-five member states which have not yet ratified it to do so as soon as possible;

ii. invite those member states which have not yet done so to sign and ratify the European Charter of Local Self-Government as soon as possible (there are now twenty-five signatures and twenty-one ratifications);

iii. draw up an amending protocol to the European Charter of Local Self-Government empowering the Committee of Ministers to invite non-member states to accede to the Charter;

iv. invite those member states which have not yet done so to sign and to ratify the Framework Convention for the Protection of National Minorities as soon as possible (there are now thirty-one signatures and four ratifications);

v. make sure that the advisory committee to be set up as soon as the framework convention enters into force is as independent, effective and transparent as possible, for instance by:

a. providing for a committee on which there is one member from each of the contracting states;

b. ensuring that the members of the committee should combine a specific legal knowledge in the field of minorities with political wisdom;

c. providing for its election on the same lines as the European Commission of Human Rights or the European Committee for the Prevention of Torture and Inhuman or Degrading Treatment or Punishment;

d. allowing the committee to draw its information from a wide range of sources and to act on its own initiative;

e. allowing the committee also to enter into a dialogue with the government of the Contracting Party concerned as well as with national minority groups and to publish its reports and recommendations with the authorisation of that government or, in special cases, without such authorisation;

vi. consult the Assembly before making its final decisions on the advisory committee;

droits des minorités sont, soit déjà couverts par la Convention elle-même, soit susceptibles d'être considérés comme des droits «culturels».

14. L'Assemblée est profondément déçue par la récente décision du Comité des Ministres de suspendre ses travaux sur un projet de protocole et espère vivement que cette activité sera bientôt reprise.

15. En attendant l'issue des travaux du Comité des Ministres, l'Assemblée continuera d'utiliser comme texte de référence la proposition de protocole additionnel à la Convention européenne des Droits de l'Homme concernant les personnes appartenant à des minorités nationales qui figure dans sa Recommandation 1201 (1993). Elle suivra très attentivement les activités évoquées ci-dessus.

16. En conclusion, l'Assemblée recommande au Comité des Ministres:

i. d'inviter les vingt-quatre Etats membres qui n'ont pas encore signé la Charte européenne des langues régionales ou minoritaires et les trente-cinq Etats membres qui ne l'ont pas encore ratifiée à le faire dès que possible;

ii. d'inviter ceux des Etats membres qui ne l'ont pas encore fait, à signer et à ratifier la Charte européenne de l'autonomie locale dès que possible (on dénombre actuellement vingt-cinq signatures et vingt-et-une ratifications);

iii. d'élaborer un protocole portant modification à la Charte européenne de l'autonomie locale autorisant le Comité des Ministres à inviter des Etats non membres à adhérer à la charte;

iv. d'inviter les Etats membres à signer et à ratifier dès que possible la Convention-cadre pour la protection des minorités nationales (qui recueille actuellement trente-et-une signatures et quatre ratifications);

v. de faire en sorte que le comité consultatif à créer dès l'entrée en vigueur de la convention-cadre soit aussi indépendant, efficace et transparent que possible, par exemple:

a. en prévoyant un comité qui comprenne un membre au titre de chaque Etat contractant;

b. en garantissant que les membres du comité allieront à la sagesse politique une compétence juridique particulière dans le domaine des minorités;

c. en prévoyant des élections sur le modèle de celles organisées pour la constitution de la Commission européenne des Droits de l'Homme ou du Comité européen pour la prévention de la torture et des peines ou traitements inhumains ou dégradants;

d. en permettant au comité de tirer ses informations d'un large éventail de sources et d'agir de sa propre initiative;

e. en habilitant également le Comité à instaurer un dialogue avec le gouvernement de la Partie contractante intéressée, ainsi qu'avec les groupes de minorités nationales, et à publier ses rapports et recommandations avec l'autorisation dudit gouvernement, ou dans des cas particuliers, sans celle-ci;

vii. immediately resume and bring to a satisfactory and rapid conclusion its work on a draft protocol to the European Convention on Human Rights "in the cultural field by provisions guaranteeing individual rights, in particular for persons belonging to national minorities" and make it as comprehensive as possible;

viii. insist on formulating the obligations incumbent on states as precisely as possible, so as to make the rights to be conferred upon individuals by states clear and justiciable;

ix. submit this draft protocol, once concluded, to the Assembly for its opinion;

x. consider – pending studies to be made by the Assembly's Committee on Legal Affairs and Human Rights and by the European Commission for Democracy through Law – recommending a hard core of rights to be accepted by all contracting states to the European Charter for Regional or Minority Languages.

3. Recommendation 1288 (1996)

on Albanian asylum-seekers from Kosovo

1. Referring to its Resolution 1077 (1996) on Albanian asylum-seekers from Kosovo, the Assembly recommends that the Committee of Ministers:

i. offer the High Representative responsible for the civilian aspects of peace implementation referred to in the Dayton Agreement the good offices of the Council of Europe with a view to:

a. proposing a full range of measures designed to build confidence between the ethnic Albanian and Serb population in Kosovo, as well as between the representatives of the Kosovo Albanians and the authorities of the Federal Republic of Yugoslavia (Serbia and Montenegro) and the Republic of Serbia with the view to reaching a just political solution for Kosovo and with a particular focus on human rights, civil, political and cultural rights, education, sport, health and the media;

b. the organisation of a population census in Kosovo in co-operation with the European Union;

ii. ensure, in any negotiations between the authorities of the Federal Republic of Yugoslavia (Serbia and Montenegro) and the Social Development Fund of the Council of Europe, that no use is made of Fund resources to alter the ethnic balance in the territory of Kosovo;

iii. invite the Congress of Local and Regional Authorities of Europe to study the feasibility of establishing a local democracy embassy in Kosovo.

vi. de consulter l'Assemblée avant qu'il ne prenne de décisions définitives sur le comité consultatif;

vii. de reprendre sans délai ses travaux sur un projet de protocole à la Convention européenne des Droits de l'Homme «dans le domaine culturel par des dispositions garantissant des droits individuels, notamment pour les personnes appartenant à des minorités nationales», d'y apporter une conclusion rapide et satisfaisante, et de faire le nécessaire pour que ce protocole soit aussi complet que possible;

viii. d'insister sur la nécessité de formuler les obligations qui incombent aux Etats aussi précisément que possible, afin de rendre les droits susceptibles d'être accordés aux individus par les Etats clairs et justiciables;

ix. de soumettre ce projet de protocole, une fois achevé, à l'Assemblée pour avis;

x. d'examiner, en attendant la conclusion des études menées par la commission des questions juridiques et des droits de l'homme de l'Assemblée et par la Commission européenne pour la démocratie par le droit, la recommandation d'un noyau dur de droits susceptibles d'être acceptés par tous les Etats contractants à la Charte européenne des langues régionales ou minoritaires.

3. Recommandation 1288 (1996)

relative aux demandeurs d'asile albanais du Kosovo

1. Se référant à sa Résolution 1077 (1996) relative aux demandeurs d'asile albanais du Kosovo, l'Assemblée recommande au Comité des Ministres:

i. d'offrir au haut représentant responsable des aspects civils de la mise en œuvre de la paix, auquel il est fait allusion dans l'Accord de Dayton, les bons offices du Conseil de l'Europe afin:

a. de proposer un éventail complet de mesures destinées à rétablir la confiance entre les populations de souche albanaise et serbe au Kosovo, ainsi qu'entre les représentants des Albanais du Kosovo et les autorités de la République fédérale de Yougoslavie (Serbie et Monténégro) et de la République de Serbie en vue de parvenir à une solution équitable pour le Kosovo, l'accent étant mis plus particulièrement sur les droits de l'homme, les droits civils, politiques et culturels, l'éducation, le sport, la santé et les médias;

b. d'organiser un recensement de la population au Kosovo en coopération avec l'Union européenne;

ii. de veiller à ce que, dans toute négociation entre les autorités de la République fédérale de Yougoslavie (Serbie et Monténégro) et le Fonds de développement social du Conseil de l'Europe, il ne soit pas fait usage des ressources du Fonds pour modifier l'équilibre ethnique dans le territoire du Kosovo;

iii. d'inviter le Congrès des pouvoirs locaux et régionaux de l'Europe à étudier la faisabilité d'établir une ambassade de la démocratie locale au Kosovo.

4. Recommendation 1297 (1996)

on implementation of the Dayton Agreements for peace in Bosnia-Herzegovina

1. The Assembly reaffirms its commitment to the independence, sovereignty and territorial integrity of Bosnia-Herzegovina as established by the constitution forming part of the Dayton Agreements signed in Paris on 14 December 1995. Current difficulties must be surmounted in the functioning of the federation, one of the two entities of the state (the other being the Republika Sprska). International programmes and assistance should aim at promoting co-operation between the central state, the entities and the cantons.

2. The Assembly welcomes the role attributed to the Council of Europe in implementing the agreements. It notes that the Committee of Ministers and the President of the European Court of Human Rights have accomplished specific tasks in accordance with the deadlines:
   i. the Commission on Human Rights, which consists of the Human Rights Chamber and the Ombudsperson's Office, was inaugurated on 27 March 1996;
   ii. the future of these institutions (and of the other institutions established by the Washington and Dayton Agreements) will depend on financial support from the international community as well as on the commitment of the authorities of the central state and the two entities to their successful functioning. Wide publicity should be given to their existence, in the context of a campaign for education and information on human rights;
   iii. meanwhile, there is an urgent need to clarify the relations between judicial and human rights institutions at the level of the two entities, at the level of the central state, and internationally.

3. The Assembly underlines the key role which can be played by local and regional authorities in fulfilling the mission assigned to the Council of Europe; it welcomes the activities undertaken by the Congress of Local and Regional Authorities of Europe and the "local democracy embassies", which are funded by the "confidence-building measures" programme, and based on partnership between European local and regional authorities and a town or city situated in the former Yugoslavia.

4. The Assembly welcomes the new terms of reference established by the North Atlantic Council for the NATO-led Multinational Military Implementation Force (IFOR). It notes that the role of IFOR has not changed: to create a secure environment for implementing the agreements. However, support must now be given to

4. Recommandation 1297 (1996)

relative à la mise en œuvre des accords de Dayto pour la paix en Bosnie-Herzégovine

1. L'Assemblée réaffirme son engagement en faveur de l'indépendance, de la souveraineté et de l'intégrité territoriale de la Bosnie-Herzégovine, telles qu'établies par la Constitution figurant dans les accords de Dayton signés à Paris le 14 décembre 1995. Le fonctionnement de la Fédération, l'une des deux entités de l'Etat (l'autre étant constituée par la Republika Sprska), connaît actuellement des difficultés qui devront être surmontées. Les programmes et l'assistance internationaux doivent viser à promouvoir la coopération entre l'Etat central, les entités et les cantons.

2. L'Assemblée se félicite du rôle confié au Conseil de l'Europe dans la mise en œuvre de ces accords. Elle note que le Comité des Ministres et le Président de la Cour européenne des Droits de l'Homme ont accompli certaines tâches dans les délais prévus:

i. la Commission des droits de l'homme, qui est composée de la Chambre des droits de l'homme et de l'Office du médiateur, a été inaugurée le 27 mars 1996;

ii. l'avenir de ces institutions (et des autres institutions établies par les accords de Washington et de Dayton) dépendra du soutien financier de la communauté internationale ainsi que de l'attachement des autorités de l'Etat central et des deux entités à leur bon fonctionnement. Une large publicité doit être faite à leur existence dans le cadre d'une campagne pour l'éducation et l'information sur les droits de l'homme;

iii. en attendant, il convient de clarifier d'urgence les relations entre les institutions judiciaires et des droits de l'homme au niveau des deux entités, au niveau de l'Etat central et au niveau international.

3. L'Assemblée souligne le rôle que les pouvoirs locaux et régionaux peuvent jouer dans l'accomplissement de la mission qui a été confiée au Conseil de l'Europe; elle se félicite des actions entreprises par le Congrès des pouvoirs locaux et régionaux de l'Europe et par les «ambassades de la démocratie locale», soutenues par le programme «mesures de confiance» et fondées sur le partenariat entre des collectivités territoriales d'Europe et des villes situées en ex-Yougoslavie.

4. L'Assemblée se félicite du nouveau mandat élaboré par le Conseil de l'Atlantique Nord pour la Force militaire multinationale de mise en œuvre (IFOR) placée sous la direction de l'OTAN. Elle note que le rôle de l'IFOR n'a pas été modifié: créer un environnement sûr pour la mise en œuvre des accords. Cependant, un soutien doit

the organisation of the elections, to the return of refugees and displaced persons, and to the work of the International Criminal Tribunal for the former Yugoslavia to track down all indicted war criminals. Plans should now be prepared by all the international institutions mobilised under the Dayton Agreements for circumstances arising on expiry of IFOR's one-year mandate and to give immediate economic aid.

5 The Assembly commends the achievements of the OSCE and the UNHCR in organising, respectively, a plan and programme for elections and a plan for voluntary repatriation and return of over two million displaced persons and refugees (half the pre-war population):

i. progress has been made by the OSCE Provisional Election Commission in preparing the elections. Elections could still be held within the time-limits of the Dayton Agreements: this now depends on the political will to establish conditions for a free and fair campaign by the authorities of the central state and the two entities of Bosnia-Herzegovina, which in turn requires the co-operation of Zagreb and Belgrade;

ii. the authorities of host countries of the refugees should provide adequate arrangements for them to register for the elections and to vote – on the clear understanding that the exercise of the right to vote shall not be interpreted as an intention to return immediately. The policies of member states on the return of those who fled the conflict and to whom they granted "temporary protected status" must be co-ordinated. Only thus can an increase in clandestine migration movements be prevented. In particular, any unilateral decisions by governments to repatriate should be avoided;

iii. refugees and displaced persons must have the right to return to their homes or to receive proper compensation. Any attempt to force them to return before their safety and dignity and essential living conditions are assured, in particular in areas where they suffered human rights abuses, will give rise to renewed tension and conflict;

iv. the Council of Europe's long experience in the field of transfrontier co-operation, and the development of such co-operation in the region, may help provide new approaches to some of the problems relating to refugees and displaced persons;

v. free movement throughout the country is an essential prerequisite for the elections. In this (as in other regards) the situation in Mostar must be radically improved in order to secure the consolidation of the federation, as a guarantee for the multi-ethnic future of Bosnia-Herzegovina;

vi. free access to independent media by political parties is an equally essential prerequisite for the elections. Initiatives taken by the OSCE mission in this regard are warmly welcomed;

désormais être apporté à l'organisation d'élections, à la réinstallation des personnes réfugiées et déplacées, et à la mission du Tribunal pénal international pour l'ex-Yougoslavie en vue de la poursuite de tous les criminels de guerre. Les institutions internationales concernées par les accords de Dayton doivent maintenant préparer des plans d'action en vue de l'expiration du mandat de l'IFOR, limité à un an, et dès à présent apporter une aide économique.

5. L'Assemblée félicite l'OSCE et le HCR qui ont élaboré, respectivement, un plan et un programme d'élections, et un plan de rapatriement et de retour volontaires de plus de deux millions de personnes déplacées et réfugiées (soit la moitié de la population d'avant-guerre):

i. des progrès ont été réalisés par la Commission électorale provisoire de l'OSCE dans la préparation des élections. Les élections pourraient encore avoir lieu dans les délais fixés par les accords de Dayton. Cela dépend maintenant de la volonté politique des autorités de l'Etat central et des deux entités de la Bosnie-Herzégovine d'instaurer les conditions propices à une campagne libre et loyale, ce qui nécessite à son tour la coopération de Zagreb et de Belgrade;

ii. les autorités des pays ayant accueilli des réfugiés doivent prendre toutes les mesures appropriées permettant à ces réfugiés de s'inscrire sur les listes électorales et de voter, étant bien entendu que l'exercice de ce droit de vote ne pourra être interprété comme une intention de retour immédiat. Les Etats membres doivent coordonner leur politique relative au retour de ceux qui ont fui le conflit et auxquels a été accordé un «statut de protection temporaire». C'est le seul moyen d'empêcher un développement des mouvements migratoires clandestins. Il conviendrait notamment d'éviter que les gouvernements prennent toute décision unilatérale de rapatriement;

iii. les réfugiés et les personnes déplacées doivent avoir le droit de retourner dans leur foyer ou de recevoir une indemnisation appropriée. Toute tentative visant à les contraindre au retour avant que ne soient garanties leur sécurité, leur dignité et leurs conditions de vie fondamentales, notamment dans les zones où ils ont été victimes de violations des droits de l'homme, suscitera un regain de tension et réactivera le conflit;

iv. la grande expérience du Conseil de l'Europe en matière de coopération transfrontalière et le développement de celle-ci dans la région peuvent contribuer à instaurer une approche nouvelle de certains des problèmes liés au retour des réfugiés et des personnes déplacées;

v. la libre circulation dans l'ensemble du pays constitue une condition préalable essentielle à la tenue de ces élections. A cet égard comme à d'autres, la situation à Mostar doit être radicalement améliorée afin d'assurer la consolidation de la Fédération, à titre de garantie pour l'avenir multiethnique de la Bosnie-Herzégovine;

vi. le libre accès des partis politiques à des médias indépendants est également une condition essentielle pour les élections. Les initiatives prises par la Mission de l'OSCE à cet égard sont les bienvenues.

6. The Assembly supports the work undertaken by the WEU police at Mostar, and particularly its efforts to organise a unified local police. The European Union mandate for the administration of Mostar, and the arrangements made by the Western European Union for unified policing, must be extended.

7. The Assembly regrets the delay in establishing the International Police Task Force. It considers that this has been a factor, among others, in the failure to persuade people of Serb origin to remain in the five districts of Sarajevo which have been transferred to the federation. It deplores the incidents of intimidation and violence which have occurred.

8. The Assembly in particular deplores the fact that neither IFOR nor the International Police Task Force were prepared to stop the systematic looting and torching of the Serb suburbs of Sarajevo in March 1996, nor offer effective protection to those wishing to remain, resulting in the mass exodus of Serbs from the city. The international community must develop effective means of pressure to secure compliance with the principles freely accepted by the Parties to the Dayton Agreements, notably in response to clear violations of human rights.

9. The Assembly welcomes the new pledges of nearly 1,3 thousand million US dollars made for 1996 at the Second Donors' Conference for Reconstruction of Bosnia-Herzegovina (Brussels, 12-13 April 1996). It looks forward to the full commitment in the coming years of the 5 thousand million US dollars identified as necessary for reconstruction in the first three post-war years, while recognising that this will depend on the clear prospect of stability and the goodwill of all the former parties to the conflict. These pledges must be honoured. The Assembly also welcomes the co-financing by the Council of Europe Social Development Fund – to the amount of 5 million US dollars of a refugee and war victim rehabilitation project.

10. The Assembly recommends that the Committee of Ministers:

- i. urge governments of member states to make pledges of increased support for the reconstruction of Bosnia-Herzegovina;
- ii. urge governments of member states to contribute to the joint Council of Europe/OSCE Voluntary Fund in order to ensure adequate financing for the Human Rights Commission and the other institutions for which the Council of Europe has assumed specific responsibilities under the Washington and Dayton Agreements, and to earmark contributions for this purpose;
- iii invite the member states of the Council of Europe Social Development Fund to continue – in addition to their efforts made elsewhere – to support the Fund by contributing generously to the Selective Trust Account and by guaranteeing the financing of projects through this account;

6. L'Assemblée donne son appui aux activités menées par la police de l'UEO à Mostar et, en particulier, à ses efforts en vue d'organiser une police locale unifiée. Le mandat de l'Union européenne pour l'administration de Mostar et les dispositions prises par l'Union de l'Europe occidentale pour assurer un maintien de l'ordre unifié doivent être prolongés.

7. L'Assemblée regrette le retard intervenu dans la création de l'International Police Task Force. Elle considère que ce retard est l'un des facteurs ayant empêché de convaincre la population d'origine serbe de demeurer dans les cinq quartiers de Sarajevo transférés à la Fédération. Elle déplore les incidents d'intimidation et de violence qui se sont produits.

8. L'Assemblée déplore en particulier que ni l'IFOR, ni l'International Police Task Force n'aient été en mesure d'empêcher le pillage et l'incendie systématiques des banlieues serbes de Sarajevo en mars 1996, ni d'offrir une protection effective à ceux qui souhaitaient rester, d'où un exode massif des Serbes de la ville. La communauté internationale doit mettre en place des moyens de pression efficaces afin d'assurer le respect des principes librement acceptés par les Parties aux accords de Dayton, notamment en réponse aux violations manifestes des droits de l'homme.

9. L'Assemblée se félicite des nouveaux engagements de près de 1,3 milliard de dollars des Etats-Unis pour 1996 annoncés lors de la deuxième Conférence des donateurs pour la reconstruction de la Bosnie-Herzégovine (Bruxelles, 12-13 avril 1996). Elle attend avec intérêt l'engagement intégral au cours des prochaines années des 5 milliards de dollars des Etats-Unis jugés nécessaires pour la reconstruction pendant les trois premières années d'après-guerre, tout en reconnaissant que cela dépendra des véritables perspectives de stabilité et de la bonne volonté de toutes les anciennes parties au conflit. Ces engagements doivent être honorés. L'Assemblée se félicite aussi du fait que le Fonds de développement social du Conseil de l'Europe ait cofinancé, à hauteur de 5 millions de dollars des Etats-Unis, un projet de réadaptation des réfugiés et des victimes de guerre en Bosnie-Herzégovine.

10. L'Assemblée recommande au Comité des Ministres:
   i. d'inviter les gouvernements des Etats membres à s'engager en faveur d'un soutien accru à la reconstruction de la Bosnie-Herzégovine;
   ii. d'exhorter les gouvernements des Etats membres à contribuer au Fonds volontaire commun du Conseil de l'Europe et de l'OSCE afin d'assurer un financement adéquat de la Commission des droits de l'homme et des autres institutions pour lesquelles le Conseil de l'Europe a assumé des responsabilités spécifiques en vertu des accords de Washington et de Dayton, et d'affecter des contributions à cet effet;
   iii. d'inviter les Etats membres du Fonds de développement social du Conseil de l'Europe à continuer, outre les efforts qu'ils déploient déjà dans d'autres domaines, de soutenir le fonds en contribuant généreusement au compte judiciaire sélectif et en assurant le financement des projets grâce à ce compte;

iv. confirm arrangements for the Council of Europe to be represented on a regular basis in Sarajevo and to have the means of maintaining regular contacts in Banja Luka, thus strengthening ties with the political leadership of all parts of Bosnia-Herzegovina; and ensure priority funding for its programmes for human rights, democracy, civil society, the media and the rule of law in implementation of the principles of the agreements, taking account also of the cultural and artistic heritage, which is a symbol of the tolerance and multicultural diversity on which the process of peaceful normalisation must be based;

v. continue to support the "local democracy embassies" in the framework of the "confidence-building measures" programme, providing them with the necessary resources to enable them to extend geographically and to network some of their activities, thus giving greater impact to their action;

vi. give increased support to the territorial engineering projects which, on the basis of the assessments of needs carried out by the Council of Europe, will – with the co-operation of European local authorities – make it possible to reconstruct municipal infrastructures (schools, town halls, etc.);

vii. urge the governments of those member states which have granted "temporary protected status" to those who fled the conflict, to prolong such protection until they can return in safety and dignity, until essential living conditions are assured, and until the new institutions for democracy and human rights are functioning effectively;

viii. provide the financial resources for the projects to be implemented by the Steering Committee on Local and Regional Authorities and the Congress of Local and Regional Authorities of Europe, with a view to developing transfrontier co-operation in the region as a way of helping to solve the problem of refugees and displaced persons;

ix. urge all governments to honour their pledges within the United Nations for adequate financing of the International Criminal Tribunal for the Former Yugoslavia, so as to guarantee the effectiveness of its work; and invite the Russian Federation, as the only non-Nato country contributing to IFOR which has not yet done so, to adhere to the "memorandum of understanding" on relations with this tribunal;

x. consider future relations with the Federal Republic of Yugoslavia (Serbia and Montenegro) in strict proportion to:

a. its respect for and implementation of Council of Europe values, principles and standards;

b. its honouring of obligations under the agreements, notably in regard to co-operation with the International Criminal Tribunal for the Former Yugoslavia;

c. its response to Assembly Resolution 1077 (1996) on Albanian asylum-seekers from Kosovo.

iv. de confirmer ses dispositions pour une présence régulière du Conseil de l'Europe à Sarajevo et de mettre en place les moyens de maintenir des contacts réguliers à Banja Luka, renforçant ainsi les liens avec les dirigeants politiques de toutes les régions de Bosnie-Herzégovine; et d'assurer un financement prioritaire pour ses programmes dans les domaines des droits de l'homme, de la démocratie, de la société civile, des médias et de la prééminence du droit, en application des principes inscrits dans les accords, et de prendre en considération à cet égard le patrimoine culturel et artistique, symbole de la tolérance et de la diversité multiculturelle, qui sont à la base du processus de normalisation pacifique;

v. de continuer à appuyer les «ambassades de la démocratie locale» dans le cadre du programme «mesures de confiance», en leur donnant les moyens nécessaires pour leur extension géographique et la mise en réseau de certaines de leurs activités, afin d'assurer un impact plus important à leur action;

vi. de soutenir de façon accrue les projets en matière d'ingénierie territoriale qui, sur la base d'évaluations des besoins effectuées par le Conseil de l'Europe, permettront, grâce à la coopération de collectivités locales d'Europe, la reconstruction d'infrastructures communales (écoles, mairies, etc.);

vii. de demander aux gouvernements des Etats membres qui accordent une protection temporaire à ceux qui ont fui le conflit d'allonger la durée de cette protection jusqu'à ce qu'ils puissent retourner chez eux en toute sécurité et dignité, que les conditions de vie fondamentales soient assurées et que les nouvelles institutions garantissant la démocratie et les droits de l'homme fonctionnent bien;

viii. d'engager des moyens financiers pour des projets à mettre en œuvre aussi bien par le Comité directeur des autorités locales et régionales que par le Congrès des pouvoirs locaux et régionaux de l'Europe, afin de développer la coopération transfrontalière dans la région comme moyen pour contribuer à résoudre le problème des réfugiés et des personnes déplacées;

ix. d'exhorter tous les gouvernements à honorer leurs engagements au sein des Nations Unies en vue d'un financement adéquat du Tribunal pénal international pour l'ex-Yougoslavie, de manière à garantir l'efficacité de ses travaux, et d'inviter la Fédération de Russie, seul pays non membre de l'Otan et contribuant à l'IFOR à ne pas l'avoir encore fait, à adhérer au «mémorandum d'accord» sur les relations avec ledit tribunal;

x. d'envisager ses relations futures avec la République fédérale de Yougoslavie (Serbie et Monténégro) en fonction:

a. de son respect et de sa mise en œuvre des valeurs, principes et normes du Conseil de l'Europe;

b. du strict respect de ses engagements pris dans le cadre des accords, notamment s'agissant de la coopération avec le Tribunal pénal international pour l'ex-Yougoslavie;

c. de sa réponse à la Résolution 1077 (1996) de l'Assemblée relative aux demandeurs d'asile albanais du Kosovo.

11. The Assembly looks forward to a decision being taken in the near future on special guest status for the Federal Republic of Yugoslavia.

5. Recommendation 1298 (1996)

on Turkey's respect of commitments to constitutional and legislative reforms (follow-up to Recommendation 1266 (1995))

1. The Turkish Grand National Assembly has accomplished several constitutional and legal reforms since April 1995. The Assembly regards these reforms as progress towards the aims of Recommendation 1266 (1995).

2. In its interim reply of 23 June 1995 to Recommendation 1266 (1995), the Committee of Ministers informed the Assembly that it had opened dialogue with the Turkish Government. The Assembly regrets the fact that it has not been informed of the progress of this dialogue and expects the Committee of Ministers to provide urgently such information together with a full and final reply to the present recommendation.

3. In July 1995, several articles of the 1982 Constitution were amended. These amendments covered questions relating to political parties, the status of members of parliament and parliamentary immunity, general and local elections, and trade union freedom.

4. In October 1995, Article 8 of the 1991 Anti-Terrorism Law was amended. Previously, it had given rise to serious human rights violations.

5. The Assembly welcomes these developments. However, revised Article 8 of the Anti-Terrorism Law still raises serious human rights issues. The Assembly therefore repeats its call for the abolition of Article 8 and of any similar provisions in other laws.

6. The Assembly invites the Turkish authorities – and in particular the newly-elected Parliament – to pursue reform in order to bring the constitution and laws of Turkey in line with the principles and standards of the Council of Europe.

7. The Assembly notes that Turkish forces have been withdrawn from the territory of Iraq. The Assembly still awaits, however, a statement from the Turkish authorities that among their highest political priorities is the search for a peaceful resolution of the Kurdish question.

11. L'Assemblée s'attend à ce qu'une décision intervienne dans le proche avenir sur le statut d'invité spécial pour la République fédérale de Yougoslavie.

5. Recommandation 1298 (1996)

relative au respect par la Turquie des engagements concernant la réforme constitutionnelle et législative (suites à donner à la Recommandation 1266 (1995))

1. La Grande Assemblée nationale turque a adopté plusieurs réformes constitutionnelles et juridiques depuis avril 1995. L'Assemblée considère ces réformes comme allant dans le sens de sa Recommandation 1266 (1995).

2. Dans sa réponse intérimaire du 23 juin 1995 à la Recommandation 1266 (1995), le Comité des Ministres a informé l'Assemblée qu'il avait engagé le dialogue avec le Gouvernement turc. l'Assemblée regrette de n'avoir pas été informée de l'évolution de ce dialogue et espère que le Comité des Ministres lui communiquera sans délai cette information ainsi qu'une réponse complète et définitive à la présente recommandation.

3. En juillet 1995, plusieurs articles de la Constitution de 1982 ont été modifiés. Ces amendements portent sur les partis politiques, le statut des parlementaires et l'immunité parlementaire, les élections législatives et les élections locales, ainsi que la liberté syndicale.

4. En octobre 1995, l'article 8 de la loi de 1991 contre le terrorisme a été modifié. Précédemment, il avait provoqué de graves violations des droits de l'homme.

5. L'Assemblée se félicite de ces changements. Cependant, l'article 8 révisé de la loi de 1991 contre le terrorisme continue de poser de graves questions sous l'angle des droits de l'homme. En conséquence, l'Assemblée demande à nouveau la suppression de l'article 8 ainsi que de dispositions analogues figurant dans d'autres textes de loi.

6. L'Assemblée encourage les autorités turques – et, en particulier, le parlement nouvellement élu – à poursuivre ses réformes visant à rendre la Constitution et la législation turques conformes aux principes et aux normes du Conseil de l'Europe.

7. L'Assemblée note que les forces turques ont été retirées du territoire de l'Irak. Cependant, l'Assemblée attend encore des autorités turques qu'elles déclarent la recherche d'une solution pacifique au problème kurde comme l'une de leurs plus grandes priorités politiques.

8. By decision of the Turkish Supreme Court on 26 October 1995, two of the six parliamentarians from the DEP party, who were sentenced in 1994, were released. However, the continuing imprisonment of the other four remains a serious violation of human rights and negates the very essence of parliamentary democracy. A presidential pardon or a new amnesty law would confirm Turkey's commitment to democracy.

9. From now on, in the light of these developments, the Assembly considers that Recommendation 1266 (1995) can be followed up within the framework of its monitoring procedure under Order No. 508 (1995) on the honouring of obligations and commitments by member states, instructs its committees concerned to open the procedure under this order and invites them to nominate their rapporteurs as soon as possible.

10. The Assembly recommends the Committee of Ministers:
  i. to urge Turkey to pursue reform in order to bring legislation and practice into line with the Council of Europe's standards and principles;
  ii. to appraise developments in Turkey under its own procedure for monitoring the compliance of member states of the Council of Europe with their obligations and commitments.

6. Recommendation 1300 (1996)

on the protection of the rights of minorities

1. The Assembly refers to its previous texts on the protection of national minorities and their rights and, in particular, to Recommendation 1285 (1996) and Order No. 513 (1996), both of which it adopted on 23 January 1996.

2. It continues to subscribe fully to its Recommendation 1201 (1993) and to the proposal for an additional protocol to the Convention for the Protection of Human Rights and Fundamental Freedoms, concerning persons belonging to national minorities, which forms an integral part of the said recommendation.

3. The present recommendation deals with some of the aspects of the rights of minorities mentioned in Order No. 513 (1996). Other aspects may be the subject of a further Assembly recommendation or resolution.

4. The Assembly takes note of the information transmitted to it in the interim reply to its Recommendation 1285 (1996) in which the Committee of Ministers draws attention to the fact that it has decided "to continue reflection on the feasi-

8. A la suite de la décision de la Cour suprême turque du 26 octobre 1995, deux des six parlementaires du DEP, qui ont été condamnés en 1994, ont été libérés. Cependant, le maintien en détention des quatre autres demeure une grave violation des droits de l'homme, et constitue la négation même de la démocratie parlementaire. Une grâce présidentielle ou une nouvelle loi d'amnistie confirmerait l'engagement de la Turquie vis-à-vis de la démocratie.

9. A partir de ce jour, à la lumière de ces développements, l'Assemblée considère que le suivi de la Recommandation 1266 (1995) peut dorénavant être assuré dans le cadre du processus de surveillance prévu par la Directive nº 508 de l'Assemblée relative au respect des obligations et engagements contractés par les Etats membres, charge ses commissions concernées d'engager la procédure prévue par cette directive et les invite à désigner leur rapporteur dès que possible.

10. L'Assemblée recommande au Comité des Ministres:
   i. d'exhorter la Turquie à rendre sa législation et sa pratique conformes aux normes et aux principes du Conseil de l'Europe;
   ii. d'évaluer les développements en Turquie dans le cadre de son propre processus de suivi du respect par les Etats membres du Conseil de l'Europe de leurs obligations et engagements.

6. Recommandation 1300 (1996)

relative à la protection des droits des minorités

1. L'Assemblée se réfère aux textes qu'elle a consacrés antérieurement à la protection des minorités nationales et de leurs droits, notamment à la Recommandation 1285 (1996) et à la Directive nº 513 (1996), adoptées le 23 janvier 1996.

2. Elle continue à souscrire pleinement à sa Recommandation 1201 (1993) et au projet de protocole additionnel à la Convention européenne de sauvegarde des Droits de l'Homme et des Libertés fondamentales, relatif aux personnes appartenant à des minorités nationales, qui fait partie intégrante de ladite recommandation.

3. La présente recommandation porte sur quelques-uns des aspects des droits des minorités évoqués dans la Directive nº 513 (1996). Les autres aspects pourraient faire l'objet d'une recommandation ou d'une résolution ultérieures de l'Assemblée.

4. L'Assemblée prend note de l'information qui lui a été transmise dans la réponse intérimaire à sa Recommandation 1285 (1996), par laquelle le Comité des Ministres a attiré son attention sur le fait qu'il a décidé de «poursuivre sa réflexion sur la

bility of further standard-setting in the cultural field and in the field of protection of national minorities, taking into account the declaration adopted at the Vienna Summit." However, the Assembly reiterates the view it expressed in Recommendation 1285 (1996) and hopes very strongly that the work on an additional protocol to the European Convention on Human Rights will soon be taken up again.

5. In the meantime the Assembly received the opinion of the European Commission for Democracy through Law ("Venice Commission") on the interpretation of Article 11 of the draft protocol to the European Convention on Human Rights appended to its Recommendation 1201 (1993). It considers this opinion a most important reference document for the interpretation of the draft protocol.

6. It also received the opinion of the Venice Commission on the European Charter for Regional or Minority Languages. This opinion deals with a suggestion, raised by Assembly members, to define a hard core of rights among the provisions of the Charter which should be accepted by all contracting states. The idea behind this suggestion is that such a hard core would increase the harmonising effect of the charter and enhance its chances of being ratified by more Council of Europe member states.

7. It may be recalled that the charter was opened for signature and ratification in 1992 and needs a minimum of five ratifications to enter into force. To date it has been ratified by Finland, Hungary, the Netherlands and Norway.

8. In its opinion the Venice Commission expresses the view that a hard core is alien to the spirit and working system of the charter which already has a "hard core" of principles (Part II) to guarantee the effectiveness of the protection that it affords. In any event, the provisions of Part III, given their wording and the detailed fashion in which they regulate the subject-matter, are hardly suitable for the creation of a hard core likely to be accepted by all contracting states. Moreover, a hard core of linguistic rights may be derived from the obligations provided for in the Council of Europe Framework Convention for the Protection of National Minorities, notably in Articles 5, paragraph, 1; 6; 9, paragraph, 1; 10 to 14 and 17.

9. Following the advice of the Venice Commission, the Assembly is now of the opinion that it is advisable to wait for further ratifications and for the entry into force of the Charter and that, for the time being, the idea of defining a "hard core" of rights among the provisions of the Charter should not be pursued.

possibilité de continuer à établir des normes dans le domaine de la culture comme dans celui de la protection des minorités nationales, en tenant compte de la déclaration adoptée au Sommet de Vienne». Cependant, l'Assemblée réitère la position qu'elle a exprimée dans sa Recommandation 1285 (1996) et espère fortement que les travaux sur un protocole additionnel à la Convention européenne des Droits de l'Homme reprendront bientôt.

5. L'Assemblée a reçu l'avis de la Commission européenne pour la démocratie par le droit («Commission de Venise») concernant l'interprétation de l'article 11 du projet de protocole à la Convention européenne des Droits de l'Homme annexé à sa Recommandation 1201 (1993). Cet avis constitue, pour elle, un document de référence des plus importants pour l'interprétation du projet de protocole.

6. Elle a également reçu l'avis de la Commission de Venise sur la Charte européenne des langues régionales ou minoritaires. Cet avis concerne la suggestion de certains membres de l'Assemblée de définir parmi les dispositions de la charte un noyau dur de droits auquel devraient souscrire tous les Etats contractants. L'idée qui sous-tendait cette proposition était d'accroître les possibilités d'harmonisation offertes par la charte et d'améliorer les chances de voir les Etats membres du Conseil de l'Europe la ratifier en plus grand nombre.

7. Il est bon de rappeler que la charte est ouverte à la signature et à la ratification depuis 1992, et qu'elle doit avoir été ratifiée par cinq pays au minimum pour entrer en vigueur. Pour le moment, elle l'a été par la Finlande, la Hongrie, la Norvège et les Pays-Bas.

8. La Commission de Venise estime, dans son avis, que le concept d'un noyau dur est étranger à l'esprit et au système de fonctionnement de la charte, laquelle est déjà dotée d'un «noyau dur» de principes (partie II) qui garantit l'efficacité de la protection qu'elle accorde. En tout état de cause, les dispositions de la partie III, en raison de leur libellé et de la façon détaillée dont elles réglementent la matière, ne se prêtent que difficilement à la détermination d'un noyau dur susceptible d'être accepté par l'ensemble des Etats contractants. De surcroît, un noyau dur de droits linguistiques peut être déduit des obligations prévues par la Convention-cadre du Conseil de l'Europe pour la protection des minorités nationales, et notamment de ses articles 5 paragraphe 1; 6; 9 paragraphe 1; 10 à 14 et 17.

9. Se fondant sur l'avis de la Commission de Venise, l'Assemblée considère aujourd'hui qu'il est préférable d'attendre de nouvelles ratifications et l'entrée en vigueur de la charte et que, dans l'immédiat, l'idée de définir un «noyau dur» de droits parmi les dispositions de la charte ne doit pas être retenue.

10. The Council of Europe Framework Convention for the Protection of National Minorities was opened for signature and ratification by Council of Europe member states on 1 February 1995. It was ratified by Cyprus, Hungary, Romania, Slovakia and Spain and signed by Albania, Austria, Czech Republic, Denmark, Estonia, Finland, Germany, Iceland, Ireland, Italy, Latvia, Liechtenstein, Lithuania, Luxembourg, Malta, Moldova, Netherlands, Norway, Poland, Portugal, Russia, San Marino, Slovenia, Sweden, Switzerland, Ukraine and United Kingdom.

11. The effectiveness of the protection that this framework convention offers will depend largely upon the implementation of the mechanism to ensure compliance with its provisions.

12. In fact, its Article 26 provides that:

> "1.In evaluating the adequacy of the measures taken by the Parties to give effect to the principles set out in this framework convention the Committee of Ministers shall be assisted by an advisory committee, the members of which shall have recognised expertise in the field of the protection of national minorities.
> 2. The composition of this advisory committee and its procedure shall be determined by the Committee of Ministers within a period of one year following the entry into force of this framework convention."

13. The Assembly has been informed that the Committee of Ministers, in January 1996, gave instructions to start work regarding the implementation mechanism of the framework convention at the end of June 1996.

14. With regard to the advisory committee, the Assembly therefore wishes to make a number of proposals to complete and – where appropriate – to replace the proposals it made in its Recommendation 1285 (1996).

15. Consequently the Assembly recommends that the Committee of Ministers make sure that the advisory committee to be set up as soon as the framework convention enters into force is as independent, effective and transparent as possible by applying the following principles:

i. there should be an advisory committee composed of twelve to twenty experts. No two members of the advisory committee may be nationals of the same state. The members of the advisory committee shall be elected for six years. They may not be re-elected;
ii. the members of the committee should not only have "recognised expertise in the field of the protection of national minorities", as provided in the convention, but should combine this with high moral character and political wisdom. Membership of the committee should also include a balance of professional and cultural backgrounds;
iii. the election of the advisory committee should take place on the same lines

10. La Convention-cadre du Conseil de l'Europe pour la protection des minorités nationales a été ouverte à la signature et à la ratification des Etats membres du Conseil de l'Europe le 1er février 1995. Elle a été ratifiée par Chypre, par la Hongrie, par la Roumanie, par la Slovaquie et par l'Espagne et signée par les pays suivants: Albanie, Autriche, République tchèque, Danemark, Estonie, Finlande, Allemagne, Islande, Irlande, Italie, Lettonie, Liechtenstein, Lituanie, Luxembourg, Malte, Moldova, Pays-Bas, Norvège, Pologne, Portugal, Russie, Saint-Marin, Slovénie, Suède, Suisse, Ukraine et Royaume-Uni.

11. L'efficacité de la protection offerte par la convention-cadre dépendra largement de la mise en œuvre du mécanisme prévu pour assurer le respect de ses dispositions.

12. En effet, il est précisé dans son article 26 que:

«1. Lorsqu'il évalue l'adéquation des mesures prises par une partie pour donner effet aux principes énoncés par la présente convention-cadre, le Comité des Ministres se fait assister par un comité consultatif dont les membres possèdent une compétence reconnue dans le domaine de la protection des minorités nationales.

2. La composition de ce comité consultatif ainsi que ses procédures sont fixées par le Comité des Ministres dans un délai d'un an à compter de l'entrée en vigueur de la présente convention-cadre.»

13. L'Assemblée a été informée que le Comité des Ministres avait donné instruction en janvier 1996 d'entamer les travaux relatifs au mécanisme de mise en œuvre de la convention-cadre à la fin du mois de juin 1996.

14. C'est pourquoi l'Assemblée souhaite formuler diverses propositions concernant le comité consultatif, qui visent à compléter et, le cas échéant, à remplacer celles faites dans sa Recommandation 1285 (1996).

15. Ainsi, l'Assemblée recommande au Comité des Ministres de veiller à ce que le comité consultatif qui doit être créé dès l'entrée en vigueur de la convention-cadre soit aussi indépendant, efficace et transparent que possible, en appliquant les principes ci-après:

i. le comité consultatif devra être constitué de douze à vingt experts. Il ne peut comprendre plus d'un ressortissant d'un même Etat. La durée du mandat sera de six ans, sans possibilité de réélection;

ii. les membres du comité devront posséder une «compétence reconnue dans le domaine de la protection des minorités nationales», comme il est demandé dans la convention, alliée à de hautes qualités morales et à la sagesse politique. Ils devront représenter un équilibre professionnel et culturel;

iii. l'élection du comité devra être conçue selon le modèle de celles organisées pour la constitution de la Commission européenne des Droits de l'Homme

as the election of the European Commission of Human Rights or the European Committee for the Prevention of Torture and Inhuman or Degrading Treatment or Punishment;

iv. the members of the committee should sit in an individual capacity and not hold any position which is incompatible with their independence and impartiality or the demands of this office;

v. the committee should determine its own standing orders and detailed method of conducting its business;

vi. it should draw its information from a wide range of sources and act on its own initiative;

vii. it should have the possibility to enter into a dialogue with the government of the contracting party concerned as well as with national minorities and with non-governmental organisations;

viii. although the proceedings of the advisory committee should be as transparent as possible this does not mean that they should always be public;

ix. the committee's reports and recommendations will be transmitted to the Committee of Ministers, which, in evaluating the adequacy of the measures taken by the party concerned, should in normal circumstances convey it directly, without comment, to them. In exceptional cases, where the advisory committee has drawn the attention of the Committee of Ministers to a breach of the convention, a Committee of Ministers' discussion should be held, the conclusions of which will also be transmitted to the state concerned;

x. the report and recommendations will be published at the time they are transmitted by the Committee of Ministers to the state concerned. At the same time the reports will also be sent to the Parliamentary Assembly for opinion;

xi. the Committee of Ministers is invited to provide the necessary financial and human resources for the advisory committee.

7. Recommendation 1301 (1996)

on civilian aspects of the Dayton and the Erdut Agreements

1. The Dayton and the Erdut Agreements have laid the foundations for sustainable peace in Bosnia-Herzegovina and in Croatia as well as for the stability of the entire region. However, these aims can only be achieved by the full implementation of the agreements, covering the civilian aspects as much as the military ones.

2. While welcoming the fact that the successful implementation of the military aspects of the Dayton Agreements brought an immediate end to the fighting and the massive violations of human rights in the region, the Assembly expresses its grave concern at the delays in implementing the civilian clauses of the agreements.

3. The democratisation of Bosnia-Herzegovina is not progressing at the desired

et du Comité européen pour la prévention de la torture et des peines ou traitements inhumains ou dégradants;

iv. les membres du comité devront siéger à titre individuel et ne pas exercer de fonctions qui soient incompatibles avec leur indépendance et leur impartialité ou avec les exigences de leur charge;

v. le comité devra établir son règlement intérieur et définir le mode d'organisation de ses travaux;

vi. il devra tirer ses informations d'un large éventail de sources et agir de sa propre initiative;

vii. il devra avoir la possibilité d'instaurer un dialogue avec le gouvernement de la Partie contractante en cause et avec des minorités nationales et des organisations non gouvernementales;

viii. les débats du comité devront se dérouler dans la plus grande transparence possible, mais rien n'oblige à ce qu'ils soient toujours publics;

ix. les rapports et les recommandations du comité devront être communiqués au Comité des Ministres qui, lorsqu'il évalue l'adéquation des mesures prises par la partie en cause, devra normalement les lui transmettre directement, sans autre commentaire. Dans certains cas exceptionnels, c'est-à-dire lorsque le comité consultatif aura attiré l'attention du Comité des Ministres sur une violation de la convention, ce dernier devra tenir un débat sur la question, dont les conclusions seront également communiquées à la partie en cause;

x. la publication de ces rapports et recommandations se fera au moment de leur transmission par le Comité des Ministres à l'Etat concerné; les rapports seront en même temps soumis à l'Assemblée parlementaire pour avis;

xi. le Comité des Ministres est invité à accorder au comité consultatif les ressources financières et humaines dont il a besoin.

7. Recommandation 1301 (1996)

relative aux aspects civils des accords de Dayton et d'Erdut

1. Les accords de Dayton et d'Erdut ont posé les bases pour une paix durable en Bosnie et Herzégovine et en Croatie ainsi que pour la stabilisation de la région tout entière. Cependant, ces objectifs ne peuvent être atteints que par la mise en œuvre intégrale de ces accords, comprenant tant les aspects militaires que civils.

2. Tout en se félicitant que la mise en œuvre réussie des aspects militaires des accords de Dayton ait mis fin immédiatement aux combats et aux violations massives des droits de l'homme dans la région, l'Assemblée exprime ses vives préoccupations quant aux retards dans l'application de leurs dispositions civiles.

3. La démocratisation de la Bosnie et Herzégovine ne progresse pas au rythme

pace. Persons accused of war crimes are still in control of the Republika Srpska (RS) and this represents an insurmountable obstacle to the re-establishment of a pluralist, multiethnic society in the RS as well as ruling out any constructive dialogue with this entity.

4. In spite of the deployment of the Multinational Military Implementation Force (IFOR), freedom of movement between the two entities of Bosnia-Herzegovina does not exist in practice and this has a particularly serious impact on enclaves such as Gorazde.

5. The Assembly is pleased to note that the 1996 objectives for pledges of finances from donor countries towards reconstruction in Bosnia-Herzegovina have been realised. However, it also notes that, in spite of the large numbers of projects being devised, implementation of these projects has been very slow.

6. Refugees and displaced persons have not yet returned in any significant numbers owing to the lack of guarantees of physical and material safety. The Assembly especially deplores the complete stalemate as regards the return of refugees to areas which underwent "ethnic cleansing".

7. Apart from political factors, the total lack of housing makes the return of refugees impossible, both for those still living in the country and those returning from abroad. Similarly, the disastrous state of the country's infrastructure and the unemployment level, which varies from 60% to 90% according to the region, are likely to deter those considering returning.

8. The agro-food and forestry sectors can play a crucial role in improving food security, providing materials (timber) for the repair and construction of housing and in creating jobs and are consequently among the priorities of the reconstruction process.

9. The delays in implementing the civilian aspects of the Dayton Agreements are likely to have adverse effects on the conduct of the elections in Bosnia-Herzegovina scheduled for September 1996. In addition to the factors mentioned above, the democratic nature of the elections may be compromised by shortcomings in the freedom of the press and the fact that it will be impossible for the various candidates to run their electoral campaigns on an equal footing.

10. The Assembly believes that the elections are a key factor in the progress of the peace process and that everything should be done to ensure that they are held under the right conditions. Otherwise, there is a risk that they will reinforce the ethnic divisions in the country.

11. Regarding implementation of the Erdut Agreement on the peaceful reintegration of Eastern Slavonia, Baranja and Western Sirmium, the Assembly welcomes

espéré. Des personnes accusées de crimes de guerre sont toujours aux commandes de la «Republika Srpska» (RS), ce qui représente un obstacle infranchissable au rétablissement d'une société pluraliste et multi-ethnique en RS ainsi qu'à la conduite d'un dialogue constructif avec cette entité.

4. En dépit du déploiement des forces de mise en œuvre multinationales (IFOR), la liberté de circulation *de facto* entre les deux entités en Bosnie et Herzégovine n'existe pas, ce qui a un impact particulièrement grave sur la situation des enclaves telles que Gorazde.

5. L'Assemblée se réjouit du fait que les objectifs pour les engagements financiers des pays donateurs pour la reconstruction en Bosnie et Herzégovine en 1996 aient été atteints. Cependant, elle constate qu'en dépit d'un nombre important de projets en élaboration, leur mise en œuvre est très lente.

6. Des retours significatifs de réfugiés et de personnes déplacées n'ont pas encore eu lieu en raison du manque de garanties de sécurité physique et matérielle. L'Assemblée déplore tout particulièrement le blocage total en ce qui concerne les retours dans les régions «ethniquement nettoyées».

7. Outre les facteurs politiques, le manque absolu de logements rend impossible tout retour massif tant à l'intérieur du pays que de l'étranger. De même, l'état désastreux d'infrastructures et les taux de chômage se situant entre 60 % et 90 % selon les régions découragent les candidats au retour.

8. Les secteurs agro-alimentaire et forestier peuvent jouer un rôle majeur pour améliorer la sécurité alimentaire, pour fournir des matériaux (bois de construction) pour la réparation et la construction de logements et pour la création de l'emploi et de ce fait sont parmi les priorités de la reconstruction.

9. Les retards dans la mise en œuvre des aspects civils des accords de Dayton sont susceptibles d'avoir des effets négatifs sur les conditions du déroulement des élections en Bosnie et Herzégovine prévues en septembre 1996. Outre les facteurs cités ci-dessus, le caractère démocratique de ces élections pourrait être compromis par des manquements à la liberté des médias et par l'impossibilité pour les différents candidats de mener une campagne électorale à pied d'égalité.

10. L'Assemblée considère que ces élections sont un élément essentiel pour l'avancement du processus de paix et que tout doit être fait pour qu'elles se déroulent dans des conditions satisfaisantes. Sinon, leur tenue risquerait d'entériner la division ethnique du pays.

11. Pour ce qui est de la mise en œuvre de l'Accord d'Erdut sur la réintégration pacifique de la Slavonie orientale, la Baranja et la Sirmie occidentale, l'Assemblée se

the progress which has been made so far and in particular the constructive dialogue which has begun between the Croatian Government and Serbian representatives.

12. Nonetheless, if this promising start is to lead to the restoration of a democratic, multi-ethnic society in the region, there are crucial obstacles which still have to be surmounted – the return of displaced persons, economic reconstruction, human rights guarantees and the setting up of democratically elected institutions.

13. In the field of economic reconstruction, the Assembly:

i. recognises the difficult investment climate in Bosnia and Herzegovina – due in particular to the political uncertainty and the limited geographical extension of government authority – but nevertheless considers it essential for the success of the peace process that reconstruction be accelerated further, in order to show the general population as early as possible the benefits of peace;

ii. strongly supports the reconstruction priorities established by the World Bank in close co-operation with the Government of Bosnia-Herzegovina, the High Representative, the European Union, the European Bank for Reconstruction and Development (EBRD) and the international donor community as a whole, and believes that the World Bank should be allowed to continue to play a leading co-ordinating role, together with the host country government, at the present, early stage of reconstruction;

iii. considers that particular priority should be given to the rebuilding of homes in accordance with the needs and opportunities of local communities, especially for minorities, including the Roma, since this is a precondition for economic reconstruction;

iv. hopes that trade relations, essential for reconstruction and renewed prosperity, can soon be normalised within the whole of Bosnia-Herzegovina and with neighbouring countries.

14. Accordingly, the Assembly recommends that the Committee of Ministers:

i. urge the organs of the Social Development Fund of the Council of Europe to reinforce the Fund's potential to act in Bosnia-Herzegovina and in Croatia, including assistance in identifying and drawing up projects;

ii. urge the member states to:

a. do everything in their power to ensure that the elections in Bosnia-Herzegovina are held in satisfactory circumstances, meaning among other things that persons accused of war crimes are excluded from politics and summoned before the International War Crimes Tribunal, refugees and displaced persons are allowed to return home, freedom of the media is guaranteed and all candidates for the elections are enabled to run their campaigns on an equal footing;

b. co-operate fully with the International War Crimes Tribunal and, where necessary, to adopt legislation which is consistent with the guidelines of the tribunal;

félicite des progrès réalisés à ce jour et, en particulier, du dialogue constructif engagé entre le gouvernement de la Croatie et les représentants serbes.

12. Néanmoins, si ce début prometteur doit aboutir à la restauration d'une société démocratique et multi-ethnique dans cette région, des étapes cruciales restent à franchir – le retour des personnes déplacées, la reconstruction économique, les garanties des droits de l'homme et la mise en place d'organes démocratiquement élus.

13. Dans le domaine de la reconstruction économique, l'Assemblée:
  i. reconnaît que le climat est difficile pour l'investissement en Bosnie-Herzégovine – notamment du fait de l'incertitude politique et de la portée géographiquement limitée du pouvoir des autorités – mais estime néanmoins que, pour la réussite du processus de paix, il est essentiel d'accélérer davantage la reconstruction, afin que la population voie, le plus tôt possible, les retombées bénéfiques de la paix;
  ii. soutient fermement les priorités établies en vue de la reconstruction par la Banque mondiale, en étroite coopération avec le gouvernement de Bosnie-Herzégovine, le Haut Représentant, l'Union européenne, la BERD et l'ensemble de la communauté internationale des donateurs, et estime qu'il faudrait permettre à la Banque mondiale de continuer à jouer un rôle de coordination de premier plan, en liaison avec le gouvernement du pays bénéficiaire, au stade actuel où la reconstruction en est encore à ses débuts;
  iii. estime qu'il faudrait attacher une priorité toute particulière à la reconstruction des logements en fonction des besoins et des possibilités des communautés locales, en particulier pour les minorités roms, étant donné qu'il s'agit là d'une condition préalable à la reconstruction économique;
  iv. espère que les relations commerciales, essentielles pour la reconstruction et le retour à la prospérité, pourront être rapidement normalisées au sein de la Bosnie-Herzégovine tout entière ainsi qu'avec les pays voisins.

14. Par conséquent, l'Assemblée recommande au Comités des Ministres:
  i. d'inviter les organes du Fonds de développement social du Conseil de l'Europe à renforcer la capacité d'intervention du Fonds en Bosnie et Herzégovine et en Croatie, y compris par son assistance à l'identification et l'élaboration des projets;
  ii. d'inviter les Etats membres:
    a. à tout faire pour permettre la tenue des élections en Bosnie et Herzégovine dans des conditions satisfaisantes, y compris l'exclusion de la vie politique des personnes accusées de crimes de guerre et leur traduction devant le Tribunal international pour les crimes de guerre, le retour des réfugiés et des personnes déplacées, la liberté des médias et la possibilité pour tous les candidats de mener une campagne électorale à pied d'égalité;
    b. à coopérer pleinement avec le Tribunal international pour les crimes de guerre et, le cas échéant, à adopter une législation conforme aux directives du Tribunal;

c. support the extension of IFOR's terms of reference until the civilian aspects of the Dayton Agreements have been implemented, creating a stable political and economic context and averting the danger of renewed fighting;
d. support the extension of the terms of reference of the European Union Administration of Mostar, due to come to an end on 22 July 1996, until its tasks can be taken over by democratically elected and respected local organs;
e. do everything possible to speed up the reconstruction process in Bosnia-Herzegovina and Eastern Slavonia as a matter of urgency;
f. reschedule the foreign debt of Bosnia and Herzegovina in order to help the new government to achieve reconstruction;
g. make generous contributions to the Selective Trust Account of the Social Development Fund of the Council of Europe and to guarantee and finance projects to assist Bosnia-Herzegovina and Croatia;
h. ensure that a part of the aid for reconstruction is allocated directly to local authorities in the war-stricken areas of Bosnia-Herzegovina and Croatia as well as to non-governmental organisations working in these areas;
i. give absolute priority to reconstruction projects aimed at housing construction and rehabilitation;
j. support the World Bank's recently approved Special Political Risk Guarantee Facility Fund for private investors, designed to encourage investment in what are considered high risk regions;
k. provide urgent assistance in ensuring that the road through the corridor linking Sarajevo to Gorazde is built as quickly as possible, and towards improved road connections from Tuzla to the north;
l. refrain from repatriating people from Bosnia-Herzegovina who have been granted "temporary protected status" until the appropriate conditions for their return are met;
m. establish, preferably through the intermediary of the Office of the United Nations High Commissioner for Refugees (UNHCR), adequate social protection for all the people of Bosnia and Herzegovina, including minorities, affected by the war or disadvantaged for other reasons;

iii. ask the Croatian Government to:
a. amend the amnesty law so that it satisfactorily guarantees the safety of the Serbian population of Croatia;
b. support the extension of the initial period of authority of the United Nations Transitional Administration for Eastern Slavonia, Baranja and Western Sirmium (UNTAES), established by the Erdut Agreement, for a further twelve months.

15. The Assembly asks the governments of the European Union and of the European Free Trade Association (EFTA) to grant Bosnia-Herzegovina preferential trade status.

c. à soutenir l'extension du mandat de l'IFOR jusqu'à ce que la mise en œuvre des aspects civils des accords de Dayton crée un cadre politique et économique stable et écarte le danger de reprise des combats;
d. à soutenir l'extension du mandat de l'Administration de l'Union européenne de Mostar, qui arrive à expiration le 22 juillet 1996, jusqu'à ce que ses tâches puissent être reprises par des organes locaux démocratiquement élus et respectés;
e. à tout faire pour accélérer d'urgence le processus de reconstruction en Bosnie et Herzégovine et en Slavonie orientale;
f. à ré-échelonner la dette extérieure de la Bosnie-Herzégovine afin d'aider le nouveau gouvernement à mener la reconstruction à bonne fin;
g. à contribuer généreusement au compte fiduciaire sélectif du Fonds de développement social du Conseil de l'Europe et à garantir et à cofinancer les projets en faveur de la Bosnie et Herzégovine et de la Croatie;
h. à faire en sorte qu'une partie de l'assistance à la reconstruction soit attribuée directement aux communes dans les régions de Bosnie et Herzégovine et de Croatie touchées par la guerre ainsi qu'aux organisations non gouvernementales actives dans ces régions;
i. à donner la priorité absolue aux projets de reconstruction visant la réhabilitation et la construction de logements;
j. à soutenir le Fonds spécial pour une facilité de garantie du risque politique, récemment approuvé par la Banque mondiale pour les investisseurs privés afin d'encourager leurs investissements dans les régions considérées à haut risque;
k. à contribuer d'urgence à ce que la route dans le corridor reliant Sarajevo et Gorązde soit construite dans les meilleurs délais et à ce que les liaisons routières de Tuzla vers le nord soient améliorées;
l. à s'abstenir de rapatrier les personnes provenant de Bosnie et Herzégovine actuellement en protection temporaire tant que les conditions acceptables pour leur retour ne sont pas remplies;
m. à mettre en place, de préférence par l'intermédiaire de l'UNHCR, une protection sociale adéquate en faveur de toute la population de Bosnie-Herzégovine touchée par la guerre ou défavorisée pour d'autres raisons, y compris en faveur des minorités;

iii. de demander au gouvernement de la Croatie:
a. d'amender la loi sur l'amnistie pour qu'elle donne des garanties de sécurité satisfaisantes à la population serbe de Croatie;
b. de soutenir l'extension du mandat de l'Administration transitoire des Nations unies pour la Slavonie orientale, la Baranja et la Sirmie occidentale (ATNUSO) prévue par l'Accord d'Erdut pour douze mois supplémentaires.

15. L'Assemblée demande aux gouvernements des Etats membres de l'Union européenne et de l'AELE d'octroyer à la Bosnie-Herzégovine un statut préférentiel en matière de commerce.

8. Recommendation 1302 (1996)

on the abolition of the death penalty in Europe

1. The Assembly recalls Recommendation 1246 (1994) on the abolition of capital punishment. It welcomes the decision of the Committee of Ministers of 16 January 1996 to encourage member states which have not abolished the death penalty to operate, *de facto* or *de jure*, a moratorium on the execution of death sentences.

2. However, it regrets that the Committee of Ministers has not yet taken any action on the most important proposals, contained in paragraph 6 of this recommendation.

3. The Assembly recommends that the Committee of Ministers follow up the proposals of Recommendation 1246 (1994) without further delay. In particular, the Assembly recommends that the Committee of Ministers draw up an additional protocol to the European Convention on Human Rights abolishing the death penalty both in peace and wartime, and obliging the signatories not to re-introduce it under any circumstances, and that a control mechanism be set up under the Secretary General.

4. Referring to Resolution 1097 (1996), the Assembly furthermore recommends that the Committee of Ministers assist its efforts to have the death penalty abolished in all Council of Europe member states by:

- i. granting financial and logistical assistance for the conducting of national information campaigns on the abolition of the death penalty to those countries who ask for it;
- ii. organising a large-scale international conference on developments in the field of the abolition of the death penalty, to take place in 1997 in a country that has not yet *de facto* abolished the death penalty;
- iii. considering the attitude of applicant states towards the death penalty when deciding on their admission as full members to the Council of Europe, and taking the attitude of retentionist countries into account during the monitoring of obligations and commitments by member states.

9. Recommendation 1303 (1996)

on the proposal for a second summit of heads of state and government of the Council of Europe

1. The Assembly recalls the major developments which have taken place since the Vienna Summit (8-9 October 1993): expanding membership of the Council of

8. Recommandation 1302 (1996)

relative à l'abolition de la peine de mort en Europe

1. L'Assemblée rappelle sa Recommandation 1246 (1994) relative à l'abolition de la peine de mort. Elle se félicite de la décision du Comité des Ministres du 16 janvier 1996 d'encourager les Etats membres qui n'ont pas encore aboli la peine de mort à instaurer un moratoire de fait ou de droit sur l'exécution des condamnations capitales.

2. Cependant, elle regrette que le Comité des Ministres n'ait pas encore pris de décision sur les propositions les plus importantes contenues dans le paragraphe 6 de la recommandation.

3. L'Assemblée recommande que le Comité des Ministres donne suite sans délai aux propositions contenues dans la Recommandation 1246 (1994). En particulier, elle recommande au Comité des Ministres d'élaborer un protocole additionnel à la Convention européenne des Droits de l'Homme abolissant la peine de mort en temps de paix comme en temps de guerre et obligeant les signataires à ne la réintroduire sous aucune circonstance, et d'instaurer un mécanisme de contrôle supervisé par le Secrétaire Général.

4. Renvoyant à la Résolution 1097 (1996), l'Assemblée recommande, en outre, que le Comité des Ministres l'aide dans ses efforts pour faire abolir la peine de mort dans tous les Etats membres du Conseil de l'Europe:

i. en accordant une aide financière et logistique aux pays qui le demandent pour mener des campagnes nationales d'information sur l'abolition de la peine de mort;

i. en organisant une conférence internationale de grande envergure sur les développements intervenus dans le domaine de l'abolition de la peine de mort, manifestation qui se tiendrait en 1997 dans un pays qui n'a pas encore aboli *de facto* la peine de mort;

iii. en prenant en compte l'attitude des Etats candidats envers la peine de mort au moment de décider de leur admission en tant que membres à part entière du Conseil de l'Europe, et celle des pays qui maintiennent cette peine lors du contrôle des obligations et engagements des Etats membres.

9. Recommandation 1303 (1996)

relative à la proposition pour un second sommet des chefs d'Etat et de gouvernement du Conseil de l'Europe

1. L'Assemblée rappelle les événements majeurs intervenus depuis le Sommet de Vienne (8-9 octobre 1993): la poursuite de l'élargissement du Conseil de l'Europe à

Europe to cover the entire continent, in particular the accession of Russia; rapid globalisation of exchanges through the spread of telecommunications, to the point of placing strains on the cohesion of European societies; the on-going revision of the institutions of the European Union.

2. The Council of Europe faces great challenges today which require fresh thinking on resources and long-term goals for the role it should play in promoting a model of society for Europe in the twenty-first century.

3. Summit meetings of heads of state and government are the sole means of renewing the political impetus of international institutions.

4. The Assembly requests that a second Council of Europe summit be held in Strasbourg in the second half of 1997.

5. The Assembly recommends that the Committee of Ministers include the following items in the draft declaration for consideration by heads of state and government:

i. clear definition and decision at the highest political level of the place and role of the Council of Europe in Europe's institutional landscape;

ii. review of actions undertaken since the Vienna Summit: protection of the rights of persons belonging to national minorities; Plan of Action against Racism, Xenophobia, Anti-Semitism and Intolerance; reform of the European Court of Human Rights; political dialogue;

iii. a stronger political role for the Council of Europe, in particular through:

a. increased emphasis on political monitoring of obligations and commitments;

b. reform of the 1949 Statute to give a stronger role to the Committee of Ministers (to be renamed "Council of Ministers") and to the Secretary General, and to guarantee the budgetary autonomy of the Parliamentary Assembly; and

c. stronger co-operation between the Council of Europe and the European Union on the basis of proposals already made by the Parliamentary Assembly;

iv. development of the "partnership for democracy" by expanding co-operation and assistance programmes;

v. ever firmer establishment of a European "legal area", for drawing up minimum standards for civil society, for drafting new instruments to respond to progress in computerisation and medical science, and for harmonising environmental standards throughout Europe;

vi. implementation of new initiatives to promote a model for European society:

a. encouragement of the ratification of the European Social Charter and its protocols, as well as of the revised European Social Charter, and of the

l'ensemble du continent, en particulier l'adhésion de la Russie; l'accélération du processus de mondialisation des échanges sous l'effet du développement des techniques de télécommunications mettant en cause la cohésion des sociétés en Europe; la révision institutionnelle en cours de l'Union européenne.

2. Le Conseil de l'Europe se trouve aujourd'hui confronté à des défis d'une grande ampleur nécessitant une réflexion nouvelle sur ses moyens et ses objectifs à long terme, afin de lui permettre de jouer le rôle qui lui revient dans la promotion d'un modèle de société pour l'Europe du XXIe siècle.

3. Les sommets des chefs d'Etat et de gouvernement permettent, seuls, de donner l'impulsion politique indispensable aux institutions internationales.

4. L'Assemblée demande qu'un second sommet du Conseil de l'Europe se tienne à Strasbourg au second semestre de 1997.

5. L'Assemblée recommande que le Comité des Ministres incorpore les points suivants dans le projet de déclaration qui sera proposé à l'intention des chefs d'Etat et de gouvernement:

i. une définition et une décision claires au niveau politique le plus haut concernant la place et le rôle du Conseil de l'Europe dans le paysage institutionnel européen;

ii. le bilan des actions entreprises après le Sommet de Vienne: la protection des droits des personnes appartenant aux minorités nationales; le plan d'action contre le racisme, la xénophobie, l'antisémitisme et l'intolérance; la réforme de la Cour européenne des Droits de l'Homme; le dialogue politique;

iii. le renforcement du rôle politique du Conseil de l'Europe, en particulier:

a. par l'octroi d'une importance accrue au «monitoring» politique des obligations et engagements;

b. par une réforme du Statut de 1949 permettant d'accroître le rôle du Comité des Ministres (dont l'appellation pourrait être «Conseil des ministres») et du Secrétaire Général, et de garantir l'autonomie budgétaire de l'Assemblée parlementaire; et

c. par un renforcement de la coopération entre le Conseil de l'Europe et l'Union européenne sur la base des propositions déjà faites par l'Assemblée parlementaire;

iv. le développement du «partenariat pour la démocratie» en élargissant les programmes de coopération et d'assistance;

v. la consolidation de l'espace juridique européen, cadre d'élaboration des normes minimales pour la société civile, ainsi que des nouveaux instruments que nécessitent les progrès des technologies de l'informatisation et de la science médicale, et de l'harmonisation des normes environnementales dans toute l'Europe;

vi. la mise en œuvre d'actions nouvelles pour promouvoir un modèle de société européen:

implementation of social rights, in particular as regards employment, the guaranteeing of social welfare systems, the struggle against poverty and exclusion, and professional training for young people;
b. incentives to partnership between the state and the various economic and social agents;
c. drawing up of legal instruments to address the challenges arising from new developments in information technology, such as the Internet, as well as from the increased influence and responsibility of electronic media;
d. drawing up of a European public service charter, with standards guaranteeing citizens equal and free access to basic public services: education, health, transport, telecommunications;
e. drawing up of a European convention on the civil service, establishing standards relating to ethics and job security;
f. setting up, in liaison with the European Union, of a special programme for youth training in Europe, designed to enhance the adaptability of education systems;
g. expansion of support programmes for democratic reform, notably by providing expert advice in the institutional, educational and social fields;
h. strengthening of the Organisation's analytical and predictive role (fonction prospective) in the field of legal norms and social trends, prompted by and with the participation of the Parliamentary Assembly, and with contributions from qualified personalities – economists, philosophers and sociologists renowned for their work on the new patterns of social life likely to emerge in the next century;

vii. new budgetary means permitting the Council of Europe to address these goals in the new context set by its expanded membership, in order that heads of state and government at summit meetings should recognise that proposals for policies and programmes, especially those which affect the role of the Parliamentary Assembly, are only of symbolic value unless additional finance is made available.

10. Recommendation 1305 (1996)

on the humanitarian situation of the displaced persons in Georgia

1. The Parliamentary Assembly recalls and reaffirms its Resolution 1059 (1995) and Recommendation 1263 (1995) on the humanitarian situation of the refugees and displaced persons in Armenia and Azerbaijan, and in particular their references to Georgia.

a. l'encouragement à la ratification de la Charte sociale européenne et de ses protocoles, ainsi que de la Charte sociale européenne révisée, et à la mise en œuvre des droits sociaux, notamment dans les domaines de l'emploi, de la garantie des systèmes de protection sociale, de la lutte contre la pauvreté et l'exclusion, et de la formation des jeunes;
b. l'incitation au partenariat entre l'Etat et les différents agents économiques et sociaux;
c. l'élaboration d'instruments juridiques destinés à faire face aux défis résultant des nouveaux développements des technologies de l'information, telle qu'Internet, ainsi qu'à l'influence accrue et aux responsabilités des médias électroniques;
d. l'élaboration d'une charte européenne du service public définissant les normes garantissant aux citoyens un accès égal et libre aux services publics de base: éducation, santé, transports, télécommunications;
e. l'élaboration d'une convention européenne sur la fonction publique définissant notamment les normes de déontologie et de garantie de l'emploi;
f. la mise en place, en liaison avec l'Union européenne, d'un programme spécial pour la formation des jeunes en Europe, axé notamment sur l'adaptation des systèmes éducatifs;
g. l'accroissement des programmes de soutien aux réformes démocratiques, notamment grâce à des travaux d'expertise dans les domaines institutionnel, éducatif et social;
h. le renforcement de la fonction prospective de l'Organisation dans le domaine des normes juridiques et des tendances sociales, avec la participation et l'impulsion de l'Assemblée parlementaire, et la contribution de personnalités qualifiées – économistes, philosophes, sociologues connus pour leurs travaux sur les nouvelles formes de vie sociale susceptibles d'émerger au siècle prochain;

vii. de nouveaux moyens budgétaires permettant au Conseil de l'Europe de faire face à ses missions dans le nouveau contexte créé par son élargissement, de sorte que les chefs d'Etat et de gouvernement, à l'occasion de rencontres au sommet, reconnaissent que les propositions d'actions politiques et de programmes, en particulier celles ayant trait au rôle de l'Assemblée parlementaire, ne revêtent qu'un caractère symbolique, à moins qu'elles ne soient assorties de moyens financiers supplémentaires.

10. Recommandation 1305 (1996)

relative à la situation humanitaire des personnes déplacées en Géorgie

1. L'Assemblée parlementaire rappelle et réaffirme sa Résolution 1059 (1995) et sa Recommandation 1263 (1995) relatives à la situation humanitaire des réfugiés et des personnes déplacées en Arménie et en Azerbaïdjan, et en particulier les références faites dans ces textes à la Géorgie.

2. Georgia continues to suffer from grave economic and political dislocation since its independence in 1991. Like Armenia and Azerbaijan it faces the burden of housing and feeding a great many displaced persons arising from ethnic conflicts. The majority of these are ethnic Georgians from Abkhazia and South Ossetia.

3. There are currently between 250 000 and 300 000 displaced persons in Georgia. They are housed in hotels, hospitals, public buildings, with relatives and host families. A government registration scheme is under way with assistance from the Office of the United Nations High Commissioner for Refugees (UNHCR). Legislation has been drafted to define the rights and entitlements of displaced persons and refugees. United Nations agencies and the International Committee of the Red Cross (ICRC) have been operating in the country since 1992.

4. It is clear that international funding for United Nations programmes is far from adequate. The vast majority of the displaced persons remain unemployed; their living accommodation and conditions, especially for children, are unacceptable; health services are deficient; and there is a rising threat of ethnic tension with the local population.

5. Evidence is growing of "donor fatigue" on the part of the international community towards further funding of humanitarian aid to the Caucasus. In Georgia the risk of bread shortages is growing daily as a result of a lack of response to the latest appeal by the World Food Programme and as farmers revert to subsistence farming encouraged by the end of the state subsidy for bread.

6. Despite the cease-fire agreement of 1994 there remains no early prospect of a negotiated political settlement with Abkhazia which would provide for the return home of 200 000 ethnic Georgian displaced persons unless Russia, as the "protecting power", can be persuaded to place greater pressure on the separatist authorities.

7. Moreover, in addition to refusing to allow the peaceful return of the displaced persons, the Abkhaz authorities hamper the operations of the United Nations agencies. They have, however, permitted ICRC access and the establishment of a United Nations/Organisation for Security and Co-operation in Europe (UN/OSCE) human rights monitoring unit.

8. The Assembly therefore recommends that the Committee of Ministers:
   i. provide every possible co-operation and assistance to Georgia, now that its parliament has special guest status with the Assembly, including the drafting of legislation on refugees and displaced persons to take account of

2. La Géorgie continue de souffrir, depuis son accession à l'indépendance en 1991, de la dégradation rapide de sa situation économique et politique. Comme l'Arménie et l'Azerbaïdjan, elle doit nourrir et loger un grand nombre de personnes déplacées, victimes de conflits ethniques. Cette population est composée en majorité de personnes d'origine ethnique géorgienne, d'Abkhasie et d'Ossétie du Sud.

3. On dénombre actuellement en Géorgie entre 250 000 et 300 000 personnes déplacées. Elles sont logées dans des hôtels, des hôpitaux, des bâtiments publics, chez des parents ou dans des familles d'accueil. Un programme d'enregistrement est actuellement mené par le gouvernement en collaboration avec le Haut Commissariat des Nations unies pour les réfugiés (HCR). Une législation visant à définir des droits et des garanties pour les personnes déplacées et les réfugiés est également en cours d'élaboration. Des agences des Nations unies et le Comité international de la Croix-Rouge (CICR) sont présents dans ce pays depuis 1992.

4. Il est évident que le financement international des programmes des Nations unies est largement insuffisant. La grande majorité des personnes déplacées sont sans emploi, leurs conditions de vie et de logement, en particulier celles des enfants, sont inacceptables, les services de santé font défaut et des tensions interethniques commencent à se manifester au sein de la population locale.

5. On assiste également, dans la communauté internationale, à une «lassitude des donateurs», qui rechignent à poursuivre le financement de l'aide humanitaire dans la région du Caucase. En Géorgie, le risque de pénurie de pain devient de jour en jour plus réel, non seulement parce que le dernier appel lancé par le Programme alimentaire mondial n'a pas été entendu, mais également parce que les agriculteurs se sont remis à une agriculture de subsistance depuis que l'Etat ne subventionne plus le pain.

6. Malgré l'accord de cessez-le-feu conclu en 1994, aucun règlement politique négocié n'est en vue avec l'Abkhasie, une solution qui permettrait le retour au pays des 200 000 personnes déplacées d'origine géorgienne, à moins que la Russie, en tant que «puissance tutélaire», n'accepte d'accroître la pression sur les autorités séparatistes.

7. Non seulement les autorités d'Abkhasie s'opposent au retour pacifique des personnes déplacées, mais elles entravent également les activités des agences des Nations unies. Elles ont toutefois ouvert les frontières au CICR et autorisé la mise en place d'une unité des Nations unies et de l'Organisation pour la sécurité et la coopération en Europe (NU/OSCE) chargée de contrôler le respect des droits de l'homme.

8. En conséquence, l'Assemblée recommande au Comité des Ministres:
   i. de prendre en faveur de la Géorgie, dont le Parlement bénéficie à présent du statut d'invité spécial auprès de l'Assemblée, toutes les mesures de coopération et d'assistance nécessaires et notamment de l'assister dans

international standards and Council of Europe conventions;

ii. firmly insist that the Government of Georgia accede without delay to the 1951 Convention relating to the Status of Refugees and its 1967 Protocol;

iii. invite the member states:

a. to urge the Abkhaz separatist authorities to allow the return home of all displaced persons without threat or hindrance, and to allow the United Nations agencies and international non-governmental organisations to operate without hindrance with a view to providing the displaced persons with the necessary aid and assistance;

b. to urge the Abkhaz separatist authorities to abstain from holding elections or referenda prior to the return of all refugees and displaced persons;

c. to maintain and, if possible, increase their generous responses to further appeals for funding humanitarian assistance to Georgia, and especially to the World Food Programme appeal to avert a bread shortage and to that of the UNHCR;

d. to support the implementation of the programme of action adopted by the regional conference to address the problems of refugees, displaced persons, other forms of involuntary displacement and returnees in the countries of the Commonwealth of Independent States and relevant neighbouring states (Geneva, 30-31 May 1996);

e. to give renewed consideration to the creation of a unified United Nations agency for the Caucasus along the lines of the United Nations Relief and Works Agency for Palestine Refugees in the Near East (UNRWA);

iv. invite the Russian Government, now that it has accepted obligations as a full member of the Council of Europe, as a matter of urgency, to urge the Abkhaz authorities to accept the considerations in paragraph 8.iii.a and to promote a negotiated settlement which will encourage reconciliation, reconstruction and a return to stability.

11. Recommendation 1309 (1996)

on the training of officials receiving asylum-seekers at border points

1. Access to a country's procedures for the granting of refugee status is essential to the very concept of international protection for those claiming a well-founded fear of persecution, a concept to which all Council of Europe member states signa-

l'élaboration d'une législation relative aux réfugiés et aux personnes déplacées tenant compte des normes internationales et des conventions du Conseil de l'Europe;

ii. d'insister fermement auprès du Gouvernement de la Géorgie pour qu'il accède sans délai à la Convention de 1951 relative au statut des réfugiés et son Protocole de 1967;

iii. d'inviter les Etats membres:

a. à exhorter les autorités séparatistes abkhases à autoriser, sans aucune forme d'intimidation ou d'obstruction, le retour de l'ensemble des personnes déplacées, et à autoriser l'intervention sans entraves des agences des Nations unies et des organisations internationales non gouvernementales en vue d'accorder aux personnes déplacées l'aide et l'assistance nécessaires;

b. à exhorter les autorités séparatistes abkhases à s'abstenir d'organiser des élections ou des référendums avant le retour de tous les réfugiés et personnes déplacées;

c. à répondre favorablement, en maintenant et si possible en augmentant leur aide généreuse, aux appels à contributions lancés en faveur de l'aide humanitaire pour la Géorgie, en particulier à celui du Programme alimentaire mondial, en vue d'éviter une pénurie de pain, et à celui du HCR;

d. à soutenir la mise en œuvre du programme d'action adopté par la conférence régionale sur les problèmes des réfugiés, des personnes déplacées, d'autres formes de déplacements involontaires et des rapatriés dans les pays de la Communauté d'Etats indépendants et les pays voisins concernés (Genève, 30-31 mai 1996);

e. à réexaminer la question de la création d'une agence unifiée des Nations unies pour le Caucase sur le modèle de l'Office de secours et de travaux des Nations unies pour les réfugiés de Palestine dans le Proche-Orient (UNRWA);

iv. d'inviter le Gouvernement de la Fédération de Russie, qui a désormais accepté des obligations en tant que membre de plein droit du Conseil de l'Europe, à engager, sans plus attendre, les autorités abkhases à accepter les dispositions du paragraphe 8.iii.a et à promouvoir un règlement négocié susceptible de favoriser la réconciliation, la reconstruction et le retour à la stabilité.

11. Recommandation 1309 (1996)

relative à la formation du personnel accueillant des demandeurs d'asile aux postes frontières

1. L'accès aux procédures nationales d'octroi du statut de réfugié est essentiel à la notion même de protection internationale de ceux qui craignent, avec raison, d'être persécutés, notion qui engage tous les Etats membres du Conseil de l'Europe – parties

tory to the 1951 Geneva Convention relating to the Status of Refugees and its 1967 Protocol are committed. These texts also commit them to respect the fundamental principle of *non-refoulement*.

2. The decision whether or not to refer asylum-seekers to the authorities responsible for determining refugee status is usually made by an immigration or border police official. However, such decisions may be difficult in the case of asylum-seekers who are not in a position to state their claim formally or intelligibly or to enter the state territory legally, since they may have been persecuted by the very authorities to whom they must apply for travel documents in their country of origin. Consequently, there may be occasions when border officials violate the rights of asylum-seekers, resulting in denial of access to the proper authorities, unjustified return and persecution.

3. It is therefore essential that those officials who first come into contact with asylum-seekers should be fully cognizant not only of international and domestic legal instruments and regulations governing the reception of asylum-seekers but also acutely aware of their responsibility for treating asylum-seekers with humanity, sensitivity and discernment, not least at a time when the governments of member states have taken steps to reduce the numbers of asylum-seekers arriving on their territory.

4. Some Council of Europe member states provide special training for the officials who first come into contact with asylum-seekers, others do not, despite Recommendation No. R (94) 5 of the Committee of Ministers to member states which enjoins them to do so. The Assembly considers it important that officials receiving asylum-seekers at border points should be properly trained so that they possess adequate knowledge of the applicable international and domestic legal instruments and regulations, are kept informed of the human rights situation in asylum-seekers' countries of origin, and acquire the intercultural and personal skills to allow them to deal with asylum-seekers in a sensitive way.

5. The Assembly recalls that, in accordance with Recommendation No. R (81) 16 of the Committee of Ministers to member states, the role of border officials must be strictly confined to understanding and recording the request for asylum and should on no account include responsibility for pronouncing on the merits of such a request, this being a function of the central authority competent to recognise refugee status.

6. Moreover, carriers' personnel at the point of embarkation should not be put in a position where, through the effects of carrier liability legislation, they perform

signataires de la Convention de Genève de 1951 relative au statut des réfugiés et de son Protocole de 1967. Ces textes les engagent également de respecter le du principe fondamental de non-refoulement.

2. La décision d'adresser ou non les demandeurs d'asile aux autorités responsables de la détermination du statut de réfugié est généralement prise par un agent du service d'immigration ou de la police des frontières. Cependant, de telles décisions peuvent être très difficiles à prendre dans le cas de demandeurs d'asile qui ne sont pas en mesure de déposer une demande formelle ou intelligible ou d'entrer légalement sur le territoire de l'Etat, en ce sens qu'il se peut qu'ils aient été persécutés par les autorités mêmes auxquelles ils doivent s'adresser pour obtenir des documents de voyage dans leur pays d'origine. Il peut donc arriver que les fonctionnaires en service aux frontières violent les droits des demandeurs d'asile, d'où un refus d'accès aux autorités compétentes entraînant des renvois injustifiés et des persécutions.

3. Il est donc essentiel que ces fonctionnaires qui entrent les premiers en contact avec les demandeurs d'asile non seulement soient pleinement informés des instruments et règlements juridiques nationaux et internationaux régissant l'accueil des demandeurs d'asile, mais également pleinement conscients de leur responsabilité qui est de traiter les demandeurs d'asile avec humanité, sensibilité et discernement, particulièrement à une époque où les gouvernements des Etats membres prennent des mesures destinées à réduire le nombre de demandeurs d'asile arrivant sur leur territoire.

4. Certains Etats membres du Conseil de l'Europe assurent une formation spéciale destinée aux fonctionnaires qui entrent les premiers en contact avec les demandeurs d'asile, d'autres ne le font pas, en dépit de la Recommandation nº R (94) 5 du Comité des Ministres aux Etats membres qui leur enjoint de le faire. L'Assemblée considère qu'il est important que les fonctionnaires accueillant des demandeurs d'asile aux postes frontières soient correctement formés, de manière à ce qu'ils aient une connaissance adéquate des instruments et des règlements juridiques nationaux et internationaux applicables, qu'ils soient tenus informés de la situation en matière de droits de l'homme dans le pays d'origine des demandeurs d'asile et qu'ils acquièrent des compétences interculturelles et interpersonnelles leur permettant de faire preuve de compréhension dans leur traitement des demandeurs d'asile.

5. L'Assemblée rappelle que, conformément à la Recommandation nº R (81) 16 du Comité des Ministres aux Etats membres, le rôle des fonctionnaires affectés aux frontières doit se limiter strictement à la compréhension et à l'enregistrement des demandes d'asile et ne devrait en aucun cas comprendre la responsabilité de se prononcer sur le fond de ces demandes, qui appartient à l'autorité centrale compétente pour la détermination du statut de réfugié.

6. En outre, le personnel des transporteurs au point d'embarquement ne devrait pas se voir contraint, du fait de la législation sur la responsabilité des transporteurs, de

the functions of border police or immigration officers. Where nevertheless they are required to do so, they should be given appropriate training in accordance with the guidelines below.

7. The Assembly recommends that the Committee of Ministers:
   i organise exchanges of experience and information between the member states, with the participation of the appropriate international governmental and non-governmental organisations, on the training of officials who first come into contact with asylum-seekers, as well as those involved in refugee status determination;
   ii. instruct the appropriate committee to develop, in consultation with the relevant international governmental and non-governmental organisations, guidelines to be addressed to the member states for the training and guidance of officials who first come into contact with asylum-seekers, with a view to developing the officials' knowledge and skills in the following areas in particular:
   a. the basics of asylum law, especially the 1951 Geneva Convention relating to the status of refugees, incorporating the principle of *non-refoulement*, its 1967 Protocol, and the European Convention on Human Rights, notably with regard to the application of Article 3;
   b. the limitations under national and international law on the use of detention, and UNHCR guidelines on this subject;
   c. the asylum procedures in the member state concerned – in particular to whom asylum applications should be referred and whom the asylum-seeker can call for assistance;
   d. procedures to ensure that, if asylum-seekers are sent to a "safe third country", that state will guarantee that they will actually enter fair asylum procedures there;
   e. what constitutes a request for asylum as opposed to the entry requests of other non-nationals;
   f. the types of pressure that refugees are under;
   g. the human rights situation in the countries which generate the greatest numbers of asylum-seekers;
   h. the relevant databases providing country of origin information;
   i. special needs, such as those of women and unaccompanied minors;
   j. the correct choice and use of interpreters;
   k. interview techniques;
   l. intercultural awareness;
   m. interpersonal relations;
   iii. promote the implementation of initial and in-service training programmes for these officials at the national level;
   iv. contribute to the training of officials who first come into contact with asylum-seekers and those involved in refugee status determination by providing expertise and materials on the subject of the European Convention on Human Rights in relation to the protection of refugees, asylum-

remplir les fonctions des agents de la police des frontières ou du service d'immigration. Si, toutefois, il lui était demandé de le faire, il devrait recevoir une formation appropriée, conformément aux lignes directrices ci-dessous.

7. L'Assemblée recommande au Comité des Ministres:
   i. d'organiser des échanges d'expériences et d'informations entre les Etats membres, avec la participation des organisations internationales gouvernementales ou non gouvernementales appropriées, sur la formation des fonctionnaires qui entrent les premiers en contact avec les demandeurs d'asile, ainsi que de ceux qui sont impliqués dans la détermination du statut de réfugié;
   ii. de charger le comité compétent d'élaborer, en concertation avec les organisations gouvernementales et non gouvernementales internationales concernées, des lignes directrices à adresser aux Etats membres en ce qui concerne la formation et l'orientation des fonctionnaires qui entrent les premiers en contact avec les demandeurs d'asile, afin de développer les connaissances et les compétences de ces fonctionnaires, en particulier dans les domaines suivants:
      a. les bases du droit d'asile, notamment la Convention de Genève de 1951 relative au statut des réfugiés, qui énonce le principe de non-refoulement, son Protocole de 1967 et la Convention européenne des Droits de l'Homme, particulièrement en ce qui concerne l'application de l'article 3;
      b. les limites du recours à la détention en vertu du droit national et international et des directives du Haut Commissariat des Nations Unies pour les Réfugiés (HCR) à ce sujet;
      c. les procédures d'asile dans l'Etat membre concerné – en particulier les personnes auxquelles doivent être adressées les demandes d'asile et auxquelles le demandeur d'asile peut demander assistance;
      d. les procédures destinées à assurer que, si les demandeurs d'asile sont renvoyés dans un «pays tiers sûr», l'Etat garantira qu'ils pourront effectivement y engager une procédure de demande d'asile équitable;
      e. les éléments constitutifs d'une demande d'asile par opposition à une demande d'entrée d'autres non-nationaux;
      f. le type de pressions que subissent les réfugiés;
      g. la situation en matière de droits de l'homme dans les pays qui produisent le plus grand nombre de demandeurs d'asile;
      h. des bases de données appropriées contenant des informations sur les pays d'origine;
      i. les besoins spéciaux, tels que ceux des femmes et des mineurs non accompagnés;
      j. le bon choix d' interprètes et l'utilisation idoine de leurs services;
      k. les techniques d'interview;
      l. la sensibilité interculturelle;
      m. les relations humaines;
   iii. de promouvoir la mise en œuvre de programmes nationaux pour la formation

seekers and displaced persons;

v. draw the attention of the governments of the member states to the adverse effects of carrier liability legislation for the protection of refugees and asylum-seekers and to the need to institute training for any carrier personnel required to perform, at the point of embarkation, functions normally carried out by border police or immigration officers at the point of entry.

C. RESOLUTIONS

1. Resolution No. 1077 (1996)

on Albanian asylum-seekers from Kosovo

1. The Assembly is seriously concerned by persistent reports from many reliable sources of continuing systematic human rights violations against the Albanian population in Kosovo, including torture, police brutality, violent house searches, arbitrary arrests, political trials and irregularities in legal proceedings.

2. The Assembly deplores the ethnic persecution and discrimination which appear to be directed mainly at those Kosovo Albanians engaged in passive resistance to the Serb authorities, which suppressed Kosovo's autonomous status within the former Socialist Federated Republic of Yugoslavia in 1989, and at those active in the "parallel" Kosovo Albanian Assembly, Government, education, health and welfare systems. Such discrimination has also resulted in the dismissal of over a hundred thousand Kosovo Albanians from their jobs and the ejection of hundreds from their homes.

3. Invoking such persecution, some 340 700 Kosovo Albanians have sought asylum in several Council of Europe member states in recent years, for example 230,000 in Germany and 60 000 in Sweden. Between 3 and 15% of these, depending on the country, have been given refugee status under the 1951 Geneva

initiale et en cours d'emploi de ces fonctionnaires;

iv. de contribuer à la formation des fonctionnaires qui les premiers entrent en contact avec les demandeurs d'asile et de ceux sont impliqués dans l'établissement du statut de réfugié, en leur transmettant les connaissances spécialisées et les documents relatifs à la protection des réfugiés, des demandeurs d'asile et des personnes déplacées telle qu'elle est du ressort de la Convention européenne des Droits de l'Homme;

v. d'attirer l'attention des gouvernements des Etats membres sur les conséquences négatives pour la protection des réfugiés et des demandeurs d'asile de la législation sur la responsabilité des transporteurs ainsi que sur la nécessité de mettre en place une formation destinée au personnel des transporteurs, auquel il est demandé de remplir, au point d'embarquement, des fonctions normalement exercées par des agents de la police des frontières ou de l'immigration au port d'entrée.

C. RESOLUTIONS

1. Résolution n° 1077 (1996)

relative aux demandeurs d'asile albanais du Kosovo

1. L'Assemblée est gravement préoccupée par des rumeurs persistantes provenant de nombreuses sources fiables, selon lesquelles des violations systématiques des droits de l'homme continuent d'être commises contre la population albanaise du Kosovo, y compris des actes de torture, de brutalités policières, des perquisitions domiciliaires avec violences, des arrestations arbitraires, des procès politiques et des irrégularités dans les procédures judiciaires.

2. L'Assemblée déplore la persécution et la discrimination ethniques apparemment dirigées essentiellement contre les Albanais du Kosovo qui mènent une résistance passive contre les autorités serbes après la suppression par ces dernières, en 1989, du statut autonome dont jouissait le Kosovo au sein de l'ex-République socialiste fédérative de Yougoslavie, et contre ceux qui ont un rôle actif dans les systèmes albanais «parallèles» du Kosovo: Assemblée, Gouvernement, éducation, santé et protection sociale. Cette discrimination est aussi à l'origine du licenciement de plus de 100 000 Albanais du Kosovo et de l'expulsion de centaines d'entre eux de leurs foyers.

3. Invoquant cette persécution, environ 340 700 Albanais du Kosovo ont demandé asile dans plusieurs Etats membres du Conseil de l'Europe au cours des dernières années; on en compte par exemple 230 000 en Allemagne et 60 000 en Suède. Entre 3 et 15 % d'entre eux, selon le pays, ont obtenu le statut de réfugiés en vertu de la

and its 1967 Protocol. The remainder, considered to have migrated mainly for economic reasons, are subject to voluntary or forced repatriation.

4. When international sanctions interrupted air travel to the Federal Republic of Yugoslavia (Serbia and Montenegro), some Council of Europe countries organised the forced mass repatriation of rejected asylum-seekers from Kosovo via Bulgaria, Hungary and "the former Yugoslav Republic of Macedonia". However, the restoration of air travel has not permitted direct mass deportations since the Federal Yugoslav authorities refuse readmission of rejected asylum-seekers unless certain conditions are met. These conditions, relating mainly to the validity of identity documents, financial assistance and the lifting of sanctions, are the subject of bilateral negotiations with the countries concerned, which have of necessity postponed planned mass repatriation pending their outcome.

5. Consequently, the Assembly, recalling its Recommendation 1237 (1994) on the situation of asylum-seekers whose asylum applications have been rejected, as well as United Nations General Assembly Resolutions 49/204 of 23 December 1994 and 50/190 of 22 December 1995 on the situation of human rights in Kosovo and the resolutions on the subject adopted by the European Parliament in 1990, 1991 and 1992:

i. calls on the governments of the Federal Republic of Yugoslavia (Serbia and Montenegro) and of the Republic of Serbia:

a. to strictly respect and safeguard human rights in Kosovo;

b. to allow the International Committee of the Red Cross immediate access to all detainees;

c. to guarantee the return to their homes of rejected Kosovo Albanian asylum-seekers in safety and dignity;

d. to renounce their plans for the systematic mass resettlement of Serbs in Kosovo and to respect the principle of proportionality in deciding where to locate Serb refugees so as to avoid aggravating tensions between the Serbs and the Albanian majority in Kosovo;

e. to accept the good offices of the Council of Europe and the European Union in the organisation of a population census in Kosovo;

f. to resume negotiations with the representatives of the Kosovo Albanians with a view to finding a suitable framework for co-existence based on full recognition of, and respect for, the political, national, cultural, social and economic rights of the Kosovo Albanians in accordance with Council of Europe principles and instruments;

ii. urgently demands that the authorities of the Federal Republic of Yugoslavia (Serbia and Montenegro) allow the establishment of genuine democratic institutions in Kosovo, and respect the will of its inhabitants as the best means of preventing the escalation of the conflict in the region;

Convention de Genève de 1951 et de son Protocole de 1967. Les autres, considérés comme ayant émigré essentiellement pour des raisons économiques, sont soumis à un rapatriement volontaire ou forcé.

4. Lorsque les sanctions internationales ont empêché les liaisons aériennes à destination de la République fédérale de Yougoslavie (Serbie et Monténégro), certains pays membres du Conseil de l'Europe ont procédé au rapatriement massif forcé des demandeurs d'asile déboutés du Kosovo à travers la Bulgarie, la Hongrie et «l'ex-République yougoslave de Macédoine». Toutefois, le rétablissement des liaisons aériennes n'a pas permis de procéder à des expulsions massives directes étant donné que les autorités fédérales yougoslaves refusent la réadmission des demandeurs d'asile déboutés, à moins que certaines conditions ne soient remplies. Ces conditions, qui portent principalement sur la validité des papiers d'identité, l'assistance financière et la levée des sanctions, font l'objet de négociations bilatérales avec les pays concernés, qui ont inévitablement suspendu les rapatriements massifs envisagés en attendant l'issue de ces négociations.

5. En conséquence, l'Assemblée, rappelant sa Recommandation 1237 (1994) relative à la situation des demandeurs d'asile déboutés, ainsi que les Résolutions 49/204 et 50/190 de l'Assemblée générale des Nations unies, en date respectivement du 23 décembre 1994 et du 22 décembre 1995, sur la situation des droits de l'homme au Kosovo, et enfin les résolutions adoptées à ce sujet par le Parlement européen en 1990, 1991 et 1992 à ce sujet:

i. demande aux Gouvernements de la République fédérale de Yougoslavie (Serbie et Monténégro) et de la République de Serbie:
   a. de respecter et de sauvegarder strictement les droits de l'homme au Kosovo;
   b. d'autoriser le Comité international de la Croix-Rouge à avoir accès immédiat à tous les détenus;
   c. de garantir le retour dans leurs foyers des demandeurs d'asile albanais du Kosovo en toute sécurité et dignité;
   d. de renoncer à leurs projets de réinstallation massive et systématique des Serbes au Kosovo, et de respecter le principe de proportionnalité lorsqu'ils décideront des zones d'installation des réfugiés serbes, cela afin d'éviter d'aggraver encore les tensions entre les Serbes et la majorité albanaise au Kosovo;
   e. d'accepter les bons offices du Conseil de l'Europe et de l'Union européenne pour organiser un recensement de la population au Kosovo;
   f. de reprendre les négociations avec les représentants des Albanais du Kosovo en vue de trouver un cadre approprié de coexistence fondé sur la pleine reconnaissance et le respect des droits politiques, nationaux, culturels, sociaux et économiques des Albanais du Kosovo conformément aux principes et aux instruments du Conseil de l'Europe;

ii. demande d'urgence aux autorités de la République fédérale de Yougoslavie (Serbie et Monténégro) de permettre l'instauration d'institutions démocratiques véritables au Kosovo et de respecter la volonté de ses

iii. calls on the Federal Republic of Yugoslavia (Serbia and Montenegro):

a. to adopt an amnesty for deserters and draft evaders;

b. to fulfil its obligation to readmit rejected asylum-seekers from Kosovo in accordance with international law;

iv. calls on the representatives of the Kosovo Albanians to explore every opportunity to find a suitable framework for co-existence between the Serbian and Kosovo Albanian populations based on full recognition of, and respect for, their political, national, cultural, social and economic rights in accordance with Council of Europe principles and instruments;

v. invites the governments of the member states of the Council of Europe:

a. to renounce their intention to forcibly return rejected Albanian asylum-seekers from Kosovo, and to grant them temporary protection until such time as the human rights situation in Kosovo allows them to return in safety and dignity;

b. to organise any voluntary returns in groups under the aegis of the International Organization for Migration (IOM), directly to Priština airport and after informing local human rights organisations;

c. to discuss the problems of the Kosovo Albanian asylum-seekers and refugees directly with the representatives of these groups;

d. to exert pressure on the Government of the Federal Republic of Yugoslavia (Serbia and Montenegro) and the Government of the Republic of Serbia to respect and safeguard the human, political and national rights of the Kosovo Albanians;

e. to promote the resumption of dialogue between the representatives of the Kosovo Albanians and the authorities of the Federal Republic of Yugoslavia (Serbia and Montenegro) and the Republic of Serbia under the aegis of the High Representative responsible for the civilian aspects of peace implementation referred to in the Dayton Agreement, with a view to agreeing confidence-building measures and to reaching a mutually acceptable political settlement;

vi. invites the Organisation for Security and Co-operation in Europe (OSCE) to allow the Federal Republic of Yugoslavia (Serbia and Montenegro) to resume participation in its work with a view to fostering dialogue between the Serb authorities and the Kosovo Albanians and to sending a long-term international observer mission to Kosovo in co-operation with the Council of Europe;

vii. calls on the governments of Bulgaria, Hungary, "the Former Yugoslav Republic of Macedonia" and Romania to refuse to allow their countries to serve as transit points for the forced return of rejected Albanian asylum-seekers from Kosovo.

habitants, cela étant le meilleur moyen d'empêcher une escalade du conflit dans la région;

iii. demande à la République fédérale de Yougoslavie (Serbie et Monténégro):
   a. d'amnistier tous les déserteurs et les insoumis;
   b. de s'acquitter de son obligation de réadmettre les demandeurs d'asile déboutés du Kosovo conformément aux règles du droit international;

iv. demande aux représentants des Albanais du Kosovo d'explorer toutes les possibilités pour trouver un cadre approprié de coexistence entre la population serbe et les Albanais du Kosovo, qui soit fondé sur la pleine reconnaissance et le respect intégral de leurs droits politiques, nationaux, culturels, sociaux et économiques, conformément aux principes et aux instruments du Conseil de l'Europe;

v. invite les gouvernements des Etats membres du Conseil de l'Europe:
   a. à renoncer à leur intention de renvoyer par la force les demandeurs d'asile albanais du Kosovo qui ont été déboutés, et à leur accorder une protection temporaire jusqu'au moment où la situation des droits de l'homme au Kosovo leur permettra de rentrer en toute sécurité et dignité;
   b. à organiser tout retour volontaire par groupes sous l'égide de l'Organisation internationale pour les migrations (OIM) en les dirigeant vers l'aéroport de Priština, après avoir informé les organisations locales de défense des droits de l'homme;
   c. à traiter des problèmes relatifs aux demandeurs d'asile et aux réfugiés albanais du Kosovo directement avec les représentants de ces groupes;
   d. à faire pression sur les Gouvernements de la République fédérale de Yougoslavie (Serbie et Monténégro) et de la République de Serbie pour qu'ils respectent et protègent les droits de l'homme, ainsi que les droits politiques et nationaux des Albanais du Kosovo;
   e. à encourager les représentants des Albanais du Kosovo et les autorités de la République fédérale de Yougoslavie (Serbie et Monténégro) et de la République de Serbie à reprendre le dialogue sous l'égide du haut représentant responsable des aspects civils de la mise en œuvre de la paix visé par l'Accord de Dayton, afin d'adopter des mesures propres à rétablir la confiance et à parvenir à un règlement politique mutuellement acceptable;

vi. invite l'Organisation pour la sécurité et la coopération en Europe (OSCE) à autoriser la République fédérale de Yougoslavie (Serbie et Monténégro) à participer à nouveau à ses travaux afin de favoriser un dialogue entre les autorités serbes et les Albanais du Kosovo, et d'envoyer au Kosovo, en coopération avec le Conseil de l'Europe, une mission internationale à long terme composée d'observateurs;

vii. demande aux Gouvernements de la Bulgarie, de la Hongrie, de «l'ex-République yougoslave de Macédoine» et de la Roumanie de refuser que leurs pays servent de lieu de transit pour le retour forcé des demandeurs d'asile albanais du Kosovo qui ont été déboutés.

2. Resolution 1079 (1996)

on increased representation of women in the Council of Europe's Parliamentary Assembly

1. At present women are represented in all national parliaments of Council of Europe member states. However, some delegations to the Assembly are exclusively male or include a much smaller percentage of women than is present in their national parliaments.

2. The Assembly considers this situation incompatible with the principle of equality between the sexes, asserted and upheld by the Council of Europe, and that national parliaments whose delegations show such an imbalance must endeavour to redress the situation.

3. It acknowledges, however, that the strict application of the principle of representation reflecting the percentage of women elected to national parliaments may be inappropriate in view of factors such as a percentage of seats reserved for smaller political parties, or delegations having only a limited number of seats.

4. Nevertheless, the Assembly:
   - i. recommends that national parliaments, and in particular those represented by large or medium-sized delegations, seek to ensure that the percentage of women present in their national parliaments is reflected within the delegation;
   - ii. calls upon leaders of national delegations in which imbalances still exist to take the necessary steps within their national parliaments to redress such imbalances;
   - iii. calls upon the political groups represented in the Assembly to take similar action within the parties which they represent.

3. Resolution 1082 (1996)

on the procedure for examining candidatures for the election of judges to the European Court of Human Rights

1. Protocol No. 11 to the European Convention on Human Rights is expected to be ratified by all Contracting Parties to the Convention in the course of 1996, in which case it will enter into force a year later, probably in the course of 1997.

2. Résolution 1079 (1996)

relative à l'élargissement de la représentation des femmes à l'Assemblée parlementaire du Conseil de l'Europe

1. A l'heure actuelle, les femmes sont représentées dans tous les parlements nationaux des Etats membres du Conseil de l'Europe. Pourtant, certaines délégations à l'Assemblée sont exclusivement masculines ou ne comptent qu'un nombre nettement inférieur au pourcentage de femmes présentes au sein de leur parlement national.

2. L'Assemblée considère qu'une telle situation n'est pas compatible avec le principe d'égalité entre les sexes, affirmé et défendu par le Conseil de l'Europe, et qu'un effort doit être accompli par les parlements nationaux, dont les délégations sont caractérisées par un déséquilibre, pour remédier à cette situation.

3. Elle reconnaît, cependant, que l'application stricte du principe d'une représentation reflétant le pourcentage de femmes élues dans les parlements nationaux pourrait s'avérer inappropriée eu égard à des facteurs tels qu'un pourcentage de sièges résiduel pour certains courants politiques, ou celui des délégations disposant d'un petit nombre de sièges.

4. Néanmoins, l'Assemblée:
   i. recommande aux parlements nationaux, et notamment à ceux qui sont représentés par des délégations de taille grande ou moyenne, de chercher à assurer une représentation qui reflète la proportion des femmes dans les parlements nationaux;
   ii. invite les chefs des délégations nationales où subsistent des déséquilibres, à œuvrer au sein de leurs parlements afin que ces déséquilibres soient corrigés;
   iii. invite les groupes politiques représentés en son sein à agir dans le même sens auprès des partis qu'ils représentent.

3. Résolution 1082 (1996)

relative à la procédure d'examen des candidatures à l'élection de juge à la Cour européenne des Droits de l'Homme

1. Le Protocole n° 11 à la Convention européenne des Droits de l'Homme sera vraisemblablement ratifié par l'ensemble des Parties contractantes à la Convention au courant de 1996, auquel cas il pourrait entrer en vigueur un an plus tard, probablement au courant de 1997.

2. The protocol will introduce a single European Court of Human Rights on a permanent basis in Strasbourg to replace the existing Commission and Court. It will preserve, in essence, the proceedings and guarantees under the Convention. The judges (one in respect of each Contracting Party – as against one for each member state at present) will be elected by the Assembly for a period of six years (nine years at present) from a list of three candidates proposed by the Contracting Party concerned.

3. Now that a single Court is to be set up on a fully professional basis, with judges residing permanently in Strasbourg, the Assembly wishes to improve its own procedure for the selection of candidates from a list of three names proposed by the Contracting Party concerned.

4. Undoubtedly, it would be useful if the information to be provided by the candidates were presented systematically and on broadly similar lines to facilitate comparison between them. For this reason a model curriculum vitae should be established and sent to each candidate, who will complete the document as part of his or her submission of candidature. The model curriculum vitae which is attached forms an integral part of this resolution.

5. The Assembly shall undertake to call upon candidates to participate in a personal interview, to be organised in Strasbourg by the Sub-Committee on Human Rights or by an *ad hoc* sub-committee of the Committee on Legal Affairs and Human Rights.

6. Finally, the Assembly calls upon all member states of the Council of Europe and upon all candidates to the new Court of Human Rights to co-operate with this new procedure which should considerably improve the system of the election of the judges by the Assembly.

Appendix

Model curriculum vitae for candidates seeking election to the European Court of Human Rights

In order to ensure that the members of the Parliamentary Assembly of the Council of Europe have comparable information at their disposal when electing judges to the European Court of Human Rights, candidates are invited to submit *curriculum vitae* on the following lines:

I. **Personal details**
Name, forename
Sex
Date and place of birth
Nationality/ies

2. Ce protocole, qui instaurera, en remplacement de la Commission et de la Cour existantes, une Cour européenne unique des Droits de l'Homme siégeant en permanence à Strasbourg, conserve l'essentiel des procédures et garanties prévues par la Convention. Les juges (un pour chaque Partie contractante, au lieu d'un pour chaque Etat membre à l'heure actuelle) seront élus par l'Assemblée pour une période de six ans (au lieu de neuf ans actuellement) sur une liste de trois candidats proposée par la Partie contractante concernée.

3. A présent que doit être instituée une Cour unique, exclusivement composée de juges professionnels siégeant de façon permanente à Strasbourg, l'Assemblée souhaite améliorer sa procédure de sélection des candidats, qui s'effectue à partir d'une liste de trois noms proposée par la Partie contractante concernée.

4. Il serait assurément utile que les informations demandées aux candidats soient présentées d'une façon systématique et selon un schéma identique, ce qui faciliterait la comparaison entre eux. C'est pourquoi un curriculum vitae type devra être établi et adressé à chaque candidat, qui le complétera, ce document constituant une partie du dossier de candidature. Le modèle figurant en annexe fait partie intégrante de la présente résolution.

5. L'Assemblée se chargera d'appeler les candidats à participer à un entretien personnel sous forme d'une audition organisée à Strasbourg par la sous-commission des droits de l'homme ou une sous-commission *ad hoc* de la commission des questions juridiques et des droits de l'homme.

6. Enfin, l'Assemblée invite tous les Etats membres du Conseil de l'Europe et tous les candidats aux fonctions de juge à la nouvelle Cour des Droits de l'Homme à coopérer dans le cadre de cette nouvelle procédure qui devrait améliorer considérablement le système d'élection des juges par l'Assemblée.

Annexe

Modèle de curriculum vitae devant être communiqué par les candidats à l'élection de juge à la Cour européenne des Droits de l'Homme

Afin de permettre aux membres de l'Assemblée parlementaire du Conseil de l'Europe appelés à élire les juges à la Cour européenne des Droits de l'Homme de disposer d'informations comparables, les candidats sont invités à présenter un curriculum vitae répondant au modèle suivant:

I. **Etat civil**
Nom, prénom:
Sexe:
Date et lieu de naissance:
Nationalité(s):

II. Education and academic and other qualifications

III. Professional activities

a. Details of judicial activities
b. Details of non-judicial legal activities
c. Details of all non-legal professional activities

IV. Activities and experience in the field of human rights

V. Political activities

– Posts held in a political party
– Duration
– Membership of parliament

VI. Other activities

– Field
– Duration
– Functions

VII. Publications and other works

(Indicate the total number of books and articles published but select only the most important ones (maximum twelve))

VIII. Languages

(Indicate degree of fluency: speaking, reading, writing)

a. Mother tongue
b. Official languages
English
French
c. Other languages

IX. Other relevant information

4. Resolution 1086 (1996)

on developments in the Russian Federation in relation to the situation in Chechnya

1. The Assembly deplores that the armed conflict in Chechnya, which began in December 1994, continues despite the conclusion of a cease-fire agreement on 30 July 1995.

II. **Etudes et diplômes, et autres qualifications**

III. **Activités professionnelles**
a. Description des activités juridictionnelles
b. Description des activités judiciaires non juridictionnelles
c. Description des activités professionnelles non judiciaires

IV. **Activités et expérience dans le domaine des droits de l'homme**

V. **Activités politiques**
– Fonctions exercées au sein d'un parti politique
– Durée
– Mandats parlementaires

VI. **Autres activités**
– Domaine
– Durée
– Fonctions

VII. **Travaux et publications**
(Indiquer le nombre total d'ouvrages et d'articles publiés mais ne choisir que les plus importants (avec un maximum de douze))

VIII. **Connaissances linguistiques**
(Indiquer le niveau de connaissance en fonction des critères suivants: pour parler, pour lire, pour écrire)
a. Langue maternelle
b. Langues officielles:
anglais:
français:
c. Autres langues:

IX. **Autres éléments pertinents**

4. Résolution 1086 (1996)

relative aux développements dans la Fédération de Russie en relation avec la situation en Tchétchénie

1. L'Assemblée déplore que le conflit armé en Tchétchénie qui a débuté en décembre 1994 continue malgré la conclusion d'un accord de cessez-le-feu le 30 juillet 1995.

2. It unreservedly condemns the current violations of human rights and international humanitarian law being committed both by the Federal Russian troops and the Chechen combatants, in particular:

i. the indiscriminate and disproportionate use of force by the Russian military, especially against the civilian population, which is in violation of the 1949 Geneva Conventions and their Protocol II (1977);

ii. the taking of hostages and the brutal terrorist attacks perpetrated by Chechen fighters, which cannot be justified by any cause, as well as their taking up of positions near civilian dwellings without giving civilians clear warnings to evacuate before taking up such positions, which is also in violation of the same conventions.

3. All these actions constitute a grave violation of the Council of Europe's most elementary human rights principles.

4. The Assembly recalls that in its Opinion No. 193 on Russia's request for membership of the Council of Europe, adopted on 25 January 1996, note was taken of the Russian Federation's intention "to settle international as well as internal disputes by peaceful means", a commitment of particular importance in the Caucasus, traditionally a zone of tension; as well as of the commitments "to respect strictly the provisions of international humanitarian law, including in cases of armed conflict on its territory", and "to co-operate in good faith with international humanitarian organisations and to enable them to carry on their activities on its territory in conformity with their mandates", commitments which are currently not all being honoured by the Russian Federation.

5. The Assembly notes that the President of the Russian Federation presented a "plan to solve the crisis in the Chechen Republic" on 31 March 1996, proposing, *inter alia*:

i. a cease-fire;

ii. the phased withdrawal of federal troops;

iii. the extension of the "islands of peace" negotiated in the field with the local authorities;

iv. the convening of a "political forum for peace", bringing together representatives of the Chechen people and of federal institutions;

v. talks on the future status of Chechnya;

vi. the conclusion of agreements on the demarcation of authority between federal and local institutions;

vii. a resolution by the State Duma on an amnesty for separatist fighters who have not committed the most serious crimes.

6. The Assembly urges that concrete measures, beginning with a cease-fire, be taken without further delay to implement elements of this or other peace plans, and

2. Elle condamne sans réserve les violations actuelles des droits de l'homme et du droit humanitaire international commises tant par les troupes de la Fédération de Russie que par les combattants tchétchènes, en particulier:

i. l'utilisation sans discrimination et disproportionnée de la force par l'armée russe, notamment contre la population civile, ce qui constituc une violation des conventions de Genève de 1949 et de leur protocole II de 1977;

ii. la prise d'otages et les brutales attaques terroristes perpétrées par les guerriers tchétchènes, qui ne sauraient être justifiées par aucune cause, ainsi que leur occupation de positions proches d'habitations civiles, sans donner d'avertissements clairs aux civils d'avoir à évacuer avant d'occuper ces positions, ce qui constitue également une violation des mêmes conventions.

3. Tous ces actes constituent une grave violation des principes les plus élémentaires du Conseil de l'Europe en matière de droits de l'homme.

4. L'Assemblée rappelle que, dans l'Avis n° 193 relatif à la demande d'adhésion de la Russie au Conseil de l'Europe, adopté le 25 janvier 1996, elle a pris note de l'intention de la Fédération de Russie «de régler les différends internationaux et internes par des moyens pacifiques», un engagement qui est particulièrement important pour le Caucase, traditionnelle zone de tension; ainsi que les engagements à «respecter strictement les dispositions du droit humanitaire international, y compris en cas de conflits armés sur son territoire» et «de coopérer de bonne foi avec les organisations humanitaires internationales et de leur permettre d'accomplir leurs activités sur son territoire conformément à leurs mandats», engagements qui ne sont actuellement pas tous honorés par la Fédération de Russie.

5. L'Assemblée note que le Président de la Fédération de Russie a présenté un «plan pour résoudre la crise dans la République tchétchène» le 31 mars 1996, proposant notamment:

i. un cessez-le-feu;

ii. le retrait par étapes des troupes fédérales;

iii. l'élargissement des zones de paix négociées sur le terrain avec les autorités locales;

iv. la convocation d'un forum politique pacifique regroupant des représentants du peuple tchétchène et des organes du pouvoir fédéral;

v. des pourparlers sur le statut futur de la Tchétchénie;

i. la conclusion d'accords de délimitation des pouvoirs entre les organes fédéraux et locaux;

vii. une résolution de la Douma d'Etat sur l'amnistie des guerriers séparatistes qui n'ont pas commis les crimes les plus graves.

6. L'Assemblée recommande instamment que des mesures concrètes, à commencer par un cessez-le-feu, soient prises sans autre délai pour mettre en œuvre les éléments

considers that these efforts will be successful only if they involve all the parties to the conflict acting in good faith, and if the Russian authorities will stop describing as bandits the Chechen combatants acting on the territory of Chechnya, who do not make use of terrorist means.

7. It calls on the parties to the conflict to open, without delay and without preconditions, negotiations on the status and reconstruction of Chechnya, with the assistance of the OSCE and the Council of Europe.

8. It also insists that representatives of humanitarian organisations be guaranteed access to the war zones, especially that representatives of the International Committee of the Red Cross be allowed to visit prison camps, and that such access also be allowed to journalists from all the media.

9. The Assembly deplores the fact that President Yeltsin's orders for a cease-fire in Chechnya are being disobeyed by military commanders, and therefore calls on the President of the Russian Federation to take the necessary measures, according to his constitutional powers, in order to ensure the implementation of his orders and thus the credibility of his peace plans.

10. The Assembly reminds the Russian authorities of their commitment, included in Opinion No. 193 (1996), to ensure that "those found responsible for human rights violations will be brought to justice – notably in relation to events in Chechnya", and demands that documented human rights abuses, for example in the filtration camps, be investigated, and the guilty punished.

5. Resolution 1089 (1996)

on the implementation by Croatia of its commitments in the framework of the procedure of accession to the Council of Europe

1. On 24 April 1996, the Assembly adopted Opinion No. 195 on Croatia's request for membership of the Council of Europe. On the basis of a list of commitments entered into by Croatia, signed by the President of Croatia and the President of the Croatian Parliament, and a number of expectations formulated by the Assembly, it was recommended that Croatia be invited to become a member of the Organisation.

2. The Assembly notes with dismay that the Croatian authorities have since acted in blatant disregard of their commitments. The repressive measures taken against the media, and the dissolution of the Zagreb City Assembly have cast severe doubt on their good faith. Moreover, concern has arisen about the implementation of the law on co-operation with the International Criminal Tribunal for the Former Yugoslavia.

de ce plan ou d'autres plans de paix, et considère que ces efforts ne réussiront que s'ils permettent la participation de bonne foi de toutes les parties au conflit, et si les autorités russes arrêtent de qualifier de «bandits» les combattants tchétchènes opérant sur le territoire de la Tchétchénie qui ne recourent pas à des méthodes terroristes.

7. Elle demande aux parties au conflit d'ouvrir, sans délai et sans conditions préalables, des négociations sur le statut et la reconstruction de la Tchétchénie, avec le concours de l'OSCE et du Conseil de l'Europe.

8. Elle insiste également pour que l'accès aux zones de conflit soit assuré aux représentants des organisations humanitaires, spécialement aux représentants du Comité international de la Croix-Rouge pour visiter les camps de prisonniers, ainsi qu'aux journalistes de tous les médias.

9. L'Assemblée déplore le fait que des commandants militaires désobéissent aux ordres de cessez-le-feu en Tchétchénie du Président Eltsine et demande en conséquence au Président de la Fédération de Russie de prendre les mesures nécessaires, conformément à ses pouvoirs constitutionnels, pour assurer l'exécution de ses ordres et, partant, la crédibilité de son plan de paix.

10. L'Assemblée rappelle aux autorités russes leur engagement, figurant dans l'Avis nº 193 (1996), d'assurer que «les responsables (...) de violations de droits de l'homme seront traduits en justice – notamment en relation avec les événements de Tchétchénie», et exige que les abus avérés en matière de droits de l'homme, par exemple dans les camps de filtrage, fassent l'objet d'enquêtes, et que les coupables soient punis.

5. Résolution 1089 (1996)

relative à la mise en œuvre des engagements contractés par la Croatie dans le cadre de la procédure d'admission au Conseil de l'Europe

1. Le 24 avril 1996, l'Assemblée a adopté l'Avis nº 195 relatif à la demande d'adhésion de la Croatie au Conseil de l'Europe. A partir d'une série d'engagements contractés par la Croatie dans un document signé par le Président de la Croatie et le Président du parlement croate et d'un certain nombre d'attentes formulées par l'Assemblée, il a été proposé d'inviter la Croatie à devenir membre de l'Organisation.

2. L'Assemblée est consternée de constater que les autorités croates ont depuis lors agi en violation flagrante de leurs engagements. Les mesures de répression adoptées à l'encontre des médias et la dissolution de l'Assemblée de la Ville de Zagreb conduisent à douter sérieusement de leur bonne foi. En outre, une inquiétude est née quant à la mise en oeuvre de la loi sur la coopération avec le Tribunal pénal

3. However, the Assembly finds that the decision of the Constitutional Court annulling the government's decision to dissolve the Zagreb City Assembly is a positive sign of the functioning of the rule of law in Croatia.

4. The Assembly notes the position of the Committee of Ministers' Deputies of 15 May 1996. Before taking a decision on Croatia's accession, the Committee will consider a number of commitments and expectations, the fulfilment of which could be required of Croatia, according to a timetable to be fixed.

5. The Assembly notes with satisfaction the importance also attached by the Council of the European Union to respect for commitments undertaken with a view to accession to the Council of Europe. However, there is clearly a need for closer consultations to ensure co-ordination between the Common Foreign and Security Policy and the positions of the Council of Europe.

6. The Assembly demands that the Croatian authorities strictly respect the commitments – and meet the expectations – set out in Opinion No. 195, and that the Croatian Parliament act accordingly, in order to enable a rapid accession to the Council of Europe.

6. Resolution 1092 (1996)

on discrimination against women in the field of sport and more particularly in the Olympic Games

1. The Assembly is concerned about the many instances of discrimination against women wishing to practise sport and more especially about the policy of discrimination with regard to their participation in the Olympic Games.

2. At the Barcelona Olympic Games in 1992, thirty-five countries had no women athletes in their teams, and one of those teams refused to walk behind a Spanish woman athlete at the opening ceremony.

3. Some Islamic countries organised women-only games in Teheran in 1993. Men were barred from these games, as were photographers (male and female) and television cameras. Apparently, the International Olympic Committee supports these games which, it has been announced, are to be held for a second time.

4. The Assembly recalls that the Olympic Charter states that "any form of discrimination with regard to a country or a person on grounds of race, religion,

international pour l'ex-Yougoslavie.

3. L'Assemblée constate toutefois que l'arrêt de la Cour constitutionnelle annulant la décision du Gouvernement de dissoudre l'Assemblée municipale de Zagreb est une indication que la primauté du droit en Croatie est respectée.

4. L'Assemblée prend note de la position des Délégués du Comité des Ministres adoptée le 15 mai 1996. Avant de se prononcer sur l'adhésion de la Croatie, le Comité examinera un certain nombre d'engagements et de conditions dont on pourra exiger le respect en fonction d'un calendrier qui reste à fixer.

5. L'Assemblée constate avec satisfaction que le Conseil de l'Union européenne attache également une grande importance à ce que les engagements contractés en vue de l'adhésion au Conseil de l'Europe soient respectés. Toutefois, il est, à l'évidence, nécessaire de multiplier les échanges de vues afin d'assurer la coordination entre la politique étrangère et de sécurité commune et la position arrêtée par le Conseil de l'Europe.

6. L'Assemblée exige que les autorités croates respectent rigoureusement leurs engagements – et répondent aux attentes – tels qu'ils figurent dans l'Avis n° 195, et que le Parlement croate agisse en conséquence afin de permettre la rapide adhésion de la Croatie au Conseil de l'Europe.

6. Résolution 1092 (1996)

relative à la discrimination à l'égard des femmes dans le domaine du sport et plus particulièrement aux jeux Olympiques

1. L'Assemblée est préoccupée par les nombreuses discriminations envers les femmes qui souhaitent pratiquer un sport et plus particulièrement par la politique de discrimination en ce qui concerne leur participation aux jeux Olympiques.

2. Lors des jeux Olympiques de Barcelone en 1992, trente-cinq délégations nationales ne comptaient aucune femme dans leurs rangs et une de ces délégations a refusé de défiler derrière une athlète espagnole lors de la cérémonie d'ouverture.

3. Quelques pays islamiques ont organisé des jeux réservés aux femmes, à Téhéran, en 1993. Les hommes en étaient exclus ainsi que les photographes (hommes ou femmes) et les caméras de télévision. Il semblerait que ces jeux, dont la deuxième édition a déjà été annoncée, auraient l'appui du Comité international olympique.

4. L'Assemblée rappelle que la Charte olympique déclare que «toute forme de discrimination à l'égard d'un pays ou d'une personne, qu'elle soit pour des raisons

politics, sex or otherwise is incompatible with belonging to the Olympic Movement".

5. Wherever fundamental human rights are infringed, the Assembly considers it has a duty to intervene in the internal affairs of any state, irrespective of whether it is a member of the Council of Europe. Even if there are cultural differences and traditions, this should be no argument for accepting any policy of discrimination against women in sport.

6. It welcomes the creation of the Atlanta Plus Committee and its action against such situations.

7. The Assembly recalls the positive, leading role played by the International Olympic Committee in moral or ethical issues, particularly with regard to the fight against apartheid in South Africa.

8. The Assembly therefore requests that the International Olympic Committee:
   i. firmly and clearly oppose any discrimination against women in sport;
   ii. refuse to support any sports event based on discrimination, such as the "Solidarity Games for Women in Islamic Countries".

7. Resolution 1095 (1996)

on the recent parliamentary elections in Albania

1. The Assembly deplores the violence and the irregularities which have marked the recent parliamentary elections in Albania.

2. Several opposition parties withdrew from the elections at the close of the first polling day. They decided to boycott the second round and the subsequent partial re-elections in seventeen constituencies.

3. The Assembly notes the unanimous report of the observer delegation of the OSCE Parliamentary Assembly, to the effect that "although the lawfulness of the newly-elected Albanian parliament cannot be questioned", the credibility of the democratic process has been damaged. The Assembly has considered other reports. The Political Affairs Committee held a hearing of the main Albanian political parties in Strasbourg on 24 June 1996. From information gathered at this hearing, the Assembly finds that, while the government must be held accountable for the violence, both government and opposition share responsibility for the irregularities.

raciales, religieuses, politiques, de sexe ou autres est incompatible avec l'appartenance au mouvement olympique».

5. Dès qu'il y a atteinte aux droits fondamentaux de la personne humaine, l'Assemblée estime avoir un devoir d'ingérence dans les affaires intérieures de n'importe quel Etat, membre ou non du Conseil de l'Europe. Même s'il existe des différences culturelles et de traditions, ceci ne doit jamais être un argument pour accepter une quelconque politique de discrimination à l'égard des femmes dans le domaine du sport.

6. Elle se félicite de la création du Comité Atlanta plus et de l'action de ce comité dans la lutte contre de telles situations.

7. L'Assemblée rappelle le rôle positif éminent joué par le Comité international olympique dans les questions d'ordre moral ou éthique et notamment dans le cadre de la lutte contre l'apartheid en Afrique du Sud.

8. En conséquence l'Assemblée demande au Comité international olympique:
   i. de prendre une position claire et ferme contre la discrimination à l'égard des femmes dans le domaine du sport;
   ii. de refuser son appui à toute manifestation sportive basée sur la discrimination, telle que les «Jeux de solidarité pour les femmes des pays islamiques».

7. Résolution 1095 (1996)

relative aux élections législatives récentes en Albanie

1. L'Assemblée déplore les actes de violence et les irrégularités qui ont émaillé les récentes élections législatives en Albanie.

2. Plusieurs partis d'opposition se sont retirés des élections à la fin de la première journée de vote. Ils ont décidé de boycotter le deuxième tour et les réélections partielles ultérieures organisées dans dix-sept circonscriptions.

3. L'Assemblée prend acte du rapport adopté à l'unanimité par la délégation d'observateurs de l'Assemblée parlementaire de l'OSCE selon lequel «bien que la légalité du parlement nouvellement élu ne puisse être mise en doute...», la crédibilité du processus démocratique a été mise à mal. L'Assemblée a également examiné d'autres rapports. La commission des questions politiques a organisé, le 24 juin 1996 à Strasbourg, une audition des principaux partis politiques albanais. Sur la base des renseignements recueillis à cette occasion, l'Assemblée estime que, bien que les actes de violence soient le fait du gouvernement, le gouvernement et l'opposition sont tous

4. Free and fair elections are the cornerstone of pluralist democracy. They constitute an essential condition for Council of Europe membership – and *a fortiori* for participation in the Parliamentary Assembly.

5. Confidence must be restored in Albanian democracy. Reconciliation and dialogue between the political forces are essential. Free expression of the will of all parts of the Albanian population must be guaranteed. Accordingly the Assembly proposes a "round table of all political forces to provide the framework for a democratic dialogue between government and opposition. It will be essential, on the basis of full co-operation between all political forces in Albania and the Council of Europe, to change relevant legislation to conform with the recommendations set forth in the OSCE Assembly report and with the commitments entered into by Albania at the time of its accession to the Council of Europe. The political parties should consider new elections after these changes in legislation.

6. The Assembly calls on the Albanian Parliament to assist the above-mentioned process by creating the framework giving priority to legislation implementing OSCE and Council of Europe recommendations, including the amendment or abolition of the law on genocide.

7. The Assembly calls on all political forces in Albania to resume dialogue in order to surmount the current crisis. It is ready to provide a continuing forum for this dialogue.

8. Resolution 1096 (1996)

on measures to dismantle the heritage of former communist totalitarian systems

1. The heritage of former communist totalitarian systems is not an easy one to handle. On an institutional level this heritage includes (over)centralisation, the militarisation of civilian institutions, bureaucratisation, monopolisation, over regulation; on the level of the society, it reaches from collectivism and conformism to blind obedience and other totalitarian thought-patterns. To re-establish a civilised, liberal state under the rule of law on this basis is difficult – this is why the old structures and thought-patterns have to be dismantled and overcome.

2. The goals of this transition process are clear: to create pluralist democracies, based on the rule of law and the respect for human rights and diversity. The prin-

deux responsables des irrégularités qui ont été commises.

4. Les élections libres et équitables sont la pierre d'angle de la démocratie pluraliste. Elles sont une condition essentielle pour l'appartenance au Conseil de l'Europe et *a fortiori* pour la participation à l'Assemblée parlementaire.

5. Il importe de rétablir la confiance en la démocratie en Albanie. La réconciliation et le dialogue entre les forces politiques sont essentiels. Il faut garantir la libre expression de la volonté de toutes les catégories de la population albanaise. En conséquence, l'Assemblée propose l'organisation d'une «table ronde» de toutes les forces politiques, qui servira de cadre au dialogue démocratique entre le gouvernement et l'opposition. Il est indispensable d'engager une coopération entre toutes les forces politiques en Albanie et le Conseil de l'Europe en vue de modifier la législation pertinente, conformément aux recommandations formulées dans le rapport de l'Assemblée parlementaire de l'OSCE et aux engagements souscrits par l'Albanie au moment de son adhésion au Conseil de l'Europe. Les partis politiques devront envisager de nouvelles élections après l'entrée en vigueur de ces modifications.

6. L'Assemblée demande au Parlement albanais d'aider au processus susmentionné en créant le cadre privilégiant la législation visant à mettre en œuvre les recommandations de l'OSCE et du Conseil de l'Europe, dont la révision ou l'abolition de la loi sur le génocide.

7. L'Assemblée appelle toutes les forces politiques d'Albanie à reprendre le dialogue pour surmonter la crise actuelle. Elle est disposée à prévoir un cadre permanent pour favoriser ce dialogue.

8. Resolution 1096 (1996)

relative aux mesures de démantèlement de l'héritage des anciens régimes totalitaires communistes

1. L'héritage des anciens régimes totalitaires communistes n'est pas une question facile à traiter. Sur le plan institutionnel, cet héritage englobe la centralisation (excessive), la militarisation des institutions civiles, la bureaucratisation, la monopolisation, l'excès de réglementation; au niveau de la société, il va du collectivisme et du conformisme à l'obéissance aveugle et autres modes de pensée totalitaires. Il est difficile, dans ces conditions, de réinstaurer un Etat de droit civilisé et libéral – c'est pourquoi les structures et les modes de pensées du passé doivent être démantelés et surmontés.

2. Les objectifs de ce processus de transition sont clairs: créer des démocraties pluralistes, fondées sur la prééminence du droit et le respect des droits de l'homme et

ciples of subsidiarity, freedom of choice, equality of chances, economic pluralism and transparency of the decision-making process all have a role to play in this process. The separation of powers, the freedom of the media, the protection of private property and the development of a civil society are some of the means to attain the goal, as are decentralisation, demilitarisation, demonopolisation and debureaucratisation.

3. The dangers of a failed transition process are manifold. At best, oligarchy will reign instead of democracy, corruption instead of the rule of law, and organised crime instead of human rights. At worst, the result could be the "velvet restoration" of a totalitarian regime, if not a violent overthrow of the fledgling democracy. In that worst case, the new undemocratic regime of a bigger country can present also an international danger for its weaker neighbours. The key to peaceful coexistence and a successful transition process lies in striking the delicate balance of providing justice without seeking revenge.

4. A democratic state based on the rule of law must thus, in dismantling the heritage of former communist totalitarian systems, apply the procedural means of such a state. It cannot apply any other means, since it would then be no better than the previous totalitarian regime which is to be dismantled. A democratic state based on the rule of law does have sufficient means at its disposal to ensure that the cause of justice is served and the guilty are punished – it cannot, and should not, however, cater for the desire for revenge instead of justice. It must instead respect human rights and fundamental freedoms, such as the right to due process and the right to be heard, and it must apply them even to those people who, when they were in power, did not apply them themselves. But a state based on the rule of law can also defend itself against a resurgence of the communist totalitarian threat, since it has ample means at its disposal which do not conflict with human rights and the rule of law, using both criminal justice and administrative measures.

5. The Assembly recommends that member states dismantle the heritage of former communist totalitarian regimes by restructuring the old legal and institutional systems, a process which should be based on:

i. the principle of demilitarisation, to ensure that the militarisation of essentially civilian institutions, such as the existence of military prison administration or troops of the Ministry of the Interior, which is typical of communist totalitarian systems, comes to an end;

ii. the principle of decentralisation, especially on the local and regional levels and within state institutions;

iii. the principles of demonopolisation and privatisation which are central to the construction of some kind of a market economy and of a pluralist society;

iv. the principle of debureaucratisation, which should reduce communist total-

de la diversité. Les principes de la subsidiarité, de la liberté de choix, de l'égalité des chances, du pluralisme économique et de la transparence des décisions ont tous leur importance dans ce processus. La séparation des pouvoirs, la liberté des médias, la protection de la propriété privée et le développement d'une société civile sont quelques-uns des moyens qui permettront de réaliser cet objectif, de même que la décentralisation, la démilitarisation, le démantèlement des monopoles et la débureaucratisation.

3. Les risques qu'entraînerait un échec du processus de transition sont multiples. Au mieux, on verra s'installer l'oligarchie au lieu de la démocratie, la corruption au lieu de l'Etat de droit et la criminalité organisée au lieu des droits de l'homme. Dans le pire des cas, on assistera à la «restauration de velours» d'un régime totalitaire, voire au renversement par la force de la démocratie naissante. Dans de telles circonstances, le nouveau régime non démocratique d'un grand pays constitue aussi un danger international pour ses voisins plus faibles. La clé d'une coexistence pacifique et de la réussite du processus de transition réside dans un délicat équilibre consistant à rendre justice sans esprit de vengeance.

4. Pour démanteler l'héritage d'un ancien régime totalitaire communiste, un Etat de droit démocratique se doit d'employer les moyens prévus par la loi, et uniquement ces moyens-là, faute de quoi il ne vaudrait guère mieux que le régime totalitaire qu'il entend démanteler. Un Etat de droit démocratique dispose de moyens suffisants pour faire en sorte que la justice soit respectée et que les coupables soient punis – il ne peut et ne doit cependant pas les utiliser dans un esprit de vengeance, plutôt que de justice. Il doit au contraire respecter les droits de l'homme et les libertés fondamentales, tels que le droit à une procédure régulière et le droit d'être entendu, et appliquer ces principes à tous, même à ceux qui les ont bafoués lorsqu'ils étaient au pouvoir. Un Etat de droit démocratique est aussi en mesure de se défendre contre une résurgence de la menace totalitaire communiste, car il dispose d'amples moyens, qui ne portent pas atteinte aux droits de l'homme et à la prééminence du droit et relèvent du droit pénal ou de mesures administratives.

5. L'Assemblée recommande que les Etats membres démantèlent l'héritage des anciens régimes totalitaires communistes en restructurant les anciens systèmes juridique et institutionnel, processus qui devrait être fondé sur:

- i. le principe de la démilitarisation, afin de s'assurer que l'on mette fin à la militarisation des institutions civiles essentiellement, telles que l'existence d'une administration pénitentiaire militaire ou de forces armées dépendant du ministère de l'Intérieur, ce qui est typique des systèmes totalitaires communistes;
- ii. le principe de la décentralisation, surtout au niveau local et régional ainsi qu'au sein des institutions étatiques;
- iii. le principe du démantèlement des monopoles et de la privatisation, condition centrale de la mise sur pied d'une économie de marché et d'une société pluraliste;

itarian overregulation and transfer the power back from the bureaucrats to the citizens.

6. This process must be twinned with the transformation of mentalities (a transformation of hearts and minds) which should have as the main goal to change any fear of undertaking responsibilities, disrespect of diversity, extreme nationalism, intolerance, racism and xenophobia, that are also a part of the heritage of the old regimes. All this should be replaced by democratic values such as tolerance, respect of diversity, subsidiarity and accountability.

7. The Assembly also recommends that criminal acts committed by individuals during the communist totalitarian regime be prosecuted and punished under the regular criminal code. If the criminal code provides for a statute of limitations for some crimes, this can be extended, since it is only a procedural, not a substantive matter. Passing and applying retroactive criminal laws is, however, not permitted. On the other hand, the trial and punishment of any person for any act or omission which, at the time when it was committed, did not constitute a criminal offence according to national law, as long as it was criminal according to the general principles of law recognised by civilised nations, is permitted. Moreover, where a person clearly acted in violation of human rights, the claim of having acted under orders excludes neither illegality nor individual guilt.

8. The Assembly recommends that the prosecution of individual crimes goes hand-in-hand with the rehabilitation of people who were convicted of "crimes" which in a civilised society do not constitute criminal acts, and for those people who were unjustly sentenced. In the opinion of the Assembly, material compensation should also be extended to these victims of totalitarian justice, and it should not be (much) lower than the compensation accorded to those unjustly sentenced for ordinary crimes now.

9. The Assembly welcomes the opening of secret service files for public examination in some former communist totalitarian countries. It advises all countries concerned to enable persons affected to examine, should they wish to do so, the files kept on them by the former secret services.

10. Furthermore, the Assembly advises that property, including that of the churches, which was illegally or unjustly seized by the state, nationalised, confiscated or otherwise expropriated during the reign of communist totalitarian systems in principle be restituted to its original owners *in integrum*, if this is possible without violating the rights of current owners who acquired the property in good faith or the rights of tenants who rented the property in good faith, and without harming the progress of democratic reforms. In cases where this is not possible, just materi-

iv. le principe de la débureaucratisation, qui doit permettre de réduire l'excès de réglementation totalitaire communiste, et de transférer le pouvoir des bureaucrates aux citoyens.

6. Ce processus doit être jumelé avec la transformation des mentalités (une transformation des cœurs et des esprits), qui devrait avoir comme principal but de changer la peur de prendre des responsabilités, le manque d'égards de la diversité, le nationalisme extrême, l'intolérance, le racisme et la xénophobie, qui sont également une partie de l'héritage des anciens régimes. Tout ceci doit être remplacé par les valeurs démocratiques que sont la tolérance, le respect de la diversité, la subsidiarité et la responsabilité.

7. L'Assemblée recommande également que les personnes ayant commis des actes criminels sous le régime totalitaire communiste soient jugées et punies conformément au Code pénal en vigueur. Si le Code pénal prévoit des délais de prescription pour certains crimes, ceux-ci peuvent être prolongés, car il ne s'agit que d'une question de procédure et non de fond. En revanche, il est interdit d'adopter et d'appliquer des lois rétroactives dans le domaine pénal. Par ailleurs, le jugement et la punition d'une personne coupable d'une action ou d'une omission qui, au moment où elle a été commise, ne constituait pas une infraction d'après le droit national, sont autorisés dès lors qu'elle était criminelle d'après les principes généraux de droit reconnus par les nations civilisées. De plus, dans le cas où une personne a commis un acte contrevenant manifestement aux droits de l'homme, l'argument d'avoir agi sur ordre n'exclut ni l'illégalité ni la culpabilité individuelle.

8. L'Assemblée recommande que le jugement des auteurs de crimes aille de pair avec la réhabilitation des personnes qui ont été déclarées coupables de «crimes» ne constituant pas des actes criminels dans une société civilisée, ainsi que des personnes qui ont été injustement condamnées. De l'avis de l'Assemblée, des réparations matérielles devraient également être accordées à ces victimes de la justice totalitaire, réparations qui ne devraient pas être (très) inférieures à celles accordées aux personnes injustement condamnées aujourd'hui pour des crimes de droit commun.

9. L'Assemblée se réjouit de l'ouverture des dossiers des services secrets à l'accès du public dans certains des anciens pays totalitaires communistes. Elle recommande à tous les pays intéressés de permettre aux personnes concernées d'examiner, si elles le désirent, les dossiers conservés sur elles par les anciens services secrets.

10. L'Assemblée considère, qui plus est, que les biens, y compris ceux des églises, qui ont été illégalement ou injustement saisis, nationalisés, confisqués ou expropriés par l'Etat sous le règne des régimes communistes totalitaires soient, en principe, restitués à leurs propriétaires d'origine *in integrum*, dans la mesure du possible, sans violer ni les droits des propriétaires actuels qui ont acquis ces biens de bonne foi, ni ceux des locataires actuels qui occupent les lieux de bonne foi, et sans nuire aux progrès des réformes démocratiques. Dans les cas où cela n'est pas possible, une

al compensation should be awarded. Controversies and conflicts relating to individual cases of property restitution should be decided by the courts.

11. Concerning the treatment of persons who did not commit any crimes that can be prosecuted in accordance with paragraph 7, but who nevertheless held high positions in the former totalitarian communist regimes and supported them, the Assembly notes that some states have found it necessary to introduce administrative measures, such as lustration or decommunisation laws. The aim of these measures is to exclude persons from exercising governmental power if they cannot be trusted to exercise it consistently with democratic principles, as they have shown no commitment to or belief in them in the past and have no interest or motivation to make the transition to them now.

12. The Assembly stresses that, in general, these measures can be compatible with a democratic state under the rule of law if several criteria are met. Firstly, guilt, being individual, not collective, must be individually proven – this highlights the need for the individual, and not collective, application of lustration laws. Secondly, the right of defence, the presumption of innocence until proven guilty, and the possibility of a proper judicial review of the decision taken must be guaranteed. Revenge may never be a goal of such measures, nor should political or social misuse of the resulting lustration process be allowed. The aim of lustration is not to punish people presumed guilty – this is the task of prosecutors using criminal law – but to protect the newly-emerged democracy.

13. The Assembly thus suggests that it be ensured that lustration laws and similar administrative measures comply with the requirements of a state based on the rule of law, and focus on threats to fundamental human rights and the democratisation process. Please see the "Guidelines to ensure that lustration laws and similar administrative measures comply with the requirements of a state based on the rule of law" as a reference text.

14. Furthermore, the Assembly recommends that employees with accrued financial benefits, such as pension rights, who are discharged from their position on the basis of lustration laws should not lose their financial rights in principle. In exceptional cases, where the ruling elite of the former regime awarded themselves higher pension rights than to the ordinary population, these should be reduced to the ordinary level.

15. The Assembly recommends that the authorities of the countries concerned verify that their laws, regulations and procedures comply with the principles contained in this resolution, and revise them, if necessary. This would help to avoid complaints on these procedures to the control mechanisms of the Council of

indemnisation matérielle juste devrait être attribuée. Les contestations et litiges liés à des affaires individuelles de restitution de la propriété seront tranchés par les tribunaux.

11. En ce qui concerne le traitement des personnes qui n'ont commis aucun des crimes susceptibles d'être poursuivis conformément au paragraphe 7, mais qui cependant détenaient de hautes fonctions sous les anciens régimes totalitaires communistes, et qui ont soutenu ces régimes, l'Assemblée relève que certains Etats ont jugé nécessaire d'adopter des mesures administratives, telles que les lois de lustration ou de décommunisation. Celles-ci consistent à écarter de l'exercice du pouvoir les personnes dont on ne peut être certain qu'elles exerceront leurs fonctions conformément aux principes démocratiques, car elles n'ont montré aucun engagement ou attachement envers ces principes par le passé et n'ont aucun intérêt ou aucune raison de se rallier maintenant à ces principes.

12. L'Assemblée souligne que, dans l'ensemble, ces mesures ne sont compatibles avec un Etat de droit démocratique que si plusieurs critères sont respectés. Premièrement, la culpabilité – qui est individuelle et non collective – doit être prouvée pour chaque personne, ce qui montre bien la nécessité d'une application individuelle, et non collective, des lois de lustration. Deuxièmement, il faut garantir le droit de défense, la présomption d'innocence jusqu'à preuve de la culpabilité et la possibilité d'un recours judiciaire régulier contre toute décision. La vengeance ne peut jamais constituer l'objectif de ces mesures, pas plus que l'on ne saurait permettre le détournement politique ou social du processus de lustration qui en résulte. Le but de la lustration n'est pas de punir les personnes présumées coupables – c'est le travail des procureurs, sur la base du droit pénal – mais de protéger la démocratie émergente.

13. L'Assemblée propose par conséquent de veiller à ce que les lois de lustration et les mesures administratives analogues soient compatibles avec les exigences d'un Etat de droit et dirigées contre les dangers qui menacent les droits fondamentaux de l'homme et le processus de démocratisation. Elle suggère de se reporter aux «Principes directeurs à respecter pour que les lois de lustration et les mesures administratives analogues soient conformes aux exigences d'un Etat de droit» en tant que texte de référence.

14. En outre, l'Assemblée recommande que les salariés relevés de leurs fonctions en vertu des lois de lustration ne perdent pas, en principe, les droits financiers qu'ils ont acquis antérieurement. Exceptionnellement, lorsque l'élite au pouvoir sous l'ancien régime s'était attribué des droits à pension bien supérieurs à ceux du commun de la population, le montant des pensions devrait être ramené à un niveau normal.

15. L'Assemblée recommande aux autorités des pays concernés de vérifier si leurs lois, règlements et procédures sont conformes aux principes contenus dans la présente résolution et, le cas échéant, de les modifier. Cela permettrait d'éviter que les mécanismes de contrôle du Conseil de l'Europe ne soient saisis de plaintes

Europe under the European Convention on Human Rights, the Committee of Ministers' monitoring procedure, or the Assembly's monitoring procedure under Order No. 508 (1995) on the honouring of obligations and commitments by member states.

16. Finally the best guarantee for the dismantlement of former communist totalitarian systems are the profound political, legal and economic reforms in the respective countries, leading to the formation of an authentic democratic mentality and political culture. The Assembly calls, therefore, on all consolidated democracies to step up their aid and assistance to emerging democracies in Europe, in particular as far as the support for the development of a civil society is concerned.

9. Resolution 1097 (1996)

on the abolition of the death penalty in Europe

1. The Parliamentary Assembly recalls its Resolution 1044 (1994) on the abolition of capital punishment. It welcomes the complete abolition of capital punishment in Italy, Spain, Moldova and Belgium during the last two years, which provide an excellent example for other countries to follow.

2. The Assembly deplores the executions which, reportedly, have been carried out recently in Latvia, Lithuania and Ukraine. In particular, it condemns Ukraine for apparently violating its commitments to introduce a moratorium on executions of the death penalty upon its accession to the Council of Europe. It also regrets that Latvia has not kept its commitment to ratify Protocol No. 6 to the European Convention on Human Rights within one year of its accession to the Council of Europe.

3. Having heard that the moratorium on executions to which Russia committed itself during its accession procedure is in danger of being broken, the Assembly demands that Russia honour its commitment and carry out no executions. It makes particular reference to the forty-six prisoners on death row whose requests for pardon have reportedly been rejected by the President of the Russian Federation this year.

4. The Assembly calls upon Russia, Ukraine and Latvia to honour their commitments regarding the introduction of a moratorium on executions and the immediate abolition of capital punishment. It warns these countries that further violation of their commitments, especially the carrying out of executions, will have consequences under Order No. 508 (1995).

concernant ces procédures dans le cadre de la Convention européenne des Droits de l'Homme, de la procédure de contrôle du Comité des Ministres ou de la procédure de surveillance de l'Assemblée prévue par la Directive nº 508 (1995) relative au respect des obligations et des engagements contractés par les Etats membres.

16. Enfin, la meilleure garantie du démantèlement des anciens régimes totalitaires communistes, ce sont les profondes réformes politiques, juridiques et économiques entreprises dans les différents pays et menant à la formation d'un esprit démocratique et d'une culture politique authentiques. L'Assemblée invite, par conséquent, toutes les démocraties consolidées à renforcer l'aide et l'assistance qu'elles apportent aux démocraties naissantes d'Europe, notamment en vue de l'instauration d'une société civile.

9. Résolution 1097 (1996)

relative à l'abolition de la peine de mort en Europe

1. L'Assemblée parlementaire rappelle sa Résolution 1044 (1994) relative à l'abolition de la peine de mort. Elle se félicite de l'abolition complète de la peine capitale en Italie, en Espagne, en Moldova et en Belgique au cours des deux dernières années, ce qui constitue un excellent exemple à suivre pour d'autres pays.

2. L'Assemblée déplore les exécutions qui auraient eu lieu récemment en Lettonie, en Lituanie, et en Ukraine. En particulier, elle condamne l'Ukraine d'avoir apparemment violé les engagements qu'elle avait pris d'introduire, lors de son adhésion au Conseil de l'Europe, un moratoire sur les exécutions capitales. Elle regrette également que la Lettonie n'ait pas respecté son engagement de ratifier le Protocole nº 6 à la Convention européenne des Droits de l'Homme dans un délai d'un an après son adhésion au Conseil de l'Europe.

3. Apprenant que le moratoire sur les exécutions – que la Russie s'était engagée à introduire lors de sa procédure d'adhésion – risque d'être rompu, l'Assemblée demande que la Russie respecte son engagement et qu'elle sursoie aux exécutions. Elle fait notamment référence aux quarante-six prisonniers qui se trouvent dans les quartiers de la mort et dont les recours en grâce auraient été rejetés cette année par le Président de la Fédération de Russie.

4. L'Assemblée invite la Russie, l'Ukraine et la Lettonie à respecter leurs engagements concernant l'introduction d'un moratoire sur les exécutions et l'abolition immédiate de la peine capitale. Elle avertit ces pays que de nouvelles violations de leurs engagements, et notamment l'exécution de condamnés à mort, auront des conséquences en vertu de la Directive nº 508 (1995).

5. In view of the irrefutable arguments against the imposition of capital punishment, the Assembly furthermore urges Lithuania to institute a moratorium on executions without delay. It calls upon those Council of Europe member states who retain the death penalty on their statute books without taking recourse to it (Albania, Bulgaria, Cyprus, Estonia, Malta, Poland, Turkey, United Kingdom) to abolish it *de jure* as soon as possible. It also invites all member states of the Council of Europe who have not yet done so to sign and ratify Protocol No. 6 to the European Convention on Human Rights.

6. With reference to Resolution 1044 (1994), the Assembly reminds applicant states to the Council of Europe that the willingness to sign and ratify Protocol No. 6 to the European Convention on Human Rights and to introduce a moratorium upon accession has become a prerequisite for membership of the Council of Europe on the part of the Assembly. It thus recommends applicant states to review their policy on capital punishment in time.

7. The Assembly declares its willingness to assist those countries wanting to abolish the death penalty in their task, and will continue to follow developments very closely.

8. In the interest of building a world based on respect for life, human rights and the rule of law, the Assembly calls upon all the parliaments in the world which have not yet done so to abolish the death penalty for all crimes before the end of this millennium, following the example of most of the Council of Europe states.

9. Finally, the Assembly pleads with all heads of state and all parliaments in whose countries death penalties are handed down to grant clemency to the convicted.

10. Resolution 1099 (1996)

on the sexual exploitation of children

1. Viewing with profound indignation and sadness the crimes committed against children recently in Belgium, but also in several other European countries, the Assembly recalls that the sexual exploitation of children is an unacceptable violation of human rights.

2. These events, which have revealed the existence and development of organised paedophile networks involving young children and the horror of trafficking in children in Europe, have disclosed shortcomings and deficiencies in judicial and police co-operation in Europe.

5. Compte tenu des arguments irréfutables contre l'application de la peine capitale, l'Assemblée demande instamment à la Lituanie d'instaurer sans délai un moratoire sur les exécutions. Elle invite les Etats membres du Conseil de l'Europe qui maintiennent la peine de mort dans leur législation sans y recourir dans les faits (Albanie, Bulgarie, Chypre, Estonie, Malte, Pologne, Turquie, Royaume-Uni) à l'abolir en droit dans les plus brefs délais. Elle invite également tous les Etats membres du Conseil de l'Europe qui ne l'ont pas encore fait à signer et ratifier le Protocole nº 6 à la Convention européenne des Droits de l'Homme.

6. Se référant à la Résolution 1044 (1994), l'Assemblée rappelle aux Etats candidats au Conseil de l'Europe que la volonté de signer et ratifier le Protocole nº 6 à la Convention européenne des Droits de l'Homme et d'introduire un moratoire lors de leur adhésion est devenue pour elle une condition préalable. Elle recommande donc aux Etats candidats de réexaminer en temps utile leur politique concernant la peine capitale.

7. L'Assemblée exprime sa volonté d'aider dans leur tâche les pays qui souhaitent abolir la peine de mort, et elle continuera à suivre de très près l'évolution de la situation en la matière.

8. Dans l'intérêt de l'édification d'un monde reposant sur le respect de la vie, des droits de l'homme et de l'Etat de droit, l'Assemblée invite tous les parlements du monde qui ne l'ont pas encore fait à abolir la peine de mort, pour tous les crimes, avant la fin du présent millénaire, suivant en cela l'exemple de la plupart des Etats du Conseil de l'Europe.

9. Enfin, l'Assemblée plaide auprès de tous les chefs d'Etat et de tous les parlements des pays où des peines de mort ont été prononcées pour qu'ils accordent leur grâce aux condamnés.

10. Résolution 1099 (1996)

relative à l'exploitation sexuelle des enfants

1. Profondément indignée et attristée par les crimes commis contre des enfants, récemment en Belgique, mais aussi dans plusieurs autres pays européens, l'Assemblée rappelle que l'exploitation sexuelle des enfants est une violation inacceptable des droits de l'homme.

2. Ces événements, qui ont révélé l'existence et le développement de réseaux organisés de pédophilie enfantine, ainsi que l'horreur de la traite des enfants en Europe, ont fait apparaître les failles et les insuffisances de la coopération judiciaire et policière en Europe.

3. The Assembly has issued constant reminders that children are vulnerable and "are in need of special assistance, care and protection" (Recommendation 1121 (1990)).

4. The Assembly recalls its Recommendation 1065 (1987) on the traffic in children and other forms of child exploitation, in which it urged the enactment of "strict laws and regulations to combat child pornography and harmonise member states' relevant legislation", and strongly calls on member states to combat child pornography in whatever form (publications, video, Internet).

5. The Assembly calls upon the member states of the Council of Europe to unite their efforts and their resources to combat child prostitution, trafficking and pornography, in order that the sexual exploitation of children may cease, and calls for increased international co-operation.

6. The Assembly welcomes the efforts currently being made to promote the cause of children and fully subscribes to the conclusions and agenda for action of the World Congress against commercial sexual exploitation of children, held in Stockholm from 27 to 31 August 1996.

7. The Assembly recalls that in its Recommendation 1286 (1996), it recommended to the Committee of Ministers that the work concerning child protection and children's rights be given absolute priority, and that a permanent multidisciplinary structure be set up, able to deal with all issues relating to children.

8. The Assembly recalls that in its Recommendation 1121 (1990) and its Opinion No. 186 (1995), it requested the Committee of Ministers to draft an additional protocol to the European Convention on Human Rights, on children's rights, in order to make them legally enforceable.

9. The Assembly asks the member states to support work on the drafting of an optional protocol to the United Nations' International Convention on the Rights of the Child, on child trafficking, prostitution and pornography.

10. The Assembly calls upon the member states not yet having done so:
   i. to sign, ratify and implement the 1989 International Convention on the Rights of the Child and the European Convention on the Exercise of Children's Rights;
   ii. to sign, ratify and implement the relevant Council of Europe criminal law conventions (European Convention on Extradition and its protocols, European Convention on Mutual Assistance in Criminal Matters, etc.).

11. The Assembly recalls the need, stated in its Recommendations 1121 (1990)

3. L'Assemblée n'a cessé de rappeler que les enfants sont vulnérables et «ont besoin d'une aide, d'une protection et de soins tout particuliers» (Recommandation 1121 (1990)).

4. L'Assemblée rappelle sa Recommandation 1065 (1987) relative à la traite et à d'autres formes d'exploitation des enfants, dans laquelle elle demandait notamment d'«adopter des lois et des réglementations strictes pour combattre la pornographie enfantine et harmoniser la législation des Etats membres en la matière», et invite fermement les Etats membres à combattre la pornographie enfantine, quels qu'en soient les supports (publications, vidéo, réseaux Internet).

5. L'Assemblée invite les Etats membres du Conseil de l'Europe à unir leurs efforts, leurs moyens et leurs ressources pour combattre la prostitution, la traite et la pornographie enfantines, pour que cesse l'exploitation sexuelle des enfants, et appelle à renforcer de façon urgente la coopération internationale.

6. L'Assemblée se félicite des efforts actuellement entrepris pour promouvoir la cause des enfants, et souscrit pleinement aux conclusions et au plan d'action du Congrès mondial sur l'exploitation sexuelle des enfants à des fins commerciales, qui s'est tenu à Stockholm du 27 au 31 août 1996.

7. L'Assemblée rappelle que dans sa Recommandation 1286 (1996) elle recommandait au Comité des Ministres d'accorder aux travaux concernant la protection des enfants et de leurs droits une priorité absolue, et de créer une structure permanente à composition multidisciplinaire, habilitée à traiter de toutes les questions relatives aux enfants.

8. L'Assemblée rappelle que dans sa Recommandation 1121 (1990) et dans son Avis n° 186 (1995) elle demandait au Comité des Ministres d'élaborer un protocole additionnel à la Convention européenne des Droits de l'Homme sur les droits de l'enfant, afin de les rendre justiciables.

9. L'Assemblée invite les Etats membres à soutenir les travaux d'élaboration d'un protocole facultatif à la Convention internationale des Nations unies sur les droits des enfants relatif à la traite, à la prostitution et à la pornographie des enfants.

10. L'Assemblée insiste pour que les Etats membres qui ne l'ont pas encore fait:
   i. signent, ratifient et appliquent la Convention internationale sur les droits des enfants de 1989 et la Convention européenne sur l'exercice des droits des enfants;
   ii. signent, ratifient et appliquent les conventions de droit pénal pertinentes du Conseil de l'Europe (Convention européenne d'extradition et ses protocoles, Convention européenne d'entraide judiciaire en matière pénale, etc.).

11. L'Assemblée rappelle la nécessité, énoncée dans ses Recommandations 1121

and 1286 (1996), to develop information programmes and preventive measures, and in particular:

i. to appoint a commissioner for children (ombudsman) or to create an appropriate structure in every country, at local or national level, to inform children their rights, counsel them and intervene on their behalf;

ii. to promote information campaigns for children and their parents, and also provide educational and psychological care for children who are victims of sexual exploitation.

12. The Assembly encourages the member states to reinforce punitive measures at national level and adopt criminal legislation on child prostitution without delay. It underlines especially the need:

i. to include in their criminal legislation the principle of extraterritorial prosecution and conviction for offences;

ii. to foresee a sufficiently long statutory limitation for the prosecution of offences against minors (at least twenty years, and a time-limit for starting proceedings that extends at least five years beyond the age of majority);

iii. to create the following new criminal offences, punishable by deterrent sentences:

a. the possession of pornographic material, such as videos, documents or photographs involving children;

b. the manufacture, transport and distribution of pornographic material showing minors;

c. the broadcasting and recording of pornographic images of minors;

iv. to enact legislation providing that all sexual offences involving children should be classified as serious offences; such offences should under no circumstances be included in a category of less-serious offences;

v. to harmonise, as far as possible throughout Europe, the treatment of sexual offenders, in particular concerning release on parole, psychological treatment and social monitoring;

vi. to incorporate into their legislation the principle that a minor under the age of 15 years cannot give her or his consent to sexual relations with an adult;

vii. to allow child protection associations and non-governmental organisations (NGOs) to act as complainants in cases of sexual abuse of children.

13. The Assembly asks member states to take concrete measures to put an end to sex tourism, in particular to enable criminal and administrative measures to be brought against travel agencies and tour operators (withdrawal of licence, fines, etc.), and to deter those wishing to engage in sex tourism, through the screening of films on aircraft flying to the countries at risk, illustrating the serious harm caused to the psycho-social and physical development of sexually abused young people,

(1990) et 1286 (1996) de développer des programmes d'information et des mesures préventives, et notamment:

i. de désigner un médiateur pour enfants (ombudsman) ou de créer une structure appropriée dans chaque pays, au niveau local ou national, chargée d'informer les enfants de leurs droits, de les conseiller et d'intervenir en leur nom;

ii. de promouvoir des campagnes d'information des enfants et de leurs parents, mais aussi des programmes de prise en charge éducative et psychologique des enfants victimes d'exploitation sexuelle.

12. L'Assemblée encourage les Etats membres à renforcer les mesures répressives au niveau national et à adopter sans tarder une législation répressive sur l'exploitation sexuelle des enfants, et elle souligne en particulier la nécessité:

i. d'inclure dans la législation pénale nationale le principe de l'extraterritorialité des poursuites et des condamnations des crimes et délits;

ii. de prévoir des délais de prescription des poursuites contre les crimes et délits sexuels contre les mineurs suffisamment larges (d'au moins vingt ans, avec un délai pour agir d'au moins cinq ans à l'issue de la majorité);

iii. de créer les nouvelles infractions pénales suivantes, assorties de peines dissuasives:

a. détention de documents, vidéos et photos pornographiques mettant en scène des enfants;

b. fabrication, transport, diffusion de documents pornographiques mettant en scène des mineurs;

c. diffusion ou enregistrement de l'image d'un mineur présentant un caractère pornographique;

iv. de prévoir la criminalisation de toutes les infractions sexuelles sur les enfants; de telles infractions ne doivent en aucun cas recevoir une qualification délictuelle;

v. d'harmoniser, dans la mesure du possible au niveau européen, le traitement des délinquants sexuels, en ce qui concerne notamment la libération conditionnelle, le traitement psychologique et le contrôle social;

vi. d'inscrire dans la législation qu'un mineur de moins de 15 ans ne peut pas donner son consentement à des relations sexuelles avec un majeur;

vii. d'accorder aux associations de protection de l'enfance et aux organisations non gouvernementales (ONG) le droit de se porter partie civile dans des cas d'abus sexuel d'enfants.

13. L'Assemblée invite les Etats membres à prendre des mesures concrètes pour mettre fin au tourisme sexuel, notamment par des sanctions pénales et administratives à l'encontre des agences de voyage et des tour-opérateurs (retrait de licence, amendes, etc.), et en dissuadant les candidats au tourisme sexuel, notamment par la projection de films dans les avions à destination de pays à risque, montrant les graves préjudices au développement psychosocial et physique du jeune victime d'abus

and the handing-out of leaflets on the sexual exploitation of children to tourists as they leave their aircraft.

14. The Assembly also calls on member states to work in close co-operation with countries whose children and young people suffer sexual exploitation by nationals of the member states in order to combat sex tourism abroad.

15. Furthermore, the Assembly advocates that programmes of specific training for professionals working with children (teachers, judges, lawyers, etc.) be introduced in member states, and that specially trained units be set up by the police and in the courts to take care of minors who are victims of sexual abuse.

16. The Assembly asks member states:

i. to include in school curricula information on the potential risks facing children and the ways in which they may protect themselves;

ii. to call upon the media to help increase general awareness and to adopt appropriate ethical rules.

17. The Assembly observes that national action is limited and cannot be effective in combating exploitation and trafficking in organised networks, and calls upon the member states to reinforce transfrontier judicial and police co-operation in Europe; it fully supports the initiatives aimed at improving the Europol system.

18. The Assembly pays tribute to NGOs and organisations such as Unicef, End Child Prostitution in Asian Tourism (ECPAT), the National Children's Bureau (London), etc., who work to inform children and young people and to protect them from sexual exploitation, and fully pledges its commitment to co-operate and work with them.

19. Finally, the Assembly renews its proposal to create a European children's ombudsman, in the framework of the Council of Europe.

11. Resolution 1102 (1996)

on the situation in Belarus

1. Belarus applied for membership of the Council of Europe in March 1993, thus expressing its acceptance of the values of human rights and freedoms, pluralist democracy and the rule of law. These values entail the principle of the separation of powers, and in particular respect by the executive of a free and independent parliament and an independent judiciary.

sexuel, et par la remise de dépliants sur l'exploitation sexuelle des enfants, à la descente d'avion.

14. L'Assemblée invite également les Etats membres à coopérer étroitement avec les pays étrangers dont les enfants et les adolescents sont victimes d'exploitation sexuelle de la part de leurs ressortissants afin de lutter contre le tourisme sexuel à l'étranger.

15. En outre, l'Assemblée préconise que des mesures de formation spécifique des professionnels en relation avec les enfants (éducateurs, enseignants, magistrats, avocats, etc.) soient mises en place dans les Etats membres, et que des unités spécialisées soient créées dans la police et dans la magistrature, pour accueillir les mineurs victimes d'abus sexuels.

16. L'Assemblée demande aux Etats membres:
   i. d'inclure dans les programmes scolaires une information sur les risques que les enfants pourraient courir et sur les moyens de se défendre;
   ii. d'inviter les médias à contribuer à une prise de conscience générale et à adopter des règles déontologiques appropriées.

17. L'Assemblée constate que les actions nationales sont limitées et ne peuvent efficacement lutter contre l'exploitation et la traite organisées en réseaux, et elle invite les Etats membres à renforcer la coopération judiciaire et policière transfrontalière en Europe; elle soutient pleinement les initiatives visant à améliorer le dispositif Europol.

18. L'Assemblée rend hommage aux organisations non gouvernementales et aux organisations telles que l'Unicef, l'ECPAT (End Child Prostitution in Asian Tourism), le Bureau national de l'enfance (Londres), etc., qui travaillent à la protection et à l'information des enfants et des adolescents contre l'exploitation sexuelle, et s'engage totalement à coopérer et à travailler avec elles.

19. Enfin, l'Assemblée renouvelle sa proposition de créer un médiateur européen des enfants, dans le cadre du Conseil de l'Europe.

11. Résolution 1102 (1996)

relative à la situation du Bélarus

1. Le Bélarus a demandé son adhésion au Conseil de l'Europe en mars 1993, exprimant ainsi son attachement aux valeurs des droits de l'homme et des libertés, au pluralisme démocratique et à la primauté du droit. Ces valeurs impliquent le principe de la séparation des pouvoirs et, en particulier, le respect par l'exécutif de la liberté et de l'indépendance du parlement et de l'indépendance de la justice.

2. In September 1996 the President of Belarus proposed a revision of the present constitution, adopted by the parliament in 1994. This revision would greatly increase the powers of the President. It would weaken the role of the parliament to a degree which would call into question its ability to function as an independent legislature and to exercise democratic control over the executive.

3. The parliament has accordingly made its own proposal for a referendum, with additional questions to be submitted to the electorate and an alternative set of constitutional amendments.

4. The Assembly recognises the sovereign right of the Belarus people to carry out necessary reforms to the constitution. Such reforms should be well prepared, with proper opportunities for the Belarus people to discuss them – notably through free and pluralistic institutions of the media, which as of now are hardly able to exist in Belarus. The elected parliament and the constitutional court must fully exercise their prerogatives, in accordance with the existing constitution and without interference.

5. The Assembly calls for the present constitutional crisis to be resolved in such a way as to strengthen the democratic process and ensure political stability. The freely expressed will of the Belarus people, through its institutions, must be respected.

6. Only thus will Belarus stay on the path of democratisation, which is a pre-condition for Council of Europe membership.

7. The Assembly calls for a "round table" of representatives of all interested parties and institutions, with a view to providing an opportunity for productive political dialogue and for a more consensual approach to reform of the constitution.

D. ORDERS

1. Order No. 513 (1996)

on the rights of national minorities

1. The Assembly refers to its Recommendation 1285 (1996) and to all its previous texts on the protection of national minorities and their rights which has become one of the major assignments of the Council of Europe and is likely to remain so in the near future.

2. En septembre 1996, le Président du Bélarus a proposé une révision de la Constitution actuelle, adoptée par le parlement en 1994. Cette révision augmenterait considérablement les pouvoirs du Président. Elle affaiblirait le rôle du parlement au point de remettre en question son aptitude à fonctionner comme un organe législatif indépendant et à exercer le contrôle démocratique de l'exécutif.

3. En conséquence, le parlement a fait sa propre proposition pour un référendum, comprenant de nouvelles questions à poser à l'électorat et une propositions alternative d'amendements à la Constitution.

4. L'Assemblée reconnaît le droit souverain du peuple du Bélarus à apporter les réformes nécessaires à sa Constitution. Ces réformes doivent être bien préparées et offrir de réelles occasions au peuple d'en discuter – notamment par le biais de médias libres et pluralistes, qui, à l'heure actuelle, ne peuvent guère exister au Bélarus. Le parlement élu et la Cour constitutionnelle doivent pleinement exercer leurs prérogatives, conformément à la Constitution en vigueur et sans ingérence.

5. L'Assemblée demande instamment que la crise constitutionnelle actuelle soit résolue de manière à renforcer le processus démocratique et à assurer la stabilité politique du pays. La volonté librement exprimée du peuple du Bélarus, à travers ses institutions, doit être respectée.

6. Ce n'est qu'ainsi que le Bélarus restera sur la voie de la démocratisation, qui est une condition préalable à son adhésion au Conseil de l'Europe.

7. L'Assemblée demande la mise en place d'une table ronde où siègement des représentants de toutes les parties et institutions concernées, qui favoriserait l'ouverture d'un dialogue politique fructueux et la recherche d'une approche plus consensuelle pour la réforme de la Constitution.

D. DIRECTIVES

1. Directive n° 513 (1996)

relative aux droits des minorités nationales

1. L'Assemblée se réfère à sa Recommandation 1285 (1996) et à l'ensemble des textes qu'elle a adoptés antérieurement concernant la protection des minorités nationales. La protection de ces minorités et de leurs droits est devenue l'une des principales missions du Conseil de l'Europe et est susceptible de le rester dans un avenir proche.

2. The Assembly therefore instructs its Committee on Legal Affairs and Human Rights:
   i. to consider the action taken to follow up Recommendation 1285 (1996);
   ii. to closely follow the ratification and implementation of the European Charter for Regional or Minority Languages (1992), of the Framework Convention for the Protection of National Minorities (1994) and of the European Charter of Local Self-Government;
   iii. to ensure that the advisory committee to be set up by the Committee of Ministers, in accordance with Article 26 of the framework convention, may be as independent, effective and transparent as possible;
   iv. to further examine the ways in which the European Charter for Regional or Minority Languages may be most effectively implemented as well as the other Council of Europe instruments of importance to the protection of national minorities;
   v. to study, with the help of the European Commission for Democracy through Law (Venice Commission), whether it is possible to arrive at a hard core of rights in the European Charter for Regional and Minority Languages, to be accepted by all contracting states to that charter;
   vi. to closely follow the elaboration, by the Committee of Ministers, of a protocol complementing the European Convention on Human Rights "in the cultural field by provisions guaranteeing individual rights, in particular for persons belonging to national minorities".

3. Furthermore, the Assembly, referring to its Order Nos. 474 (1993), 484 (1993) and 501 (1995), instructs the Committee on Legal Affairs and Human Rights to continue its work on minorities, particularly concerning mediation.

4. The Political Affairs Committee and the Committee on Migration, Refugees and Demography should give their opinions on these matters if they deem fit to do so.

5. The Assembly also instructs its competent committees (Political Affairs Committee, Committee on Legal Affairs and Human Rights and Committee on Relations with European Non-Member Countries) and their rapporteurs to continue taking into account the above-mentioned conventions and charter as well as the draft for an additional protocol to the European Convention on Human Rights on the rights of national minorities included in Recommendation 1201 (1993), in the procedures on the admission of new member states and the "monitoring" process of the commitments accepted upon accession to the Council of Europe.

2. C'est pourquoi l'Assemblée charge sa commission des questions juridiques et des droits de l'homme:
   i. d'examiner les mesures prises pour donner suite à la Recommandation 1285 (1996);
   ii. de suivre de près la ratification et la mise en œuvre de la Charte européenne des langues régionales ou minoritaires (1992), de la Convention-cadre pour la protection des minorités nationales (1994) et de la Charte européenne de l'autonomie locale;
   iii. de veiller à ce que le comité consultatif devant être créé par le Comité des Ministres, en vertu de l'article 26 de la convention-cadre, soit aussi indépendant, efficace et transparent que possible;
   iv. d'étudier les moyens d'appliquer avec la plus grande efficacité la Charte européenne des langues régionales ou minoritaires, ainsi que les autres instruments du Conseil de l'Europe ayant une importance pour la protection des minorités nationales;
   v. d'étudier, avec l'aide de la Commission européenne pour la démocratie par le droit (Commission de Venise), s'il est possible de parvenir à un noyau dur de droits dans la Charte européenne des langues régionales ou minoritaires, susceptibles d'être acceptés par tous les Etats contractants à cette convention;
   vi. de suivre attentivement l'élaboration par le Comité des Ministres d'un protocole complétant la Convention européenne des Droits de l'Homme «dans le domaine culturel par des dispositions garantissant les droits individuels, notamment pour les personnes appartenant à des minorités nationales».

3. En outre, l'Assemblée, se référant à ses Directives n°s 474 (1993), 484 (1993) et 501 (1995), charge la commission des questions juridiques et des droits de l'homme de poursuivre ses travaux sur les minorités, notamment dans le domaine de la médiation.

4. Il serait bon que la commission des questions politiques et la commission des migrations, des réfugiés et de la démographie donnent leur avis sur ces sujets, si elles l'estiment nécessaire.

5. L'Assemblée donne également pour instruction à ses commissions compétentes (la commission des questions politiques, la commission des questions juridiques et des droits de l'homme et la commission des relations avec les pays européens non membres) et à leurs rapporteurs de continuer à prendre en compte les conventions et la Charte susmentionnées ainsi que le projet de protocole additionnel à la Convention européenne des Droits de l'Homme portant sur les droits des minorités, qui fait partie intégrante de sa Recommandation 1201 (1993), dans les procédures relatives à l'adhésion de nouveaux Etats membres et au suivi des engagements pris par les Etats membres lors de leur adhésion au Conseil de l'Europe.

2. Order No. 515 (1996)

on Albanian asylum-seekers from Kosovo

Referring to its Resolution 1077 (1996) and Recommendation 1288 (1996) on Albanian asylum-seekers from Kosovo, the Assembly instructs its committees concerned to monitor the situation in Kosovo, notably with a view to promoting a mutually acceptable political settlement between the Kosovo Albanians and the authorities of the Federal Republic of Yugoslavia (Serbia and Montenegro) and the Republic of Serbia and to report to the Assembly as necessary.

3. Order No. 516 (1996)

on the creation of an *ad hoc* committee on Chechnya

The Assembly,

1. Considering the extension of the conflict in Chechnya;

2. Convinced that only a political and negotiated solution can bring an end to this conflict,

3. Instructs the Bureau to establish an *ad hoc* committee, composed of representatives of the Political Affairs Committee, the Committee on Legal Affairs and Human Rights and the Committee on Relations with European Non-Member Countries, to monitor the situation in Chechnya and to respond to Russia's request for assistance with proposals within the Council of Europe's Framework Convention for the Protection of National Minorities that might be acceptable to both sides; this *ad hoc* committee will report back in due course.

4. Order No. 518 (1996)

on a debate on the European Social Charter

1. The Assembly refers to its Recommendation 1290 (1996) on the follow-up to the Copenhagen Summit on Social Development.

2. It recalls its Resolution 967 (1991) on renewal of the Council of Europe's Social Charter in which its Social, Health and Family Affairs Committee expressed

2. Directive n° 515 (1996)

relative aux demandeurs d'asile albanais du Kosovo

Se référant à sa Résolution 1077 (1996) et à sa Recommandation 1288 (1996) relative aux demandeurs d'asile albanais du Kosovo, l'Assemblée charge ses commissions concernées de suivre la situation au Kosovo, notamment afin de faciliter la recherche d'un règlement politique mutuellement acceptable entre les Albanais du Kosovo et les autorités de la République fédérale de Yougoslavie (Serbie et Monténégro) et de la République de Serbie, et à faire rapport à l'Assemblée si besoin est.

3. Directive n° 516 (1996)

sur la création d'une commission *ad hoc* sur la Tchétchénie

L'Assemblée,

1. Considérant la poursuite du conflit en Tchétchénie;

2. Convaincue que seule une solution politique et négociée peut mettre fin à ce conflit;

3. Demande au Bureau de constituer une commission *ad hoc*, composée de représentants de la commission des questions politiques, de la commission des questions juridiques et des droits de l'homme et de la commission des relations avec les pays européens non membres, pour suivre la situation en Tchéchénie et répondre à la demande d'assistance de la Russie afin d'élaborer des propositions qui soient conformes à la Convention-cadre du Conseil de l'Europe pour la protection des minorités nationales et qui soient acceptables pour les deux parties; cette commission *ad hoc* fera rapport en temps utile.

4. Directive n° 518 (1996)

relative à la tenue d'un débat sur la Charte sociale européenne

1. L'Assemblée se réfère à sa Recommandation 1290 (1996) relative au suivi du Sommet de Copenhague sur le développement social.

2. Elle rappelle sa Résolution 967 (1991) relative à la relance de la Charte sociale du Conseil de l'Europe dans laquelle sa commission des questions sociales, de la santé et

readiness to hold a major social policy debate on operations under the European Social Charter.

3. It therefore instructs its Social, Health and Family Affairs Committee to organise such a debate in 1996.

5. Order No. 520 (1996)

on developments in the Russian Federation in relation to the situation in Chechnya

1. The Assembly welcomes the constitution of an *ad hoc* committee on Chechnya by the Bureau in conformity with Order No. 516 adopted on 25 January 1996 and requests that this *ad hoc* committee be convened in Moscow and, if possible, in Grozny without delay, with a view to contributing – in co-operation with the OSCE – to the resumption of dialogue between the parties to the conflict.

2. It instructs its *ad hoc* committee to monitor closely the cease-fire implementation and the human rights situation in Chechnya.

3. It considers that its *ad hoc* committee shall act in close co-operation with Russia's parliamentary delegation to the Council of Europe.

4. The Assembly requests that the *ad hoc* committee be closely associated with the monitoring of the commitments and obligations entered into by the Russian Federation upon accession to the Council of Europe.

5. The Assembly authorises the *ad hoc* Committee to prepare a parliamentary hearing under Council of Europe auspices aimed at bringing together the parties concerned with the conflict and to enable them to table proposals for negotiation.

6. Order No. 521 (1996)

on implementation of the Dayton Agreements for peace in Bosnia-Herzegovina

Recalling its Order No. 483 (1992) on the crisis in the former Yugoslavia and its Recommendation 1297 (1996) on the implementation of the Dayton Agreements for peace in Bosnia-Herzegovina, the Assembly instructs its Committee on Economic Affairs and Development, its Committee on Migration, Refugees and

de la famille se déclarait prête à tenir un grand débat de politique sociale sur les actions découlant de la Charte sociale.

3. Elle charge en conséquence sa commission des questions sociales, de la santé et de la famille d'organiser un tel débat en 1996.

5. Directive n° 520 (1996)

relative aux développements dans la Fédération de Russie en relation avec la situation en Tchétchénie

1. L'Assemblée exprime sa satisfaction quant à la création d'une commission *ad hoc* sur la Tchétchénie par le Bureau, conformément à la Directive n° 516 qu'elle avait adoptée le 25 janvier 1996, et demande à cette commission *ad hoc* de se rendre dans les meilleurs délais à Moscou et, si possible, à Grozny afin de contribuer, en coopération avec l'OSCE, à la reprise du dialogue entre les parties au conflit.

2. Elle charge la commission *ad hoc* de surveiller de près la mise en œuvre du cessez-le-feu et la situation des droits de l'homme en Tchétchénie.

3. Elle souhaite que la commission *ad hoc* agisse en étroite collaboration avec la délégation parlementaire russe auprès du Conseil de l'Europe.

4. L'Assemblée demande à la commission *ad hoc* d'être étroitement associée à l'exercice de *monitoring* des engagements et obligations souscrits par la Fédération de Russie au moment de son adhésion au Conseil de l'Europe.

5. L'Assemblée autorise la commission *ad hoc* à préparer une audition parlementaire sous l'égide du Conseil de l'Europe, visant à réunir les parties concernées par le conflit et à leur permettre de présenter des propositions de négociation.

6. Directive n° 521 (1996)

sur la mise en œuvre des accords de Dayton pour la paix en Bosnie-Herzégovine

Rappelant sa Directive n° 483 (1992) sur la crise dans l'ex-Yougoslavie et sa Recommandation n° 1297 (1996) sur la mise en œuvre des accords de Dayton pour la paix en Bosnie-Herzegovine, l'Assemblée charge sa commission des questions économiques et du développement, sa commission des migrations, des réfugiés et de

Demography and its Committee on Agriculture and Rural Development to carry out as soon as possible a joint fact-finding visit to some of the war-stricken regions in Bosnia-Herzegovina and Croatia (in particular East Slavonia) with a view to making proposals to the Assembly on how to improve the economic, agricultural and refugee situation in those regions.

7. Order No. 524 (1996)

on the recent parliamentary elections in Albania

1. The Assembly refers to Resolution 1095 (1996) on the recent parliamentary elections in Albania. It instructs the Bureau to send a fact-finding mission to Albania, including representatives of all political groups, to provide further information on these elections and the relevant legislation and to report to the Assembly.

2. The Assembly instructs the Bureau to send an observer delegation to the forthcoming local elections in Albania, possibly in liaison with the Congress of Local and Regional Authorities.

8. Order No. 525 (1996)

on the abolition of the death penalty in Europe

1. The Assembly, referring to Resolution 1097 (1996) and Recommendation 1302 (1996), instructs its committees dealing with the honouring of obligations and commitments by member states to pay particular attention to the honouring of the commitment entered into by some states to introduce a moratorium on executions and/or to sign, ratify and apply Protocol No. 6 to the European Convention on Human Rights, abolishing the death penalty in peace-time.

2. The Assembly further instructs its Committee on Legal Affairs and Human Rights to organise one or two seminars on the abolition of the death penalty in Europe, and to report back on developments in due course.

la démographie et sa commission de l'agriculture et du développement rural d'effectuer, dès que possible, une mission d'enquête commune dans certaines régions de Bosnie-Herzegovine et de Croatie (notamment la Slavonie orientale) en guerre, en vue de faire à l'Assemblée ses suggestions sur les moyens d'améliorer, dans ces régions, la situation économique et agricole ainsi que la situation des réfugiés.

7. Directive n° 524 (1996)

relative aux élections législatives récentes en Albanie

1. Se référant à la Résolution 1095 (1996) relative aux élections législatives récentes en Albanie, l'Assemblée demande au Bureau d'envoyer une mission d'enquête en Albanie, composée de représentants de tous les groupes politiques, chargée de recueillir des renseignements supplémentaires sur les élections et la législation pertinente, et de soumettre ensuite un rapport à l'Assemblée.

2. L'Assemblée demande au Bureau d'envoyer une délégation d'observateurs aux élections locales qui doivent se dérouler prochainement en Albanie, en liaison, éventuellement, avec le Congrès des pouvoirs locaux et régionaux de l'Europe.

8. Directive n° 525 (1996)

sur l'abolition de la peine de mort en Europe

1. L'Assemblée, renvoyant à la Résolution 1097 (1996) et à la Recommandation 1302 (1996), demande à ses commissions chargées de veiller aux obligations et engagements des Etats membres d'accorder une attention particulière à la manière dont certains Etats respectent l'engagement qu'ils ont pris d'introduire un moratoire sur les exécutions et/ou de signer, ratifier et appliquer le Protocole n° 6 à la Convention européenne des Droits de l'Homme abolissant la peine de mort en temps de paix.

2. L'Assemblée charge, en outre, sa commission des questions juridiques et des droits de l'homme d'organiser un ou deux séminaires sur l'abolition de la peine de mort en Europe, et de lui faire rapport de toute évolution ultérieure de la question.

CHAPTER III

Activities of expert committees in the field of human rights

A. STEERING COMMITTEE FOR HUMAN RIGHTS (CDDH)

During its 40th and 41st meetings – held respectively in June and October 1996 – the CDDH

- held exchanges of views with Professor A. Oumlil, Secretary General of the Arab Thought Forum (Amman, Jordan), Mrs G. Haller, Human Rights Ombudsperson of Bosnia and Herzegovina and Mr F.J. Aguilar Urbina, Chairman of the UN Human Rights Committee;
- transmitted the text of a draft protocol No. 12 to the European Convention on Human Rights (ECHR) securing certain additional rights to persons deprived of their liberty to the European Commission of Human Rights and the European Court of Human Rights for opinion;
- adopted, for the attention of the Committee of Ministers, an opinion on the draft Declaration on genuine democracy;
- invited its members to answer a questionnaire on current legislation and practice regarding conscientious objection to military service;
- adopted an interim activity report on the feasibility of a draft Protocol to the ECHR concerning the right of women and men to equality and requested an extension of its terms of reference on this item;
- held a first exchange of views on a draft recommendation and a draft resolution on national human rights commissions which had been prepared by a working group;
- held an exchange of views and a policy debate on the desirability and feasibility of preparing a legal instrument against racism and intolerance and instructed its subcommittee DH-DEV to examine a number of possible solutions;
- held elections for its Bureau. Following these, the Bureau's composition as from 1 January 1997 is as follows: Mr Meyer-Ladewig (Germany, Chair), Mr Raimondi (Italy, Vice-Chair), Mr Lathouwers (Belgium), Mr Drzewicki (Poland), Mrs Smit (Slovenia), Mr Borrego-Borrego (Spain), Mr Ehrenkrona (Sweden), Mr Eaton (United Kingdom). The CDDH re-elected Mrs Jagander (Sweden) as Chairperson of DH-DEV; Mr Eaton (United Kingdom) was elected Chairperson of DH-PR.

CHAPITRE III

Activités des comités d'experts dans le domaine des droits de l'homme

A. COMITE DIRECTEUR POUR LES DROITS DE L'HOMME (CDDH)

Au cours de ses 40e et 41e réunions, tenues, respectivement, en juin et octobre 1996, le CDDH a, notamment:

- eu des échanges de vues avec le Professeur A. Oumlil, Secrétaire Général du *Arab Thought Forum* (Amman, Jordanie), Mme G. Haller, Médiatrice pour les droits de l'homme de la Bosnie-Herzégovine et avec M. F.J. Aguilar Urbina, Président du Comité des droits de l'homme de l'ONU;
- transmis, pour avis, le texte d'un projet de Protocole n° 12 à la Convention européenne des Droits de l'Homme (CEDH) reconnaissant certains droits additionnels aux personnes privées de leur liberté et le projet de rapport explicatif à la Commission et la Cour européennes des Droits de l'Homme;
- adopté à l'attention du Comité des Ministres un avis sur le projet de Déclaration sur la démocratie véritable;
- invité ses membres à répondre à un questionnaire sur la législation et la pratique en vigueur dans les Etats membres en ce qui concerne l'objection de conscience au service militaire;
- adopté un rapport intérimaire d'activité sur la faisabilité d'un projet de Protocole à la Convention européenne des Droits de l'Homme concernant le droit de la femme et de l'homme à l'égalité et demandé une prolongation de son mandat sur cette question;
- tenu un échange de vues sur un projet de recommandation et un projet de résolution sur les commissions nationales des droits de l'homme, qui avaient été élaborés par un groupe de travail;
- procédé à un débat d'orientation et d'instructions sur l'opportunité et la faisabilité d'un instrument juridique contre le racisme et l'intolérance et chargé son comité subordonné DH-DEV d'examiner un certain nombre de solutions possibles;
- procédé à des élections des membres de son Bureau. Suite à ces élections, la composition du Bureau, à compter du 1er janvier 1997, est la suivante: M. Meyer-Ladewig (Allemagne, Président), M. Raimondi (Italie, Vice-Président), M. Lathouwers (Belgique), M. Drzewicki (Pologne), Mme Smit (Slovénie), M. Borrego-Borrego (Espagne), M. Ehrenkrona (Suède), M. Eaton (Royaume-Uni). Mme Jagander (Suède) a été réélue Présidente du Comité DH-DEV et M. Eaton (Royaume-Uni) Président du Comité DH-PR.

B. AD HOC COMMITTEE FOR THE PROTECTION OF NATIONAL MINORITIES (CAHMIN) AND *AD HOC* COMMITTEE ON THE IMPLEMENTATION MECHANISM OF THE FRAMEWORK CONVENTION FOR THE PROTECTION OF NATIONAL MINORITIES (CAHMEC)

Framework convention for the protection of national minorities

Opened for signature on 1 February 1995, the Framework Convention for the Protection of National Minorities (ETS number 157), is expected to receive its twelfth ratification (necessary for its entry into force) in 1997.

In March 1996 the Committee of Ministers decided to take up the matter of the arrangements for the monitoring of the implementation of the Framework Convention. An *ad hoc* committee of governmental experts (*Ad Hoc* Committee on the implementation mechanism of the Framework Convention for the Protection of National Minorities (CAHMEC)) was entrusted with the preparation of a report to "clarify pertinent questions and identify possible options within the confines of Articles 24-26 of the Framework Convention". Subsequently, an *ad hoc* Committee of Deputies, with the assistance of and participation of experts, was instructed on the basis of this report (October 1996), to "identify and agree on the broad lines of the implementation mechanism".

It is thought that a final decision on the modalities of the monitoring mechanism will be taken in the summer of 1997.

Additional protocol to the European Convention on Human Rights with individual rights in the cultural field

The Vienna Summit, in addition to drafting the Framework Convention, instructed the Council of Europe to begin work on drafting a protocol complementing the European Convention on Human Rights in the cultural field by provisions guaranteeing individual rights, in particular for persons belonging to national minorities.

The work on this subject showed that the existing provisions of the European Convention on Human Rights, as they have been interpreted by the supervisory organs, already (potentially) cover many rights in the cultural field. The Committee of Ministers, considering that it would currently not be possible to add substantially to the ECHR, in January 1996 decided to suspend the work on the protocol. The documents of the work carried out have been declassified and are available from the Council of Europe. The Committee of Ministers furthermore agreed to continue reflection on the feasibility of further standard-setting in the cultural field and in the field of protection of national minorities, taking into account the Declaration adopted at the Vienna Summit.

B. COMITE *AD HOC* POUR LA PROTECTION DES MINORITES NATIONALES (CAHMIN) ET COMITE *AD HOC* POUR LE MECANISME DE MISE EN ŒUVRE DE LA CONVENTION-CADRE POUR LA PROTECTION DES MINORITES NATIONALES (CAHMEC)

Convention-cadre pour la protection des minorités nationales

Ouverte à la signature le 1er février 1995, la Convention-cadre pour la protection des minorités nationales (STE n° 157) pourrait, en 1997, enregistrer sa douzième ratification, nécessaire à son entrée en vigueur.

En mars 1996, le Comité des Ministres a décidé de prendre les dispositions nécessaires en vue du mécanisme de mise en œuvre de la convention-cadre. Un comité *ad hoc* d'experts gouvernementaux, le Comité *ad hoc* pour le mécanisme de mise en œuvre de la Convention-cadre pour la protection des minorités nationales (CAHMEC), a été chargé de la préparation d'un rapport en vue de «clarifier les questions pertinentes et de dégager les options possibles dans les limites des articles 24 à 26 de la Convention-cadre». Par la suite, sur la base de ce rapport, un comité *ad hoc* des Délégués des Ministres, avec le concours et la participation d'experts, a été chargé «de dégager et de fixer les grandes lignes du mécanisme de mise en œuvre ».

La décision finale sur les modalités du mécanisme de mise en œuvre devrait intervenir au courant de l'été 1997.

Protocole additionnel à la Convention européenne des droits de l'homme garantissant des droits individuels dans le domaine culturel

Le Sommet de Vienne n'avait pas seulement chargé le Conseil de l'Europe de rédiger une Convention-cadre pour la protection des minorités nationales mais aussi «d'engager les travaux de rédaction d'un protocole complétant la Convention européenne des droits de l'homme dans le domaine culturel par des dispositions garantissant des droits individuels, notamment pour les personnes appartenant à des minorités nationales».

Les travaux dans ce domaine ont montré que les dispositions existantes de la Convention européenne des droits de l'homme, telles qu'elles ont été interprétées par les organes de contrôle, couvraient déjà (potentiellement) de nombreux droits dans le domaine culturel. Le Comité des Ministres, considérant qu'il ne serait pas possible, pour le moment, de compléter substantiellement la Convention, a décidé, en janvier 1996, de suspendre les travaux visant la rédaction d'un protocole. Les documents de travail préparés sur ce sujet ont été déclassifiés et mis à la disposition des milieux intéressés. Le Comité des Ministres a, néanmoins, décidé de poursuivre la réflexion sur la faisabilité de l'établissement de nouvelles normes dans le domaine culturel et dans celui de la protection des minorités nationales en tenant compte de la Déclaration adoptée au Sommet de Vienne.

Joint Programme between the European Commission (Phare Programme) and the Council of Europe "Minorities in Central European Countries"

In November 1994 a first meeting of Government Offices for National Minorities was held in Budapest, which initiated the co-operation between Government Offices for National Minorities. At that meeting it was decided to seek to continue and deepen this activity in the form of a joint programme between the European Commission (Phare Programme) and the Council of Europe, and it was subsequently included among the "accompanying measures" to the Stability Pact. Items to be included in the Joint Programme were discussed at the second meeting (Budapest, December 1995). The third meeting in Bucharest (September 1996), organised with the Romanian Government, saw the launch of the Joint Programme, following its signature in June 1996. Besides regular meetings of the Government Offices, the programme includes seminars on topical issues, study-visits and specific follow-up action. This (first) programme will run until the end of 1997.

C. STEERING COMMITTEE FOR EQUALITY BETWEEN WOMEN AND MEN (CDEG)

At its 11th meeting (March 1996) the Committee began the preparations of the Conferences it organised in 1996, namely the Information Forum on national policies in the equality field (Warsaw, 21-23 November 1996), and the Seminar for NGOs from West, Central and East Europe working for the promotion of equality between women and men (Strasbourg, 13-14 June 1996). It also began preparations for the 4th European Ministerial Conference on equality between women and men, to be held in 1997. It held a broad exchange of views on the final Report of the Joint Group of Specialists on migration, cultural diversity and equality between women and men (EG/MG) and decided to disseminate this report along with the studies conducted in the framework of the activities of the Group. The CDEG further examined the Plan of Action against traffic in women and forced prostitution, drawn up by an expert consultant, as a follow-up to the work of the CDEG Group of Specialists on this issue. The Committee decided that the Plan of Action should be widely disseminated, including to NGOs active in the field. In the framework of its activity on combating traffic in women and forced prostitution, the Committee organised a meeting of chairs of Steering Committees whose work relates to this question, to consider the follow-up to be given to this activity of the Committee.

During its 12th meeting (October 1996), the CDEG drew up terms of reference for a new Group of Specialists which will start working in 1997. This Group will examine the question of future priorities, strategies and working methods in the field of equality between women and men. The Committee examined the fourth

Programme commun entre la Commission européenne (Programme Phare) et le Conseil de l'Europe pour les minorités dans les pays d'Europe centrale

En novembre 1994, une première réunion des offices gouvernementaux pour les minorités nationales s'est tenue à Budapest et a donné lieu à un programme de coopération entre les offices. Lors de cette réunion, il a été décidé de poursuivre et d'approfondir cette activité sous forme d'un programme commun entre la Commission européenne (Programme Phare) et le Conseil de l'Europe et d'en faire une «mesure d'accompagnement» du Pacte de stabilité. Le contenu du programme commun a fait l'objet de discussions lors de la deuxième réunion des offices gouvernementaux, tenue à Budapest en décembre 1995. La troisième de ces réunions, organisée à Bucarest, en septembre 1996, en coopération avec le Gouvernement roumain a vu le lancement du programme joint, qui avait été signé en juin 1996. Outre la tenue de réunions régulières des offices gouvernementaux, le programme comprend des séminaires sur des sujets ciblés, des visites d'études et des mesures spécifiques de suivi. Ce premier programme couvrira une période allant jusqu'à la fin de l'année 1997.

C. COMITE DIRECTEUR POUR L'EGALITE ENTRE LES FEMMES ET LES HOMMES (CDEG)

Lors de sa 11e réunion (mars 1996), le Comité a commencé les préparatifs des conférences qu'il a organisées en 1996, à savoir le Forum d'information sur les politiques nationales dans le domaine de l'égalité (Varsovie, 21-23 novembre 1996) et le Séminaire pour les organisations non-gouvernementales de l'Europe occidentale, centrale et orientale travaillant pour la promotion de l'égalité entre les femmes et les hommes (Strasbourg, 13-14 juin 1996). Il a également commencé les préparatifs pour la 4e Conférence ministérielle européenne sur l'égalité entre les femmes et les hommes, qui se tiendra en 1997. Il a tenu un large échange de vues sur le Rapport final du Groupe mixte de spécialistes sur la migration, la diversité culturelle et l'égalité entre les femmes et les hommes (EG/MG) et a décidé de diffuser ce rapport accompagné des études menées dans le cadre des activités du Groupe. Le CDEG a en outre examiné le Plan d'action contre la traite des femmes et la prostitution forcée, préparé par une experte consultante, suite aux travaux du Groupe de spécialistes du CDEG sur la question. Le Comité a décidé que le Plan d'action devrait être diffusé à un large public, y compris à des organistions non-gouvernementales actives dans ce domaine. Dans le cadre de ses activités sur la lutte contre la traite des femmes et la prostitution forcée, le Comité a organisé une réunion des Président(e)s de Comités directeurs dont les activités ont un lien avec cette question, afin d'examiner les suites à donner à cette activité du Comité.

Au cours de sa 12e réunion, le CDEG a élaboré un mandat pour un Groupe de spécialistes qui commencera à travailler en 1997. Ce Groupe examinera la question

annual report of the Secretary General on equality between women and men in the Council of Europe and formulated observations and comments thereon.

In 1996 and in particular during its 12th meeting, the Committee made the preliminary arrangements for the 4th European Ministerial Conference on equality between women and men, to be held in Istanbul on 6-7 November 1997. The theme of the Conference will be "Democracy and equality between women and men", with the sub-themes "Equality between women and men as a fundamental criterion of democracy" and secondly, "Promoting equality in a democratic society: the role of men".

Follow-up to the United Nations 4th World Conference on Women

One of the principal preoccupations of the Committee throughout 1996 was the follow-up to and implementation of the Platform of Action adopted at the 4th World Conference on Women, held in Beijing 4-15 September 1995.

In this context, at the request of the CDEG, the Committee of Ministers called together a meeting of an *Ad Hoc* Committee of Experts to Exchange Views on Follow-up to the 4th United Nations World Conference on Women (Beijing, 4-15 September 1995) and on National Programmes set up to implement the Platform for Action adopted by the Conference (CAHFB) (23-24 September 1996). The *ad hoc* committee held an exchange of views on the main areas of concern for the European Region related to the Beijing Platform and on how the Council of Europe could contribute to their implementation. Subsequently the Committee of Ministers instructed the Secretary General to forward the meeting report to all Steering Committees so that their work programmes could take into account the priorities identified by the CAHFB.

Conferences, seminars

Two multilateral conferences were organised in 1996. The International Seminar on the strategies, role and functions of NGOs working for the promotion of equality between women and men was held in Strasbourg at the Palais de l'Europe, from 13 to 14 June 1996, with participants from thirty six different countries. The work centred on two themes: "the framework, the objectives and tasks of NGOs" and "achieving objectives, making contacts, building networks".

The other conference was held in Warsaw (21-23 November 1996), when the annual Information Forum on national policies in the field of equality between women and men examined the theme: "Equality in the labour market and reconciliation of family and professional life: trends and perspectives". There was a great deal of interest expressed in this seminar which was well attended. Discussions were lively and the conclusions were rich in ideas.

des priorités futures, les stratégies et les méthodes de travail dans le domaine de l'égalité entre les femmes et les hommes. Le Comité a examiné le Quatrième Rapport annuel du Secrétaire Général sur l'égalité entre les femmes et les hommes au Conseil de l'Europe et a formulé des observations et commentaires à ce sujet.

En 1996, et en particulier au cours de sa 12e réunion, le CDEG a commencé les préparatifs pour la 4e Conférence ministérielle européenne sur l'égalité entre les femmes et les hommes qui se tiendra à Istanbul les 6-7 novembre 1997. Le thème de la Conférence sera «Démocratie et égalité entre les femmes et les hommes»; les sous-thèmes étant «L'égalité entre les femmes et les hommes en tant que critère fondamental de la démocratie» et «Promouvoir l'égalité dans une société démocratique: le rôle des hommes».

Suivi de la 4e Conférence mondiale des Nations unies sur les femmes

L'une des préoccupations principales du Comité pendant l'année 1996 a été le suivi et la mise en œuvre du Programme d'action adopté lors de la 4e Conférence mondiale sur les femmes, tenue à Pékin du 4 au 15 septembre 1995.

Dans ce contexte, à la demande du CDEG, le Comité des Ministres a réuni un Comité *ad hoc* d'expert(e)s chargé de procéder à un échange de vues sur le suivi de la 4e Conférence mondiale des Nations unies sur les femmes (Pékin, 4-15 septembre 1995) et sur les programmes nationaux pour mettre en œuvre le programme d'action adopté par cette Conférence (CAHFB) (23-24 septembre 1996). Le Comité *ad hoc* a tenu un échange de vues sur les domaines principaux dans le Programme de Pékin où l'Europe devrait être particulièrement vigilante et sur la manière dont le Conseil de l'Europe pourrait contribuer à leur mise en œuvre. Par la suite, le Comité des Ministres a chargé le Secrétaire Général de transmettre le rapport de la réunion à tous les Comités directeurs afin qu'ils puissent prendre en compte les priorités identifiées par le CAHFB dans leur programme de travail.

Conférences, séminaires

Deux conférences multilatérales ont été organisées en 1996. Le Séminaire international sur les stratégies, le rôle et les fonctions des organisations non-gouvernementales travaillant pour la promotion de l'égalité entre les femmes et les hommes s'est tenu au Palais de l'Europe du 13 au 14 juin 1996, avec des participant(e)s venant de trente six pays. Le travail s'est concentré sur deux thèmes: «Le cadre, les objectifs et les tâches des organisations non-gouvernementales» et «Atteindre des objectifs, prendre des contacts, établir des réseaux».

L'autre Conférence s'est tenue à Varsovie (21-23 novembre 1996), lorsque le Forum d'information sur les politiques nationales dans le domaine de l'égalité entre les femmes et les hommes a discuté le thème «L'égalité sur le marché du travail et la conciliation de la vie familiale et de la vie professionnelle: tendances et perspectives». Ce séminaire a suscité un vif intérêt et a été suivi par une large audience. Les discussions ont été vivantes et les conclusions riches en matière d'idées.

Groups of Specialists working under the authority of the CDEG

Two new groups of experts held their first meetings during 1996. The first meeting of the Group of Specialists on Mainstreaming (EG-S-MS) was held from 28 to 29 February 1996 and concentrated on the identification of the priorities and working methods. The second meeting on 26-27 September examined the more pertinent questions to be addressed in its final Report of activities.

The Group of Specialists CDEG/ECRI on intolerance, racism and equality between women and men met twice. This Group, composed of two members of ECRI and three persons designated by the CDEG, is examining the issue of universality versus cultural relativism in regard to the fundamental right of women and men to equality and is planning to identify the specific forms of racial discrimination and intolerance which women have to face on the basis of their sex. The two meetings were held on 6-7 May and 12-13 November 1996.

The Group of Specialists on the Right to Free Choice in Matters of Reproduction and Life Styles (EG-S-RP), set up in 1995, continued its work. It held two meetings in Strasbourg, 20-21 June and 14-15 October. The topic encompasses a wide range of subjects covering vital legal and social issues. The Group is expected to prepare a draft recommendation on the subject at issue.

During its two meetings in 1996 held on 11-12 April and 2-4 December the Group of Specialists for Combating Violence against Women (EG-S-VL) finished its work and elaborated a final report of its activities which included a Plan of Action for combating violence against women. This report will be discussed by the CDEG at its 13th meeting (26-28 February 1997).

Throughout the year, in the framework of the assistance and co-operation programmes with the countries of central and east Europe, 10 bilateral seminars were organised on a wide variety of questions relating to equality between women and men.

D. COMMITTEE OF EXPERTS FOR THE DEVELOPMENT OF HUMAN RIGHTS (DH-DEV)

In accordance with the terms of reference given to it by the CDDH, the Committee DH-DEV continued its work of examining the feasibility of including in a draft protocol to the European Convention on Human Rights a fundamental right to equality of women and men, and of preparing a list of arguments against and in favour of such a protocol. The Committee DH-DEV also envisaged other possible solutions (framework convention, other convention, recommendation, a wider approach for the concept of non-discrimination) for a better application in member states of the principle of equality between women and men.

Groupes de spécialistes travaillant sous l'autorité du CDEG

Deux nouveaux Groupes d'expert(e)s se sont réunis pour la première fois en 1996. La première réunion du Groupe de spécialistes pour une approche intégrée de l'égalité (EG-S-MS) s'est tenue du 28 au 29 février 1996 et s'est concentrée sur l'identification de ses priorités et ses méthodes de travail. La deuxième réunion, du 26 au 27 septembre, a examiné les questions plus pertinentes à retenir dans le Rapport final d'activités du Groupe.

Le Groupe de spécialistes CDEG/ECRI sur l'intolérance, le racisme et l'égalité entre les femmes et les hommes s'est réuni deux fois. Ce Groupe, composé de deux membres de l'ECRI et de trois personnes désignées par le CDEG, examine la question de l'universalité opposée au relativisme culturel au regard du droit fondamental de la femme et de l'homme à l'égalité; il doit également identifier les formes spécifiques de la discrimination raciale et de l'intolérance que les femmes doivent subir en raison de leur sexe. Les deux réunions se sont tenues les 6-7 mai et les 12-13 novembre 1996.

Le Groupe de spécialistes sur le droit au libre choix en matière de procréation et de modes de vie (EG-S-RP), créé en 1995, a continué son travail. Il a tenu deux réunions à Strasbourg, les 20-21 juin et les 14-15 octobre. Le sujet comprend un large éventail de problèmes et touche à d'importantes questions juridiques et sociales. Le Groupe doit préparer un projet de Recommandation sur le sujet.

Au cours de ses deux réunions en 1996, tenues les 11-12 avril et 2-4 décembre, le Groupe de spécialistes pour la lutte contre la violence à l'égard des femmes (EG-S-VL) a terminé son travail et préparé un Rapport final d'activités qui comprend un Plan d'action de lutte contre la violence à l'égard des femmes. Ce rapport sera discuté par le CDEG lors de sa 13e réunion (26-28 février 1997).

Tout au long de l'année, dans le cadre des programmes d'assistance et de coopération avec les pays de l'Europe centrale et orientale, 10 séminaires bilatéraux ont été organisés sur un nombre important de sujets ayant un rapport avec la question de l'égalité entre les femmes et les hommes.

D. COMITE D'EXPERTS POUR LE DEVELOPPEMENT DES DROITS DE L'HOMME (DH-DEV)

Conformément au mandat que lui a donné le CDDH, le Comité DH-DEV a poursuivi ses travaux sur la faisabilité d'un protocole additionnel à la Convention européenne des Droits de l'Homme concernant le droit fondamental de la femme et de l'homme à l'égalité, en établissant notamment la liste des arguments pour et contre un tel protocole. Le Comité DH-DEV a également examiné d'autres solutions possibles (convention-cadre, autre convention, recommandation, élargissement du concept de non-discrimination) pour améliorer l'application dans les Etats membres du principe de l'égalité entre la femme et l'homme.

E. EUROPEAN COMMISSION AGAINST RACISM AND INTOLERANCE (ECRI)

The European Commission against Racism and Intolerance (ECRI) developed its activities in several fields throughout 1996, building on its multidisciplinary composition and approach. In particular, it continued its country-by-country examination of the situation in each of the member states of the Council of Europe, with a view to helping governments solve the problems of racism and intolerance they are facing through concrete, practical proposals for possible action. ECRI is now engaged in a process of confidential dialogue with the authorities of several countries: the first results of this country-by-country approach will be presented to the Committee of Ministers of the Council of Europe during 1997.

Other important results of ECRI's work in 1996 included the preparation and publication of its general policy recommendation No. 1, which proposes specific measures to be taken in a limited number of key areas to combat racism and intolerance. A second ECRI general policy recommendation is currently being prepared, dealing with specialised bodies at national level to combat racism and intolerance. ECRI also published a "basket of good practices", containing examples of practical projects or initiatives to combat racism and intolerance existing in member states, which is intended as a source of ideas and inspiration for all those working on these issues.

In addition, ECRI studied the question of how to publicise its work, notably by strengthening its contacts with non-governmental organisations through the publication of a regular newsletter, and through the development of a data base and Internet site which would make the results of its work available to a wide audience.

ECRI's reasoned report on the strengthening of the non-discrimination clause (Article 14) of the European Convention on Human Rights is currently being examined by the Committee for the Development of Human Rights (DH-DEV): representatives of ECRI are participating in this work.

F. CO-OPERATION AND ASSISTANCE PROGRAMMES WITH COUNTRIES OF CENTRAL AND EASTERN EUROPE

In addition to the 17 countries covered in the co-operation programmes to date, four additional states became beneficiaries during 1996: Armenia, Azerbaijan, Bosnia and Herzegovina and Georgia. All four countries have applied for membership of the Council of Europe and enjoy special guest status with the Organisation's Parliamentary Assembly.

One of the principal activities in co-operation programmes in the human rights field is providing assistance to new, or prospective, member states in examining the conformity of their domestic law and its implementation with the requirements

E. COMMISSION EUROPEENNE CONTRE LE RACISME ET L'INTOLERANCE (ECRI)

La Commission européenne contre le racisme et l'intolérance (ECRI) a développé ses activités dans différents domaines au long de 1996, en s'appuyant sur sa composition et son approche multidisciplinaire. Elle a poursuivi notamment son examen pays-par-pays de la situation dans chacun des Etats membres du Conseil de l'Europe, en vue d'aider les gouvernements, à travers des propositions d'actions possibles, à résoudre les problèmes de racisme et d'intolérance auxquels ils sont confrontés. L'ECRI est maintenant engagée dans un processus de dialogue confidentiel avec les autorités de plusieurs pays: les premiers résultats de cette approche pays-par-pays seront présentés au Comité des Ministres du Conseil de l'Europe dans le courant de l'année 1997.

D'autres résultats importants des travaux de l'ECRI en 1996 comprennent la préparation et la publication de sa recommandation de politique générale n° 1, qui propose des mesures spécifiques à prendre dans un nombre limité de domaines-clés pour lutter contre le racisme et l'intolérance. Une seconde recommandation de politique générale de l'ECRI est en cours de préparation et traite de la question des organes spécialisés dans la lutte contre le racisme et l'intolérance au niveau national. L'ECRI a également publié une «Corbeille de bonnes pratiques», contenant des exemples de projets ou initiatives pratiques existant dans les Etats membres pour combattre le racisme et l'intolérance, qui est destinée à servir de source d'idées et d'inspiration pour tous les milieux intéressés par ces questions.

En outre, l'ECRI a étudié la question de savoir comment garantir une publicité à ses travaux, notamment en renforçant ses contacts avec les organisations non gouvernementales à travers la publication régulière d'une «Newsletter», et à travers le développement d'une base de données et d'un site Internet qui rendraient les résultats de ses travaux disponibles pour le grand public.

Le rapport circonstancié de l'ECRI sur le renforcement de la clause de non-discrimination (article 14) de la Convention européenne des Droits de l'Homme est actuellement soumis à l'examen du Comité pour le développement des droits de l'homme (DH-DE); les représentants de l'ECRI participent à ces travaux.

F. PROGRAMMES DE COOPERATION ET D'ASSISTANCE AVEC LES PAYS D'EUROPE CENTRALE ET ORIENTALE

Outre les dix-sept pays déjà couverts par les programmes de coopération, quatre Etats supplémentaires sont devenus bénéficiaires de ces programmes au cours de l'année 1996: l'Arménie, l'Azerbaïdjan, la Bosnie-Herzégovine et la Géorgie. Ces quatre pays ont présenté une demande d'adhésion au Conseil de l'Europe et jouissent du Statut d'invité spécial auprès de l'Assemblée parlementaire de l'Organisation.

Une des activités principales dans les programmes de coopération en matière de droits de l'homme consiste à apporter une aide aux nouveaux ou futurs Etats membres dans l'examen de la conformité de leur législation et de leur pratique au

of the European Convention on Human Rights (ECHR), its protocols and case-law. In preparing ratification of the ECHR, beneficiary countries are encouraged to establish, at the national level, a small working group of legal experts – government officials from appropriate ministries and legal practitioners – to examine the compatibility of domestic law with each article of the Convention and those protocols containing substantive rights. The written analysis produced by this working group is then studied by three or four experts on the ECHR from different countries – often including lawyers from member states which themselves only ratified the ECHR relatively recently as well as members or former members of the Convention's control organs. These experts also visit the country concerned to discuss directly with the national working group any inconsistencies they may discern between national provisions and the ECHR, and identify any aspects of case-law the significance of which may not have been fully appreciated. Two or three meetings are generally required for this. Study visits for members of the national working group to become more familiar with the ECHR's requirements and procedures may also be organised, either to Strasbourg to observe firsthand hearings of the European Court of Human Rights or to a member State to discuss the domestic implementation of human rights guarantees.

During 1996 compatibility studies and meetings were under way in Albania, Latvia, the Russian Federation, "the former Yugoslav Republic of Macedonia", and Ukraine. Working groups were beginning their task in Croatia and Moldova. To assist these countries, the written reports produced earlier by the national working groups in Estonia and Lithuania were issued in English translation.

Throughout the year, multilateral and bilateral meetings, seminars and workshops took place to examine provisions and procedures under the ECHR and its specific application in local circumstances, often held in conjunction with professional associations of lawyers or judges, and with non-governmental organisations. Two of the major multilateral meetings concerned respectively *The European Convention on Human Rights and its application by superior court judges*, co-organised with the French Ministry of Justice in December, and *The European Convention on Human Rights and the countries of Central and Eastern Europe: first practical experiences*, held with the Human Rights Committee of the Polish Bar Council.

Efforts to ensure the text of the ECHR and its protocols is available in the major languages of Central and Eastern Europe continued, with the production of Bosnian, Croat and Serb versions (in Latin and Cyrillic scripts). Under Article II.2 of the Constitution of Bosnia and Herzegovina the rights and freedoms provided for in the ECHR are applicable in the domestic legal system.

Encouragement and assistance was also given to the Information and Documentation Centres on the Council of Europe, which currently exist in 11 central and eastern European countries, to translate the case-law of the ECHR.

regard des exigences de la Convention européenne des Droits de l'Homme, de ses protocoles et de sa jurisprudence.

En préparant la ratification de la Convention européenne des Droits de l'Homme, les Etats bénéficiaires sont encouragés à instituer, au niveau national, un petit groupe de travail d'experts juridiques (fonctionnaires des administrations appropriées et praticiens) chargé d'examiner la compatibilité de la législation interne avec chaque article de la Convention et des protocoles contenant des droits substantiels. L'analyse écrite rédigée par le groupe de travail est ensuite étudiée par trois ou quatre experts de la Convention, provenant de pays différents (souvent des juristes venant d'Etats membres ayant ratifié récemment la CEDH, membres ou anciens membres des organes de la Convention). Ces experts se rendent également dans le pays concerné pour dialoguer directement avec les membres du groupe de travail, discuter des contradictions qui peuvent exister entre les dispositions internes et la CEDH et identifier les aspects de la jurisprudence dont la signification n'a pas été parfaitement appréhendée. Deux ou trois réunions sont généralement nécessaires. Des visites d'étude pour familiariser les membres du groupe de travail avec les exigences de la CEDH ainsi qu'avec ses procédures peuvent également être organisées soit à Strasbourg, pour assister à des audiences de la Cour européenne des Droits de l'Homme, soit dans un Etat membre pour discuter de l'application de la Convention au niveau interne.

Au cours de l'année 1996, des exercices de compatibilité et des réunions se sont déroulés en Albanie, Lettonie, Fédération de Russie, «ex-République yougoslave de Macédoine» et Ukraine. Des groupes de travail ont commencé à fonctionner en Croatie et en Moldova. Pour aider ces pays, les rapports produits précédement par les groupes de travail estonien et lituanien ont été traduits en anglais.

Au cours de l'année, des réunions multilatérales et bilatérales, des séminaires et des ateliers se sont déroulés pour examiner les dispositions et les procédures de la CEDH ainsi que leur application spécifique au niveau local, souvent organisés en partenariat avec des associations professionnelles de juges et d'avocats ainsi qu'avec des organisations non-gouvernementales. Deux des réunions multilatérales les plus importantes concernaient respectivement «La Convention européenne des Droits de l'Homme et son application par les juridictions supérieures», coorganisée avec le ministère français de la Justice en décembre, et «La Convention européenne des Droits de l'Homme et les pays d'Europe centrale et orientale: premières expériences pratiques», organisée avec le Comité des Droits de l'Homme du Barreau polonais.

Des efforts pour diffuser le texte de la CEDH et de ses protocoles dans les langues les plus importantes d'Europe centrale et orientale ont été accomplis, avec la production de versions bosniaque, croate et serbe (en caractères latins et cyrilliques). En vertu de l'article 11.2 de la Constitution de Bosnie-Herzégovine, les droits et libertés prévus par la CEDH sont applicables dans le système juridique interne.

Des encouragements et de l'aide ont également été apportés au Centre d'information et de documentation sur le Conseil de l'Europe qui existent actuellement dans onze pays d'Europe centrale et orientale, afin de leur permettre de traduire la jurisprudence de la CEDH.

CHAPTER IV

Colloquies, meetings

A. CONFERENCE OF EUROPEAN MINISTERS OF JUSTICE

The *20th Conference of European Ministers of Justice* was held in Budapest on 11 and 12 June 1996 on the theme "Efficiency and fairness of justice". The ministers declared their concern over the increase in cases related to Article 6 of the European Convention on Human Rights (right to a fair hearing within a reasonable time) and drew up proposals to improve the efficiency of the legal system.

B. CONFERENCE OF EUROPEAN MINISTERS OF HEALTH

The European ministers of health, during their *5th Conference* in Warsaw on 7 and 8 November 1996, considered how to meet the main challenge of guarateeing equal access to health care in times of budgetary austerity. They agreed that the right to health was a basic human right and that it should feature high on the political agenda of member states.

C. 5TH ROUND TABLE WITH THE EUROPEAN OMBUDSMEN

The 5th Round Table with the European ombudsmen was held in Limassol (Cyprus), from 8 to 11 May 1996. This meeting was organised by the Directorate of Human Rights in co-operation with the Office of the Commissioner for Administration (Ombudsman) of Cyprus.

The themes considered were the following: 1) the function of the ombudsman and how this is perceived by the organs of the European Convention on Human Rights; 2) the assessment, by the ombudsmen and by the organs of the European Convention on Human Rights, of acts or omissions by public authorities adversely affecting the citizens; the effect of their work on the performance of the governments; and 3) the ombudsmen and the action of other organs of the Council of Europe for the protection and promotion of human rights.

D. SEMINAR ON "SERIOUS CRIME AND THE REQUIREMENT OF RESPECT FOR HUMAN RIGHTS IN EUROPEAN DEMOCRACIES"

A Seminar on "Serious crime and the requirement of respect for human rights

CHAPITRE IV

Colloques, réunions

A. CONFERENCE DES MINISTRES EUROPEENS DE LA JUSTICE

La *20e Conférence des ministres européens de la Justice* s'est tenue à Budapest les 11 et 12 juin 1996 sur le thème: «l'efficacité et l'équité de la justice». Les Ministres se sont déclarés préoccupés par l'augmentation du nombre des affaires concernant l'article 6 de la Convention des Droits de l'Homme (droit à un procès équitable dans un délai raisonnable) et ont proposé un certain nombre de mesures pour améliorer l'efficacité de la justice.

B. CONFERENCE DES MINISTRES EUROPEENS DE LA SANTE

Les Ministres européens de la santé, réunis les 7 et 8 novembre 1996 à Varsovie pour leur *5e Conférence*, ont examiné les moyens de relever un défi capital: la garantie de l'égalité d'accès à des soins de santé de qualité en période de restrictions budgétaires. Ils sont convenus que le droit à la santé était un droit de l'homme et que la santé étant un élément essentiel de l'intégration sociale, celle-ci devrait figurer en tête de l'ordre du jour des politiques des Etats membres.

C. 5e TABLE RONDE AVEC LES OMBUDSMEN EUROPÉENS

La 5e Table ronde avec les ombudsmen européens s'est tenue à Limassol (Chypre), du 8 au 11 mai 1996. Elle a été organisée par la Direction des Droits de l'Homme en collaboration avec le *Commissioner for Administration* (Ombudman) de Chypre.

Elle portait sur les thèmes suivants: 1) la fonction de l'ombudsman et sa perception par les organes de la Convention européenne des droits de l'homme; 2) l'appréciation, par les ombudsmen et par les organes de la Convention européenne des droits de l'homme, des actes ou omissions des autorités publiques préjudiciables aux citoyens; l'incidence de leurs travaux sur l'action des gouvernements; et 3) l'ombudsman et l'action des autres organes du Conseil de l'Europe en matière de protection et de promotion des droits de l'homme.

D. SÉMINAIRE SUR «LA GRANDE CRIMINALITÉ ET LES EXIGENCES DU RESPECT DES DROITS DE L'HOMME DANS LES DÉMOCRATIES EUROPÉENNES»

Un Séminaire sur «La grande criminalité et les exigences du respect des droits de

in European democracies", organised by the Secretariat General of the Council of Europe in collaboration with *Intercenter* of Messina, took place in Taormina (Italy), from 14 to 16 November 1996.

Discussions focused on 1) means and action to combat serious crime effectively while respecting human rights: (a) legal means (penal and prison fields, police action, etc.); (b) other means (crime prevention, social action – employment, young people – urban policy, etc.); and on 2) increasing public awareness of the need to respect human rights when combating serious crime through (a) education and (b) the media.

E. SEMINAR ON THE ABOLITION OF THE DEATH PENALTY

In a seminar held in Kyiv on 28 and 29 November 1996 participants reaffirmed the urgent need to abolish the death penalty immediately in all the member states of the Council of Europe.

The seminar, organised jointly by the Council of Europe's Parliamentary Assembly and the Ukrainian Ministry of Justice served as a forum for discussion as to how such an abolition could be implemented.

Participants voiced their dismay at the continuing executions in Ukraine and Russia, and at the non-respect of the commitments undertaken by these two states on joining the Council of Europe, involving a moratorium on executions and the abolition of the death penalty within three years. They expressed the fear that support for the death penalty was on the increase in certain countries, such as Slovakia and Poland, where it had been abolished or a moratorium placed on it.

l'homme dans les démocraties européennes», organisé par le Secrétariat Général du Conseil de l'Europe en collaboration avec l'*Intercenter* de Messine, a eu lieu à Taormine du 14 au 16 novembre 1996.

Les discussions ont porté sur 1) les moyens et actions pour combattre efficacement la grande criminalité dans le respect des droits de l'homme: (a) les moyens juridiques – en matière pénale et pénitentiaire, action de la police, etc. – et (b) autres moyens: prévention du crime, action dans le domaine social – emploi, jeunes, politique de la ville, etc. –; 2) la sensibilisation de l'opinion publique au fait que la lutte contre la criminalité doit se faire dans le respect des droits de l'homme par l'éducation d'une part et le rôle des médias, de l'autre.

E. SEMINAIRE SUR L'ABOLITION DE LA PEINE DE MORT

L'urgence d'abolir immédiatement la peine de mort dans tous les pays membres du Conseil de l'Europe a été réaffirmée au cours d'un Séminaire qui s'est tenu à Kiev les 28 et 29 novembre 1996.

Le Séminaire, organisé conjointement par l'Assemblée parlementaire du Conseil de l'Europe et le Ministère de la Justice d'Ukraine, a permis de débattre des moyens à mettre en œuvre pour parvenir à cette abolition.

Devant la poursuite des exécutions en Ukraine et en Russie, les participants se sont dits très préoccupés par la violation des engagements souscrits par ces deux Etats lors de leur adhésion au Conseil de l'Europe, à savoir la mise en place immédiate d'un moratoire sur les exécutions ainsi que l'abolition de la peine de mort dans un délai de trois ans. Ils ont également exprimé leur crainte que, dans les pays qui, comme la Slovaquie ou la Pologne, ont suspendu ou supprimé la peine capitale, les partisans de cette peine n'influencent l'opinion publique en faveur de son rétablissement.

CHAPTER V

Directorate of Human Rights

A. COMPOSITION

Within the Secretariat General of the Council of Europe, the Directorate of Human Rights is responsible for all questions in the field of human rights except for those tasks which are carried out by the Registry of the Court or the Secretariat of the Commission.

Its responsibilities therefore include assisting the Parliamentary Assembly and the Committee of Ministers in dealing with human rights matters and providing the Secretariat of the Steering Committee for Human Rights and in a more general way promoting human rights (studies, publications, relations with scientific institutes and other organisations, etc.).

The following were members of staff of the Directorate of Human Rights in 1996:

Director: Mr P.-H. Imbert (French)

Deputy Director: Mrs J. Dinsdale (British)

Mr T. Stevens (British)
Mr H. Hartig (German)
Mr G. Guarneri (Italian)
Mr R. Brillat (French)
Mrs O. Olafsdóttir-Ergun (Icelandic)
Mr F. Sundberg (Swedish)
Mrs G. Mayer (French)
Mr M. Neville (British)
Mr. J. Schokkenbroek (Dutch)
Mr C. Poirel (French)
Mr A. de Salas (Spanish)
Mr F. Kellens (Belgian)
Mrs I. Gachet (French/Turkish)
Mr J. Lawson (British)
Mrs D. Levy-Puech (French)
Mr J. Malinowski (Spanish)
Mrs U. Flodin-Janson (Swedish)
Mrs M. Akip-Wampach (Belgian)
Ms S. Piquet (French)
Mr M. Kelly (British)
Mr R. Prieto Suarez (Spanish)
Mrs L. Kayacik (Turkish)
Mrs P. Nestorova (Bulgarian)
Mr J. Darcy (Irish)
Mrs F. During (French)
Mr S. Valenti (Italian)
Ms M. Nicholson (British)
Mr B. Wodz (Polish)
Mrs A. Juras (French)
Mr S. Bein (German)
Mr D. Crowe (British)
Ms F. Mantion (French)
Mrs L. Youngs (British)
Mrs P. Turpin (British)
Mrs B. Napiwocka (French)
Mr P. Müller (German)
Mrs C. Lecertua (French)
Mrs L. Barton (British)
Ms J. Ashman (British)
Mrs M. Quoix-Kruchen (French)
Ms M. Monti (French)
Mrs E. Fleck (French)
Ms M. Train (British)
Mrs M. Cognard (French)
Ms A. Raif (British)
Ms C. Fischer (French)
Ms S. Blanchet-Barnes (British)
Ms M. Kay (British)
Mrs V. Messanga (French)
Mrs C. Schuhler-Guirao (French)
Ms F. Nouicer (French)
Mr J.-J. Martz (French)
Ms M. O'Kane (British)
Ms C. Nicolaidou (Cypriot/Greek)
Mrs B. Andlauer (French)
Ms A. Nastasie (French)

CHAPITRE V

Direction des Droits de l'Homme

A. COMPOSITION

Au sein du Secrétariat général du Conseil de l'Europe, la Direction des Droits de l'Homme est chargée de toutes les questions concernant le domaine des droits de l'homme, à l'exception des tâches qui relèvent du Greffe de la Cour et du Secrétariat de la Commission.

Il lui incombe, entre autres, d'assister l'Assemblée parlementaire et le Comité des Ministres dans toute question ayant trait aux droits de l'homme, d'assurer le secrétariat du Comité directeur pour les droits de l'homme et, d'une façon générale, de promouvoir les droits de l'homme (études, publications, relations avec des instituts scientifiques et d'autres organisations, etc.).

Au cours de 1996 faisaient partie de la Direction des Droits de l'Homme:

Directeur: Mr P.-H. Imbert (Français)

Directrice adjointe: Mme J. Dinsdale (Britannique)

M. T. Stevens (Britannique)
M. H. Hartig (Allemand)
M. G. Guarneri (Italien)
M. R. Brillat (Français)
Mme O. Olafsdóttir-Ergun (Islandaise)
M. F. Sundberg (Suèdois)
Mme G. Mayer (Française)
M. M. Neville (Britannique)
M. J. Schokkenbroek (Néerlandais)
M. C. Poirel (Français)
M. A. de Salas (Espagnol)
M. F. Kellens (Belge)
Mme I. Gachet (Française/Turque)
M. J. Lawson (Britannique)
Mme D. Levy-Puech (Française)
M. J. Malinowski (Espagnol)
Mme U. Flodin-Janson (Suèdoise)
Mme M. Akip-Wampach (Belge)
Mme S. Piquet (Française)
M. M. Kelly (Britannique)
M. R. Prieto Suarez (Espagnol)
Mme L. Kayacik (Turque)
Mme P. Nestorova (Bulgare)
M. J. Darcy (Irlandais)
Mme F. During (Française)
M. S. Valenti (Italien)
Mme M. Nicholson (Britannique)
M. B. Wodz (Polonais)
Mme A. Juras (Française)
M. S. Bein (Allemand)
M. D. Crowe (Britannique)
Mme F. Mantion (Française)
Mme L. Youngs (Britannique)
Mme P. Turpin (Britannique)
Mme B. Napiwocka (Française)
M. P. Müller (Allemand)
Mme C. Lecertua (Française)
Mme L. Barton (Britannique)
Mme J. Ashman (Britannique)
Mme M. Quoix-Kruchen (Française)
Mme M. Monti (Française)
Mme E. Fleck (Française)
Mme M. Train (Britannique)
Mme M. Cognard (Française)
Mme A. Raif (Britannique)
Mme C. Fischer (Française)
Mme S. Blanchet-Barnes (Britannique)
Mme M. Kay (Britannique)
Mme V. Messanga (Française)
Mme C. Schuhler-Guirao (Française)
Mme F. Nouicer (Française)
M. J.-J. Martz (Français)
Mme M. O'Kane (Britannique)
Mme C. Nicolaidou (Chypriote/Grecque)
Mme B. Andlauer (Française)

Ms Y. Gorman (British)
Mrs E. Gassmann (French)
Ms G. Mitchell-O'Riordan (Irish)
Ms H. Stewart (British)
Ms C. Lodge (British)
Ms N. Khafaji (British)
Ms S. Lehmann (French)

The following temporary members of staff were also employed by the Directorate in 1996:

Mrs H. Alefsen
Mrs L. Anstett
Mrs S. Beck
Mrs N. Chéné
Mrs C. De Broutelles
Mrs P. Denu
Mrs C. Dubois
Mrs J. Erb
Mrs M. Farguharson
Mrs L. Frosoni
Mrs A. Ghielens
Mrs D. Hablitzel
Mrs M. Haddock
Mrs Y. Hartland
Mrs I. Huussen
Mrs I. Jaques
Mrs H. Mokkeddem
Mr S. Molina
Mrs S. Morgan
Mrs M. Nicholson
Mrs L. Pekka
Mrs N. Pouillon
Mrs C. Punja
Mrs R. Rohmer
Mr P. Saloranta
Mrs N. Schaeffer
Mr F. Steketee
Mrs C. Soule
Mr M. Taylor
Mr P. Titiun
Mrs E. Tsetsekou
Mrs E. Walker
Mrs S. Wasser
Mrs G. Woods
Mrs L. Yli-Vakkuri

B. HUMAN RIGHTS INFORMATION CENTRE

1. Information and Documentation Unit

At the beginning of 1996, the Information Service produced an updated version of *Documentation Sources in Human Rights*, providing comprehensive information on the human rights documentation and publications of the Council of Europe and their availability. Updates are now regularly produced as addenda to this document.

Over the course of the year, the Human Rights Information Service received over 2,800 visitors and handled over 10,000 requests for information.

Substantial progress was made on the restructuring of the human rights databases, and on the launching of information about the Council of Europe's human rights activities on the Internet, set for Spring/Summer 1997.

A training session for documentalists from a number of non-governmental human rights organisations in Central and Eastern Europe was organised in Strasbourg in October 1996. The programme covered the major human rights trea-

Mme A. Nastasie (Française)
Mme Y. Gorman (Britannique)
Mme E. Gassmann (Française)
Mme G. Mitchell-O'Riordan (Irlandaise)
Mme H. Stewart (Britannique)
Mme C. Lodge (Britannique)
Mme N. Khafaji (Britannique)
Mme S. Lehmann (Française)

Les agents temporaires suivants ont travaillé à la Direction des Droits de l'Homme durant 1996:

Mme H. Alefsen
Mme L. Anstett
Mme S. Beck
Mme N. Chéné
Mme C. De Broutelles
Mme P. Denu
Mme C. Dubois
Mme J. Erb
Mme M. Farguharson
Mme L. Frosoni
Mme A. Ghielens
Mme D. Hablitzel
Mme M. Haddock
Mme Y. Hartland
Mme I. Huussen
Mme I. Jaques
Mme H. Mokkeddem
M. S. Molina
Mme S. Morgan
Mme M. Nicholson
Mme L. Pekka
Mme N. Pouillon
Mme C. Punja
Mme R. Rohmer
M. P. Saloranta
Mme N. Schaeffer
M. F. Steketee
Mme C. Soule
M. M. Taylor
M. P. Titiun
Mme E. Tsetsekou
Mme E. Walker
Mme S. Wasser
Mme G. Woods
Mme L. Yli-Vakkuri

B. CENTRE D'INFORMATION SUR LES DROITS DE L'HOMME

1. L'Unité information et documentation

Au début de 1996 le Service d'information a élaboré une version actualisée des «Sources de documentation en matière de droits de l'homme», qui fournit des informations complètes sur la documentation et les publications du Conseil de l'Europe concernant les droits de l'homme et précise où et comment se les procurer. Des mises à jour sont régulièrement préparées en tant qu'addenda à ce document.

Au cours de l'année, le Service d'information sur les droits de l'homme a reçu plus de 2.800 visiteurs et a traité plus de 10.000 demandes d'information.

Les préparatifs ont progressé pour la restructuration des bases de données sur les droits de l'homme ainsi que pour le lancement sur l'Internet des informations relatives aux activités du Conseil de l'Europe en matière de droits de l'homme; ce lancement est prévu pour le printemps/été 1997.

Un stage de formation pour documentalistes d'un certain nombre d'organisations non gouvernementales travaillant dans le domaine des droits de l'homme en Europe

ties of the Council of Europe and the documentation pertaining thereto, as well as addressing general questions of information sources and tools available to human rights librarians and documentalists.

The Human Rights Library and the Human Rights Information Service continue to be open to the public in the afternoons, from 14.30 to 17.30, Mondays to Fridays. The Information Service can be reached by telephone on [33] (0)3 88 41 20 24, by fax on [33] (0)3 88 41 27 04 or by e-mail at hricdoc@hric.coe.fr.

2. The Human Rights Awareness Unit

a. *Human rights training activities*

A three day workshop was organised in Albania in February 1996 to revise a human rights manual in Albanian for the Albanian Police and to examine the best methods for including human rights in the curricula of the Albanian Police Academy. Support was given to a training initiative by the Turkish Medical Association for the training of Turkish doctors in forensic medicine and human rights and meetings were held in Ankara in January and March with the aim of developing a training programme and materials for use in regional training sessions throughout Turkey later in the year.

The Unit was active in relation to the training of OSCE Human Rights Monitors for Bosnia and Herzegovina. It assisted at an induction briefing for approximately 25 human rights monitors organised by the OSCE and the United Nations Centre for Human Rights in Vienna, February 1996, and followed this up with further proposals for the training of the monitors in liaison with the OSCE and the United Nations Centre for Human Rights. Pertinent human rights materials were provided to all the monitors, as well as others active in the region.

The Unit participated in an experts workshop on teaching human rights in the region of the former Yugoslavia, organised by the British Institute of Human Rights in February 1996. It also participated in a conference aimed at associations for the defence of human rights in post-Yugoslav States, organised by the International Federation of Human Rights Leagues in Maribor, Slovenia, February 1996.

b. *Meetings*

In February and October 1996, informal consultations were convened with non-governmental organisations concerning their role in the implementation of the Additional Protocol to the European Social Charter providing for a system of collective complaints, following which campaign materials were developed for use by

centrale et orientale a été organisé à Strasbourg en octobre 1996. Le programme portait sur les grands traités du Conseil de l'Europe en matière de droits de l'homme et sur la documentation y afférente, tout en abordant des questions générales relatives aux sources d'information et aux outils à la disposition des bibliothécaires et documentalistes dans le domaine des droits de l'homme.

La Bibliothèque des droits de l'homme et le Service d'information sur les droits de l'homme continuent d'être ouverts au public l'après-midi, de 14 h 30 à 17 h 30, du lundi au vendredi. Le Service peut être contacté par téléphone au [33] (0)3 88 41 20 24, par fax au [33] (0)3 88 41 27 04 ou par courrier électronique à hricdoc@hric.coe.fr.

2. *L'Unité sensibilisation aux droits de l'homme*

a. *Activités de formation en matière de droits de l'homme*

Un atelier de trois jours a été organisé en février 1996 en Albanie pour la révision d'un manuel des droits de l'homme en albanais destiné à la police albanaise et pour l'examen de la meilleure manière d'inclure les droits de l'homme dans les programmes de l'école de police albanaise. Un soutien a été apporté à une initiative de formation lancée par l'Association médicale turque· pour la formation des médecins turcs en matière de médecine légale et de droits de l'homme. Des réunions ont eu lieu en janvier et mars à Ankara en vue de l'élaboration d'un programme de formation et de matériel pédagogique pour toute une série de stages de formation régionaux prévus dans toute la Turquie dans le courant de l'année.

L'Unité a participé activement à la formation des contrôleurs de l'OSCE en matière de droits de l'homme pour la Bosnie et Herzégovine. A ce propos, elle a assisté à une réunion préparatoire, à l'intention d'environ vingt-cinq contrôleurs, organisée par l'OSCE et le Centre des Nations Unies pour les droits de l'homme, (Vienne, février 1996). Elle en a assuré le suivi en formulant de nouvelles propositions pour la formation de ces contrôleurs, en liaison avec l'OSCE et le Centre pour les droits de l'homme des Nations Unies. Les documents les plus pertinents en matière de droits de l'homme ont été fournis à tous les contrôleurs, ainsi que d'autres personnes actives dans ce domaine.

L'Unité a pris part à un atelier d'experts sur l'enseignement des droits de l'homme dans la région de l'ex-Yougoslavie, organisé par l'Institut britannique des droits de l'homme en février 1996. Elle a également participé à une conférence destinée à des associations de défense des droits de l'homme dans les Etats post-yougoslaves, organisée par la Fédération internationale des ligues des droits de l'homme, à Maribor, Slovénie, également en février 1996.

b. *Réunions*

En février et en octobre 1996, des consultations informelles ont été organisées avec des organisations non gouvernementales, pour examiner leur rôle dans la mise en œuvre du Protocole additionnel à la Charte sociale européenne portant sur un système de réclamations collectives. A partir des discussions qui ont eu lieu, un

NGOs on the European Social Charter and the Additional Protocol.

An exhibition on social policy issues under the European Social Charter and the European Convention on Human Rights, as well as how they are dealt with in other aspects of the Council of Europe's work, was prepared for the European Social Policy Forum, organised by the European Commission in Brussels, March 1996.

In collaboration with the Directorate of Social and Economic Affairs, the Unit organised a study session at the Council of Europe, in November 1996, for a group of 10 legal practitioners and persons working with NGOs specialising in legal assistance to Roma/Gypsies. The study session brought together lawyers and Roma rights activists, most of them from Central Europe, and provided them with concrete examples of the activities of the different human rights bodies of the Council of Europe relevant to their work in the field of public interest litigation for Roma.

At the initiative of the German human rights NGO coalition, *Forum Menschenrechte*, the Unit organised a workshop in Strasbourg from 27 to 29 November 1996 for 34 NGO representatives on the work of the Council of Europe in the human rights field. The programme covered all the major areas of human rights work and included informal discussions with some local NGO representatives. Eight representatives from non-governmental human rights organisations in Bosnia and Herzegovina, Croatia and "the former Yugoslav Republic of Macedonia" participated in the workshop, remaining at the Council of Europe for a further two days for follow-up discussions.

During the reporting period, the Awareness Unit organised a further three meetings of NGOs in consultative status with the Council of Europe. In January, the 83rd such meeting included a screening of the human rights education video, "Stand Up NOW for Human Rights!" and examined the results of the consultation on working methods and practices initiated in November 1995. In April, the 84th meeting focused on programmes of co-operation and assistance with the countries of Central and Eastern Europe and human rights activities in relation to Bosnia and Herzegovina in the light of the Dayton agreement, providing a valuable opportunity for an exchange of information in this regard. The 85th meeting, in September, focused on the revised European Social Charter as well as on Action to be taken at the European level as a follow-up to the Fourth World Conference on Women (Beijing, 1995), and NGOs present adopted a resolution on the question of conscientious objection to military service.

c. *Materials*

Following recommendations from the December 1995 Strasbourg seminar on Human Rights and the Police, two human rights posters for the police were designed and submitted to national police forces for their reaction. Work then began on issuing the posters in a range of different languages.

German and Spanish versions of the human rights education video, "Stand up

matériel de sensibilisation destiné aux ONG a été rédigé.

Une exposition sur des questions de politique sociale relevant de la Charte sociale européenne et de la Convention européenne des Droits de l'Homme ainsi que sur d'autres aspects des activités du Conseil de l'Europe a été préparée pour le Forum européen sur la politique sociale organisé par la Commission européenne en mars 1996, à Bruxelles.

En collaboration avec la Direction des affaires sociales et économiques, l'Unité a organisé au Conseil de l'Europe, en novembre 1996, un stage d'étude pour un groupe de dix juristes et personnes travaillant avec des ONG spécialisées dans l'aide juridique apportée aux Roms/Tsiganes. Ce stage d'étude a réuni des juristes et des militants pour les droits des Roms, venus pour la plupart d'Europe centrale, et leur a fourni des exemples concrets des activités que mènent les différents organes du Conseil de l'Europe consacrés aux droits de l'homme et qui sont pertinentes pour leur travail dans le domaine du contentieux d'intérêt général pour les Roms.

A l'initiative de la fédération allemande d'ONG s'intéressant aux droits de l'homme, *Forum Menschenrechte*, l'Unité a organisé à Strasbourg, du 27 au 29 novembre 1996, pour quelque trente-quatre représentants d'ONG, un atelier sur le travail du Conseil de l'Europe dans le domaine des droits de l'homme. Le programme portait sur tous les grands domaines de travail en matière de droits de l'homme et comprenait des discussions informelles avec quelques représentants locaux d'ONG. Huit représentants d'organisations non gouvernementales s'intéressant aux droits de l'homme de la Bosnie et Herzégovine, de la Croatie et de «l'ex-République yougoslave de Macédoine» ont participé à l'atelier et sont restés au Conseil de l'Europe pendant encore deux jours supplémentaires pour des discussions de suivi.

Durant la période couverte par ce rapport, l'Unité de sensibilisation a organisé encore trois réunions des ONG ayant le statut consultatif auprès du Conseil de l'Europe. En janvier, la 83e réunion a inclus la projection de la cassette vidéo sur l'éducation aux droits de l'homme, *DEBOUT pour les droits de l'homme!* et a examiné les résultats d'une consultation sur les méthodes de travail, lancée en novembre 1995. Les discussions de la 84 réunion, en avril, ont porté principalement sur les programmes de coopération et d'assistance avec les pays d'Europe centrale et orientale ainsi que les activités dans le domaine des droits de l'homme en Bosnie et Herzégovine dans le contexte des Accords de Dayton, fournissant une bonne occasion pour un échange de vues à cet égard. Lors de la 85e réunion, en septembre, les discussions ont porté sur la Charte sociale européenne révisée ainsi que le suivi à donner sur le plan européen, à la Quatrième Conférence mondiale sur les femmes (Pékin, 1995); en outre, les ONG présentes à cette réunion ont adopté une résolution sur la question de l'objection de conscience au service militaire.

c. *Publications*

Suite aux recommandations formulées lors du séminaire sur les droits de l'homme et la police (Strasbourg, décembre 1995), deux affiches sur les droits de l'homme destinées à la police ont été créées et diffusées auprès des forces de police nationales pour recueillir leurs commentaires. Celles-ci ont été traduites et adaptées dans toute une série d'autres langues.

NOW for Human Rights!" were produced and, as 1996 came to an end, a Hungarian version was near completion and work was progressing on Latvian and Slovak versions. A video support pack was being prepared for publication in Spring 1997.

A book of comic strips, in which five stories seek to illustrate the idea that we are "All different, all equal", was produced by the European Youth Campaign against Racism with input from the Awareness Unit. An evaluation was undertaken of the uses to which the collection could be put and, on the basis of the responses received, the Awareness Unit is producing accompanying pedagogical materials.

The *Directory of Summer Schools and Other University Courses in Human Rights*, first produced in 1994, was updated for reissue during the course of 1996 in English and French.

A new human rights calendar for 1997 was produced and distributed widely at the end of the year.

Finally, a new brochure, *Human rights every day*, was published, designed to provide decision-makers and opinion formers with a broad view of the Council of Europe's structure and activities in the human rights field and to show the impact of these activities on the daily lives of people in Europe.

Les versions allemande et espagnole de la cassette vidéo sur l'éducation aux droits de l'homme intitulée: *DEBOUT pour les droits de l'homme!* sont sorties, et à la fin de l'annéé 1996 une traduction hongroise était presque achevée et la réalisation de la version lettone et de la version slovaque se poursuivait. Un kit pédagogique pour accompagner le vidéo était également en préparation pour production en printemps 1997.

Une collection de bandes dessinées a été réalisée dans le cadre de la Campagne européenne de la jeunesse contre le racisme avec le concours de l'Unité sensibilisation aux droits de l'homme. Cinq histoires tentent d'illustrer l'idée que nous sommes «tous différents, tous égaux». On a évalué les usages qui ont été faits de la collection et, à partir des réponses reçues, l'Unité de sensibilisation réalise du matériel pédagogique d'accompagnement.

Le Répertoire des cours d'été et d'autres cours d'université sur les droits de l'homme, publié pour la première fois en 1994, a été mis à jour et réédité, en français et en anglais, dans le courant de l'année.

Un nouveau calendrier des droits de l'homme pour 1997 a été édité et diffusé largement à la fin de l'année.

Enfin, une nouvelle brochure, *Les droits de l'homme au quotidien*, a été publiée. Celle-ci vise à mieux faire connaître aux personnes exerçant une responsabilité dans la prise de décisions ou la formation des opinions les structures et les travaux du Conseil de l'Europe dans le domaine des droits de l'homme et de montrer l'influence qu'ils peuvent avoir sur la vie quotidienne des personnes en Europe.

PART SIX

The European Convention on Human Rights within the member States of the Council of Europe

SIXIEME PARTIE

La Convention européenne des Droits de l'Homme dans l'ordre interne des Etats membres du Conseil de l'Europe

CHAPTER I / CHAPITRE I

The Convention in the Parliaments and official acts of the member States

La Convention devant les Parlements et dans les actes officiels des Etats membres

A. CZECH REPUBLIC / RÉPUBLIQUE TCHÈQUE

- The Act on Courts and Judges (complete version, amending and completing the original 1991 legislation). *The Law Journal of the Czech Republic*, No. 32/1996, Part 12, pp. 502-511, 29 February 1996. Concerns Act Nos. 335/1991, 264/1992, 17/1993, 292/1993, 239/1995, the first of which entered into force on 1 January 1992.
- Information issued by the Ministry of Foreign Affairs on conclusion of Protocol No. 9 to the Convention for the Protection of Human Rights and Fundamental Freedoms. *The Law Journal of the Czech Republic*, No. 41/1996, Part 13, pp. 538-539, 29 February 1996. Protocol No. 9 entered into force on 1 October 1994, and became binding on the Czech Republic on the same day. The instruments of ratification by Czechoslovakia were handed over on 7 May 1992. The ratification took legal effect in the Czech Republic as from 1 January 1993 (the date of the foundation of the Czech Republic).
- The Civil Judicial Procedure (complete version incorporating later amendments and supplements). *The Law Journal of the Czech Republic*, No. 62/1996, Part 19, pp. 727-799, 20 March 1996. Concerns Act No. 99/1963 and 19 further acts of amendment and/or completion.
- Act of 13 March 1996 on Advocacy. *The Law Journal of the Czech Republic*, No. 85/1996, Part 26, pp. 1002-1013, 22 April 1996, entry into force 1 July 1996. The Act lays down the regulations governing the exercise of the profession of advocate, including qualifications, conduct, rights and duties.
- Act of 26 April 1996 amending and completing Act No. 40/1993 on Acquisition and Loss of Citizenship of the Czech Republic as worded in Act No. 272/1993 and Act No. 140/1995. *The Law Journal of the Czech Republic*, No. 139/1996, Part 41, p. 1463, 24 May 1996, entry into force 24 May 1996. Amends and completes the original act governing the granting and renouncing of Czech citizenship.
- Act of 26 April 1996 on the Opening of Files covering the Activities of the Former State Security Police. *The Law Journal of the Czech Republic*, No. 140/1996, Part 41, pp. 1464-1466, 24 May 1996, entry into force 1 December

1996. Covers the conditions under which Czech citizens may have access to secret personal files maintained by the former state security services.

- Act of 26 April 1996 amending and completing Act No. 123/1992 on Foreigners' Stay and Residence in Czechoslovakia, Act No. 216/1991 on Travel Documents and on Travelling Abroad and Act No. 498/1990 on Refugees. *The Law Journal of the Czech Republic*, No. 150/1996, Part 43, pp. 1541-1542, 31 May 1996, entry into force 1 August 1996. Amends and completes original legislation: Act No. 498/1990 as worded in Act No. 317/1993; Act No. 216/1991; Act No. 123/1992 as worded in Act No. 190/1994. Concerns the status of children who are not citizens of the Czech Republic, and foreign nationals deprived of travel documents.
- Act of 17 December 1996 amending and completing Act No. 424/1991 on Association in Political Parties and Political Movements as worded in later legislation. *The Law Journal of the Czech Republic*, No. 322/1996, Part 96, pp. 4370-4371, 31 December 1996, entry into force 1 January 1997. Amends and completes original legislation (Act Nos. 424/1991, 468/1991, 68/1993 and 189/1993, and judgment of the Constitutional Court No. 296/1995) governing, in particular, the financing of political groupings and parties.

B. DENMARK / DANEMARK

- Act on Amendments to the Act on Primary Education (Act No. 413 of 22 May 1996), entry into force 2 August 1996, *The Law Gazette A*, Vol. 80, 1996. On 22 May, 1996, Parliament passed a Bill in pursuance of which the Minister is authorised to lay down rules subject to which the public school authorities can refer pupils who do not speak Danish to reception classes at other schools within the school district of the local authority. In the explanatory notes to the Bill, the relationship between the Bill and the UN Covenant on Civil and Political Rights as well as the European Convention on Human Rights and the practice of the European Court of Human Rights is examined. The explanatory notes emphasise the issue of whether the reason for discrimination is reasonable and whether the objective and the means are considered proportional. The explanatory notes conclude that transferring children who do not speak Danish to other schools cannot be considered a violation of Denmark's international commitments given the following premises; the transfer must be necessary in order to provide adequate teaching to the children, and it must only be based on pedagogical considerations for the children in question. Furthermore, the pedagogical question must be considered specifically in each case, and other possible solutions must be taken into consideration before it is deemed necessary to transfer bilingual children to other schools.
- Act on Prohibition against Discrimination on the Labour Market, etc. (Act No. 459 of 12 June 1996), entry into force 1 July 1996, *The Law Gazette A*, Vol. 90, 1996. On 12 June, 1996, Parliament passed a Bill on Prohibition against

Discrimination on the Labour Market. The reason why this Act was drawn up was to acknowledge the fact that Denmark did not adequately live up to the international commitments which Denmark has taken on by ratifying ILO Convention No. 11 and the UN Convention on the Elimination of All Kinds of Racial Discrimination. The Act includes a general provision which prohibits discrimination on any ground such as race, colour, religion, political opinion, or national, social or ethnic origin. The provision is applicable in connection with hiring, during employment and in connection with termination of employment situations, and it addresses both direct and indirect discrimination.

- Act on Prohibition against Staying in Certain Buildings (Act No. 907 of 15 October 1996), entry into force 16 October 1996, *The Law Gazette A*, Vol. 155, 1996. On 15 October, 1996, Parliament passed a Bill subject to which the police can prohibit a person to be staying in a certain building if (1) the building serves as an abode for a group of people to which the person in question belongs or with which he has affiliations, and (2) the presence in the building of the person in question and the circumstances in general are considered to create a risk of an attack which will constitute a danger to the people who live or are close to the building. In the preparatory works to the Bill, it is stipulated that the Bill deals with questions which are regulated by the European Convention on Human Rights particularly Articles 8 and 11, and Article 1 of Protocol No. 1 as well as Article 2 of Protocol No. 4. The main purpose of the Bill is to protect the population from becoming victims in connection with serious attacks on buildings in which members of certain motorcycle clubs (*rockerne*) reside. This is assumed to be a purpose which subject to the Convention can justify restrictions in the above-mentioned rights. Taking into consideration that it has not been possible to stop the attacks through intensified police efforts, the prohibition laid down in the Act under the above-mentioned conditions must been considered both a necessary and a justified sanction.

C. HUNGARY / HONGRIE

- Loi n° 1/1996 sur la radiodiffusion et la télédiffusion, entrée en vigueur le 1er février 1996 (15 janvier 1996 pour l'article 142, 1er janvier 1997 pour l'alinéa 1 de l'article 75, les articles 79-84 et l'article 162). Journal Officiel 1996/3, pp. 97-141. La Loi réglemente en détail la radiodiffusion et la télédiffusion conformément au principe de la liberté d'expression. Ces activités peuvent être librement exercées dans le respect de l'ordre constitutionnel et des droits de l'homme. Elles ne peuvent pas appeler à la haine raciale ou religieuse.
- Loi n° 20/1996 sur les modalités de l'identification, entrée en vigueur le 1er septembre 1996 (le 1er janvier 1997 pour l'alinéa 3 de l'article 6 et pour les articles 28-37 et 44-45). La Loi introduit un nouveau régime des modalités d'identification, dans le but d'une protection accrue des données personnelles.
- Loi n° 42/1996 modifiant la Loi n° 4/1959 sur le Code civil, entrée en vigueur

le 19 juin 1996. La Loi étend la notion de concubinage à la cohabitation des personnes de même sexe.

D. LATVIA / LETTONIE

- Law on Amendments to the Law on the Entry and Residence of Foreign Citizens and Stateless Persons in the Republic of Latvia. *The Latvian Herald*, No. 3, 7 January 1997, entry into force 22 January 1997. This law sums up all the amendments made to the Law on the Entry and Residence of Foreign Citizens and Non-Citizens in the Republic of Latvia since its adoption in 1992 as well as introducing rules governing the forced deportation of persons from the state. The "entry and residence law" lays down general rules of entry and residence in Latvia for non-citizens. Following the amendments, foreign citizens and non-citizens may enter the state with a recognised travel document with valid visa or residence permit. In order to ensure indivisibility of a family, a wife, husband or child who is not a citizen is entitled to a permanent residence permit. The battalion commander of the border guard has the authority to take decisions on the forced deportation of a person who has entered the state illegally. The border guard forces and the state police are entitled to detain a person in order to carry out the forced deportation from the state. The detained person has the right to an advocate from the moment of his/her detention; he/she has to cover all expenses relating to the legal aid.
- Law on the State Human Rights Office. *The Latvian Herald*, No. 221, 17 December 1996, entry into force 1 January 1997. The law provides for the establishment of an independent state institution – the State's Human Rights Office. The Parliament adopts the budget of the Office as well as appointing its director. The responsibilities of the Office are: to provide the general public with information on different aspects of human rights, to inquire into complaints on human rights violations and to take immediate action, to investigate the situation regarding the observance of human rights in the country, to elaborate programmes to promote respect for human rights, and to carry out an analysis of Latvian laws (Article 2). The office has the right to request information and explanations from any state or municipal institution as well as individuals and legal entities relating to the human rights violation under investigation. In the case of failure to provide the information requested without a reasonable excuse, the office may impose administrative fines in accordance with the Code of Administrative Violations of Latvia ("the Code") (Article 6). (It should be noted here that the necessary amendments to the Code have not yet been made to implement these rights of the office). When investigating a case, the office is empowered to negotiate a friendly settlement between the parties. If it is not possible, the office advises the parties to submit their recommendations. The office submits its proposal for a possible solution to the relevant institution which has to reply to the office within a month.

- Law on Amendments to the Civil Procedure Code of Latvia. *The Latvian Herald*, No. 141, 22 August 1996, entry into force 6 September 1996. The law regulates closed proceedings in civil cases. In comparison with the law before the amendments, there are more grounds for closed proceedings in civil cases, e.g. intimacy of private life of the parties, secrets connected with state affairs, adoption, professional or commercial activities. The age of persons permitted to take part in the hearings of a case has been reduced from 16 to 15. Court decisions are always promulgated publicly.
- Law on amendments to the Latvian Labour Code. *The Latvian Herald*, No. 56, 29 March 1996, entry into force 13 April 1996. The purpose of the amendments to the Latvian Labour Code is primarily the avoidance of discrimination based on the sex of the employee. Thus paragraph 1 of this law introduces a general non-discrimination principle, but paragraph 2 establishes the prohibition on restricting a person's rights on any grounds when recruiting for a job. There is a complete list of prohibited grounds of discrimination in both paragraphs; the list does not contain such grounds as language and association with a national minority (cf. ECHR Article 14).
- Law on Amendments to the Latvian Criminal Code. *The Latvian Herald*, No. 22, 7 February 1996, entry into force 8 February 1996. These transitional measures provide for the replacement of the death penalty by life imprisonment in the case of pardoning of the condemned person. Until 1 November 1995, in the case of a pardon being granted the death penalty could be commuted to imprisonment not exceeding 20 years. After this date the death sentence could be commuted only to life imprisonment. According to the transitional provisions of the current law, a death sentence imposed before 1 November 1995 can be commuted only to life imprisonment after this law enters into force. It is contrary to the principle of the prohibition of retroactive force of the criminal law.
- Law on State Secrets. *The Latvian Herald*, No. 181, 29 October 1996, entry into force 13 November 1996. The purpose of this law is to formulate a definition of *state secret* and to establish regulations for the storage, utilisation and protection of state secrets. A state secret is defined as a piece of information included in the list approved by the Cabinet of Ministers by the loss or illegal disclosure of which damage to the state security, economic or political interests may be done. The law lists information that may be declared a state secret by the Cabinet of Ministers (Article 4) as well as defining the information that cannot constitute a state secret, e.g. human rights violations (Article 5). Access to state secrets is allowed only to persons who have a need of the information because of their position or specific work and who have received special permission. Access to state secrets is denied, *inter alia*, to non-citizens, and to persons who after 13 January 1991 were active participants in the Communist Party, Soviet Workers International Front, Work Collective Joint Council, war or work veterans organisations, or the All-Latvia Committee for the Saving Society (Article 9). Appeal against refusal to receive permission may be made to the director of the Constitutional Defence Bureau and afterwards to the

Prosecutor General whose decision is final (Article 1 (1)). The Cabinet of Ministers has not yet approved the list of information to be regarded as a state secret.

- Law on Amendments to the Law on Police. *The Latvian Herald*, No. 226, 24 December 1996, entry into force 8 January 1997. This law confers on police officers the right to arrest and detain persons who are or may become subject to forced deportation from the state. This law has been adopted in order to establish the implementation mechanism for deportation of persons illegally residing in Latvia according to the Law on Amendments to the Law On the Entry and Residence of Foreign Citizens and Stateless Persons in the Republic of Latvia.
- Amendments to the Law on Religious Organisations. *The Latvian Herald*, No. 112, 3 July 1996, entry into force 18 July 1996. Firstly the law introduces Christian religious education as an optional subject in schools. This subject may be taught by the five Christian denominations and in accordance with the curriculum approved by the Ministry of Education and Science ("the Ministry"). In state and municipal schools for national minorities other religious education characteristic of the relevant national minority may be taught after the approval of its curriculum by the Ministry (paragraph 3). Secondly, the law lowers the requirements of the minimum number of persons required to establish a religious organisation. It now requires ten nationals (previously twenty-five) or persons registered in the Residents' Registrar and who have reached 18 years of age.
- Constitutional Court Law. *The Latvian Herald*, No. 103, 14 June 1996, entry into force 29 June 1996. The law establishes the Constitutional Court – an independent judicial institution that reviews cases concerning compliance with the Constitution and laws, other normative acts and international agreements. Regarding international agreements it must be noted that the Constitutional Court can review only those cases where the international agreement is not contrary to the Constitution (Article 16 (9)). Individuals do not have the right to apply to the Constitutional Court (Article 17) although this right was initially provided for in the bill. It is expected that amendments will be submitted to Parliament to reduce from 31 to 10 the number of members of parliament entitled to submit an application, in order to give the Opposition the possibility of submitting an application. A judge of the Constitutional Court may not hold his/her office more than ten years concurrently (Article 4). The judges are appointed by Parliament (Article 7). The verdict of the Constitutional Court is final and is binding on all state and municipal institutions, offices and officials, including the Courts, individuals and legal entities (Article 33). The law provides for the right to appeal against the refusal of the Court to initiate a case within two weeks (Article 22). The Constitution has been supplemented by Article 85, which provides constitutional regulation for the Constitutional Court. At present six of the seven judges are appointed by Parliament, but to date (20 March 1997) no case has been initiated by the Court. The reason is that applications do not fulfil the requirements of Articles 16 and 17.

- Draft law on administrative procedure. Not published. Administrative procedure in the meaning of this draft law means the issuing of an administrative act and procedure of appealing to a higher administrative institution and eventually to a court. There are detailed provisions on the procedure covering the issuing of administrative acts, e.g. methods of interpretation of legal norms (Article 5). When issuing an administrative act affecting one's interests, the person to whom this act will be addressed must be given a hearing (Article 22). The claimant has a right to familiarise himself/herself with the materials of the case at any stage of the procedure. The act can be appealed against before a higher administrative institution by the subject of this act as well as by a person whose legal interests are affected by the act (Article 37). After examination of a case before the higher administrative institution the act can be appealed against before a court. The case may go through all three levels of the court system (Article 45). Article 3 of the draft law provides that international treaties and general principles of international law in the hierarchy of legal norms supersede national laws but are subsidiary to the Constitution. Currently the legislation contains no specific pronouncement on this. At present the administrative procedure is regulated by the regulations with a force of law issued by the Government and the appeal stage to the court is regulated by separate laws.
- Draft law on asylum-seekers and refugees in the Republic of Latvia. Not published. This draft law establishes the procedure for obtaining refugee status in Latvia. Every person who is not a citizen of Latvia and who is not subject to the Law on the Status of Citizens of the Ex-USSR who are not Citizens of Latvia or Any Other Country (i.e. persons who were citizens of the former USSR and who had registered residence as at 1 July 1995) can apply for refugee status. Applications will be examined by the institution established by the Ministry of the Interior and the refugee status will be granted on the grounds listed in the 1951 Refugee Convention. It will be possible to appeal against refusal to grant refugee status to a higher administrative institution whose decision will be final. During examination of applications asylum-seekers will be housed at reception centres where "conditions necessary for a life of a human dignity" will be ensured. After being granted refugee status, a refugee will receive financial support for 18 months and he/she will enjoy human rights as provided for in the Constitutional Law on Rights and Obligations of the Individual and Citizen as well as some complementary rights. If refugee status is denied or terminated, the person will have to leave the country within two months. In the case of failure to abide by the conditions, these persons will be expelled from the country. At present Latvian legislation does not provide for a procedure on obtaining refugee status and asylum-seekers are subject to regulations of the Cabinet of Ministers controlling only the detention procedure of these persons.
- Draft law amending the Constitution of the Republic of Latvia. Not published. This draft law is intended to replace the Constitutional Law on the Rights and Obligations of a Citizen and a Person to guarantee constitutional regulation of

fundamental human rights. In comparison to the Constitutional Law, the catalogue of human rights is laid down in a more compact way in the draft law. The supremacy of international human rights norms over the national legislation is recognised in Article 89. The death penalty is still provided for in the case of the most serious crimes (Article 93). New norms are laid down concerning economic and social rights. The State recognises property rights (Article 113) as well as the principle of non-deprivation of one's liberty if the person fails to fulfil his/her contractual obligations. There is no general non-discrimination article in the draft law.

E. LUXEMBOURG

- Loi du 3 avril 1996 portant création d'une procédure relative à l'examen des demandes d'asile (Mémorial A, n° 30, du 7 mai 1996, pp. 1026-1027). La nouvelle répartition des compétences au sein du Gouvernement a attribué le domaine de l'asile au Ministère de la Justice. La Loi fixe les critères de recevabilité des demandes d'asile, les conditions du premier entretien, la composition et le fonctionnement de la Commission consultative appelée à examiner les demandes d'asile et le droit de recours. Un Règlement grand-ducal du 22 avril 1996 définit les notions de pays-tiers d'accueil et de demande manifestement infondée.
- Loi du 12 juillet 1996 portant réforme du Conseil d'Etat, entrée en vigueur le 1er janvier 1997 (Mémorial A, n° 45, du 12 juillet 1996, pp. 1319-1323). La modification essentielle consiste en la séparation des fonctions judiciaire et législative du Conseil d'Etat. En outre, le mandat de conseiller d'Etat est désormais limité dans le temps et non renouvelable.
- Loi du 11 août 1996 sur la procédure civile, devant entrer en vigueur le 16 septembre 1998 (Mémorial A, n° 53, du 20 août 1996, pp. 1660-1674). Cette Loi réforme radicalement, dans un souci d'efficacité, l'instruction des litiges civils. Elle s'est inspirée très largement du nouveau Code de procédure civile français. Il est créé un juge de la mise en état (JME), véritable juge d'instruction en matière civile, dont la mission consiste à veiller au bon déroulement de la procédure, et particulièrement à la ponctualité de l'échange des conclusions et de la communication des pièces. Une fois l'instruction terminée, il rend une ordonnance, dite de clôture, qui n'a pas besoin d'être motivée et qui n'est susceptible d'aucun recours, sauf pour raison grave. Après cette ordonnance de clôture, aucune conclusion ne peut être déposée ni aucune pièce produite aux débats. Parmi les pouvoirs du JME figurent la conciliation des parties, le contrôle du rythme de l'instruction, la compétence exclusive pour statuer sur les nullités de forme et les exceptions dilatoires, le pouvoir d'ordonner toutes les mesures d'instruction nécessaires et d'en contrôler l'exécution, ainsi que l'éventuelle présentation d'un rapport à l'audience, avant les plaidoiries.
- Loi du 7 novembre 1996 portant organisation des juridictions de l'ordre ad-

ministratif, entrée en vigueur le 1er janvier 1997 (Mémorial A, n° 79, du 19 novembre 1996, pp. 2262-2274). Suite à la réforme du Conseil d'Etat, cette Loi a confié l'ancienne fonction judiciaire du Conseil d'Etat à des magistrats, dont le régime est calqué sur celui des magistrats de l'ordre judiciaire. Elle a également introduit un double degré de juridiction, les jugements du tribunal administratif étant susceptibles d'appel devant la Cour administrative.

F. UNITED KINGDOM / ROYAUME-UNI

- Prevention of Terrorism (Additional Powers) Act 1996, Public Statutes 1996, Chapter 7, 13 pp. The Act extends powers of search in connection with acts of terrorism and terrorist investigations. It confers powers on constables in relation to areas on which police cordons are imposed in connection with terrorist investigations, and it confers powers in connection with the prevention of acts of terrorism to impose prohibitions and restrictions in relation to vehicles on roads.
- Criminal Procedure and Investigations Act 1996, Public Statutes 1996, Chapter 25, 93 pp. The Act makes provisions about criminal procedure and criminal investigations.

CHAPTER II / CHAPITRE II

Decisions of the domestic courts referring to the European Convention on Human Rights

Décisions des tribunaux internes se référant à la Convention européenne des Droits de l'Homme

A. CZECH REPUBLIC / RÉPUBLIQUE TCHÈQUE

Article 6 (1)

Constitutional Court
24 September 1996
The Law Journal of the Czech Republic, No. 269/1996, Part 79, pp. 3434-3436, 22 October 1996

Abstract

The quoted provision of Section 250.*f* of the Act on Civil Judicial Procedure makes it possible for the courts to refrain from hearing in certain cases when they decide thus within their margin of appreciation. This leads to the conclusion that in cases involving review of administrative decisions the administrative senates of the Courts are the first and the only tribunals where the right to a judicial protection exists. This is, in the view of a Senate of the Constitutional Court, contrary to Article 6 (1) of the ECHR. Therefore the Senate suspended procedure and asked the plenary Court to make a decision. The plenary Constitutional Court came to the conclusion that the above provision of Section 250.*f* is not unconstitutional as such, but can in the main be ascribed to the nature of the administrative judiciary in the Czech Republic. This judiciary is conceived as the only procedure where the parties have no possibility of any ordinary or extraordinary remedy. Bearing in mind that the courts in this one instance may abstain from a hearing, this fact has to be assessed as contrary to Article 6 (l) of the ECHR. The fact that administrative courts review only the legality of the decision and are bound by the facts established by administrative authorities is for the Constitutional Court's ruling irrelevant. In administrative judiciary the facts have to be taken into consideration: when a court reviews the legality of a decision it must reconsider the facts as well. In this respect the Constitutional Court quotes the European Court of Human Rights' judgment in the case of *Fredin* (1994). The public nature of the procedure

protects parties against the possibility of justice being decided in secret, and permits public scrutiny, which is one of the instruments for creating and preserving confidence in the courts (reference made to the European Court of Human Rights' judgment in the case of *Pretto* (1983)). From the constitutional point of view it is acceptable to abstain from hearing in those cases where the parties have explicitly or tacitly renounced this right (reference made to the European Court of Human Rights' judgment in the case of *Hakansson and Sturesson* (1990)). The Constitutional Court is aware of the problematic system of administrative judiciary in the Czech Republic and considers it as contrary to Art. 6 (1) of the European Convention on Human Rights. On the other hand it must take into account that the repeal of the above Section 250.*f* would lead to an increase in the courts' workload. Therefore, the Constitutional Court postpones the execution of its decision on the repeal of Section 250.*f* of the Civil Judicial Procedure; but this postponement does not alter its view that the provision must be repealed because of its unconstitutionality.

Articles 6 and 13, Article 2 of Protocol No. 1

Constitutional Court
3 April 1996
The Law Journal of the Czech Republic, No. 112/1996, Part 37, pp. 1394-1397, 30 April 1996

Abstract

The Constitutional Court considered the issue on the basis of a constitutional complaint submitted to it by an individual. At the same time, the applicant asked for annulment of the provision in Annex A to Act No. 99/1963 (Civil Judicial Procedure) as amended and completed by later standards, according to which a University Rector's decision on appeal against a Faculty Dean's decision concerning admittance or non-admittance to University studies may not be reviewed by a court.

The Constitutional Court rejected the application, arguing that the concept of the right to education in Art. 33 (l) of the Czech Human Rights Charter is vague and implies a great number of social aspects and purposes. The right to a university education should not be understood as a fundamental right in the sense that anybody would be entitled to study at any university of his (her) own choice and the State would be obliged to guarantee to anybody a university training as he (she) might wish. According to Act No. 172/1990 on Universities a citizen has the right to have a university education in a chosen sector provided he (she) proves a necessary capacity for such a training. The criteria for admittance to a university are therefore not fixed by a statutory law, but they enter into the autonomous competence of the university. But, despite their autonomy, universities may not fix

for candidates such conditions which would in fact infringe upon their fundamental rights, e.g. the right to non-discrimination.

Article 8

Constitutional Court
10 April 1996
The Law Journal of the Czech Republic, No. 124/1996, Part 38, pp. 1417-1420, 17 May 1996

Abstract

A group of 46 deputies of the Chamber of Deputies requested a partial annulment of Article 16 (1) of Act No. 154/1994 on the Security Intelligence Service (SIS). Under Article 16 (1) the SIS is empowered to store, to keep and to use information on "natural and legal persons" whenever it is necessary for fulfilling the task within its competence. The deputies asked that the words "natural and" [persons] should be removed from the article. The deputies argued with reference to children's protection. Taking into consideration the fact that Article 16 makes no differentiation regarding a person's age it authorises the SIS to collect data even on children, violating thereby Article 32 (1) of the Czech Charter on Human Rights (giving special protection to children) and Article 16 of the Convention on the Rights of the Child (prohibition of interference with the family and private life). The deputies affirmed further that the age of criminal responsibility is set at 15 years (which makes collecting data on children under this age in the SIS's registers useless) and that it is legitimate to store information which is in the child's interest. This is not the case with the SIS registers (where data are stored exclusively in the SIS interest).

The Constitutional Court rejected the deputies' application. It argued in the following way: The Czech Human Rights Charter provides for protection against illegal collecting of personal data and implicitly against the storage of such data which is not allowed by a Statutory Act. Therefore, there is no violation of the Charter in this case, because it is an Act (on the SIS) which authorises the collection of data. Even children under the age of criminal responsibility may be involved in different forms of criminal activities, especially in connection with organised crime. That makes storing data even on children under 15 legitimate. In conclusion the Constitutional Court referred to Article 8 of the European Convention on Human Rights which, on the one hand, guarantees the right to respect for private and family life, while on the other enumerating exceptions to and limitations of this right. The Court sees no reason for a different interpretation from the concept of the respect for private life stated in the European Convention.

Article 14, Article 3 of Protocol No. 1

Constitutional Court
15 May 1996
The Law Journal of the Czech Republic, No. 161/1996, Part 44, pp. 1594-1597, 12 June 1996

Abstract

At the origin of the Constitutional Court's judgment was an application submitted to it by 41 members of the Chamber of Deputies of the Czech Parliament asking for annulment of certain provisions of Act No. 247/1995 on Elections to the Parliament of the Czech Republic. The object of the Deputies' application was the introduction of election deposits. As far as the Chamber of Deputies is concerned such a deposit (20 000 Czech crowns) has to be deposited by a political party or a coalition, otherwise ballot papers for this party or this coalition will not be printed. The deposit is returned to the party or to the coalition only if it obtains at least 5% of the votes cast, otherwise the deposit is given to the State treasury. A similar deposit (20 000 Czech crowns) has to be deposited by individual candidates to the Senate of the Czech Parliament.

The deputies contested the use of a deposit in electoral law. This legal institution would normally serve to guarantee a private commitment in fiscal law and in those circumstances the deposit would never be forfeited to the benefit of the State. The system of deposit in the above Act No. 247/1995 would in fact constitute a sanction, a "game of chance" organised by the State. The provisions of the Act criticised are held to violate Czech constitutional order because of:
the introduction of the institution of a deposit into election law,
the possibility of forfeiting the deposit to the benefit of the State.

At the same time, in these two points, Act No. 247/1995 allegedly violates the right to free elections (Article 3 of Protocol No. 1 to the ECHR) and the right to non-discrimination (Article 14 of the ECHR).

The Constitutional Court rejected the application with reference to following arguments: The constitutional system of the Czech Republic is based on the principle of representative democracy. This principle means above all that the legislature will truly reflect the "political structure of the civic public". It equally implies the prerequisite of a minimum representativity of the subjects (political parties and movements) in political competition. The Czech legal order contains not only tools for integration of the political system *a posteriori* but also tools *a priori*. Consequently, a key question is whether election deposits may be understood in the framework of conditions for a minimum representativity of a subject in the political competition and whether those deposits constitute an adequate tool: the deposit is an legitimate and adequate tool. It must not limit free political competition and therefore it must represent a "negligible sum of money" which does not limit even "the most current personal expenses". This condition is respected by the above Act on Elections.

Article 14, Article 3 of Protocol No. 4

Constitutional Court
8 November 1995
The Law Journal of the Czech Republic, No. 6/1996, Part 2, pp. 34-40,
12 January 1996

Abstract

Article 5 (17) of Act No. 40/1993 reads: "Citizens of the Czech Republic shall lose citizenship of the Czech Republic instantly upon gaining at their own request foreign citizenship, with the exception of cases of gaining foreign citizenship in connection with entering into marriage, or birth."

At the origin of this decision of the Constitutional Court was a complaint submitted to it by an individual together with a request to repeal Article 5 (17) of Act No. 40/1993. The applicant had acquired Slovak State citizenship effective from 30 June 1993. Under the legislation cited above he lost his Czech State citizenship. He claimed that he has never explicitly renounced Czech citizenship, which would make the loss of his citizenship contrary to Article 12 (2) of the Czech Constitution. This loss has negative repercussions on his rights not to be forced to leave his own country and to enter freely it (European Convention on Human Rights, Protocol No. 4, Article 3). In the applicant's view a loss of Czech citizenship *ex lege* constitutes a violation of the principle of equality (e.g. in the European Convention on Human Rights, Article 14).

The Constitutional Court rejected the applicant's arguments and rejected his application for the repeal of Article 5 (17). The applicant was not "deprived" of his citizenship (Art. 12 (2) of the Constitution) but he lost it automatically, with no intervention by a third person. The Constitutional Court found that the text and the sense of Article 5 (17) clearly prove that this provision does not impede anybody, including a foreigner lawfully staying in the Czech territory, from moving and staying freely there. Regarding Article 14 of the European Convention on Human Rights the Constitutional Court emphasises that the principles of non-discrimination and of equality are not protected as such, but solely in relation to a violation of some other fundamental right. International protection of those rights is thus not an autonomous one, but it is accessory in respect of the other rights. According to the European Convention on Human Rights a discrimination is illegal only if it has no objective and reasonable ground. It is not the case of Article 5 (17) of the above act, which consequently does not violate Article 14 of the European Convention on Human Rights.

B. DENMARK / DANEMARK

Article 6

High Court, Western Division
26 March 1996
Weekly Law Journal, Vol. 27, pp. 827-828 (6 July 1996)

Abstract

Both in the City Court as well as in the appeal of a criminal case, an attorney had been assigned counsel for the aggrieved party. During the appeal case, the attorney's partner was assigned counsel for the defendant. Both the aggrieved party and the defendant wanted the assignments abided by. Despite this, the High Court found that the assignment of one of the attorneys should be revoked in pursuance of Section 734, subsection 1, of the Administration of Justice Act as during the trial, the attorneys could leave the impression that each of them could not represent their clients' conflicting interests adequately. The assignment of the attorney who had been assigned counsel during the appeal case was revoked. This was not considered contrary to Article 6 of the ECHR in the present case.

Article 6 (1)

Supreme Court
16 November 1995
Weekly Law Journal, Vol. 8, pp. 234-237 (24 February 1996)

Abstract

The defendant had been found guilty of rape by the City Court and by the High Court. The case was then brought before the Supreme Court. After the defendant and a number of witnesses had been interrogated during the trial in the City Court, the trial had been postponed. The court sitting with lay judges (two lay judges and one professional judge) therefore decided to uphold the detention of the defendant subject to Section 762, subsection 2 (1), of the Administration of Justice Act in pursuance of which there must be a strong suspicion in the question of guilt. Until then, the defendant had been imprisoned subject to Section 762, subsection 1 (3), of the Administration of Justice Act. In the High Court, the defence counsel had claimed that the City Court had made itself legally incompetent by deciding to uphold the detention subject to Section 762, subsection 2 (1), of the Administration of Justice Act, and subsequently also by continuing to hear the case and finally by passing a sentence. His client's rights under Article 6 (1) of the ECHR had thus been violated.

The Supreme Court stated that Section 60, subsection 2, of the Administration of Justice Act is based on the presumption that it cannot be considered contrary to

Article 6 (2) of the ECHR that a judge who is judging in a criminal case has detained a person subject to Section 762, subsection 2, at an earlier stage during the trial. The law thus distinguishes between decisions to detain which have been made before the trial and during the trial. On the other hand, there was no basis for stating that participating in the trial after having decided to imprison the defendant subject to Section 762, subsection 2, would always be compatible with Article 6 (1) of the ECHR. In the present case, the decision to imprison the defendant was found to have resulted in circumstances which could raise doubts about the absolute independence of the court sitting with lay judges during the rest of the trial, cf. Section 61 of the Administration of Justice Act. The defendant's claim to have the judgments of the City Court and the High Court repealed was therefore granted.

High Court, Eastern Division
20 February 1996
Weekly Law Journal, Vol. 24, p. 723 (15 June 1996)

Abstract

The plaintiff requested to have the pre-trial stage of a case re-opened even though the case had been pending for almost three years, and it had already been set down for trial. The plaintiff claimed that the expert was legally incompetent and that he had failed to answer three additional questions and that consequently he wanted another expert opinion. Under Section 356, subsection 1, of the Administration of Justice Act, a re-opening of the pre-trial stage was denied, as such a re-opening would prolong the examination of the case, and thus a considerable amount of time would pass before the case could be closed. In this connection, the Court referred to Article 6 (1) of the ECHR.

Article 6 (1) and (3)

High Court, Eastern Division
19 April 1996
Weekly Law Journal, Vol. 35, pp. 992-995 (31 August 1996)

Abstract

In a sexual offence case, the defendant had been convicted by the City Court contrary to the Danish Penal Code. During the investigation, the police had decided to videotape the questioning of a 10-year-old witness. The defence counsel was informed about this questioning and the possibility for him to watch the questioning on a monitor and to subsequently question the witness through the police officer conducting the questioning. The defence counsel only wanted to participate if he could watch the questioning on a monitor together with his client and if he could question the witness himself afterwards. If this condition was not

accepted, the defence counsel wanted the question decided by a court. The High Court stated that questioning the witness on videotape was in accordance with the practice which has been established in recent years. According to this practice, the defendant is not usually allowed to watch the questioning on a monitor together with his defence counsel and the defence counsel is not allowed to directly question the child after the police has terminated their questioning. The Court stated that this method of questioning could give rise to doubts about the demands which must be placed on the legality of such evidence pursuant to Article 6 (1) and (3) *d* of the ECHR. It must thus be considered a serious mistake that the police did not immediately bring the question of the legality of the questioning before the court not least since the defence counsel had specifically asked them to do so. The legality of the conditions under which the evidence had been procured had not been tried and therefore the evidence was not allowed during the trial in the High Court.

High Court, Eastern Division
18 September 1996
Weekly Law Journal, Vol. 49, pp. 1536-1538 (7 December 1996)

Abstract

In connection with videotaping the police questioning of a number of children in the investigation of a sexual offence case, the defence counsel asked that he and the accused might watch this questioning on a monitor in another room. After the police had finished their questioning, the defence counsel wanted to get access to question the children after he had conferred with the accused. The police allowed the defence counsel to watch the questioning on a monitor in another room and to ask his questions through the criminal police officer who was conducting the questioning. The accused was not allowed to watch the questioning. The defence counsel held that this constituted a violation of Article 6 (1) and (3) *d* of the ECHR. The questioning was the only evidence in the case, and it was therefore claimed to be of decisive importance that the defence counsel have a chance to question the children, and that the defence counsel should have the opportunity to confer with the accused during the questioning. The High Court held that according to the law the accused does not have a right to be present during questioning by the police in connection with the investigation. The fact that the Prosecution had stated that a videotape of the interviews would be shown later during the trial and thus be in the nature of anticipatory evidence did not change the view of the High Court. In this connection, the High Court noted that the defence counsel had had access to watch the questioning from another room and subsequently he had been able to ask questions through the police officer conducting the questioning. It is held in the judgment that it is the court which will decide whether the videotape will be allowed as evidence during the trial, subject to Section 877, subsection 3, of the Administration of Justice Act. In that event, the Court will decide on the status of the videotape as a piece of evidence in the

case. On this basis, the Court found that Article 6 (1) and (3) *d* of the ECHR had not been violated.

Article 6 (1) and (3), Article 2 of Protocol No. 7

High Court, Eastern Division
24 November 1995
Weekly Law Journal, Vol. 11, pp. 362-364 (16 March 1996)

Abstract

In pursuance of Section 17, cf. Section 4, of the Act on co-operation with Finland, Iceland, Norway, and Sweden concerning the enforcement of judgments etc., the Ministry of Justice decided that a judgment delivered by the Norwegian Supreme Court could be enforced in Denmark. The convicted filed a protest with reference to the fact that he had not been given a fair trial in the City Court in Norway and that Article 6 (1) of the ECHR had thus been violated. Moreover, he alleged that he had been denied access to a new hearing on the question of guilt by the court sitting with lay judges contrary to Article 2 of Protocol No. 7. The High Court stated that the European Commission of Human Rights and the European Court of Human Rights in Strasbourg are the competent bodies to interpret Article 6 of the ECHR as well as Article 2 of Protocol No. 7. The High Court stressed that in their practice these bodies have not decided on whether an appeal system like the Norwegian one is in conflict with Protocol No. 7. Danish courts are therefore not competent to decide on whether Article 2 has been violated. Equally, the High Court did not consider itself competent to decide on whether Article 6 had been violated in connection with the hearing of the criminal case by the Norwegian City Court.

Article 6 (3)

High Court, Eastern Division
8 September 1996
Weekly Law Journal, Vol. 2, p. 25 (13 January 1996)

Abstract

A witness had made a statement to the German public prosecutor without the presence of the defendant's attorney. The witness had been charged with assisting in the wilful mismanagement which the criminal case against the defendant concerned. At a later point, the witness refused to make a statement. The prosecution therefore requested that under Section 877, subsection 3, of the Administration of Justice Act, the court might allow the statement which the witness had made to the public prosecutor in German to be read aloud and that subsequently, certain parts of the statement might be introduced as evidence, as it

could be of importance to the decision in the case. The High Court found that there were no circumstances which warranted allowing the entire statement made by the witness in Germany or parts of it to be introduced as evidence, cf. Section 877, subsection 3, of the Administration of Justice Act interpreted in the light of Article 6 (3) *d*.

High Court, Western Division
13 September 1996
Weekly Law Journal, Vol. 1, pp. 6-7 (6 January 1996)

Abstract

In connection with a criminal case against the defendant, a police officer had questioned a car importer on the phone about a car key. At a later point, the police officer was interrogated in the criminal case regarding his earlier questioning of the car importer. The High Court considered this to be the same as producing the police report as evidence in the case. Only in exceptional cases can the Court allow such evidence to be produced as a substitute for questioning witnesses in person, cf. Section 877, subsection 3, of the Administration of Justice Act. The High Court found that the information which the Prosecution wanted to procure by questioning the police officer should have been procured by questioning the persons who actually had the relevant information. If they had been called as witnesses, the defence counsel would also have had the opportunity to question these witnesses as provided for by Article 6 (3) *d* of the ECHR. With reference to the fact that the City Court must be presumed to have attached quite a lot of importance to the information about the key, it was assumed that the assessment of the evidence could have given a different result. The High Court repealed the judgment of the City Court and remitted the case for a new trial.

Supreme Court
23 May 1996
Weekly Law Journal, Vols. 36 and 37, pp. 1065-1073 (7 September 1996)

Abstract

In a jury trial, four defendants had been found guilty of bringing and attempting to bring substantial amounts of cocaine into the country. In the appeal case, two of the defendants requested that the judgment be repealed owing to the fact that they had been held in solitary detention for a long time, and consequently they were so mentally weak at the beginning of the trial that they were not capable of participating reasonably in the trial. Their request for postponement in connection with the trial should therefore have been granted. One of the defendants furthermore claimed that the court had violated Article 6 (1) and (3) *d* on his right to examine witnesses against him. The court had failed to initiate sanctions against three witnesses who had previously been found guilty in the

same case and now refused to make statements. Instead, the court had allowed the statements made in court by these witnesses when they had been questioned as defendants in their own cases to be produced as evidence in the present case. Moreover, the defendant was of the opinion that he had not been given a fair trial as the judgment which one of his fellow detainees had received because of an attack on one of the witnesses had been mentioned in connection with the defendant's case, and it therefore appeared to be he who was responsible for the attack although he had not been questioned about it.

Referring to the defendants' allegation that they were mentally weak, the Supreme Court found on the basis of the medical reports presented at the trial concerning the two defendants, that they did not give the court any reasons to assume that it would be unjustifiable to go through with the trial. The rejection of the request for postponement was thus not contrary to Article 6 (1) of the ECHR or to the principle of Section 847, subsection 1, of the Administration of Justice Act.

With a view to the other allegation, the court found that Article 6, and in particular Article 6 (3) *d*, had not been violated as the defence counsel had been present at the court hearings at which the statements had been made. Moreover, the court found that it was well reasoned to allow the judgment on the attack on the witness to be mentioned and produced as evidence. There was no reason to assume that the prosecutor or the court had mentioned the judgment in a way which was unwarranted with a view to the defendant. On this basis, the court stated that Article 6 (1) on the right to a fair trial had not been violated neither with regard to each individual allegation nor to the case in general.

High Court, Eastern Division
27 August 1996
Weekly Law Journal, Vol. 47, pp. 1434-1435 (23 November 1996)

Abstract

In a case concerning a violation of the Danish Traffic Act, a claim had been submitted that the defendant be disqualified conditionally from driving a car. After the defendant had appeared in court, the case was postponed until the court could hear witnesses, and the defendant was informed of his right to have an attorney appointed. The defendant was not summoned or represented at the court hearing at which two witnesses made their statements. At a subsequent court hearing, the two testimonies were read out to the defendant. It was unclear whether he had been informed of his rights subject to for instance Article 6 (3) *d* of the ECHR. On this basis, the judgment was repealed, and the case remitted to the City Court for a new trial.

High Court, Western Division
30 November 1996
Weekly Law Journal, Vol. 48, pp. 1488-1491 (30 November 1996)

Abstract

Three aliens were charged in the City Court with violating Section 59, subsection 3, of the Aliens Act, under which anyone who assists an alien in entering or residing in the country illegally shall be subject to a fine or imprisonment of a term not exceeding two years. During the trial, a Serbo-Croatian interpreter had been summoned. The defendants informed the court that they did not want a Serbo-Croatian interpreter as they did not speak Serbo-Croatian. They requested an Albanian interpreter, and the interpreter was contacted by phone. Subsequently, the interpretation took place over a standard phone with a listening-in facility. In their appeal the defendants claimed the judgment repealed with reference to the fact that they had only heard and understood part of what the interpreter had said on the phone. The High Court held that the provision of Article 6 (3) *e* of the ECHR on the right to the assistance of an interpreter is an important criminal procedural guarantee and a central element of the protection under Article 6 (1). Even though the Convention does not stipulate what form the interpretation assistance shall take, the High Court found that generally it constitutes a risk in terms of procedural guarantees to use interpretation over the phone, at least during the actual trial.

The trial should therefore have been postponed or rescheduled with a view to summoning an interpreter who could have been personally present in the court room. Because of this mistake, the judgment was repealed and remitted to the City Court.

Article 8

High Court, Western Division
16 September 1996
Weekly Law Journal, Vol. 49, pp. 1496-1498 (7 December 1996)

Abstract

During an investigation of a case, the police had placed an electronic tracking device on a suspect's car while the car was parked on a public street. During the trial in the City Court the defendant's attorney submitted that the use of the tracking device without a prior warrant was an unlawful step in the investigation as it could be considered a kind of tapping and thus be contrary to Section 780, subsection 1 (2), of the Administration of Justice Act. Evidence collected in this way is thus unlawful and should not be allowed to be introduced in court. At the same time, the defence counsel referred to the ECHR in general and to Section 72 of the Constitution on the right to privacy. The prosecutor was of the opinion that this step in the investigation was fully in line with the law and that it did not

require a prior warrant, and thus it did not constitute neither a violation of the civil rights laid down in the Constitution nor of the ECHR. The City Court found in favour of the Prosecution in its decision. In the appeal case, the defendant requested that the judgment be repealed and the case remitted to the City Court for a new hearing. The High Court agreed that placing and using a radio transmitter was not a criminal procedural sanction, but that it could be categorised as tailing with the use of technical equipment. Even though this step in the investigation could be regulated further, the High Court found that it did not require any statutory authority and thus not a prior warrant. The High Court did not consider the relevance of the ECHR in this case.

C. FINLAND / FINLANDE

Article 5 (5)

Supreme Court
14 June 1996
FINLEX database

Abstract

A policeman had ordered A. to be taken into custody and demanded the court of first instance to order that A. forfeit his parole because of his misbehaviour. The court of first instance rejected the demand. The Supreme Court came to the conclusion that A. had a right to receive compensation for his unnecessary deprivation of liberty.

Considering the purpose of the Act on Compensation for Remand Imprisonment or Conviction of an Innocent Person, which is to guarantee compensation to innocent persons who have been deprived of their liberty because of crime investigation or conviction, the compensation provisions in question have, in established case-law, been interpreted widely and applied with analogy. Therefore the Supreme Court quashed the decision of the court of first instance and the judgment of the Turku Court of Appeal and held that A. is entitled to compensation for his deprivation of liberty.

In addition to section 4 of the Act on Compensation for Remand Imprisonment or Conviction of an Innocent Person, A.'s claims for compensation were based on Article 9 (5) of the CCPR and Article 5 (5) of the ECHR.

Article 6

Supreme Court
29 January 1996
FINLEX database

Abstract

Section 10-2 of the Act on Free Legal Proceedings prohibits the courts from assigning a legal counsel to an accused person in simple cases where, according to established case-law, no severer punishment than a fine will be expected or where special circumstances of the case and the legal protection of an accused person will not otherwise demand assignment of a legal counsellor.

A., who was a juvenile delinquent, was charged for several minor criminal offences which he had already confessed to during the preliminary investigation. A. had previously been sentenced twice to a probation and once to imprisonment. The latter sentence, however, was not yet in force. The Rovaniemi Court of Appeal referred to unspecified provisions of the ECHR and CCPR which relate to the legal defence of an accused person. Taking into account the circumstances of the case, the appellate court did not find it necessary to assign a legal counsellor to the accused. The Supreme Court did not directly refer to any human rights provisions but came to the conclusion that the case was not simple in the meaning of section 10-2 of the Act on Free Legal Proceedings. The Supreme Court stated that considering the number and the nature of the crimes mentioned in the indictment, the motives of the crimes and A.'s personal circumstances and his criminal record, neither the length nor the conditional nature of the sentence could be assessed in advance. Therefore the legal protection of A. required that the court should assign a lawyer to assist A.

Supreme Court
15 February 1996
FINLEX database

Abstract

The legal counsel of the defendant had during the criminal proceedings accused the prosecutor of having deliberately misused his discretion and thus acted against his legal obligations. The Supreme Court came to the conclusion that counsel had not provided substantiated reasons to support his allegations and was therefore guilty of public slander.

One justice, dissenting, argued that the legal counsel of an accused person has, if the interests of his client so require, the freedom to criticise the acts of the prosecution without danger of being punished. This right is part of the right to a fair trial and is a central human rights principle in states bound by the rule of law. According to the dissenting opinion, this principle becomes illusory if the freedom of speech of the legal counsel is excessively limited.

The majority of the Supreme Court approved the arguments of the Vaasa Court

of Appeal. The Vaasa Court of Appeal held that the legal counsel had, as such, a right to criticise the prosecution and express his doubts about the correctness of the acts of the prosecution. However, the Court of Appeal stated that the legal counsel had not sufficiently substantiated the foundations of his allegations. (A vote)

Supreme Court
2 July 1996
FINLEX database

Abstract

According to the Supreme Court, the general standards approved by the Ministry of Justice for granting a free trial did not bind the courts as long as the courts were using their discretionary power based on sections 1 and 6-2 of the Act on Free Legal Proceedings. The Rovaniemi Court of Appeal referred to the decision of the court of first instance and noted that by granting a partially free trial to the defendants, the court of first instance had ensured the right to fair trial as stated in Article 6 of the ECHR. The Court of Appeal considered that it was reasonable to order the defendants to be partially liable for the expenses of the proceedings.

The Supreme Court referred to the purpose of the general standards approved by the Ministry of Justice, which was to unify the legal practice, but held that the general standards could not be used for reducing the applicability of the Act on Free Legal Proceedings. When deciding whether a free trial should be granted according to the Act on Free Legal Proceedings, the court may have to consider circumstances which have not been taken into account in the general standards approved by the Ministry of Justice. Therefore, taking into account the income and debts of the defendants as well as their maintenance liability, the economical circumstances of the defendants were such that they could not be assumed to be able to pay any of the expenses of the proceedings before the court. (A vote).

Article 6 (1)

Vaasa Court of Appeal
1996
FINLEX database

Abstract

There was no disagreement about the content of the statement of the witness examined in the court of first instance. The question was whether or not the statement supported the claims of the plaintiff. Therefore, and since there were no other reasons for oral hearing of the witness at the appellate court, the request for oral hearing was rejected as apparently unnecessary.

The court's summary of the case, as included in the FINLEX database, includes a reference to the ECHR.

Helsinki Court of Appeal
24 January 1996
FINLEX database

Abstract

B., who was an athlete, had been suspended for four years from competitions by the administration of the central sports organisation A. because the doping-samples of B. contained traces of prohibited anabolic steroid. B. brought the case to the court and demanded A. to invalidate the suspension. A. argued that the court did not have a subject matter jurisdiction over the claims asserted in the case. According to the Helsinki Court of Appeal, the decision to suspend B. from competitions had such factual consequences on B. as an athlete that the denial of the jurisdiction of the court would have violated the right of access to court as guaranteed in the Article 6 (1) of the ECHR. The suspension affected the rights of A. and the decision had such serious consequences on A. that A. had the right to have the decision reviewed by the court.

The case has been referred to the Supreme Court.

Supreme Administrative Court
29 February 1996
FINLEX database

Abstract

The Supreme Administrative Court maintained the decision of the provincial administrative court. The provincial administrative court had rejected the appeal of a mother who had demanded that the municipal social welfare board take urgent action in order to take her child to custody. According to the mother, the child's health and development were seriously threatened due to the alcoholism and violent behaviour of the father. The social welfare board, which investigated the case, had held that the requirements of the Act on Child Welfare for taking the child into custody were not fulfilled. The provincial administrative court referred to among other things Article 6 (1) of the ECHR in its decision to give leave to appeal from the decision of the social welfare board.

Supreme Court
20 June 1996
FINLEX database

Abstract

The court of first instance had ordered A. to settle a mortgage loan with the savings bank. Three members of the jury of the court of first instance were members of the board of trustees of the savings bank at the time the property was mortgaged, but no longer at the time when the case was brought to the court. The

Supreme Court came to the conclusion that there were no objective reasons to doubt the impartiality of those three jurors or the court.

The Vaasa Court of Appeal referred to Article 6 of the ECHR and stated that the requirement of impartiality applies both to the professional judges and to the lay members of the court. The Court of Appeal referred to the established case-law of the European Court of Human Rights (Cases of *Delcourt*, judgment of 17 January 1970; and *Piersack*, judgment of 1 October 1982) and noted that for the impartiality of the court it is required that the court should not just be impartial but it must also have the appearance of impartiality. The Court of Appeal also referred to the cases of *Sramek*, judgment of 22 October 1984, *Langborger*, judgment of 22 June 1989 and *Holm*, judgment of 25 November 1993, when stating that the European Court of Human Rights has found a violation of the ECHR in cases where a member of the court has such a relation to the party or to the case itself that the impartiality of that person can objectively be questioned. No case-law, however, applies directly to the situations where the judge has a position in a legal person that is party to the case. The Vaasa Court of Appeal came to the conclusion that because the three members of the jury had resigned from the board of trustees of the savings bank, they no longer had such a status in the savings bank that their impartiality or independence could objectively be questioned.

The Supreme Court referred to Article 6 (1) of the ECHR and to the cases of *Piersack*, judgment of 1 October 1982 and *Holm*, judgment of 25 November 1993 and noted that in the light of the case-law of the European Court of Human Rights the judge should not have personal bias concerning the case (subjective impartiality). On the other hand, legitimate doubts about the impartiality of the judge or the court should also be excluded (objective impartiality). Therefore, the previous commitments or activities of the judge or the judge's special relationship to the party are among the facts that must be taken into consideration when assessing the impartiality of the court in an objective sense.

Under the circumstances of the particular case, however, the Supreme Court came to the conclusion that there was no objective reason to doubt the impartiality of the three members of the jury who had previously been members of the board of trustees of the litigant bank or that the Court had not been impartial. (A vote)

Supreme Court
20 June 1996
FINLEX database

Abstract

At the time of proceedings in the court of first instance one member of the jury was a member of the administrative board of the co-operative bank which was the plaintiff in the case. The Supreme Court came to the conclusion that the lay member was disqualified in the present case.

The Supreme Court referred to the Article 6 (1) of the ECHR and to the case of *Piersack*, judgment of 1 October 1982, and noted that in the light of the case-

law of the European Court of Human Rights the judge should not have personal bias concerning the case (subjective impartiality). On the other hand legitimate doubts about the impartiality of the judge or the court should also be excluded (objective impartiality). Therefore, the previous commitments or activities of the judge or the judge's special relationship to the party are among the facts that must be taken into consideration when assessing the impartiality of the court in an objective sense.

The Supreme Court noted that the administrative board of the litigant bank has both control and decision-making power over the affairs of the bank. Also, the members of the board have access to credit information of the clients. The members also have liability for damages. For these reasons the lay member of the court had such a relationship to the litigant bank that the defendants could reasonably doubt his impartiality. The Supreme Court quashed the decision of the court of first instance and the judgment of the appellate court. (A vote)

Supreme Court
11 October 1996
FINLEX database

Abstract

During the proceedings in the Land Court of Eastern Finland on the case concerning expropriation of a certain land area which was part of the national programme for the preservation of the seashores, one lay member of the Court had pending a deal with the regional environment centre concerning the selling of his estates which also belonged to the same preservation area.

The Supreme Court noted that according to section 1 of the Code of Judicial Procedure, the judge is disqualified in a case if he has a part in the case or he can expect to benefit from it or if the case can give him any disadvantage. The court noted that after Finland ratified the ECHR, the possible disqualification of a judge has been weighed also in the light of the provisions of the ECHR and the established case-law of the European Commission and Court of Human Rights. By way of example the Supreme Court referred to its own case-law (KKO 1995:185, KKO 1996:80, KKO 1996:81). It referred to Article 6 (1) of the ECHR which states that in the determination of civil rights and obligations or of any criminal charge against him, everyone is entitled to a fair and public hearing by an independent and impartial tribunal. The Supreme Court also referred to section II (17.7.1995/969) of the Constitution Act which also includes the requirement of impartiality of courts. The Supreme Court came to the conclusion that the pending deal concerning the estates can have created reasonable doubts about the impartiality of the Land Court in an objective sense. On these grounds the Supreme Court stated that the lay member in question was disqualified to take part in the proceedings in the Land Court. The Supreme Court quashed the decision of the Land Court and returned the case to the Land Court.

Article 6 (2)

Supreme Court
30 August 1996
FINLEX database

Abstract

Section 58 of the Road Traffic Act obliges every driver involved in a traffic accident to stop and assist the injured. A. had been involved in a traffic accident but neglected his obligations under section 58 of the Road Traffic Act. He claimed that he could not be punished for neglecting the obligation because stopping and assisting the injured at the scene of the accident would have placed him in a position where he himself could have been arrested and charged for drunken driving, among other things. This would violate A.'s right not to incriminate himself, which can be derived the ECHR.

The Supreme Court stated that from obeying section 58 of the Road Traffic Act it does not follow that a suspect who is involved in a traffic accident would not have the rights which everyone charged with a criminal offence is entitled to according to Article 14-3-*g* of the CCPR and Article 6 (2) of the ECHR. A. was sentenced for neglecting the obligation under section 58 of the Road Traffic Act.

Both the court of first instance and the Helsinki Court of Appeal came to the same conclusion as the Supreme Court. The court of first instance reasoned its decision on the basis of the purpose of section 58 of the Road Traffic Act which was to protect the life and health of the victims of traffic accidents and which also contributed to the protection of human rights.

Article 6 (3)

Eastern Finland Court of Appeal
27 February 1996
FINLEX database

Abstract

On the basis of Chapter 15, section 1, of the Code of Judicial Procedure, the court of first instance had regarded the legal counsel as inappropriate to act as legal assistant of A. and therefore prohibited him from acting as a legal assistant in the case. The legal counsel had a right to appeal from the decision.

The court's summary of the case, as included in the FINLEX database, includes a reference to the ECHR.

Supreme Court
9 May 1996
FINLEX database

Abstract

A., who was arrested as suspect for planting explosives, had the right to defend himself through legal assistance of his own choice, although the counsel he chose already represented another suspect in the same case. The Supreme Court stated that the right to choose a legal counsel cannot be limited purely by reason of the fact that the counsel has information that she is obliged to keep confidential.

The Supreme Court also noted that section 15-2 of the Act on Pre-Trial Investigation laid down stricter qualifications for the counsel than chapter 15, section 2, of the Code of Judicial Procedure. However, the court proceedings on the imprisonment of an arrested person were not a part of the pre-trial investigation. Thus, limitations for the qualification of the legal counsel imposed in the Act on Pre-Trial Investigation were not applicable in the court proceedings.

The court of first instance referred explicitly to Article 6-3 of the ECHR and Article 14-3 of the CCPR which secure the right to choose a legal counsel. The Kouvola Court of Appeal approved the reasoning of the court of first instance.

Vaasa Court of Appeal
9 September 1996
FINLEX database

Abstract

The sentencing judgment of the court of first instance was based primarily on evidence with regard to which the accused had not been heard and which he had not been given the opportunity to examine. The trial violated the principle of the right to be heard and the right of the accused person to examine or have examined witnesses against him, and to obtain the attendance and examination of witnesses on his behalf as provided by Article 14-3-*e* of the CCPR and Article 6 (3) *d* of the ECHR. The Vaasa Court of Appeal quashed the judgment of the court of first instance and returned the case to the court of first instance.

Article 2 (2) and (3) of Protocol No. 4

Provincial Administrative Court of Central Finland
19 September 1996
FINLEX database

Abstract

The board of social and health affairs had proposed that the provincial administrative court assign a prohibition of issuing a passport to A. as stated under

section 34 of the Act on the Securing of Child Maintenance, unless A. settles an acceptable guarantee for paying the maintenance to his child B. The obligation to pay the maintenance was ordered by the court of first instance. According to the board there were reasonable fears that A. might leave the country. This in turn might put at risk the payment of B.'s maintenance.

The Provincial Administrative Court of Central Finland rejected the application of the board of social and health affairs. It referred to the Article 2 (2) of Protocol No. 4 to the ECHR according to which everyone has a right to leave any country, including his own. The provincial administrative court noted that the right may be restricted only in accordance with Article 2 (3) of the same protocol. The Court also referred to Articles 12-2 and 12-3 of the CCPR and to section 7-2 of the Finnish Constitution Act. According to the Constitution Act, necessary restrictions on this right may be prescribed by an Act of Parliament in order to ensure legal proceedings or the enforcement of a sentence or to secure the fulfilment of the obligation to carry out national defence.

The Provincial Administrative Court of Central Finland argued that neglecting the payment of maintenance is not a restriction as referred to in section 7 of the Constitution Act, or in the above-mentioned articles of the ECHR or CCPR, that could justify a restriction of the right to leave a country. The court came to the conclusion that it could not prohibit the issuing of the passport.

D. HUNGARY / HONGRIE

Article 6

Cour suprême
11 novembre 1996

La Cour suprême a dessaisi un tribunal municipal pour n'avoir pas respecté les dispositions de l'article 6 de la Convention dans une affaire de demandes de dommages-intérêts.

Article 8

Cour constitutionnelle
22 mars 1996
Journal Officiel n° 21, pp. 999-1001

La Cour constitutionnelle a annulé le point c. de l'alinéa 1 de l'article 5 du Décret gouvernemental n° 28/1995, qui prévoyait qu'un certificat de bonne vie et moeurs soit obligatoirement annexé à toute demande d'admission dans les établissements de l'enseignement supérieur. Selon la Cour, cette obligation ne

correspond ni à la lettre de la Constitution ni aux dispositions de la Loi n° 63 de 1993 et n'est pas conforme aux normes internationales.

Article 10

Cour suprême
28 mars 1996

La Cour suprême a annulé un jugement d'un tribunal de première instance qui avait violé le droit d'expression du demandeur tel que garanti par l'article 61 de la Constitution et par l'article 10 de la Convention.

Article 11

Cour constitutionnelle
17 mai 1996
Journal Officiel n° 29, pp. 2374-2381

La question s'étant posée de la possibilité de l'adhésion des personnes de moins de moins de 18 ans à une association créée par des personnes homosexuelles, le Président de la Cour suprême a demandé à la Cour constitutionnelle une interprétation abstraite du rapport existant entre deux articles de la Constitution: l'article 63, relatif à la liberté d'association, et l'article 67, relatif aux obligations de l'Etat concernant la protection physique, intellectuelle et morale de l'enfant. La Cour constitutionnelle a constaté que l'Etat avait l'obligation de protéger l'enfant également contre des risques qu'il n'était pas à même de reconnaître compte tenu de son âge et de son degré de maturité, et que, pour cette raison, le droit de l'enfant d'adhérer à ce type d'associations pouvait être légalement limité.

E. ITALY / ITALIE

Article 5

Cour de cassation
31 mai 1996
«La Justice pénale», 1996, 3e partie, p. 674

L'Assemblée plénière de la Cour de cassation a rendu un arrêt selon lequel les résultats d'une interception des conversations téléphoniques ne peuvent justifier une perquisition ou une mesure limitative de liberté durant la phase qui précède les

débats que si ladite mesure a été autorisée par le juge dans des conditions prévues par le Code de procédure pénale et qui ne souffrent pas d'interprétation par analogie. Le principe de la légalité de la peine s'applique aussi aux mesures de contrôle judiciaire étant donné qu'elles entraînent une limitation de liberté.

Article 6

Cour constitutionnelle
29 janvier 1996
«La Corte Costituzionale», 1996, p. 140

La Cour constitutionnelle a rappelé que la Constitution énonçait le principe général de la sauvegarde des intérêts des citoyens italiens appartenant à des minorités linguistiques et assurait la participation effective de tous les citoyens à la vie politique, économique et sociale du pays. Il s'ensuit – et ceci dérive aussi du droit à un procès équitable énoncé à l'article 6 de la Convention des Droits de l'Homme – que ces citoyens (en l'occurence des citoyens de langue slovène de la Région Frioul-Vénétie-Julienne) ont le droit de s'exprimer dans leur langue maternelle quand ils sont interrogés par l'autorité judiciaire et de se faire assister d'un interprète ainsi que de recevoir les actes de l'autorité judiciaire traduits dans leur langue.

Cour constitutionnelle
22 octobre 1996
«Documenti Giustizia», 1996, n° 11, p. 2310

En vertu de l'article 71 du Code de procédure pénale italien, si l'accusé devient incapable de comprendre et d'exprimer sa volonté en raison d'une maladie irréversible, les poursuites doivent être suspendues, ce qui entraîne également la suspension de l'action civile entamée devant le juge pénal pour la réparation du préjudice. La victime ne pouvant toutefois être privée de la possibilité de faire valoir son droit à indemnisation du préjudice matériel et moral, sous peine de violation du principe de l'égalité des parties au procès, la Cour constitutionnelle a établi qu'il fallait admettre le transfert de l'action civile devant le juge civil, même si le Code de procédure ne le prévoit pas.

Article 8

Cour de cassation
9 décembre 1995
«Giustizia civile», 1996, 1e partie, p. 1047

L'action en dédommagement exercée par la vicitime d'un accident de la circulation ou d'un accident du travail doit s'étendre à toutes les conséquences éventuelles de l'accident, y compris la capacité de produire des richesses, de s'adonner à des activités intellectuelles, culturelles ou sportives et de développer des rapports sociaux. Abstraction faite de l'indemnisation versée par une assurance sociale ou privée pour dégâts matériels ou dommages corporels, l'action civile est une action qui doit tendre à éliminer tout préjudice subi, même s'il s'agit d'un préjudice moral découlant du fait que des limitations seront apportées aux relations sociales ou aux activités récréatives.

F. LATVIA / LETTONIE

Article 13

Court Panel on Civil Cases of Riga Regional Court
12 February 1996
Not published

Abstract

Plaintiff G. was unlawfully sentenced to imprisonment for 7 years for a murder on 10 February 1981. The Criminal Court Panel of the Supreme Court of the Latvian SSR dismissed an appeal on 12 March 1981. On 14 December 1992 the Presidium of the Supreme Court overruled the verdict and the case was sent to the police for a new investigation.

On 7 June 1993 the plaintiff was released because of the lack of evidence. She had been in confinement unlawfully from 7 June 1980 until 7 July 1987.

G. brought a claim before the court claiming damages in the form of the minimum wage for a period of 87 months that she was not able to earn because of the imprisonment. The claim was based on Article 18 of the Constitutional Law which provides for compensation to everybody for material and moral injuries caused by unlawful act of arresting or sentencing (Article 14 (6) of the International Covenant on Civil and Political rights). Article 1779 of the Civil Law provides that everyone is obliged to pay for the damages incurred by his/her act or omission.

Full satisfaction was given to the plaintiff by the court of first instance on 16 April 1996. The respondent – the Ministry of Finance – appealed against the judgment arguing that the Ministry can not be a respondent in the case, that the

Ministry has not sentenced the plaintiff and that there are no funds in the budget of the Ministry to cover such expenses. The appeal was dismissed by the court of the second instance on 2 December 1996. The court recognised the Ministry of Finance as a respondent, stating that the State is responsible for acts of unlawful conviction and the Ministry of Finance is the holder of the state budget. Reference to Article 1779 of Civil Law was excluded from the judgment as the relationship between the plaintiff and the State is not civil in character. The plaintiff received compensation of 3 350.25 Latvian Lats (the minimum wage and the courts' expenses). The Ministry of Finance failed to appeal to the court of cassation within 30 days prescribed by law; thus the judgment of the Riga Regional Court entered into force on 2 December 1996.

G. LUXEMBOURG

Article 6

Cour de cassation
18 janvier 1996
Bulletin des droits de l'homme n°s 7-8, juillet 1997

Dans cette affaire pénale, le demandeur en cassation reprochait à la Cour d'appel de ne pas avoir annulé le jugement d'un tribunal qui avait refusé d'interroger les témoins à chargé cités par le ministère public et entendus dans le cadre d'une procédure ayant abouti à un jugement par défaut. La Cour de cassation n'a pas reconnu la violation invoquée de l'article 6 par. 3 d) de la Convention car le demandeur n'avait pas usé de la faculté qu'il avait de faire réentendre les témoins entendus lors de l'instruction à laquelle il avait fait défaut.

Cour d'appel
7 février 1996
Bulletin des droits de l'homme n°s 7-8, juillet 1997

Dans cette affaire, où était invoqué l'article 6 par. 1 de la Convention, la Cour d'appel a dit que ledit article ne faisait pas obstacle à ce que les juges ayant rendu un jugement statuent également sur une requête en interprétation visant ce jugement. Elle a avancé que l'interprétation d'un jugement n'étant pas une voie de recours, la règle qui exige qu'un magistrat ne puisse siéger dans différentes instances au sujet de la même affaire ne s'applique pas.

Cour de cassation
14 mars 1996
Bulletin des droits de l'homme n°s 7-8, juillet 1997

Dans cette affaire civile, la Cour de cassation a cassé un arrêt de la Cour d'appel qui avait violé l'article 6 par. 1 de la Convention, notamment parce qu'il avait rejeté les conclusions du demandeur en cassation, prises moins de cinq jours avant l'audience en réponse à un appel incident formé par conclusions notifiées par l'intimé dix jours seulement avant l'audience.

Article 6
Article 2 du Protocole n° 7

Cour d'appel
4 juin 1996
Bulletin des droits de l'homme n° 6, juillet 1996, pp. 135-139

Dans cette affaire, le Ministère public avait mis en cause l'impartialité d'une juridiction de première instance en raison des contacts ayant existé entre l'un des magistrats de la formation de jugement et un témoin à charge. La Cour d'appel a conclu qu'en l'espèce il y avait eu manquement à l'exigence d'impartialité telle que définie à l'article 6 par. 1 de la Convention européenne des Droits de l'Homme et que, l'article 2 du Protocole n° 7 à la Convention garantissant le principe du double degré de juridiction, l'affaire devait être renvoyée devant la juridiction dans une composition différente.

Article 8

Cour d'appel
13 novembre 1996
Bulletin des droits de l'homme n°s 7-8, juillet 1997

L'arrêt a trait à la condamnation de l'appelante à une amende civile à la suite de son refus de répondre à une question du juge chargé des enquêtes dans une affaire de divorce et portant sur un fait admis en preuve par le tribunal, à savoir l'existence d'une relation adultère qu'elle aurait entretenue avec le défendeur au divorce. L'appelante considérait que cette question constituait une ingérence dans sa vie privée, méconnaissant l'article 8 de la Convention. La Cour d'appel a considéré que le droit à la preuve l'emportait, dans ce cas, sur le droit au respect de la vie privée et que, prévue par la loi, l'ingérence de l'autorité publique dans sa sphère intime était nécessaire à la protection des droits d'autrui, en l'espèce ceux de l'époux demandeur en divorce, d'autant que l'absence de publicité des débats et du jugement ne faisait pas tomber dans le domaine public les dépositions d'un témoin sur sa vie privée.

Article 14

Conseil d'Etat
7 février 1996
Bulletin des droits de l'homme n°s 7-8, juillet 1997

Dans une affaire concernant le non-renouvellement d'un permis de travail pour raisons inhérentes à la situation du marché de l'emploi et au motif que les ressortissants de l'Espace Economique Européen bénéficiaient d'une priorité à l'emploi, le Conseil d'Etat a rejeté le moyen invoqué – à savoir la violation de l'article 14 de la Convention – et dit que la Convention ne garantissait pas le droit au travail.

Décision publiée en 1996 mais adoptée antérieurement.

Article 6

Cour de cassation
18 mai 1995
Bulletin des droits de l'homme n° 6, juillet 1996

Un arrêt ne peut être valablement prononcé que si les mêmes magistrats ont assisté à tous les débats et en ont délibéré.

H. NETHERLANDS / PAYS-BAS

Article 3

Supreme Court
20 October 1995
RVDW 1995, 213

Abstract

Refusal of Roman Catholic deacon training course to allow a woman to partake. No group action via association allowed. No humiliating treatment in the sense of Article 3 of the European Convention on Human Rights. Exception allowed under Dutch Equal Treatment Act in view of freedom of religion. Interpretation of national act and EC directive on equal treatment. The argument that refusing the woman admission to the deacon training course is so much a matter of principle in nature that in fact only one successful court case is needed to claim the same right for other women, and does not mean that the association has its own interest in the claim. Nor does the case involve combining of interests in

the claim other than those of the woman concerned. Furthermore, even without the association participating in the procedure alongside the woman, other women in comparable positions will be able to profit by the practical result of the case, i.e. should the court decide in favour of the woman, courts will in future decide likewise in like cases. The Appeal Court's decision that the deacon training course's refusal to accept the woman solely because of the fact that she is a woman does not constitute humiliating treatment in the sense of Article 3 of the European Convention on Human Rights is no indication of an incorrect interpretation of the law. As regards the applicability of Article 3, the fact that the person concerned experiences the disputed refusal as being humiliating is not decisive. According to Article 5, paragraph 3, (introduction) and under a Dutch Equal Treatment Act and the related Explanatory Memorandum, the legislator intended to create a general exception to the prohibition of discrimination between men and women as regards the admission to and training for religious professions by invoking the freedom of religion or faith as laid down in Article 6 of the Dutch Constitution. As Article 5, paragraph 3, (introduction) and the Dutch Equal Treatment Act cannot be interpreted differently from what was indicated above, the court cannot be exempted from its obligation to interprete national law as much as possible in conformity with the EC directive even though such interpretation must not be assumed to conform exactly to the meaning of Article 2, paragraph 2, of the EC Directive on the equal treatment of men and women.

Supreme Court
6 September 1996
RVDW (1996), 162

Abstract

Aliens law. Summary proceedings. Expulsion of Syrian asylum seekers (Kurds). Factual (therefore not reviewable in cassation) and not incomprehensible evaluation of proof by the Court of Appeal has resulted in a negative answer to the question whether the claim made by the asylum-seekers stands a reasonable chance in court. The asylum-seekers claim that the State is obliged pursuant to Article 3 of the European Convention on Human Rights to refrain from sending rejected Syrian asylum-seekers back to Syria in view of the fact that there are sound reasons to assume that, should they be forced to return to their country, irrespective of their personal situation, they run the genuine risk of being subjected to treatment which is in breach of that treaty stipulation. The evidence submitted in this case concerns primarily a specific part of the population, namely Syrian Orthodox Christians, whereas the parties to the dispute belong – according to their own evidence – to the Kurd population, and there is no proof that the two groups are in similar positions.

Article 5 (4)

Supreme Court
23 February 1996
RVDW 1996, 64

Abstract

Wet BOPZ (Act on Admission Special Hospitalisation). Authorisation to extend hospitalisation. Admissibility Public Prosecutor following expiry temporary authorisation. Duration of the authorisation. Duration of treatment as regards requirement of "at short notice" as included in Article 5, paragraph 4, of the European Convention on Human Rights; motivation. Discounting in duration authorisation of time with which court exceeds the term fixed in Article 17, paragraph 2. As was decided in HR 19 January 1996, NJ 1996, 604 the public prosecutor can request authorisation in the sense of Article 15 even after the temporary authorisation has expired. It must be understood, however, that the interests of the party concerned prohibit such authorisation being granted for more than twelve months counting from the day the current authorisation expires. Hospitalisation from the expiry date of the current authorisation onwards is regarded as voluntary hospitalisation.

As regards the case in hand it cannot be said that the court has acted in breach of the requirement stipulated in Article 5, paragraph 4, of the European Convention on Human Rights that a decision will be taken "at short notice". The court was not obliged to decide on the duration of the consideration of the request. In a case where the public prosecutor has filed a request for authorisation to extend hospitalisation before the current authorisation has expired, one cannot consider the hospitalisation as being voluntary until a decision has been taken as regards such a request (cf. HR 4 November 1994, NJ 1995, 126), even though the period for which the current authorisation was granted may in the meantime have expired. The court, which is free to grant extension of the authorisation for less than a year following the date of its decision, may discount the number of days with which it exceeded the term set in Article 17, paragraph 2, when deciding on the length of the extension. However, it is not obliged to. If it sees no reasons to do so it is in principle not obliged to present any motivation therefor.

Article 6

Supreme Court (Criminal Division)
7 May 1996
DD 96.286

Abstract

1. Photographic records of the police are not procedural documents. If inspection of the photos is of importance as regards the evaluation of the defence, the

defendant cannot be refused this inspection. Limited viewing by the defendant is possible.
2. Direct involvement of the defendant in proven facts is apparent only from the official report given under oath. As the defence has not cross-examined the witness and as the latter's statement is insufficiently supported by other evidence the use of this report is in breach of Article 6, paragraph 3 (*d*) of the European Convention on Human Rights.

Article 8

Supreme Court
16 June 1995
RVDW 1995, 134

Abstract

Request to repeal bankruptcy. Impartiality of the court. Admissibility of appeal against decision delegated judge pursuant to Article 69 of the Bankruptcy Act. Sale of house bankrupt: weighing of interests of property creditors against those of bankrupt, co-owner and child in view of Article 8 of the European Convention on Human Rights. The fact that the court in this Article 67 of the Bankruptcy Act procedure had also decided on the request for repeal of the moratorium and the adjudication of being bankrupt of the same party, objectively considered, does not justify any doubts regarding its impartiality towards the circumstances of the case because at the time the court had to answer entirely other questions than are the subject of this procedure (cf. European Coourt of Human Rights 24 May 1989, Hauschildt v. Denmark, Series A no. 154; NJ 1990, 627, ^U 48). Article 69 of the Bankruptcy Act is not intended to allow those who state to have a claim on the bankrupt to press this claim against the bankrupt's assets instead of offering it for verification to the liquidator. The delegated judge's decision to impose a monthly deduction on the bankrupt's income is a decision in the sense of Article 21 under Bankruptcy Act and such a decision is not open to appeal pursuant to Article 67, paragraph 2, of the Bankruptcy Act. The court's decision that there is no reason to repeal the bankruptcy in view of the existing overvalue of the house is no indication of an incorrect interpretation of the second paragraph of Article 8 of the European Convention on Human Rights which requires the proper weighing of the interests of on the one hand the property creditors and on the other hand the bankrupt, the co-owner and their child.

Central Appeals Court – Public service and social security matters
20 February 1996
RSV 1996/254

Abstract

Observations by means of security cameras not in breach of Article 8 of the European Convention on Human Rights. Pursuant to Article 8, paragraph 2, of the European Convention on Human Rights the State may infringe the right of privacy in so far as this is statutorily allowed and necessary in a democratic society in view of, e.g., the economic welfare of the country, safeguarding public order and prevention of crime. *In casu* the observations were made by two social detectives in the context of tracing criminal offences. The statutory basis for these investigative actions can be found in Articles 141 and 142 of the Code of Criminal Procedure. Direct observations must in view of Article 8 of the European Convention on Human Rights meet the requirements of proportionality and subsidiarity. This means among other things that there must be sufficient concrete indications to justify the assumption of social security fraud. As regards evaluating proportionality it is furthermore important to know that nothing more could be seen by means of the video camera than could have been perceived by an investigative civil servant physically present on the spot. Also the observations were limited to what happened outside the house. It is furthermore important that the observations lasted only three weeks and that the disputed means of observation was chosen because the house could not otherwise be observed unnoticed for any length of time due to its location. The question whether the disputed observations were in breach of criminal procedural law is to be decided by the criminal court. In administrative proceedings it will have to be decided whether use of the data by the executive organisation must be considered in breach of applicable legislation or any principle of proper administration. *In casu* the observations were not illegal.

Supreme Court
22 December 1995
RVDW 1996, 10

Abstract

Mother requests parental access on behalf of the child. "Family life" as covered by Article 8 of the European Convention on Human Rights; no "family life" with biological father based solely on procreation. Scope of the child's right to know its parents (Article 7 of the Treaty on the Rights of the Child); no right to personal contact with father if he refuses this. The basic requirements for "family life" depend on the circumstances under which Article 8 of the European Convention on Human Rights is invoked; another decisive factor is who submits the appeal. In a case where a child invokes the protection of Article 8 in order to bring about some form of contact with the biological father fewer requirements

have to be met than if the biological father should appeal for some sort of access to a child fathered by him but not acknowledged.

In view also of the European Court of Human Rights' case-law – especially the decisions of 21 June 1988, Series A no. 138, NJ 1988, 746 (Berrehab), 26 May 1994, Series A no. 290, NJ 1995, 247 (Keegan) and 27 October 1994, Series A no. 297, NJ 1995 (Kroon) – it must be assumed that even if a child requests access to his biological father the mere fact that the biological father sired the child does not constitute a "family life" tie in the sense of Article 8 of the European Convention on Human Rights. The nature and stability of the relationship between the mother and the father preceding the child's birth cannot be ignored. Article 7, paragraph 1, of the Treaty on the Rights of the Child stipulates that the child in so far as possible has the right to know its parents and to be cared for by them. This right of the child to know its parents encompasses more than the mere right to know their names. However, it is unlikely that the countries party to the treaty intended this right to have such a wide scope as to allow the child to demand personal contact with its biological father if the latter has not acknowledged the child and does not wish to know it.

Article 10

Supreme Court
10 May 1996
RVDW 1996, 112

Abstract

Evidence presented by witnesses; right of refusal. Journalist need not disclose his sources during (preliminary) hearing of witnesses. Based on European Court of Human Rights 27 March 1996, NJ 1996, 577 the *Hoge Raad* reconsiders its opinion as laid down in its decision of 11 November 1977, NJ 1978, 399. The European Court of Human Rights decision entails that it must be accepted that pursuant to the first paragraph of Article 10 of the European Convention on Human Rights a journalist in principle has the right to refuse answering questions if such answers entail the risk of disclosing his sources. However, a court need not accept any appeal to this right if it is of the opinion that in view of the special circumstances of the case in hand disclosure of this source is necessary in a democratic society in view of one or more of the interests mentioned in the second paragraph of the aforementioned article, interests which will have to be claimed and, if needs be, proven by whoever wishes to hear the journalist.

I. SWITZERLAND / SUISSE

Article 3

Tribunal fédéral
11 septembre 1996
Recueil officiel des arrêts du T. f., 122 II, 1996, pp. 378-381

La décision de l'office fédéral de la police accordant l'extradition peut être attaquée par la voie du recours administratif, le recours de droit public étant irrecevable. L'extradition doit être subordonnée à des assurances, de la part de l'Etat requérant, quant aux conditions de détention de la personne dont l'extradition est demandée.

Article 5

Cour de cassation
31 janvier 1996
«La Semaine Judiciaire», 1996, pp. 363-370

Contrairement à l'internement ou à l'hospitalisation, la soumission à un traitement ambulatoire d'un délinquant irresponsable ne constitue pas une privation de liberté au sens de l'article 5 par. 1 de la Convention et le Conseil de surveillance psychiatrique genèvois jouit d'une indépendance suffisante pour être considéré comme un tribunal au sens de l'article 5 par. 4 de la Convention. En matière d'affection mentale, l'intérêt du malade peut, le cas échéant, justifier de modérer les exigences de la motivation d'une telle décision.

Tribunal fédéral
19 mars 1996
Recueil officiel des arrêts du T. f., 122 I, 1996

Malgré le fait que, depuis l'arrêt rendu par la Cour européenne des Droits de l'Homme dans l'affaire *Navarra*, les exigences posées par l'article 5 par. 4 de la Convention s'appliquent aussi à la procédure d'appel lorsque l'Etat prévoit un système à deux instances pour juger de la nécessité d'une privation de liberté (à des fins d'assistance en l'espèce), l'appréciation globale du système instauré dans le canton de Zurich permet de qualifier cette procédure d'appel de procédure simple et rapide.

Article 6

Tribunal fédéral
5 février 1996
Recueil officiel des arrêts du T. f., 122 V, 1996

L'obligation d'organiser des débats publics au sens de l'article 6 par. 1 de la Convention suppose une demande de l'une des parties au procès et de simples requêtes de preuves ne suffisent pas à fonder une telle obligation.

Tribunal fédéral
3 mai 1996
Recueil officiel des arrêts du T. f., 122 V, 1996, pp. 157-165

L'article 6 par. 1 de la Convention n'autorise pas à confier des expertises médicales à des médecins indépendants de l'institution d'assurances sociales lorsque le litige concerne des prestations. L'administration et le juge des assurances sociales peuvent, en vertu de la libre appréciation des preuves, statuer sur la base des seules données ressortant du dossier de l'institution d'assurances sociales à condition que celles-ci soient impartiales et fiables.

Tribunal fédéral
20 mai 1996
Recueil officiel des arrêts du T. f., 122 I, 1996, pp. 253-256

L'absence de recours joint dans la procédure de recours public ne constitue ni une lacune de la loi ni une violation du principe de l'égalité des armes tel qu'établi à l'article 6 de la Convention.

Tribunal fédéral
11 juin 1996
«La Semaine judiciaire», 1996, pp. 608-612

La Cour de cassation du Tribunal fédéral doit rectifier d'office les constatations reposant sur une inadvertance manifeste et doit invalider celles qui se contredisent de façon flagrante. Il n'existe pas de principe général imposant à une juridiction cantonale dont l'arrêt a été annulé par le Tribunal fédéral de statuer à nouveau dans une composition différente. La participation d'un juge aux deux arrêts de la Cour de justice est compatible avec l'article 6 par. 1 de la Convention.

Tribunal fédéral
14 août 1996
Recueil officiel des arrêts du T. f., 122 II, 1996, pp. 359-366

Le retrait de permis de conduire à titre préventif étant ordonné pour motifs de sécurité et indépendamment de la faute, peut être ordonné sans qu'il y ait un jugement pénal. Pour la même raison, la présomption d'innocence n'entre pas en considération et, du fait de la nature provisoire de la mesure, les autres garanties de procédure visées à l'article 6 de la Convention ne peuvent être invoquées.

Tribunal fédéral
13 septembre 1996
«La Semaine judiciaire», 1996, pp. 685-687

L'indépendance et l'impartialité du juge à l'égard des autres pouvoirs de l'Etat et des parties sont assurées avant tout par les règles cantonales sur les incompatibilités et la récusation. Lorsque celles-ci sont inexistantes ou insuffisantes, le justiciable peut invoquer directement l'article 6 par. 1 de la Convention pour obtenir que sa cause soit examinée par un tribunal indépendant et impartial. La présence au sein d'un tribunal de juges suppléants ou à temps partiel exerçant accessoirement la profession d'avocat n'autorise pas à les soupçonner de partialité car on peut présumer leur capacité à faire la différence entre leur fonction de juge et leur activité professionnelle privée.

Tribunal fédéral
27 septembre 1996
Recueil officiel des arrêts du T. f., 122 I, 1996, pp. 294-303

Constitue une contestation sur des droits et obligations de caractère civil au sens de l'article 6 par. 1 de la Convention la question de savoir si, dans le cadre de l'établissement d'un plan d'affection des sols, existe ou non une obligation de classer certaines surfaces en zônes à bâtir. le Tribunal administratif est tenu de connaître d'un recours dirigé contre un refus de classer.

Articles 6 et 14

Tribunal fédéral
10 avril 1996
«La Semaine judiciaire», 1996, pp. 523-531

Le refus par l'autorité judiciaire d'envoyer le dossier d'un inculpé à son avocat lorsque celui-ci est établi dans un autre canton – alors que, dans la pratique, un

confrère établi dans le canton du siège de la juridiction pourrait l'obtenir – constitue une discrimination inadmissible, préjudiciable à la défense des justiciables.

Article 6 de la Convention
Article 2 du Protocole n° 7

Tribunal fédéral
6 février 1996
Recueil officiel des arrêts du T. f., 122 I, pp. 36-38

Une réglementation cantonale qui prévoit uniquement la possibilité d'obtenir la révision d'une condamnation prononcée par défaut – en excluant le recours à un second degré de juridiction – ne viole pas la Convention.

Tribunal fédéral
6 février 1996
«La Semaine judiciaire, 1996, pp. 510-512

La personne condamnée par défaut peut se voir imposer légitimement l'obligation de requérir la révocation du jugement par contumace, à l'exclusion de tout recours immédiat à une juridiction supérieure. En principe, une procédure par contumace n'est pas incompatible avec les règles de la Convention si la personne condamnée par défaut peut ultérieurement requérir de l'autorité qu'elle réexamine, en fait et en droit, après l'avoir entendue, le bien-fondé des accusations portées contre elle.

Article 8

Tribunal fédéral
18 janvier 1996
Recueil officiel des arrêts du T. f., 122 II, 1996

Le refus d'accorder une autorisation de séjour à l'époux étranger d'une ressortissante étrangère ayant obtenu l'asile en Suisse a été jugé injustifié au regard de l'article 8 par. 2 de la Convention.

Tribunal fédéral
11 avril 1996
«La Semaine judiciaire», 1996, pp. 453-459

L'avocat qui exerce pour le compte de son client des activités qui ne relèvent

pas spécifiquement du barreau ne peut se prévaloir, à leur propos, du secret professionnel. L'article 8 de la Convention permet la perquisition dans les locaux professionnels d'un avocat si cette ingérence est prévue par la loi, nécessaire à la prévention des infractions pénales, effectuée dans le respect des garanties de procédure et proportionnée au but recherché.

Tribunal fédéral
2 mai 1996
Recueil officiel des arrêts du T. f., 122 I, 1996, pp. 182-200

L'interlocuteur d'un suspect placé sur écoute, de même que les autres usagers d'un raccordement surveillé, bénéficient d'une protection constitutionnelle propre; ils peuvent exiger que la légalité de l'écoute soit contrôlée *a posteriori* et que les conversations téléphoniques ne soient pas divulguées ni utilisées à leur encontre. L'écoute téléphonique de l'autre usager du raccordement surveillé et l'utilisation des conversations téléphoniques comme moyens de preuve recueillis par hasard sont, en l'espèce, conformes à la Constitution et la Convention et l'existence d'un soupçon préalable n'est pas exigée en pareil cas. La personne légalement surveillée ne peut pas se fonder sur le droit de refuser de témoigner en raison d'un lien de parenté ni sur le droit de garder le silence en sa qualité d'accusé.

Tribunal fédéral
3 octobre 1996
Recueil officiel des arrêts du T. f., 122 II, 1996, pp. 385-396

Pour l'enfant de parents étrangers vivant séparés, né à l'étranger d'une précédente union, un droit au regroupement familial suppose qu'il entretienne la relation familiale la plus étroite avec le père ou la mère vivant en Suisse.

Articles 8 et 14

Tribunal fédéral
7 novembre 1996
Recueil officiel des arrêts du T. f., 122 III, 1996, pp. 414-419

Selon le Code civil suisse, l'enfant de parents mariés acquiert leur nom de famille. Si celui-ci correspond au nom du père, les parents ne peuvent pas exiger que l'enfant soit inscrit au registre des naissances sous le nom de la mère. Il n'y a pas divergence entre le Code civil suisse et les articles 8 et 14 de la Convention.

Article 4 du Protocole n^0 7

Tribunal fédéral
24 septembre 1996
Recueil officiel des arrêts du T. f., 122 I, 1996, pp. 257-267

Une condamnation pour soustraction à l'impôt infligée à la suite d'une condamnation pour usage de faux ne viole pas le principe *ne bis in idem* (changement de jurisprudence).

Sélection de décisions publiées en 1996 mais adoptées antérieurement

Article 3

Commission de recours en matière d'asile
16 mai 1995
Jurisprudence des autorités administratives, 1996, pp. 341-355

Les moyens invoqués tardivement ouvrent néanmoins droit à la révision d'une décision entrée en vigueur lorsqu'il apparaît certain que le requérant est menacé de persécutions ou de traitements contraires aux droits de l'homme. En pareil cas, la révision se limite aux questions touchant à la qualité de réfugié et à la licité de l'exécution du renvoi et ne porte pas sur l'octroi de l'asile.

Articles 3, 5 et 13

Tribunal fédéral
2 juillet 1992
«Journal des Tribunaux», 1996, pp. 259-268

En cas de privation injustifiée de liberté à des fins d'assistance psychiatrique, la personne lésée dispose, selon le Code civil suisse, d'un recours effectif au sens de l'article 13 de la Convention. Les articles 5 par. 1 e) de la Convention et 397a du Code civil suisse fixent les conditions auxquelles une personne peut être privée de sa liberté mais ne se prononcent pas sur la manière dont l'assistance doit être prodiguée. Ces dispositions ne constituent donc pas une norme de responsabilité civile dont peut se prévaloir la personne ayant subi un traitement forcé dans un établissement psychiatrique.

Article 5

Tribunal fédéral
13 octobre 1994
«Journal des Tribunaux», 1996, pp. 109-112

La Chambre d'accusation est compétente pour examiner les recours en matière de détention (changement de jurisprudence). La détention préventive ordonnée uniquement en raison d'un risque de collusion ne peut être prolongée au-delà de 14 jours qu'avec l'autorisation de la Chambre d'accusation (changement de jurisprudence).

Article 6

Tribunal fédéral
22 août 1994
«Journal des Tribunaux», 1996, pp. 183-188

Le Code de procédure pénale argovien prévoit que, dans les affaires pénales, la défense est, en principe, assurée par des avocats titulaires d'un brevet. Ne viole pas le principe de l'égalité de traitement le fait que des proches de l'accusé, qui ne sont pas titulaires d'un tel brevet, soient autorisés exceptionnellement à intervenir comme défenseurs alors que pareille autorisation est refusée à l'avocat étranger. La limitation du choix d'un défenseur aux avocats titulaires d'un brevet ne viole ni pas l'article 6 par. 3 c) de la Convention consacrant le droit d'un accusé de se faire assister par un défenseur de son choix.

Autorité indépendante d'examen des plaintes en matière de radio-télévision
3 février 1995.
Jurisprudence des autorités administratives de la Confédération, 1996, pp. 169-175

Les instructions d'une autorité fédérale, cantonale ou communale fondées sur le droit fédéral limitent l'indépendance et l'autonomie des médias. L'interdiction de préjuger un inculpé est violée lorsque les journalistes qui font un reportage sur un procès en cours présentent une image partiale et unilatéralement négative qui suggère la culpabilité de l'accusé.

Tribunal fédéral
7 juillet 1995
«La Semaine judiciaire», 1996, pp. 166-175

L'attestation d'intégralité – qui a pour but de faire apparaître toutes les relations contractuelles entre la banque et le contribuable durant les périodes de calcul déterminantes pour la procédure de taxation ou pour soustraction d'impôt – repose sur une base légale suffisante et est de nature à établir avec clarté et sécurité l'ensemble des relations d'un contribuable avec l'établissement bancaire dont il est client; elle permet à l'intéressé de démontrer l'exactitude des indications qu'il a données dans sa déclaration de revenus. La sanction prononcée contre le contribuable qui refuse de produire une telle attestation dans une procédure pour soustraction fiscale ne viole ni son droit à ne pas témoigner contre lui-même ni la présomption d'innocence.

Tribunal fédéral
7 juillet 1995
«Journal des Tribunaux», 1996, pp. 695-699

Le retrait du permis de conduire est une décision sur le bien-fondé d'une accusation pénale au sens de l'article 6 par. 1 de la Convention. L'article 6 par. 3 d) prescrit que tout accusé a le droit d'interroger ou de faire interroger les témoins à charge. Le principe selon lequel l'autorité administrative ne peut s'écarter des faits retenus au pénal s'applique également lorsque la décision a été rendue à l'issue d'une procédure sommaire et notamment lorsque la personne impliquée savait ou aurait dû prévoir, en raison de la gravité des faits qui lui sont reprochés, qu'il y aurait une procédure de retrait du permis ou lorsqu'elle en a été informée mais a omis de faire valoir ses droits ou y a renoncé. L'autorité administrative viole les règles de la bonne foi lorsqu'elle fait savoir à l'intéressé que son cas sera réexaminé à l'issue de la procédure pénale sommaire mais ne procède à aucun complément d'instruction avant de rendre sa décision.

Tribunal fédéral
11 octobre 1995
«Journal des Tribunaux», 1996, pp. 691-694

Le retrait de permis est une décision sur une accusation pénale au sens de l'article 6 par. 1 de la Convention; les intéressés ont donc droit aux garanties découlant de cet article et notamment à une audience publique devant un tribunal indépendant et impartial. Les cantons sont tenus d'assurer la protection juridique garantie par ledit article même lorsque leur législation ne le prévoit pas.

Tribunal fédéral
17 novembre 1995
«La Semaine judiciaire», 1996, pp. 213-217

Le droit à la publicité des débats pénaux étant de nature formelle, sa violation entraîne l'annulation de la décision attaquée sans qu'il soit nécessaire de se demander si la publicité aurait modifié l'issue du procès. Des mesures peuvent être légitimement prises en vue de procéder à l'audition d'un témoin sans que celui-ci soit vu ni reconnu par sa voix, si l'on s'est assuré qu'il n'y a pas eu substitution de personne ; cette protection ne saurait cependant justifier à elle seule une suspension de la publicité de l'audience.

Tribunal fédéral
22 novembre 1995
«La Semaine judiciaire», 1996, pp. 204-206

Dans les procédures de divorce, les juges conciliateurs proposent fréquemment aux parties une convention de divorce ou les assistent dans l'élaboration d'une telle convention. A l'inverse, une convention de divorce préparée par les parties elles-mêmes doit être examinée d'office par le juge, qui vérifie son admissibilité et son caractère complet, clair et approprié. L'indépendance des tribunaux, garantie par l'article 6 par. 1 de la Convention, offre une assurance suffisante que les parties soient conseillées par un juge impartial dans le cadre de la négociation de leur convention; il n'existe pas de droit constitutionnel à l'assistance juridique gratuite pour des conseils hors procédure.

Articles 6 et 7

Tribunal fédéral
4 avril 1995
Revue de droit administratif et de droit fiscal, 1996, pp. 172-773

Le principe *ne bis in idem* suppose que le fait incriminé ait fait l'objet d'une première procédure au cours de laquelle le juge a eu la possibilité d'apprécier la cause sous tous ses aspects. Tel n'est pas le cas en matière d'impôt fédéral direct car chacune des deux autorités compétentes n'a qu'une compétence limitée, l'une appréciant la soustraction à l'impôt et l'autre l'usage de faux. Par ailleurs, le principe *nulla poena sine lege* interdit au juge, lorsqu'il interprète la loi, de créer de nouvelles infractions par analogie.

Article 8

Tribunal fédéral
26 avril 1995
«La Semaine judiciaire», 1996, pp. 293-299

Le Tribunal administratif n'est pas compétent pour connaître du recours d'un tiers prétendant avoir un droit propre à consulter le dossier médical d'une personne décédée; seule est ouverte la voie du recours au Conseil d'Etat. Le droit de consulter un dossier médical clos peut être reconnu à un tiers titulaire d'un intérêt digne de protection, tel un proche parent. Ce droit peut, toutefois, être limité par un intérêt privé au maintien du secret, et notamment par l'intérêt de la personne décédée; dans ce cas, la limitation peut consister dans l'obligation de consulter le dossier par l'intermédiaire d'un médecin.

Commission de recours en matière d'asile
6 novembre 1995
Jurisprudence des autorités administratives, 1996, pp. 298-306

La notion de famille englobe les conjoints et parties constituant de façon durable un rapport analogue au mariage (concubins) ainsi que les enfants mineurs, la majorité étant déterminée sur la base du Droit suisse. Dans certaines circonstances, la notion de famille peut être élargie à d'autres proches parents vivant effectivement avec la famille.

Articles 8 et 10

Tribunal fédéral
16 décembre 1993
«Journal des Tribunaux», 1996, p. 191

Le refus de transmettre des lettres adressées par un détenu à un tiers et contenant des remarques inconvenantes et injurieuses à l'égard des autorités pénitentiaires viole l'article 8 de la Convention.

Articles 8 et 12

Tribunal fédéral
3 mars 1993
«Journal des Tribunaux», 1996, pp. 337-343

Un mariage conclu entre personnes du même sexe heurte l'ordre public suisse et ne saurait donc être reconnu. Le refus de le reconnaître ne viole pas les articles 8 et 12 de la Convention.

J. UNITED KINGDOM / ROYAUME-UNI

Article 8

House of Lords
2 July 1995
All England Law Reports, 1996 Vol. 3, pp. 289-303 (17 July 1996)

Abstract

The case concerned the question in United Kingdom law whether in a criminal trial evidence as to the terms of tape recorded conversations obtained by means of an electronic listening device attached by the police to a private house without the knowledge of the owners or occupiers was admissible against the defendant. The defendant claimed *inter alia* that the admission of the tape recording in evidence would breach the right to respect for private and family life and home protected by Article 8 of the European Convention on Human Rights; and/or that even if the tape recording was admissible, the judge should exercise his discretion under section 78 (1) of the Police and Criminal Evidence Act 1984 to exclude it because of the breach of Article 8 that admissibility would involve.

In reaching its decision, the House of Lords observed that the European Convention on Human Rights had not been enacted into UK statutory law, and its influence was limited to persuasive assistance in helping resolve legal questions upon which there was some ambiguity or doubt, which was not the situation in the present case.

The House of Lords decided that under English law there was in general nothing unlawful about a breach of privacy, and that relevant evidence obtained by the police by improper or unfair means was admissible in a criminal trial, including evidence obtained by the use of surveillance devices which invaded a person's privacy. Section 78 of the Police and Criminal Evidence Act 1984 permitted the judge to exclude evidence which rendered the trial unfair, but breach of the rights contained within Article 8 of the European Convention on Human Rights did not of itself mean that the trial was unfair.

Article 8

Court of Appeal
3 November 1995
Law Reports, 1996, Queen's Bench Division, pp. 517-566 (n.d.)

Abstract

The case concerned the lawfulness of the discharge of four persons from the armed forces between November 1994 and January 1995 on the sole ground that they were of homosexual orientation. The policy of the Ministry of Defence was that homosexuality was incompatible with service in the armed forces and that

personnel known to be homosexual or engaging in homosexual activity would be administratively discharged. The policy was supported by Parliament which had considered the matter in debate and select committee in 1986 and 1991, and by advice received from senior members of the services. A ban on homosexual persons serving in the armed services, however, had been recently withdrawn in respect of Nato and some other Commonwealth countries. It was claimed on behalf of the applicants *inter alia* that their dismissal was irrational and contrary to Article 8 of the European Convention on Human Rights.
The Court of Appeal upheld the dismissal of the four persons, on the ground that the policy and decision as applied at the time could not be stigmatised as having been an irrational exercise of an administrative discretion.

The court stated that under the existing law of the United Kingdom, the influence of human rights in the judicial review of an administrative discretion was that, "The court may not interfere with the exercise of an administrative discretion on substantive grounds save where the court is satisfied that the decision is unreasonable in the sense that it is beyond the range of responses open to a reasonable decision-maker. But in judging whether the decision-maker has exceeded this margin of appreciation the human rights context is important. The more substantial the interference with human rights, the more the court will require by way of justification before it is satisfied that the decision is reasonable in the sense outlined above". The court further remarked that Article 8 of the European Convention on Human Rights was not enforceable in the United Kingdom and that it was not useful for the court to consider questions and proffer answers relating to any future liability under the Convention.

Article 10

House of Lords
12 December 1995
All England Law Reports, 1996 Vol. 2, pp. 35-64 (27 March 1996)

Abstract

The case concerned the quantum of damages in libel and slander. In a successful defamation action brought by the plaintiff, a well-known singer and musician, against a national newspaper, damages amounting to £350,000 damages were awarded by the jury. The newspaper article in question had alleged that the plaintiff suffered from a bizarre eating disorder. The newspaper appealed to the Court of Appeal, claiming *inter alia* that the sums awarded were grossly excessive. It relied *inter alia* on the right to freedom of expression contained in Article 10 of the European Convention on Human Rights, as interpreted by the European Court of Human Rights in the case of *Tolstoy Miloslavsky v. the United Kingdom* (1995) 20 EHRR 442.

The Court accepted that the size of the award of damages was excessive and reduced them to £75,000. In its judgment, the Court of Appeal remarked that the

European Convention on Human Rights was not a free-standing source of law in the United Kingdom, but there was no conflict or discrepancy between Article 10 of the Convention and the Common law. The court emphasised that its reached its particular decision in the present case independently of the Convention, and would have reached it even if the Convention did not exist.

APPENDIX A / ANNEXE A

Documentation

COUNCIL OF EUROPE DOCUMENTS / DOCUMENTS DU CONSEIL DE L'EUROPE

Working papers of the Parliamentary Assembly / Documents de séance de l'Assemblée parlementaire

Doc. 7407: Opinion from the Committee on Science and Technology on electronic democracy
Avis de la Commission de la science et de la technologie sur la démocratie électronique

Doc. 7410: Motion for a recommendation on temporary protection for people forced to flee their country
Proposition de recommandation sur la protection temporaire de personnes obligées de fuir leur pays

Doc. 7411: Motion for a recommendation on denial of human rights to Greek Cypriots living in the Karpass area of northern Cyprus
Proposition de recommandation sur le déni des droits de l'homme frappant les Grecs chypriotes installés dans la péninsule de Karpas dans la partie nord de Chypre

Doc. 7412: Motion for an order on the implementation of Council of Europe standards and principles concerning the protection of national minorities
Proposition de directive sur l'application des normes et principes du Conseil de l'Europe relatifs à la protection des minorités nationales

Doc. 7420: Communication from the Committee of Ministers – invitation to Ukraine to become a member of the Council of Europe
Communication du Comité des Ministres – Invitation à l'Ukraine à devenir membre du Conseil de l'Europe

Doc. 7422: Supplementary reply from the Committee of Ministers to Recommendation 1203 (1993) on Gypsies in Europe
Réponse complémentaire du Comité des Ministres à la Recommandation 1203 (1993) relative aux Tsiganes en Europe

Doc. 7423: Reply from the Committee of Ministers to Recommendation 1259 (1995) on the situation in Cyprus (recent political developments)
Réponse du Comité des Ministres à la Recommandation 1259 (1995) relative à la situation à Chypre (développements politiques récents)

Doc. 7426: Motion for an order on alleged violations of human rights in Cyprus
Proposition de directive sur les violations alléguées des droits de l'homme à Chypre

Doc. 7429: Written question No. 362 by MM. Hagård, Janson and Mrs Wohlwend on non-payment of compensation despite a decision by the European Court of Human Rights
Question écrite n° 362 de MM. Hagård, Janson et Mme Wohlwend relative aux non-paiement de l'indemnité malgré la décision de la Cour européenne des Droits de l'Homme

Doc. 7431: Supplementary reply from the Committee of Ministers to Recommendation 1121 (1990) on the rights of children
Réponse complémentaire du Comité des Ministre à la Recommandation 1121 (1990) relative aux droits des enfants

Doc. 7433: Report from the Political Affairs Committee on the request by the United States of America for observer status with the Council of Europe
Rapport de la Commission des questions politiques sur la demande de statut d'observateur auprès du Conseil de l'Europe par les Etats-Unis d'Amérique

Doc. 7438: Communication from the Committee of Ministers – Resolution (95) 37 on observer status for the United States of America with the Council of Europe
Communication du Comité des Ministres – Résolution (95) 37 relative au statut d'observateur pour les Etats-Unis d'Amérique auprès du Conseil de l'Europe

Doc. 7439: Report from the Committee on Legal Affairs and Human Rights on the procedure for examining candidatures for the election of judges to the European Court of Human Rights
Rapport de la Commission des questions juridiques et des droits de l'homme sur la procédure d'examen des candidatures à l'élection de juge à la Cour européenne des Droits de l'homme

Doc. 7440: Report and addendum from the Committee on Migration, Refugees and Demography on refugees, displaced persons and reconstruction in certain countries of the former Yugoslavia
Rapport et addendum de la Commission des migrations, des réfugiés et de la démographie sur les réfugiés, les personnes déplacées et la reconstruction dans certains pays de l'ancienne Yougoslavie

Doc. 7442: Report from the Committee on Legal Affairs and Human Rights on the rights of national minorities Rapport de la Commission des question juridiques et des droits de l'homme sur les droits des minorités nationales

Doc. 7443: Report and addenda from the Political Affairs Committee on Russia's request for membership of the Council of Europe
Rapport et addendums de la Commisssion des questions politiques sur la demande d'adhésion de la Russie au Conseil de l'Europe

Doc. 7444: Report from the Committee on Migration, Refugees and Demography on Albanian asylum-seekers from Kosovo
Rapport de la Commission des migrations, des réfugiés et de la démographie sur les demandeurs d'asile albanais du Kosovo

Doc. 7445: Report and addendum on Turkey's respect of commitments to constitutional and legislative reforms (follow-up to Recommendation 1266 (1995)
Rapport et addendum sur le respect par la Turquie des engagements concernant la réforme constitutionnelle et législative (suites à donner à la Recommandation 1266 (1995))

Doc. 7447: Communication from the Committee of Ministers – election of a member of the European Court of Human Rights in respect of Andorra
Communication du Comité des Ministres – Election d'un membre de la Cour européenne des Droits de l'Homme au titre de l'Andorre

Doc. 7450: Reply from the Committee of Ministers to Recommendation 1278 (1995) on refugees and asylum-seekers in central and eastern Europe
Réponse du Comité des Ministres à la Recommandation 1278 (1995) relative aux réfugiés et aux demandeurs d'asile en Europe centrale et orientale

Doc. 7454: Opinion from the Committee on Economic Affairs and Development on electronic democracy
Avis de la Commission des questions économiques et du développement sur la démocratie électronique

Doc. 7455: Opinion from the Committee on Culture and Education on electronic democracy
Avis de la Commission de la culture et de l'éducation sur la démocratie électronique

Doc. 7457: Reply from the Committee of Ministers to Written Question No. 362 by MM. Hagård, Jansson and Mrs Wohlwend on non-payment of compensation awarded by way of just satisfaction by the European Court of Human Rights
Réponse du Comité des Ministres à la question écrite nº 362 de MM. Hagård, Jansson et Mme Wohlwend relative au non-paiement des indemnités accordées par la Cour euorpéenne des Droits de l'Homme au titre de la satisfaction équitable

Doc. 7458: Reply from the Committee of Ministers to Recommendation 1282 (1996) on the request by the United States of America for observer status with the Council of Europe
Réponse du Comité des Ministres à la Recommandation 1282 (1996) relative à la demande de statut d'observateur auprès de Conseil de l'Europe par les Etats-Unis d'Amérique

Doc. 7461: Request for an opinion by the Committee of Ministers on Japan's application for observer status with the Council of Europe
Demande d'avis du Comité des Ministres sur la demande de statut d'observateur auprès du Conseil de l'Europe par le Japon

Doc. 7462: Opinion from the Committee on Legal Affairs and Human Rights on electronic democracy
Avis de la Commission des questions juridiques et des droits de l'homme sur la démocratie électronique

Doc. 7463: Opinion from the Committee on Legal Affairs and Human Rights on Russia's application for membership of the Council of Europe
Avis de la Commission des questions juridiques et des droits de l'homme sur la demande d'adhésion de la Russie au Conseil de l'Europe

Doc 7466: Reply from the Committee of Ministers to Recommendation 1246 (1994) on the abolition of capital punishment
Réponse du Comité des Ministres à la Recommandation 1246 (1994) relative à l'abolition de la peine de mort

Doc. 7467: Reply from the Committee of Ministers to Recommendation 1257 (1995) on the conditions of detention in Council of Europe member states
Réponse du Comité des Ministres à la Recommandation 1257 (1995) relatives aux conditions de détention dans les Etats membres du Conseil de l'Europe

Doc. 7470: Opinion from the Political Affairs Committee concerning refugees, displaced persons and reconstruction in certain countries of the former Yugoslavia
Avis de la Commission des questions politiques concernant les réfugiés, les personnes déplacées et la reconstruction dans certains pays de l'ancienne Yougoslavie

Doc. 7471: Opinion from the Committee on Migration, Refugees and Demography on rights of national minorities
Avis de la Commission des migrations, des réfugiés et de la démographie sur les droits des minorités nationales

Doc. 7472: Opinion from the Committee on Legal Affairs and Human Rights on refugees, displaced persons and reconstruction in certain countries of the former Yugoslavia
Avis de la Commission des questions juridiques et des droits de l'homme sur les réfugiés, les personnes

déplacées et la reconstruction dans certains pays de l'ancienne Yougoslavie

Doc. 7475: Motion for an order on the creation of an *ad hoc* committee on Chechnya
Proposition de directive sur la création d'une commission *ad hoc* sur la Tchétchénie

Doc. 7477: Written question No. 364 on homosexual rights in Romania
Question écrite n° 364 sur les droits des homosexuels en Roumanie

Doc. 7478: Motion for a resolution on the setting up of an Assembly committee on equality between women and men
Proposition de résolution sur la création d'une commission de l'Assemblée pour l'égalité entre les femmes et les hommes

Doc. 7485: Motion for a recommendation on the situation of refugee women in Europe
Proposition de recommandation sur la situation des femmes réfugiées en Europe

Doc. 7487: Motion for a resolution on the Kurdish question
Proposition de résolution sur la question kurde

Doc. 7488: Motion for a recommendation on the need for a new approach to relations between national minorities and the majority
Proposition de recommandation sur la nécessité d'une nouvelle approche dans les rapports entre les minorités nationales et la majorité

Doc. 7490: Communication from the Committee of Ministers – invitation to the Russian Federation to become a member of the Council of Europe
Communication du Comité des Ministres – Invitation à la Fédération de Russie à devenir membre du Conseil de l'Europe

Doc. 7496: Reply from the Committee of Ministers to Recommendation 1277 (1995) on migrants, ethnic minorities and media
Réponse du Comité des Ministres à la Recommandation 1277 (1995) relative aux migrants, aux minorités ethniques et aux médias

Doc. 7497: Motion for a recommendation on refugees, asylum-seekers and displaced persons in the countries of the Commonwealth of Independent States (CIS)
Proposition de recommandation sur les réfugiés, les demandeurs d'asile et les personnes déplacées dans les pays de la Communauté d'Etats indépendants (CEI)

Doc. 7500: Report from the Political Affairs Committee on the request by Japan for observer status with the Council of Europe
Rapport de la Commission des questions politiques sur la demande de statut d'observateur auprès du Conseil de l'Europe par le Japon

Doc. 7504: Communication from the Committee of Ministers on the election of a member of the European Court of Human Rights in respect of Ukraine
Communication du Comité des Ministres sur l'élection d'un membre de la Cour européenne des Droits de l'Homme au titre de l'Ukraine

Doc. 7505: Request for an opinion by the Committee of Ministers on Canada's application for observer status with the Council of Europe
Demande d'avis du Comité des Ministres sur la demande de statut d'observateur auprès du Conseil de l'Europe par le Canada

Doc. 7509: Report and addendum from the Political Affairs Committee on implementation of the Dayton Agreements for peace in Bosnia-Herzegovina
Rapport et addendum de la Commission des questions politiques sur la mise en œuvre des accords de Dayton pour la paix en Bosnie et Herzégovine

Doc. 7510: Report from the Political Affairs Committee on Croatia's request for membership of the Council of Europe
Rapport de la Commission des questions politiques sur la demande d'adhésion de la Croatie au Conseil de l'Europe

Doc. 7512: Reply from the Committee of Ministers to Recommendation 1275 (1995) on the fight against racism, xenophobia, anti-Semitism and intolerance
Réponse du Comité des Ministres à la Recommandation 1275 (1995) relative à la lutte contre le racisme, la xénophobie, l'antisémitisme et l'intolérance

Doc. 7518: Communication from the Committee of Ministers on Resolution (96) 9 on observer status for Canada with the Council of Europe
Communication du Comité des Ministres sur Résolution (96) 9 relative au statut d'observateur auprès du Conseil de l'Europe pour le Canada

Doc. 7519: Reply from the Committee of Ministers to Recommendation 1255 (1995) on the protection of the rights of national minorities and Recommendation 1285 (1996) on the rights of national minorities
Réponse du Comité des Ministres à la Recommandation 1255 (1995) relative à la protection des droits des minorités nationales et à la Recommandation 1285 (1996) relative aux droits des minorités nationales

Doc. 7520: Reply by the Committee of Ministers to Recommendation 1269 (1995) on achieving real progress in women's rights as from 1995
Réponse du Comité des Ministres à la Recommandation 1269 (1995) relative à un progrès tangible des droits des femmes à partir de 1995

Doc. 7521: Reply by the Committee of Ministers to Recommendation 1271 (1995) on discrimination between men and women in the choice of a surname and in the passing on of parents' surnames to children
Réponse du Comité des Ministres à la Recommandation 1271 (1995) relative aux discriminations entre les hommes et les femmes pour le choix du nom de famille et la transmission du nom des parents aux enfants

Doc. 7522: Reply by the Committee of Ministers to Written Question No. 364 by Mr Van der Maelen on homosexuals in Romania
Réponse du Comité des Ministres à la question écrite n° 364 de M. Van der Maelen sur les droits des homosexuels en Roumanie

Doc. 7523: Motion for a recommendation on human rights education
Proposition de recommandation relative à l'éducation aux droits de l'homme

Doc. 7524: Contribution from the Committee on Migration, Refugees and Demography on the implementation of the Dayton Agreements for peace in Bosnia-Herzegovina
Contribution de la Commission des migrations, des réfugiés et de la démographie relative à la mise en œuvre des accords de Dayton pour la paix en Bosnie et Herzégovine

Doc. 7525: Motion for a recommendation on the participation of immigrants and foreign residents in political life in the Council of Europe member states
Proposition de recommandation relative à la participation des immigrés et des résidents étrangers à la vie politique dans les Etats membres du Conseil de l'Europe

Doc. 7530: Motion for an order on the procedure for examining candidatures for the election of judges to the European Court of Human Rights
Proposition de directive relative à la procédure d'examen des candidatures à l'élection de juge à la Cour européenne des Droits de l'Homme

Doc. 7531: Report from the Political Affairs Committee on developments in the Russian Federation in relation to the situation in Chechnya
Rapport de la Commission des questions politiques sur les faits nouveaux dans la Fédération de Russie en rapport avec la situation en Tchétchénie

Doc. 7532: Opinion from the Committee on Legal Affairs and Human Rights on the situation in Chechnya
Avis de la Commission des questions juridiques et des droits de l'homme sur la situation en Tchétchénie

Doc. 7533: Opinion from the Committee on Legal Affairs and Human Rights on the application by Croatia for membership of the Council of Europe
Avis de la Commission des questions juridiques et des droits de l'homme sur la demande d'adhésion de la Croatie au Conseil de l'Europe

Doc. 7534: Opinion from the Committee on Relations with European Non-Member Countries on the application by Croatia for membership of the Council of Europe
Avis de la Commission des relations avec les pays européens non membres sur la demande d'adhésion de la Croatie au Conseil de l'Europe

Doc. 7536: Contribution from the Committee on Legal Affairs and Human Rights on the implementation of the Dayton Agreements for peace in Bosnia-Herzegovina
Contribution de la Commission des questions juridiques et des droits de l'homme relative à la mise en œuvre de accords de Dayton pour la paix en Bosnie et Herzégovine

Doc. 7539: Motion for an order on the implementation of the Dayton Agreements for peace in Bosnia-Herzegovina
Proposition de directive relative à la mise en œuvre des accords de Dayton pour la paix en Bosnie et Herzégovine

Doc. 7541: Contribution from the Committee on the Environment, Regional Planning and Local Authorities on the implementation of the Dayton Agreements for peace in Bosnia-Herzegovina
Contribution de la Commission de l'environnement, de l'aménagement du territoire et des pouvoirs locaux relative à la mise en œuvre des accords de Dayton pour la paix en Bosnie et Herzégovine

Doc. 7543: Report from the Political Affairs Committee on the request by Canada for observer status with the Council of Europe
Rapport de la Commission des question politiques sur la demande de statut d'observateur auprès du Conseil de l'Europe par le Canada

Doc. 7544: Report from Committee on Culture and Education concerning the discrimination against women in the field of sport and more particularly in the Olympic Games
Rapport de la Commission de la culture et de l'éducation sur la discrimination à l'égard des femmes dans le domaine du sport et plus particulièrement aux Jeux Olympiques

Doc. 7553: Motion for a recommendation on Albanians in Kosovo
Proposition de recommandation relative aux Albanais du Kosovo

Doc. 7558: Motion for a resolution on voter participation and compulsory voting
Proposition de résolution relative à la participation électorale et au vote obligatoire

Doc. 7560: Addendum II to the progress report of the Bureau and Standing Committee (23 April-24 June 1996) – information report on the Russian presidential elections
Addendum II au Rapport d'activité (23 avril-24 juin 1996) du Bureau et de la Commission Permanente – Rapport d'information sur les élections présidentielles russes

Doc. 7560: Addendum III to the progress report of the Bureau and Standing Committee (23 April-24 June 1996) – information report on the situation in Chechnya
Addendum III au Rapport d'activité (23 avril-24 juin 1996) du Bureau et de la Commission Permanente – Rapport d'information sur la situation en Tchétchénie

Doc. 7561: Motion for a recommendation on the extension of the mandate of all the peacekeeping forces in Bosnia-Herzegovina
Proposition de recommandation relative à la prolongation du mandat de toutes les forces de paix en Bosnie et Herzégovine

Doc. 7563: Request for an opinion from the Committee of Ministers on the accession of Armenia to the Council of Europe
Demande d'avis du Comité des Ministres sur l'adhésion de l'Arménie au Conseil de l'Europe

Doc. 7566: Reply from the Committee of Ministers to Recommendation 1287 (1996) on refugees, displaced persons and reconstruction in certain countries of the former Yugoslavia
Réponse du Comité des Ministres à la Recommandation 1287 (1996) relative aux réfugiés, aux personnes déplacées et à la reconstruction dans certains pays de l'ex-Yougoslavie

Doc. 7569: Report from the Political Affairs Committee on the implementation by Croatia of its commitments in the framework of the procedure of accession to the Council of Europe
Rapport de la Commission des questions politiques sur la mise en œuvre des engagements contractés par la Croatie dans le cadre de la procédure d'admission au Conseil de l'Europe

Doc. 7572: Report from the Committee on Legal Affairs and Human Rights on the protection of the rights of minorities
Rapport de la Commission des questions juridiques et des droits de l'homme sur la protection des droits des minorités

Doc. 7577: Written Question No. 366 by Mr Van der Maelen on the right of conscientious objectors in Greece
Question écrite n° 366 de M. Van der Maelen relative aux droits des objecteurs de conscience en Grèce

Doc 7578: Written Question No. 367 by Mr Van der Maelen on homosexual rights in Romania
Question écrite n° 367 de M. Van der Maelen relative aux droits des homosexuels en Roumanie

Doc. 7580: Communication from the Committee of Ministers on the election of a member of the European Court of Human Rights in respect of Moldova
Communication du Comité des Ministres relative à l'élection d'un membre de la Cour européenne des Droits de l'Homme au titre de la Moldova

Doc. 7581: Communication from the Committee of Ministers on the election of a member of the European Court of Human Rights in respect of the Netherlands
Communication du Comité des Ministres relative à l'élection d'un membre de la Cour européenne des Droits de l'Homme au titre des Pays-Bas

Doc. 7587: Report and addendum from the Political Affairs Committee on the recent parliamentary elections in Albania
Rapport et addendum de la Commission des questions politiques sur les élections législatives récentes en Albanie

Doc. 7588: Report from the Committee on Migration, Refugees and Demography on civilian aspects of the Dayton and Erdut Agreements
Rapport de la Commission des migrations, des réfugiés et de la démographie sur les aspects civils des accords de Dayton et d'Erdut

Doc. 7589: Report from the Committee on Legal Affairs and Human Rights on the abolition of the death penalty in Europe
Rapport de la Commission des questions juridiques et des droits de l'homme sur l'abolition de la peine de mort en Europe

Doc. 7590: Opinion from the Committee on Economic Affairs and Development on civilian aspects of the Dayton and Erdut Agreements
Avis de la Commission des questions économiques et du développement sur les aspects civils des accords de Dayton et d'Erdut

Doc. 7591: Opinion from the Committee on Agriculture and Rural Development on civilian aspects of the Dayton and Erdut Agreements
Avis de la Commission de l'agriculture et du développement rural sur les aspects civils des accords de Dayton et d'Erdut

Doc. 7592: Opinion from the Committee on Legal Affairs and Human Rights on recent parliamentary elections in Albania
Avis de la Commission des questions juridiques et des droits de l'homme sur les élections législatives récentes en Albanie

Doc. 7603: Motion for a resolution on the killing of three delegates of HADEP at its congress on 23 June 1996 in Ankara and the hunger strike in Turkish prisons to protest against human rights violations
Proposition de résolution relative à l'assassinat de trois délégués du HADEP lors du congrès du 23 juin 1996 à Ankara et à la grève de la faim dans les prisons turques pour protester contre la violation des droits de l'homme

Doc. 7605: Written Question No. 368 by Mr Van der Maelen on the rights of the Russian minority in Estonia
Question écrite n° 368 de M. Van der Maelen relative aux droits de la minorité russe en Estonie

Doc. 7614: Communication from the Committee of Ministers – Resolution (96) 31 – invitation to Croatia to become a member of the Council of Europe
Communication du Comité des Ministres – Résolution (96) 31 – Invitation à la Croatie à devenir membre du Conseil de l'Europe

Doc. 7616: Communication from the Committee of Ministers on the election of a member of the European Court of Human Rights in respect of Romania
Communication du Comité des Ministres relative à l'élection d'un membre de la Cour européenne des Droits de l'Homme au titre de la Roumanie

Doc. 7617: Communication by the Committee of Ministers on the accession of Croatia to the Council of Europe
Communication du Comité des Ministres relative à l'adhésion de la Croatie au Conseil de l'Europe

Doc. 7619: Motion for a recommendation on strengthening the machinery of the European Committee for the Prevention of Torture and Inhuman or Degrading Treatment or Punishment
Proposition de recommandation relative au renforcement du mécanisme du Comité européen pour la prévention de la torture et des peines ou traitements inhumains ou dégradants

Doc. 7622: Report – Opinion on the draft convention for the protection of human rights and dignity of the human being with regard to the application of biology and medicine: convention on human rights and biomedicine
Rapport – Avis sur le projet de convention pour la protection des droits de l'homme et de la dignité de l'être humain à l'égard des applications de la biologie et de la médecine: convention sur les droits de l'homme et la biomédecine

Doc. 7624: Motion for a recommendation on Russian Federation's commitments regarding the return of cultural property
Proposition de recommandation relative aux engagements de la Fédération de Russie en ce qui concerne la restitution des biens culturels

Doc. 7625: Communication from the Secretary General on the 6th general report on the activities of the European Commission for the Prevention of Torture and Inhuman or Degrading Treatment or Punishment
Communication du Secrétaire Général relatif au 6e rapport général d'activités du Comité européen pour la prévention de la torture et des peines ou traitments inhumains ou dégradants

Doc. 7629: Report from the Committee on Migration, Refugees and Demography on the humanitarian situation of the displaced persons in Georgia
Rapport de la Commission des migrations, des réfugiés et de la démographie sur la situation humanitaire des personnes déplacées en Géoergie

Doc. 7633: Addendum I to the progress report (28 June-23 September 1996) from the Bureau of the Assembly – information report on the Russian presidential election (2nd round)
Addendum I au Rapport d'activité (28 juin-23 septembre 1996) du Bureau de l'Assemblée – Rapport d'information sur les élections présidentielles russes (second tour)

Doc. 7633: Addendum II to the progress report of the Bureau of the Assembly (28 June-23 September 1996) – information report on Chechnya
Addendum II au Rapport d'activité (28 juin-23 septembre 1996) du Bureau de l'Assemblée – Rapport d'information sur la Tchétchénie

Doc. 7633: Addendum III to the progress report of the Bureau of the Assembly (28 June-23 September 1996) from the Bureau of the Assembly – information report on Albania
Addendum III au Rapport d'activité (28 juin-23 septembre 1996) du Bureau de l'Assemblée – Rapport d'information sur l'Albanie

Doc. 7633: Addendum IV to the progress report of the Bureau of the Assembly (28 June-23 September 1996) from the Bureau of the Assembly – information report on the elections in Bosnia and Herzegovina
Addendum IV au Rapport d'activité (28 juin-23 septembre 1996) du Bureau de l'Assemblée – Rapport d'information sur les élections en Bosnie et Herzégovine

Doc. 7635: Communication from the Committee of Ministers on the election of a member of the European Court of Human Rights in respect of Ukraine
Communication du Comité des Ministres relative à l'élection d'un membre de la Cour européenne des Droits de l'Homme au titre de l'Ukraine

Doc. 7643: Reply from the Committee of Ministers to Recommendation 1297 (1996) on the implementatation of the Dayton Agreements for peace in Bosnia-Herzegovina and Recommendation 1301 (1996) on civilian aspects of the Dayton and Erdut Agreements
Réponse du Comité des Ministres à la Recommandation 1297 (1996) relative à la mise en œuvre des accords de Dayton pour la paix en Bosnie et Herzégovine et à la Recommandation 1301 (1996) relative aux aspects civils des accords de Dayton et d'Erdut

Doc. 7645: Request for an opinion from the Committee of Ministers concerning the accession of Azerbaijan to the Council of Europe
Demande d'avis du Comité des Ministres sur l'adhésion de l'Azerbaïdjan au Conseil de l'Europe

Doc. 7646: Request for an opinion from the Committee of Ministers concerning the accession of Georgia to the Council of Europe
Demande d'avis du Comité des Ministres sur l'adhésion de la Géorgie au Conseil de l'Europe

Doc. 7649: Motion for a recommendation on the sexual exploitation of children
Proposition de recommandation relative à l'exploitation sexuelle des enfants

Doc. 7650: Motion for a recommendation on the suppression of crimes against children
Proposition de recommandation relative à la répression des crimes contre les enfants

Doc 7654: Opinion on the draft convention for the protection of human rights and the dignity of the human being with regard to the application of biology and medicine: convention on human rights and biomedicine
Avis sur le projet de convention pour la protection des droits de l'homme et de la dignité de l'être humain à l'égard des applications de la biologie et de la médecine: convention sur les droits de l'homme et la biomédecine

Doc. 7659: Report on the sexual exploitation of children
Rapport sur l'exploitation sexuelle des enfants

Doc 7663: Motion for an order on the sexual exploitation of children
Proposition de directive relative à l'exploitation sexuelle des enfants

Doc. 7664: Opinion from the Social, Health and Family Affairs Committee on the draft convention for the protection of human rights and the dignity of the human being with regard to the application of biology and medicine: convention on human rights and biomedicine
Avis de la Commission des questions sociales, de la santé et de la famille sur le projet de convention pour la protection des droits de l'homme et de la dignité de l'être humain à l'égard des applications de la biologie et de la médecine: convention sur les droits de l'homme et la biomédecine

Doc. 7668: Written declaration No. 250 on the situation in Cyprus
Déclaration écrite nº 250 relative à la situation à Chypre

Doc. 7669: Motion for a resolution on the respect for international humanitarian law in Europe
Proposition de résolution relative au respect du droit international humanitaire en Europe

APPENDIX B / ANNEXE B

Selective bibliography of publications concerning the European Convention on Human Rights

Liste des principales publications concernant la Convention européenne des Droits de l'Homme

Abraham, R.
Le juge administratif français et la Cour de Strasbourg. – (in: Tavernier, P. (éd.). Quelle Europe pour les droits de l'homme? La Cour de Strasbourg et la réalisation d'une union plus étroite. Colloque organisé par le CREDHO de la Faculté de Rouen, 11.–12.5.1995.). – Bruxelles: Bruylant, 1996. – p. 235–247

Akillioglu, T.
Attitude de la Turquie à l'égard de la Convention européenne des droits de l'homme. – (in: Tavernier, P. (éd.). Quelle Europe pour les droits de l'homme? La Cour de Strasbourg et la réalisation d'une union plus étroite. Colloque organisé par le CREDHO de la Faculté de Rouen, 11.–12.5.1995.). – Bruxelles: Bruylant, 1996. – p. 189–209

Albanese, F.
L'impact des directives européennes sur la recherche et les thérapeutiques. (English summary). – (in: Huber, G. (éd.). Cerveau et psychisme humains: quelle éthique? Human brain and psyche: which ethics?). – Montrouge: Libbey, 1996. – p. 205–215

Anastasia, S.
Il caso Venezia. Una estradizione a rischio capitale. – Roma: Datanews, 1996. – 62 p.

Aranowitz, A.M.
Notes on the current status of the rule of exhaustion of local remedies in the European Convention of Human Rights. – (in: Israel Yearbook on Human Rights, 1995. v.; 25). – The Hague; Boston; London: Nijhoff, 1996. – p. 73–102

Arbia, S.
Licenziamento di un transessuale incompatibile con la direttiva comunitaria sulla parità di trattamento. – (in: Diritti (I) dell'uomo.; v. 7, no. 2). – 1996. – p. 71–73

Arend, P.
Commission européenne des droits de l'homme. Décisions sur la recevabilité des requêtes individuelles / Arend, P.; Kinsch, P.; Spielmann, D. – (in: Bulletin des droits de l'homme; no. 6). – Luxembourg, 1996. – p. 67–98

Arend, P.
Commission européenne des droits de l'homme. Décisions sur la recevabilité des requêtes individuelles / Arend, P.; Kinsch, P.; Spielmann, D. – (in: Bulletin des droits de l'homme. Institut luxembourgeois des droits de l'homme.; no. 5 Bulletin des droits de l'homme. Institut luxembourgeois des droits de l'homme; no. 5). – 1996. p. 171–189

Artus, D.
Réflexion sur le franchissement des frontières extérieures. – (in: Petites (Les) Affiches. La Loi.; v. 385, no. 63). – 1996. – p. 29–32

Baumgartner, G.
Auslegung der Europäischen Menschenrechtskonvention durch den EuGH. Einige kritische Anmerkungen zum Vorlagbeschluss 1 Ob 39 skraasterg 95–12. – (in: Juristische Blätter; Jg. 118, H. 5). – 1996. – p. 338–342

Beloff, M.
The Green Paper on legal aid and international human rights law / Beloff, M.; Hunt, M. – (in: European Human Rights Law Review; no. 1 Bulletin des droits de l'homme. Institut luxembourgeois des droits de l'homme; no. 5).– 1996. – p. 190–209

Beloff, M.J.
Unconventional behaviour? Judicial uses of the European Convention in England and Wales / Beloff, M.J.; Mountfield, H. – (in: European Human Rights Law Review; no. 5). – 1996. – p. 467–495

Bencheneb, A.
La contrariété à la Convention européenne des droits de l'homme d'une loi anéantissant une sentence arbitrale. – (in: Revue d'arbitrage; no. 2). – 1996. – p. 3–12

Berger, V.
Jurisprudence de la Cour européenne des droits de l'homme. – 5e éd. – Paris: Sirey; Dalloz, 1996. – 661 p. – ISBN 2-247-02486-6

Bernhardt, R.
Die Europäische Menschenrechtskonvention und die deutsche Rechtsordnung. Eine Einführung. – (in: Europäische Grundrechte Zeitschrift; Jg. 23, H. 13/14). – 1996. – p. 339–341

Bernitz, U.
The incorporation of the Human Rights Convention into Swedish law – a half measure. – (in: German Yearbook of International Law Vol. 38, 1995.; v. 38). – Berlin: Duncker & Humblot, 1996. – p. 178–180

Bingham of Cornhill, Lord
Opinion: Should there be a law to protect rights of personal privacy?. – (in: European Human Rights Law Review; no. 5). 1996. 450–462

Blasko, M.
Lodging complaints with the European Commission of Human Rights + Discussion. – (in: UNHCR; International Helsinki Federation for Human Rights. Effective remedies against decisions and article 26 of the European Convention on Human Rights. Seminar of Experts, Bratislava, 27.–28.9.1995.). – Bratislava: Griff, 1996. p. 38–57

Blero, B.
Du droit d'extérioriser son appartenance religieuse à l'école. L'interdiction du foulard islamique face à la liberté de religion. – (in: Revue du droit des étrangers; no. 87). – 1996. – p. 3–26

Bonichot, J.-C.
La Cour de justice des Communautés européennes, la Cour européenne des droits de l'homme et l'intégration de l'Europe. – (in: Tavernier, P. (éd.). Quelle Europe pour les droits de l'homme? La Cour de Strasbourg et la réalisation d'une union plus étroite. Colloque organisé par le CREDHO de la Faculté de Rouen, 11.–12.5.1995.). – Bruxelles: Bruylant, 1996. – p. 93–101

Boolel, V.
The influence of the European Convention on the constitutional law of Mauritius. – (in: European Human Rights Law Review; no. 2). – 1996. – p. 159–170

Bourdeaux, G.
La notion de peine au sens de l'article 7, paragraphe 1 de la Convention européenne des droits de l'homme. Note. Cour européenne des droits de l'homme. Affaire Jamil c. la France, 8. 6. 1995. – (in: La Semaine juridique; no. 29). – 1996. – p. 319–323

Bowers, J.
Whistleblowing: Freedom of expression in the workplace/Bowers, J.; Lewis, J. – (in: European Human Rights Law Review; no. 6 Oesterreichische Juristen-Zeitung; Jg. 51, H. 24). – 1996. – p. 921–932

Brems, E.
The margin of appreciation doctrine in the case–law of the European Court of Human Rights. – (in: Zeitschrift für Ausländisches Öffentliches Recht und Völkerrecht; Bd. 56, H. 1/2). – 1996. – p. 240–314

Simpson, B.A.W.
The exile of Archbishop Makarios III. – (in: European Human Rights Law Review; no. 4). – 1996. – p. 391–405

Bruguière, J.M.
L'adhésion à un mouvement religieux et ses conséquences sur la vie familiale. [CA Montpellier 7 novembre 1994, IIe partie no. 22680]. – (in: Semaine (La) Juridique. J.C.P. Juris–Classeur Périodique.; nos. 30–35). – 1996. – p.327–329 (II)

Buchenau, B.
Die Tätigkeit des Ministerkomitees und der Parlamentarischen Versammlung des Europarates in den Jahren 1993 u. 1994 / Buchenau, B.; Stein, A. – (in: German Yearbook of International Law Vol. 38 1995.; v. 38 European Human Rights Law Review; no. 1). – 1996. – p. 63–99.

Buquicchio–de Boer, M.
The direct effect of the European Convention of Human Rights and the rights of children. – (in: Verhellen, E. (ed.). Monitoring children's rights.). – The Hague; Boston; London: Nijhoff, 1996. – p.199–210

Callewaert, J.
Die Europäische Menschenrechtskonvention und die Verfahrensgarantien. Probleme der Anwendung. – (in: Europäische Grundrechte Zeitschrift; Jg. 23, H. 13/14). – 1996. – p. 366–369

Callies, C.
Zwischen staatlicher Souveränität und europäischer Effektivität: Zum Beurteilungsspielraum der Vertragsstaaten im Rahmen des Art. 10 EMRK. Urteilsanmerkung zum den Entscheidungen des EGMR in den Fällen Markt Intern Verlag und Jacubowski. – (in: Europäische Grundrechte Zeitschrift; Jg. 23, H. 11/12)., 1996. – p. 293–298

Celerier, T.
La Convention de Schengen et la reconduite à la frontière. – (in: Petites (Les) Affiches. La Loi.; v. 385, no. 109). – 1996. – p. 4–6

Christensen, C.
Resolutions and recommendations on access to justice adopted by the Committee of Ministers of the Council of Europe. – (in: Interights Bulletin; v. 10, no. 2). – 1996. – p. 80

Chronique de la jurisprudence de la Cour européenne des droits de l'homme en 1995. Les 56 arrêts du 1er juin au 31 décembre. – (in: Revue universelle des droits de l'homme; v. 8, nos. 1/3). – 1996. – p. 1–30

Clapham, A.
Human rights in the private sphere. – Oxford: Clarendon Press, 1996. – 418 p. – (Oxford monographs in international law). – ISBN 0–19–825799–6

Clark, T.
Equality rights and non–citizens in Europe and America: The promise, the practice and some remaining issues / Clark, T.; Niessen, J. – (in: Netherlands Quarterly of Human Rights; v. 14, no. 30 prawach czlowieka. W podwojna rocznice Paktow (= About human rights. On the 20th anniversary of the UN Covenants). Ksiega Pamiatkowa w holdzie Profesor Annie Michalskiej (= Essays in honour of Prof. A. Michalskiej). Jasudowicza, T. (ed); Mika, C. (ed)). – Torun: Dom Organizatora T NOIK, 1996. – p. 139–163. Drzemczewski, A.; Nowicki, M.A.

Clements, L.
The rights of minorities – a Romany perspective / Clements, L.; Thomas, P.A.; Thomas, R. – (in: OSCE Bulletin; v. 4, n_ 4). – 1996. – p. 3–9

Cohen–Jonathan, G.
Activité de la Commission européenne des droits de l'homme. – (in: Annuaire français de droit international 1995.; v. 41). – 1996. – p. 469–484

Cohen–Jonathan, G.
Aspects européens des droits fondamentaux: libertés et droits fondamentaux. – Paris: Montschrestien, 1996. – 199 p. – (Préparation au C.R.F.P.A.). – ISBN 2–7076–0606–5

Cohen–Jonathan, G.
Commission et Cour européennes des droits de l'homme. Chronique d'actualité / Cohen–Jonathan, G.; Flauss, J.–F. – (in: Justices. Revue général de droit processural; no. 3 Conseil de l'Europe = Council of Europe. 8th International Colloquy on the European Convention on Human Rights. Proceedings .. .Budapest, 20–23.9.1995.). – Strasbourg: CE, 1996. – p. 227–240.

Cohen–Jonathan, G.
Conclusions générales. – (in: Tavernier, P. (éd.). Quelle Europe pour les droits de l'homme? La Cour de Strasbourg et la réalisation d'une union plus étroite. Colloque organisé par le CREDHO de la Faculté de Rouen, 11.–12.5.1995.). – Bruxelles: Bruylant, 1996. – p. 477–509

Cohen–Jonathan, G.
In memoriam Marc–André Eissen. – (in: Revue trimestrielle des droits de l'homme; v. 7, no. 28). – 1996. – p.511–514

Compa, L.A. (ed.)
Human rights, labor rights and international trade / Compa, L.A. (ed.); Diamond, S.F. (ed.). – Philadelphia: University of Pennsylvania, 1996. – 311 p. – (Pennsylvania Studies in Human Rights). – ISBN 0–8122–3340–9

Conseil de l'Europe
8e Colloque international sur la Convention européenne des droits de l'homme. Actes organisés par le Secrétariat Général du Conseil de l'Europe en collaboration avec le Ministère de la justice de la Hongrie et l'Institut des sciences juridiques et administratives de l'Académie des Sciences de Hongrie. Budapest, 20 .–23. 9. 1995 / Conseil de l'Europe; Ministère de la justice de la Hongrie; Académie des Sciences de Hongrie. – (in:). – Strasbourg: CE, 1996. – 344 p. – ISBN 92–871.3057–4

Conseil de l'Europe
Accord européen concernant les personnes participant aux procédures devant la Cour européenne des Droits de l'Homme et sixième Protocole additionnel à l'Accord général sur les privilèges et immunités du Conseil de l'Europe et leurs rapports explicatifs. – Strasbourg: CE, 1996. – 26 p. – (Traités et rapports; no. 161). – ISBN 92–871–3007–8

Conseil de l'Europe
La Convention européenne des droits de l'homme et la protection des réfugiés, demandeurs d'asile et personnes déplacées. Actes du Colloque organisé conjointement par le Secrétariat du Conseil de l'Europe et celui du Haut–Commissariat des Nations Unies pour les Réfugiés, Strasbourg, 2–3.10.1995. [Collection d'articles] / Conseil de l'Europe; Haut Commissariat des Nations Unies pour les réfugiés. – (in: Bulletin des droits de l'homme. Institut luxembourgeois des droits de l'homme.; no. 5 Juristische Blätter; Jg. 118, H. 4). – 1996. – p. 227–238

Conseil de l'Europe
Les enjeux de la grande Europe: le Conseil de l'Europe et la sécurité démocratique. – Strasbourg: CE; La Nuée Bleue, 1996. – 190 p. – ISBN 92–871–2951–7

Conseil de l'Europe; Centre d'information sur les droits de l'homme
Sources de documentation en matière de droits de l'homme. Sélection de publications. Addendum 1.2 / Conseil de l'Europe; Centre d'information sur les droits de l'homme. – Strasbourg: CE, 1996. – 180 p. – (H (96) 1 + Addendum 1.2.; no. 1)

Conseil de l'Europe = Council of Europe
8th International Colloquy on the European Convention on Human Rights. Proceedings organised by the Secretariat General of the Council of Europe in co–operation with the Ministry of Justice of Hungary and the Institute for Legal and Administrative Sciences of the Hungarian Academy of Sciences / Conseil de l'Europe = Council of Europe; Ministry of Justice of Hungary; Hungarian Academy of Sciences. – Strasbourg: CE, 1996. – 267 p. – ISBN 92–871–3077–9

Conseil de l'Europe = Council of Europe
European Agreement relating to persons participating in proceedings of the European Court of Human Rights and Sixth Protocol to the General Agreement on Privileges and Immunities of the Council of Europe and explanatory reports. – Strasbourg: CE, 1996. – 24 p. – (Treaties and reports; no. 161). – ISBN 92–871–3008–6

Conseil de l'Europe = Council of Europe
The challenges of a greater Europe: The Council of Europe and democratic security. – Strasbourg: CE; La Nuée Bleue, 1996. – 178 p. – ISBN 92–871–29552–5

Conseil de l'Europe = Council of Europe
Centre d'information sur les droits de l'homme = Human Rights Information Centre. Documentation sources in human rights. Selected documents. Addendum 1.2 / Conseil de l'Europe = Council of Europe; Centre d'information sur les droits de l'homme = Human Rights Information Centre. – Strasbourg: CE, 1996. 180 p. – (H (96) 1 + Addendum 1.2.; no. 1)

Conseil de l'Europe = Council of Europe
Centre d'information sur les droits de l'homme = Human Rights Information Centre; Gomien, D. Judgments of the European Court of Human Rights 1959–95. Reference charts / Conseil de l'Europe = Council of Europe; Centre d'information sur les droits de l'homme = Human Rights Information Centre; Gomien, D. – Strasbourg: CE, 1996. – 344 p. – ISBN 92–871 3057–4

Convery, M.A.
The privacy of telephone conversations under German law and article 8 of the European Convention on Human Rights: Improving human rights enforcement through domestic decisions. – (in: German Yearbook of International Law Vol. 38, 1995.; v. 38). – Berlin: Duncker & Humblot, 1996. – p. 153–177

Courbe, P.
Le droit international privé et les difficultés d'insertion de la Convention dans le système français. – (in: Tavernier, P. (éd.). Quelle Europe pour les droits de l'homme? La Cour de Strasbourg et la réalisation d'une union plus étroite. Colloque organisé par le CREDHO de la Faculté de Rouen, 11.–12.5 .1995.). – Bruxelles: Bruylant, 1996. – p. 249–265

Coussirat–Coustère, V.
La jurisprudence de la Cour européenne des droits de l'homme en 1995. – (in: Annuaire français de droit international 1995.; v. 41). – 1996. – p. 485–505

De Blois, M.
De rule of law van Westport tot Wladiwostok. Over de invloed van de nationale herkomst van de leden van het Europese Hof voor de Rechten van de Mens op hum activiteit als rechter / De Blois, M.; Bruinsma, F. – (in: NJCM Bulletin. Nederlands Tijdschrift voor de Mensenrechten.; Jg. 21, nr.7NJCM–Bulletin. Nederlands Tijdschrift voor de Menschenrechten Speciaal Nummer. Heringa, A.W. (ed.); Myjer, E. (ed.).; no. 21, 1). – Leiden: NJCM, 1996. – 241 p.

De Hert, P.
Pour une réglementation de la vidéosurveillance / De Hert, P.; De Schutter, O.; Gutwirth, S. – (in: Journal des Tribunaux; v. 115, no. 5811). – Oxford: Clarendon Press, 1996. – p. 569–578

De Schutter, O.
Le rôle des associations dans le cadre de la Convention européenne des droits de l'homme / De Schutter, O.; Pettiti, L.–E. – (in: Journal des Tribunaux. Droit européen.; v. 4, n° 31). – Bratislava: Griff, 1996. – 209 p. – ISBN 80–96–7504–7–X

De Schutter, O.
Sur l'émergence de la société civile en droit international: le rôle des associations devant la Cour européenne des droits de l'homme. – (in: European Journal of International Law = Journal européen de droit international; v. 7, no. 3). – 1996. – p. 372–410

De Winter, R.E.
Godsdienst als alibi. – (in: Nederlands Juristenblad; Jg. 71, nr. 1). – 1996. – p. 1–8

Decaux, E.
Commission européenne des droits de l'homme. Décision du 4.12 .1995 sur la recevabilité de la requête présentée par M. M. Tauira et al, contre la France. – (in: Revue générale de droit international public; v. 100, no. 3). – 1996. p. 741–752

Decaux, E.
La Convention européenne des droits de l'homme et les droits culturels. I. Les droits culturels: droits individuels, universels, indivisibles et justiciables. Rapport. – (in: Conseil de l'Europe. 8e Colloque international sur la Convention européenne des droits de l'homme. Actes ... Budapest 20 .–23.9.1995.). –Strasbourg: CE, 1996. – p. 35–46

Decaux, E.
The European Convention on Human Rights and cultural rights. I. Cultural rights; universal, indivisible, and legally enforceable individual rights. Report. – (in: Conseil de l'Europe = Council of Europe. 8th International Colloquy on the European Convention on Human Rights. Proceedings .. . Budapest, 20–23.9.1995.). Strasbourg: CE, 1996. – p. 33–44

Delmas–Marty, M.
Evolution du ministère public et principes directeurs du procès pénal dans les démocraties européennes. – (in: Justices. Revue général de droit processural.; no. 3). – 1996. – p. 75–85

Delmas–Marty, M.
Pluralisme et traditions nationales (Revendication des droits individuels). – (in: Tavernier, P. (ed.). Quelle Europe pour les droits de l'homme? La Cour de Strasbourg et la réalisation d'une union plus étroite. Colloque organisé par le CREDHO de la Faculté de Rouen, 11.–12.5.1995.). – Bruxelles: Bruylant, 1996. – p. 81–92

Delmas–Marty, M. (éd.)
Libertés et droits fondamentaux / Delmas–Marty, M. (éd.); Leyssac, C.L. de (éd). – Paris: Seuil, 1996. – 398 p. ISBN 2–02–025971–0

Dhommeaux, J.
Monismes et dualismes en droit international des droits de l'homme. – (in: Annuaire français de droit international 1995.; v. 41). – 1996. – p. 447–468

Diarra, E.
De l'Europe à l'Afrique: Le modèle européen est–il exportable? I. La protection des droits de l'homme en Afrique et en Europe: convergences et divergences. – (in: Tavernier, P. (éd.). Quelle Europe pour les droits de l'homme? La Cour de Strasbourg et la réalisation d'une union plus étroite. Colloque organisé par le CREDHO de la Faculté de Rouen, 11.–12.5.1995.). – Bruxelles: Bruylant, 1996. – p. 407–438

Dickson, B.
The European Convention in Northern Irish Courts. – (in: European Human Rights Law Review; no. 5). – 1996. – p. 496–510

Dive, G.
Thèses soutenues depuis 1984 dans les Universités francophones (mise à jour). Bibliographie des ouvrages et articles publiés depuis 1987 (mise à jour) / Centre de recherche et d'études sur les droits de l'homme (CREDHO); Dive, G.; Spielmann, D.; Bino, A.; Turp, D.; Nguelé–Abada, M. – (in: Bulletin d'information du CREDHO; no. 6 European Human Rights Law Review; no. 6). – 1996. – p. 649–670

Dorsner–Dolivet, A.
Précisions sur les conditions d'application de l'article L162–15 du code de la santé publique. [Crim. 31 janvier 1996]. – (in: Semaine (La) Juridique. J.C.P. Juris–Classeur Périodique.; no. 43). – 1996. – p. 409–412(II)

Douraki, T.
L'éthique dans les textes juridiques, nationaux et internationaux et dans la jurisprudence des organes juridictionnels de la Convention européenne des droits de l'homme, en matière de santé mentale. [English summary]. – (in: Huber, G. (éd.); Cerveau et psychismes humains: quelle éthique? = Human brain and psyche: which ethics?). – Montrouge; London; Rome: John Libbey, 1996. – p. 225–231

Douraki, T.

Les problèmes de la bioéthique en droit interne et international. – (in: Bulletin d'information du CREDHO; no. 6). – 1996. – p. 5–12

Douraki, T.

Principes des droits du patient en Europe. – (in: Revue trimestrielle des droits de l'homme; v. 7, no. 26). – 1996. – p. 157–172

Dreyer, E.

Extension du contrôle du Conseil d'Etat sur les mesures d'interdiction des publications destinées à la jeunesse. (Conseil d'Etats, 29 mai 1995). – (in: Petites (Les) Affiches. La Loi.; v. 385, no. 123). – 1996. – p. 19–24

Drzemczewski, A.

A major overhaul of the European Human Rights Convention control mechanism: Protocol no. 11 (to be published in the forthcoming Collected Courses of the Academy of European Law 1995, vol. 5, book 2). – (in: Conseil de l'Europe = Council of Europe. Background paper for Informal Working Party on Protocol no. 11, ECHR.). – 1996. – 91 p.

Drzemczewski, A.

Advisory jurisdiction of the European Human Rights Court: A procedure worth retaining?. – (in: The modern world of human rights = El mundo moderno de los derechos humanos. Essays in honour = Ensayos en honor de Thomas Buergenthal. Nikken, P. (ed.); Cancado Trindade, A.A. (ed.)). – San José, Costa Rica: Inter–American Inst. of Human Rights = Instit. interamericano de derechos hum., 1996. – p. 493–514

Drzemczewski, A.

Advisory jurisdiction of the European Human Rights Court: a procedure worth retaining?. – (in: The World of Human Rights = El mundo moderno de los derechos humanos. Essays in honour of = Ensayas en honor de Thomas Buergenthal.). San José: Inter American Institute of Human Rights, 1996. – p. 493–514

Drzemczewski, A.

Europejksa Konwencja Praw Czlowieka a Polska. Trzy lata po ratyfikacji. (= European Convention on Human Rights and Poland. 3 years after its ratification) / Drzemczewski, A.; Nowicki, M.A. – (in: O prawach czlowieka. W podwojna rocznice Paktow (= About human rights. On the 20th anniversary of the UN Covenants). Ksiega Pamiatkowa w holdzie Profesor Annie Michalskiej (= Essays in honour of Prof. A. Michalskiej). Jasudowicza, T. (ed); Mika, C. (ed)). – Torun : Dom Organizatora T NOIK, 1996. – p. 139–163

Drzemczewski, A.

La question de l'effet direct de la Convention européenne des droits de l'homme. La situation au Royaume–Uni et en Pologne. – (in: Quelle Europe pour les droits de l'homme? La Cour de Strasbourg et la réalisation d'une union plus étroite (35 ans de jurisprudence: 1959–1994). Tavernier, P. (éd.).). – Bruxelles: Bruylant, 1996. – p. 124–147

Drzemczewski, A.

The impact of the ECHR in Poland: a stock–taking after three years / Drzemczewski, A.; Nowicki, M.A. – (in: European Human Rights Law Review; no. 3). – 1996. – p. 261–286

Drzemczewski, A.

The impact of the European Convention on Human Rights in Poland: A stocktaking after three years / Drzemczewski, A.; Nowicki, M.A. – (in: European Human Rights Law Review [advance typed copy].; v. 1, no. 1). – Strasbourg: CE, 1996. – 267 p. – ISBN 92–871–3077–9

Dumon, F.

Le Procureur général et les avocats généraux à la Cour de cassation de Belgique. Arrêt du 20.2.1996, en cause Vermeulen contre la Belgique, de la Cour européenne des droits de l'homme / Dumon, F.; Charles, R.; Krings, E. – (in: Revue de droit international et de droit comparé; v. 73, no. 3). – Paris: ECRFLF, 1996. – 24 p.

Eady, D.
Opinion: A statutory right to privacy. – (in: European Human Rights Law Review; no. 3). – 1996. – p. 243–253

Egelund, S.
Les possibilités offertes par la Convention européenne des droits de l'homme pour assurer la protection internationale des personnes déplacées par la contrainte. – (in: Bulletin des droits de l'homme. Institut luxembourgeois des droits de l'homme.; no. 5). – 1996.p. 53–73

Egelund, S.
The potential of the European Convention on Human Rights in securing international protection to forcibly displaced persons. – (in: Nations Unies = United Nations; Haut Commissaire pour les réfugiés = High Commissioner for Refugees. The European Convention on Human Rights and the protection of refugees, asylum seekers and displaced persons. Colloquy organised by the Council of Europe and the United Nations High Commissioner for Refugees, Strasbourg, 2–3 .10.1994.). – 1996. – p. 7–29

Eissen, M.–A.
La durée des procédures civiles et pénales dans la jurisprudence de la Cour européenne des droits de l'homme / Conseil de l'Europe; Eissen, M.–A. – Strasbourg: CE, 1996. – 78 p. – (Dossiers sur les droits de l'homme; no. 16). – ISBN 92–871–3027–2

Eissen, M.–A.
Le délai de saisine de la Cour européenne: une question d'ordre public? Observations. Cour européenne des droits de l'homme, 13.7 .1995. Affaire Morganti c. la France. – (in: Revue trimestrielle des droits de l'homme; v. 7, no. 25). – 1996. – p. 101–110

Eissen, M.–A.
The length of civil and criminal proceedings in the case–law / Conseil de l'Europe = Council of Europe; Eissen, M.–A. – Strasbourg: CE, 1996. – 78 p. – (Human rights files; no. 16). – ISBN 92–871–3027–2

Elvinger, M.
Le contentieux de l'annulation des actes administratifs individuels face à l'exigence du contrôle de pleine juridiction au sens de la Convention européenne des droits de l'homme. – (in: Bulletin des droits de l'homme. Institut luxembourgeois des droits de l'homme; no. 5). – 1996. – p.79–153

Ergec, R.
La Convention européenne des droits de l'homme et la jurisprudence belge. – (in: Tavernier, P. (éd.). Quelle Europe pour les droits de l'homme? La Cour de Strasbourg et la réalisation d'une union plus étroite. Colloque organisé par le CREDHO de la Faculté de Rouen, 11.–12.5.1995.). – Bruxelles: Bruylant, 1996. – p. 285–292

Europäische Menschenrechtskonvention (Die) und die deutsche
Rechtsordnung. Kolloquium am 3.11.1995 aus Anlass der Gründung des Instituts für Menschenrechte, Saarbrücken. – (in: Europäische Grundrechte Zeitschrift; Jg. 23, H. 13/14). – 1996. – p. 337–377

Evans, D. (ed.)
Conceiving the embryo: ethics, law and practice in human embryology / Evans, D. (ed.); Pickering, N. (ed.).; – Philadelphia : University of Pennsylvania, 1996. – 311 p. – (Pennsylvania Studies in Human Rights). – ISBN 0–8122–3340–9

Evans, M. (ed.)
Blackstone's international law documents. – 3rd ed. – London: Blackstone, 1996. – 479 p. – ISBN 1–85431–565

Farran, S.
The UK before the European Court of Human Rights: case law and commentary. – London: Blackstone, 1996. – 403 p. ISBN 1–85431–455–6

Favreau, B.
L'adhésion de la Communauté à la Convention européenne de sauvegarde des droits de l'homme (l'avis 2/94 de la Cour). – (in: L'Observateur de Bruxelles; no. 18). – 1996. – p. 5–10

Ferschtman, M

Regionale mensenrechtenconventies in Rusland. Enige juridische vragen met betrekking tot detoetreding van Rusland tot de Raad van Europa. – (in: NJCM–Bulletin. Nederlands Tijdschrift voor de Mensenrechten.; Jg. 21, no. 6). – 1996. – p. 815–828

Fico, R.

Report on the activity of the representative agent of the Slovak Republic in the proceedings of the European Commission on Human Rights and European Court of Human Rights and the first practical experience. + Discussion. – (in: UNHCR; International Helsinki Federation for Human Rights. Effective remedies against decisions and article 26 of the European Convention on Human Rights. Seminar of Experts, Bratislava, 27.–28.9.1995.). – Bratislava: Griff, 1996. – p. 29–38

Fiedler, W.

Die Europäische Menschrechtskonvention und der Schutz des Eigentums. – (in: Europäische Grundrechte Zeitschrift; Jg. 23, H. 13/14). – 1996. – p. 354–357

Fiorina, D.

Cour européenne des droits de l'homme. Les Saints Monastères c /Grèce. 9.12.1994. Arrêt + note. – (in: Recueil Dalloz Sirey; no. 24). – 1996. – p. 329–334

Flauss, J.–F.

L'avis 2/94 de la Cour de justice des Communautés européennes du 28.3.1996. L'orthodoxie constitutionnelle au détriment des droits de l'homme?. – (in: Bulletin des droits de l'homme; no. 6). – Luxembourg, 1996. – p. 1–19

Flauss, J.–F.

La banalisation du contentieux indemnitaire devant la Cour européenne des droits de l'homme. Observations. Cour européenne des droits de l'homme, 13.7.1995. Affaire Hentrich c. la France. – (in: Revue trimestrielle des droits de l'homme; v. 7, no. 25). – 1996. – p. 91–100

Flauss, J.–F.

La réparation en cas de violation de la Convention européenne des droits de l'homme. – (in: Journal des Tribunaux. Droit européen.; v. 4, no. 25). – 1996. – p. 8–15

Flauss, J.–F.

Liberté d'expression politique des étrangers et protection des droits fondamentaux dans les territoires d'outre–mer. Observations. Cour européenne des droits de l'homme. Arrêt Piermont c. la France, 27.4.1995. – (in: Revue trimestrielle des droits de l'homme; v. 7, no.27). – 1996. – p. 353–388

Fontbressin, P. de

L'arrêt Goodwin: le devoir de se taire, corollaire du droit d'informer? Observations. Cour européenne des droits de l'homme. Arrêt Goodwin, 27.3.1996. – (in: Revue trimestrielle des droits de l'homme; v. 7, no. 27). – 1996. – p. 433–452

Fortier, V.

Objection de conscience et droits de l'homme: Introuvable violation. – (in: Petites (Les) Affiches. La Loi; v. 385, no. 75). – 1996. – p. 22–25

Fourteau, H.

L'annulation d'un arrêté de reconduite à la frontière fondée sur la menace d'excision constitutive d'un traitement contraire à l'art. 3 CEDH. (Trib. adm. Lyon, 12.6.1996). – (in: Petites (Les) Affiches. La Loi.; v. 385, no. 126). – 1996. – p. 18–24

Frowein, J.A.

Europäische Menschenrechts–Konvention. EMRK–Kommentar. 2. vollständig neu bearbeitete Auflage unter Berücksichtigung des 11. Zusatzprotokolls zur Gründung eines ständigen Gerichtshofs / Frowein, J.A.; Peukert, W. – Kehl; Strassburg; Arlington: Engel, 1996. – 1053 p. – ISBN 3–88357–123–7

Frowein, J.A.

La Convention européenne des droits de l'homme dans la nouvelle architecture de l'Europe. II. La mise en oeuvre de la réforme du mécanisme de contrôle de la Convention européenne des droits de l'homme.

Rapport. – (in: Conseil de l'Europe. 8e Colloque international sur la Convention européenne des droits de l'homme. Actes ... Budapest 20.–23.9.1995.). – Strasbourg: CE, 1996. – p. 159–180

Frowein, J.A.
The European Convention on Human Rights in the new architecture of Europe. II. Implementation of the reform of the European Convention on Human Rights control machinery. Report. – (in: Conseil de l'Europe = Council of Europe. 8th International Colloquy on the European Convention on Human Rights. Proceedings .. . Budapest, 20–23.9.1995.). – Strasbourg: CE, 1996. – p. 155–175

Frumer, P.
La réparation des atteintes aux droits de l'homme internationalement protégés. Quelques données comparatives. – (in: Revue trimestrielle des droits de l'homme; v. 7, no. 27). – 1996. – p. 329–352

Frydman, B.
Y–a–t–il en droit des révolutions scientifiques? – (in: Journal des Tribunaux; v. 115, no. 5821). – 1996. – p. 809–817

Fundamental rights and common European values. Editorial comments. – (in: Common Market Law Review; v. 33, no. 2). – 1996. – p. 215–222

Fédération internationale des ligues des droits de l'homme
FIDH Union européenne. Vers le rapport annuel du Parlement européen sur les droits de l'homme dans l'Union européenne en 1994: la F.I.D.H. auditionnée à Bruxelles. – (in: La lettre hebdomadaire de la FIDH; nos. 620–621). – 1996. – p. 8–10

Gaeta, P.
I provvedimenti cautelari nel sistema europeo di protezione dei diritti dell'uomo. – (in: Rivista di diritto internazionale; v. 79, no. 1). – 1996. – p. 34–70

Gast, P.
Le rapport Guyard et les principes d'égalité et de légalité en matière de sectes. – (in: Petites (Les) Affiches. La Loi; v. 385, no. 17). – 1996. – p. 13–20

Gattini, A.
Diritto al nome e scelta del nome nei casi di plurima cittadinanza. – (in: Rivista di diritto internazionale; v. 79, no. 1). – 1996. – p. 93–109

Georgin, P.
L'action en contestation de paternité au regard de l'article 8 de la Convention européenne des droits de l'homme. Observations. Cour européenne des droits de l'homme, 27.10.1994. Kroon et autres c. les Pays–Bas. – (in: Revue trimestrielle des droits de l'homme; v. 7, no. 26). – 1996. – p. 183–203

Geppert, S.
Die Bedeutung des Art. 6 MRK für die Verhängung von Ordnungs– u. Mutwillensstrafen. Teil 1. – (in: Juristische Blätter; Jg. 118, H. 3). – 1996. – p. 159–170

German Yearbook of International Law. vol. 38, 1995. – Berlin: Duncker & Humblot, 1996. – 487 p. – ISBN 3–428–08521–3

Giakomopoulos, C.
Effective remedies against administrative decisions under article 13 of the European Convention on Human Rights. + Discussion. – (in: UNHCR; International Helsinki Federation for Human Rights. Effective remedies against decisions and article 26 of the European Convention on Human Rights. Seminar of Experts, Bratislava, 27.–28.9.1995.). – Bratislava: Griff, 1996. – p. 66–76

Giakomopoulos, C.
La Convention européenne des droits de l'homme et le droit de recours des demandeurs d'asile déboutés. – (in: Bulletin des droits de l'homme. Institut luxembourgeois des droits de l'homme.; no. 5). – 1996. – p. 11–22

Gomien, D.
Kratak vodic kroz europsku konvenciju o ljudskim pravima. [Texte croate]. [Vademecum de la

Convention européenne des droits de l'homme] / Conseil de l'Europe = Vijece Europe; Gomien, D. – (in: Juristische Blätter; Jg. 118, H. 3). – 1996. – p. 159–170

Gomien, D.
La Cour de Strasbourg, dénominateur commun de la protection des droits de l'homme en Europe. – (in: Conseil de l'Europe. Les enjeux de la grande Europe. Le Conseil de l'Europe et la sécurité démocratique.). – Strasbourg: CE; La Nuée Bleue, 1996. – p. 75–87

Gomien, D.
Law and practice of the European Convention on Human Rights and the European Social Charter / Conseil de l'Europe = Council of Europe; Gomien, D.; Harris, D.; Zwaak, L. – Strasbourg: CE, 1996. – 479 p. – ISBN 92–871–2956–8

Gomien, D.
The Strasbourg Court – the arbiter of human rights in Europe. – (in: Conseil de l'Europe = Council of Europe. The challenges of a greater Europe. The Council of Europe and democratic security.). – Strasbourg: CE; La Nuée Bleue, 1996. – p. 71–84

Gomien, D.
Vademecum de la Convention européenne des droits de l'homme. [version russe] / Conseil de l'Europe; Gomien, D. – (in:). – Strasbourg: CE, 1996. – 479 p. – ISBN 92–871–2956–8

Gouron–Mazel, A.
La Cour de Cassation face à la Convention européenne des droits de l'homme. – (in: Semaine (La) Juridique. J.C.P. Juris–Classeur Périodique; no. 23). – 1996. – p. 221–227(I)

Gouttes, R. de
Le juge judiciaire français et la Convention européenne des droits de l'homme: Avances et réticences. – (in: Tavernier, P. (éd.). Quelle Europe pour les droits de l'homme? La Cour de Strasbourg et la réalisation d'une union plus étroite. Colloque organisé par le CREDHO de la Faculté de Rouen, 11.–12.5.1995.). – Bruxelles: Bruylant, 1996. – p. 217–234

Grabenwarter, C.
Die Bedeutung des Art. 6 MRK für die Verhängung von Ordnungs– u . Mutwillensstrafen. Teil 1 / Grabenwarter, C.; Geppert, S. – (in: Juristische Blätter; Jg. 118, H.3). – 1996. – p. 159–170

Grabenwarter, C.
Die Bedeutung des Art. 6 MRK für die Verhängung von Ordnungs–u. Mutwillensstrafen. (Schluss) / Grabenwarter, C.; Geppert, S. – (in: Juristische Blätter; Jg. 118, H. 4). – 1996. – p. 227–238

Grabenwarter, C.
The Austrian Federal Constitution and Peace between States. [Deutsche Zusammenfassung]. – (in: Zeitschrift für Öffentliches Recht = Austrian Journal of Public International Law.; v. 51, nos. 1/2). – 1996. – p. 61–83

Grabenwarter, C.
Verwaltungsgerichtshof: Rechtsstaat in Gefahr. – (in: Menschenrecht (Das). Offizielles Organ der Österreichischen Liga für Menschenrechte; Jg. 51, Nr. 1–4). – 1996. – p. 20

Granet, F.
Secret des origines et promesse de filiation. – (in: Petites (Les) Affiches. La Loi; v. 385, no. 119). – 1996. – p. 5–13

Grasshof, K.
Verfassungsrechtliche Gewährsleistungen im Auslieferungsverfahren / Grasshof, K.; Backhaus, R. – (in: Europäische Grundrechte Zeitschrift; Jg. 23; H. 18/19). – 1996. – p. 445–449

Grewe, C.
La question de l'effet direct de la Convention et les résistances nationales. La situation dans d'autres pays. – (in: Tavernier, P. (éd.). Quelle Europe pour les droits de l'homme? La Cour de Strasbourg et la réalisation d'une union plus étroite. Colloque organisé par le CREDHO de la Faculté de Rouen, 11.–12.5.1995.). – Bruxelles: Bruylant, 1996. – p. 149–157

Gros, L.
Théorie de la voie de fait = une évolution en forme de retour aux sources. (Tribunal des conflits, 20.6.1994 et 16.1.1995). – (in: Petites (Les) Affiches. La Loi; v. 385, no. 61). – 1996. – p. 7–11

Gross, A.M.
Reinforcing the new democracies: The European Convention on Human Rights and the former communist countries. A study of the case law. – (in: European Journal of International Law = Journal européen de droit européen; v. 7, no. 1). – 1996. – p. 89–102

Gross, A.M.
Rights and normalization: A critical study of European human rights case law on the choice and change of names. – (in: Harvard Human Rights Journal; v. 9). – 1996. – p. 269–284

Grotrian, A.
The European Convention – a Scottish perspective. – (in: European Human Rights Law Review; no. 5). –1996. – p. 511–523

Gunn, T.J.
Adjudicating rights to conscience under the European Convention on Human Rights. – (in: Van der Vyver, J.D. (ed.); Witte, J. (ed.): Religious human rights in global perspective. Vol. 2: Legal perspectives.; v. 2). – The Hague: Kluwer, 1996. – p. 305–330

Harichaux, M.
Affaire Bellet = Condamnation de l'Etat français pour défaut du droit d'accès à un tribunal des victimes du Sida transfusionnel. [COUREDH 4 décembre 1995]. – (in: Semaine (La) Juridique. J.C.P. Juris–Classeur Périodique; no. 22). – 1996. – p.238–241(II)

Heers, M.
Le principe Non bis in idem devant le juge administratif français. L'application en droit interne d'une garantie procédurale consacrée par les systèmes internationaux de protection des droits de l'homme. – (in: Revue trimestrielle des droits de l'homme; v. 7, no. 25). – 1996. – p. 35–44

Heringa, A.W. (ed.)
45 jaar Europees Verdrag voor de Rechten van de Mens 1950–1995 / Heringa, A.W. (ed.); Myjer, E. (ed.). – (in: NJCM–Bulletin. Nederlands Tijdschrift voor de Menschenrechten Speciaal Nummer. Heringa, A.W. (ed.); Myjer, E. (ed.).; no. 21, 1). – Leiden: NJCM, 1996. – 241 p.

Higgins, R.
Ten years on the UN Human Rights Committee. Some thoughts upon parting. – (in: European Human Rights Law Review; no. 6). – 1996. – p. 570–582

Hodgson, D.
The international human right to education and education concerning human rights. – (in: International (The) Journal of Children's Rights; v. 4, no. 3). – 1996. – p. 237–262

Hunnings, N.M.
The European courts. – London: Cartermill, 1996. – 393 p. – ISBN 1–86067–010–5

Iliopoulos–Strangas, J.
Die Vollstreckung der Urteile des Europäischen Gerichtshofes für Menschenrechte. Völkerrechtliche u. nationalrechtliche Aspekte. [En grec, avec résumé allemand.]. – Athen; Baden–Baden: Sakkoulas; Nomos, 1996. – 103 p. – (Human Rights = Menschenrechte = Droits de l'homme; v. 1). – ISBN 3–7890–4276–5

Jacobs, F.
The European Convention on Human Rights / Jacobs, F.; White, R.C.A. – (in: Bulletin des droits de l'homme; no. 6). – 2nd ed. – Luxembourg, 1996. – p. 67–98

Jacobs, F.G.
The right of access to a court in European law: with special reference to article 6(1) of the European Convention on Human Rights and to European community law. – (in: Interights Bulletin; v. 10, no. 2). – 1996. – p. 55–60, 81

Jacot–Guillarmod, O.
Observations sur quelques critiques récentes adressées au Protocole 11 à la Convention européenne des droits de l'homme. Communication écrite. – (in: Conseil de l'Europe. 8e Colloque international sur la Convention européenne des droits de l'homme. Actes ... Budapest 20 .–23.9.1995.). – Strasbourg: CE, 1996.– p. 182–197

Jacot–Guillarmod, O.
Protocol no. 11 to the European Convention on Human Rights: a response to some recent criticisms. Written communication. – (in: Conseil de l'Europe = Council of Europe. 8th International Colloquy on the European Convention on Human Rights. Proceedings ... Budapest, 20–23.9.1995.). – Strasbourg: CE, 1996. – p. 177–192

Jones, T.
Current topic: Property rights, planning law and the European Convention. – (in: European Human Rights Law Review; no. 3). – 1996. – p. 229–242

Joseph, S.
Denouement of the deaths on the rock: The right to life of terrorists. – (in: Netherlands Quarterly of Human Rights; v. 14, no. 1). – 1996. – p. 5–22

Jung, H.
Die Europäische Menschenrechtskonvention und das deutsche Strafrecht. Eine Fallstudie am Beispiel des Begriffs der strafrechtlichen Anklage im Sinne des Artikels 6 EMRK. – (in: Europäische Grundrechte Zeitschrift; Jg. 23, H. 13/14). – 1996. – p. 370–373

Jungwiert, K.
La transformation de l'ordre juridique et la République tchèque après 1989 et sa conformité avec la jurisprudence de la Cour de Strasbourg. – (in: Tavernier, P. (éd.). Quelle Europe pour les droits de l'homme? La Cour de Strasbourg et la réalisation d'une union plus étroite. Colloque organisé par le CREDHO de la Faculté de Rouen, 11.–12.5.1995.). – Bruxelles: Bruylant, 1996. – p.363–368

Karl, W.
Der Beitritt der Europäischen Gemeinschaft zur Europäischen Menschenrechtskonvention aus der Sicht der EMRK. – (in: Hummer, W. (ed.); Schweitzer, M. (ed.). Österreich und das Recht der Europäischen Union.). – Wien: Mainz, 1996. – p. 91–106

Katz, C.
Pour la proclamation par la Communauté internationale d'un noyau intangible des droits de l'homme. – (in: Revue trimestrielle des droits de l'homme; v. 7, no. 28). – 1996. – p. 541–553

Kempees, P.
A systematic guide to the case law of the European Court of Human Rights. 1960–1994. Vol. 1 (1995): Art. 1 – 10.2. Vol. 2 (1996): Art. 11 –Protocole 7. – (in: 2 vols.). Dordrecht: Nijhoff, 1996. – ISBN 0–7923–3281–1

Kentridge, S.
Freedom of speech: is it the primary right?. – (in: International and Comparative Law Quarterly; v. 45, no. 2). – 1996. – p. 253–270

Kimminich, O.
Towards a European Charter for the Protection of Ethnic Groups. – (in: Living (The) law of nations. Essays on refugees, minorities, indigenous peoples and the human rights of other vulnerable groups. In memory of Atle Grahl–Madsen. Alfredsson, G. (ed.); Macalister–Smith, P. (ed.)). – Kehl; Strasbourg; Arlington: Engel, 1996. – p. 249–257

Klerk, Y.
Protocol no. 11 to the European Convention for Human Rights: A drastic revision of the supervisory mechanism under the ECHR. – (in: Netherlands Quarterly of Human Rights; v. 14, no. 1). – 1996. – p. 35–46

Klucka, J.
The relation of the Constitutional Court of Slovak Republic to the international judicial and other

proceedings aimed at human rights protection. + Discussion. – (in: UNHCR; International Helsinki Federation for Human Rights. Effective remedies against decisions and article 26 of the European Convention on Human Rights. Seminar of Experts, Bratislava, 27.–28.9.1995.). – Bratislava: Griff, 1996. – p. 7–28

Koering–Joulin, R.
Chronique internationale. Droits de l'homme. – (in: Revue de science criminelle et de droit pénal comparé; no. 2). – 1996. – p. 461–488

Krüger, H.–C.
Probleme der Beweiserhebung durch die Europäische Kommission für Menschenrechte. – (in: Bulletin des droits de l'homme; no. 6). – Luxembourg, 1996. – p. 43–56

Krüger, H.C.
Procédure de sélection des juges de la nouvelle Cour européenne des droits de l'homme. – (in: Revue universelle des droits de l'homme; v. 8, nos. 4/7). – 1996. – p. 113–116

Krüger, H.C.
Vorläufige Massnahmen nach Art. 36 der Verfahrensordnung der Europäischen Kommission für Menschenrechte (insbesondere in Ausweisungs– u. Auslieferungsfällen). – (in: Europäische Grundrechte Zeitschrift; Jg. 23, H. 13/14). – 1996. – p. 346–349

Kuris, P.
La Lituanie et la Convention européenne des droits de l'homme. – (in: Tavernier, P. (éd.). Quelle Europe pour les droits de l'homme? La Cour de Strasbourg et la réalisation d'une union plus étroite. Colloque organisé par le CREDHO de la Faculté de Rouen, 11.–12.5.1995.). – Bruxelles: Bruylant, 1996. – p. 377–381

Labayle, H.
Le juge, la Constitution et l'extradition. – (in: Revue française de droit administratif; v. 12, no. 5). – 1996. – p. 891–907

Laly, C.
Les aspects financiers de la violation de la Convention européenne des droits de l'homme. – (in: La Revue du Trésor; nos. 3–4). – 1996. – 8 p.

Lambert, P.
Les restrictions à la liberté de la presse et la marge d'appréciation des Etats au sens de la jurisprudence de Strasbourg. – (in: Revue trimestrielle des droits de l'homme; v. 7, no. 26). – 1996. – p. 143–156

Lambert, P.
Vers la restitution au juge de son rôle d'arbitre? Observations. Cour européenne des droits de l'homme (Grande Chambre). Affaire Vermeulen c. la Belgique, 20.2.1996. – (in: Revue trimestrielle des droits de l'homme; v. 7, no. 28). – 1996. – p. 615–626

Lang, W.
The legal status of the human foetus. A comparative analysis. – (in: Evans, D. (ed.); Pickering, N. (ed.). Conceiving the embryo: ethics, law and practice in human embryology.). – The Hague: Nijhoff, 1996. – p. 249–275

Lascombe, M.
Revirement de jurisprudence = Applicabilité de la CEDH à la procédure disciplinaire ordinale. [CE ass. 14 février 1996, 2e partie no. 22669] / Lascombe, M.; Vion, D. – (in: Semaine (La) Juridique. J.C.P. Juris–Classeur Périodique; no. 27). – Paris: UNESCO, 1996. – 407 p. –

Laule, G.
Die Europäische Menschenrechtskonvention und das deutsche Steuerrecht. – (in: Europäische Grundrechte Zeitschrift; Jg. 23, H. 13/14). – 1996. – p. 358–365

Lawson, E.
Encyclopedia of human rights. Introductory essay by Laurie S. Wiseberg. – 2nd ed. – London; New York: Taylor & Francis, 1996. – 1715 p. – ISBN 1–56032–362–0

Lescure, K.
International justice for former Yugoslavia. The working of the International Criminal Tribunal of the Hague / Lescure, K.; Trintignac, F. – (in: v. 20). – Paris: Seuil, 1996. – 398 p. – ISBN 2–02–025971–0

Lester, Lord
La Convention européenne des droits de l'homme dans la nouvelle architecture de l'Europe. Rapport général / Lester of Hearn Hill, Lord – (in: Conseil de l'Europe. 8e Colloque international sur la Convention européenne des droits de l'homme. Actes ... Budapest 20 .–23.9.1995.). – Oxford: Clarendon Press, 1996 Strasbourg: CE, 1996. – p. 235–249

Lester, Lord
The European Convention on Human Rights in the new architecture of Europe. General report / Lester of Hearn Hill, Lord – (in: Conseil de l'Europe = Council of Europe. 8th International Colloquy on the European Convention on Human Rights. Proceedings .. . Budapest, 20–23.9.1995.). Strasbourg: CE, 1996. – p. 227–240

Leszcynski, L.
Application of the European Convention in the Polish Courts: An impact on the judicial argumentation. – (in: East European Human Rights Review; v. 2, no. 1). – 1996. – p. 19–40

Letang, J.
L'application de la Convention européenne des droits de l'homme à la recherche des infractions douanières. – (in: Procédures. Revue mensuelle.; v. 2, no. 6). – 1996. – p. 1–3

Levinet, M.
L'article 3 de la Convention européenne des droits de l'homme et l'excision. Observations. Tribunal administratif de Lyon. Affaire Mme C. c. la France, 12.6.1996. – (in: Revue trimestrielle des droits de l'homme; v. 7, no. 28). – 1996. – p. 695–720

Loenen, T.
Recht en het onvervulbare verlangen naar individuele gerechtigheid. Over verfijning van regelgeving, vage of open normen, en concrete toetsing aan grondrechten. – (in: Themis. Rechtsgeleerd Magazijn.; Jg 157, nr. 4). – 1996. – p. 123–136

Lombaert, B.
Discipline à l'armée, ordre illégal et vie privée. Observations. Conseil d'Etat belge (3e ch.), 30.6.1995. C. c. Etat belge, no. 54 .138. – (in: Revue trimestrielle des droits de l'homme; v. 7, no. 26). – 1996. – p. 301–313

Malabre, J.E.
L'accès à l'enseignement du majeur dépourvu de titre de séjour. (CE 24 janvier 1996). – (in: Petites (Les) Affiches. La Loi.; v. 385, no. 38). – 1996. – p. 25–28

Marcus Helmons, S.
L'Union européenne et la Convention européenne des droits de l'homme. – (in: Journal des Tribunaux; v. 115, no. 5800). – 1996. – p. 338–342

Marcus–Helmons, S.
L'applicabilité de la Convention européenne des droits de l'homme aux personnes morales. – (in: Journal des Tribunaux. Droit européen.; v. 4, no. 31). – 1996. – p. 150–153

Marcus–Helmons, S.
La Belgique et le Protocole facultatif se rapportant au Pacte international relatif aux droits civils et politiques. – (in: Revue trimestrielle des droits de l'homme; v. 7, no. 25). – 1996. – p. 67–78

Marcus–Helmons, S.
Le cheminement des droits de l'homme depuis Auschwitz. – (in: Revue (La) politique; no. 1). – 1996. – p. 25–38

Marie, J.–B.
International instruments relating to human rights. Classification and status of ratifications as of 1.1.1996 = Instruments internationaux relatifs aux droits de l'homme. Classification et état des ratifications au 1.1.1996. – (in: Human Rights Law Journal; v. 17, nos.). – 1996. – p. 61–77

Martens, P.
La tyrannie de l'apparence. Observations. Cour européenne des droits de l'homme. Affait Bulut c. l'Autriche, 22.2.1996. – (in: Revue trimestrielle des droits de l'homme; v. 7, no. 28). – 1996. – p. 627–656

Matscher, F.
Il concetto di legge secondo la recente giurisprudenza della Corte di Strasburgo. – (in: Scritti in onore di Guido Gerin.). – Milano: Cedam, 1996. – p. 265–281

Matscher, F.
La notion de "Tribunal" au sens de la Convention européenne des droits de l'homme. – (in: Nouveaux (Les) développements du procès équitable au sens de la Convention européenne des droits de l'homme. Actes du Colloque du 22.3.1996 en la Grande Chambre de la Cour de Cassation.). – Bruxelles: Nemesis; Bruylant, 1996. – p. 29–47

Matsopoulou, H.
La présence du rapporteur du conseil de la concurrence au délibéré, au regard de la Convention européenne des droits de l'homme. – (in: Petites (Les) Affiches. La Loi; v. 385, no. 114). – 1996. – p. 4–11

Meissel, S.
Historische Grundlagen des österreichischen Enteignungsrechts / Meissel, S.; Oberhammer, P. – (in: Oesterreichische Juristen–Zeitung; Jg. 51, H. 24). – 1996. – p. 921–932

Melchior, M.
La Convention européenne des droits de l'homme dans la nouvelle architecture de l'Europe. I. Les effets de l'accroissement du nombre des parties contractantes sur la Convention européenne des droits de l'homme. Rapport. – (in: Conseil de l'Europe. 8e Colloque international sur la Convention européenne des droits de l'homme. Actes ... Budapest 20 .–23.9.1995.). – Strasbourg: CE, 1996. – p. 123–145

Melchior, M.
The European Convention on Human Rights in the new architecture of Europe. I. Effects on the European Convention on Human Rights of the enlargement of the number of contracting parties. Report. – (in: Conseil de l'Europe = Council of Europe. 8th International Colloquy on the European Convention on Human Rights. Proceedings .. . Budapest, 20–23.9.1995.). – Strasbourg: CE, 1996. – p. 120–142

Meyer–Ladewig, J.
Die Zukunft des europäischen Menschenrechtsschutzsystems. Bilanz und künftige Perspektiven. – (in: Europäische Grundrechte Zeitschrift; Jg 23, H. 13/14). – 1996. – p. 374–377

Mole, N.
Problems raised by certain aspects of the present situation of refugees from the standpoint of the European Convention on Human Rights. – (in: Nations Unies = United Nations; Haut Commissaire pour les réfugiés = High Commissioner for Refugees. The European Convention on Human Rights and the protection of refugees, asylum seekers and displaced persons. Colloquy organised by the Council of Europe and the United Nations High Commissioner for Refugees, Strasbourg, 2–3.10.1994.). – 1996. – p. 31–65

Mole, N.
Problèmes soulevés par certains aspects de la situation actuelle des réfugiés sous l'angle de la Convention européenne des droits de l'homme. – (in: Bulletin des droits de l'homme. Institut luxembourgeois des droits de l'homme; no. 5). – 1996. – p. 23–52

Mouchard, M.
L'instruction préparatoire en France et la jurisprudence et la Cour de Strasbourg relative au procès équitable. – (in: Tavernier, P. (éd.). Quelle Europe pour les droits de l'homme? La Cour de Strasbourg et la réalisation d'une union plus étroite. Colloque organisé par le CREDHO de la Faculté de Rouen, 11.–12. 5.1995.). – Bruxelles: Bruylant, 1996. – p. 267–283

Myjer, E.
Slachtoffers van zedendelicten en Straatsburgse rechtsbescherming. – (in: Nederlands Juristenblad; Jg 71, no. 12). – 1996. – p. 437–442

Naismith, S.H.
Photographs, privacy and freedom of expression. – (in: European Human Rights Law Review; no. 2). – 1996. – p. 150–158

Nations Unies = United Nations; Haut Commissaire pour les réfugiés = High Commissioner for Refugees
Effective remedies against decisions and article 26 of the European Convention on Human Rights. Seminar of Experts, Bratislava , 27.–28. 9. 1995 / Nations Unies = United Nations; Haut Commissaire pour les réfugiés = High Commissioner for Refugees; International Helsinki Federation for Human Rights. – Bratislava: Griff, 1996. 209 p. – ISBN 80–96–7504–7–X

Ndiaye, B.
De l'Europe à l'Afrique: Le modèle européen est–il exportable? II. Modèle européen ou universalité des droits de l'homme?. – (in: Tavernier, P. (éd.). Quelle Europe pour les droits de l'homme? La Cour de Strasbourg et la réalisation d'une union plus étroite. Colloque organisé par le CREDHO de la Faculté de Rouen, 11 .–12.5.1995.). – Bruxelles: Bruylant, 1996. – p. 439–457

Nicol, A.
National security considerations and the limits of European supervision. – (in: European Human Rights Law Review; no. 1). – 1996. – p. 37–44

Nowak, M.
Menschenrechte als Voraussetzung eines dauerhaften Friedens in Bosnien–Herzegowina: Anspruch u. Wirklichkeit sechs Monate nach Dayton. – (in: Menschenrecht (Das). Offizielles Organ der Österreichischen Liga für Menschenrechte.; Jg. 51, Nr. 1–4). – 1996. – p. 12–14

Nowicki, M.A.
NGOs before the European Commission and the Court of Human Rights. – (in: Netherlands Quarterly of Human Rights; v. 14, no. 3). – 1996. – p. 289–302

Nys, M.
The foreigner, his family and European law. A report / Nys, M.; European Coordination for the Rights of Foreigners to live with their families. – Paris: ECRFLF, 1996. – 24 p.

Nørgaard, C.
La nouvelle Cour: l'héritage de la Commission européenne des droits de l'homme. Communication écrite. – (in: Conseil de l'Europe. 8e Colloque international sur la Convention européenne des droits de l'homme. Actes ... Budapest 20 .–23.9.1995.). – Strasbourg: CE, 1996. – p. 199–205

Nørgaard, C.
The legacy of the European Commission of Human Rights in the new Court. Written communication. – in: Conseil de l'Europe = Council of Europe. 8th International Colloquy on the European Convention on Human Rights. Proceedings .. . Budapest, 20–23.9.1995.). – Strasbourg: CE, 1996. – p. 193–199

O'Leary, S.
Current topic: accession by the European Community to the European Convention on Human Rights – the opinion of the European Court of Justice. – (in: European Human Rights Law Review; no. 4). – 1996. – p. 362–377

Olafsdottir, O.
Le travail du Conseil de l'Europe dans le domaine de la violence contre les femmes. – (in: Parlement européen. Droits de l'homme = Droits de la femme? Compte rendu de l'audition publique organisée par la Commission des droits de la femme, 26.–27.6.1995.). – Luxembourg; Bruxelles: PE, 1996. – p. 13–17

Osborne, C.
Does the end justify the means? Retrospectivity, article 7, and the Marital Rape Exemption. – (in: European Human Rights Law Review; no. 4). – 1996. – p. 406–416

Padelletti, M.L.
Estradizione e Convenzione europea dei diritti dell'uomo. – (in: Rivista di diritto internazionale; v. 79, no. 3). – 1996. – p. 656–684

Palmer, E.
Current topic: Limitation periods in cases of sexual abuse: A response under the European Convention. – (in: European Human Rights Law Review; no. 2). – 1996. – p. 111–119

Pardo Lopez, D.
Die Rechtsprechung des Europäischen Gerichtshofes für Menschenrechte im Jahr 1994. – (in: German Yearbook of International Law Vol. 38, 1995.; v. 38). – Berlin: Duncker & Humblot, 1996. – p. 347–375

Perrakis, S.
Le juge grec et la Cour de Strasbourg. – (in: Tavernier, P. (éd.). Quelle Europe pour les droits de l'homme? La Cour de Strasbourg et la réalisation d'une union plus étroite. Colloque organisé par le CREDHO de la Faculté de Rouen, 11.–12.5.1995.). – Bruxelles: Bruylant, 1996. – p. 171–187

Pettiti, C.
L'applicabilité de l'article 6, 1 de la Convention européenne des droits de l'homme en matière de contentieux relatif aux cotisations sociales. Observations. Cour européenne des droits de l'homme, 9.12.1994: Affaire Schouten et Meldrum c. les Pays–Bas. – (in: Revue trimestrielle des droits de l'homme; v. 7, no. 25). – 1996. – p. 79–90

Pettiti, C. (éd.)
Droits fondamentaux et Convention européenne des droits de l'homme / Pettiti, C. (éd.); Institut des droits de l'homme du Barreau de Paris. – (in: Gazette du Palais. No. spécial n° 3.; nos. 286/287 Europäische Grundrechte Zeitschrift; Jg. 23; H. 18/19). – 1996. – p. 445–449.

Pettiti, L.–E.
Droits de l'homme. – (in: Revue de science criminelle et de droit pénal comparé; no. 1). – 1996. – p. 183–187

Pettiti, L.–E.
Droits de l'homme. – (in: Revue de science criminelle et de droit pénal comparé; no. 4). – 1996. – p. 930–934

Pettiti, L.–E.
L'adhésion de l'Union européenne à la Convention européenne après l'avis de la CJCE. – (in: Bulletin des droits de l'homme; no. 6). – Luxembourg, 1996. – p. 20–30

Phillips, S.
The Courts v. the Executive: Old battles on new battlegrounds?. – (in: European Human Rights Law Review; no. 1). – 1996. – p. 45–51

Plender, R.
La Convention européenne des droits de l'homme et la protection des réfugiés, demandeurs d'asile et personnes déplacées. Actes du Colloque organisé conjointement par le Secrétariat du Conseil de l'Europe et celui du Haut–Commissariat des Nations Unies pour les Réfugiés, qui s'est tenu les 2-3.10.1995. Résumé de la séance de clôture. – (in: Bulletin des droits de l'homme. Institut luxembourgeois des droits de l'homme; no. 5). – 1996. p. 74–78

Puechavy, M.
La présomption d'innocence en droit français et la Convention européenne des droits de l'homme. – (in: Revue trimestrielle des droits de l'homme; v. 7, no. 26). – 1996. – p. 135–142

Puechavy, M.
La remise de copies du dossier pénal par l'avocat à son client poursuivi. Observations. Cassation française (ass. plén.) 30.6.1995 (2 arrêts). – (in: Revue trimestrielle des droits de l'homme; v. 7, no. 25). – 1996. – p. 111–117

Reiter–Korkmaz, A.
Droit à la vie et répression du terrorisme. Cour européenne des droits de l'homme, 27.9.1995. McCann

et autres c. le Royaume-Uni. – (in: Revue trimestrielle des droits de l'homme; v. 7, no. 26). – 1996. – p. 229–270

Repik, B.
La place de la Convention européenne des droits de l'homme dans l'ordre juridique interne de la République slovaque. – (in: Tavernier, P. (éd.). Quelle Europe pour les droits de l'homme? La Cour de Strasbourg et la réalisation d'une union plus étroite. Colloque organisé par le CREDHO de la Faculté de Rouen, 11.–12.5.1995.). – Bruxelles: Bruylant, 1996. – p. 369–376

Ress, G.
Wirkung und Beachtung der Urteile und Entscheidungen der Strassburger Konventionsorgane. – (in: Europäische Grundrechte Zeitschrift; Jg. 23, H. 13/14). – 1996. – p. 350–353

Ress, H.-K.
Die Zulässigkeit territorialer Beschränkungen bei der Anerkennung der Zuständigkeit des Europäischen Gerichtshofs für Menschenrechte. Anmerkungen zum Urteil des Europäischen Gerichtshofs für Menschenrechte im Fall Loizidou gegen die Türkei vom 23.3.1995. – (in: Zeitschrift für Ausländisches Öffentliches Recht und Völkerrecht; Bd. 56, H. 1/2). – 1996. – p. 427–438

Rigaux, F.
Justice et presse: Réflexions comparatives. – (in: Journal des Tribunaux; v. 115, no. 5786). – 1996. – p. 41–46

Roeser, T.
Stattgebende Kammerentscheidungen des Bundesverfassungsgerichts zum Grundrecht auf Asyl im Jahr 1995. – (in: Europäische Grundrechte Zeitschrift; Jg. 23, H. 5–6). – 1996. – p. 132–144

Rogge, K.
Die Einlegung einer Menschenrechtsbeschwerde. – (in: Europäische Grundrechte Zeitschrift; Jg. 23, H. 13/14). – 1996. – p. 341–346

Roumelian, O.
Un délit d'opinion au service des droits de l'homme. – (in: Petites (Les) Affiches. La Loi.; v. 385, no. 21). – 1996. – p. 10–12

Rubellin-Devichi, J.
Le droit et l'interruption de grossesse. – (in: Petites (Les) Affiches. La Loi.; v. 385, no. 69). – 1996. – p. 19–23

Rudloff, S.
Convention européenne des droits de l'homme et juridiction disciplinaire des avocats. Observations. Cour d'appel de Paris (1ère ch.). Arrêt Me c. le Procureur général près de la Cour d'appel de Paris, 13.12.1995. – (in: Revue trimestrielle des droits de l'homme; v. 7, no. 27). – 1996. – p. 481–494

Rudolf, B.
Beweisprobleme in Verfahren wegen Verletzung von Art. 3 EMRK. Zugleich Anmerkungen zum Urteil des EGMR im Fall Ribitsch gegen Österreich. – (in: Europäische Grundrechte Zeitschrift; Jg. 23, H. 20/21). – 1996. – p. 497–514

Ryssdal, R.
Reform of the enforcement system of the European Convention on Human Rights. [Résumé français]. – (in: Annuaire européen = European Yearbook; v. 42). – 1996. p. 61–67

Ryssdal, R.
Opinion: The coming of age of the European Convention on Human Rights. – (in: European Human Rights Law Review; no. 1). – 1996. – p. 18–29

Salvia, M. de
L'état des affaires intéressant les PECO devant la Commission européenne des droits de l'homme. – (in: Tavernier, P. (éd.). Quelle Europe pour les droits de l'homme? La Cour de Strasbourg et la réalisation d'une union plus étroite. Colloque organisé par le CREDHO de la Faculté de Rouen, 11.–12. 5.1995.). – Bruxelles: Bruylant, 1996. – p. 389–405

Salvia, M. de

La Convention européenne des droits de l'homme et le crime organisé. – (in: Bulletin des droits de l'homme. Institut luxembourgeois des droits de l'homme.; no. 5). – 1996. – p. 155–170

San, B.

The Council of Europe and forceful suspension of democracy in its member states: A comparison between the Council of Europe's responses to the military takeover of 1967–1974 in Greece and the military takeover of 1980–1983 in Turkey. – (in: Turkish Yearbook of Human Rights. 1995–1996.; v. 17/18). – 1996. – p. 15–42

Sands, P.

Human rights, environment and the López–Ostra case: Context and consequences. – (in: European Human Rights Law Review; no. 6). – 1996. – p. 597–618

Sansonetis, N.

Charte sociale européenne. Droits de l'homme. Cour européenne des droits de l'homme. – (in: L'Observateur de Bruxelles; no. 17). – 1996. – p. 36–37

Sansonetis, N.

Conseil de l'Europe. Cour européenne des droits de l'homme. – (in: L'Observateur de Bruxelles; no. 18). – 1996. – p. 40–41

Scheinin, M. (ed.)

International human rights norms in the Nordic and Baltic countries. – The Hague: Nijhoff, 1996. – 310 p. – (Nordic Human Rights Publications). – ISBN 90–411–0153–5

Schockweiler, F.

Adhésion éventuelle de la Communauté européenne à la Convention européenne des droits de l'homme. Rapport d'audience / Cour de justice des Communautés européennes; Schockweiler, F. – (in: Revue universelle des droits de l'homme; v. 8, nos. 1/3OSCE Bulletin; v. 4, n_ 4). – 1996. – p. 3–9

Schokkenbroek, J.G.C.

Toetsing aan de vrijheidsrechten van het Europees Verdrag tot Bescherming van de Rechten van de Mens. Een onderzoek naar de toetsing aan de beperkingsclausules bij de Europese vrijheidsrechten in de Europese en in de Nederlandse rechspraak. Proefschrift ... Rijksuniversiteit te Leiden. [English summary: Judicial control of restrictions on the fundamental freedoms of the European Convention on Human Rights. A study of Strasbourg and Netherlands case–law]. – Leiden, 1996. – 594 p.

Schrameck, O.

Droit public et lutte contre le racisme. – (in: Petites (Les) Affiches. La Loi; v. 385, no. 126). – 1996. – p. 4–8

Seguy, L.O.

Les obstacles juridiques à une loi générale sur les sectes. – (in: Petites (Les) Affiches. La Loi; v. 385, no. 16). – 1996. – p. 4–6

Sermet, L.

Convention européenne des droits de l'homme et contentieux administratif français. – Paris: Economica, 1996. – 450 p. – ISBN 2–7178–3020–0

Simon, D.

L'avis 2/94 du 28.3.1996 sur l'adhésion de la Communauté à la Convention européenne des droits de l'homme. – (in: Europe. Revue mensuelle; v. 6, no. 6). – Paris: Editions du Juris–Classeur, 1996. – p. 1–4

Spielmann, D.

Cour européenne des droits de l'homme (premier semestre 1995). Jurisprudence / Spielmann, D.; Arend, P. – (in: Bulletin des droits de l'homme. Institut luxembourgeois des droits de l'homme; no. 5). – 1996. – p. 171–189

Spielmann, D.

Cour européenne des droits de l'homme – Deuxième semestre. – (in: Bulletin des droits de l'homme; no. 6). Kehl; Strassburg; Arlington: Engel, 1996. – 1053 p. ISBN 3–88357–123–7

Spielmann, D.
Le Conseil d'Etat luxembourgeois après l'arrêt Procola de la Cour européenne des droits de l'homme. Cour européenne des droits de l'homme, 28.9.1995. Procola c. le Luxembourg. – (in: Revue trimestrielle des droits de l'homme; v. 7, no. 26). – 1996. – p. 271–299

Spielmann, D.
Le juge luxembourgeois et la Cour européenne des droits de l'homme. – (in: Tavernier, P. (éd.). Quelle Europe pour les droits de l'homme? La Cour de Strasbourg et la réalisation d'une union plus étroite. Colloque organisé par le CREDHO de la Faculté de Rouen, 11.–12.5.1995.). – Bruxelles: Bruylant, 1996. – p. 293–316

Spiry, E.
Homosexualité et droit international des droits de l'homme – vers une nouvelle donne en Europe? (in: Revue trimestrielle des droits de l'homme; v. 7, no. 25). – 1996. – p. 45–66

Stefano, M. de
La pena di morte: dalla Corte europea dei diritti dell'uomo alla Corte costituzionale italiana. Il caso Pietro Venezio. – (in: Diritti (I) dell'uomo; v. 7, no. 2). – 1996. – p. 66–68

Steiner, H.J.
International human rights in context. Law, politics, morals. Text and materials / Steiner, H.J.; Alston, P. – Oxford: Clarendon Press, 1996. – 1245 p. – ISBN 0–19–825426–1

Steiner, H.J.
International human rights in context: law, politics, morals / Steiner, H.J.; Alston, P. – Oxford: Clarendon Press, 1996. – 1245 p. – ISBN 0–19–825427–X

Stolzlechner, H.
Art. 5 des 7. ZPMRK – Lediglich ein spezieller Gleichheitssatz oder ein positives Gleichbehandlungsgebot? – (in: Oesterreichische Juristen–Zeitung; Jg. 51, H. 10). – 1996. – p. 361–364

Sudre, F.
Droit de la Convention européenne des droits de l'homme. – (in: Semaine (La) Juridique. J.C.P. Juris – Classeur Périodique; no. 8). – 1996. – p. 101–108(I)

Sudre, F.
Existe–t–il un ordre public européen?. – (in: Tavernier, P. (ed.). Quelle Europe pour les droits de l'homme? La Cour de Strasbourg et la réalisation d'une union plus étroite. Colloque organisé par le CREDHO de la Faculté de Rouen, 11 .–12.5.1995.). – Bruxelles: Bruylant, 1996. – p. 39–80

Sudre, F.
Fonction publique et Convention européenne des droits de l'homme. L'arrêt Vogt ou l'art de l'illusionnisme juridique. Observations. Cour européenne des droits de l'homme. Arrêt Vogt c. l'Allemagne, 26.9.1995. – (in: Revue trimestrielle des droits de l'homme; v. 7, no. 27). – 1996. – p. 389–432

Sundberg, F.
La question de l'effet direct de la Convention. La situation dans les pays scandinaves. – (in: Tavernier, P. (éd.). Quelle Europe pour les droits de l'homme? La Cour de Strasbourg et la réalisation d'une union plus étroite. Colloque organisé par le CREDHO de la Faculté de Rouen, 11.–12.5.1995.). – Bruxelles: Bruylant, 1996. – p. 109–123

Suntinger, W.
Non–refoulement: Neue Impulse aus Genf. (Anmerkung zu Alan gegen Schweiz). – (in: Österreichisches Institut für Menschenrechte. Newsletter; no. 5). – 1996. – p. 148–150

Svaby, D.
The efficiency of remedies according to article 26 of the 1950 European Convention on Human Rights. + Discussion. – (in: UNHCR; International Helsinki Federation for Human Rights. Effective remedies against decisions and article 26 of the European Convention on Human Rights. Seminar of Experts, Bratislava, 27.–28.9.1995.). – Bratislava: Griff, 1996. – p. 77–93

Symonides, J. (ed.)
UNESCO and human rights. Standard–setting instruments, major meetings publications / UNESCO; Symonides, J. (ed.); Volodin, V. (ed.). – Paris: UNESCO, 1996. – 407 p.

Szasz, P.C.
The protection of human rights through the Dayton/Paris Peace Agreement on Bosnia. – (in: American Journal of International Law; v. 90, no. 2). – 1996. – p. 301–316

Tavernier, P.
La Cour européenne des droits de l'homme applique–t–elle le droit international ou un droit de type interne?. – (in: Tavernier, P. (ed.). Quelle Europe pour les droits de l'homme? La Cour de Strasbourg et la réalisation d'une union plus étroite. Colloque organisé par le CREDHO de la Faculté de Rouen, 11.–12.5.1995.). – Bruxelles: Bruylant, 1996. – p. 17–37

Tavernier, P. (éd.)
Quelle Europe pour les droits de l'homme?: la Cour de Strasbourg et la réalisation d'une "union plus étroite": 35 années de jurisprudence, 1959–1994. Colloque organisé par le CREDHO de la Faculté de Rouen, 11.–12.5.1995. – Bruxelles: Bruylant, 1996. – 513 p. – (Organisation internationale et relations internationales; v. 33). – ISBN 2–8027–0737–X

Thorold, O.
The implications of the European Convention on Human Rights for United Kingdom mental health legislation. – (in: European Human Rights Law Review; no. 6). – 1996. p. 619–636

Toussaint, P.
Le secret des sources du journaliste. Observations. Cour européenne des droits de l'homme. Arrêt Goodwin, 27.3.1996. – (in: Revue trimestrielle des droits de l'homme; v. 7, no. 27). – 1996. – p. 452–457

Tretter, H.
Jüngste Entwicklungen im österreichischen Rundfunkrecht. – (in: Europäische Grundrechte Zeitschrift; Jg. 23, H. 3/4). – 1996. – p. 77–82

Van Boven, T.
The right to restitution, compensation and rehabilitation for victims of gross violation of human rights and fundamental freedoms. – (in: Living (The) law of nations. Essays on refugees, minorities, indigenous peoples and the human rights of other vulnerable groups. In memory of Atle Grahl–Madsen. Alfredsson, G. (ed.); Macalister–Smith, P. (ed.)). – Kehl; Strasbourg; Arlington: Engel, 1996. – p. 339–354

Van Bueren, G.
Protecing children's rights in Europe. A test case strategy. – (in: European Human Rights Law Review; no. 2). – 1996. – p. 171–180

Van de Kerchove, M.
La protection de la santé publique par le droit pénal et les restrictions qui en découlent par rapport aux autres droits fondamentaux. Examen de la jurisprudence de la Cour et de la Commission européennes des droits de l'homme. – (in: Revue de science criminelle et de droit pénal comparé; no. 1). – 1996. – p. 101–109

Van den Wyngaert, C.
Applying the European Convention on Human Rights to extradition: Opening Pandora's box? [published in: International and Comparative Law Quarterly, v. 39, no. 4, 1996]. – (in: Dugard, J. (ed.); Van den Wyngaert, C. (ed.). International Criminal Law and Procedure.). – Aldershot; Brookfield; Singapore; Sydney: Dartmouth, 1996. – 545 p.

Van der Klaauw, J.
Human rights news. European Union. – (in: Netherlands Quarterly of Human Rights; v. 14, no. 2). – 1996. – p.211–218

Van Drooghenbroeck, S.
Interprétation jurisprudentielle et non–rétroactivité de la loi pénale. Observations. Cour européenne des

droits de l'homme. Arrêt S.W. c. le Royaume-Uni, 22.11.1965. – (in: Revue trimestrielle des droits de l'homme; v. 7, no. 27). – 1996. – p. 459–479

Van Kempen, P.
The protection of human rights under national constitutions and the European Convention: An incomplete system?. – (in: Journal of Constitutional Law in Eastern and Central Europe; v. 3, no. 2). – 1996. – p. 225–242

Vedder, C.
Die verfassungsrechtliche Dimension – die bisher unbekannte Grenze für Gemeinschaftshandeln? Anmerkungen zum Gutachten 2/94, EMRK des EuGH. – (in: Europarecht; H. 3). – 1996. – p. 309–319

Verdussen, M.
Le dénouement européen de l'affaire du pilotage des bâtiments de mer dans l'estuaire de l'Escaut. Observations. Cour européenne des droits de l'homme. Affaire Pressos Compania Naviera et autres c. la Belgique, 20. 11. 1995. – (in: Revue trimestrielle des droits de l'homme; v. 7, no. 28). – 1996. – p. 577–614

Voss, R.
Die Bindung der Europäischen Gemeinschaft an vorgemeinschaftliche Verträge ihrer Mitgliedstaaten. – (in: Schweizerische Zeitschrift für Internationales und Europäisches Recht = Revue suisse de droit international et de droit européen.; v. 6, no. 2). – 1996. – p.161–190

Wachsmann, P.
L'avis 2/94 de la Cour de justice relatif à l'adhésion de la Communauté européenne à la Convention européenne des droits de l'homme et des libertés fondamentales. – (in: Revue trimestrielle de droit européen; v. 32, no. 3). – 1996. – p. 467–491

Wadham, J.
Cases and comment. Selected decisions from the European Commission and Court of Human Rights for June, July, August and September 1995 / Wadham, J.; Leach, P. – (in: European Human Rights Law Review; no. 1). – 1996. – p. 63–99

Wadham, J.
Cases and comment. Selected decisions from the European Commission and Court of Human Rights for December 1995 to February. – (in: European Human Rights Law Review; no. 3). – 1996. – p. 261–286

Wadham, J.
Cases and comment. Selected decisions from the European Commission and Court of Human Rights from April to June 1996 / Wadham, J.; Leach, P. – (in: European Human Rights Law Review; no. 5 – 1996. – p. 467–495

Wadham, J.
Cases and comment. Selected decisions from the European Commission and Court of Human Rights for June and July 1996 / Wadham, J.; Leach, P. – (in: European Human Rights Law Review; no. 6). – 1996. – p. 649–670

Weiss, R.
Das Gesetz im Sinne der Europäischen Menschenrechtskonvention. (Zugl.: Bochum, Univ. Diss., 1994). – Berlin: Duncker & Humblot, 1996. – 166 p. – (Schriften zum europäischen Recht; Bd 24.). – ISBN 3-428-08625-2

Weitzel, L.
Actualités – A propos des arrêts Vermeulen et Lobo Machado. – (in: Bulletin des droits de l'homme; no. 6). Luxembourg, 1996. – p. 140–144

Weitzel, L.
Cour de justice des Communautés européennes et Convention européenne des droits de l'homme. Jurisprudence rapportée. – (in: Bulletin des droits de l'homme; no. 6). – Luxembourg, 1996. – p. 99–122

Weitzel, L.
Jurisprudence luxembourgeoise relative à la Convention européenne des droits de l'homme et à d'autres traités en matière de droits fondamentaux. – (in: Bulletin des droits de l'homme. Institut luxembourgeois des droits de l'homme; no. 5). – 1996. – p. 211–216

Wenig, M.
Möglichkeiten und Grenzen der Streitbeilegung ethnischer Konklikte durch die OSZE: dargestellt am Konflikt im ehemaligen Yugoslawien. – Berlin: Duncker & Humblot, 1996. – 391 p. – (Schriften zum Völkerrecht; Bd 124.). – ISBN 3–428–08704–6

Wildhaber, L.
Cultural rights and the case–law of the organs of the European Convention on Human Rights. Written communication. – (in: Conseil de l'Europe = Council of Europe. 8th International Colloquy on the European Convention on Human Rights. Proceedings .. . Budapest, 20– 23.9.1995.). – Strasbourg: CE, 1996. – p. 65–71

Wildhaber, L.
Les droits culturels et la jurisprudence des organes de la Convention européenne des droits de l'homme. – (in: Conseil de l'Europe. 8e Colloque international sur la Convention européenne des droits de l'homme. Actes ... Budapest 20 .–23.9.1995.). – Strasbourg: CE, 1996. – p. 67–73

Wildhaber, L.
Les résistances nationales en Suisse. A propos des réserves suisses à l'article 6 de la Convention européenne des droits de l'homme. – (in: Tavernier, P. (éd.). Quelle Europe pour les droits de l'homme? La Cour de Strasbourg et la réalisation d'une union plus étroite. Colloque organisé par le CREDHO de la Faculté de Rouen, 11.–12. 5.1995.). – Bruxelles: Bruylant, 1996. – p. 159–169

Wildhaber, L.
The right to respect for private and family life: new case–law on Art. 8 of the European Convention of Human Rights. – (in: The World of Human Rights = El mundo moderno de los derechos humanos. Essays in honour of = Ensayas en honor de Thomas Buergenthal.). – San José: Inter American Institute of Human Rights, 1996. – p. 103–133

Wils, W.P.J.
La compatibilité des procédures communautaires en matière de concurrence avec la Convention européenne des droits de l'homme. – (in: Cahiers de droit européen; v. 32, nos. 3/4). – 1996. – p. 329–354

Wyss, P.M.
Öffentlichkeit von Gerichtsverfahren und Fernsehberichterstattung. Überlegungen zu einem grundrechtlichen Spannungsverhältnis unter besonderer Berücksichtigung der scheizerischen Rechtslage. – (in: Europäische Grundrechte Zeitschrift; Jg. 23, H. 1/2). – 1996. – p. 1–17

Yernault, D.
Libertés classiques et droits dérivés: le cas de l'accès aux documents administratifs. Observations. Cour européenne des droits de l'homme, 19.7.1995. Kerojärvi c. la Finlande. – (in: Revue trimestrielle des droits de l'homme; v. 7, no. 26). – 1996. – p. 204–227

Yourow, H.C.
The margin of appreciation doctrine in the dynamics of European human rights jurisprudence. – Dordrecht : Kluwer Law International, 1996. – 224 p. – (International Studies in Human Rights; v. 28). – ISBN 0–7923–3338–1

Zimmerli, C.H.
Intentional injury and consent in the law of the states party to the European Convention on Human Rights: a brief overview of the applicable law in the light of a recent decision of the Commission. – (in: European Journal of Crime, Criminal Law and Criminal Justice; v. 4, no. 1). – 1996. – p. 71–84

Zlatescu, I.M.
La Convention européenne et les autres réglementations internationales dans le domaine des droits de l'homme dans la pratique des instances en Roumanie. – (in: Tavernier, P. (éd.). Quelle Europe pour les

droits de l'homme? La Cour de Strasbourg et la réalisation d'une union plus étroite. Colloque organisé par le CREDHO de la Faculté de Rouen, 11.–12.5.1995.). – Bruxelles: Bruylant, 1996. – p. 383–388

Zwaak, L.

Human rights news. Council of Europe. – (in: Netherlands Quarterly of Human Rights v. 14, no. 2). – 1996. – p. 186–211

Zwaak, L.

Human rights news. Council of Europe. A. European Court of Human Rights. B. European Commission of Human Rights. – (in: Netherlands Quarterly of Human Rights; v. 14, no. 3). – 1996. – p. 303–318

Alphabetical Index

Index Alphabétique